传统聚落结构中的
空间概念
（第二版）

王昀 著

中国建筑工业出版社

图书在版编目（CIP）数据

传统聚落结构中的空间概念 / 王昀 著. —2版. — 北京：中国建筑工业出版社，2015.5
ISBN 978-7-112-17908-4

Ⅰ.①传… Ⅱ.①王… Ⅲ.①古建筑-空间设计-研究 Ⅳ.①TU29

中国版本图书馆CIP数据核字（2015）第047810号

责任编辑：徐　冉、黄　翊
责任校对：张　颖、刘　钰
版式设计：赵璞真

感谢北京建筑大学研究生教材（教学参考书）出版项目的支持

传统聚落结构中的空间概念（第二版）
王　昀　著

*

中国建筑工业出版社出版、发行（北京西郊百万庄）
各地新华书店、建筑书店经销
北京顺诚彩色印刷有限公司印刷

*

开本：850×1168毫米 1/16　印张：$35\frac{3}{4}$　字数：758千字
2016年7月第二版　2016年7月第二次印刷
定价：118.00元
ISBN 978-7-112-17908-4
　　　（27130）

版权所有　翻印必究
如有印装质量问题，可寄本社退换
（邮政编码：100037）

前言

自我于2001年在北京大学开设聚落研究课程之后，总有人向我提及这样的问题，即：什么是聚落？聚落研究与民居研究有着怎样的区别？如果要回答这样的问题还需要从我读书的20世纪80年代谈起。记得那个时期曾经有很多的学者对传统村落进行过大量的调查和研究工作，出版了一批以《浙江民居》为代表的优秀的村落研究论著，这些论著中所提及的研究方法以及观察对象的视角至今仍然有着重要的意义。纵观这一时期对村落的研究，视点主要落在村落中的民居本身，而且大部分的研究主要是围绕着民居的构法、材料及空间组成等方面来进行的。尽管这些研究也涉及有关村落的整体和聚合状态方面的内容，但那里所谈到的整体基本上是为了说明民居的个体而进行的总体概述，而对于村落中民居的关注还是远远大于对村落中的民居聚合状态的关注。鉴于这样的对村落整体研究的现状，我们认为有必要将研究的视点落在村落的整体关系上，这样或许能够为村落的研究提供一个新的视点，于是，我们提出"聚落"的概念。所谓"聚落"，指的是人类生活所表现出的聚合状态。根据这种聚合状态聚落这一概念的本身实际上包含有两个内容，一个是城市，另一个是村落。由于我们目前的研究分类中有单独对于城市这种聚合状态进行研究的城市研究，所以"聚落"这个本来外延很大的概念就成为只是以村落作为对象的内容了，成为与"城市"互为平行的两个概念。而针对这两个领域进行的研究，便分为"城市研究"和"聚落研究"。值得指出的是：我们之所以采用"聚落研究"，而不直接地采用"村落研究"的概念，是因为村落研究与民居研究的概念往往被人们视为互为相同内涵的研究内容。为了强调研究视角的不同，我们采用更能够表现聚合概念的"聚落研究"作为我们研究视角的标识，强调针对研究对象进行整体性观察的视点。应该说，聚落研究与民居研究并不是矛盾的，而是对同一个对象进行观察时的两个不同的视点。聚落研究本身更关注聚落整体的聚合状态，强调民居之间的组织关系，目的是揭示村落这个研究对象的整体构成关系。

这本书正是我试图从聚落研究的视点对我们常见的村落进行调查和观察时所给予的思考，书中的大部分内容是我在20世纪90年代的十年间，对聚落进行多次调查和分析过程中的一个极端个人化的理解，尽管这种理解让我于1998年3月取得了博士学位，但我仍然想在这里强调：这种理解不一定接近真理或具有普遍价值。可是之所以仍然希望将其展示给各位读者，是因为感觉个人的偏见离真实究竟差距多远或许只有旁观者更加明晰，所以唐突地将论文呈现给各位，希望得到大家的指教。

在本书即将出版之际，谨此向长期给予我多方关爱、帮助的家人以及朋友表示由衷谢意，对我留学期间始终给我博士论文予以指导的日本东京大学的藤井明教授表示感谢。

王　昀

2008年2月于北京

目录

前言
导读⋯⋯⋯⋯⋯⋯⋯⋯⋯⋯⋯⋯⋯⋯⋯⋯⋯⋯⋯⋯⋯⋯⋯⋯⋯⋯⋯⋯⋯⋯⋯⋯⋯10
序⋯⋯⋯⋯⋯⋯⋯⋯⋯⋯⋯⋯⋯⋯⋯⋯⋯⋯⋯⋯⋯⋯⋯⋯⋯⋯⋯⋯⋯⋯⋯⋯⋯⋯15
 0-1 复杂形态的组成和结构⋯⋯⋯⋯⋯⋯⋯⋯⋯⋯⋯⋯⋯⋯⋯⋯⋯⋯⋯15
 0-2 研究背景和目的⋯⋯⋯⋯⋯⋯⋯⋯⋯⋯⋯⋯⋯⋯⋯⋯⋯⋯⋯⋯⋯⋯15
 0-3 研究的对象⋯⋯⋯⋯⋯⋯⋯⋯⋯⋯⋯⋯⋯⋯⋯⋯⋯⋯⋯⋯⋯⋯⋯⋯16
 0-4 关于聚落的数理分析⋯⋯⋯⋯⋯⋯⋯⋯⋯⋯⋯⋯⋯⋯⋯⋯⋯⋯⋯⋯16

第一篇 空间概念和聚落调查

第1章 基本概念⋯⋯⋯⋯⋯⋯⋯⋯⋯⋯⋯⋯⋯⋯⋯⋯⋯⋯⋯⋯⋯⋯⋯⋯⋯⋯19
第1节 关于"中心"和"领域"概念的考察⋯⋯⋯⋯⋯⋯⋯⋯⋯⋯⋯⋯⋯⋯19
 1-1-1 有限空间中的"中心"问题⋯⋯⋯⋯⋯⋯⋯⋯⋯⋯⋯⋯⋯⋯⋯19
 1-1-2 关于"中心"的"场"的形成⋯⋯⋯⋯⋯⋯⋯⋯⋯⋯⋯⋯⋯⋯20
 1-1-3 "场"和"领域"⋯⋯⋯⋯⋯⋯⋯⋯⋯⋯⋯⋯⋯⋯⋯⋯⋯⋯⋯20
 1-1-4 传统聚落中的中心概念⋯⋯⋯⋯⋯⋯⋯⋯⋯⋯⋯⋯⋯⋯⋯⋯21
第2节 关于聚落的空间概念⋯⋯⋯⋯⋯⋯⋯⋯⋯⋯⋯⋯⋯⋯⋯⋯⋯⋯⋯⋯21
 1-2-1 形态和概念⋯⋯⋯⋯⋯⋯⋯⋯⋯⋯⋯⋯⋯⋯⋯⋯⋯⋯⋯⋯⋯21
 1-2-2 空间概念⋯⋯⋯⋯⋯⋯⋯⋯⋯⋯⋯⋯⋯⋯⋯⋯⋯⋯⋯⋯⋯⋯22
 1-2-3 形态和结构的问题⋯⋯⋯⋯⋯⋯⋯⋯⋯⋯⋯⋯⋯⋯⋯⋯⋯⋯22
 1-2-4 聚落空间和空间概念⋯⋯⋯⋯⋯⋯⋯⋯⋯⋯⋯⋯⋯⋯⋯⋯⋯23

第2章 聚落调查和基础事项的研究⋯⋯⋯⋯⋯⋯⋯⋯⋯⋯⋯⋯⋯⋯⋯⋯⋯24
第1节 聚落调查的相关问题⋯⋯⋯⋯⋯⋯⋯⋯⋯⋯⋯⋯⋯⋯⋯⋯⋯⋯⋯⋯24
 2-1-1 聚落调查的理念和目的⋯⋯⋯⋯⋯⋯⋯⋯⋯⋯⋯⋯⋯⋯⋯⋯24
 2-1-2 聚落调查的方法和调查概要⋯⋯⋯⋯⋯⋯⋯⋯⋯⋯⋯⋯⋯⋯25
 2-1-3 从聚落中解读到的空间概念⋯⋯⋯⋯⋯⋯⋯⋯⋯⋯⋯⋯⋯⋯25
第2节 聚落与居住者的空间概念⋯⋯⋯⋯⋯⋯⋯⋯⋯⋯⋯⋯⋯⋯⋯⋯⋯⋯35
 2-2-1 居住者空间概念的物象化⋯⋯⋯⋯⋯⋯⋯⋯⋯⋯⋯⋯⋯⋯⋯35
 2-2-2 选择聚落地形的过程中发生的
     空间概念的物象化⋯⋯⋯⋯⋯⋯⋯⋯⋯⋯⋯⋯⋯⋯⋯⋯⋯⋯35
 2-2-3 聚落空间中的空间概念的物象化⋯⋯⋯⋯⋯⋯⋯⋯⋯⋯⋯⋯36
 2-2-4 地形空间、聚落空间、空间概念之间的关系⋯⋯⋯⋯⋯⋯⋯37
第3节 建造聚落的行为及调查聚落的行为
    与身体像之间的关系⋯⋯⋯⋯⋯⋯⋯⋯⋯⋯⋯⋯⋯⋯⋯⋯⋯⋯⋯38
 2-3-1 身体像的概念⋯⋯⋯⋯⋯⋯⋯⋯⋯⋯⋯⋯⋯⋯⋯⋯⋯⋯⋯⋯39

2-3-2	身体像和领域的支配	39
2-3-3	身体像的坐标和自然的坐标	40
2-3-4	聚落建造过程中的概念模式	40

第4节 身体像和聚落调查之间相互关联的问题 41

2-4-1	作为解读居住者空间概念过程的聚落调查	41
2-4-2	作为调查者的我的身体和聚落调查	42
2-4-3	作为居住者的空间概念图的聚落配置图	42
2-4-4	聚落配置图中所表现出的数量化的空间概念	43
2-4-5	住居求心性的确认	44

第5节 聚落配置图和聚落数据图 45

2-5-1	作为空间概念图的聚落配置图	45
2-5-2	聚落配置图中所表现出的"量"的含义	46
2-5-3	聚落数据图和认知	49

第二篇 数理解析

第3章 聚落配置图的数学模型化和数理解析 55

第1节 作为研究对象的聚落配置图 55

3-1-1	概述	55
3-1-2	研究对象的地域及聚落配置图的来源	55
3-1-3	聚落数据一览表	55
3-1-4	聚落数据图的定量化	55
3-1-5	聚落配置图的数据化	61

第2节 住居面积的定量化 62

3-2-1	住居面积的定量化	62
3-2-2	住居面积的实例分析	62
3-2-3	总结	62

第3节 住居之间距离的定量化 64

3-3-1	住居之间的最近距离和k次住居之间的最近距离	64
3-3-2	住居之间最近距离的平均值	65
3-3-3	最近距离的实例分析	65

第4节 聚落的中心性的定量化 67

3-4-1	规模和方向性的定量分析	67
3-4-2	根据住居分布的重心找出中心	67
3-4-3	根据住居面积大小的分布求出中心的位置	76
3-4-4	根据住居的方向性找出中心	81
3-4-5	根据面积、距离、角度找出集中的中心点	89

第三篇 分析

第 4 章 聚落的结构分析和类型化 ································· 117
第 1 节 聚落配置图的矩阵化 ································· 117
4-1-1 聚落配置图矩阵的制作 ································· 117
第 2 节 根据矩阵分析聚落的结构 ································· 118
4-2-1 不同地区的空间特性 ································· 118
4-2-2 根据矩阵图进行地区之间聚落的比较 ································· 121
4-2-3 关于二维矩阵图中空间结构的类似性 ································· 124
4-2-4 关于三维矩阵图中空间结构的类似性 ································· 126

第 5 章 综合和展望 ································· 139
第 1 节 本研究的总结 ································· 139
第 2 节 本研究的成果 ································· 140
第 3 节 今后的展望 ································· 141

附录1 数据表一览 ································· 143

附录2 分析用程序 ································· 465

参考文献与资料 ································· 562
参考文献 ································· 562
参考资料及图片来源 ································· 564

关于第二版内容调整的部分说明 ································· 567

作者简介 ································· 570

导读

我们都知道，世界上存在有丰富多彩的聚落形态，如何对这些聚落形态进行构造层面上的认识和理解，如何对这些变化多样的聚落形态进行相互之间的比较，这是我们在聚落研究中所遇到的一个重要课题和难点。为了解决这个问题，我们首先必须进行的一项重要工作就是对聚落进行实测和记录。因为只有这样我们才能获得有关聚落的第一手资料，包括表示聚落总体布局关系的配置图以及聚落中住宅的平面图，并在对聚落进行记录的过程中获得对聚落真实而完整的体验，而所有这一切对于我们进一步分析聚落十分重要。

在对聚落进行记录的过程中，我们重点对聚落的总体配置图进行了实测，之后利用某种指标参数对测出的聚落总体配置图进行定量的分析和处理，这样做的目的是为了对聚落进行分类，最终绘制出关于聚落总体配置图的矩阵图表。值得指出的是，绘制这个矩阵图表的过程本身，实际上就是将聚落的总体配置图进行定量化和类型化的过程，而这一过程的结果就是对富于多样性的聚落形态进行分类。

在对聚落进行的实际调查的过程中我们发现，聚落中的居住者都持有相对稳定的空间概念，而且在聚落的建造过程中这些空间概念被转化到聚落的空间组成上，并最终表现在聚落中住居的大小、住居的方向，以及住居之间的距离上。如果从这个角度来看的话，我们就有可能将聚落中所表现出的空间概念通过数量进行捕捉，并有可能建立起关于聚落空间组成的数学模型。我们具体的工作程序是这样的：首先将记录聚落空间组成的聚落配置图作为分析对象，从中找出住居的大小、住居的方向以及住居相互之间的距离这三个有关系的量，然后依照一定的逻辑性将其进行数学模型化，同时利用这些开发出来的模型，借助计算机编写入程序、从而将多种不同形态的聚落还原成矩阵坐标上的点，最后通过这些点与点之间的关系来对聚落进行数理层面上的分类和比较。

应该指出的是，我们这种对聚落进行的分类过程本身，实际上就是对居住在聚落中的居民所持有的空间概念进行分类的过程。

本书重点所要论述的内容包括以下两个方面：

一、论述从发现聚落的空间概念开始，到进行定量分析的可能性为止的整个分析过程；

二、对定量化的分析方法的开发过程进行详细说明。

本书的研究特色

对传统聚落进行定量化分析的研究工作迄今为止所见甚少。通过文献调研，东京大学的藤木隆明曾经在他的博士论文《关于无规则类型的记述和生成的基础研究》中有部分相关的论述。在这篇论文中，藤木隆明的研究主要是通过从住居重心的分布所产生的类型来探讨聚落配置的类似性和差异性问题。

本书指出了聚落的空间组成与居住者的空间概念的相关性，同时发现了空间概念在聚落的空间组成当中是通过住居的大小、住居的方向以及住居之间的距离表现出来的，在此基础上将表现聚落空间组成的各个数学的关系量进行定量化分析，并完成了数学模型化的开发过程。

实际上对聚落进行定量化和类型化方法的开发是对复杂的聚落形态进行结构性分析的基础。我们可以依据开发出来的数学模型，将纷繁复杂的聚落形态归纳在一张矩阵图表中，并以此为基础，基于表中的各种数据的关系从各种不同的角度展开对聚落的结构性分析。

因此这种以概念分析为前提，并在此基础上完成并确立一系列数学模型的分析方法，使本书作为全新的聚落研究书籍成为可能，同时也确立了本书的研究地位和研究特色。

本书的课题

在将传统聚落的空间组成转换为能够进行数理分析的数学模型的研究过程中，本书有一个基本的观点，那就是：对于隐藏在聚落空间当中秩序的揭露，不应当从聚落的外部因素入手，而应当紧紧围绕聚落空间组成的本身去寻找。沿着这样的思路，我们的着眼点就很容易落在表述聚落空间组成图式关系的聚落配置图中，如果我们能够从聚落配置图中寻找出相关的几何学意义上"量"之间的数学关系，并根据聚落空间组成的内在逻辑将这些关系加以定量化，那么这些数据必将成为对聚落进行类型化分析的重要依据和根本。

在对聚落的配置图进行数理分析以及聚落类型化的过程中，将聚落中住居的朝向进行定量化的问题最为重要，同时也是最有难度的一项工作。为了解决这个问题，我们将在调查过程中感知并发现的聚落中存在有中心性和住居求心性倾向的问题提出来，同时将这两个概念的确立作为本书最为重要的中心论题。

为解决确立聚落的中心的问题，我们从住居面积的重心与聚落的中心之间的相互关系入手，并从由住居方向所汇聚形成的聚落的中心与聚落实际的中心之间的关系所产生的指标作为切入点来进行分析,从而寻找出聚落的中心。而我们一旦通过分析找到聚落的中心,亦即在从整体上看似无序的聚落中投入了一个规则,从而也就使聚落的定量化成为可能。进而,聚落究竟是以何处为中心形成的?形成和构成中心的物体本身具有怎样的意义?诸如此类的问题便可以得到更加深入的解明。

这种由聚落中住居的方向、住居的面积以及住居之间的距离等"量"的指标所构成的数学模型,使我们有可能在对聚落的配置图进行分类时,将聚落配置图在平面坐标系中还原为坐标系中的一个点。这种将形态还原为数字表现的点的本身,恰恰为聚落空间的结构性解析提供了一个新的手段和分析方法。

由于聚落的配置图与现实的聚落之间存在着1对1的对应关系,所以对聚落配置图分析的结果事实上就是对现实聚落的分析结果。此外,在定量化的过程中,那些通常认为不可视的,诸如聚落内的领域的分割关系、住居内的集合关系等也能够通过运用等高线图的分析方法而形成可视化的结果。

由于在我们看来,作为定量分析基础而存在的现实的聚落空间组成与转换到聚落中的居民的空间概念之间存在着"同构异形"的关系。所以我们可以说,对聚落的空间组成进行分析把握以及分类的结果,恰恰是对那些建造聚落的人们的空间概念的把握和分类。

本书由以下三篇所组成:

第一篇是对空间概念和聚落调查的基础事项进行整理;

第二篇是对聚落的空间组成的数理解析;

第三篇是利用所开发的数理模型对聚落的空间结构进行解析。

序

图0-1出自《现代の宇宙像》，日本物理学会编，培风馆出版

图0-2出自《自然の造形と社会の秩序》，Hermann Haken著，高木隆司译，东海大学出版会出版

图0-3出自《艺术于自然中的抽象》，[美]内森·卡伯特·黑尔著，沈揆一、胡知凡译，上海人民美术出版社出版

图0-4出自改订版《物理学辞典》，物理学辞典编集委员会编，培风馆出版

图0-1 宇宙中的漩涡状星云

图0-2 蜂巢的构造

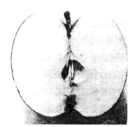
图0-3 苹果的构造

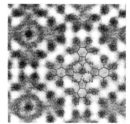
图0-4 盐化弗雷喹啉蓝铜结晶内的分子构造

0-1 复杂形态的组成和结构

存在于世界上的缤纷多样的形态实际上可以大致分为两大类：一类是自然界中自然生成的形态，另一类是经人造加工所产生的形态。面对如此纷繁复杂的形态的世界，科学家们根据这些形态所固有的秩序和规律从中寻找出了它们所固有的结构组织。如图0-1所示的是宇宙中的漩涡状星云，而地球、太阳等都是这种被称为银河系的漩涡状星云中的一员，地球如同其他星球一样，是严格地按照一定的轨迹围绕着太阳进行运转的。又比如蜂巢和苹果这些存在于我们身边的事物，它们都具有我们肉眼可以看到的结构组织（图0-2，图0-3）。即使是微观的世界，我们也可以透过显微镜观察到物质本身是分子按照一定的规律排列所构成的（图0-4）。由此可见，无论多么复杂的形态，其内部都包含有明确而又有秩序的结构。

世界上任何结构都拥有秩序，这一事实给我们展示出了对复杂形态可以进行把握的可能性，即：如果我们能够把握结构的规律，亦就可以把握形态。比如，物质的原子结构的发现明示出了复杂的化学元素同样具有规律性的存在。通过这些富有规律性的原子结构中的电子数的差异来赋予复杂的元素以秩序，从而产生了著名的门捷列夫（D.I.Mendelejew, 1834-1907）元素周期表（图0-5）。这个周期律的图表将各种不同的化学元素按原子量的顺序进行排列，同时揭示了化学性质相似的元素呈现出一定周期排列的规律性。

而这个周期表在展示化学元素的规律性的同时，实际上还揭示了以下的三个关键点：第一，化学元素本身拥有共通的结构；第二，性质非常相似的化学元素能够按纵列排列；第三，性质相似的元素其结构也相似。而最重要的是，所有这些对元素从结构上进行的把握都是通过数理分析来完成的。

0-2 研究背景和目的

复杂的形态与有秩序的结构之间都存在着对应关系，这一点对于我们进

行传统聚落的研究同样具有非常重要且非常富有启迪性的意义。如果我们设想各种不同形态的聚落如同化学元素一样，带有某种共通的结构，并且我们能够找出这个共通的结构，并在构造的层次上进行相互对比的话，那么我们就有可能对不同地域、不同民族、不同形态的聚落进行相互比较。与此同时通过掌握这个结构，我们便可以发现聚落之间存在的相互关系以及聚落的内部秩序，并且根据这个相互的关系来对所发现的各种现象的因果关系进行推断，进而可以赋予那些看似千变万化且处于混沌状态下的聚落以秩序。由于找出了存在于不同聚落中的共通结构，从而使得不同地域、不同民族的聚落的差异性和类似性得以明确，而这也正是本书进行研究的动机和最终目的。

0-3 研究的对象

对传统聚落的空间结构进行分析，首先应当是建立在实地调查的基础之上。我们在对聚落进行调查的过程中使用了多种调查手段。为了记录聚落的空间组成，我们对聚落内部的住居以及各种施设的位置进行了实测，这种实测所得到的聚落配置图与所调查的聚落之间存在着1对1的对应关系。在聚落配置图中聚落固有的空间组成是以"物"的形式表现出来的，而聚落配置图实际上记载了聚落的空间组成，即"物"与"物"的相互配置关系以及排列的秩序。由于我们的研究对象不是聚落的历史，也不是形成聚落的宗教及文化等因素，我们所研究的纯粹是聚落的物的空间组成关系。因此我们在对聚落进行调查时，重点在于关注聚落的空间组成。从这个意义上来讲，我们所研究的对象实际上是能够表现聚落空间组成关系的聚落配置图。

0-4 关于聚落的数理分析

对聚落配置图进行数理分析的思考，主要源于下面富有启示意义的两

图0-5出自《元素の事典》，
大沼正则编，三省堂出版

元 素 の 周 期 表

周期\族	Ia	IIa	IIIa	IVa	Va	VIa	VIIa	VIII			Ib	IIb	IIIb	IVb	Vb	VIb	VIIb	0
1	1 H 1.00794																	2 He 4.002602
2	3 Li 6.941	4 Be 9.01218											5 B 10.811	6 C 12.011	7 N 14.0067	8 O 15.9994	9 F 18.998403	10 Ne 20.179
3	11 Na 22.98977	12 Mg 24.305											13 Al 26.98154	14 Si 28.0855	15 P 30.97376	16 S 32.066	17 Cl 35.453	18 Ar 39.948
4	19 K 39.0983	20 Ca 40.078	21 Sc 44.95591	22 Ti 47.88	23 V 50.9415	24 Cr 51.9961	25 Mn 54.9380	26 Fe 55.847	27 Co 58.9332	28 Ni 58.69	29 Cu 63.546	30 Zn 65.39	31 Ga 69.723	32 Ge 72.59	33 As 74.9216	34 Se 78.96	35 Br 79.904	36 Kr 83.80
5	37 Rb 85.4678	38 Sr 87.62	39 Y 88.9059	40 Zr 91.224	41 Nb 92.9064	42 Mo 95.94	43 Tc (98)	44 Ru 101.07	45 Rh 102.9055	46 Pd 106.42	47 Ag 107.8682	48 Cd 112.41	49 In 114.82	50 Sn 118.710	51 Sb 121.75	52 Te 127.60	53 I 126.9045	54 Xe 131.29
6	55 Cs 132.9054	56 Ba 137.33	57~71 ランタノイド	72 Hf 178.49	73 Ta 180.9479	74 W 183.85	75 Re 186.207	76 Os 190.2	77 Ir 192.22	78 Pt 195.08	79 Au 196.9665	80 Hg 200.59	81 Tl 204.383	82 Pb 207.2	83 Bi 208.9804	84 Po (209)	85 At (210)	86 Rn (222)
7	87 Fr (223)	88 Ra (226)	89~103 アクチノイド															

57~71 ランタノイド	57 La 138.9055	58 Ce 140.12	59 Pr 140.9077	60 Nd 144.24	61 Pm (145)	62 Sm 150.36	63 Eu 151.96	64 Gd 157.25	65 Tb 158.9254	66 Dy 162.50	67 Ho 164.9304	68 Er 167.26	69 Tm 168.9342	70 Yb 173.04	71 Lu 174.967

89~103 アクチノイド	89 Ac (227)	90 Th 232.0381	91 Pa (231)	92 U 238.0289	93 Np (237)	94 Pu (244)	95 Am (243)	96 Cm (247)	97 Bk (247)	98 Cf (251)	99 Es (252)	100 Fm (257)	101 Md (258)	102 No (259)	103 Lr (260)

图0-5 门捷列夫元素周期表

点。首先是康德的"把数学带进自然科学中的不是数学家，而是自然本身"[1]这句富有启发性的名言。我们在对聚落进行调查测绘的过程中，测出住居的大小，住居的方向以及住居之间的距离三个数值，并依据这三个数值绘制出了聚落的配置图。这恰恰说明了在聚落配置图中同样存在着某种数学的关系。其次，从复杂的聚落形态中寻找出某种共通的结构和一般性的法则，如同目前多种学科提示给我们的一样，只有从数理方面的理解入手才会成为可能。因此在对形态复杂的事物进行解析时，运用建立于抽象概念基础之上的数理理论，能够比较容易地解决问题。

从数学的角度对聚落的空间组成进行解析，实际上与聚落中诸如建筑的色彩、造型、结构、材料等并无直接的关系，同时也与是否是中国的聚落、印度的聚落，抑或非洲的聚落等地域性无关。

如果我们的视点是以所有的聚落都是由人类所建造的这样一个基本思考为着眼点，那么毫无疑问，聚落空间本身与人类本身有关，聚落是建造者的空间概念的转换物。由此我们的视点也就自然而然地放在了作为建造者的空间概念的结果而存在的聚落的空间组成上。此外，由于空间概念是所有人类共同拥有的，因此我们就可以将其作为具有结构性、统一性的事物来理解。按照这样的观点，我们就有足够的理由将我们的着眼点放在作为人的空间概念转换物的聚落的空间组成上。

将聚落的空间组成进行模式化，其本质实际上就是对聚落的空间组成进行所谓的数学文法的翻译。即利用数学公式来表现聚落的空间组成的关系性，而由此获得的结果也就是将复杂的聚落空间形态转化为单纯的数学模型。

依据由聚落的空间组成所形成的数学模型对聚落进行形态学方面的解析，不仅可以明晰聚落的空间秩序，同时还对聚落研究方法的拓展起着非常重要的作用。

[1]ダーシー・トムソン著.《生物のかたち》，柳田友道，远藤勋，古沢健彦，松山久義，高木隆志译.东京：东京大学出版社

图1·1·1,1·1·2,1·1·3出自《地图》，マィケル·サウスワース+スーザン·サウスワース=共著，牧野融二译

图1·1·4出自太田浩史，东京大学研究生院1992年度硕士论文《空间的ディペンデンシーの考察》

图1·1·5出自《天文资料集》，大脇直明、矶部三、斉藤馨儿、堀源一郎著，东京大学出版社

图1·1·6出自《物理学大辞典》，物理学大辞典編集委員会編，丸善株式会社

图1·1·1 1840年的伦敦

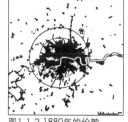
图1·1·2 1880年的伦敦

图1·1·3 1929年的伦敦

图1·1·4 聚落的配置图

图1·1·5 球状星团(M13)

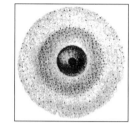
图1·1·6 分子的构造

第一篇 空间概念和聚落调查

第1章 基本概念

第1节 关于"中心"和"领域"概念的考察

1·1·1 有限空间中的"中心"问题

在欧洲的空间认识概念的发展历史中，空间的均质性和无限性的概念是产生于中世纪末，并在文艺复兴后得以发展起来的近代空间认识的概念。它们是由迦利略和牛顿所确立的空间认识的概念，其核心内容是指空间的任何部分都具有相同的性质。"空间各处都是相同的、均质的，所以凭借我们的感觉，我们无法感知到空间的各个部分，并且无法识别出空间的各个部分。因此，为了能够认识空间，便需要建立一个可以测定的空间坐标系，而这个空间坐标系便是我们现在可以看到的牛顿的相对空间坐标系。"[1]由于在空间中导入了这个坐标系，所以"空间便具有了有限性和相对性，空间的内部便出现了中心和边缘这样的空间上的质的差异。于是在空间内部便出现了中心和边缘这种非均质性"。[2]所以，我们在考察聚落空间的时候，总是能够感知到空间，这是因为聚落是被限定了的空间领域，而我们在对聚落空间进行分析时，坐标系无时不在。换言之，考察聚落的空间组成，实际上就是解明在有限空间中空间的质的差异的问题，所以自然在那里就存在"中心"和"周边"的问题了。

我们生活在一个具有中心的世界里，并且能够感觉到中心的存在。比如，世界的人口是以一个地点为中心（城市或聚落）集中进行分布的，并且城市的发展也与这个中心密切相关。图1·1·1至图1·1·3表示的是伦敦的城市发展过程。从图中我们可以看到城市人口的增加是从城市的中心开始，并呈同心圆状向外扩展。

同样在聚落中也可以经常地看到居住者集中在某一个中心地点布置自己住居的实例。如图1·1·4所示的是巴布亚新几内亚一个聚落的配置图。聚落

[1]引自《空間の概念》，マックス·ヤンマー著，高橋毅、大槻義彦译

[2]引自《空間学事典》，日本建筑学会编，井上書院

中的居住者们以聚落首领存放山芋的仓库为中心,并围绕这个中心布置自己的住居,从而形成了住居的方向都朝向中心,并且全体住居的配置形式基本上呈现出同心圆的结构关系。

在我们生活的这个世界里,还有一个客观事实,那就是"中心"存在于各种不同的层面上。如图1·1·5和图1·1·6所表示的就是从宇宙世界到分子、原子世界都存在有"中心"的实例。而在我们人类的聚集行动当中也存在有意识或无意识地朝向某一个中心的现象(图1·1·7,图1·1·8)。凭借这些事实,我们不难理解有关"中心"的问题为什么会在很多领域中,被广泛地关注、研究和利用。因为明确"中心"问题,直接关系到对事物本质的认识和理解;明确"中心"问题,是理解事物的现象和本质的重要问题。

当我们谈到"中心"这个概念的时候,首先会涉及各种不同的关于"心"的概念问题。为了便于问题的说明,有必要在这里首先对于"心"的概念进行简单地说明。

根据《广辞苑》[3]的解释:

(1)"心"=物的中心=物中央的重要部分。

(2)"中心"=正中=物与事集中的地方。

(3)"求心"=接近中心的行为。

(4)"重心"=平衡的概念=物体的各个部分的重力所集中的点。

1·1·2 关于"中心"的"场"的形成

"场","物理量在空间中所分布的场所被称为该物理量的场"。这个概念是根据电场的发现而确立的。现在"场"的概念被广泛地应用在各个领域。

电场又可以称为"电界",指在空间当中的一点上放置电荷q,当移动拥有电荷q的静止点电荷的力为F时,那么就可以将$\lim_{q \to 0} F/q$定义为这点上的电场。[4]

根据这个定义,我们可以将场的特性归结为以下四点:

(1)场的形成是由一个点,即由作用于"中心"的力所形成的。

(2)这个点就是场的中心,而且根据作用于该点的力的强弱来确定周围电荷所能移动的范围。

(3)电荷由于中心的力的作用,从而产生了朝向中心移动的动态趋势,这便产生了"求心"的现象。

(4)综上所述,"场"当中存在"中心"和"求心",而且它们是同时存在的。

1·1·3 "场"和"领域"

对于"场"而言,如果设定界限域

[3] 引自《广辞苑》,新村出编,岩波書店

[4] 引自改订版《物理学辞典》,物理学辞典编集委员会编,培风馆

图1·1·7 集市当中人们围成环状观看表演

图1·1·8 人们围成环状谈话

图1·1·7出自《Discovery of The Circle》, Bruono Munari, George Wittenborn, Inc.-New York

图1·1·8出自《Einfuhrung in den stadtebau》, Klaus Humpert, Kohlhammer/Architektur

值，那么场的范围也就被限定，场便形成了一个领域。所谓的"领域"是指占有的区域，它是一个表示范围的概念。当划定范围的时候，边境的概念也就应运而生了，而与此同时领域内的空间就变为非均质的。在领域的内部，与边境接近的部分称为"周边"。而从"周边"向领域内部的深入则称之为接近中心。如果我们知道领域边界的形状，那么领域的中心就会很明确。从这个意义上讲，在领域中有"边界"、"周边"、"中心"等不同层次意义上的概念同时存在。

1-1-4 传统聚落中的中心概念

在传统聚落中住居是确定聚落领域范围的一个重要因素。聚落完成度的表现不是依靠外界的力量，而是凭借聚落内部的力量完成的。聚落之所以能够作为一个共同体而存在，并且能够延续下去，其内部的求心力发挥着重大的作用。在聚落内部总是有可以称为"中心"的场所存在，比如广场、教堂、集会所、水井等，并且住居大多集中地布置在它们周围，看得出中心所具有的力对于聚落布局的形成有着很大的影响。

同样，在住居内部也存在着诸如起居室或中庭等这样的中心。住居内的各个房间集中地围绕在这个中心的周围，从而构成了家族的"场"。可见，住居和聚落都是由某一中心而形成的场，而场的存在的本身便形成了领域。在这里必须指出的是，关于"场"的中心概念，由于范围尺度的不同，它的存在并不一定必须是一个点的状态。因此本书在考察聚落的中心问题的时候，"中心"是作为一个表示范围的概念来进行的。

第2节 关于聚落的空间概念

1-2-1 形态和概念

为了便于理解与聚落相关的各种现象，在这里有必要首先将形态和概念之间的关系作一个初步的整理。从某种意义上说，如图1-2-1所示，世界是由两个层面所构成，一个层面是我们人类，而另一个层面是在自然中出现的事物和人造的东西。这两个层面的关系也可以说是主体和客体的关系。主体所形成的是抽象的、意识的、概念的世界，而

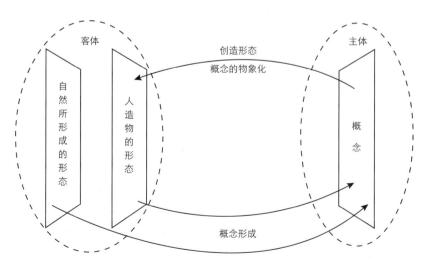

图1-2-1 形态和概念

客体所形成的是具象的、物质的、形态的世界。依普遍的理解人的概念是由客体层的作用而形成的,并同时以主体概念的世界为基础来改造自然和创造客体。如果从这样的层面上来理解,那么客观世界所存在着的人造物形态的本身,实际上是人的意识当中存在着的主体概念的物象化。

1·2·2 空间概念

在以人为主体的概念当中,存在有空间概念。这是通过位置关系的原理来捕捉空间性质时所使用的语言,是表示主体层对客体层的空间认识的概念。

迄今为止的研究表明,人在最初获得的空间概念是"拓扑的空间概念,这大约发生在人的6岁～7岁间的年龄阶段。主要根据空间的封闭或是开启、内或是外、近或是远以及顺序关系等对于物的属性和位置加以抽象。其次获得的是映射的空间概念,大约发生在人的9岁～10岁之间的年龄阶段。它可以从某一个视点,对其前后、左右等视点的位置关系加以把握,并且能够理解这种位置关系的变化是由于视点位置的变化而造成的。最后,是欧几里得的空间概念,大约在人的11岁前后的年龄阶段而获得。它是关于距离、角度等量的概念,可以使用水平—垂直参照系等,不受平衡的概念和视点位置的影响"。[5]

实际上不论是建造聚落还是调查分析聚落,所有这些行为都是与这种空间概念紧密相关的。例如,聚落的领域是与拓扑空间概念密切相关的,而建造聚落时的位置决定以及聚落调查时对聚落总体配置图的记录等,都与人的欧几里得的空间概念相对应。而

正是因为人具有映射的空间概念,人建造聚落的活动以及调查聚落等行为才得以实现。通过利用这个映射的空间概念,人们才能够理解聚落的空间结构和人的空间概念之间的映射关系和对应性。

1·2·3 形态和结构的问题

对于形态和结构的映射关系,著名画家C·埃舍尔的一幅题为《启示》的版画将其表现得淋漓尽致(图1·2·2)。这幅作品的整体大致可以分为三个层面,最上面的小鸟是自然的形态层,最下面的三角形是理性的结构层。版画所表现的是上面的小鸟的形态似乎是由底部的三角形的形态结构转换而来的,并且可以发现上部的小鸟和底部的三角形所持有的信息是相同的。而二者的不同之处,则是由于小鸟和三角形在层面上处于不同的位置而引起的信息的表现形式不同。处于两者之间的暧昧层表现的是从结构层转换到形态层的过程,实际上即使将此中间层去掉,形态和结构的关系也依然存在。

如此这种形态和结构之间的对应性关系,我们用一个数学的语言来表现也是可能的。在这里如果我们将三角形的部分用集合"X"来表示,那么鸟作为三角形X的函数"$F(X)$"的关系是可以成立的。因此,鸟和三角形的函数关系就是集合"$F(X)$"和集合"X"之间存在着的映射关系。这种关系在拓扑几何学中称为"同构异形"的关系。而这种同构异形的关系可以简单地用下面的数字公式来说明。我们假设$F(X)=Y$,并且集合Y和集合X之间存在映射关系,那么集合Y和

图1·2·2 《启示》

图1·2·2出自《无限を求めて》,M·C·エッシャー著,坂根严夫译,朝日新闻社

[5]引自《空间学事典》,日本建筑学会编,井上书院

集合X的映射关系可以表示为

$$F:X \to Y$$

同时由于映射关系的存在,集合X中的信息被隐藏到集合Y中。根据这样的思考,埃舍尔《启示》画面中下端三角形部分的信息(集合X)借映射关系隐藏到了鸟的层面集合Y中。

1·2·4 聚落空间和空间概念

上面所说的"同构异形"和"隐藏"的关系原本均是数学上的概念,在本书中,将在分析聚落时将其作为一个基本的理论思考。正如前面所提到的版画中那些千姿百态的小鸟所表现出的全部信息都是由三角形所转换而来的一样。如果将小鸟和三角形的关系判断为"同构异形",那么也有可能从小鸟转换为三角形。如果我们试着沿这样的思路进一步延伸,即我们将小鸟看作是聚落中的空间组成,而三角形看作是人的空间概念,那么我们就可以将聚落的空间组成和在聚落中所表现出来的空间概念之间的关系类推为"同构异形"和"隐藏"的关系,亦即在聚落的空间组成Y中投射有居住者的空间概念X。

如上所述,本书的基本结构是以"启示"为基础的,从数学的角度来看虽不一定很严密,但本书是相对于拓扑空间所具有的同型性类推而展开的。虽然聚落的空间组成都可以通过如同版画中的小鸟一样表现出各种不同的形态,但实际上它们却拥有各自不同的结构。一旦我们掌握了形态和结构之间的关系,就可以将聚落的空间组成和空间概念之间的关系进行统一的理解(图1-2-3)。

本书正是从这样的观点出发,论述形态和结构对于聚落的空间组成和空间概念的投射关系。具体来说就是根据与聚落的空间组成相对应的聚落配置图来制作空间概念的数学模型。通过对空间概念进行定量分析,最终完成表示聚落的空间组成和空间概念之间的对应关系的矩阵图。

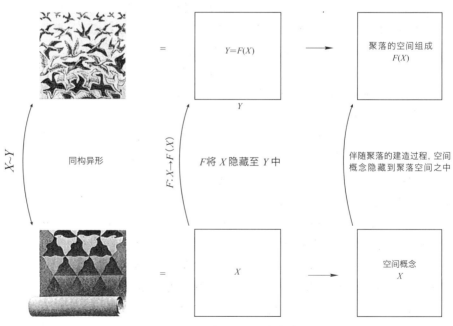

图1-2-3 形态和构造的关系性

第2章 聚落调查和基础事项的研究

第1节 聚落调查的相关问题

2-1-1 聚落调查的理念和目的

依照居住者的空间概念埋藏于聚落的空间组成之中这样的思考，我们便可以通过调查和分析聚落的空间关系，从聚落的空间组成中解读居住者的空间概念。我们的聚落调查正是带着如何从聚落的空间组成中解读空间概念，各种不同的聚落中的空间组成是否存在有规律性，以及通过掌握聚落的空间组成最终能否对聚落进行分类等一系列的疑问而开始进行的。

在聚落的调查过程中，我们的一个主要目的是希望通过调查者自己身体的体验来把握聚落的全貌。而这种对全貌的把握实际上是通过对聚落的"直观"来完成的。由于聚落本身具有自我明示性，聚落居住者的空间概念又在聚落的建造过程中转换到聚落的空间组成之中，同时通过聚落的物理空间关系表现出来，所以"直观"聚落的空间组成就是对聚落居住者投射于其中的空间概念的"直观"。

诚然，在聚落的背后存在有许多眼睛看不见的文化和社会结构，但我们认为，所有这些最终均会以某种形式依托在聚落中，被物象化，并明确地存在于聚落的空间组成之中。聚落之所以具有自我明示性，是因为居住者的空间概念被投射到聚落的空间组成中的缘故。

我们在聚落调查的过程中，会有各种各样的发现，并通过自己的身体感受到各种不同空间的关系，所有这一切恰恰是由于居住者的空间概念对我们起了作用的原因。这与我们平时看到某一对象物时，能够通过观察对象物自身所具有的特性来理解的道理是一样的。譬如"红"这一颜色，其本身对于"眼睛不自由者"来说，无论怎样向他解释"红"，他都不会理解"红"，更不会理解到"红"的本质。而对于一个视觉正常的人来说，不用向他做任何描述，一见到"红"本身，"红"是什么这一问题，通过"直观"的瞬间一目了然。在这里对于"红"所做的任何证明都是没有必要的，并且这种证明也是不可能的。"红"所具有的本质通过眼睛看就可以令人了解它的本质，这恰恰是因为"红"具有自我明示性。

基于这样的思考，我们在进行聚落调查的时候，不是以聚落的历史或居住者的生活习惯等人文要素作为切入点，而是着眼于现实聚落空间的本身，凭借自己的眼睛和身体的知觉感受对聚落空间的总体特征进行把握，并对聚落的本质进行"直观"，这才是我们进行聚落调查的主旨。

聚落空间本身明示着聚落的本质，所以在我们进行聚落调查时，在记录聚落空间的行为当中自然表现出了聚落的自我明示性。可以说，我们所记录的聚落的空间组成关系实际上是聚落的现实空间形态的一种转换。

我们记录聚落空间组成的方法采用的是自古以来一直使用的表现空间的方法，即使用聚落的配置图，住居的平、立、剖面图等二维的图面。这一纪录方法是将现实的对象所具有的信息进行综合和归纳。而实际的三维空间是以二维的配置图，平、立、剖面图等图面为基础制成的。即使是今天，也是将聚落的配置图以及聚落内部住居的平、立、剖面图等作为记录聚落空间的有效手段。

聚落调查时，调查者所描绘的图面是依据调查者自身的体验。只有在这个前提下，聚落空间和图面的对应关系才会成立。所以利用聚落配置图等图面可以将现实中的三维聚落还原到二维的图面中。另外，由于聚落和图纸之间的对应关系，我们从聚落配置图等图面入手就可以对聚落的本质进行探究，也正是基于这样的思考我们开始了聚落调查。

2-1-2 聚落调查的方法和调查概要

沿着上述的理念，我们在聚落调查时记录下了眼睛所看到的一切事物。实测并绘制出了聚落的形态、配置关系、住居内部的平面形状等，以把握聚落的总体特征为着眼点，记录聚落的配置图，住居的平、立、剖面图等以便能够解明聚落空间组成关系的信息资料。通过这样的一系列工作，我们就可以获得"直观"聚落的第一手材料。

2-1-3 从聚落中解读到的空间概念

聚落是居住者根据自己的空间概念而创造的空间。聚落本身具有自我明示性，居住者的空间概念同样地明示于聚落的组成关系中。因此对于聚落调查的实质就是对聚落进行"直观"，而对于聚落的"直观"亦即对聚落居住者的空间概念的"直观"。

在一系列的聚落空间组成的调查中，我们发现了若干聚落居住者的空间概念，在这里我们将这些空间概念加以整理，大致地可以归纳为以下八点。

(1) 不同的民族即使是处于相同的自然环境之中，建造的聚落形式也不相同

自然环境这一风土因素对于聚落的构成产生着很大的影响。依据风土的理解，在同一个自然条件下，不同的民族应该具有相似的聚落形式和空间形态，然而依据我们的调查，在自然条件极其相似的地方，相同的民族存在相似的聚落形式。然而不同的民族，即使是处于相同的自然环境之中，其聚落形式也不同。关于这一点，我们在对云南省西双版纳地区聚落的调查中得到了非常明确的证明。

譬如处于相同自然环境之下的汉傣族与基诺族的聚落就很不相同。我们所调查的曼农干聚落（图2-1-1）的居民是汉傣族。据说所谓"汉傣族"是汉族和傣族联姻而产生的民族，因此曼农干聚落的住居具有明显的中国北方汉民族民

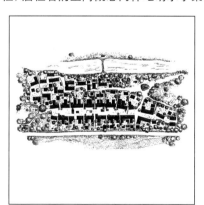

图2-1-2 出自八尾广的东京大学研究生院1991年度硕士论文《集落におけま住宅の配列规则に关する研究》

图2-1-1 汉傣族聚落曼农干

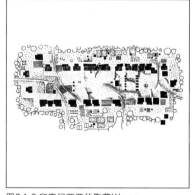

图2-1-2 印度尼西亚的聚落Wogo

居的特征。从聚落的总体布局上看，位于聚落中央的街道式的广场是聚落空间组成的最大特征，聚落整体的配置形式呈线性，这与位于东南亚地区的印度尼西亚的聚落（图2-1-2）非常相似。

从曼农干聚落中大体上表现出了此处居民所持有的两个空间概念：一个是基于汉族住居概念存在的汉族关于住居的样式，另一个是在汉族聚落中所看不到的却在东南亚一带常见的线性的总体布局。由此很容易令人联想到"汉傣族＝汉族＋傣族"和"汉傣族的聚落＝汉族的住居形式＋线性形式的布置方式"这两个图式关系的成立。

在距曼农干这个汉傣族聚落驱车约10分钟左右的地方，我们调查了两个基诺族的聚落，巴破村（图2-1-3）和巴朵村（图2-1-4）。而此时我们立刻就发现了这两个聚落的布局形式呈完全相同结构关系的趋势特征。这两个聚落的基本布局形式都是面山而建，并采用以一条道路通向山顶，住居排列布置在道路的两侧（图2-1-5）。

巴破村和巴朵村这两个基诺族的聚落与汉傣族的曼农干聚落虽然同处于相同的自然环境之中，但是由于民族不同，却产生出了两种完全不同的聚落布局形式。这种虽然处于相同的自然环境之中，但不同的民族所建造的聚落形式有所不同的现象也同样出现在1996年所调查的青海省的聚落中。

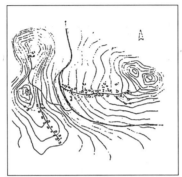
图2-1-4 基诺族聚落巴朵村

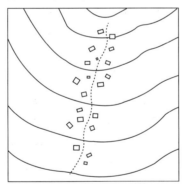
图2-1-5 基诺族聚落配置的一致性

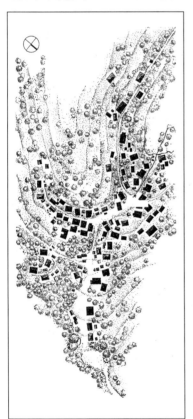
图2-1-3 基诺族聚落巴破村

图2-1-6 汉族聚落日月山村

图2-1-4 出自《云南民居—续篇》，陈谋德、王翠兰，中国建筑工业出版社

在那里我们对汉族聚落日月山村（图2-1-6）和同地区的土族聚落丰台沟（图2-1-7）这两个聚落进行了调查。或许是由于共处相同的地域环境之中，这两个聚落的住居形式十分的相似。然而，在对这两个聚落进行进一步深入的调查时，却发现这两个聚落在空间组成上存在着本质的区别。这种区别大致地表现在以下两个方面。一是在这两个聚落的居民的空间概念中对"内"和"外"这两个概念的理解和认识存在着差异。汉族聚落日月山村的住居形式是汉族的住居形式，具有汉族典型的四合院住居形式的特点（图2-1-8），因此它的"内"和"外"的关系十分明确。具体地表现为：在聚落的整体布局上，田地和打谷场这些属于集团活动的场所都布置在聚落的外部，而不是与自己的住居布置在一起。这是因为田地是集团活动的公共场所，而住居属于私密的个人空间。与此相反，在土族的聚落中，将田地和打谷场布置在自己的住居前，也就是说，把田地放在聚落的内部，将自己的田地放在自己住居的前面。在他们看来田地是住居的一部分。这种布局形式的结果不仅使聚落的内外关系变得暧昧，而且使住居和田地也成为一个整体。

这种配置方式明确地显示出，在土族的空间概念中，没有汉族那种类似于"院子"的空间概念。其实从表面上看住宅中都有用围墙围合出的院落，即两者的住居均采用"L"形的布局方式，不过仔细地观察发现两者的住居的功能分配很是不同。汉族的住居很明显地在强调着四合院的意匠，在由高墙四壁围合成的四方形范围内，进一步地在内院里又围合出一个二进院，从而强烈地表现出了汉族的住居利用墙壁形成院落的意识（图2-1-9）。而土族的院子中

图2-1-7 土族聚落丰台沟

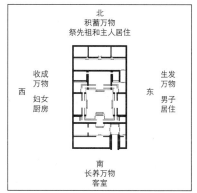

图2-1-8 院子的概念

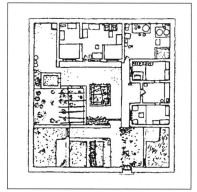

图2-1-9 汉族聚落日月山村的住居

图2-1-10 土族聚落丰台沟的住居

还种着田地（图2-1-10）。这两个处于相同风土环境中的聚落的住居，虽然拥有相似的住居形式，但是却因为民族不同，在空间组成中反映出了不同的空间概念。由此我们不难发现：处于相同自然环境之中的聚落，不同的民族会创造出不同的聚落形态。也不难看出对聚落的空间组成起决定性作用的是居民所具有的空间概念，而决不是简单地取决于风土环境。

(2) 相同的民族建造相同的聚落

如果说聚落的决定性因素是聚落中居住者的空间概念这一立论成立的话，那么，具有相同空间概念的同一种民族就应该建造相似的聚落。

我们在调查中国云南省聚落的时候，探访了傣族和哈尼族的聚落。其中曼因老寨（图2-1-11）和巴拉寨（图2-1-12）这两个聚落都是哈尼族的聚落，他们之间不仅具有相似的特征，并且这两个聚落都是根据相同的法则来建造的（图2-1-13），也许正是因为这一点，两个聚落给我们的印象和感觉也很相同。

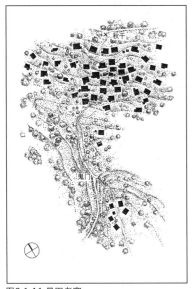
图2-1-11 曼因老寨

曼因老寨的村长告诉我们，哈尼族在建造聚落时最重要的规则之一便是要确立秋千（神圣象征物）和鬼门的位置。这个规则还规定从秋千的位置必须要能够看到鬼门，并且这两者必须布置在一条直线上。之后聚落中的所有住居则以这两点的位置为基准，布置在它们之间。同时在建造住居的时候，又必须满足从各个住居的阳台上能够看到秋千的要求。

秋千本身是整个聚落的具有宗教意义上的存在，是神圣的地方，同时也是聚落的入口。好事通过秋千进入聚落，而坏事则从鬼门离开聚落，这是村长向我们讲述的一个建造聚落的规则和含义。这种同一种民族的聚落具有相似的配置结构的现象，同样地在西班牙的聚落中也是存在着的。

位于西班牙南部的卡萨莱斯（Casares）（图2-1-14）和蒙提弗里奥（Montefrio）（图2-1-15），这两个聚落虽然地处不同的区域，但聚落的布局结构却十分的相似，都是在聚落的中央部位设置了广场（图2-1-16），并且两个聚落都分别在广场和聚落的一端的山上修建了一处教堂。位于广场上的教堂是罗马式的，而山上的教堂则是哥特式的。

同样地，在1996年调查中国西藏东部地区的时候，发现藏族的聚落高走村（图2-1-17）和红光村（图2-1-18）的空间组成也是非常的相似。两者住居的空间布局类型都采用的是排列成一条直线的形式(图2-1-19)。

从上述的考察中我们不难得出如下结论，即不同的民族即使处于相同的风土环境之中，他们所建造的聚落形式也不同；而相同的民族无论所处的风土环境是否相同，他们的聚落空间组成也

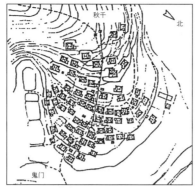

图2-1-12 巴拉寨

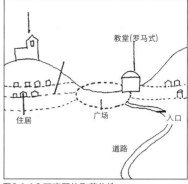

图2-1-16 西班牙的聚落构造

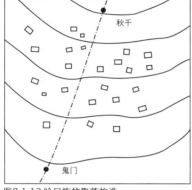

图2-1-13 哈尼族的聚落构造

图2-1-17 西藏民族的高走村

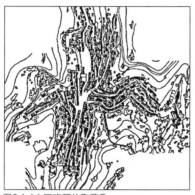

图2-1-14 西班牙的聚落Casares

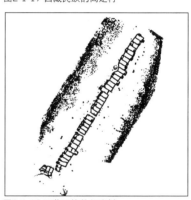

图2-1-18 西藏民族的红光村

图2-1-12出自《云南民居——续篇》，陈谋德、王翠兰，中国建筑工业出版社

图2-1-14出自《モロッコ、スペイン、ポルトガル＜いえ＞と＜まち＞調査紀行》，铃木成文等 SD8506 1985

图2-1-15出自《世界の村と街 No.8 イベリア半島の村と街 1》, A.D.A.EDITA Tokyo Co., Ltd

图2-1-17 出自东京大学研究生院塚本大1989年硕士论文《中国における伝統的住居の調査および形態分析》

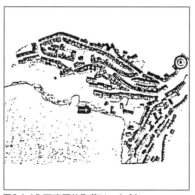

图2-1-15 西班牙的聚落Montefrio

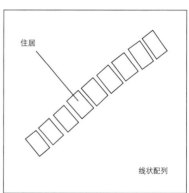

图2-1-19 西藏民族的聚落构造

是相似的。

依据这样的事实,我们不难发现:决定聚落形态的存在因素不单纯的只是风土环境,应该说除风土环境之外存在一种比风土环境更为重要的影响力,而且考察到不同的风土环境下会存在相似的空间结构,可以说:这个力的结构是相对稳定的。而这个相对稳定的结构的力的根源便是居住者的空间概念。

如同本书在序中所论述的那样,物质的结晶结构是取决于分子的组成关系。同样地,空间概念的结构不仅表现在住居的形式上,而且还表现在聚落内部住居之间的空间组成上,而反映在住居之间的聚落的空间组成就是居住者最基本的空间概念。

(3) 同一民族的聚落所处的地形环境是相似的

我们在对前面叙述过的两个西班牙聚落Casares和Montefrio进行调查时,还发现了另外一个引人注目的事实,那就是这两个聚落处于相似的地形环境之中。也就是说这些居民们在建立聚落的时候,所选择的地形和地貌非常相似。观察两个聚落的周边环境,二者均建于两座山脊之间,聚落内的中心广场就布置在两座山脊之间的最低处,并由那里延伸出几条放射状的道路,一直通向山脚。

与西班牙的这两个聚落相类似,在中国也存在有将聚落建于山脊之间的民族,那就是居住在中国湖南省内的苗族。我们曾经调查了苗族的三个聚落——腾梁山村(图2-1-20)、沟梁寨(图2-1-21)和建塘村(图2-1-22)。这些聚落共同的特点都是将聚落建于两山之间,而且聚落的地形和地貌非常相似(图2-1-23)。如果将这三个聚落与前述的两个西班牙聚落相比较,我们不难发现以下的事实。

首先,二者的共同点是都将聚落建立在两山之间,但聚落所处的具体位置却有所区别。比起苗族聚落,西班牙的聚落建在山的比较高的位置上(图2-1-24)。而苗族则建在偏低的位置。由此可以明显地看出不同的民族对于地形的选择、喜好也是不同的。想到前面论述过的两个基诺族的聚落,发现它们实际上也同样地选择了相似的地形、地貌。譬如这两个聚落也建于半山腰,采用一条道路从山脚下一直贯通向上的聚落布置方式,住居配置在道路的两侧。

如果将上述的内容加以整理,我们可以从图2-1-25中明显地看出西班牙的聚落、中国苗族的聚落、基诺族的聚落,他们在选择地形时彼此的不同的偏爱。

所有这一切恰恰说明了在确定建造聚落之前选择建造聚落地点与地形的行为决不是一个偶然的行为,这种行为是根据聚落居民们的意识来决定的。并且,同一个民族选择相同的地形,不同民族选择不同的地形的事实,充分说明了对于地形的选择行为也是聚落居民们的空间概念的反映。这表明人们在建立聚落、将自然环境转化为居住空间时,同一个民族对于建立聚落的地形环境的选择标准是一致的,这一点也恰恰地说明了聚落居住者所拥有的空间概念具有相对的稳定性。

(4) 聚落中住居具有方向性

住居方向性的确定不是偶然的,它是居民在建造聚落时的空间概念的表现。在对中国的聚落进行调查时,遇到了很多住居的方向具有重要含义的实例。例如窑洞，各个窑穴的朝向带有重要的含义，其中厕所的位置、入口的方向等等都是由居民对方向这个问题所持有的概念和认识所决定的。而在这些窑洞中所体现出的方向性的意义的类型与在四合院中所体现出的方向性的意义的类型是完全相同的（图2-1-26）。究其本源就在于居住在窑洞和四合院中的居民都是汉族的缘故。窑洞和四合院的住居形态由于所处的自然环境不同而不同，但它们所反映出的汉民族所具有的空间概念却是完全一致和相同的。窑洞和四合院的形态虽然不同，但住居的方向带有含义这一点却是共通的。同样一个值得列举的例子是云南省哈尼族的聚落。哈尼族聚落中的住居方向是由阳台的方向来确定的。阳台的方向必须是朝向聚落中具有神圣意义的象征物—秋千（神圣象征物）。正是因为如此，在哈尼族聚

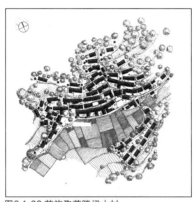
图2-1-20 苗族聚落腾梁山村

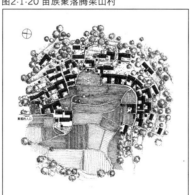
图2-1-21 苗族聚落沟梁寨

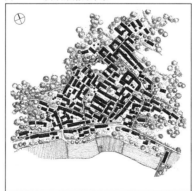
图2-1-22 苗族聚落建塘村

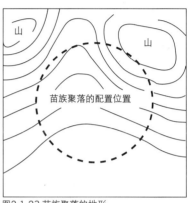
图2-1-23 苗族聚落的地形

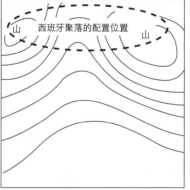
图2-1-24 西班牙聚落的地形

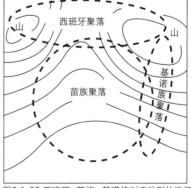
图2-1-25 西班牙、苗族、基诺族对于地形的选择

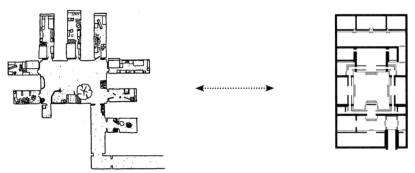

图2-1-26 槐下村的窑洞式住居和汉族的四合院

落中住居所表达出的方向性的这个特点产生了求心现象。

如果我们从聚落的配置图中将住居轴线的方向抽出进行考察就会发现，不同民族的住居轴线的方向是不同的。比如位于云南省的佤族聚落回库村，其住居屋脊轴线是近乎平行的。而与之相反，位于湖南省的苗族聚落，其住居屋脊轴线却是朝向聚落中的某一点。由于这种住居方向的不同所构成的聚落形态，让我们这些调查者产生出不同的空间感觉（图2-1-27）。

(5) 住居的方向朝向中心

聚落中住居的方向汇聚于某一点的状态，是由于聚落中该点所具有的力而引起的，因而可以认为住居的方向具有求心性。中国福建省的客家土楼便是一个典型的例子（图2-1-28）。土楼中居住空间的配置形式呈多层同心圆状，圆的中心是祖堂，居住空间就是以祖堂为中心呈圆环状配置，所有住居都朝向祖堂。因此可以认为，这种布置形式是由于来自中心强烈的影响力的作用而形成的，因此才使得所有的住居都朝向了中心这一点。当我们判断一个聚落是否具有求心性存在，并试图对这种求心的程度加以衡量时，可以将其同我们已经考察过的聚落的向心程度进行比较，从而判断聚落求心性的强弱。

求心性的强弱，是我们判断聚落空间特性的一种尺度，也正是因为有求心性这个尺度的存在，才使其成为我们判断聚落的一个依据。聚落全体求心性的强弱通过住居方向的求心性表现出来。因为客家土楼是目前发现的求心性最强的聚落，所以其他聚落的求心性就可以将其作为基准进行比较。例如在我所调查过的聚落中，比客家土楼求心性略弱的是苗族的沟梁寨，其次是佤族的回库村。求心性的强弱可以通过聚落调查时自己身体所感受到的住居方向的统一程度表现出来。通过观察住居的方向，便可以对聚落居住者的空间概念中所拥有的对于各种方向性的认识进行解读。

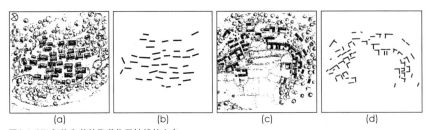

(a) (b) (c) (d)

图2-1-27 佤族和苗族聚落住居轴线的方向
(a)佤族聚落；(b)佤族聚落住居屋脊轴线的方向；(c)苗族聚落；(d)苗族聚落住居屋脊轴线的方向

图2-1-28 出自日本《住宅建筑》1987年3月号

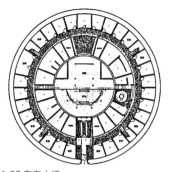

图2-1-28 客家土楼

依据这样的事实来进行分析,如下的假设是成立的:

[1] 聚落中的所有住居都具有求心性;

[2] 住居求心性的强弱程度是由住居的建造者对聚落全体求心性认识的强弱程度来决定的;

[3] 聚落全体的求心性程度是由建造聚落的人们所共有的空间概念决定的。

(6) 住居之间的距离决定着聚落的集散程度

我们在调查湖南省的聚落时,感觉到这里的聚落比云南省的聚落有着更加强烈的方向性,同时这里住居与住居之间的距离也变得狭小。在从云南省到湖南省的整个聚落调查过程中,聚落的求心性逐渐加强,同时住居与住居之间的距离也在不断地缩短。

住居之间的距离与住居的方向性一样,因聚落的不同而不同。这一点从云南省到湖南省住居之间的距离依次减小的感觉,以及哈尼族聚落曼囡老寨住居之间的距离比湖南省聚落中住居之间的距离有所扩大的感觉中得到了印证。

住居之间距离的大小对整个聚落形态有着非常大的影响,正是因为如此,根据住居之间距离的大小可以对聚落的集中性或分散性进行判断。

在对摩洛哥的聚落进行调查时,可以经常看到当地人彼此之间以非常近的距离进行交谈。比如男子之间在交谈时彼此之间手握着手的现象随处可见,这种身体之间近距离接触的特点似乎被转换到住居的布局方式中。似乎因此在摩洛哥的聚落中,住居之间的距离都非常接近,甚至可以说摩洛哥的聚落中住居之间几乎没有距离,聚落整体形成了一个巨大的建筑。与此相反的是中国云南省哈尼族聚落曼囡老寨的住居之间的距离非常大。由于住居之间距离的大小影响着聚落的整体形态,因此两个聚落的不同显而易见,由此这种根据距离感来判断和比较聚落之间差异的方式有可能是一个重要的尺度。

(7) 住居的大小因地域不同而不同

住居的大小影响着观察者对聚落整体的印象与感觉。例如中国藏民族的住居(图2-1-29)远大于云南佤族的住居(图2-1-30),这是由于两个民族对住居所拥有的概念和认识有所不同而产生的结果。藏族的住居是由多种不同功能和使用目的的房间组成,而佤族的住居往往只有一个房间,所有的生活都在这同一空间里进行。佤族是一个大家庭聚集生活在一个房间里,而藏族则是在一个住居之中分隔出多个房间。比如藏族的聚落"高走村",其每栋住居的大小

图2-1-29 藏族住居二层平面图

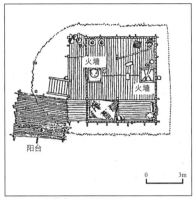

图2-1-30 佤族住居二层平面图

约有200m²，而佤族的住居则小得多。这种因民族不同住居的大小有所不同的实例在我们的聚落调查中随处可见。同一种民族的住居，其大小较为相近，不同民族的住居，其大小有所不同，这个规律表明住居的大小是聚落中住民对空间支配概念的一种反映，也说明着住居面积是居住者所拥有的空间概念的一种表现方式。

(8) 聚落和住居都具有领域性

一个聚落本身就是一个领域，而领域内的居住者与领域外的居住者的世界是泾渭分明的。对于聚落的居住者来说，我们这些聚落的调查者就是外部的人，而外部的人要想自由地在聚落中行动就必须事先得到聚落内部居住者的同意。聚落所具有的领域并不一定全部都是以肉眼能够看到的形式表现出来，同样也存在眼睛看不到的边界线。比如，哈尼族聚落的领域范围就是由鬼门和秋千这两个点来确定的。而位于四川省的藏族聚落有些则是将山顶作为自己聚落的领域来考虑。这种对领域的认识也在聚落的住居中明确地反映出来。我们这些调查者在进入村民的住居时，首先感觉到的就是它的领域。在我们这些调查者和这里的居住者的意识当中，同时存在有住居的内和外以及聚落本身所形成的领域的内和外之间的关系。这种对领域所持有的概念是人对于场所所拥有的感觉，而我们的领域和居住者的领域之间相互接壤的线就是领域的边界。在聚落中存在有领域和边界。举例来说，比如瑶族在两座山之间建造聚落，聚落就是以山为边界而形成的（图2-1-31）。聚落因山的存在而围合成为城塞，从而形成一个领域。在这里，存在人对领域的支配概念，同时也因这种支配的概念规定了聚落和住居的领域性。

综合上述从聚落调查中所观察到的八点现象，为我们明确了以下的几个方面的内容：

[1] 每一个民族都拥有共通的空间概念，具体地表现在以下三个方面：

① 同一个民族的聚落有着相似的空间组成；

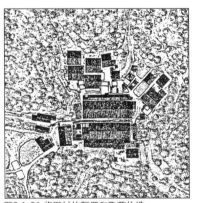

图2-1-31 将军村的配置和聚落构造

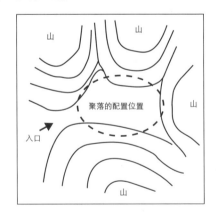

②同一个民族的聚落在相似的地形环境中建造聚落；

③根据上述两点，空间概念具有相对的稳定性。

[2]聚落中的住居存在有方向性。

[3]聚落中住居之间的距离是判定聚落的聚合与离散程度的一种尺度。

[4]不同民族的聚落其住居的大小也不同。

[5]聚落和住居都存在有领域性。

第2节 聚落与居住者的空间概念

2-2-1 居住者空间概念的物象化

我们在聚落调查的过程中发现了聚落中存在的各种事项，针对这些事项本节拟对与其相关的概念进行分析和说明。

如果说聚落是居住者空间概念物象化的产物，那么聚落的建造过程可以说就是聚落中各个住居的建造过程，而这个过程实际上又可以被称为是由人的意志决定其行为的心理过程。而这种由意志决定的判断，源于居住者所拥有的空间概念。居住者以空间概念为依据，将聚落进行物象化的过程大致可以分为两个阶段：第一阶段，伴随着对聚落地形环境的选择过程而进行的空间概念的物象化；第二阶段，伴随着居住建筑的营造而进行的空间概念的物象化。

2-2-2 选择聚落地形的过程中发生的空间概念的物象化

人对场所的选择是以明确的"选好"为基础，并据此"选好"来采取选择的行为。这一特点在人的意志决定的过程中发挥着重要的作用。

地形是建造聚落的场所，对地形的选择行为实际上是聚落的建造者根据自己的空间概念而作出的意志决定的过程。尽管自然环境中存在着多种不同的地形，为人们提供多种的选择条件和可选择的可能性。然而选择什么样的地形环境作为自己的居住场所，这却与选择者所拥有的空间概念密切相关。如果将这种个人的判断和决定加以归结，实际上会形成一种集团的判断和决定，其结果便会成为一种集团的意志决定。

当某集团准备建造聚落的时候，作为从自然地形向居住空间转换的第一步，该集团首先要探寻自然空间。在选择的过程中，当面对出现在眼前的自然空间突然产生出一种想要在这里居住的念头时，说明出现在眼前的自然空间与他头脑意识中所具有的空间产生了共鸣。而这个在意识中浮现出来的空间，就是我们所说的以"空间概念"为基础的意识空间，也是未来的聚落空间的潜像。

图2-2-1所描绘的是在中国的古代人

图2-2-1 图中所表现的是约两千年前的中国周朝的人们选择修建住居场地的情景

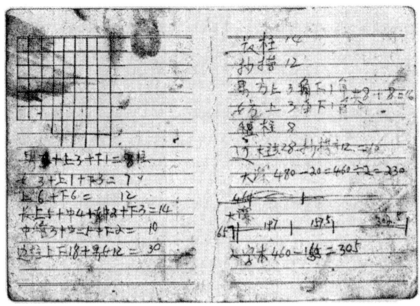

图2-2-2 云南省哈尼族聚落巴拉寨的村长搓特画的修建自家住宅时的设计草图

们在自然环境中选择聚落建设场地的一个场面。画面中的人们正在从自然空间中选择一个适合自己居住的环境。人们在进行选择时，是根据自己意识中固有的选择标准为规范的，并对出现在眼前的物象作出可与否的判断，并且这些判断又是以对象物是否与自己头脑中的标准相一致来决定的。当然，自然环境与空间概念之间的关系是相互影响、相互作用的。自然地形对人的空间概念的形成起着决定性的作用，并且自然地理空间对居住者的动作、认识以及审美的满足感等也都产生着巨大的影响。但与此同时，空间概念反过来也会影响如何去寻找与其潜像相适应的自然空间环境，并且当自然空间环境无法满足空间概念时，建造者还可能将自然环境加以改造以使环境与头脑中的意识空间的潜像相附合。

2-2-3 聚落空间中的空间概念的物象化

某集团以自己的空间概念为依据，从自然的空间环境中选择出作为自己居住的理想的地理环境，并在那里建造聚落。聚落空间是居住在这个聚落中的人们以及建造聚落的人们的空间概念的产物。换言之，作为这个集团中个体的空间概念的总和，形成了一个共通的空间概念，而所建造的聚落空间就是这个共通的空间概念的产物。

聚落空间是伴随着居住者的建造行为而逐渐形成的空间。也是聚落中居住者的空间概念在聚落空间中自然而然渗透的过程，是有含义的空间形态在无意识的过程中自然流出的过程。而这种无意识的创造过程所投射出的聚落空间恰恰是居住者所持有的空间概念的表现。

我们在聚落调查时，测绘聚落的配置图和住居的平面图是记录聚落空间关系的一个必要手段。而且我们在建造建筑的时候，建筑图纸也是不可缺少的。但是，对于那些居住在聚落中的居民来说，图纸对于他们来说往往是不需要的。比如在我们调查过的位于云南省的哈尼族聚落"巴拉寨"，村长就曾把他建造自家住宅时的设计图展示给我们。然而所谓的设计图纸不过是一个为伐木方便而记录木材尺寸的简单的计算图表而已（图2-2-2）。为什么没有图纸却可以盖房子呢？面对我的疑问村长说"图纸已经在我的脑子里"。头脑中存在有图纸，换言之，图纸存在于村长的意识当中，并且村长的住居在未建成之前是作为村长意识中的概念而存在的。就是说，村长的住居在实际建成之前，其形象的整体已经在村长的头脑中形成了。而我们所看到的住居不过是存在于他的意识当中的住居形态的具体表现。马克思曾指出，蜜蜂在建造自己的蜂巢时，在蜂巢还没有建成之前，蜂巢的形状和空间等已经在蜜蜂的头脑中形成了，或者观念性地形成了，而我们所看到的蜂巢本身只不过是蜜蜂的空间概念的一种表现。据此，我们可以作出如下的推论，即将空间概念转化为实际的聚落空间的建造过程中，在聚落空间还没有实现之前，聚落空间的像已经存在于人的意识之中，至少在观念上存在着。聚落空间不过是聚落居民及聚落建造者的空间概念在现实空间中投射的结果，聚落空间本身只不过是这种空间概念的物象化的产物（图2-2-3）。

如果以这样的视点为基础，反过来就可以从作为空间概念的表现物，即聚落空间着手来解读空间概念。反过来同样也是成立的。实际上在任何聚落空间的背后都存在有某种潜在的非定形的力，这个力就是空间概念，并且这个力具有相对的稳定性。

人们建造聚落、选择地形等行为，首先都是从意识中产生欲望，而这种欲望本身从结构上与空间概念之间有着密切的联系。比如"想在这里居住"、"希望以这样的方式居住"等等这些欲望实际上就是人的空间概念的一种表现。而将这种欲望化的空间概念加以实现，其本身便是对欲望的满足。

苗族为什么会选择相似的地形建造聚落呢？与其说是因为他们喜欢这样的地形，不如说是因为这样的地形所具有的空间特性与选择地形空间的人的空间概念相互协调一致的缘故。为什么聚落有着千变万化的空间形态？那恰恰也是因为各民族之间有着千变万化的空间概念的结果。

2·2·4 地形空间、聚落空间、空间概念之间的关系

前面已经提到地形空间、聚落空

(a)

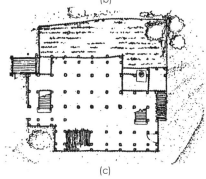

(b)

(c)

图2-2-3 根据搓特画的设计草图所建造起来的搓特家的住宅平面图(山中新太郎测绘并制图)
(a)搓特的住宅；(b)二层平面图；(c)一层平面图

间、空间概念这三者之间的关系是同一事物在不同的三个层面上的表现。这是因为地形空间和聚落空间是以空间概念为基础而形成的。对此也许我们很容易产生这样的疑问,即空间概念的形成不正是由于地理空间作用的结果吗?诚然,聚落的地形空间对人的空间概念的形成起着决定性作用,但人与动物之间的根本区别就在于人的意识存在有主观能动性,具有改造和利用自然的能力。而意识则不单纯只是一个反射自然的镜子。

依据这样的理解,我们可以进行如下的思考,当某个集团在建造聚落时,他们首先根据集团的空间概念从自然的空间环境中选择聚落的建造地点,并以该空间概念为基础,在选择好的地形之上建造聚落空间。选择地形与建造聚落这两个阶段实际上是相同的空间概念在两个不同层次上的表现。最初的阶段是选择与空间概念相吻合的地理空间,是人的空间概念与自然空间相适应和相互印合的过程。第二个阶段是空间概念的人为表现,即对所选择的自然地理空间进行改造的过程。具体来说,就是聚落中的居住者将空间概念向现实的居住空间进行转化的过程。

而空间概念一旦转换成为聚落空间,作为主体存在的空间概念就会成为作为客体存在的聚落空间。于是,这个被客体化的空间概念(聚落空间)或者说是新的空间概念也就成为再构筑起来的客体对象物。也就是说,生活在将空间概念物象化所形成的聚落中的居民,又会从聚落空间中重新构筑起新的空间概念,然后再从重新构筑起来的空间概念中创造出新的聚落空间,亦即:空间概念→聚落空间→空间概念→聚落空间→空间概念……无限地循环下去(图2-2-4)。

第3节 建造聚落的行为及调查聚落的行为与身体像之间的关系

"建造聚落"和"调查聚落"这两个行为活动是"转换居住者空间概念"和"解读居住者空间概念"的两个过程。这两个过程的实现与人的身体像之间有着密切的关系。本节将从人的身体像的特征分析着手,对建造聚落和调查聚落的行为之间的关系进行探讨和分析。

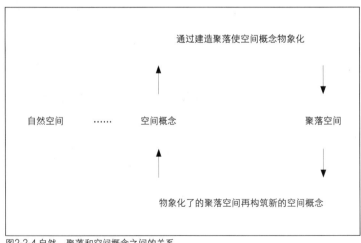

图2-2-4 自然、聚落和空间概念之间的关系

2-3-1 身体像的概念

根据心理学的定义，人的身体像（body-scheme）是指"通过人的身体的运动和体位的变化，从而认识到恒常的自身的身体像的变化，它是由赫·海德（Head,H.）和基·赫尔莫斯（Holmes, G.）命名的（1911）"。[1]身体像本身具有以下两个特征：

(1)具有坐标性质。即"身体像具有前后、左右、上下等主要方向，并由这些主要方向复合而成"。[2]同时，"可以根据这些来确定身体的方位（orientation）或者说身体的定位（location），同时使我们能够让周围的事物按照我们的目的采取行动"。[3]在这个过程当中"我们意识上的身体运动也可以加入到这个像中，并成为它的一部分"。[4]

(2)身体像不单纯指物理的身体，它支配着一定的范围（图2-3-1）。

身体像的这两个特征是人类活动的基本特征，并且它们在聚落空间中有所反映。

2-3-2 身体像和领域的支配

人不单纯具有身高、体重等物理上的意义，而且还具有意识、概念、感觉等心理上的意义。心理意义上的人，是由人的身体与心理的支配范围的总和形成的。而心理的支配范围是人身体的延长。这种身体的延长是人以自己为中心，同时划分为若干阶段。这个关于范围的概念和行动，在我们的生活中经常出现。例如，我们日常生活用语中经常使用如"这里"、"那里"等语言，实际上这也是人的心理范围的一种表现（图2-3-2）。

同样的，人与人之间的交流实际上也是某种范围与范围之间的重合与叠加，并由叠加的区域的大小来决定现实中人和人之间所产生的距离的大小。而这个因叠加所产生的距离应该说是人的支配范围的另一种表现方式，在心理学上这种叠加所产生的距离被称为人体距离，即"人与他人之间保持有的某种空间和距离"。

"实际上每一个人的周围都如同包裹着一层看不见的泡。在每一个人的周围，都存在着不想让他人入侵的心理上的距离，这就是人体距离"。[5]这种人体距离表现在人与人之间的距离上，并且可以根据彼此之间的相互关系以及交流方式等进行调节。这种存在于人的身体周

[1]、[2]、[3]、[4]出自《心理学事典》，平凡社，p.353
[5]引自《空间学事典》，日本建筑学会编，井上書院

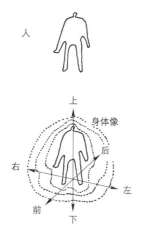

图2-3-1 物理的人和身体像

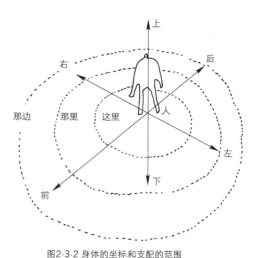

图2-3-2 身体的坐标和支配的范围

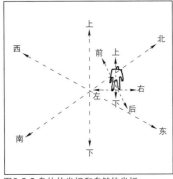

图2-3-3 身体的坐标和自然的坐标

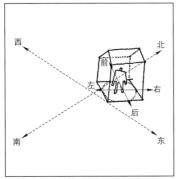

图2-3-4 从身体的支配范围到住居

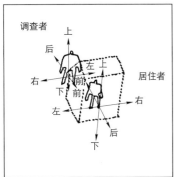

图2-3-5 调查者的身体和居住者的身体

生的问题（图2-3-3）。"建造聚落的行为"以及"调查聚落的行为"这两项活动，是居住者将自己的相对坐标系在大地的绝对坐标系中定位的过程。调查者在将自己的身体坐标系与居住者的身体坐标系相结合的同时，也在对居住者的身体坐标系进行解读。

聚落中住居的相对坐标如何与大地的绝对坐标取得相互关系的问题，直接影响着住居的方向，同时也影响着聚落整体的方向性。从某种意义上说我们所看到的聚落中住居的方向与居住者的身体坐标系的朝向应该是一致的。而居住者的身体坐标系反过来又是通过住居的方向表现出来的（图2-3-4）。按照这样的观点，我们对聚落的调查过程，实际上就是调查者的身体坐标系与居住者的身体坐标系相互重合的过程（图2-3-5）。根据这个过程，我们就有可能认识和解读居住者所表现出来的对于方向性所持有的空间概念。

2-3-4 聚落建造过程中的概念模式

以上面的论述为基础，我们试图对聚落的建造过程以概念模型的方式进行说明。我们将居住者建造聚落的过程分为以下五个阶段：

(1) 某集团准备在大自然中建造自己的聚落（图2-3-6）。

(2) 他们在大自然中选择适宜自己居住的空间场所。某一个时刻，面对出现在眼前的地形，他们产生出希望居住在这里的念头的时候，恰恰就是这里的地理空间与他们头脑中的空间概念相吻合的瞬间。根据这个"吻合"的判断，他们确定并选择了建造聚落的用地（图2-3-7）。

(3) 在已经确立的用地范围内，集

围而人的眼睛看不见的空间（身体像）对人的空间活动来说是非常重要的。

2-3-3 身体像的坐标和自然的坐标

人以自己为中心，在自己的身体周围拥有一个相对坐标系。此外，人在大地空间中又以东、西、南、北和上、下为基准拥有绝对坐标系。在大地的绝对坐标系中，人自己的相对坐标系如何决定自己的位置，这是伴随着人的活动而产

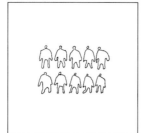
图2-3-6 某集团

图2-3-7 选择居住场所

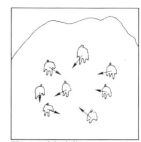
图2-3-8 空间定位

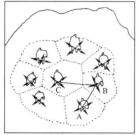
图2-3-9 确保支配范围

图2-3-10 从身体像到住居

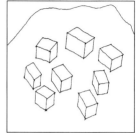
图2-3-11 聚落的完成

团中的人们准备确定自己建造住居的位置。根据身体像的作用，他们确定了自己的位置。这种在无限广阔的空间范围内确定自己位置的做法就是空间定位，也就是确定方向的过程（图2-3-8）。

(4)在决定位置的时候，A-B、B-C就是人与人之间的距离。A和B之间的距离是在考虑A所支配的领域与B所支配的领域之间相互平衡的基础之上决定的（图2-3-9）。根据这个法则，居民各自决定个人的位置并确定支配范围，最终以住居的"面积"这种形式表现出来，并在视觉上明确地显示出相互之间的距离关系。

(5)居住者在自己所支配的领域内，为了保护自己的安全，筑起墙壁，建起住居。这个阶段实际上就是居住者将自己的身体像转换为自己住居的过程，也是包裹自己身体部分延长范围的行动。在这里必须指出的是：身体像的方向最终转换成为住居的方向，A住居和B住居之间的距离关系，实际上就是居住在A的居民与居住在B的居民之间的距离关系。于是，各个住居的方向表现的是空间定位时方向确定的结果（图2-3-10）。

作为最终的结果，居住者的身体像转化为聚落中的住居，聚落的空间组成作为居住者空间概念的表现物而被确立完成，并以住居和聚落的物理形态成为视觉可见的客观事实的存在（图2-3-11）。

第4节 身体像和聚落调查之间相互关联的问题

2-4-1 作为解读居住者空间概念过程的聚落调查

聚落调查过程的本身实际上是对聚落居住者所建造的聚落空间进行认知的过程。心理学中关于环境空间的认知指的就是对被认知的对象进行其位置、大小、形状以及被认知对象相互之间的关系进行把握。而这种把握是以观察者与对象物间的方向和距离等空间关系为基础来进行的。可以说，调查聚落的过程实际上是对聚落空间的特征进行认知的过程。而对于我来说，对聚落进行调查，就是将自己作为观察者对聚

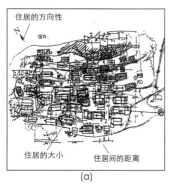
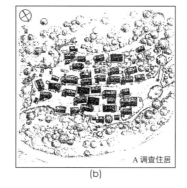

图2-4-1 从聚落测绘图到聚落配置图的完成
(a)这是笔者在调查的时候记录下来的回库村的配置图。当时只记录了三种数据：住居的方向、住居之间的距离以及住居的大小；(b)这是在调查时记录下来的配置图的基础之上，参考录像和照片等资料绘制出来的聚落配置图

落中住居的大小、住居的位置、住居的方向等加以把握的过程。也就是作为调查者的我的身体像与居住者的身体像进行相互"碰撞重合"的过程。

2-4-2 作为调查者的我的身体和聚落调查

我们从通过对聚落的整体布局进行考察可以理解聚落居住者的空间概念的视点出发，针对聚落的整体平面布局进行了记录。在记录时，我不是从聚落的上空对聚落进行观察，而是依靠自己的身体在聚落中边行走边对聚落进行体验和记录。而此时的聚落空间是以我的身体为中心，在我的周围（近旁）逐渐扩大并展开的，于是我将我周围的逐渐扩展或收缩的空间关系记录到纸上，在聚落中我一边移动一边记录下我所认知到的空间关系。此时，我一边使自己的身体方向（我的身体坐标系）和住居的方向（住居建造者的身体坐标系）一致，一边在纸上记录下该住居的方向和住居之间的空间（住居之间的距离）。伴随着我在聚落中的移动，我的身体位置和方向也在不断地发生着变化，而当我的身体的方向与住居的方向相互一致的瞬间，就是我自己的身体像和住居建造者的身体像相互吻合的瞬间。就这样，在调查中我一边使自己身体的空间定位和聚落中住居的定位相互吻合，同时一边记录聚落中住居之间的位置关系。并且一边使作为调查者的我的身体像与住居的建设者的身体像取得一致，一边记录着居住者的身体像。通过这种将一个个居住者的身体像进行记录的工作，最后将这一切汇总绘制为图纸，成为一张完整的聚落总平面配置图。

2-4-3 作为居住者的空间概念图的聚落配置图

我在记录聚落配置图的时候，是以将所有眼睛能够看到的东西，如住居、树木、牲畜小屋等等全部进行记录为原则的。这样我们就可以对于住居的定位之外的聚落中存在的所有事物的分布形式进行捕捉，并逐渐地使自己的身体与聚落的环境空间相互一致。在从聚落空间向聚落配置图的转换的过程中，实际上在图纸上我只记录了三个"量"的要素。一个是聚落中住居的方向（每一个住居的方向），这是通过方向测定器（指北针）上显示出来的住居的轴线方向记录在我的测绘本上的。另一个是住居的大小，住居的大小是由住居的开间和进深等因素来决定的,这是可以用面积的概念表现出来的。最后一个是住居之间的距离,这是用尺子对住居之间的距离进行实际测绘而获得的。通过记录这三个量,就可以获得聚落配置图与实际的聚落之间的对应关系(图2-4-1)。从这个意义上我们可以说,"聚落的配置图=住居的面积+住居的方向+住居之间的距离"这个公式是成立的。

值得注意的是,我对聚落配置图进行测绘的过程,实际上是对建造者在聚落时所熟虑的聚落中的住居的方向、距离以及面积等意向进行体验的过程。而我绘制聚落配置图的过程与居民建造聚落的过程具有同样的程序,并且对聚落配置图的测绘过程,实际上正是对聚落建造者投射到聚落中的关于住居的方向、面积以及住居间距离的空间概念进行接收的过程。所以我所记录的聚落配置图实际上近乎于居住者的空间概念图。并且这个空间概念图可以同样地解释为是由这三个量的关系近似地表现出来的,亦即:"空间概念图≌聚落配置图=住居的面积+住居的方向+住居之间的距离"。

2-4-4 聚落配置图中所表现出的数量化的空间概念

在对聚落空间中的空间概念进行感知的过程中,我们采用各种各样的尺度和数值进行记录,这种通过数值转化为图形的过程提示着我们:空间概念应该是以数值和数量的状态存在于人们的意识中的。图2-4-2所表示的是我所理解的空间概念的示意图。实际上我们头脑中的概念是以若干分层状态存在着的。我们对客观世界信息的收取是通过我们的感觉器官来完成的,当这些信息被概念化的时候我们便对其进行了分层。比如,某个三维物体通过我们的眼睛投射到概念上的时候,该物体在头脑中概念上的构成并不是现实空间中的具体的三维物体,而是被置换成为数字状态。这种空间概念的数量化事实的存在,在聚落调查中能够被强烈地感觉到。

在聚落调查时,当眼前的住居映入我脑海中的瞬间,实际上是通过数量化转化后被认识的。这是因为,我在记录聚落配置图的时候,该住居的形态特征都是通过面宽、进深、高度、角度等诸如数量化的信息进入到我头脑中的。然后我再根据这些面宽、进深、高度、角度等数量信息,在我的测绘本上将所测绘的住居形态进行还原。在记录聚落配置图的时候,对象物与我之间实际上经历了"形态1→数量→形态2"这样的过程。其中形态1是指聚落的空间组成,形态2是指记录在测绘本上的

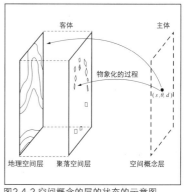

图2-4-2 空间概念的层的状态的示意图

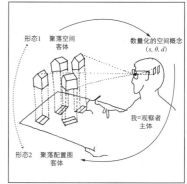

图2-4-3 调查时主体和客体的关系示意图

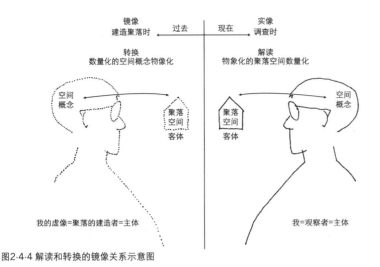

图2-4-4 解读和转换的镜像关系示意图

配置图,而形态2实际上是形态1的投影。形态1和形态2是客体,中间过程是由数量状态呈现的,这个数量状态在我的大脑中是主体,是概念性的、抽象化的东西(图2-4-3)。

如果说我所认知的这个作为数量状态的空间概念与聚落居民们的空间概念相一致的话,那么可以设想,在我头脑中所获得的意识和概念与居民们所拥有的意识和概念应该是非常相近并具有共同性的。对于这些居住者来说,他们在建造聚落的过程中应该同样也经历了"数量→形态"这样的过程。在这里必须指出的是:在进行聚落调查时,我虽然将聚落空间转换为空间概念意义上的数量,但是这个过程实际上是那些聚落的建造者将通过数量来表现的空间概念转换为聚落的空间组成这个过程的镜像反映(图2-4-4)。我在记录聚落时将聚落的实际空间转换到头脑中的数量化的过程,客观上与聚落的居住者从数量化的空间概念转换为实际的聚落空间的过程是相同的。

对于聚落的建造者来说,空间概念是以数量状态存在的。聚落空间就是这种数量状态的空间概念客观化的产物。

调查时,我从聚落的空间组成中所感受到的空间概念,实际上就是建造聚落的人们所形成的集团的空间概念。而从聚落的空间组成中解读聚落居住者空间概念的过程,实际上就是聚落的建造者以空间概念为依据将空间概念转换为聚落空间组成的过程。而我在聚落的空间组成中所读解到的住居的方向、住居的面积以及住居之间的距离这些数量关系,实际上就是该聚落的居民们作为一个集团所共有的空间概念的物理表象。

2-4-5 住居求心性的确认

我在进行聚落调查时,体验到了聚落所有居住者的身体像的特征。在这个体验过程中,我根据自己身体像所发生的变化,发现了聚落中住居拥有朝向的特征和求心性的特征。如图2-4-5所示,在记录聚落之前,首先我要在测绘本上画出指北针。然后在记录住居时,测量出住居与该南北轴之间的角度(图2-4-6)。在确定住居方向的时候,我力图使我的身体坐标系与住居的坐标系相互吻合。为此,我不得不使我的方向与聚落中住居的方向面对面地一个个地取得相互一致。换言之，我所得到的聚落的综合印象正是对聚落中住居方向的总体印象。在完成聚落配置图的测绘工作的时候，我的总体感觉是住居的方向似乎都在朝着某一个方向而进行着收缩和集聚。这说明聚落中的住居总是朝向某个集聚的方向。如果我们称这个无名的聚集的地点为"心"，那么住居朝向这个"心"的趋势特征，我们就可以称之为聚落的求心性（图2-4-7）。我对住居方向所获得的经验，实际上正是建造聚落的居民对住居方向所拥有的一个集体意识。从这个意义上来讲，我对聚落的求心性的感觉，也可以说是建造聚落的居民的求心概念。聚落中住居方向朝某一个方向的状态，我们称之为聚落的求心性。相反如果从中心这个位置来看，住居的方向一定朝着自己这个方向（图2-4-8）。

第5节 聚落配置图和聚落数据图

2-5-1 作为空间概念图的聚落配置图

配置图"一般情况下是表示对象物的配置与相互之间位置关系的图纸"。[6] 配置图表示的是位于空间中的对象物之间的空间关系。聚落配置图是建造聚落时将概念上的三维形态转换成为二维平面上的产物。配置图如同从聚落上空观看聚落一样，存在于二维平面之上。

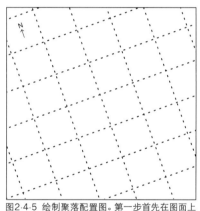

图2-4-5 绘制聚落配置图。第一步首先在图面上画出南北轴线，并以此南北轴线作为角度的基准线

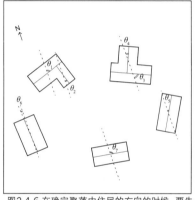

图2-4-6 在确定聚落中住居的方向的时候，要先测定出住居的轴与南北轴之间的角度

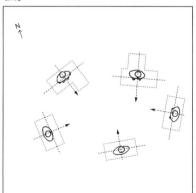

图2-4-7 在确定聚落中住居的位置的时候，住居的方向实际上是由我的身体的方向与南北轴之间的角度决定的。通过调查可以知道我的身体是朝向什么方向的

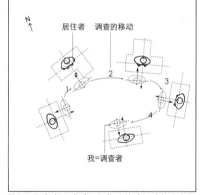

图2-4-8 根据居住者，即住居的建设者与我之间的镜像关系，我的身体的方向的感觉也是他们的方向的感觉。通过这样的过程我感觉到求心性的存在

[6]引自《建筑大辞典》，彰国社，P1205

它并不是以围合身体周围的实物大小的空间来体现，而是以表示聚落中住居间的相对的位置关系，为我们分析住居之间的定位关系提供了有效的信息。

我们往往通过配置图这个二维图面来建造三维空间的建筑物，但是聚落配置图与建筑师进行设计时所绘制的配置图事实上存在着本质的区别。建筑师所绘制的配置图表现的是建筑师自己的空间概念，而聚落的配置图所表现的则是聚落中所有居民的空间概念。应该说，在我所测绘的聚落空间配置图中，所记录的是生活在聚落中的人们以及建造聚落的人们的集团的空间概念的空间图式。

2-5-2 聚落配置图中所表现出的"量"的含义

2-5-2-1 住居朝向的含义

住居的方向是聚落配置图中出现的一个量，是聚落中居住者空间概念的表象之一。人建造住居的活动是人在大地上为自己确定位置进行空间定位的一种活动。在空间中确定位置是人的一种重要的活动能力。根据迄今为止的研究表明，人的空间定位有两种方法，即自己定位和自己外部定位。

所谓自己定位是指以自己的位置为基准对空间中的对象位置进行确定的方法。即以自己的位置为基准，对对象物的方向以及距离自己的距离等进行定位判断。而与此相对应，对自己外部的定位，即是以自己以外的某个对象为基准，对其他对象的位置进行定位判断。这是以外界为基准的、客观的（他者为中心）定位法。这两种定位法在聚落的建造过程中通过以下的两种方式表现出来。

（1）空间定位和住居的方向。居住者根据自己中心的定位方法建造住居，并确定着住居的范围。

（2）聚落的中心和住居的求心性。通过居住者自己外部的定位方法，确定自己在集团中的位置，亦即确定自己的住居在聚落内部的位置。为此，聚落中就需要有一个共同的坐标系，这个坐标系亦即聚落的中心。

《圣与俗》这本书中曾有过明确的表述："对于宗教的人类而言空间是非均质的"，[7]"空间的非均质的宗教经验表现了一种原始的体验，我们姑且将这些与世界的创建共同看待。而这并不是理论上的构想，而是对世界进行各种考察之前所具有的最为初始的宗教体验。只有在这个空间中产生隔断，世界才有形成的可能性。之所以如此是因为正是这种隔断，成为将来确定所有方向的基础（固定点），产生中心轴"。[8] "这个神圣空间的发现带来一个启示，即能够很容易地理解在宗教上人的生存价值。因为如果不首先确定方向，那么什么事情都无法开始，并且什么事情也不可能发生。更进一步地说，因为确定了方向，所以就有了一个固定点成为前提"。[9] "发现固定点（中心）以及投射与创造世界是等同的。通过构筑神圣空间的仪式，验证了包含创造世界的含义"。[10]

发现固定点（中心），实际上是对建造聚落时的坐标系进行结构层面上的解读。比如哈尼族聚落因为确定了秋千和鬼门这样的"神圣"的空间位置，才使得聚落全体的坐标系得以成立。通过确定聚落的中心，聚落中居住者的"自己外部的定位法"才能成立，同时也获得了一个具有含义的坐标系。住居的"自己外部的定位法"是将中心作为基础而成立的。

[7]、[8]、[9]、[10]引自《聖与俗—宗教的なるものの本質について》，ミルチャ·エリアーチ著，风间敏夫译，法政大学出版局

2-5-2-2 住居面积的含义

在聚落配置图中，住居的面积是作为一个重要的"量"的指标而存在的。而所谓"面积"指的是由封闭的曲线所围合而成的平面、曲面等范围大小的数值。如果从数学的观点来看，"领域"指的是在没有重复点的封闭曲线C内部的所有点的集合。这个领域范围的大小以数值来进行表示的结果就是面积。此时，封闭曲线C是这一集合的"领域"的"边界"。

各种各样的聚落与生活在那里的住民一起形成了一个生活空间。而当中的居住者们又以各种不同的方式占据着自己的领域，其中每个居民都持有以自己为中心的空间概念，并拥有着自己的领域，也正是彼此空间概念的不同，便形成了聚落空间呈现在物理空间状态上的不同。

对自己拥有领域的意识，对与他人领域间形成边界的意识，以及对能否被容许进入他人的领域，或穿过他人领域所产生的领域间的相互关系的意识，所有这些都促使着聚落中的居住者构成自己的领域。同时在这些居住者所占有的领域相互之间取得平衡的同时，还能够保持彼此之间空间关系的相对稳定性，从而构成了聚落整体的领域（图2-5-1）。居住者根据某种空间概念划分并形成自己的领域，同时为了保护自己的人身安全，彼此在各自所支配的领域中还建立起"封闭的领域"。而这个"封闭的领域"实际上就是我们所说的"住居"。在这里"住居"领域的大小是由居住者心理上的空间领域的大小来决定的。关于住居领域的限定基于如下的思考。如图2-5-2所示，住居是一个封闭的领域，住居的外墙就是住居的边界。住

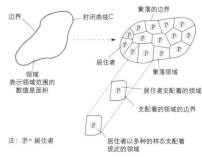

图2-5-1 居住者所支配的领域和聚落的领域

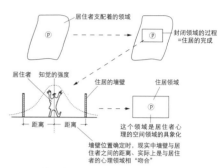

图2-5-2 决定支配领域和住居的墙壁

居领域内部的集合可以通过住居的面积来表示。住居的领域就是该住居的居住者所支配的领域，而住居的面积所表示的就是该领域的大小。对于住居来说，领域的确定决不是偶然的行为，而是为了保护自己的人身安全而确定的范围。在确定住居墙壁位置的时候，墙壁与居住者之间的距离，实际上是与居住者心理上的空间领域相互"吻合"的结果。于是，由这个墙壁所形成的边界领域（住居）的面积结果事实上使得居住者的心理空间得到具象化。

聚落配置图上所表示的住居领域的大小、形状与住居的方向、住居之间的距离一样都会对聚落整体的配置图的形成产生决定性的影响。如果从因地域和民族不同，聚落配置图的形态也不同的观点出发，住居领域的大小和形态，同样地也是表示聚落固有特性的一个重要指标。

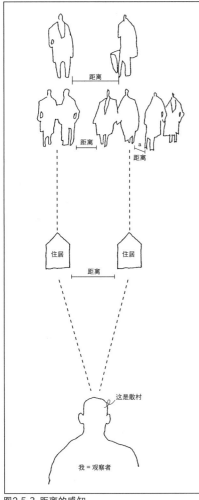

图2-5-3 距离的感知

2-5-2-3 住居之间距离的含义

如前所述，人都拥有自己的空间领域，并且认为在自己身体周围的某个空间领域是属于自己的领域。这种将身体周围作为自己身体的延长所拥有的距离范围，在我们的日常生活当中是时刻存在的。比如，与朋友谈话时的距离和与初次见面者谈话时的距离是有所不同的。而产生这种现象恰恰是两者之间的心理距离在现实空间中的表现。在这里，空间概念中的距离被转化为现实的距离。

"距离是受由人的身体点向远处顺次减弱的法则支配的"。[11]人类的行动并不仅仅只是简单地将对象的空间属性置换到人类关系中，而是要根据每一个人的生活方式，营造适宜自己生活的居住空间。人在建造自己的住居时，时刻注意自己的住居与别人的住居之间保持最为合适的距离。这是居民以自己的住居为基点，保持与他人住居之间最为适当的关系，而这个关系所表现出的两者之间的相互距离就是最适当的距离。聚落中住居之间的距离是人的空间概念中的距离感和现实中的距离之间相互协调的产物。

距离是指某一点与另一点之间的关系。这个概念对物体之间的关系同样适用。聚落中住居的位置是通过与其他住居之间的位置关系表现出来的。所以，在建造住居时，此住居位置的确立依靠着与之相关住居之间的关系，此时所造住居与其他住居之间的相互距离反映的是住居建造者的主观意识。这个距离无论是扩大还是缩小都有赖于个人的距离感。而这种人的关于距离的感觉经常是随着民族的不同而不同的，对此很早就有学者研究过。爱德华·霍尔（Edward T. Hall）在他

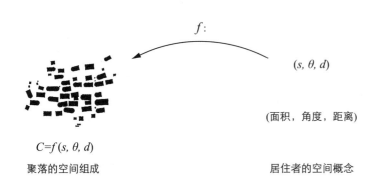

$C=f(s, \theta, d)$
聚落的空间组成

(面积，角度，距离)
居住者的空间概念

图2-5-4 聚落的空间组成和居住者的空间概念之间的关系

[11]引自《空间の心理学》，アブラアム·A.モル，エリザベト·ロメル著，渡边淳译，法政大学出版局

的《隐藏的维度》(The Hidden Dimension) 一书中曾有过关于西方民族在公共的态度和关系上与世界上其他民族有明显不同的详细论述。同样的聚落中住居与住居之间的距离本身实际上就是居住在其中的居民意识中的距离感的物象化。尽管这个距离有时并不会引起我们的注意，但它却在聚落的构成中形成着领域和边界。应该说，对于聚落建造者的关于距离上的认识与作为调查者的我们的认知应该是一致的。聚落中所呈现出的"集村"或"散村"的现象，从根本上就是由于建造聚落的人们所形成的集团空间概念中的距离感的不同所造成的。在同一个聚落的集团的空间概念中，因为拥有共同的距离感，所以根据这个空间概念，便产生了"集村"或"散村"的形态。我们通过比较拥有不同距离感的聚落就可以对不同集团所拥有的空间概念中的距离感进行比较。我们所感觉到的距离感可以通过实际测量而使其定量化，通过比较这个被定量化了的距离，我们就可以掌握该聚落集团的空间概念中的心理距离的感觉（图2-5-3）。

如前所述，在聚落的空间组成中住居方向、住居之间距离、住居面积是人的空间概念中重要的数量表现，因此空间组成和空间概念之间的相互关系可以通过图2-5-4来表示。

2-5-3 聚落数据图和认知

2-5-3-1 从聚落配置图向聚落数据图的转换

聚落配置图是表现聚落中住居面积、住居方向、住居之间距离的图。但是配置图中往往不仅仅只有这些内容，配置图中实际上同时还包括道路、树木、地形等等环境层面的构成因素。我们

从聚落配置图中，只抽出与住居的空间组成相关联的重要的三个量，即住居面积、住居方向以及住居之间的距离这三个要素，而将其他关联性较弱的要素省略（图2-5-5）。经过这种简化，聚落配置

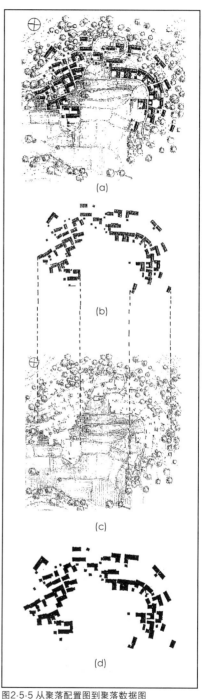

图2-5-5 从聚落配置图到聚落数据图
(a)聚落配置图；(b)聚落空间关系图；(c)聚落的地形以及环境图；(d)聚落数据图

图实际上就成为聚落的数据图。从而，聚落的数据图就成为一个可视的图形。在这个图形中，与聚落中的有关颜色、质地、功能等要素相比，形状成为重要的要素。如果将聚落配置图与聚落数据图相比较，我们就会发现聚落配置图本身具有空间功能的含义，同时还具有三维的含义；相反，聚落数据图则是仅仅具有二维平面图形的纯粹几何学意义的图形。由于聚落数据图本身是从聚落配置图转换而来的，并且数据图的图形之间的构成与具体的聚落的空间组成之间有着相对应的关系，并同时具有抽象符号上的含义。所以，我们对聚落的空间组成的认识也就自然地从认识聚落的配置图转化为对二维的空间图形的认识。也即，通过聚落数据图可以直观地认识聚落空间组成的本质。

2-5-3-2 关于聚落数据图的形态把握

沿着上面的思考，聚落调查时所绘制的聚落配置图是聚落中住居方向、住居面积以及住居之间距离的关系图。而聚落的数据图则是从配置图中将住居方向、住居面积以及住居之间距离这些量抽出所形成的二维图形。由此可见，无论是聚落配置图还是聚落数据图，实际上都是表示住居位置的关系图。由此可以说，数据图中的图形形状（住居）的定位是由方向、距离、大小来决定的。对于这个图形的形状（住居）可以作为一个单纯的二维图形来理解，而我们对这个图形的认知同样地也是由图形的大小、方向、距离来决定的。通过聚落数据图，我们可以对聚落的空间组成进行认识。这里我们将此作为本次研究的一个重要前提来进行论述。

在聚落的空间组成中，住居方向、住居面积的大小以及住居之间的距离在配置图中是通过一个个图形的方向、面积以及图形之间的距离表示出来的。并且这个图形与聚落空间组成中的住居方向、住居面积的大小以及住居之间的距离是等值的。同时，聚落数据图与配置图中的住居方向、住居面积的大小以及住居之间的距离也是等值的。所以我们可以说，在聚落数据图中包含有聚落的空间组成，而且我们可以通过聚落的数据图认知聚落的空间组成。

当我们识别图2-5-6所示的聚落数据图时，首先必须确定识别该数据图图形的标准。假设以正方形的图形外框为基准，框内正方形的图形和大小就会以边框为基准随时被比较和进行比较。这就是说，图形外框的本身为我们识别图形提供了一个客观的标准。

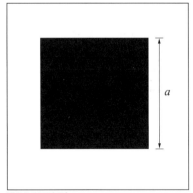
图2-5-6 正方形

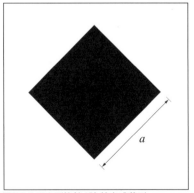
图2-5-7 正方形旋转45°就变成菱形

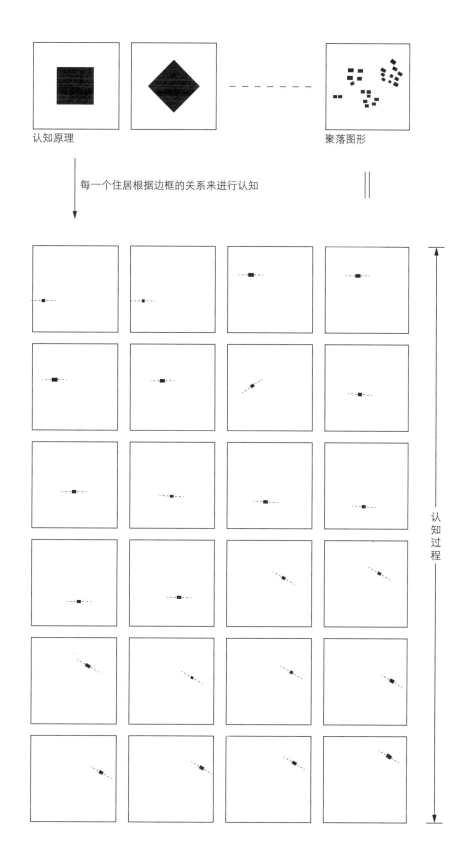

图2-5-8 聚落数据图的认知过程

2-5-3-3 方向的认知

关于方向的识别,我们可以重新通过与图2-5-6所示的图形进行比较。如果将外框内部的正方形旋转45°就成为菱形(图2-5-7)。虽然其与图2-5-6所表现的图形大小、形状都相同,但是观者却感觉是菱形,这是因为这个正方形的方向发生了变化。也就是说,即使是大小、形状相同的图形,对于我们来说,由于方向发生了变化,图形所带给我们的感觉也是不同的。

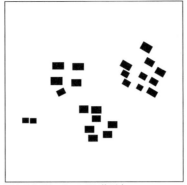

图2-5-9 "Tranipata"聚落形态

关于方向识别问题,我们以一个实际的聚落数据图为例来说明识别过程的原理。我们在对位于南美洲的Tranipata聚落的聚落数据图进行认知时,其认知过程实际上是根据图2-5-6、图2-5-7所表示的原理来完成的,即通过对一个个住居及其与外框角度的不同来进行识别的(图2-5-8)。譬如我们在对聚落的全体进行认知的时候,实际上是对各个住居的外框图形方向性的整体进行认知。这是由于我们在对一个由一组图形构成的集合图形进行认识的时候,无意识之中会将该图形中的每个图形分解成为一个个独立的图形来进行认识和理解。于是,这个认知聚落数据图的过程被认为是与聚落调查时测绘配置图的过程互成镜像关系(因为在测绘的过程中,配置图的完成是通过在测绘本上一个一个地绘制每一个住居的平面来完成的,而与此相反,当对这个配置图所形成的数据图进行认知时则是通过将图形的全体经过一个一个地分解来进行认识的)。

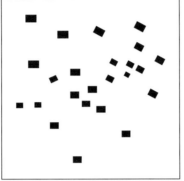

图2-5-10 通过固定住居的角度,扩大住居之间的距离等手段也可以改变聚落的形态

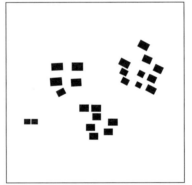

图2-5-11 Tranipata聚落形态

2-5-3-4 住居之间距离的认知

我们仍然以前面列举的位于南美洲的Tranipata聚落为例来解释住居之间距离认知的意义。我们将由Tranipata聚落转换来的数据图进行实验

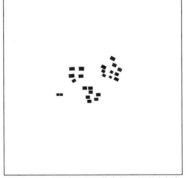

图2-5-12 通过固定聚落中住居的方向与住居之间的距离,缩小住居的面积等手段也可以改变聚落的形态

性的分解变化,将聚落中的图形的方向、大小和图框的大小不变,而仅仅将距离改变,从而得出图2-5-9和图2-5-10两种图形。而这两张图给我们的感觉明显的不同。原因是这两者的图形的密度不同,因此带给我们的感觉也不同。可见不论是平面上距离关系的变化,还是实际空间距离的变化,距离的认知会通过密度的变化而被感觉。由于聚落图形上距离的变化和聚落空间距离的变化都会被感觉到,所以聚落图形中所表现出来的集中感和分散感与我们所调查的现实中的聚落的集村、散村的感觉是一致的。

2-5-3-5 住居面积的认知

聚落配置图中面积的问题是图形上所表现出的图形的形状和大小的问题。如图2-5-11和图2-5-12所示,其所表示的是相同的一个图形在两种不同比例下的情形。很明显,即使是同样的图形,由于比例不同,看上去就如同两个不同的图形。可见,图形的形状与比例有着非常密切的关系。

综合上述的分析,我们不难发现在对聚落数据图中的图形认识的过程中,起着决定作用的是图形中一个个图形的方向、一个个图形之间的距离以及每一个图形的大小。而且,由于聚落数据图与聚落的空间组成之间存在着相互对应的关系,因此对聚落图形的认识本身就是对聚落空间组成的认识。实际上,在现实聚落的空间组成中,并不存有那种为了认识而确定的外框,因为聚落本身是以整个地球为范围来建造的。但是,正如前面所论述的那样,人们在建造聚落的时候,头脑中都会在有意识或无意识间存在一个坐标系,并以此来作为建造聚落的前提。沿着这样的思路,我们将在下面的论述中引入我们在调查中所感受到的聚落中存在的求心性概念,并以此为基准,确立一个可以取代作为认识聚落而确定的外框这一要素。

第二篇 数理解析

第3章 聚落配置图的数学模型化和数理解析

第1节 作为研究对象的聚落配置图

3-1-1 概述

在上一篇"空间概念和聚落调查"中,我们详细地论述了聚落平面图中所隐藏的三个数学量,即"住居方向"、"住居间距离"以及"住居面积"与聚落建造者及观察者的知觉间的关系。实际上这三个量是聚落建造者在将自己头脑中的空间概念投射到现实具象世界时所应用的媒介。因此当我们对现实的聚落平面图中的三个数学量进行数学模型化时,就是对聚落建造者的空间概念进行数学模型化。而根据这个数学模型所计算出的结果来进行聚落分类其实就是对聚落建造者的空间概念进行分类。

由于在对聚落平面图的数据通过数学模型进行处理时,数据庞大且复杂,因此我们借助现代科技的成果——计算机来进行数据方面的处理。我们凭调查的经验和理解将聚落总平面图中的数量关系转换为数学公式(数学模型),并将这些公式通过使用计算机的C语言编写成能够进行图形分析的程序(参见文后参考文献所附程序)。通过将聚落平面图输入计算机中形成数据化信息,并依照所开发的数学模型进行计算。最终将计算的结果列为矩阵坐标表格进行分析和比较。

本章节便是关于整个数学模型开发过程的论述。

3-1-2 研究对象的地域及聚落配置图的来源

作为本书分析对象的聚落配置图主要来源于本人的聚落调查数据以及本人在日本留学期间所属研究室(东京大学生产技术研究所原藤井研究室)从1970年开始调查的聚落资料(参见参考篇中的资料来源部分)。

3-1-3 聚落数据一览表

我们从上述大量的聚落调查资料中选出80个聚落的配置图作为本书的分析对象。表3-1-1是作为分析对象的聚落名称一览。图3-1-1~图3-1-4表示的是聚落数据图。

3-1-4 聚落数据图的定量化

将聚落数据图翻译成数字的工作就是将聚落配置图进行数学模型化的过程。而从聚落配置图中,就能够对聚落空间组成的特征进行解读,沿着这样的思路,将聚落数据图进行定量化,就是对聚落配置图中空间组成的几何学上的"量"的关系性进行解明。如果可以将聚落的空间组成所具有的"量"的关系性进行模型化,那么我们就可以说完成了聚落配置图的定量化过程。正如我们在前面已经论述过的那样,在聚落的配置图中存在有三个基本的量:住居面积,住居方向,住居之间的距离。这三个量表示的都是聚落的空间关系。如

聚落数据一览表

表3-1-1

编号	聚落名	地域名	编号	聚落名	地域名
0	Abalak	非洲	40	Ningle Taklum	印度
1	Azzel		41	Shivli	
2	Abetenim		42	Togi	
3	Akabounou		43	Udepalya	
4	Bolbol		44	Ghotwal	
5	Juaben/Zongo		45	Takpala	印度尼西亚
6	Kamperna		46	Kudji Ratu	
7	Pomboka		47	Lingga	
8	Rougoubin		48	Oel Bubu	
9	Toussibik		49	Dokan	
10	Zaba		50	Bena	
11	丰台沟	中国	51	Lamboya	
12	日月山村		52	Lempo	
13	巴拉寨		53	Nanggara	
14	巴破村		54	Pasunga	
15	高寨		55	Sade/Rembitan	
16	高走村		56	Tarung/Waitabar	
17	沟梁寨		57	Wanumuttu	
18	号才坪		58	Wogo	
19	建塘村		59	Uros Kaskalla	中南美
20	回库村		60	Bislaiy	
21	曼农干		61	Juncal	
22	曼因老寨		62	Mocolon	
23	漫伞村		63	Oxcaco	
24	农沙湖		64	San Jorge	
25	偏坡村		65	San Andres	
26	腾梁山村		66	Thuli	
27	Dolhesti	欧洲	67	Moka-Mates	巴布亚新几内亚
28	Ruda Malenitca		68	Kambaranba	
29	Travnik		69	Luya	
30	Vranduk		70	Mando	
31	Nakagaon Nakhsa	印度	71	Napamogona	
32	Bhujaini		72	Omarakana	
33	Char Oudha		73	Palambei	
34	Junapani		74	Wombun	
35	Kankear		75	Garm-e-Rud-Bar	中东
36	Keriyat		76	Sivrihisar	
37	Letibeda		77	Aliabad	
38	Matanwari		78	Meyandare	
39	Nasnoda		79	Kayikiraze	

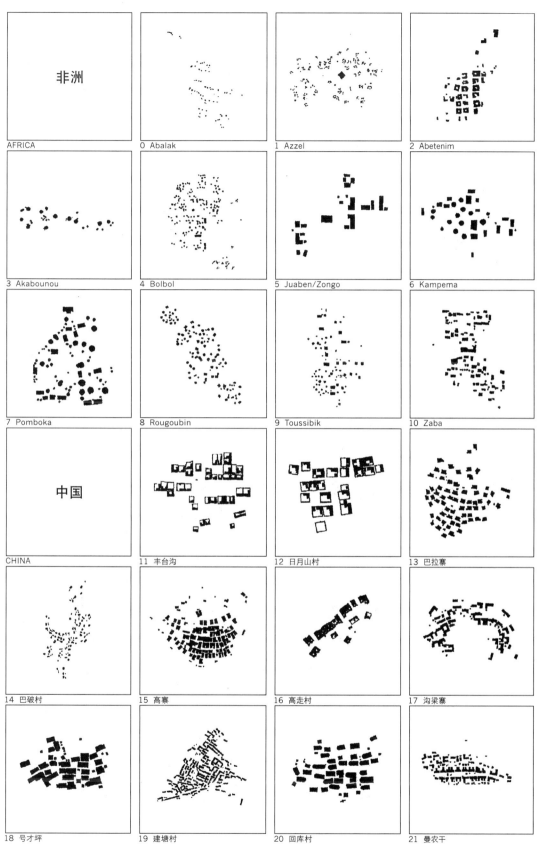

图3-1-1 聚落数据图1

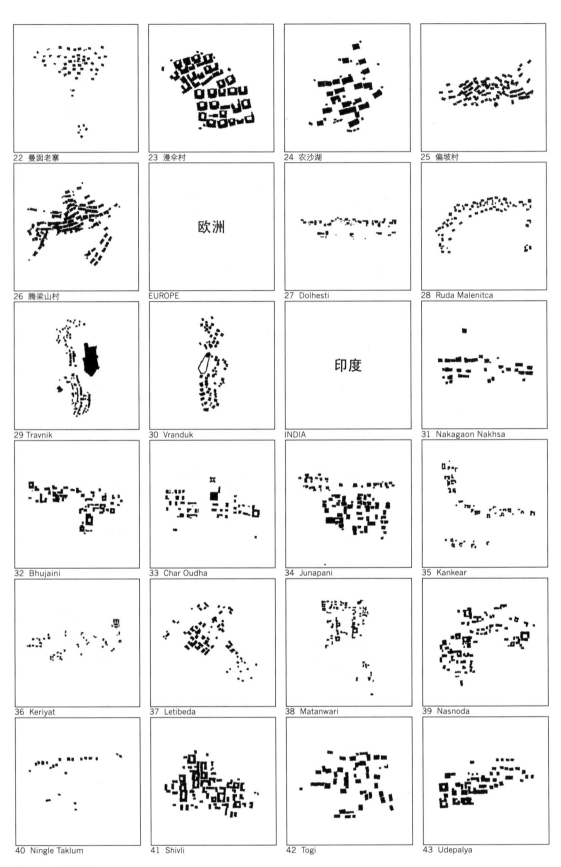

图3-1-2 聚落数据图2

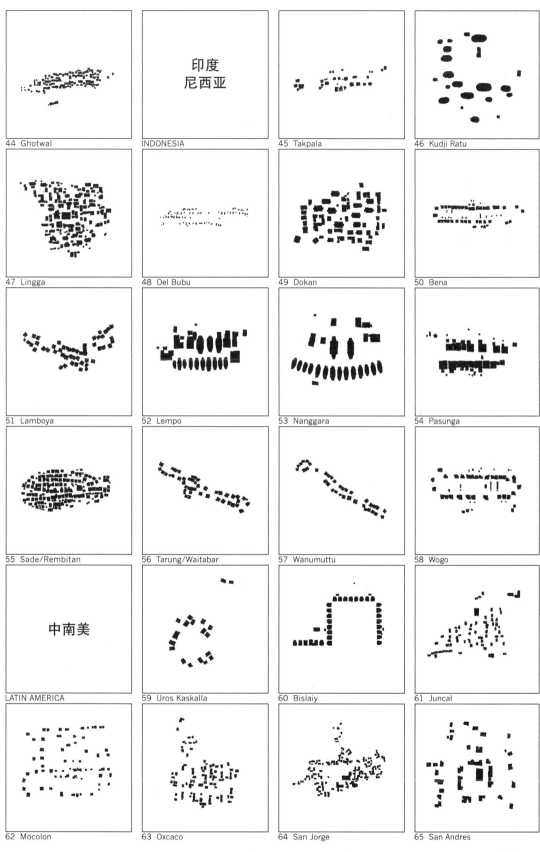

图3-1-3 聚落数据图3

图3-1-4 聚落数据图4

果将这三个量翻译成数学的语言，那么就完成了它们模型化的过程。我们的立场就是，通过记录聚落配置图中住居面积、住居方向以及住居之间的距离，我们就能够解读出聚落建造者们的空间概念。将聚落配置图进行模型化的工作，其最终结果实际上就是将聚落居住者们的空间概念进行模型化的工作过程。

在聚落调查的过程中，空间概念是以数值的形式而被我们所感知的。在这种经验的基础上，我认为以数理模型来表现空间概念是适合的。如果用构成空间概念的变数 s 表示住居的面积，θ 表示住居的方向，d 表示住居之间的距离，并且用 C 来表示聚落居住者的空间概念时，那么正如在开头所论述的那样，$C = f(s, \theta, d)$ 表示的就是这种函数的关系。

通过将聚落的空间组成与其空间概念相对应，聚落的空间组成就可以通过 s、θ、d 的矩阵来进行定位。于是所形成的空间概念的模型就可以通过住居的面积、住居的方向、住居之间的距离这三者来表示。

3-1-5 聚落配置图的数据化

当需要把图纸上的聚落配置图转换为计算机所能认知的聚落数据图的时候，我们必须对以下的数据进行处理（相关计算机程序见附录）。

(1) 建筑物的坐标的输入方式采取数字方式。数据的输入以及分析均是利用NECPC-9821An计算机来完成的。

输入序号和建筑物的用途

表3-1-2

输入序号	建筑物的用途
0	建筑物的轮廓
1	建筑物的中庭、院
2	建筑物的朝向（轴线）
3	塔、城、仓库（大）
4	牲畜小屋、仓库（小）
5	教堂、集会所
6	井户、寺院
7	学校、工厂、公司、商店等
8	基台、墓地
9	城墙
10	废墟、新居（未建成）

(2) 输入建筑物的时候，需要将坐标数据以外的空间的用途作为空间的属性一同输入计算机（表3-1-2）。

(3) 在输入表现建筑物的朝向方向"轴线"时，设想了以下五种形式：

①图3-1-5中，当住居的入口与屋顶的坡度长边方向相一致时，设定标志建筑物朝向的轴线的走向与屋脊的走向相同。

②图3-1-6中，当住居的入口设在与屋脊垂直的立面上时，如果入口的方向已经明确，那么我们将设定标志该建筑物朝向的轴线方向与入口的方向相一致。

③图3-1-7中，当住居是平屋顶的时候，如果建筑物的方向性不明确，而住宅的入口方向明确时我们将标志建筑物

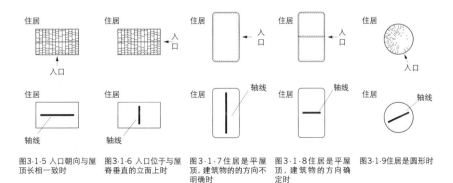

图3-1-5 入口朝向与屋顶长相一致时　图3-1-6 入口位于与屋脊垂直的立面上时　图3-1-7 住居是平屋顶，建筑物的的方向不明确时　图3-1-8 住居是平屋顶，建筑物的方向确定时　图3-1-9 住居是圆形时

方向的设定以入口的面向方向而定。

④图3-1-8中，当住居是平屋顶的时候，如果建筑物的指向性已明确，那么标志建筑物方向的轴线就设定为建筑物的轴线长边面向方向。

⑤图3-1-9中，当住居是圆形时，我们设定标志建筑物朝向的轴线的长边面向方向与建筑物的入口的面向方向相一致。

注：本书对聚落的分析，在考虑建筑物方向的时候，对建筑物的前后方向不加以区分。

第2节 住居面积的定量化

本节将以微观的视点从住居面积的定量化、住居方向的定量化以及住居之间距离的定量化这三个视点出发对聚落进行分析，从而阐明聚落空间组成的特征。

住居的大小表示各个居住者在聚落中所占有的领域范围，反映出居住者支配的概念。视觉上住居的大小是观察聚落内部时最初的感觉，所以，住居面积的定量分析是通向住居空间概念模式化重要的一步。在比较分析聚落时，住居的平均面积是一个重要的指标。

3-2-1 住居面积的定量化

(1)假设在聚落W中有住居A、B、C（图3-2-1），当各个住居的面积分别是S_a、S_b、S_c时，假定所有住居的总面积为S，那么

$$S=S_a+S_b+S_c$$

因此，住居的平均面积为

$$\overline{S}=(S_a+S_b+S_c)/3$$

(2)当住居户数为n个时，那么住居的总面积就是：

$$S=S_1+S_2+S_3+\cdots\cdots+S_n \quad 即 \quad S=\sum_{i=1}^{n}S_i$$

因此，住居的平均面积为

$$\overline{S}=\frac{\sum_{i=1}^{n}S_i}{n}$$

3-2-2 住居面积的实例分析

关于住居面积，本书将对作为分析对象的80个聚落，依据以下的6个指标进行计算：

(1)住居数：聚落内的住居的数量
(2)平均面积：聚落内所有住居的面积的平均值
(3)最大面积：聚落内最大住居面积
(4)最小面积：聚落内最小住居面积
(5)标准偏差：关于散布度的数值指标
(6)变异系数：关于散布度的数值指标
图3-2-2表示的是一个实例的计算结果。

本书将80个聚落的计算结果全部归纳在图3-2-3内。根据对图3-2-3的分析，对于平均住居面积，我们明确了以下几点：

(1)各个地域的平均住居面积有着很大的差别。比如，非洲聚落中平均住居面积不满50m²的很多，而在中国，超过100m²的却很多。

(2)整体上住居面积在30~100m²的聚落很多，各个聚落之间的差异很大（其中最小的是位于中南美的Uros kaskalla，平均住居面积为4.53m²，最大的是位于中国的高走村，平均住居面积为305m²）。

3-2-3 总结

本小节以住居的平均面积为着眼点，以面积这个指标对居住者所具有的领域的意识进行了定量化的分析。通过对所得出的结果进行比较，对平均住居面积全体的倾向性以及地域的差异性等从数值上进行了解析。

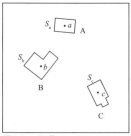

图3-2-1 聚落W
住居A、B、C
重心a、b、c
住居的面积S_a、S_b、S_c

图3-2-2 计算结果的实例
住居数：68户
最小面积：81m²
平均面积：160m²
最大面积：245.7m²
标准差：28m²
变异系数：0.175

聚落地域	聚落名称	住居平均面积(m²)
非洲	Zaba	15.13
	Azzel	15.4
	Bolbol	15.4
	Abalak	17.5
	Rougoubin	17.7
	Pomboka	19.0
	Kampema	20.2
	Akabounou	36.2
	Toussibik	38.1
	Juaben/Zongo	52.9
	Abetenim	103
巴布亚新几内亚	Napamogona	17.1
	Mando	22.6
	Moak-mates	39.0
	Omarakana	42.2
	Luya	43.3
	Wombun	57.2
	Palambei	65.2
	Kambaranba	92.1
中南美	Uros kaskalla	4.53
	San andres	19.9
	Juncal	51.4
	Oxcaco	59.1
	Mocolon	75.4
	San jorge	83.4
	Bislaiy	84.7
	Thuli	139.0
印度	Ningle taklum	32.5
	Nakagaon nakhsa	34.3
	Nasonda	35.3
	Junapani	42.0
	Bhujaini	43.8
	Udepalya	46.8
	Ghotwal	53.6
	Togi	56.1
	Matanwari	59.2
	Letibeda	62.2
	Keriyat	64.9
	Charoudha	73.5
	Shivli	97.3
	Kankewar	141.0
欧洲	Ruda malenitca	47.1
	Dolhesti	64.8
	Vranduk	68.0
	Travink	112.0
中东	Aliabed	28.9
	Kayikiraze	71.4
	Garm-e-rud-bar	77.2
	Sivrihisar	90.2
	Meyandare	115.0
印度尼西亚	Takpala	8.1
	Oel bubu	31.8
	Bena	42.3
	Sade/Rembitan	47.5
	Nanggara	59.1
	Kudji ratu	59.5
	Dokan	71.2
	Wogo	79.4
	Lamboya	81.5
	Wanumuttu	92.1
	Lempo	96.2
	Lingga	96.7
	Tarung/Waitabar	101
	Pasunga	152.0
中国	回库村	75.9
	农沙湖	77.6
	曼囡老寨	93.4
	偏坡村	110.0
	高寨村	110.0
	号才坪	112.0
	建塘村	113.0
	巴破村	115.0
	腾梁山	119.0
	巴拉寨	160.0
	沟梁寨	182.0
	曼农干	207.0
	漫伞村	221.0
	日月山村	244.0
	丰台沟	245.0
	高走村	305.0

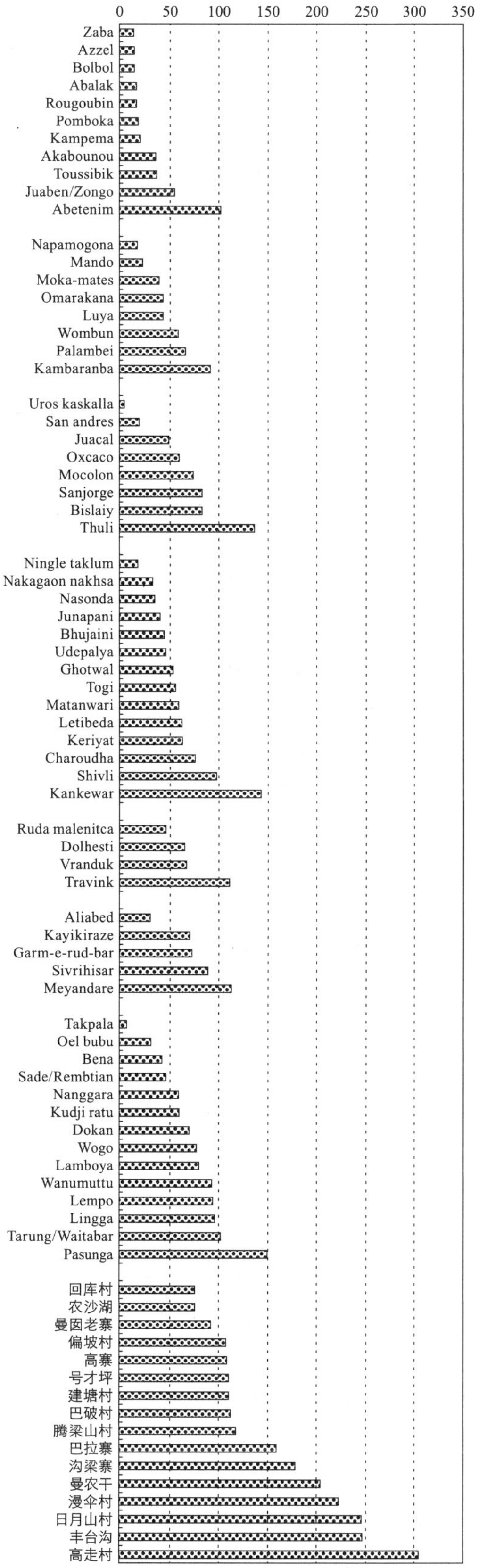

图3-2-3 住居的平均面积

第3节 住居之间距离的定量化

聚落配置图中所表现出的住居之间的距离问题是居住者所具有的距离概念的反映,在聚落的空间组成当中是一个重要的量。本节将对这个距离的定量问题进行说明。

3-3-1 住居之间的最近距离和 k 次住居之间的最近距离

1. 一次距离

(1)当只有一栋住居的时候,我们将某个地点到该住居的距离定为该地点到住居距离中的最小距离,即到某一个住居的距离就是点 r 的轨迹,也可以说,到该住居的距离是与 r 等距离的线(图3-3-1)。

(2)当有两栋住居的时候,A栋住居和B栋住居之间的距离 d_1,可以认为是对两栋住居的距离 r 的等距离的线,如果 r 逐渐增大,当两个等距离的线正好相切的时候,则该A栋和B栋住居之间的最近距离就是 $d_1=2r$ (图3-3-2)。

(3)当有若干栋住居的时候,如果以A栋为基准,且A栋与B栋的最近距离相对于A栋与C栋、D栋的距离仍为最小的,那么住居之间的最近距离 D_1 实际上就是从A栋到其他住居的最近距离中的最短距离,与 d_1 相同,于是 $d_1=2r$ (图3-3-3)。

2. 二次距离

当有若干个住居的时候,以A栋作为基准,住居之间的二次最近距离就是从A栋住居到其他住居的最近距离中,如果以 d_1 为最小距离,d_2 为其次小距离的时候,二者的平均值就是住栋间的二次最近距离(图3-3-4)。

$$D_2=(d_1+d_2)/2$$

3. k 次距离

当各个住居相对于A住居间的最近距离从小至大依次为 $d_1、d_2……d_n$ 的时候,按上述类推,k 次距离可以表示如下:

$$D_k = \frac{\sum_{i=1}^{k} d_i}{k} \quad (k \leq n-1)$$

D_k 就是住居间的 k 次最近距离。

4. 一次距离和 k 次距离

住居之间的最近距离就是指住居的室外结构部分到最近住居的距离。实际在聚落中布置住居的时候,在住居的周围经常有若干已存在的住居。因此,居住者在决定自己住居位置的时候,必

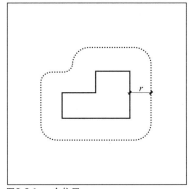

图3-3-1 一个住居

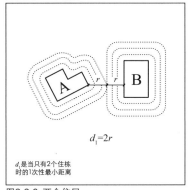

$d_1=2r$

d_1 是当只有2个住栋时的1次性最小距离

图3-3-2 两个住居

$D_1=d_1=2r$

D_1 是当有多个住栋时的住栋内的1次性最小距离

图3-3-3 若干个住居

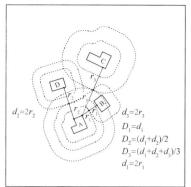

图3-3-4 若干个住居

须考虑自己住居与周围住居的距离关系。这时考虑的不止是到最近住居的距离，还要综合地考虑到邻近的若干个住居的距离，我们就是从这个观点出发引入了k次距离的概念的。在现实中考虑k次距离的时候，因为周围住居的大小、密度以及朝向等条件不同，所以决定k次距离的k的指标是一个非常困难的事情。为了便于比较每一个聚落，在本书当中仍然以一次距离即住居之间的最近距离来进行讨论。

3-3-2 住居之间最近距离的平均值

本书将根据以下的6个指标计算住居之间的最近距离：

(1) 住居数：聚落中的住居数；

(2) 平均距离：住居之间的平均距离；

(3) 最小距离：聚落中住居之间平均距离的最小值；

(4) 最大距离：聚落中住居之间平均距离的最大值；

(5) 标准差：关于散布度的数值指标；

(6) 变动系数：关于散布度的数值指标。

图3-3-5表示的是一个事例的计算结果。

依据上据指标我们将调查过的80个聚落数据的计算结果归纳在图3-3-6中。

3-3-3 最近距离的实例分析

考察住居之间的平均最近距离，我们可以通过图3-3-6可以明确以下几个问题：

(1) 住居之间的平均距离，根据地

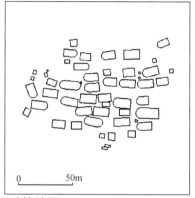

回库村（中国）
图3-3-5 计算结果的实例
变异系数：1.01　　　住居数：39户
最小距离：0.15m　　平均距离：1.296m
最大距离：7.65m　　标准偏差：1.31m

区的不同而发生变化。比如在巴布亚新几内亚的聚落当中，住居之间的平均距离几乎都是在2m以上，而相对于中国而言，住居之间的平均距离多数都是在1.5m以下，最小值为0.5639m。

(2) 在中国的漫伞和号才坪这两个聚落，它们住居之间的距离不满0.6m。而在巴布亚新几内亚的Moka-mates则为7.506m。这表明中国的两个聚落很密集，而巴布亚新几内亚的聚落很分散。如果设定住居之间的最近距离在2m以下的聚落为密集型聚落，4m以上的为离散型聚落的话，那么在我们所调查的聚落当中，非洲聚落属于密集型的有5个，属于离散型的3个；中国聚落属于密集型的最多，有13个，属于离散型的只有2个；欧洲聚落住居之间的平均距离在2m左右的非常多，属于密集型和离散型之间的类型。印度聚

聚落地域	聚落名称	住居数(户)	住居间平均距离
非洲	Juaben/Zongo	18	1.072
	Zaba	49	1.113
	Pomboka	29	1.509
	Bolbol	147	1.684
	Azzel	161	1.853
	Rougoubin	62	2.14
	Kampema	26	2.208
	Abetenim	41	2.365
	Akabounou	11	4.95
	Abalak	58	5.129
	Toussibik	20	5.47
中国	漫伞村	36	0.5639
	号才坪	31	0.5887
	丰台沟	39	0.8782
	建塘村	172	0.9657
	日月山村	23	0.9909
	高寨村	99	1.149
	回库村	39	1.296
	沟梁寨	52	1.346
	滕梁山	85	1.465
	曼农干	36	1.467
	偏坡村	80	1.489
	农沙湖	22	1.532
	高走村	22	1.572
	巴拉寨	68	2.531
	巴破村	76	4.15
	曼囡老寨	52	4.352
欧洲	Vranduk	62	1.458
	Dolhesti	28	2.196
	Travink	88	2.302
	Ruda malenitca	52	2.308
印度	Nasonda	74	1.041
	Ghotwal	102	1.071
	Bhujaini	39	1.076
	Nakagaon nakhsa	26	1.081
	Junapani	64	1.293
	Udepalya	43	1.297
	Shivli	52	1.333
	Togi	34	1.441
	Matanwari	88	1.568
	Letibeda	42	1.571
	Keriyat	46	2.71
	Kankewar	57	2.85
	Charoudha	37	2.869
	Ningle taklum	22	3.295
印度尼西亚	Lamboya	50	0.742
	Lempo	9	0.8611
	Sade/rembitan	107	0.9023
	Pasunga	16	1.019
	Tarung/waitabar	45	1.214
	Wanumuttu	36	1.314
	Bena	34	1.356
	Dokan	59	1.57
	Lingga	103	1.581
	Takpala	12	1.633
	Wogo	33	2.202
	Nanggara	8	2.912
	Oel bubu	102	3.331
	Kudji ratu	10	4.35
中南美	Uros kaskalla	11	1.505
	San jorge	124	1.632
	Thuli	22	1.895
	Bislaiy	31	1.869
	Oxcaco	84	2.086
	San andres	31	2.467
	Juncal	62	2.387
	Mocolon	43	6.417
巴布亚新几内亚	Luya	75	1.763
	Omarakana	73	2.275
	Napamogona	32	2.288
	Kambaranba	30	3.143
	Mando	27	3.15
	Wombun	20	4.37
	Palambei	17	6.75
	Moka-mates	16	7.506
中东	Meyandare	113	1.977
	Garm-e-rud-bar	37	2.004
	Kayikiraze	81	2.369
	Aliabed	56	2.561
	Sivrihisar	26	4.912

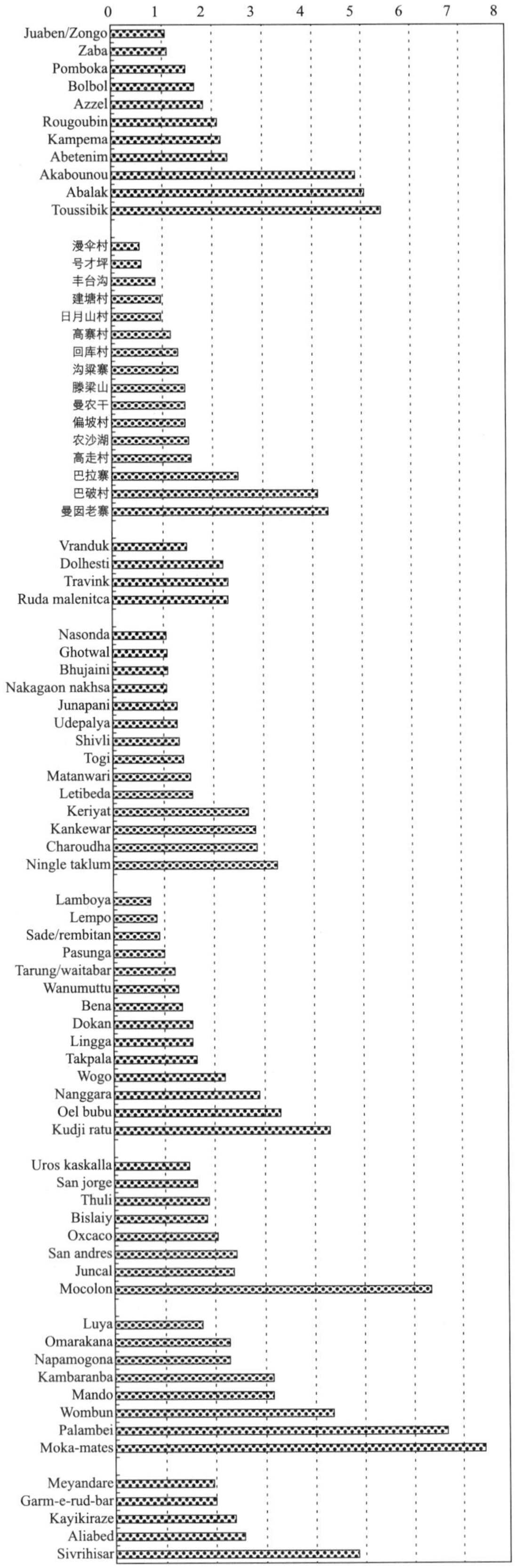

图3-3-6 住宅间的平均距离

落,几乎所有的住居之间的平均距离都在1.5m左右,接近于密集型,而在这个地区只发现有两个离散型的聚落;印度尼西亚聚落的集散程度与中国聚落非常相似,住居之间的平均距离在1m左右的聚落非常普遍,密集度之高可以从数值上看出来;位于中南美和中东的聚落,住居之间的平均距离在2m左右,与欧洲聚落的集散度非常接近;最有特点的是巴布亚新几内亚的聚落,住居之间的距离多数都在3m左右,属于离散型的聚落。

(3)通过观察我们还发现只有在中国和印度尼西亚的聚落中出现了住居之间的距离在1m以下的聚落。

(4)印度聚落的住居之间的平均距离在1m左右的占多数。而中南美、巴布亚新几内亚、中东的聚落的住居之间的平均距离多数都在2m以上。

第4节 聚落的中心性的定量化

在前两节当中对构成聚落的空间组成的两个量,即住居的面积和住居之间的平均距离的模型化进行了探讨。本节将对构成聚落的空间组成的第三个量,即住居的方向性的模型化进行研究。

将聚落中住居的方向性进行定量化,与聚落的中心性有着密切的关系。因为,聚落的中心是计量住居方向时的基准点。寻找和计算出聚落的中心,对理解聚落的空间构成的本质具有非常重要的意义。本节将对聚落中心的计算方法、中心范围的意义以及住居朝向的求心量的计算方法等问题进行探析。

3-4-1 规模和方向性的定量分析

本书将从以下三个阶段对聚落的中心进行研究:(1)聚落全体配置的中心问题;(2)聚落内部的中心问题;(3)住居内部的中心问题。这三个阶段的设置,与聚落调查时认识聚落的步骤是一致的,即首先是远景,从外部观察聚落;其次是中景,进入到聚落的内部;然后是近景,调查住居的内部。如果从这样的视角进行思考,那么聚落配置图和住居的平面图就不是各自不同的东西了,而是从不同的距离、不同的规模不同的视角来观察相同的空间组成的图式。

这三个阶段的设置,同时也符合人体工程学中的视觉的距离关系。人总是以自己为中心,根据视觉感受的范围,去认识位于这个范围之内的物体。表3-4-1列出了这个范围。尽管这个测定仅仅是以日本人作为观察对象来完成的,但是考虑到人类的某些共通的特征,本书参考这个图表中所列出的三个识别区域,设定了以下的三个距离:(1)远景,作为聚落全体的中心,30~50m的距离;(2)中景,作为聚落内部的中心,3~20m的距离;(3)近景,作为住居内部的中心,1.5~3m的距离。

在本章中我们将以远景的观察方法为依据,对聚落的中心问题进行探讨,并从以下的四个侧面进行分析:(1)根据住居分布的重心计算出中心的方法;(2)根据住居面积的大小分布计算出中心的方法;(3)根据住居的方向性计算出中心的方法;(4)综合计算出中心的方法。其他关于中景(聚落内部的中心)以及近景(住居内部的中心)的问题我们在第4章中论述。

3-4-2 根据住居分布的重心找出中心

3-4-2-1 重心

在力学上,多数情况是将中心看作事物分布的重心。如果我们将住居本身看成为分布的事物,以远景为视点考虑到相同的聚落中每个住居的层数基本相

日本人所表现出的个人之间距离关系的分类　　　　　　　　　　　　　　　　　　　　　　　　　　　　　表3-4-1

带域	相	距离	特　征
排他域		0~50cm	"马上想离开"的范围（与豪尔Hall的亲密距离相符合）
谈话域		50~150cm	日常谈话进行时的距离（与豪尔的个人间的距离相吻合）
近接域		1.5~3m	可以长时间相处的范围（与豪尔的社会距离相当）
相互认识域	近接相	3~7m	与熟人进行搭话的范围
	远方相	7~20m	可以长时间待下去的距离（相互认识的范围与豪尔的公众距离值相当）
识别域	近接相	20~35m	可以看清熟人的表情而相互打招呼的范围
	远方相	35~50m	能判别是否为熟人的范围

该表引自：《人间工学基准数值数式便览》，佐藤方彦监修，技报堂出版

同，同时将住居的面积的大小视为重量的大小，于是根据住居的分布来寻找聚落的中心的工作，就成为寻找住居分布的重心的工作。下面是相关寻找重心方法的记述。

(1) 假设在聚落中分布着住居 A、B、C、D、E、F (图3-4-1)，则各个住居的重心分别是 a、b、c、d、e、f。

(2) 假设住居的面积分别是 w_a、w_b、w_c、w_d、w_e、w_f，当将住居的形状变成点来进行观察时，那么聚落就成为重心的分布图 (图3-4-2)。

(3) 如果将重心的分布图放在任意直角坐标系 x、y 中，将住居的重心位置与 X 轴和 Y 轴相对应，那么就能得出各个重心点的位置 x_a、x_b、x_c、x_d、x_e、x_f 和 y_a、y_b、y_c、y_d、y_e、y_f (图3-4-3)。

(4) 如果将住居的面积的大小视为住居的重量，并以 w 来表示，那么住居1、2、3...的重量便可以以 w_1、w_2、w_3......来表示。于是相对于 X 轴，$w_a x_a + w_b x_b + \cdots\cdots + w_f x_f = (w_a + w_b + \cdots\cdots + w_f) x_g$；相对于 Y 轴，$w_a y_a + w_b y_b + \cdots\cdots + w_f y_f = (w_a + w_b + \cdots\cdots + w_f) y_g$，并将 (X_g, Y_g) 定义为该聚落的重心 (图3-4-4)。

(5) 在一般情况下，聚落中的住居数为n户，相对于任意直角坐标系 x-y：

$$x_g = \frac{\sum w_i x_i}{\sum w_i} \qquad y_g = \frac{\sum w_i y_i}{\sum w_i}$$

我们则将 (x_g, y_g) 定义为该聚落的重心。

聚落的重心位置的确立是通过计算机来计算的。在计算的过程中，考虑下面两种情况：

(1)将住居的面积作为重量计入计算过程，计算出带有重量的重心；

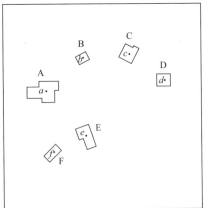

图3-4-1 住居和重心

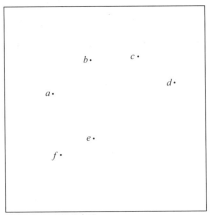

图3-4-2 重心的分布图

(2)将各个住居看作是等质的,计算出不随质量变化而变化的没有重量的重心。

图3-4-5表示的是计算结果的实例。

3-4-2-2 以重心为基础的实例

本研究按照上述原理对调查过的80个聚落的数据进行了计算,找出了各个聚落的重心点,并从计算结果中了解到了下面的事实。

当我们对带有重量的重心和没有重量的重心的位置进行比较的时候,在80个聚落当中,如图3-4-6和图3-4-7所表示的是两种情况,即两重心相距得最远和最近的两个聚落的实例。不论哪一种情况,重心位置的移动都很小。而这种无论重量是否计入都对重心的位置影响不大的事实,说明了聚落中各个住居的面积具有相似性的特征。

3-4-2-3 关于重心所具有的意义的实例

依据计算我们寻找出了重心的位置,但重心的周边究竟具有怎样的意义,下面我们将从计算过的聚落实例进行探讨。通过分析计算以及观察的结果,我们从以下的32例聚落中了解到,在重心的周边存在着具有特殊意义的建筑物(图3-4-8~图3-4-41)。

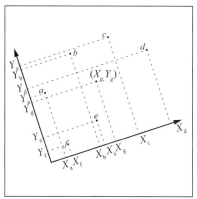

图3-4-3 各个重心点的位置

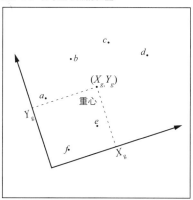

图3-4-4 聚落的重心点位置

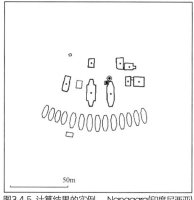

图3-4-5 计算结果的实例　Nanggara(印度尼西亚)

图3-4-6 重心离得最远的聚落　Udepalya(印度)

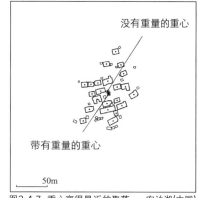

图3-4-7 重心离得最近的聚落　农沙湖(中国)

69

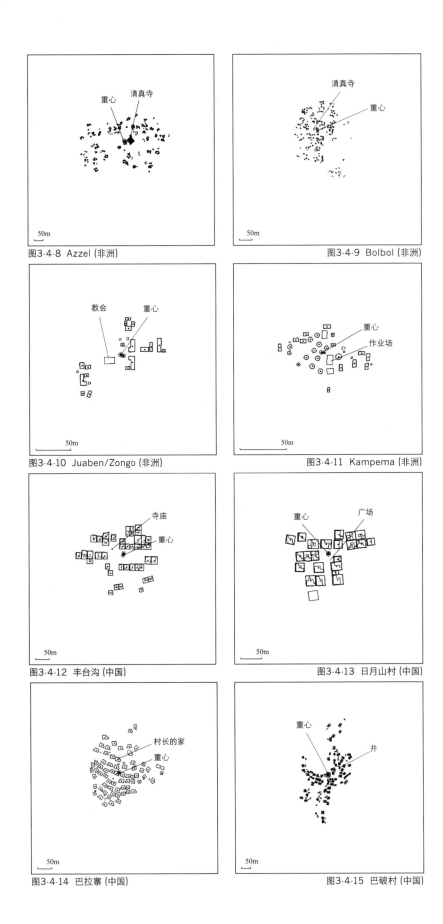

图3·4·8 Azzel (非洲)

图3·4·9 Bolbol (非洲)

图3·4·10 Juaben/Zongo (非洲)

图3·4·11 Kampema (非洲)

图3·4·12 丰台沟 (中国)

图3·4·13 日月山村 (中国)

图3·4·14 巴拉寨 (中国)

图3·4·15 巴破村 (中国)

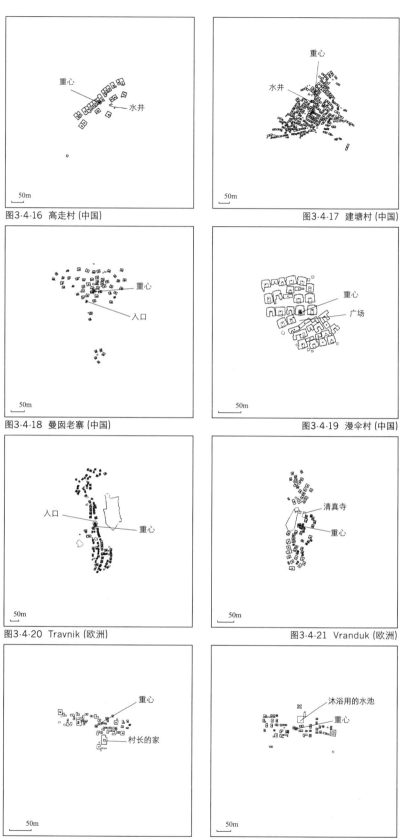

图3-4-16 高走村(中国)
图3-4-17 建塘村(中国)
图3-4-18 曼因老寨(中国)
图3-4-19 漫伞村(中国)
图3-4-20 Travnik(欧洲)
图3-4-21 Vranduk(欧洲)
图3-4-22 Bhujaini(印度)
图3-4-23 Charoudha(印度)

图3-4-24 Lingga（印度尼西亚）

图3-4-25 Bena（印度尼西亚）

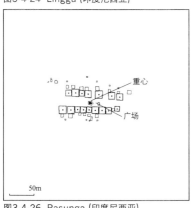
图3-4-26 Pasunga（印度尼西亚）

图3-4-27 Sade/Rembitan（印度尼西亚）

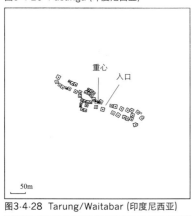
图3-4-28 Tarung/Waitabar（印度尼西亚）

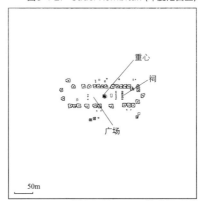
图3-4-29 Wogo（印度尼西亚）

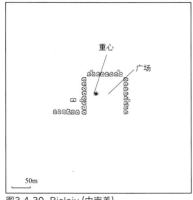
图3-4-30 Bislaiy（中南美）

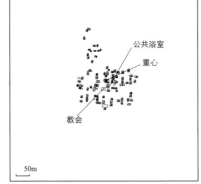
图3-4-31 Oxcaco（中南美）

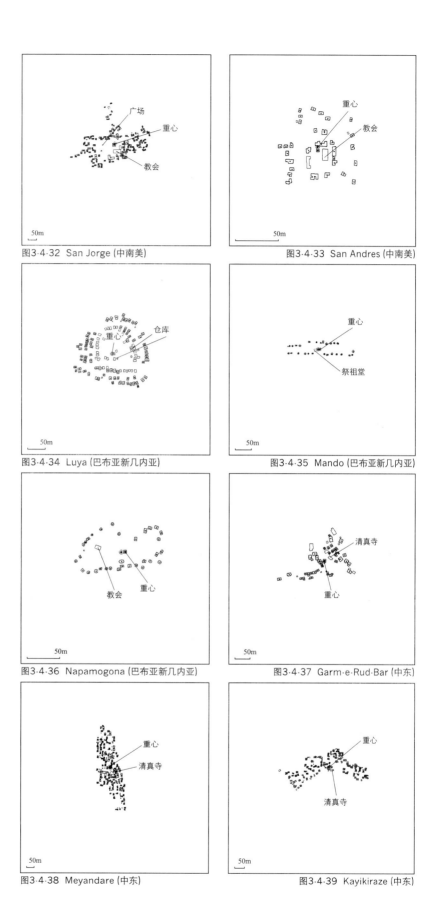

图3-4-32 San Jorge (中南美)
图3-4-33 San Andres (中南美)
图3-4-34 Luya (巴布亚新几内亚)
图3-4-35 Mando (巴布亚新几内亚)
图3-4-36 Napamogona (巴布亚新几内亚)
图3-4-37 Garm·e·Rud·Bar (中东)
图3-4-38 Meyandare (中东)
图3-4-39 Kayikiraze (中东)

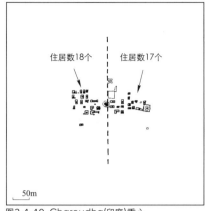
图3-4-40 Charoudha(印度)重心

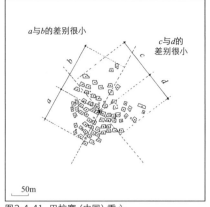
图3-4-41 巴拉寨(中国)重心

从以上这32个聚落实例的分析我们了解到下面的事实：

(1)在重心的周边存在有以下的具有特殊意义的建筑物：清真寺、教堂、劳动作业场所、寺院、广场、村长的家、水井、聚落的入口、仓库、曼陀罗、集会所、公共浴室、祭祖堂。

也就是说，在聚落的重心周边一般分布着的都是这些具有公共意义的建筑物。

(2)从图3-4-6、图3-4-7所表示的实例中我们可以看到，重心的位置与住居是否有重量没有太大的关系，聚落中的住居几乎都是均质的。

(3)如图3-4-40和图3-4-41所示，住居总是配置在重心的周围，而且重心两侧的住居户数基本上相同。可见重心总是位于聚落的中央位置，即住居以重心为中心均衡地分布在重心的周围。

3-4-2-4 住居所形成的"电磁场"

聚落中各个住居的分布状况，实际上直接构成了整个聚落内部的场的分布和变化，而这些由住居的分布所造成的场的分布状况能否视觉化，是这里要讨论的主要内容。我们借助物理学中由于电荷的分布不同而形成电磁场不同的原理，将每个住居视为一个电荷的存在，并将住居的面积大小视为电量的大小，从而便可以观察到因住居分布所形成的聚落的场。

如图3-4-42所示，假如住居具有某种力，由这个力所形成的电磁场的变化一定是以住居为中心向周围呈不断衰减的状况，但何处位置定为衰减速度的拐点是一个难以解决的问题。在这里我们借助于调查聚落时的身体感受来对数值进行假设。因为观察者是以眼睛观察住居来获得感受的，观察者离住居越近，所获得的感受（或者说住居给观察者的力量）越强，当观察者离住居越远，所获得的感觉越弱。由于正常的情况下观察者的眼睛在距所观察物80m的距离值时，观察者正处在一个能否对观察物进行辨认的临界状态。据此，我们在这里将这个80m的距离视为观察物给观察者的作用力衰减时衰减速度呈

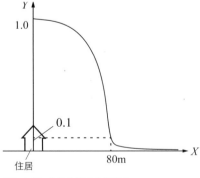
图3-4-42 住居的影响力的变化

拐点状态的位置。同时在考虑该影响力减弱的数值变化时,假设有住居的地方是1,那么离开住居80m的地方就减弱到0.1。考虑到80m这个人视觉的界限数值,我们便可将这个理解以下面公式来表示:

即 $y = ae^{-bx^2}$, a、b 为系数。

于是 $\log y = \log a - bx^2$

假设当 $x = 0$ 时,人感受到的力量最大为1,即 $y = a = 1$

而当 $x=80$m的时候,人的感受最小为0.1,那么,

$$\log 0.1 = -b \times 80^2$$

于是,我们便获得计算系数,即:

$$b = (-\log 0.1)/80^2$$

在对电磁场进行观察时,考虑到住居带有重量和没有重量这两种情况。带有重量的情况是将住户的面积当作重量来计算。

本研究对所调查的80个聚落数据中的住居的电磁场分布进行了计算和图式化,并根据观察到的场的形状,将它们分成以下的五种类型:第一种是同心圆型(图3-4-43);第二种是椭圆型(图3-4-44);第三种是多中心型(图3-4-45);第四种是苹果型(图3-4-46);第五种是豆夹型(图3-4-47)。最常见的是同心圆型的聚落,最少见的是多中心型。从表示电位的等高线图中,我们可

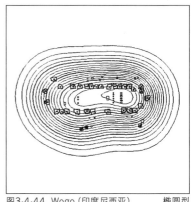

图3-4-44 Wogo(印度尼西亚) 椭圆型

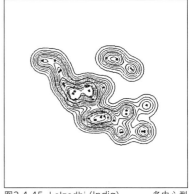

图3-4-45 Lalzadhi (India) 多中心型

图3-4-46 沟梁寨(中国) 苹果型

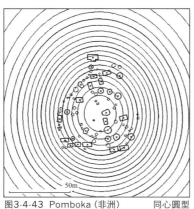

图3-4-43 Pomboka(非洲) 同心圆型

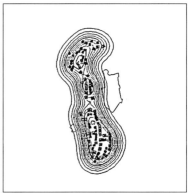

图3-4-47 Travnik(欧洲) 豆夹型

以通过聚落内部场的形状来掌握建筑物的分布状态。

3-4-3 根据住居面积大小的分布求出中心的位置

3-4-3-1 住居的分布和人口的分布

住居是人的身体像的投射物，即"住居是被人所占有的一个领域，是人自身空间的第二种形式"。[1]考虑到在同一个集团当中，住居的大小和居住在其中的人数具有一定的比例关系，所以从住居的大小可以推断出居住在其中的人数。

从这样的理解出发，我们可以发现住居面积大小的分布与人口分布的关系。住居面积的大小及其分布状况不是单纯的物理现象，而可以将其视为是聚落中居住者的人口分布的替代表现物。

关于人口分布的问题，迄今为止已经有众多学者在城市研究的命题下从各种不同的角度进行过分析。在这里，我们直接选择引用纽林（Newling）的关于城市人口分布的数学模型作为代表来举例说明。纽林的城市人口分布模型如下所示：

$$\rho(x) = \rho_0 \cdot e^{x(\alpha - \beta x)}$$

该数学模型的主要特征是，通过增加一个参数，就可以适用于我们所见过的所有人口分布曲线，并且该曲线在$\alpha/2\beta$点上可以取得最大值$\rho_0 \cdot e^{\frac{\alpha^2}{4\beta}}$。

该曲线在图3-4-48、图3-4-49中有详尽的表示。图中曲线所示为，一个假定位于非常发达区域中的住宅区，在城市的副中心人口密度为200人/hm²，在距离城市副中心20km的地方人口密度为50人/hm²，通过设定人口密度最大值为250人/hm²，这个

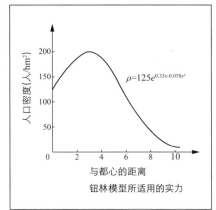

图3-4-48 纽林模式的通用例

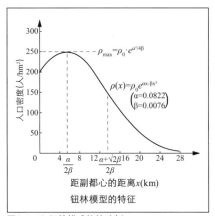

图3-4-49 纽林模式的特殊例

参数之后所描绘的曲线。在这种情况下，人口密度最高的地方是距离副中心5.4km的地方，人口密度在到那里之前一直是在增加的，而随后就逐渐减少，而变曲点就在$(\alpha + \sqrt{2\beta})/2\beta$这个位置。变曲点共有两个，另外一个位于该曲线图的范围之外。[2]

纽林这个关于城市人口分布的曲线是通过大量的对城市人口分布规律的观察总结得来的。由于传统聚落和城市均与人口分布密切相关，针对传统聚落的研究借用城市人口分布的规律是可能的。因为在研究者看来聚落不过是"昨天的城市"而已。

我们从纽林的城市人口分布模式图可以明确以下三点：

（1）在城市当中存在有中心。人口在

[1]引自《人間と空間》オットー・フリードリッヒ・ボルノウ著，大塚惠一，池川健司，中村浩平译，P275

[2]引自《都市工学読本—都市を解析する》奥平耕造，彰国社，P66-67

城市当中的分布状况是受来自中心的"引力"$\rho(x)$的影响，并与离城市中心的距离x和$\rho(x)=\rho_0 \cdot e^{x(\alpha-\beta x)}$相关联。

(2)根据这个公式，在距离城市中心$x=\alpha/2\beta$的地方，人口密度最大，极大值为$\rho_0 \cdot e^{\frac{\alpha^2}{4\beta}}$。

(3)纽林的城市人口分布模式基本上呈正规分布，由于极值偏离城市中心，所以通过一个公式就可以很充分地说明豆夹型分布现象的特点。

根据上述理解，笔者认为聚落除了构成其空间的物理元素之外，同时他也是人居住的地方，所以在聚落中，当居住者布置自己的住居的时候，我们认为会表现出与城市人口分布相同的分布特征。因此，根据中心的引力所形成的分布关系同样地在聚落中也存在。通过调查，我们发现在聚落中不仅存在着中心，而且住居的分布现状也是由来自聚落中心的"引力"形成的。同时，因为住居的大小与人口之间具有某种相应的比例关系，所以我们从聚落中的住居大小的分布状况就可以推算出聚落的中心。

在下一节我们将通过使用纽林模型，对以住居面积大小的分布为基础计算出聚落中心的方法进行说明。

3.4.3.2 关于住居分布距离的模式

依据住居分布的距离寻找聚落中心的方法，是在如下假设的基础之上进行的。

首先住居本身会形成一个"场"。这个场的强弱将成为住居所持有的力和距离住居的函数，并且，场的强弱A是根据到住居的距离x，利用$A(x)=\rho_0 \cdot e^{x(\alpha-\beta x)}$来表示的。这里$\rho_0$表示住居所持有的力，其大小具体地可以假设为住居面积的相等值。

如果假定从某点B到住居F、G、H的距离分别是X_F、X_G、X_H的话（图3.4.50），那么

住居F波及到点B的力
$A_F = \rho_0 \cdot e^{x_F(\alpha - \beta x_F)}$

住居G波及到点B的力
$A_G = \rho_0 \cdot e^{x_G(\alpha - \beta x_G)}$

住居H波及到点B的力
$A_H = \rho_0 \cdot e^{x_H(\alpha - \beta x_H)}$

这时，波及到点B的力合计为
$A = A_F + A_G + A_H$

于是，如果聚落中有n个住居的话，那么场强$A = \sum_{i=1}^{n} A_i$，而A值最大的点S就是通过计算到住居的距离而找出的聚落的中心。

$$S = \{B \mid \max(\sum A_i)\}$$

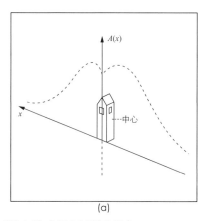
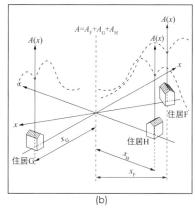

图3.4.50 住居分布距离的模式
(a)住居影响力的分布；(b)作为复数住居的影响力叠加的场

纽林数学模型$A(x)=\rho_0 \cdot e^{x(\alpha-\beta x)}$，虽然当$X=\alpha/2\beta$时，极大值是$\rho_0 \cdot e^{\frac{\alpha^2}{4\beta}}$，但这个即使不在$x=0$的地方也有最大值的假设，与我们在聚落调查中所获得的感受是一致的。在观察聚落内部的时候，如果距离住居太近，那么只能看到建筑物的局部外墙而不能把握全貌。相反，如果距离住居太过遥远，那么会因建筑物太小，而无法观察到它的细部。所以聚落中存在有观察建筑物的最佳感受距离。作为极限值的这一点，无论比它近或比它远，都会减弱由建筑物发出的影响力。

在以到住居的距离为基础寻求聚落的中心之前，我们必须先决定系数α、β。纽林模型中在$X=\alpha/2\beta$的地方，极大值为$\rho_0 \cdot e^{\frac{\alpha^2}{4\beta}}$，根据聚落调查的经验，我们感到往往观察者与建筑相距40m前后时，正好是能够看清楚对方的临界状态（参见表3-4-1中远方相的数值）。于是我们设定$X=40m$的地方为最佳观察处。同时，作为极限值，当$x=0$，即如果与住居距离为0时我们的感受值设定值为1，依据我们的感受，当位于最佳观察处，即$X=40m$时，我们以获得与住居距离为0时的1.5倍感受来进行设定的话，那么当$\alpha/2\beta=40$时，即$e^{\frac{\alpha^2}{4\beta}}=1.5$，则系数$\alpha$和$\beta$分别为：

$\alpha=0.020275 \quad \beta=0.000253$

当我们根据这个公式计算聚落中心的时候，与前述情形一样，同样存在有两种情况。一种是将住居面积的大小看作重量的情况；另一种是认为所有住居的重量都一样的情况。在将住居面积看作重量的情况下，ρ_0=住居面积，在没有重量的情况下$\rho_0=1$。

3-4-3-3 根据到住居的距离找出聚落的中心

本书将在80个聚落数据中运用上面论述的分析方法，通过使用计算机计算并寻找出上述两种情况下聚落的中心位置（图3-4-51、图3-4-52）。

我们从所找出的聚落中心位置来看，在重量的有无这两种情况下，结果并无太大差别。这是因为在同一个聚落当中，住居的大小变化很小。另外，我们对聚落的中心和聚落的重心进行了比较，其结果是，根据住居的密度分布找出的中心与聚落的重心的位置关系有两种情况：几乎没有什么变化的，如图3-4-51～图3-4-53，和发生了移动的，如图3-4-54~图3-4-75。之所以发生了移动，是因为在设定时将极值设在了偏离住居的位置上。

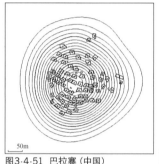

图3-4-51 巴拉寨（中国） 有重量的中心

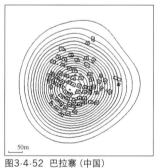

图3-4-52 巴拉寨（中国） 无重量的中心

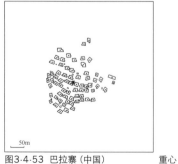

图3-4-53 巴拉寨（中国） 重心

住居数:68户
平均面积: 160m²
标准差: 28m²
变异系数: 0.175
最小面积: 81m²
最大面积: 245.66m²
平均最近距离: 20.237m

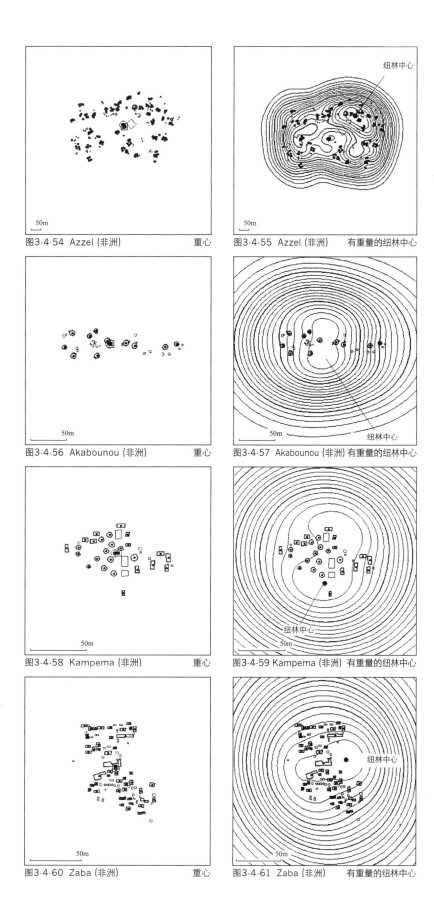

图3-4-54 Azzel（非洲） 重心
图3-4-55 Azzel（非洲） 有重量的纽林中心
图3-4-56 Akabounou（非洲） 重心
图3-4-57 Akabounou（非洲）有重量的纽林中心
图3-4-58 Kampema（非洲） 重心
图3-4-59 Kampema（非洲）有重量的纽林中心
图3-4-60 Zaba（非洲） 重心
图3-4-61 Zaba（非洲） 有重量的纽林中心

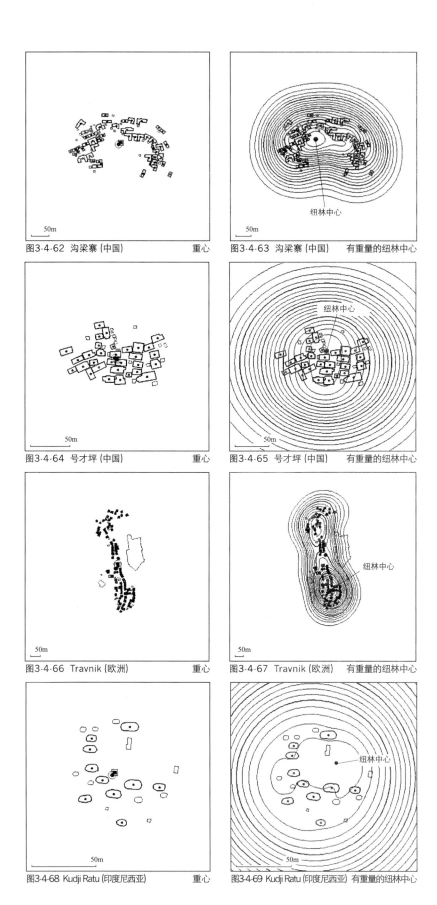

图3-4-62 沟梁寨（中国） 重心
图3-4-63 沟梁寨（中国） 有重量的纽林中心

图3-4-64 号才坪（中国） 重心
图3-4-65 号才坪（中国） 有重量的纽林中心

图3-4-66 Travnik（欧洲） 重心
图3-4-67 Travnik（欧洲） 有重量的纽林中心

图3-4-68 Kudji Ratu（印度尼西亚） 重心
图3-4-69 Kudji Ratu（印度尼西亚） 有重量的纽林中心

图3-4-70 Oel Bubu (印度尼西亚)　　重心
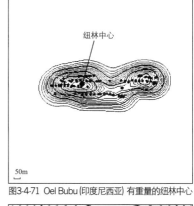
图3-4-71 Oel Bubu (印度尼西亚) 有重量的纽林中心

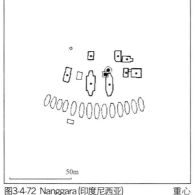
图3-4-72 Nanggara (印度尼西亚)　　重心
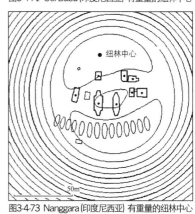
图3-4-73 Nanggara (印度尼西亚) 有重量的纽林中心

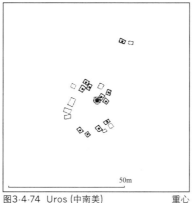
图3-4-74 Uros (中南美)　　重心
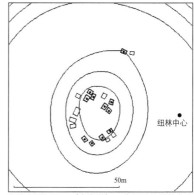
图3-4-75 Uros (中南美) 有重量的纽林中心

3·4·4 根据住居的方向性找出中心

每一个住居都是朝向聚落中的某个点的，这是在聚落调查中发现的现象。下面将对以住居的方向性为基础找出聚落的中心位置的方法进行探讨。

3·4·4·1 记述正对量

当考虑建筑物对周边所波及的影响时，正对着该建筑物的点是受影响最大的地点，随着与正面的偏斜，其影响力将逐渐减弱。我们以这个建筑物的方向性为基础所形成的影响量作为正对量，并以下面的假设为前提进行计算。

我们假设，当与某个建筑物正面呈 θ 度倾斜的地点的正对量 M 为：

$$M = \sin\theta$$

81

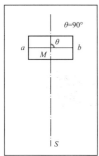 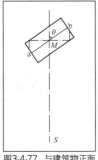 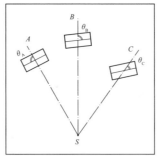

图3-4-76 正对着建筑的情况下　　图3-4-77 与建筑物正面成θ角度的情况下　　图3-4-78 聚落W

M值在0~1范围之间（图3-4-76、图3-4-77）。

假如在聚落W内有住居A、B、C，它们与点S所形成的角度分别是θ_A、θ_B、θ_C（图3-4-78）。在这种情况下，住居A对于点S的正对量$M_A = \sin\theta_A$；住居B对于点S的正对量$M_B = \sin\theta_B$；住居C对于点S的正对量$M_C = \sin\theta_C$；而对于点S的总正对量则为：$M_A + M_B + M_C$

于是，点S的平均正对量则为：

$$\overline{M}_s = (M_A + M_B + M_C)/3$$

如果聚落中有n个住居的时候，那么对于点S的平均正对量则为：

$$\overline{M}_s = \sum_{i=1}^{n} \frac{M_i}{n}$$

3.4.4.2 根据方向性找出中心

对于点S，当其平均正对量$\overline{M}_s$达到最大值时，根据住居的方向性，该点就成为中心N。即：

$$N = \{S \mid \max(\sum_{i=1}^{n} \sin\theta_i / n)\}$$

在计算正对量的时候，还是要考虑以下两种情况：

(1) 只考虑正对量；

(2) 根据住居面积而附加重量的正对量。

计算正对量时，在附加重量的情况下，如果在住居中只有一条轴线，那么住居的面积就是它的重量（图3-4-79）。如果轴线有多条，那么它的重量就是住居面积被轴线数所分割的值（图3-4-80）。

3.4.4.3 根据正对量考察中心

下面我们将运用上述的分析方法，计算出聚落的中心。本书根据计算所得出的结果，对以下的三点进行了研究。

(1)找出中心时，我们将考察有重量和没有重量这两种情况下中心位置的变化。根据考察结果，我们明确了以下事项：

在80个聚落当中（图3-4-81~图3-4-98），其中71个聚落在有重量和没有重量的情况下，中心位置的变化很小。图3-4-81和图3-4-82是中心位置变化很小的实例。但是，有8个聚落却是在有重量和没有重量的情况下，中心位置发生了很大的变化。图3-4-89和图3-4-90就是其中的一个实例，由于附加了重量，中心的位置因此而与具有意义的地点更加靠近。另外，图3-4-95是在没有重量的情况下，无法找出中心位置的实例（中心的位置位于图面之外）。图3-4-96是同样的聚落通过附加了重量找出中心的实例。

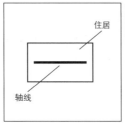 

图3-4-79 住居有一条轴线的时候　　图3-4-80 住居有若干条轴线的时候，全体的面积/轴线数就是各个轴线的重量

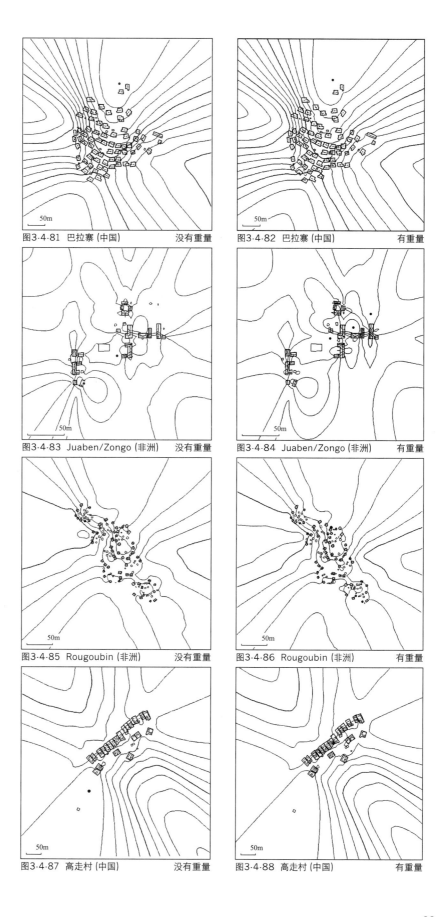

图3-4-81 巴拉寨（中国） 没有重量　　图3-4-82 巴拉寨（中国） 有重量

图3-4-83 Juaben/Zongo（非洲） 没有重量　　图3-4-84 Juaben/Zongo（非洲） 有重量

图3-4-85 Rougoubin（非洲） 没有重量　　图3-4-86 Rougoubin（非洲） 有重量

图3-4-87 高走村（中国） 没有重量　　图3-4-88 高走村（中国） 有重量

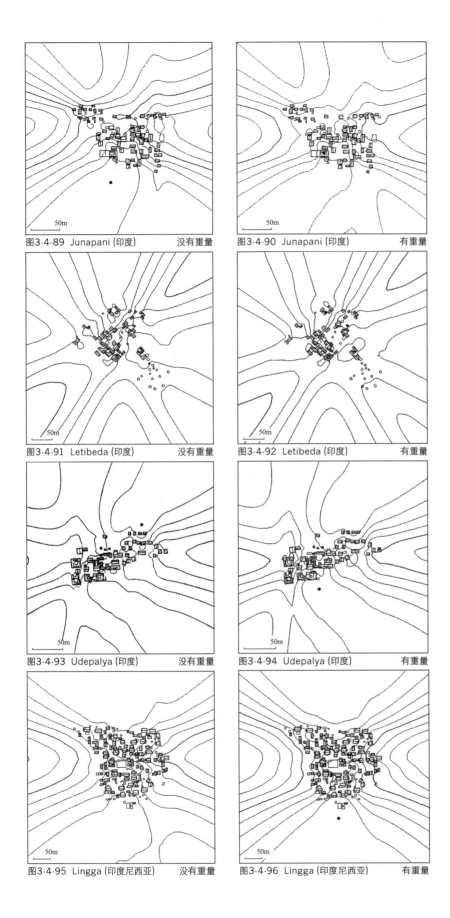

图3-4-89 Junapani (印度)　　　　没有重量　　图3-4-90 Junapani (印度)　　　　有重量

图3-4-91 Letibeda (印度)　　　　没有重量　　图3-4-92 Letibeda (印度)　　　　有重量

图3-4-93 Udepalya (印度)　　　　没有重量　　图3-4-94 Udepalya (印度)　　　　有重量

图3-4-95 Lingga (印度尼西亚)　　没有重量　　图3-4-96 Lingga (印度尼西亚)　　有重量

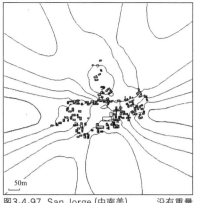
图3·4·97 San Jorge (中南美)　　　没有重量

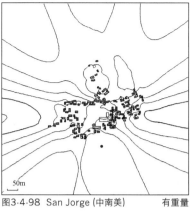
图3·4·98 San Jorge (中南美)　　　有重量

(2)如果根据正对量来研究中心的含义，我们就会发现该中心具有特殊的意义。并且，如果我们将这个中心和重心的位置进行比较的话，就会发现存在有中心的位置比重心的位置移开很大距离的聚落实例。图3·4·99~图3·4·112就是在具有特殊意义的地点上，中心发生移动的聚落实例。

下面我们将就两个聚落实例来进行典型性分析。一个是中国的聚落"巴拉寨"。如图3·4·99所示，在重心的附近是村长的家。而根据正对量所找出的中心的位置，如图3·4·100所示，中心却位于距离聚落中的寺院——秋千很近的地方。这是因为在这个村寨中有居住者在建造住居的时

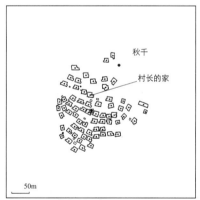
图3·4·99 巴拉寨 (中国)　　　重心

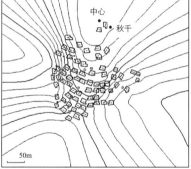
图3·4·100 巴拉寨 (中国)　通过正对量得出的中心

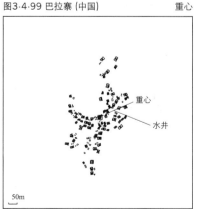
图3·4·101 巴破村 (中国)　　　重心

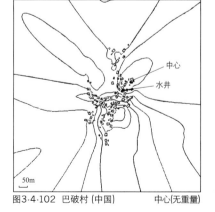
图3·4·102 巴破村 (中国)　　　中心(无重量)

85

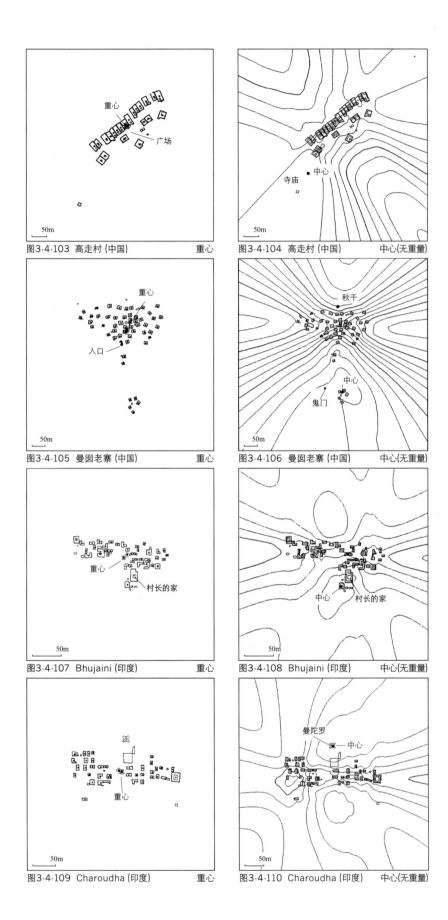

图3·4·103 高走村(中国) 重心
图3·4·104 高走村(中国) 中心(无重量)
图3·4·105 曼囡老寨(中国) 重心
图3·4·106 曼囡老寨(中国) 中心(无重量)
图3·4·107 Bhujaini(印度) 重心
图3·4·108 Bhujaini(印度) 中心(无重量)
图3·4·109 Charoudha(印度) 重心
图3·4·110 Charoudha(印度) 中心(无重量)

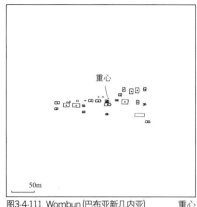

图3-4-111 Wombun(巴布亚新几内亚) 重心

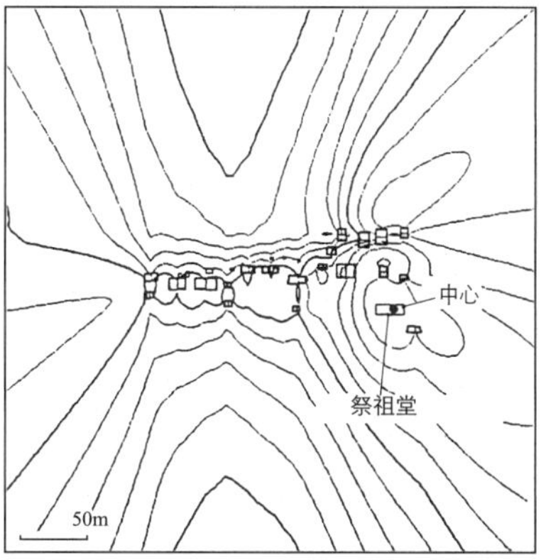

图3-4-112 Wombun(巴布亚新几内亚) 中心(无重量)

候，必须能够从自己住居阳台上看到寺院——秋千的规矩。而在图3-4-109、图3-4-110所示的印度聚落中，根据正对量所找出的中心的位置则移动到有曼陀罗的地方。从这两个实例我们可以看出，聚落中居民在建造住居的时候，根据正对量找出的中心的位置，对决定住居的方向性产生了各种各样的影响。

(3)根据正对量找出中心位置的方法对于根据住居的方向性找出中心的位置来说是一个有效的方法。但是，这个方法是有局限性的。从图3-4-113和图3-4-114中所示的两个聚落的中心位置可以看出，它们与在实际的聚落中的感觉完全不同。在图3-4-113所示的聚落中，根据住居的方向性找出的中心，其位置位于远离聚落的地点，原本平均正对量应该很小的该聚落，相反的比图3-4-114所示的聚落的数值还大。这表明单从方向性找出聚落中心位置的方法尽管有效但却是不全面的。为了避免这种情况的出现，我们有必要制订出能够全面地考虑了各种因素在内的指标，综合地探寻聚落的中心位置。

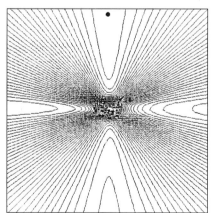

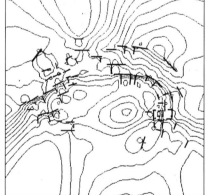

最大正对量：41.61　　　　　　　平均求心量
位置：i=50 j=94
轴线数：43
平均正弦：0.968
分散：0.0155
标准偏差：0.125
变动系数：0.129

图3-4-113 根据住居的方向性找出的中心位置

最大正对量：59.33　　　　　　　平均求心量
位置：i=14 j=6
轴线数：82
平均正弦：0.724
分散：0.0333
标准偏差：0.183
变动系数：0.252

图3-4-114 根据正对量找出的中心位置

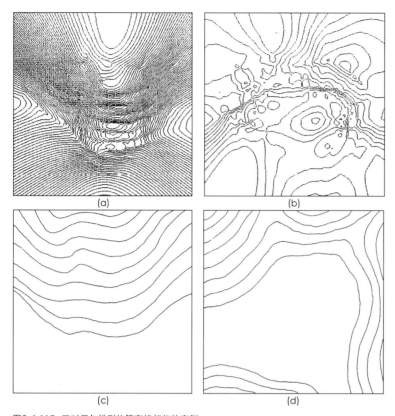

图3-4-115 正对量与地形的等高线相似的实例
(a) 高走村的等高线图; (b)沟梁寨的等高线图; (c)高走村的地形图; (d)沟梁寨的地形图

3.4.4.4 正对量的等高线图和聚落的地形

在我们通过聚落正对量的分布来寻找中心的过程中，正对量的分布的量值被通过等高线表现出来，我们发现这个等高线的图形与聚落的实际地形图存在有相关性。

从所分析的80个聚落实例中，我们列举两个这样的例子加以说明。图3-4-115所示的是根据住居的正对量作成的等高线分布图，与聚落空间原有的地形没有直接的关系，该等高线图只是根据住居的方向的正对量分布所作成的图。但是，由于聚落空间原本就是作为建造聚落的人们的空间概念而存在的，所以这里所呈现出的正对量的等高线图无疑也与人的空间概念相关联，是人的空间概念的另一种表现形式。我们知道，人们在建造聚落之前对聚落进行选址时，首先将空间概念进行第一次物象化。然后，在建造聚落的时候再次将同样的空间概念作为建筑物进行第二次物象化。所以聚落的配置图所形成的中心性的等高线图实际上是近似于空间概念的等高线图。

所以针对这样的现象我们可以这样理解，空间概念的等高线图是作为建造聚落的人们的理想地形图而存在的，在聚落建造过程中居民们找出了与该空间概念的等高线图一致的地理空间。因此，聚落空间的正对量的等高线图与实际的地形图以及地理空间很相似是不难理解的。

居住者的空间概念与聚落的地形和聚落的空间形态有着同构异形的关系，关于这一点我们已经在前面进行了论述，因此根据这个观点，我们可以说聚落空间和地理空间原本都是相同空间概念的产物。

3.4.5 根据面积、距离、角度找出集中的中心点

到目前为止，我们已经从重心、住居面积大小的分布、住居的方向性这三个方面找出了聚落的中心位置，明确了不同的因素都是考虑中心性的重要因素。但是，我们并没有说明各因素相互之间的关系性。实际上，一个聚落的建成，需要居住者对迄今为止我们在书中探讨过的所有关于中心的问题根据不同的情况进行综合的判断，然后再决定全体的布局形式。因此我们有必要概观各种因素，并进行综合的评价。

在本节中我们将对到目前为止所有的关于中心的模型进行综合化，并通过集中的方法制作成寻找聚落中心的模型。

3.4.5.1 集中的记述

前面的分析已经证明了在找出聚落中心的时候，住居的面积、到住居的距离、住居分布的方向性这三个指标是非常重要的。

假设在聚落内的某个地点B，一个住居所形成的影响力为F_B的时候，那么该影响力就成为住户面积S、到住居的距离d、与住居形成的角度θ的函数，即：

$$F_B = p(s, d, \theta)$$

根据已经研究过的中心性的结果，那么

$$F_B = f(S) \cdot g(d) \cdot h(\theta)$$

在这里 $f(S) = S$

$g(d) = e^{d(\alpha - \beta d)}$

$h(\theta) = \sin\theta$

即将面积作为重量来考虑，并且纽林式的数值乘以正对量所得的数值就是表示中心性的指标。

当聚落中有n户住居的时候，那么

$$F_B = \sum_{i=1}^{n} f(s_i) \cdot g(d_i) \cdot h(\theta_i)$$

这就是集中的影响力。该影响力最大的地点

$$C = \{B | \max F_B\}$$

就是聚落的集中中心。而且这个集中中心是综合反映了聚落内所有住居的面积、距离、角度的中心概念。

3.4.5.2 关于集中中心的考察

本书针对所有的聚落数据找出了它们的集中中心，例如图3-4-116。然后我们重点对集中中心的位置和所调查聚落的配置图进行了比较，并对集中中心的周围究竟存在有什么事物进行了观察（图3-4-117~图3-4-154）。研究结果如下所示：

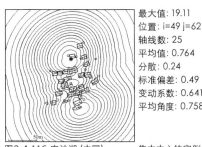

最大值: 19.11
位置: i=49 j=62
轴线数: 25
平均值: 0.764
分散: 0.24
标准偏差: 0.49
变动系数: 0.641
平均角度: 0.758

图3-4-116 农沙湖 (中国)　　集中中心的实例

①清真寺

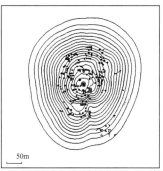

图3-4-117 中心周围有清真寺 Bolbol(非洲)

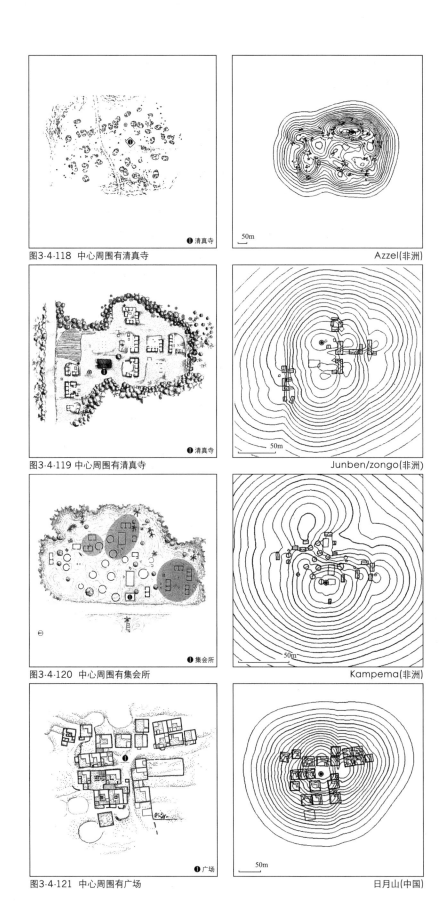

图3-4-118 中心周围有清真寺　　❶清真寺　　Azzel(非洲)

图3-4-119 中心周围有清真寺　　❶清真寺　　Junben/zongo(非洲)

图3-4-120 中心周围有集会所　　❶集会所　　Kampema(非洲)

图3-4-121 中心周围有广场　　❶广场　　日月山(中国)

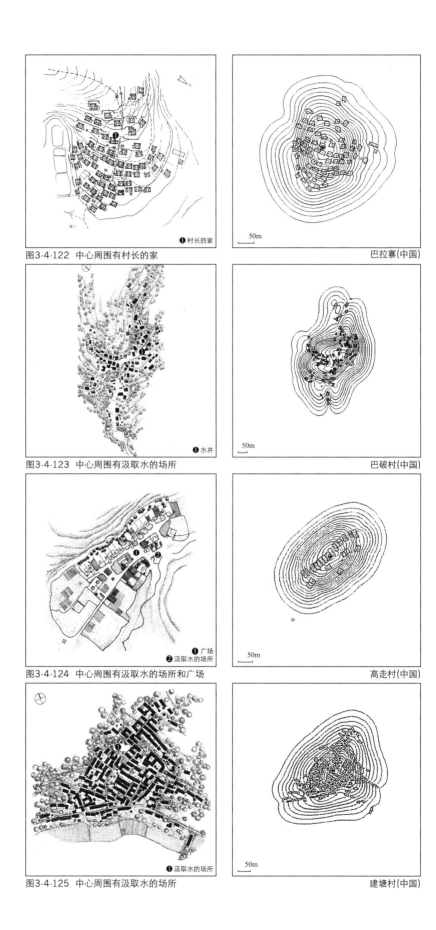

图3-4-122 中心周围有村长的家　　巴拉寨(中国)

图3-4-123 中心周围有汲取水的场所　　巴破村(中国)

图3-4-124 中心周围有汲取水的场所和广场　　高走村(中国)

图3-4-125 中心周围有汲取水的场所　　建塘村(中国)

91

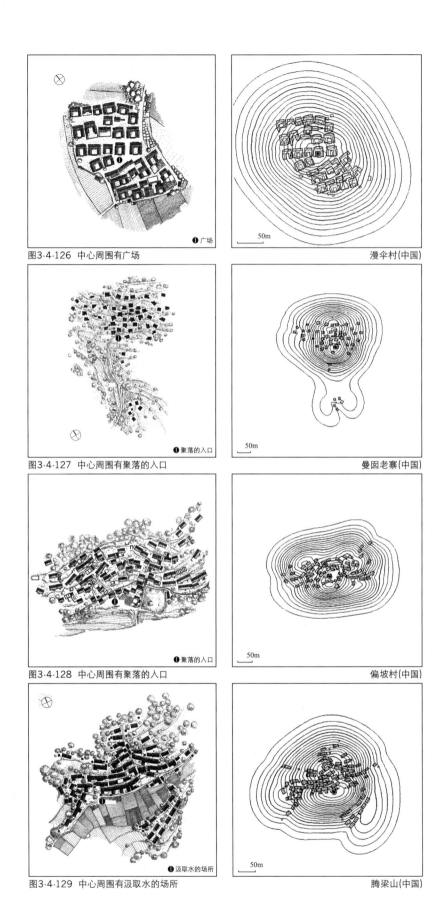

图3-4-126 中心周围有广场　漫伞村(中国)

图3-4-127 中心周围有聚落的入口　曼囡老寨(中国)

图3-4-128 中心周围有聚落的入口　偏坡村(中国)

图3-4-129 中心周围有汲取水的场所　腾梁山(中国)

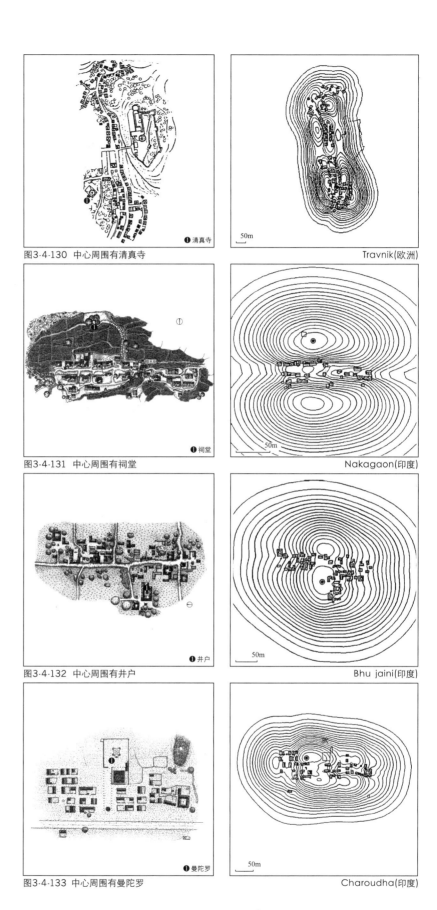

图3-4-130 中心周围有清真寺　　　　　　　　　Travnik(欧洲)

图3-4-131 中心周围有祠堂　　　　　　　　　　Nakagaon(印度)

图3-4-132 中心周围有井户　　　　　　　　　　Bhu jaini(印度)

图3-4-133 中心周围有曼陀罗　　　　　　　　　Charoudha(印度)

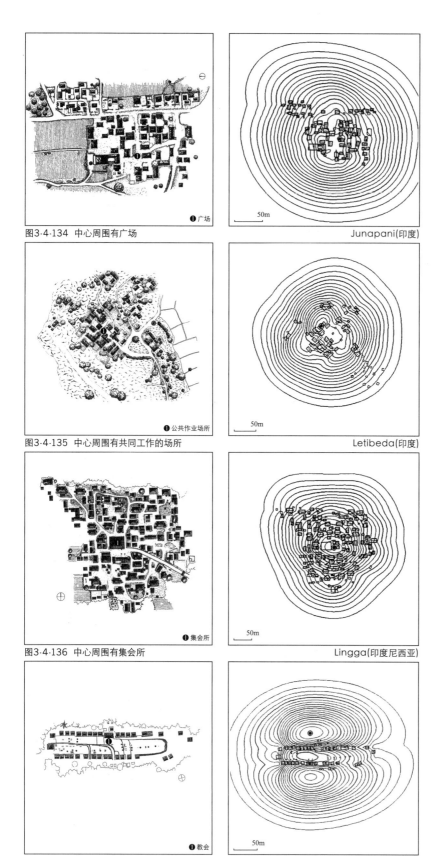

图3-4-134 中心周围有广场

Junapani(印度)

图3-4-135 中心周围有共同工作的场所

Letibeda(印度)

图3-4-136 中心周围有集会所

Lingga(印度尼西亚)

图3-4-137 中心周围有教会

Bena(印度尼西亚)

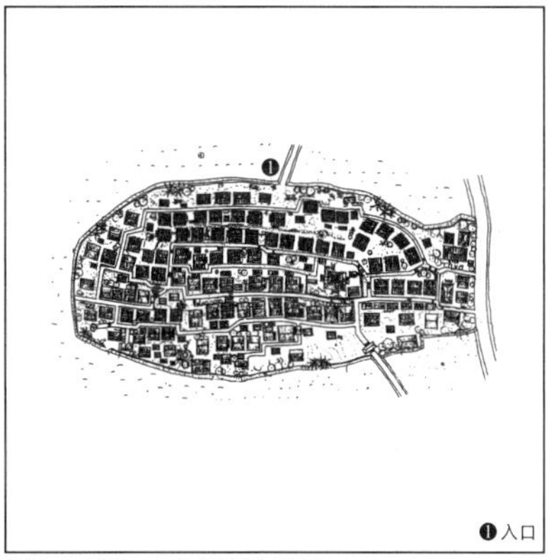
❶入口

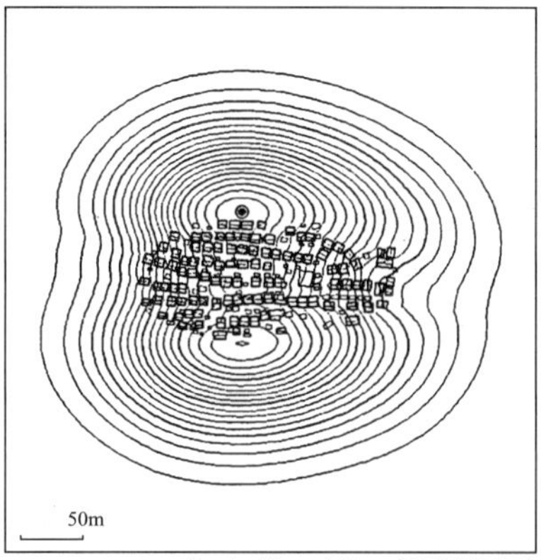
50m

图3-4-138 中心周围有入口　　Sade/Rembitan(印度尼西亚)

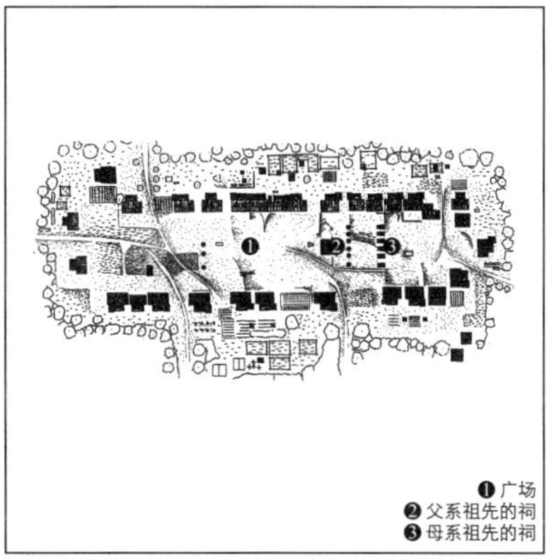
❶广场
❷父系祖先的祠
❸母系祖先的祠

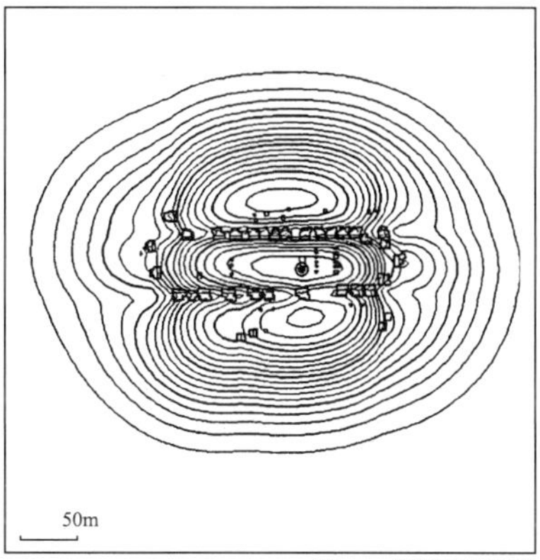
50m

图3-4-139 中心周围有广场和族祠　　Wogo(印度尼西亚)

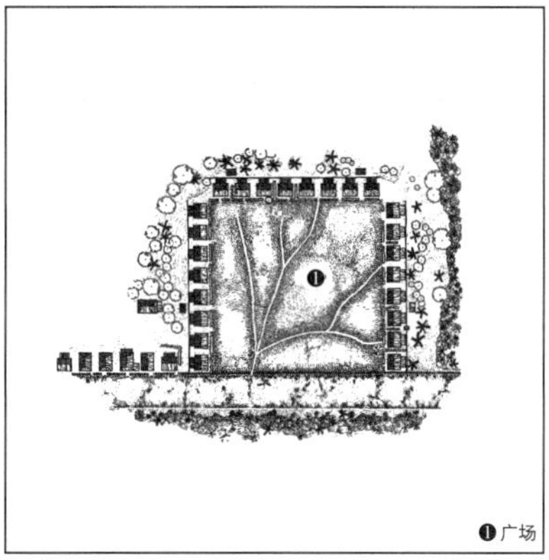
❶广场

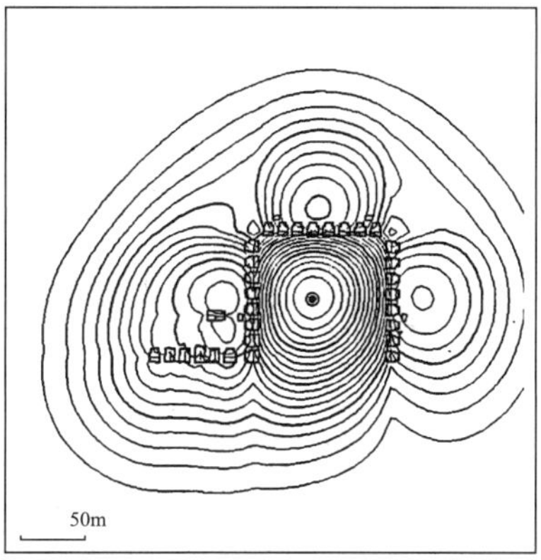
50m

图3-4-140 中心周围有广场　　Bislaiy(中南美)

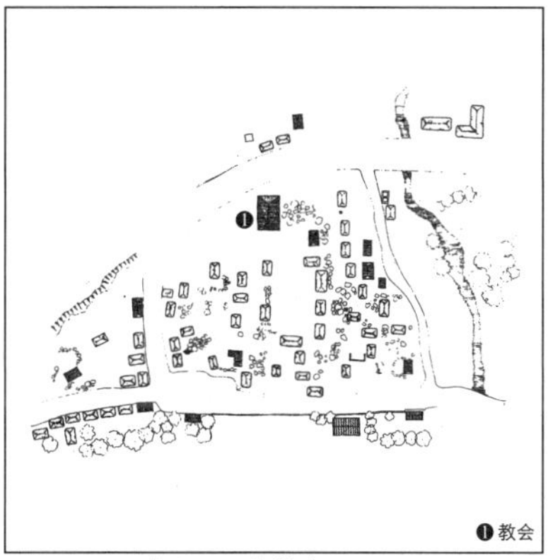
❶教会

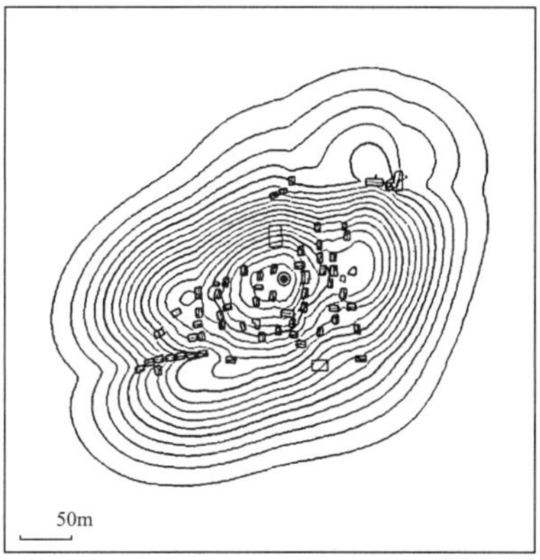
50m

图3-4-141 中心周围有教会　　Juncal(中南美)

图3·4·142 中心周围有教会和共同浴室

❶教会
❷共同浴场

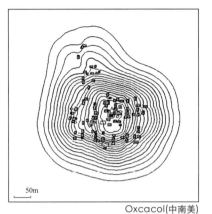

Oxcacol(中南美)

图3·4·143 中心周围有教会

❶教会

San Jorge(中南美)

图3·4·144 中心周围有学校和教会

❶学校
❷教会

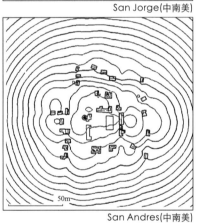

San Andres(中南美)

图3·4·145 中心周围有旅店

❶旅店

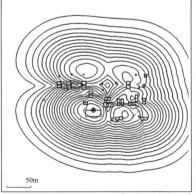

Koroba(巴布亚新几内亚)

96

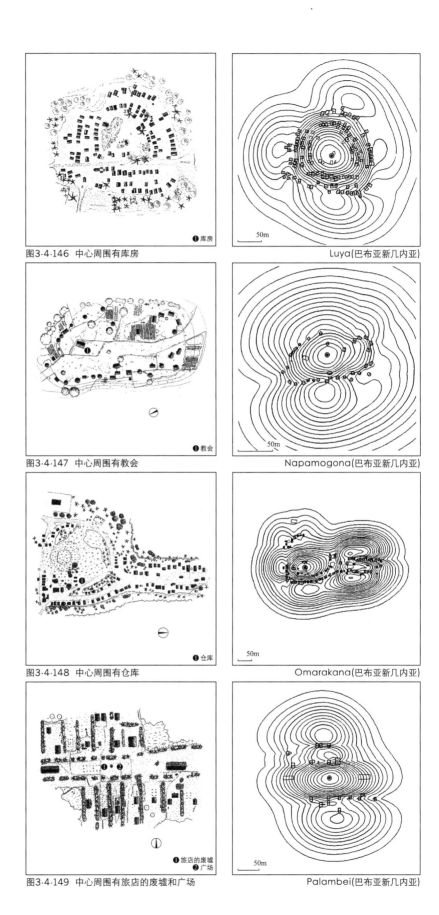

图3·4·146 中心周围有库房　❶库房　Luya(巴布亚新几内亚)

图3·4·147 中心周围有教会　❶教会　Napamogona(巴布亚新几内亚)

图3·4·148 中心周围有仓库　❶仓库　Omarakana(巴布亚新几内亚)

图3·4·149 中心周围有旅店的废墟和广场　❶旅店的废墟　❷广场　Palambei(巴布亚新几内亚)

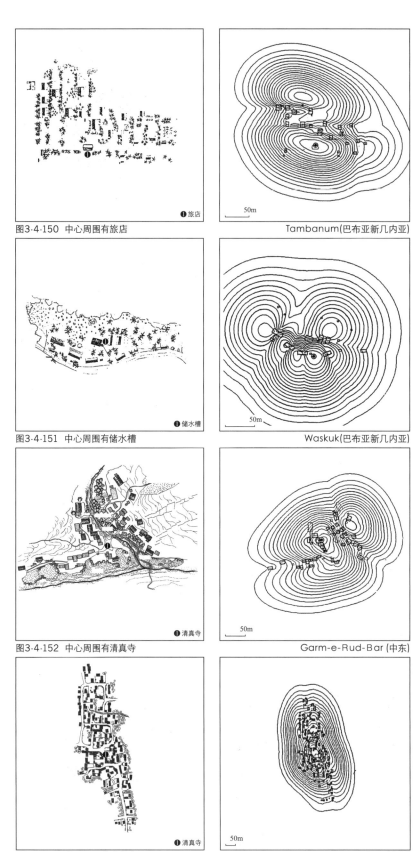

图3·4·150 中心周围有旅店　　❶旅店

Tambanum(巴布亚新几内亚)

图3·4·151 中心周围有储水槽　　❶储水槽

Waskuk(巴布亚新几内亚)

图3·4·152 中心周围有清真寺　　❶清真寺

Garm-e-Rud-Bar (中东)

图3·4·153 中心周围有清真寺　　❶清真寺

Meyandare(中东)

图3·4·154 中心周围有汲取水的场所

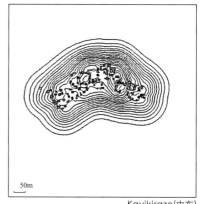

Kayikiraze(中东)

首先，我们发现在我们所调查的80个聚落数据当中约有38个聚落的中心具有明确的意义。而在集中中心周围设置的设施一般有以下的事物：清真寺、水井、聚落的入口、村长的家、广场、教堂、曼v陀罗、祠堂、仓库、集会所、共同工作的场所、祖祠、墓地、共同浴室、学校、旅店、储水槽和汲取水的场所。

3·4·5·3 集中中心和重心的比较

通过对集中中心和重心位置的比较，我们发现相对于重心的位置，集中中心的位置都发生了移动。关于这种移动，我们在前面已经证明大多数都有可能具有明确含义。图3·4·155所示的就是印度尼西亚的一个聚落的集中中心位置发生移动的实例。图中集中中心的位置比重心的位置更偏向祠堂的方向。而图3·4·156所示的是印度的一个聚落，其集中中心的位置与重心的位置相去甚远，不过该集中中心的位置比重心的位置更加接近祠堂。

通过对集中中心的位置和重心的位置不同的考察，我们发现集中中心的位置比重心的位置更加接近实际在聚落中总体感受的结果。

在研究中我们对80个聚落中的移动现象进行了全面的考察，并确认了若干明显的移动方向。在这里必须指出的是，中心的移动不应该只注意位置，而且还应该考虑中心所指向的方向性。中心移动的方向性显示了其存在有从该方向所产生出的强大的影响力。这个方向性的解明对于我们从结构上理解聚落的空间构造非常重要。下面是中心移动较为明显的16个聚落实例（图3·4·157~图3·4·172）。

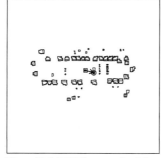

Wogo(印度尼西亚) <sin_thta>
MAX_POT=40m
移动距离：18.49m

图3·4·15 集中中心的位置发生移动的聚落

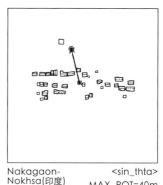

Nakagaon-Nokhsa(印度) <sin_thta>
MAX_POT=40m
移动距离：47.28m

图3·4·156 集中中心的位置发生很大移动的聚落

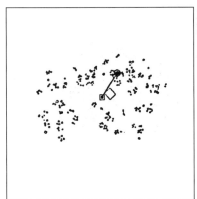
<sin_thta>
MAX_POT=40m
移动距离：110.5m
中心位置移向清真寺

图3-4-157 Azzel(非洲)

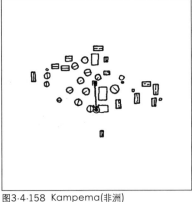
<sin_thta>
MAX_POT=40m
移动距离：21m
中心位置移向集会所

图3-4-158 Kampema(非洲)

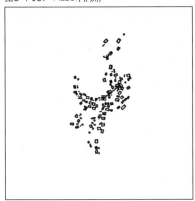
<sin_thta>
MAX_POT=40m
移动距离：94.37m
中心位置移向水井

图3-4-159 巴破村(中国)

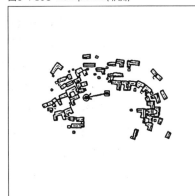
<sin_thta>
MAX_POT=40m
移动距离：49.35m
中心位置移向入口

图3-4-160 沟梁山(中国)

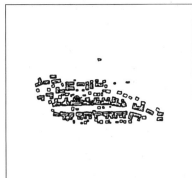
<sin_thta>
MAX_POT=40m
移动距离：38.63m
中心位置移向神树

图3-4-161 曼农干(中国)

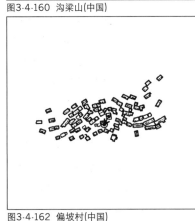
<sin_thta>
MAX_POT=40m
移动距离：22.31m
中心位置移向入口

图3-4-162 偏坡村(中国)

<sin_thta>
MAX_POT=40m
移动距离：31.77m
中心位置移向水井

图3-4-163 腾梁山(中国)

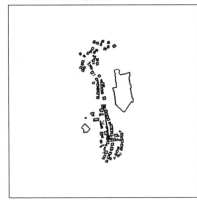
<sin_thta>
MAX_POT=40m
移动距离：150.6m
中心位置移向清真寺

图3-4-164 Travnik(欧洲)

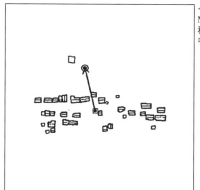
<sin_thta>
MAX_POT=40m
移动距离: 47.28m
中心位置移向祖祠

图3-4-165 Nakagaon Nakhsa(印度)

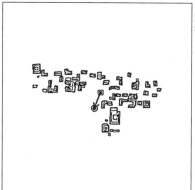
<sin_thta>
MAX_POT=40m
移动距离: 21.49m
中心位置移向
入口

图3-4-166 Bhujaini(印度)

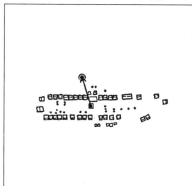
<sin_thta>
MAX_POT=40m
移动距离: 47.23m
中心位置移向教堂

图3-4-167 Bena(印度尼西亚)

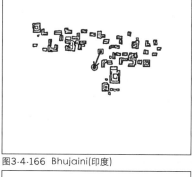
<sin_thta>
MAX_POT=40m
移动距离: 10.49m
中心位置移向祖祠

图3-4-168 Wogo(印度尼西亚)

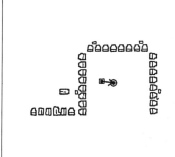
<sin_thta>
MAX_POT=40m
移动距离: 18.91m
中心位置移向广场的中心

图3-4-169 Bislaiy(Laten America)

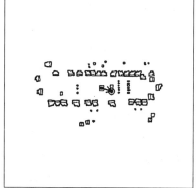
<sin_thta>
MAX_POT=40m
移动距离: 88.23m
中心位置移向仓库

图3-4-170 Omarakana(巴布亚新几内亚)

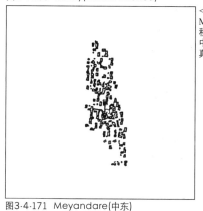
<sin_thta>
MAX_POT=40m
移动距离: 60.16m
中心位置移向清真寺

图3-4-171 Meyandare(中东)

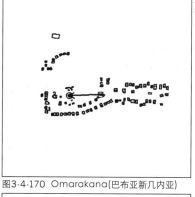
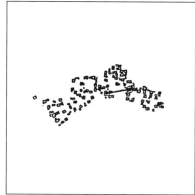
<sin_thta>
MAX_POT=40m
移动距离: 83.99m
中心位置移向
水井

图3-4-172 Kayikiraze(中东)

如果说中心移动的现象反映的是居住者的空间概念，那么如果我们比较集中中心和迄今为止所探讨过的各种中心，我们就会发现集中中心更加接近实际调查时的感觉。

从这个意义上来说，集中中心就成为更加能够表现聚落中心概念的指标。

3·4·5·4 关于集中中心的正对量

因为我们已经找出了各个聚落的集中中心的位置，所以我们就有可能得出从该中心看各个住户时的正对量了。

假设集中中心为C，并且这个中心C与各个住户的轴线所形成的角度为$\theta_i(i=1, 2, \ldots\ldots, n)$，如图3·4·173所示，那么平均正对量M就是：

$$\overline{M}=\frac{\sum_{i=1}^{n}\sin\theta_i}{n}$$

这个数值表示的是各个住户相对于集中中心的正对程度，反映的是聚落形态的求心性倾向。这里，我们称相对于集中中心的平均正对量为"求心量"。求心量的数值介于0和1之间。

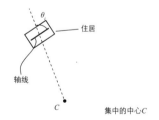

图3·4·173 集中中心与住居轴线之间的夹角示意

3·4·5·5 求心量的实例

我们将80个聚落数据的求心量的计算结果在图3·4·174中进行了归纳总结。根据该图，我们可以明确以下三点：

(1)求心量很小的聚落有欧洲的Travnik，为0.471，和印度尼西亚的Oel bubu，为0.495。除了这两个聚落之外，其他所有的聚落的求心量都在0.5以上。

(2)在这80个聚落当中，求心量最大的聚落是印度的Ningle taklum，为0.928。而求心量在0.9以上的聚落还有印度尼西亚的Kudji ratu，为0.918，以及巴布亚新几内亚的Luya，为0.923，这些聚落的求心量相对来说都比较大。

(3)在这80个聚落当中，聚落的求心量在0.4~0.6之间的有9个，0.6~0.7之间的有36个，在0.7~0.8之间的有23个，在0.8~0.9之间的有9个，在0.9~1.0之间的有3个。

这些求心量的数据所反映出的是，聚落的居住者在建造聚落的时候，都希望将自己的住居正对该聚落的中心位置。从这个图表中我们也可以看出，对于大多数的聚落来说，它们的求心量的数值都在0.6~0.7之间，这一点可以很明确地表达出：大多数聚落当中的居住者都在努力地将自己的住居朝向自己所居住的聚落的中心。

3·4·5·6 集中中心和住居领域的位置关系

根据集中中心和住居领域的位置关系，我们就可以对聚落的形态进行分类。具体到我们所调查的80个聚落，大致可以划分为两种形式：一种形式是集中中心位于住居领域内部的聚落；另一种形式是集中中心位于住居领域外部的聚落。在第一种形式当中又可以根据集中中心在住居领域内部位置的不同，分为五种类型（图3·4·175）。其中中心位于住居领域的中央位置的是类型1，中心偏离中央位置的是类型2，住居领域被分为两部分，中心位于中央位置的是类型3，中心位于椭圆形的两部分住居领域的中央位置的是类型4，中心位于椭圆形的住居领域的一端的是类型5。而第二种形式也可以根据集中中心在住居领域外

聚落地域	聚落名称	住居数(户)	求心量
非洲	Bolbol	147	0.642
	Abetenim	41	0.67
	Juaben/Zongo	19	0.679
	Abalak	58	0.69
	Azzel	161	0.716
	Rougoubin	62	0.721
	Akabounou	11	0.739
	Pomboka	29	0.75
	Zaba	49	0.8
	Kampema	26	0.844
	Toussibik	20	0.819
中国	偏坡村	80	0.571
	丰台沟	39	0.611
	漫伞村	36	0.643
	曼农干	36	0.656
	曼因老寨	52	0.671
	日月山村	23	0.673
	沟梁寨	52	0.686
	滕梁山	85	0.705
	建塘村	172	0.717
	巴破村	76	0.732
	高走村	22	0.744
	巴拉寨	68	0.746
	高寨	99	0.752
	农沙湖	22	0.758
	号才坪	31	0.801
	回库村	39	0.834
欧洲	Travink	88	0.471
	Dolhesti	28	0.554
	Vranduk	62	0.642
	Ruda malenitca	52	0.657
印度	Shivli	52	0.629
	Keriyat	46	0.638
	Matanwari	88	0.65
	Ghotwal	102	0.655
	Bhujaini	39	0.661
	Nasonda	74	0.663
	Charoudha	37	0.666
	Kankewar	57	0.67
	Letibeda	42	0.674
	Junapani	64	0.681
	Udepalya	43	0.686
	Togi	34	0.754
	Nakagaon nakhsa	26	0.765
	Ningle taklum	22	0.928
印度尼西亚	Oel bubu	102	0.495
	Lingga	103	0.585
	Wogo	33	0.627
	Tarung/waitabar	45	0.631
	Wanumuttu	36	0.656
	Lamboya	50	0.663
	Dokan	59	0.707
	Sade/rembitan	107	0.769
	Bena	34	0.771
	Lempo	9	0.795
	Pasunga	16	0.828
	Takpala	12	0.887
	Nanggara	8	0.895
	Kudji ratu	10	0.918
中南美	Mocolon	43	0.628
	San jorge	124	0.655
	Oxcaco	84	0.661
	Thuli	22	0.671
	Juncal	62	0.681
	San andres	31	0.689
	Uros kaskalla	11	0.755
	Bislaiy	31	0.848
巴布亚新几内亚	Omarakana	73	0.553
	Kambaranba	30	0.613
	Mando	27	0.663
	Moka-mates	16	0.719
	Wombun	20	0.731
	Palambei	17	0.759
	Napamogona	32	0.795
	Luya	75	0.923
中东	Aliabed	56	0.51
	Kayikiraze	81	0.562
	Meyandare	113	0.579
	Sivrihisar	26	0.663
	Garm-e-rud-bar	37	0.732

图3-4-174 80个聚落的求心量的计算结果一览

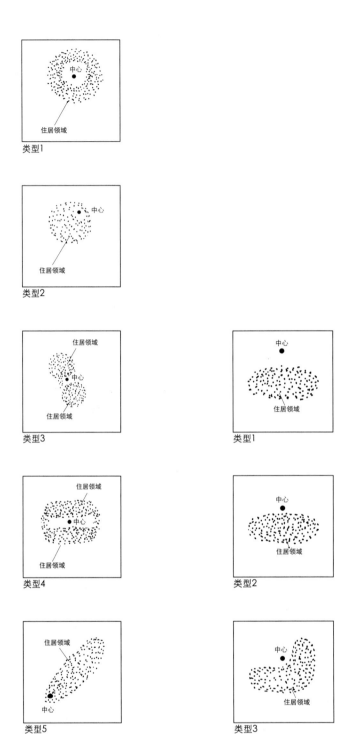

图3·4·175 第一种形式：集中 中心位于住居领域内部的聚落

图3·4·176 第二种形式：集中 中心位于住居领域外部的聚落

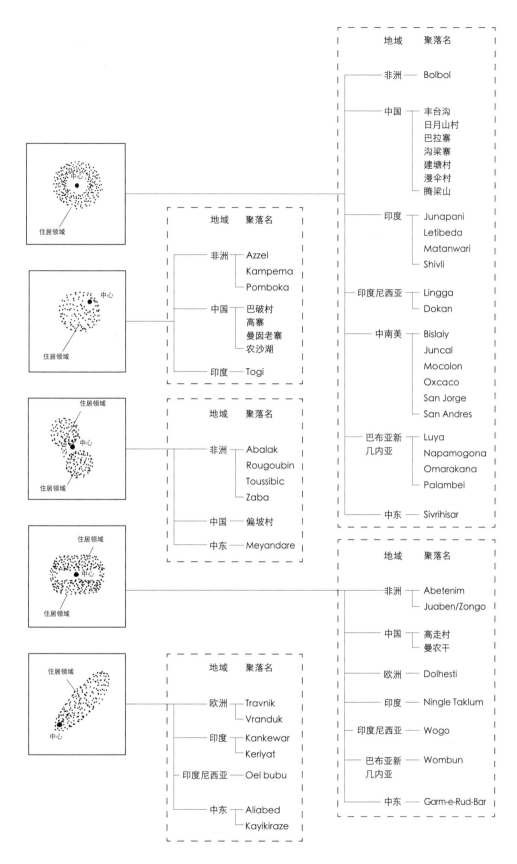

图3·4·177 第一种形式的聚落一览

105

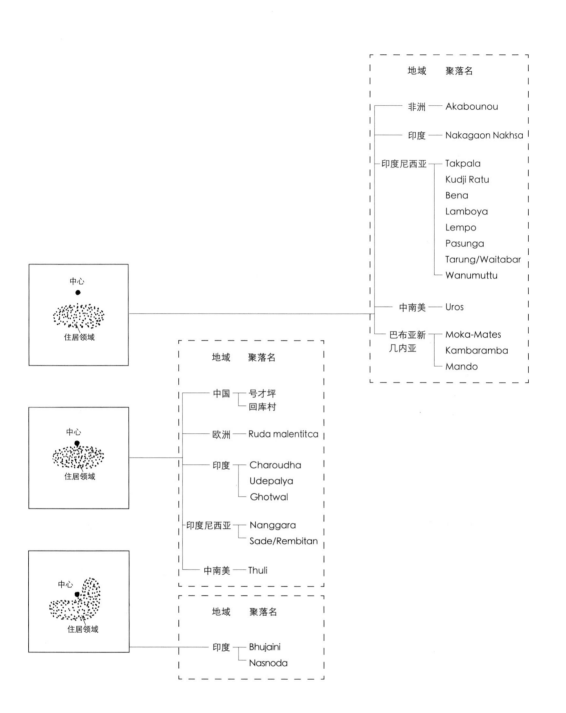

图3-4-178 第二种形式的聚落一览

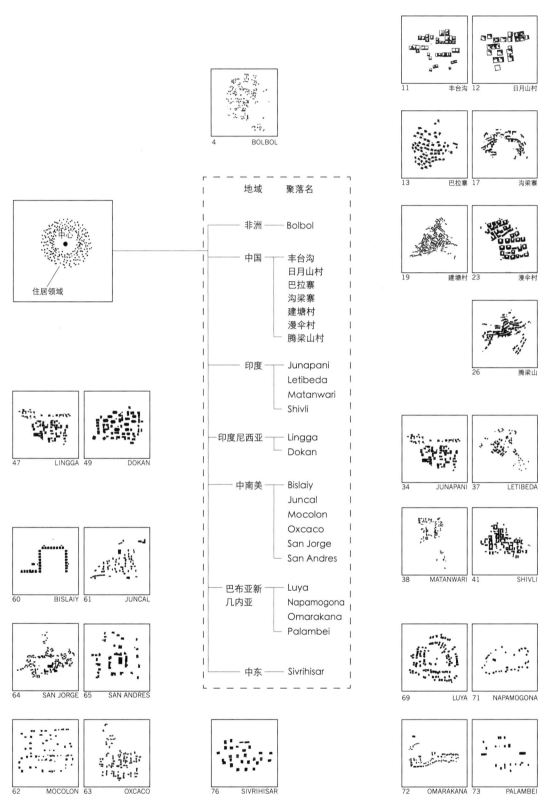

图3-4-179 第一种形式聚落当中的类型1

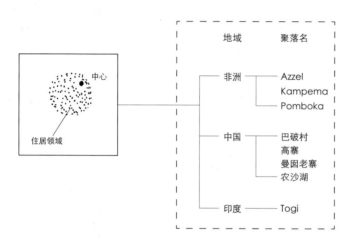

图3·4·180 第一种形式聚落当中的类型2

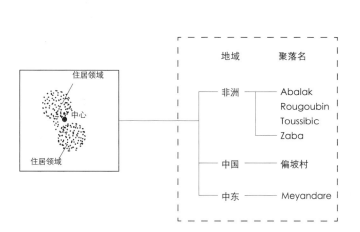

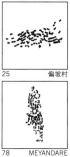

图3-4-181 第一种形式聚落当中的类型3

109

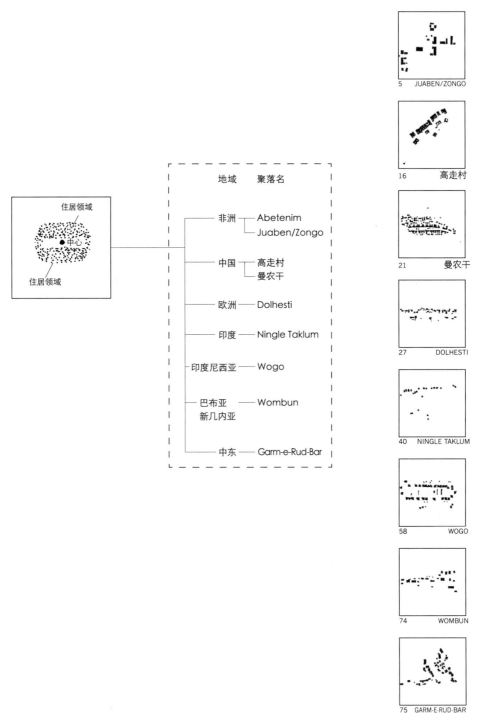

图3·4·182 第一种形式聚落当中的类型4

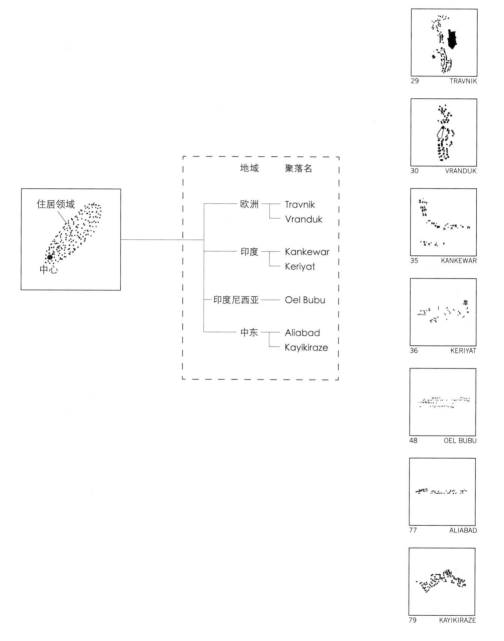

图3·4·183 第一种形式聚落当中的类型5

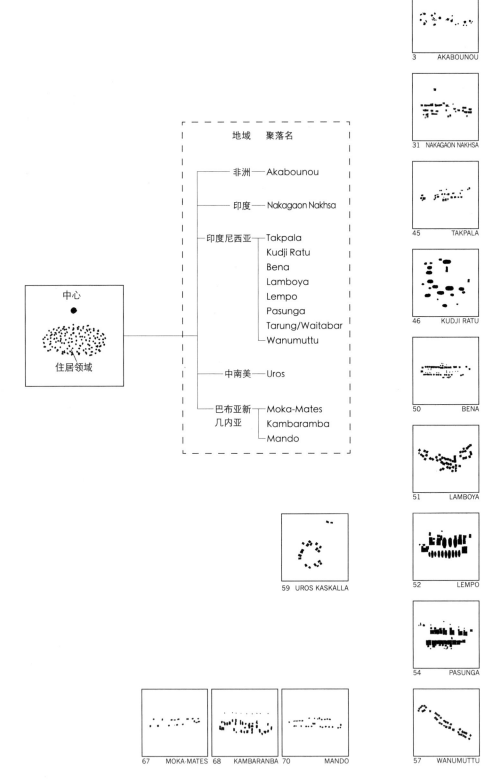

图3-4-184 第二种形式聚落当中的类型1

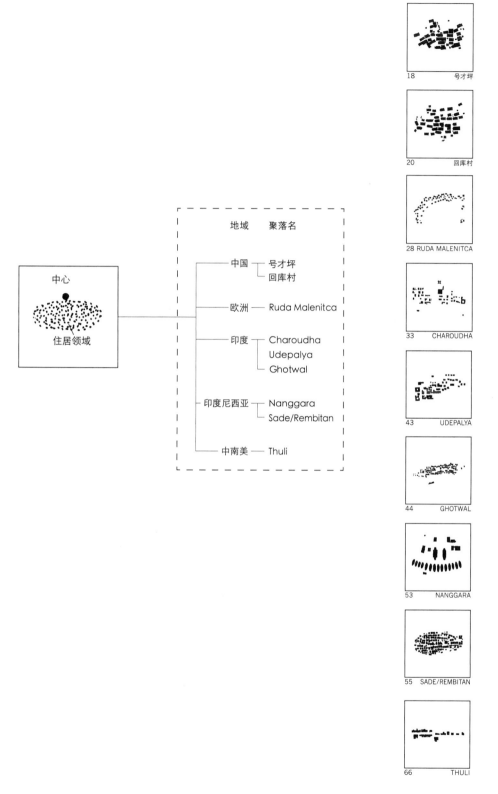

图3-4-185 第二种形式聚落当中的类型2

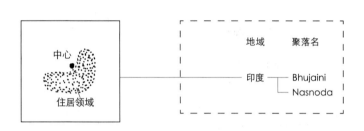
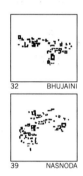

图3-4-186 第二种形式聚落当中的类型3

部位置的不同分为三种类型(图3-4-176)。其中中心远离住居领域的是类型1,中心接近住居领域的是类型2,住居领域呈L型,中心接近住居领域的是类型 3。图3-4-177、图3-4-178表示的就是根据这种集中中心在住居领域内部位置的不同而归纳整理列出的80个聚落的聚落形态的模式。而图3-4-179~图3-4-186表示的则是不同类型的聚落数据图。

根据上述这些图表,我们可以明确以下几点:

(1)在80个聚落中有55个聚落是属于集中中心位于住居领域内部的第一种形式。其中有25个聚落是属于中心位于住居领域的中央位置的类型1;有8个聚落是属于中心偏离中央位置的类型2;有6个聚落是属于住居领域被分为两部分,中心位于中央位置的类型3;有9个聚落是属于中心位于椭圆形的两部分住居领域的中央位置的类型4;有7个聚落是属于中心位于椭圆形的住居领域的一端的类型5。

(2)在80个聚落中有25个聚落是属于住居领域与集中中心分离的第二种形式。其中有14个聚落是属于中心远离住居领域的类型1;有9个聚落是属于中心接近住居领域的类型2;有2个聚落是属于住居领域呈L型,中心接近住居领域的类型3。

(3)在80个聚落中,中国和中南美的聚落几乎都是属于第一种形式的类型1和类型2。

(4)在80个聚落中,印度尼西亚的聚落几乎都是属于第二种形式。印度和巴布亚新几内亚的多数聚落都是集中中心远离住居领域的,属于第二种形式中的类型1。

第三篇 分析

第4章 聚落的结构分析和类型化

第1节 聚落配置图的矩阵化

4-1-1 聚落配置图矩阵的制作

1. 关于聚落的矢量空间坐标系

在聚落的配置图中,住居的面积S、方向性θ以及住居之间的距离d形成了三维的矢量空间(s,θ,d)。(s,θ,d)是我们在调查时所亲身感觉到的空间概念的函数,是在聚落的形成过程中,居住者所产生的强烈的空间概念的表象。该矢量(s,θ,d)如图4-1-1所示,可以作为三维的矩阵表示出来。

2. 空间概念的矩阵化

在三维的矩阵图中,空间坐标上的一个点是根据面积、角度和距离来确定的,这些是由聚落形态诱导出的数值,是建造聚落的人们的空间概念的投影。因此,可以将该坐标系解读成为空间概念的坐标系,同时坐标上的点从视觉上将居住者的意识加以表现出来(图4-1-2)。

3. 矩阵的表示

平均面积、求心量、平均最近距离的矩阵有以下几种组合的可能:

(1) 求心量和平均面积的二维矩阵坐标系(图4-1-3);

(2) 求心量和平均最近距离的二维矩阵坐标系(图4-1-4);

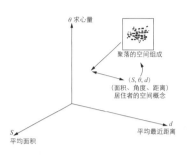

图4-1-2 空间概念的坐标系

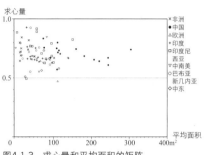

图4-1-3 求心量和平均面积的矩阵

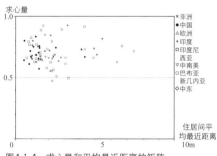

图4-1-4 求心量和平均最近距离的矩阵

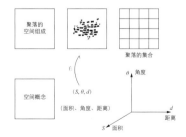

图4-1-1 聚落配置图的矩阵制作的思考过程

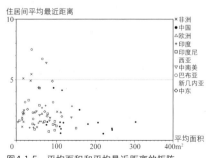

图4-1-5 平均面积和平均最近距离的矩阵

117

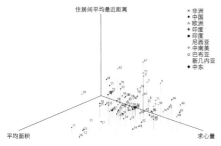

图4-1-6 平均面积、求心量和平均最近距离的矩阵

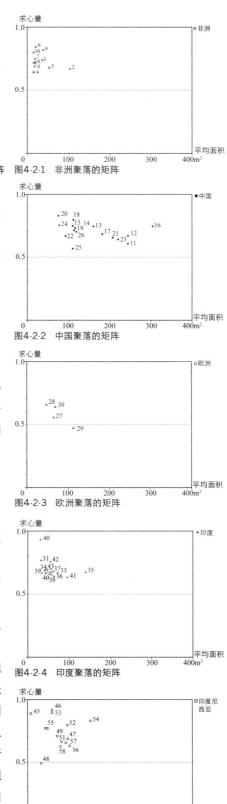

图4-2-1 非洲聚落的矩阵

图4-2-2 中国聚落的矩阵

图4-2-3 欧洲聚落的矩阵

图4-2-4 印度聚落的矩阵

图4-2-5 印度尼西亚聚落的矩阵

(3) 平均最近距离和平均面积的二维矩阵坐标系（图4-1-5）；

(4) 所有数值的三维矩阵坐标系（图4-1-6）。

第2节 根据矩阵分析聚落的结构

在所有作成的矩阵坐标系中，求心量和平均面积对应的二维矩阵最充分地表现出了聚落的空间特性。下面我们将根据这个特点进行聚落的结构分析。

4-2-1 不同地区的空间特性

图4-2-1~图4-2-8表示的是不同地区的聚落的求心量和平均面积的矩阵图。

从求心量和平均面积的矩阵坐标中我们可以明确以下两点：

(1)某些地区的聚落在矩阵坐标图上是集中分布着的；

(2)在某个地区中聚落有可能是成组团分布着的。我们以非洲聚落的矩阵坐标图为例来说明。在图4-2-9所示的非洲聚落的矩阵中，以平均面积为基准可以分成三个组团，即图4-2-10~图4-2-12所表示的组团。从聚落配置图来看，各组团内的聚落在结构上很相似。这表明由于住户平均面积的不同，它们的配列法则也不同。

118

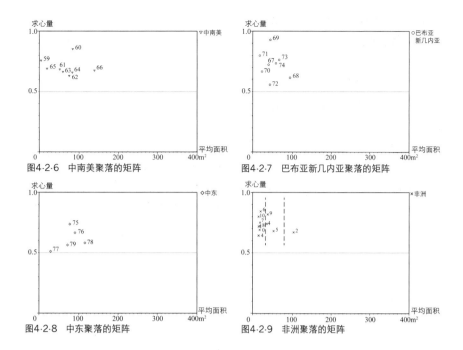

图4-2-6 中南美聚落的矩阵

图4-2-7 巴布亚新几内亚聚落的矩阵

图4-2-8 中东聚落的矩阵

图4-2-9 非洲聚落的矩阵

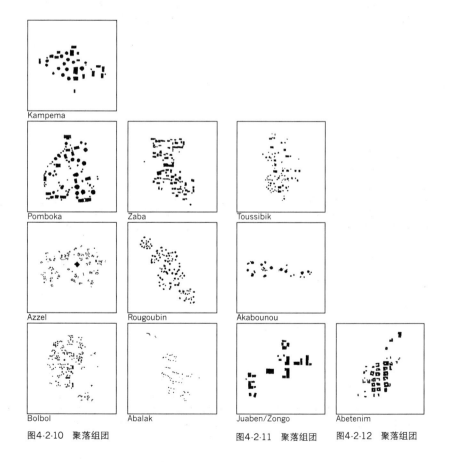

图4-2-10 聚落组团

图4-2-11 聚落组团

图4-2-12 聚落组团

4.2.2 根据矩阵图进行地区之间聚落的比较

下面我们将利用同是求心量和平均面积的矩阵来探讨地区之间的相似性和差异性。

图4-2-13~图4-2-40所示的是八个地区所有矩阵的组合，共28个组。以下是针对大小和角度的空间概念而展开的分析。

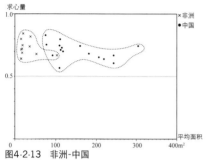

图4-2-13 非洲-中国
图中矩阵表示的是非洲聚落和中国聚落的分布情况。两个地区重叠的部分很少，说明居住在这两个地区的居住者的空间概念没有多少相似性。

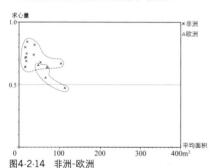

图4-2-14 非洲-欧洲
图中矩阵表示的是非洲聚落和欧洲聚落的分布情况。两个地区重叠的部分很少，说明居住在这两个地区的居住者的空间概念没有多少相似性。

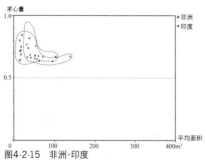

图4-2-15 非洲-印度
图中矩阵表示的是非洲聚落和印度聚落的集合关系。二者的分布重叠的部分很大，说明居住在这两个地区的居住者的空间概念有相似性。

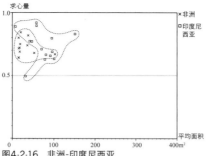

图4-2-16 非洲-印度尼西亚
图中矩阵表示的是非洲聚落和印度尼西亚聚落的分布情况。两个地区有部分重叠，说明居住在这两个地区的居住者的空间概念有部分叠加性和相似性。

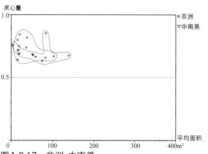

图4-2-17 非洲-中南美
图中矩阵表示的是非洲聚落和中南美聚落的集合关系。二者的分布重叠的部分很大，说明居住在这两个地区的居住者的空间概念有相似性。

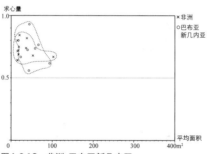

图4-2-18 非洲-巴布亚新几内亚
图中矩阵表示的是非洲聚落和巴布亚新几内亚聚落的集合关系。二者的分布重叠的部分很大，说明居住在这两个地区的居住者的空间概念有相似性。

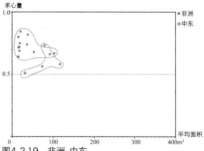

图4-2-19 非洲-中东
图中矩阵表示的是非洲聚落和中东聚落的分布情况。两个地区重叠的部分很少，说明居住在这两个地区的居住者的空间概念没有多少相似性。

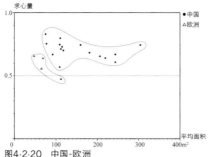

图4-2-20 中国-欧洲
图中矩阵表示的是中国聚落和欧洲聚落的分布情况。两个地区无重叠的部分，说明居住在这两个地区的居住者的空间概念完全没有相似性。

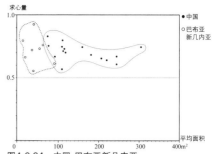

图4-2-24 中国-巴布亚新几内亚
图中矩阵表示的是中国聚落和巴布亚新几内亚聚落的分布状况。两个地区重叠的部分很少，说明居住在这两个地区的居住者的空间概念没有多少相似性。

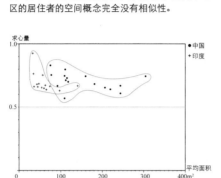

图4-2-21 中国-印度
图中矩阵表示的是中国聚落和印度聚落的分布情况。两个地区重叠的部分很少，说明居住在这两个地区的居住者的空间概念没有多少相似性。

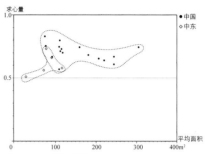

图4-2-25 中国-中东
图中矩阵表示的是中国聚落和中东聚落的集合关系。二者的分布有少部分重叠，说明居住在这两个地区的居住者的空间概念有相似性部分存在，但较少。

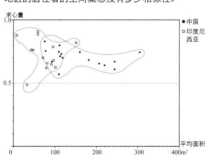

图4-2-22 中国-印度尼西亚
图中矩阵表示的是中国聚落和印度尼西亚聚落的集合关系。二者的分布重叠的部分很大，说明居住在这两个地区的居住者的空间概念有相似性。

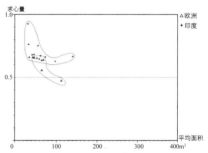

图4-2-26 欧洲-印度
图中矩阵表示的是欧洲聚落和印度聚落的集合关系。二者的分布有部分重叠，说明居住在这两个地区的居住者的空间概念有相似性部分存在。

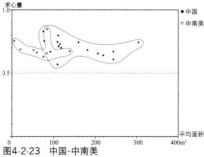

图4-2-23 中国-中南美
图中矩阵表示的是中国聚落和中南美聚落的集合关系。二者的分布有部分重叠，说明居住在这两个地区的居住者的空间概念有相似性部分存在。

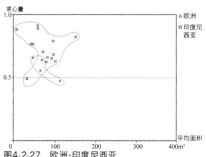

图4-2-27 欧洲-印度尼西亚
图中矩阵表示的是欧洲聚落和印度尼西亚聚落的集合关系。二者的分布有部分重叠，说明居住在这两个地区的居住者的空间概念有相似性部分存在。

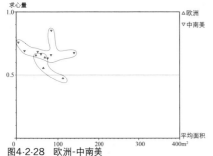

图4-2-28 欧洲-中南美
图中矩阵表示的是欧洲聚落和中南美聚落的集合关系。二者的分布有部分重叠，说明居住在这两个地区的居住者的空间概念有相似性部分存在。

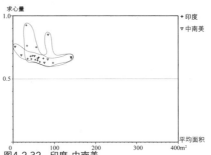

图4-2-32 印度-中南美
图中矩阵表示的是印度聚落和中南美聚落的集合关系。二者的分布重叠的部分很大，说明居住在这两个地区的居住者的空间概念有很大的相似性。

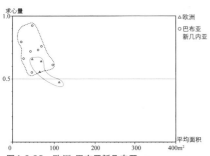

图4-2-29 欧洲-巴布亚新几内亚
图中矩阵表示的是欧洲聚落和巴布亚新几内亚聚落的集合关系。二者的分布有部分重叠，说明居住在这两个地区的居住者的空间概念有相似性部分存在。

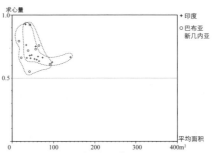

图4-2-33 印度-巴布亚新几内亚
图中矩阵表示的是印度聚落和巴布亚新几内亚聚落的集合关系。二者的分布重叠的部分很大，说明居住在这两个地区的居住者的空间概念有很大的相似性。

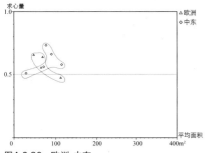

图4-2-30 欧洲-中东
图中矩阵表示的是欧洲聚落和中东聚落的集合关系。二者的分布有部分重叠，说明居住在这两个地区的居住者的空间概念有相似性部分存在。

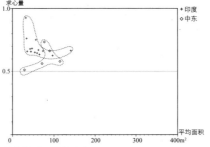

图4-2-34 印度-中东
图中矩阵表示的是印度聚落和中东聚落的集合关系。二者的分布有部分重叠，说明居住在这两个地区的居住者的空间概念有相似性部分存在。

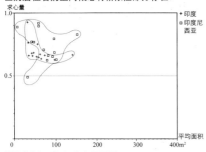

图4-2-31 印度-印度尼西亚
图中矩阵表示的是印度聚落和印度尼西亚聚落的集合关系。二者的分布重叠的部分较多，说明居住在这两个地区的居住者的空间概念有较多的相似性存在。

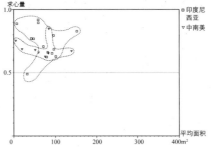

图4-2-35 印度尼西亚-中南美
图中矩阵表示的是印度尼西亚聚落和中南美聚落的集合关系。二者的分布有部分重叠，说明居住在这两个地区的居住者的空间概念有相似性部分存在。

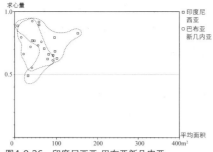

图4-2-36 印度尼西亚-巴布亚新几内亚

图中矩阵表示的是印度尼西亚聚落和巴布亚新几内亚聚落的集合关系。二者的分布重叠的部分很大,说明居住在这两个地区的居住者的空间概念有很大相似性。

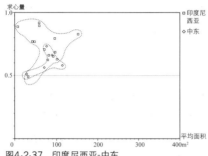

图4-2-37 印度尼西亚-中东

图中矩阵表示的是印度尼西亚聚落和中东聚落的集合关系。二者的分布重叠的部分较大,说明居住在这两个地区的居住者的空间概念有较多相似性。

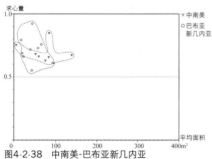

图4-2-38 中南美-巴布亚新几内亚

图中矩阵表示的是中南美聚落和巴布亚新几内亚聚落的集合关系。二者的分布重叠的部分很大,说明居住在这两个地区的居住者的空间概念有相似性。

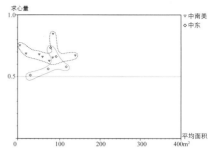

图4-2-39 中南美-中东

图中矩阵表示的是中南美聚落和中东聚落的集合关系。二者的分布有部分重叠,说明居住在这两个地区的居住者的空间概念有相似性部分存在。

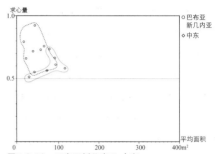

图4-2-40 巴布亚新几内亚-中东

图中矩阵表示的是巴布亚新几内亚聚落和中东聚落的分布情况。两个地区重叠的部分很少,说明住在这两个地区的居住者的空间概念没有多少相似性。

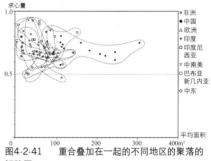

图4-2-41 重合叠加在一起的不同地区的聚落的矩阵图

我们将图4-2-41中所表示的不同地区聚落的分布状况通过图4-2-42更加清晰地表现出来。通过上述的这些图表我们可以清楚地知道,每一个地区的聚落在保持自己聚落独立性的同时,某些地方的聚落相互之间也存在有共通性。这里特别值得一提的是,中国地区居住者的空间概念和非洲地区居住者的空间概念没有多少共通性,这反映出这两个地区在距离上的遥远(图4-2-43)。虽然是这样,可是非洲和欧洲在物理上的距离很近,但是居住者的空间概念也没有多少共通性,也就是说,地理位置接近不一定居住者的空间概念就相似。非洲地区居住者的空间概念与印度、印度尼西亚、中南美和中东地区居住者的空间概念存在有部分的共通性。而非洲地区与巴布亚新几内亚地区居住者的空间

图4-2-42 不同地区的平均面积和求心量

概念存在着很强的关联性。我们认为解明二者之间的这种很强的关联性应该具有非常重要的意义。中国地区与印度尼西亚地区居住者的空间概念存在有一部分的共通性,而与巴布亚新几内亚地区居住者的空间概念却没有多少共通性。但是印度尼西亚地区与巴布亚新几内亚地区居住者的空间概念存在有共通性,通过矩阵图我们可以看到印度尼西亚地区居住者的空间概念具有中国和巴布亚新几内亚这两个地区居住者的空间概念的特性。

另外,中南美地区与巴布亚新几内亚、非洲等地区居住者的空间概念分别具有很强的关联性。而中国与欧洲、欧洲与巴布亚新几内亚、欧洲与非洲地区的居住者的空间概念的共通性很少,从矩阵图中我们可以看到这些地区聚落构造的相关性几乎没有。

4-2-3 关于二维矩阵图中空间结构的类似性

在通过矩阵图表示两个地区的聚落重叠的时候,这两个聚落虽然是属于不同的地区,但是我们观察到在矩阵图中却显示出有某些事物的位置很接近。我们经过观察将其中两个实例在此加以分析。

(1)我们在矩阵图上发现一个非洲的聚落和一个中国的聚落在坐标中位置很接近的实例。如图4-2-44所示,非洲聚落Abetenim(图4-2-45)和中国聚落曼囡老寨(图4-2-46)是什么原因使它们在坐标上的位置如此接近呢?通过比较这两个聚落,我们发现他们拥有类似的聚落结构,如图4-2-47所示,在这两个聚落中都有一条贯穿聚落的道路。道路的一端是教堂或寺院(秋千),住居均布置在道路的两侧。

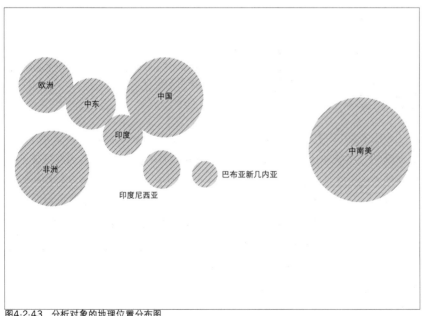

图4-2-43 分析对象的地理位置分布图

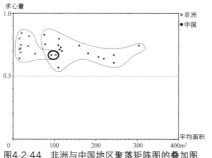
图4·2·44 非洲与中国地区聚落矩阵图的叠加图

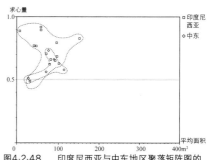
图4·2·48 印度尼西亚与中东地区聚落矩阵图的叠加图

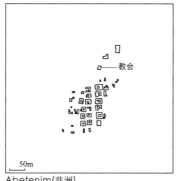
Abetenim(非洲)
图4·2·45 非洲聚落Abetenim

Aliabad(中东)
图4·2·49 中东聚落Aliabad

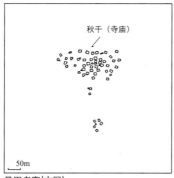
曼因老寨(中国)
图4·2·46 中国聚落曼因老寨

Oel bubu(印度尼西亚)
图4·2·50 印度尼西亚聚落Oelbubu

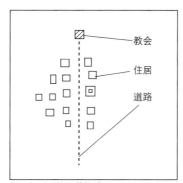
Abetenim的聚落构造
图4·2·47 两个聚落的聚落构造比较

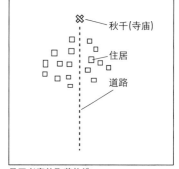
曼因老寨的聚落构造

125

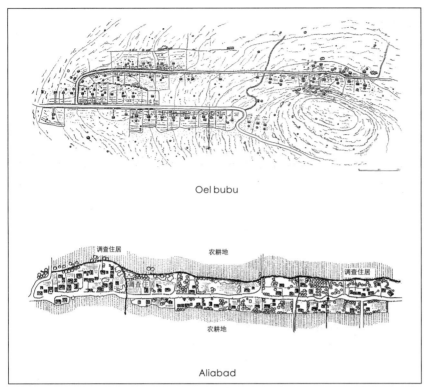

图4-2-51 两个聚落的聚落构造比较

（2）比较印度尼西亚的聚落和中东的聚落中坐标点位置接近的现象。如图4-2-48所示，中东聚落Aliabed（图4-2-49）和印度尼西亚聚落Oel bubu（图4-2-50）在坐标上的位置很接近。通过比较这两个聚落，我们发现，如图4-2-51所示，这两个聚落都属于线性聚落，聚落结构非常相似，而更意味深长的是两者聚落中的住居同样都是采用"分栋式"的住居布局形式。

4.2.4 关于三维矩阵图中空间结构的类似性

继二维矩阵图的观察之后，我们将从三维矩阵图中抽出在坐标上位置接近的聚落，针对它们的空间结构的相似性进行探讨。

我们从图4-2-52~图4-2-61中选择在三维矩阵图上坐标位置比较接近的聚落，并对于它们的聚落构造进行考察。

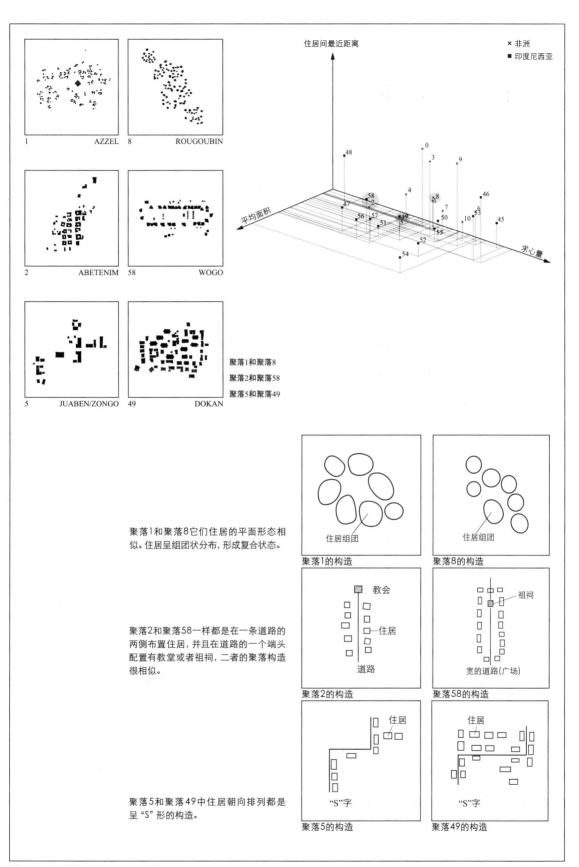

图4-2-52 非洲与印度尼西亚的聚落

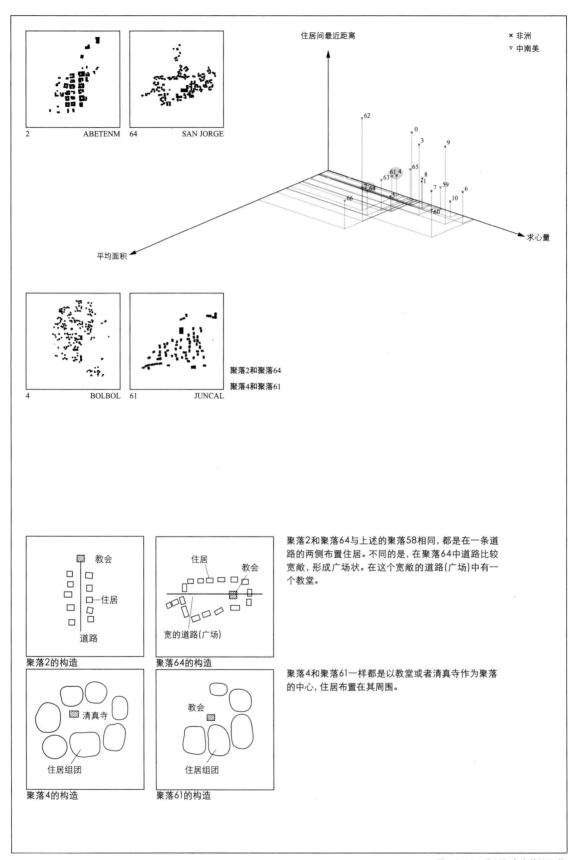

图4·2·53 非洲与中南美的聚落

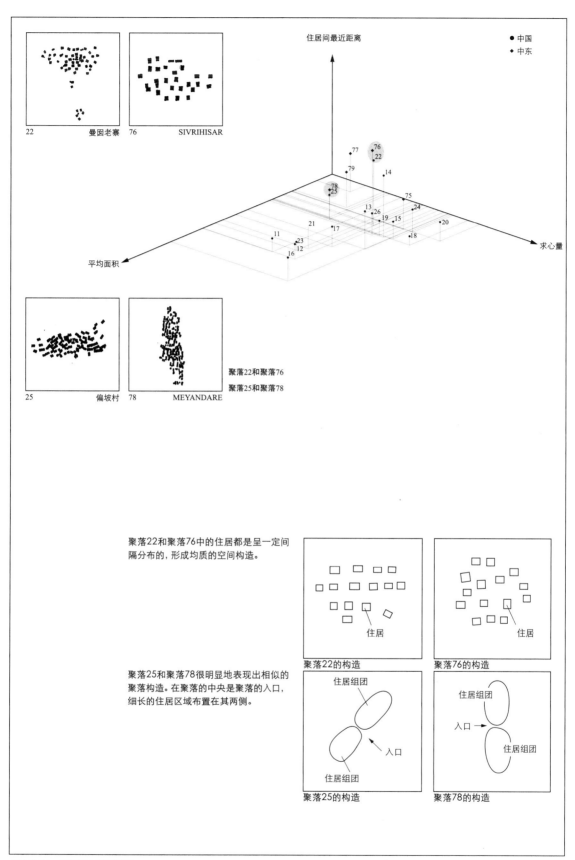

图4·2·54 中国与中东的聚落

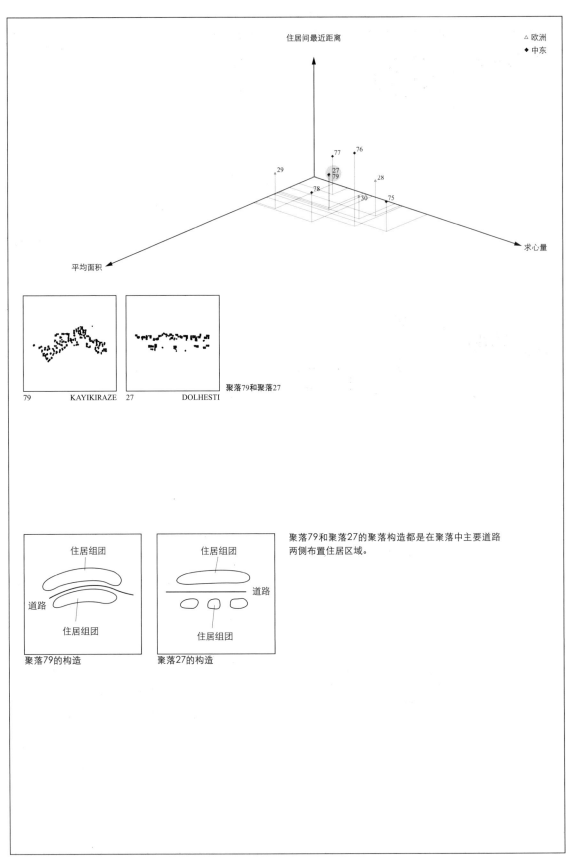

图4-2-55 欧洲与中东的聚落

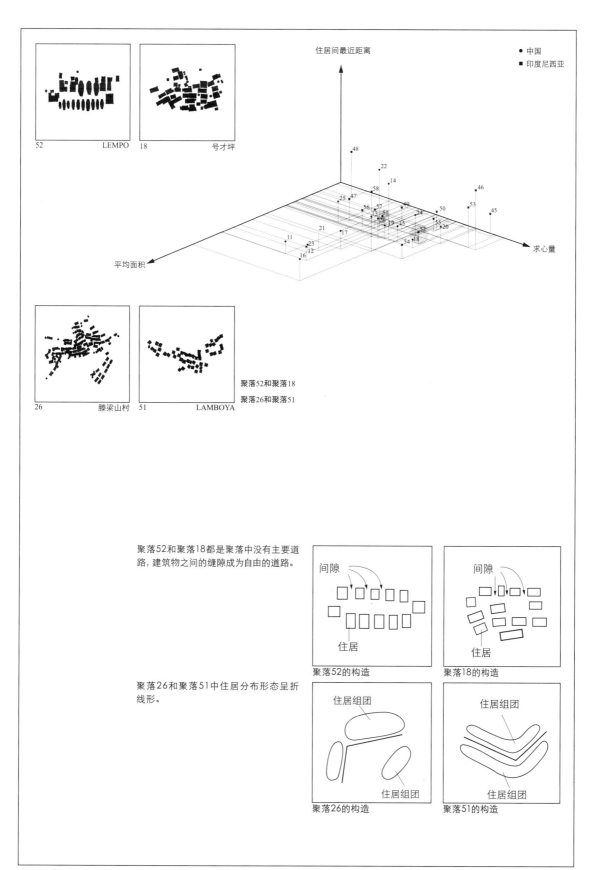

图4-2-56 中国与巴布亚新几内亚的聚落

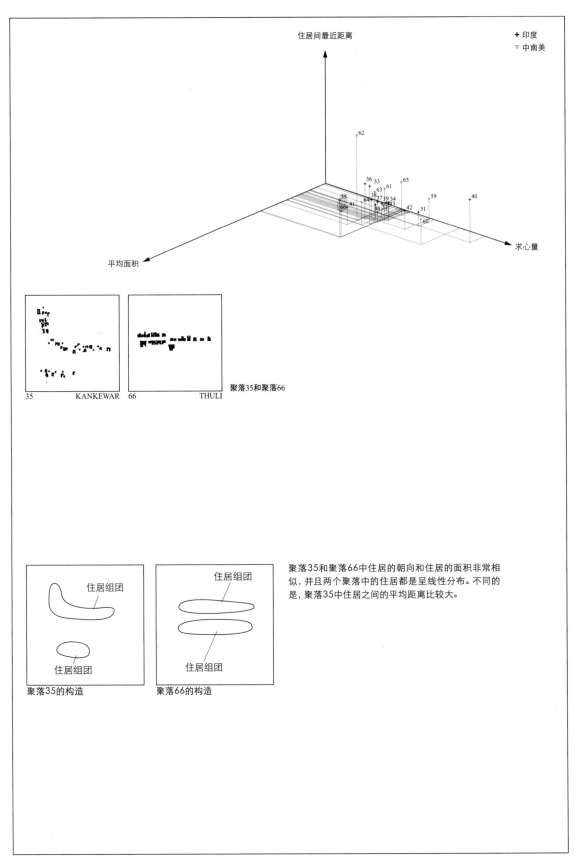

图4-2-57 印度与中南美的聚落

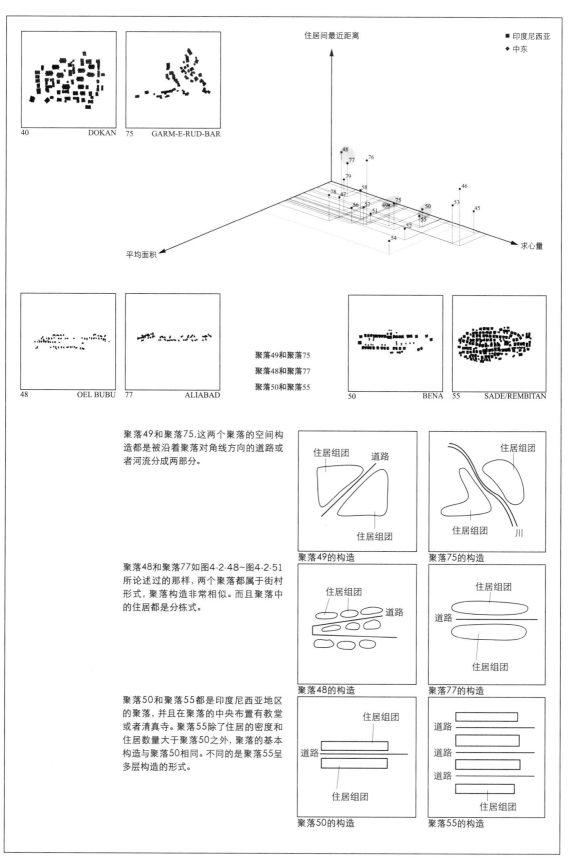

聚落49和聚落75,这两个聚落的空间构造都是被沿着聚落对角线方向的道路或者河流分成两部分。

聚落48和聚落77如图4-2-48~图4-2-51所论述过的那样,两个聚落都属于街村形式,聚落构造非常相似。而且聚落中的住居都是分栋式。

聚落50和聚落55都是印度尼西亚地区的聚落,并且在聚落的中央布置有教堂或者清真寺。聚落55除了住居的密度和住居数量大于聚落50之外,聚落的基本构造与聚落50相同。不同的是聚落55呈多层构造的形式。

图4-2-58　印度尼西亚与中东的聚落

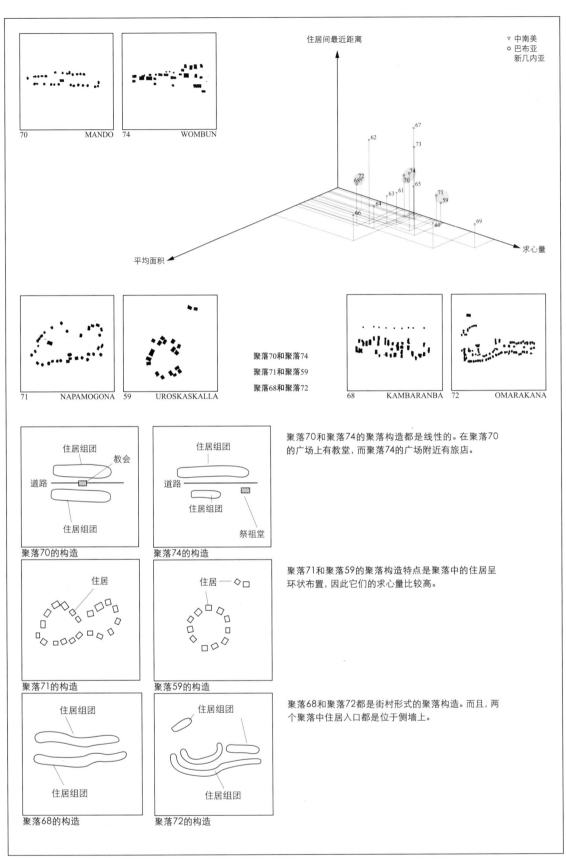

图4·2·59 中南美与巴布亚新几内亚的聚落

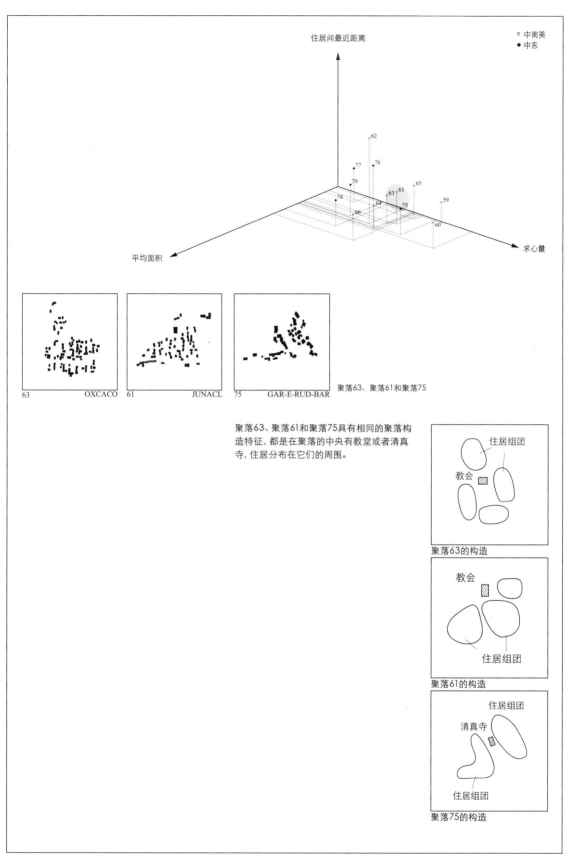

图4-2-60 中南美与中东的聚落

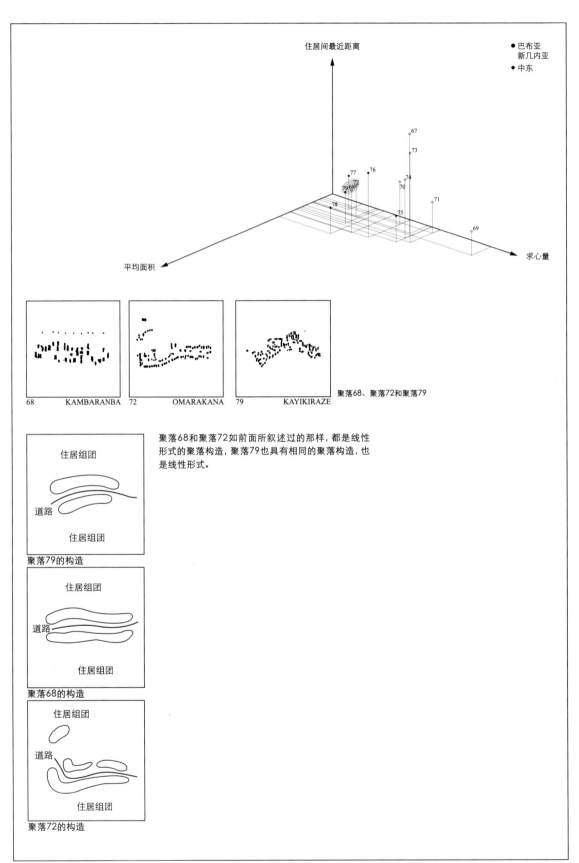

图4-2-61 巴布亚新几内亚与中东的聚落

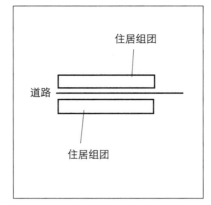

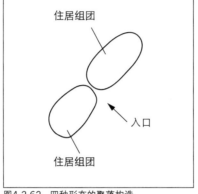
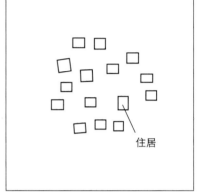

图4-2-62 四种形态的聚落构造

通过对上述三维矩阵图所表示的聚落构造的比较我们发现，大多数的聚落都属于以下四种形态的聚落构造（图4-2-62）：

(1)在一个广场的周围或者是道路的两侧布置住居区域；

(2)以一个公共设施作为中心，住居区域布置在其周围；

(3)聚落的入口位于聚落的中央，居住区域布置在其两侧；

(4)聚落中的每个住居的独立性都很高，住居之间的间隔比较大。

137

第5章 综合和展望

第1节 本研究的总结

本研究以对传统聚落的实地调查为基础，并对在聚落中所感受到的空间体验事项进行理论分析和总结。书中对于聚落是居住者所拥有的空间概念的物象化的产物以及人们在选择建造聚落的地形时也是以自己所拥有的空间概念为依据等重要问题进行了论述。阐述了建造聚落的行为和调查聚落的行为与人的身体像之间具有密切的关系性。本研究以人的身体像为分析基础，通过从身体像出发来支配领域以及身体像的坐标与自然坐标之间的关系性，对于在住居的定位和分布当中所发生的一系列问题进行了论述，并在此基础上确立了建造聚落过程的模型。此外，从人的身体像与聚落调查之间的关系性出发，揭示了聚落调查的过程实际上就是解读聚落中居住者所具有的空间概念的过程。并根据这个观点明确了聚落的配置图就是居住者的空间概念的图式的问题。

本研究对在聚落调查的过程中针对空间概念进行定量化的重要性加以确立。通过对聚落配置图中所表现出来的三个关系量，即住居的方向、住居的面积以及住居之间的距离作为空间概念所具有的含义进行解析，确立了以下四种类型的数理模型：

(1) 制作出考察聚落的集合状态的数学模型。具体来说就是确立了聚落的平均占地面积、聚落的密度、聚落的容积率以及聚落的接近距离等四个模型。通过这些模型我们就可以进行聚落的集合状态的分析，并明确了不同地区聚落的集合状态的差异。

(2) 制作出住居的平均面积的定量化模型。根据这个模型我们可以明确聚落的平均面积的差异以及居住者对住居支配概念的不同。

(3) 制作出住居之间间隔的最近距离模型。根据这个数学模型我们可以了解各个聚落当中的平均住居间的距离的差异，并可以进行聚落之间的分析比较。

(4) 制作出聚落的中心的数学模型。具体来说就是确立了聚落的重心模型和根据到住居的距离所确立的中心性模型、根据住居的方向性所确立的中心性模型以及根据面积、角度、距离所确立的集中中心性模型等四个数学模型。根据这些模型我们检出了聚落的中心，并考察了各个聚落中心所具有的含义。同时我们还确立了集中中心的意义，在此基础之上计算出了相对于中心的求心量，并对不同地区聚落当中住居的方向的特征进行了考察。

本研究根据聚落的平均面积、住居之间的平均距离和聚落的求心量这三个数值，制作了二维和三维的矩阵图，并根据这些矩阵图进行了聚落的构造分析，同时也对不同地区之间的聚落进行了比较。

现将上述一系列的分析、研究结果进行归纳和整理，我们可以明确以下几点：

(1) 即使是在复杂的聚落形态中也同样拥有有序的空间结构。

(2) 不同地区的聚落都存在有中心。

(3) 所有聚落都具有自我明示性。

(4) 聚落配置图和聚落是1对1的对应关系，并且是同时存在的。

(5) 聚落是以居住者的空间概念为依据而建造起来的。

(6) 居住者的空间概念都反映在自己所居住的聚落空间构造中。

(7) 即使是处于相同的自然环境中，不同的民族也会建造不同形式的聚落。

(8) 同一民族建造形式相似的聚落。

(9) 同一民族的聚落往往建造在相似的地形上。

(10) 聚落中的住居具有明确的方向性。

(11) 聚落中的住居都是朝向聚落中心的方向。

(12) 聚落中住居之间的间隔距离因不同的民族而不同，但是各个民族所固有的。

(13) 聚落中住居的大小是根据地区的不同而改变的。

(14) 聚落以及聚落中的住居都具有很强的领域性。

(15) 聚落是居住者的空间概念的物象化。

(16) 聚落空间的物象化是由选择聚落地形时的物象化和建造聚落空间时的物象化这两个阶段成。

(17) 聚落中的住居是人的身体像的转换物。

(18) 聚落调查是解读居住者所具有的空间概念的过程。

(19) 实际测量的聚落配置图就是居住者的空间概念图。

(20) 聚落配置图=聚落中住居的面积+住居的方向性+住居之间的距离。

(21) 空间概念可以被定量化地认识。

(22) 聚落中住居是居住者根据自己定位而建造的。

(23) 聚落中居住者根据自己定位以及在外部空间当中的位置来决定自己住居的位置。

(24) 聚落中住居面积是根据居住者心理上的空间领域来决定的。

(25) 聚落中住居的方向就是居住者的空间定位。

(26) 聚落中住居之间的距离表现的是人的空间概念当中的距离感与现实中的距离相协调的结果。

(27) 聚落的中心具有特殊的意义。

(28) 聚落中都存在有中心，聚落的中心具有很强的影响力。

(29) 在聚落中以下设施或建筑物起着聚落中心的作用：清真寺、水井、聚落的入口、村长的家、广场、教堂、曼陀罗、祠堂、仓库、集会所、共同工作的场所、祖堂、公共浴室、学校、旅店、储水槽、汲取水的场所、寺院。

(30) 聚落中的住居以聚落的中心为基准点，非常均匀地分布。

(31) 同一个聚落中的住居的大小几乎是一定的，并且彼此拥有相似的支配的概念。

(32) 每个地区的聚落都具有各自特征的空间概念。

(33) 不同地区的聚落有时会出现拥有相似空间构造的情况。

注：以上的结论是以本研究所使用的聚落数据为基础而得出的，不保证在任何情况下都成立。

第2节 本研究的成果

(1) 解明了聚落的空间组成和空间概念之间的关系性。聚落的空间组成以及聚落所建造的环境地形的空间等都是根据居住者的空间概念来决定的。

(2)提出了表示聚落空间构造的指标。考证了聚落配置图中以面积、角度、距离等为基础的指标,使空间构造的数值化成为可能。

(3)以多维矩阵图的形式集中表现了世界的聚落形态。将聚落空间中住居的平均面积、求心量和住居之间的平均最近距离进行定量模式化,并在此基础之上将世界上不同地区多样的聚落形态归纳在一张纸上。

(4)使聚落的空间组成能够进行定量化的比较。通过利用能够反映聚落空间和空间概念的矩阵图,对于聚落空间进行相互比较,并进行类型化。

(5)提出了客观的聚落分析的方法。确立了一种利用计算机进行科学的记述、分类、研究聚落形态及聚落空间组成和空间结构的方法。

注:特别指出的是,利用计算机开发模式化的方法是在藤井明先生的指导下共同完成的成果。

第3节 今后的展望

值得说明的是对于聚落的定量化手段的研发,本书还仅仅是一个开始,还留有若干的问题需要解决,比如:

(1)在住居方向性的研究中如果引入前后的概念,那么在这种情况下,如何找出聚落的中心的问题。

(2)确立关于住居类型化的方法。

(3)确立在中景、近景下聚落体验的记述方法。

(4)通过进一步充实调查数据来验证本研究所确立的分析研究方法的有效性。

附录1 数据表一览

数据表的解读方法：

本书利用前面章节所述的数理模型，对于所调查的聚落进行了分析。并将显示这个分析过程的各个数理模型相对应的图形和数据整理在一份数据表中，图D-1所表示的就是其中一个聚落的一份数据表。我们将每一个聚落相关的图形和数据总结在4页（对开2张）上，称为一份数据表。下面是对于一份数据表所包含的内容进行的说明：

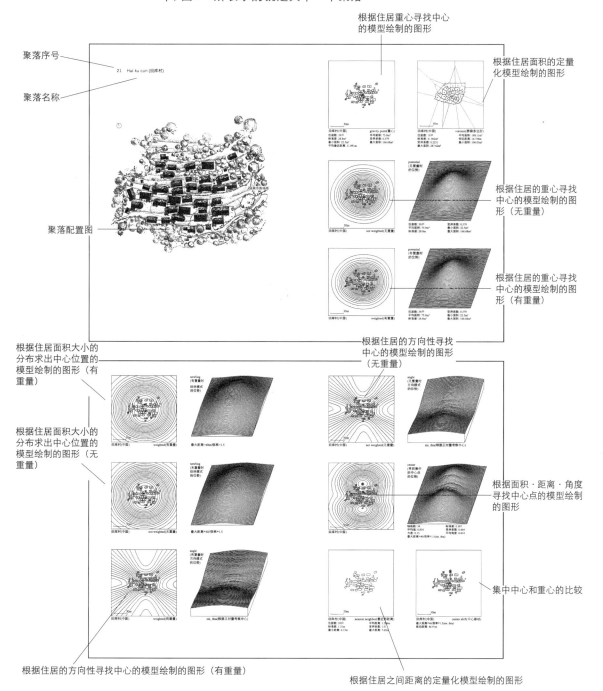

0　Abalak

1 调查的住居

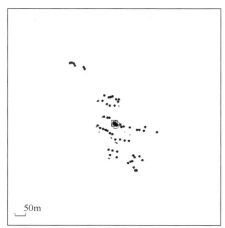

A balak(非洲)　　　　　　　gravity point(重心)
住居数: 58户　　　　　　　平均面积: 17.5m²
标准差: 5.50m²　　　　　　变异系数: 0.288
最小面积: 3.32m²　　　　　最大面积: 26.576m²
平均最近距离: 15.114m

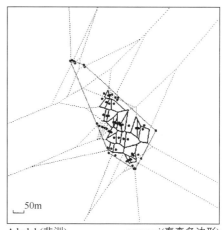

A balak(非洲)　　　　　　　voronoi(泰森多边形)
住居数: 28户　　　　　　　平均面积: 1302.5m²
标准差: 739.9m²　　　　　　邻近距离: 38.782m
变异系数: 0.568　　　　　　最小面积: 443.84m²
最大面积: 3357.1m²

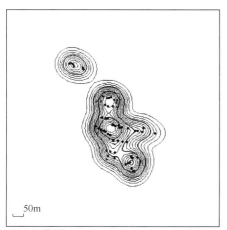

A balak(非洲)　　　　　　　not weighted(无重量)

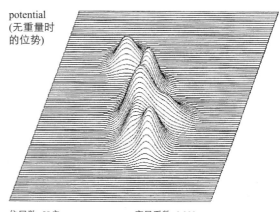

potential (无重量时的位势)

住居数: 58户　　　　　　　变异系数: 0.288
平均面积: 17.5m²　　　　　最小面积: 3.32m²
标准差: 5.05m²　　　　　　最大面积: 26.576m²

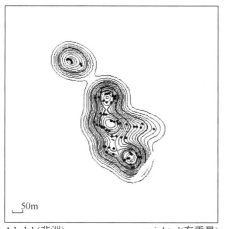

A balak(非洲)　　　　　　　weighted(有重量)

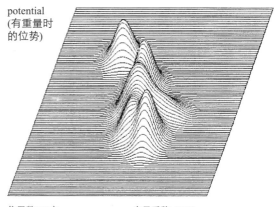

potential (有重量时的位势)

住居数: 58户　　　　　　　变异系数: 0.288
平均面积: 17.5m²　　　　　最小面积: 3.32m²
标准差: 5.05m²　　　　　　最大面积: 26.576m²

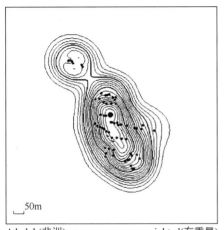

A balak(非洲)　　　　weighted(有重量)

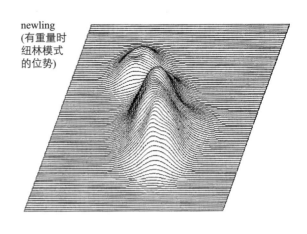

newling
(有重量时
纽林模式
的位势)

最大距离=40m/倍率=1.5

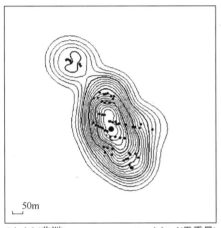

A balak(非洲)　　　　not weighted(无重量)

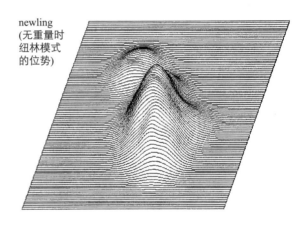

newling
(无重量时
纽林模式
的位势)

最大距离=40m/倍率=1.5

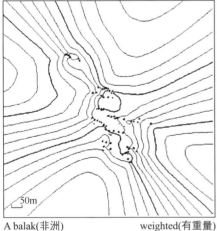

A balak(非洲)　　　　weighted(有重量)

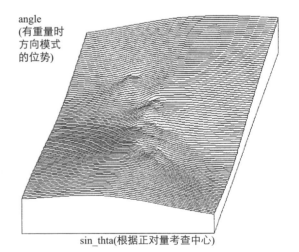

angle
(有重量时
方向模式
的位势)

sin_thta(根据正对量考查中心)

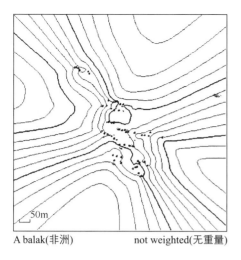

A balak(非洲)　　　　　not weighted(无重量)

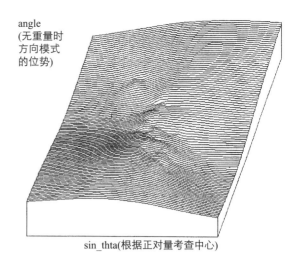

angle
(无重量时
方向模式
的位势)

sin_thta(根据正对量考查中心)

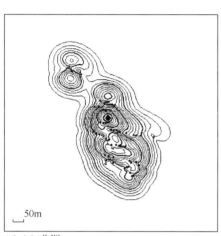

50m

A balak(非洲)

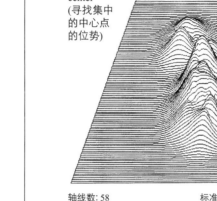

center
(寻找集中
的中心点
的位势)

轴线数: 58　　　　　　　　标准差: 0.0908
平均值: 0.0704　　　　　　变异系数: 1.29
方差: 0.00824　　　　　　 平均角度: 0.69
最大距离=40m/倍率=1.5(sin_thta)

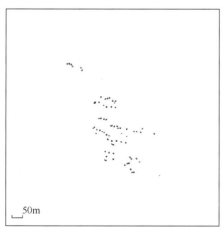

A balak(非洲)　　　nearest neighbor(最近邻距离)
住居数: 58户　　　　　平均距离: 5.129m
标准差: 4.07m　　　　 变异系数: 0.794
最小距离: 1.15m　　　 最大距离: 27.95m

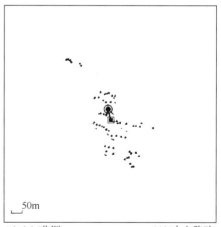

A balak(非洲)　　　　center shift(中心移动)
最大距离=40m/倍率=1.5(sin_thta)
移动距离: 53.32m

1 Azzel

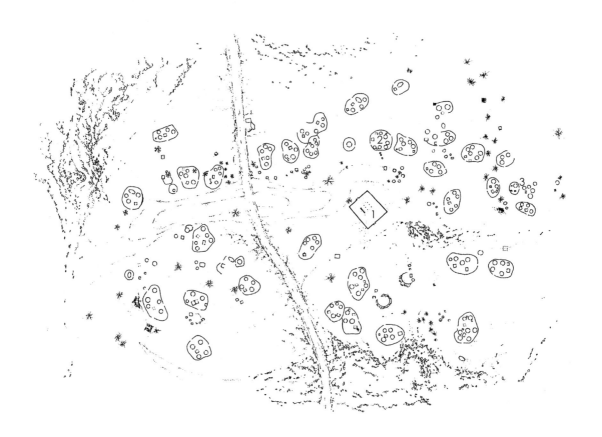

1 清真寺
2 调查住居A
3 调查住居B

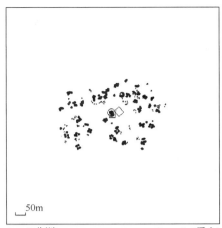

Azzel(非洲)　　　　　　gravity point(重心)
住居数: 161户　　　　　平均面积: 15.4m²
标准差: 4.9m²　　　　　变异系数: 0.318
最小面积: 4.26m²　　　　最大面积: 29.807m²
平均最近距离: 8.2168m

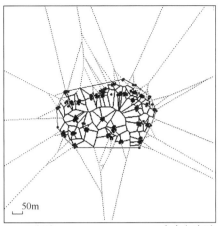

Azzel(非洲)　　　　　　voronoi(泰森多边形)
住居数: 109户　　　　　平均面积: 856.78m²
标准差: 744.88m²　　　　邻近距离: 31.454m
变异系数: 0.8694　　　　最小面积: 41.406m²
最大面积: 4040m²

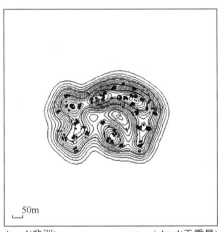

Azzel(非洲)　　　　　　not weighted(无重量)

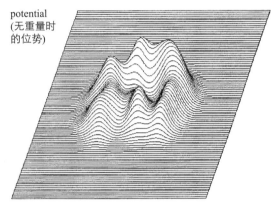

potential
(无重量时
的位势)

住居数: 161户　　　　　变异系数: 0.318
平均面积: 15.4m²　　　　最小面积: 4.26m²
标准差: 4.9m²　　　　　最大面积: 29.807m²

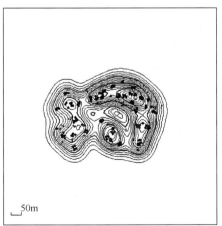

Azzel(非洲)　　　　　　weighted(有重量)

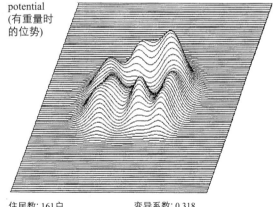

potential
(有重量时
的位势)

住居数: 161户　　　　　变异系数: 0.318
平均面积: 15.4m²　　　　最小面积: 4.26m²
标准差: 4.9m²　　　　　最大面积: 29.807m²

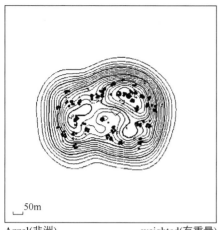

Azzel(非洲)　　　　　weighted(有重量)

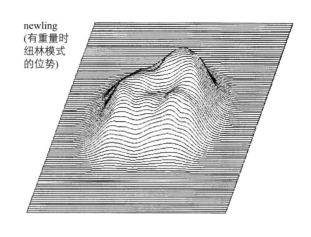

newling
(有重量时
纽林模式
的位势)

最大距离=40m/倍率=1.5

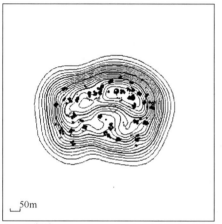

Azzel(非洲)　　　　　not weighted(无重量)

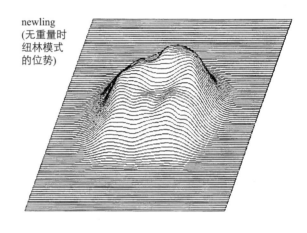

newling
(无重量时
纽林模式
的位势)

最大距离=40m/倍率=1.5

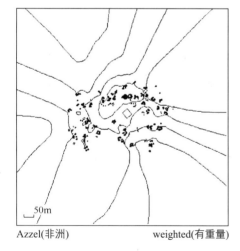

Azzel(非洲)　　　　　weighted(有重量)

angle
(有重量时
方向模式
的位势)

轴线数: 161
平均值: 0.112
标准差: 0.0602
变异系数: 0.536

sin_thta(根据正对量考查中心)

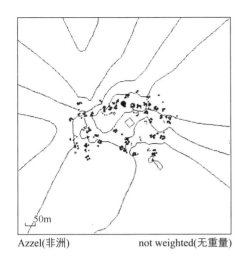

Azzel(非洲)　　　　not weighted(无重量)

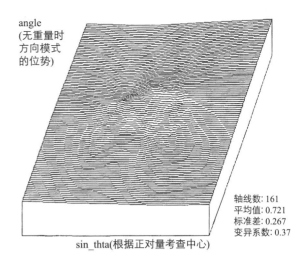

angle
(无重量时
方向模式
的位势)

轴线数: 161
平均值: 0.721
标准差: 0.267
变异系数: 0.37

sin_thta(根据正对量考查中心)

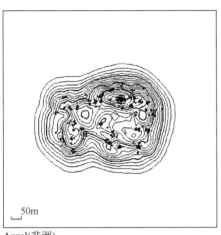

Azzel(非洲)

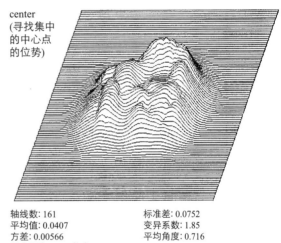

center
(寻找集中
的中心点
的位势)

轴线数: 161　　　　标准差: 0.0752
平均值: 0.0407　　　变异系数: 1.85
方差: 0.00566　　　 平均角度: 0.716
最大距离=40m/倍率=1.5(sin_thta)

Azzel(非洲)　　　　nearest neighbor(最近邻距离)
住居数: 161户　　　平均距离: 1.853m
标准差: 1.87m　　　变异系数: 1.01
最小距离: 0.45m　　最大距离: 15.25m

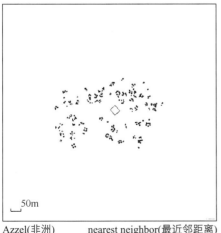

Azzel(非洲)　　　　center shift(中心移动)
最大距离=40m/倍率=1.5(sin_thta)
移动距离: 110.5m

2　Abetenim

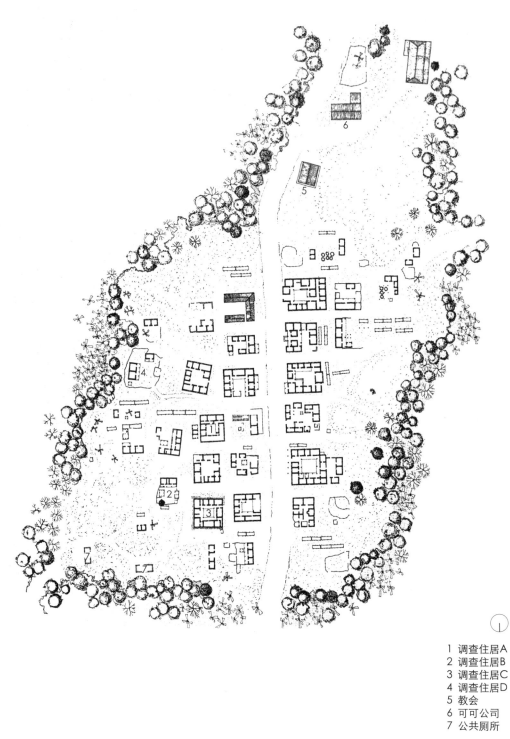

1 调查住居A
2 调查住居B
3 调查住居C
4 调查住居D
5 教会
6 可可公司
7 公共厕所

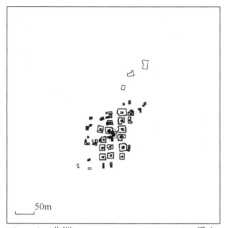

Abetenim(非洲)　　　　gravity point(重心)
住居数: 41户　　　　　平均面积: 103m²
标准差: 93.3m²　　　　变异系数: 0.909
最小面积: 9.98m²　　　最大面积: 316.63m²
平均最近距离: 14.928m

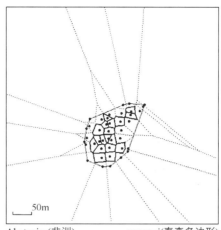

Abetenim(非洲)　　　　voronoi(泰森多边形)
住居数: 18户　　　　　平均面积: 464.5m²
标准差: 147.46m²　　　邻近距离: 23.159m
变异系数: 0.3175　　　最小面积: 231.55m²
最大面积: 705.7m²

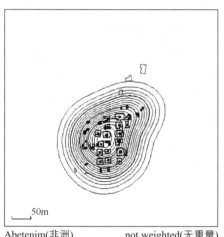

Abetenim(非洲)　　　　not weighted(无重量)

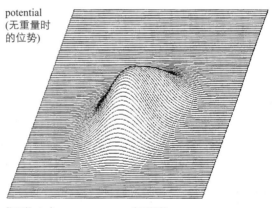

potential
(无重量时
的位势)

住居数: 41户　　　　　变异系数: 0.909
平均面积: 103m²　　　 最小面积: 9.98m²
标准差: 93.3m²　　　　最大面积: 361.63m²

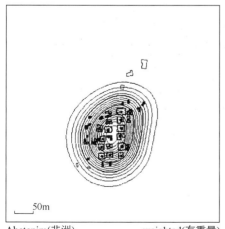

Abetenim(非洲)　　　　weighted(有重量)

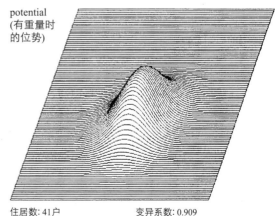

potential
(有重量时
的位势)

住居数: 41户　　　　　变异系数: 0.909
平均面积: 103m²　　　 最小面积: 9.98m²
标准差: 93.3m²　　　　最大面积: 361.63m²

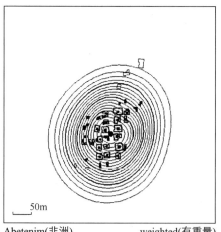

Abetenim(非洲)　　　　　weighted(有重量)

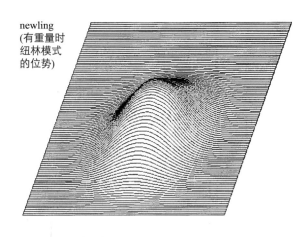

newling
(有重量时
纽林模式
的位势)

最大距离=40m/倍率=1.5

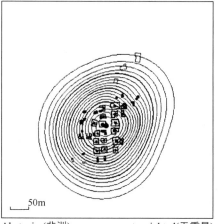

Abetenim(非洲)　　　　　not weighted(无重量)

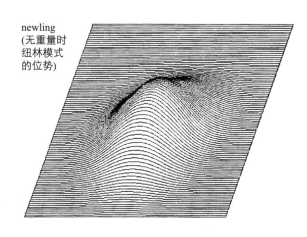

newling
(无重量时
纽林模式
的位势)

最大距离=40m/倍率=1.5

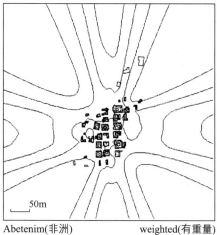

Abetenim(非洲)　　　　　weighted(有重量)

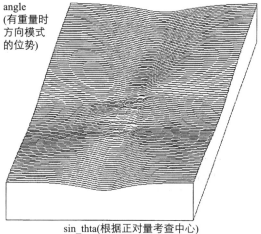

angle
(有重量时
方向模式
的位势)

sin_thta(根据正对量考查中心)

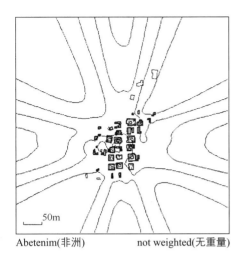

Abetenim(非洲)　　　not weighted(无重量)

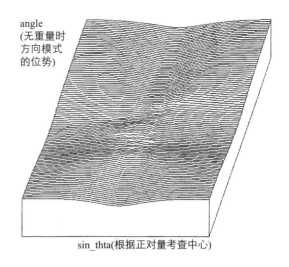

angle
(无重量时方向模式的位势)

sin_thta(根据正对量考查中心)

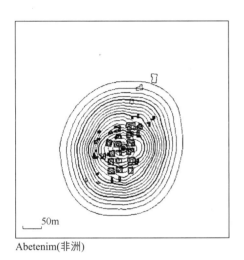

Abetenim(非洲)

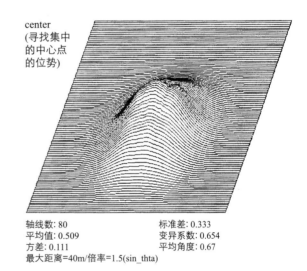

center
(寻找集中的中心点的位势)

轴线数: 80　　　　　　标准差: 0.333
平均值: 0.509　　　　 变异系数: 0.654
方差: 0.111　　　　　 平均角度: 0.67
最大距离=40m/倍率=1.5(sin_thta)

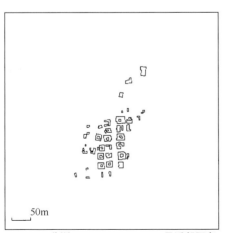

Abetenim(非洲)　　　nearest neighbor(最近邻距离)
住居数: 41户　　　　　平均距离: 2.365m
标准差: 2.37m　　　　 变异系数: 1
最小距离: 0.35m　　　 最大距离: 12.85m

Abetenim(非洲)　　　center shift(中心移动)
最大距离=40m/倍率=1.5(sin_thta)
移动距离: 2.821m

3 Akabounou

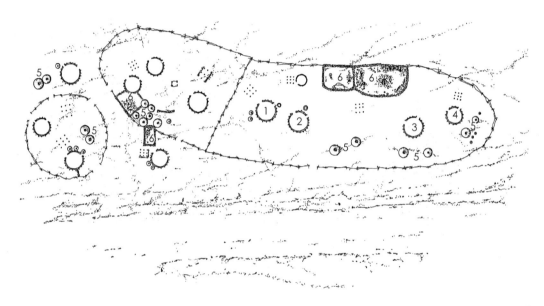

1 调查住居A
2 调查住居B
3 调查住居C
4 调查住居D
5 谷仓
6 谷物放置场

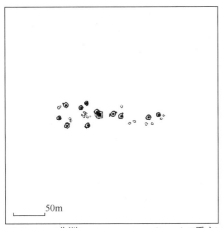

Akabounou(非洲)　　　　　gravity point(重心)
住居数: 11户　　　　　　平均面积: 36.2m²
标准差: 5.94m²　　　　　变异系数: 0.164
最小面积: 27.6m²
平均最近距离: 16.669m　最大面积: 44.511m²

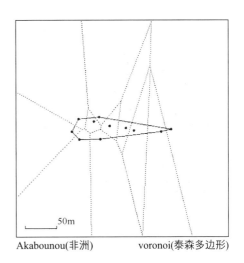

Akabounou(非洲)　　　　voronoi(泰森多边形)

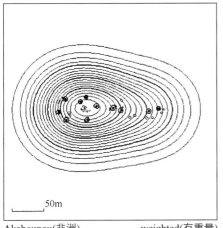

Akabounou(非洲)　　　　not weighted(无重量)

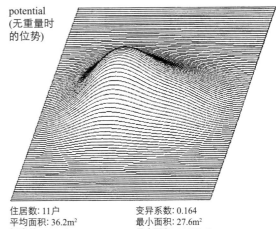

potential
(无重量时的位势)

住居数: 11户　　　　　　变异系数: 0.164
平均面积: 36.2m²　　　　最小面积: 27.6m²
标准差: 5.94m²　　　　　最大面积: 44.511m²

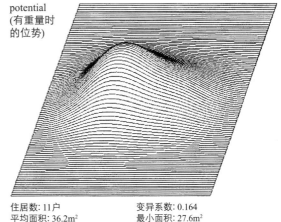

potential
(有重量时的位势)

住居数: 11户　　　　　　变异系数: 0.164
平均面积: 36.2m²　　　　最小面积: 27.6m²
标准差: 5.94m²　　　　　最大面积: 44.511m²

Akabounou(非洲)　　　　weighted(有重量)

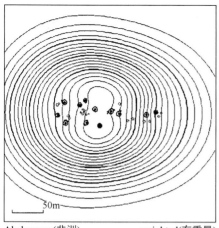
Akabounou(非洲)　　　weighted(有重量)

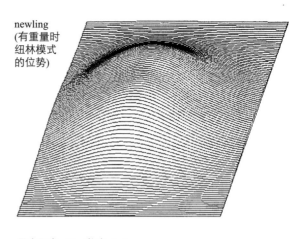

newling
(有重量时
纽林模式
的位势)

最大距离=40m/倍率=1.5

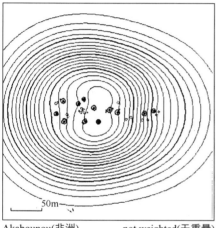
Akabounou(非洲)　　　not weighted(无重量)

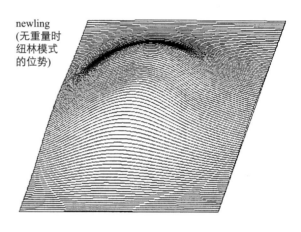

newling
(无重量时
纽林模式
的位势)

最大距离=40m/倍率=1.5

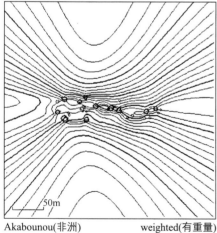
Akabounou(非洲)　　　weighted(有重量)

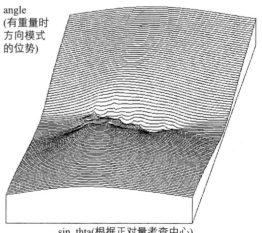

angle
(有重量时
方向模式
的位势)

sin_thta(根据正对量考查中心)

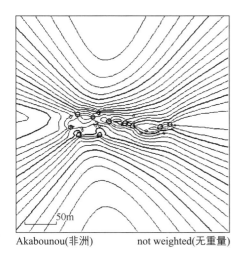
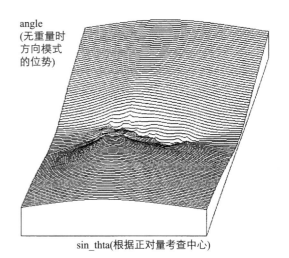

Akabounou(非洲)　　　　not weighted(无重量)

sin_thta(根据正对量考查中心)

Akabounou(非洲)

轴线数: 11　　　　　　标准差: 0.178
平均值: 0.358　　　　　变异系数: 0.497
方差: 0.0316　　　　　平均角度: 0.739
最大距离=40m/倍率=1.5(sin_thta)

Akabounou(非洲)　　nearest neighbor(最近邻距离)
住居数: 11户　　　　平均距离: 4.95m
标准差: 2.23m　　　　变异系数: 0.451
最小距离: 2.35m　　　最大距离: 9.15m

Akabounou(非洲)　　　center shift(中心移动)
最大距离=40m/倍率=1.5(sin_thta)
移动距离: 49.78m

159

4 Bolbol

1 芒果树丛
2 清真寺
3 水井
4 谷仓群

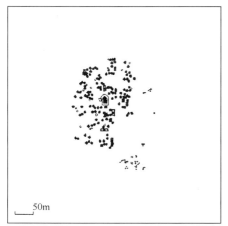

Bolbol(非洲)　　　　　　　gravity point(重心)
住居数: 147户　　　　　　　平均面积: 15.4m²
标准差: 11.9m²　　　　　　变异系数: 0.77
最小面积: 4.53m²　　　　　最大面积: 107.55m²
平均最近距离: 7.7319m

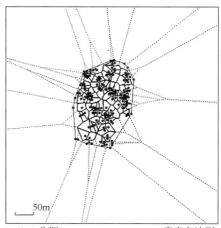

Bolbol(非洲)　　　　　　　voronoi(泰森多边形)
住居数: 103户　　　　　　　平均面积: 209.94m²
标准差: 120.97m²　　　　　邻近距离: 15.57m
变异系数: 0.5762　　　　　最小面积: 43.362m²
最大面积: 720.24m²

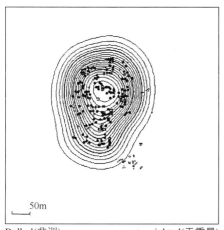

Bolbol(非洲)　　　　　　　not weighted(无重量)

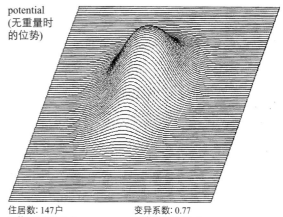

potential
(无重量时
的位势)

住居数: 147户　　　　　　　变异系数: 0.77
平均面积: 15.4m²　　　　　最小面积: 4.53m²
标准差: 11.9m²　　　　　　最大面积: 107.55m²

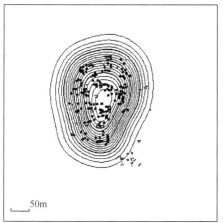

Bolbol(非洲)　　　　　　　weighted(有重量)

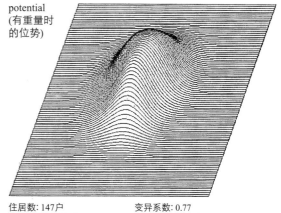

potential
(有重量时
的位势)

住居数: 147户　　　　　　　变异系数: 0.77
平均面积: 15.4m²　　　　　最小面积: 4.53m²
标准差: 11.9m²　　　　　　最大面积: 107.55m²

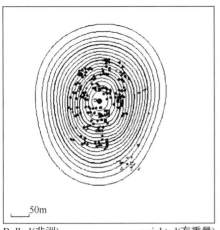

Bolbol(非洲)　　　　　　　weighted(有重量)

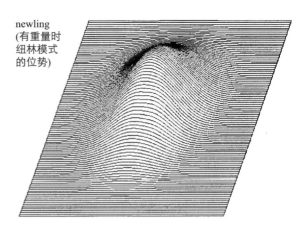

newling
(有重量时
纽林模式
的位势)

最大距离=40m/倍率=1.5

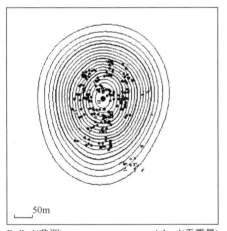

Bolbol(非洲)　　　　　　　not weighted(无重量)

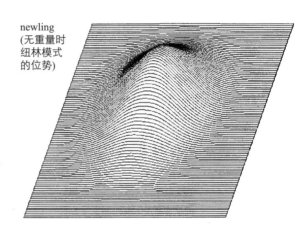

newling
(无重量时
纽林模式
的位势)

最大距离=40m/倍率=1.5

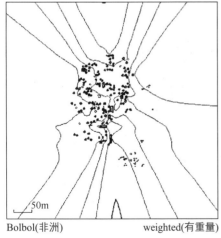

Bolbol(非洲)　　　　　　　weighted(有重量)

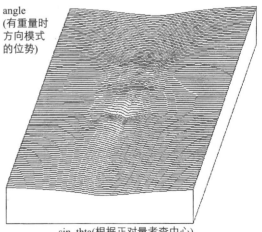

angle
(有重量时
方向模式
的位势)

sin_thta(根据正对量考查中心)

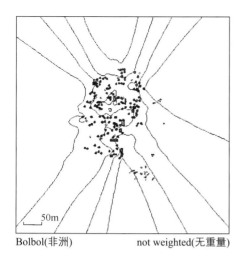

Bolbol(非洲)　　　　not weighted(无重量)

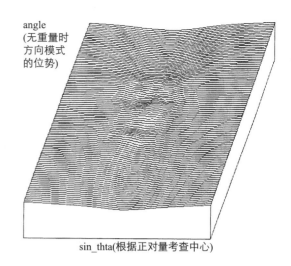

angle
(无重量时
方向模式
的位势)

sin_thta(根据正对量考查中心)

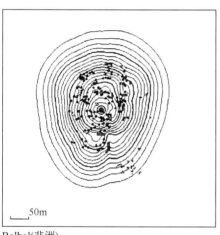

Bolbol(非洲)

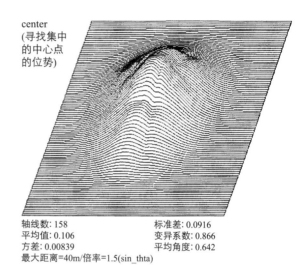

center
(寻找集中
的中心点
的位势)

轴线数: 158　　　　　　　　标准差: 0.0916
平均值: 0.106　　　　　　　变异系数: 0.866
方差: 0.00839　　　　　　　平均角度: 0.642
最大距离=40m/倍率=1.5(sin_thta)

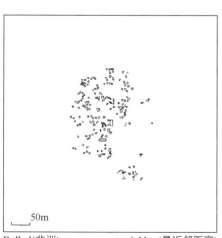

Bolbol(非洲)　　　　nearest neighbor(最近邻距离)
住居数: 147户　　　平均距离: 1.684m
标准差: 1.26m　　　变异系数: 0.749
最小距离: 0.35m　　最大距离: 9.75m

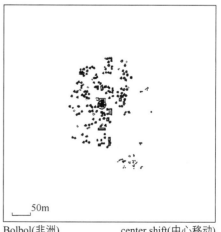

Bolbol(非洲)　　　　center shift(中心移动)
最大距离=40m/倍率=1.5(sin_thta)
移动距离: 8.713m

5　Juaben/Zongo

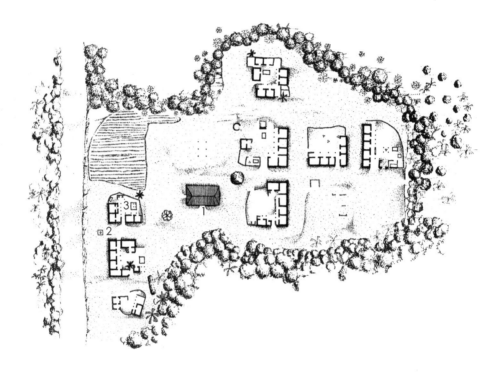

1　清真寺
2　水井
3　调查住居

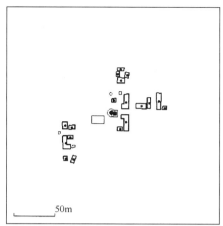

Juaben/Zongo(非洲)　　　gravity point(重心)
住居数: 18户　　　　　平均面积: 52.9m²
标准差: 35m²　　　　　变异系数: 0.662
最小面积: 20.2m²　　　最大面积: 127.47m²
平均最近距离: 9.9384m

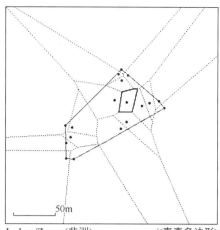

Juaben/Zongo(非洲)　　　voronoi(泰森多边形)
住居数: 1户　　　　　平均面积: 448.08m²
标准差: 0m²　　　　　邻近距离: 22.746m
变异系数: 0　　　　　最小面积: 448.08m²
最大面积: 448.08m²

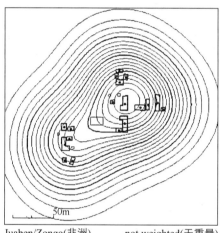

Juaben/Zongo(非洲)　　　not weighted(无重量)

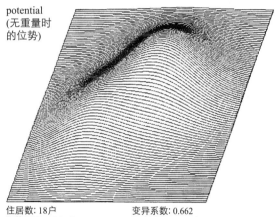

potential
(无重量时
的位势)

住居数: 18户　　　　　变异系数: 0.662
平均面积: 52.9m²　　　最小面积: 20.2m²
标准差: 35m²　　　　　最大面积: 127.47m²

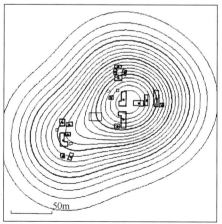

Juaben/Zongo(非洲)　　　weighted(有重量)

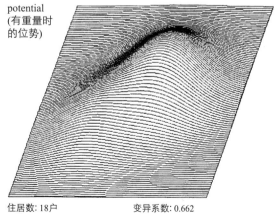

potential
(有重量时
的位势)

住居数: 18户　　　　　变异系数: 0.662
平均面积: 52.9m²　　　最小面积: 20.2m²
标准差: 35m²　　　　　最大面积: 127.47m²

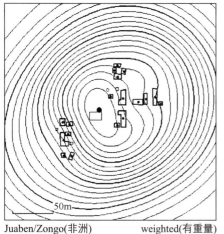

Juaben/Zongo(非洲)　　　　weighted(有重量)

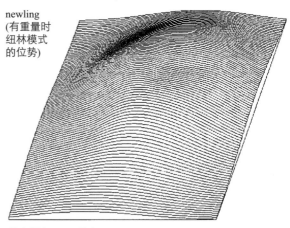

newling
(有重量时纽林模式的位势)

最大距离=40m/倍率=1.5

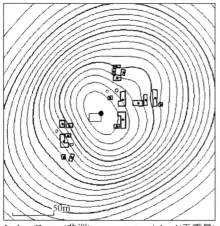

Juaben/Zongo(非洲)　　　　not weighted(无重量)

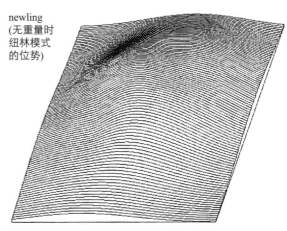

newling
(无重量时纽林模式的位势)

最大距离=40m/倍率=1.5

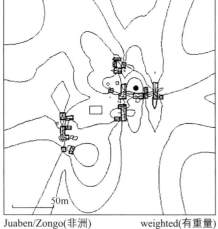

Juaben/Zongo(非洲)　　　　weighted(有重量)

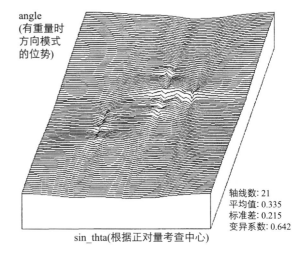

angle
(有重量时方向模式的位势)

轴线数: 21
平均值: 0.335
标准差: 0.215
变异系数: 0.642

sin_thta(根据正对量考查中心)

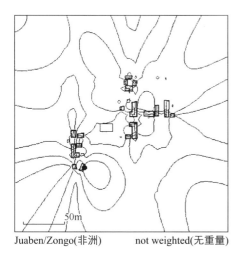

Juaben/Zongo(非洲)　　　not weighted(无重量)

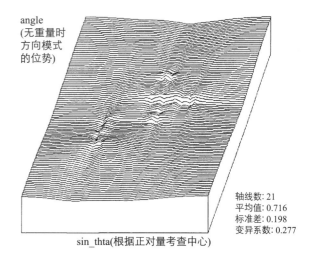

angle
(无重量时
方向模式
的位势)

sin_thta(根据正对量考查中心)

轴线数: 21
平均值: 0.716
标准差: 0.198
变异系数: 0.277

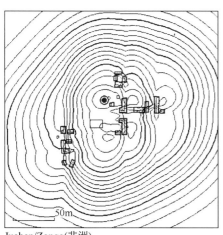

Juaben/Zongo(非洲)

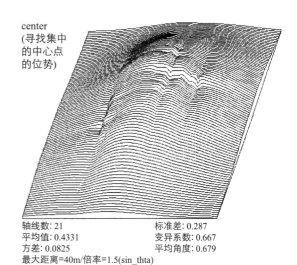

center
(寻找集中
的中心点
的位势)

轴线数: 21　　　　　　　标准差: 0.287
平均值: 0.4331　　　　　变异系数: 0.667
方差: 0.0825　　　　　　平均角度: 0.679
最大距离=40m/倍率=1.5(sin_thta)

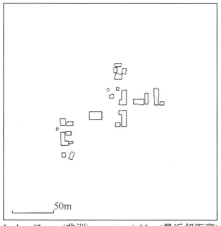

Juaben/Zongo(非洲)nearest neighbor(最近邻距离)
住居数: 18户　　　　　　平均距离: 1.072m
标准差: 0.93m　　　　　 变异系数: 0.867
最小距离: 0.15m　　　　 最大距离: 3.45m

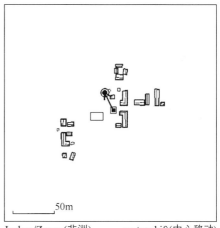

Juaben/Zongo(非洲)　　　center shift(中心移动)
最大距离=40m/倍率=1.5(sin_thta)
移动距离: 23.14m

6 Kampema

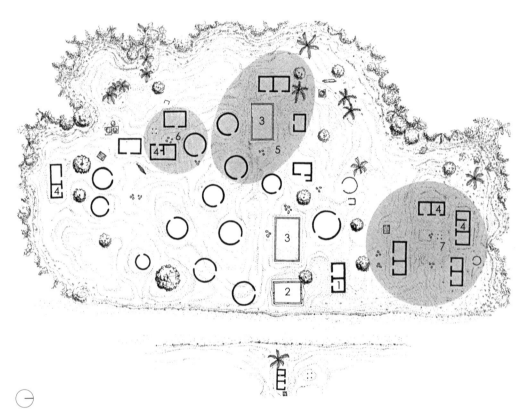

1 厨师的家
2 集会所
3 作业场所
4 棉花仓库
5 厨师的弟弟家族的住居
6 外出打工人的住居
7 其他住居

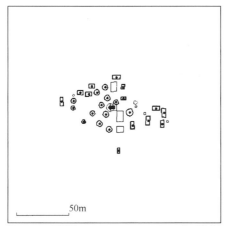

Kampema(非洲)　　　　gravity point(重心)
住居数: 26户　　　　　　平均面积: 20.2m²
标准差: 5.43m²　　　　　变异系数: 0.269
最小面积: 9.47m²　　　　最大面积: 31.568m²
平均最近距离: 9.9037m

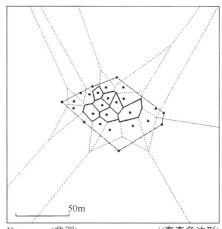

Kampema(非洲)　　　　voronoi(泰森多边形)
住居数: 7户　　　　　　平均面积: 150.63m²
标准差: 63.943m²　　　　邻近距离: 13.189m
变异系数: 0.4245　　　　最小面积: 833.221m²
最大面积: 290.77m²

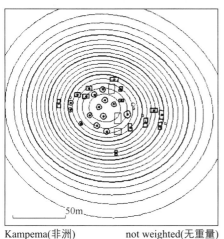

Kampema(非洲)　　　　not weighted(无重量)

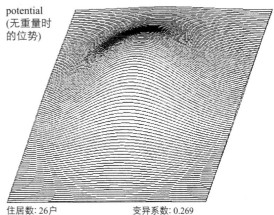

potential
(无重量时
的位势)

住居数: 26户　　　　　　变异系数: 0.269
平均面积: 20.2m²　　　　最小面积: 9.47m²
标准差: 5.43m²　　　　　最大面积: 31.568m²

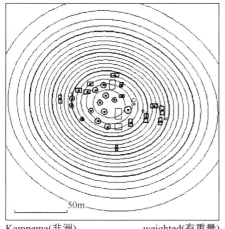

Kampema(非洲)　　　　weighted(有重量)

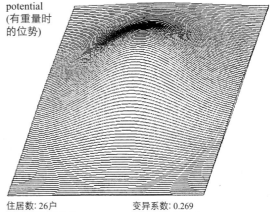

potential
(有重量时
的位势)

住居数: 26户　　　　　　变异系数: 0.269
平均面积: 20.2m²　　　　最小面积: 9.47m²
标准差: 5.43m²　　　　　最大面积: 31.568m²

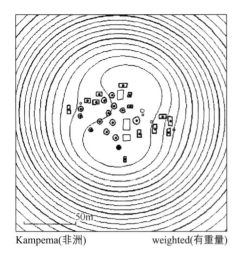

Kampema(非洲)　　　　　weighted(有重量)

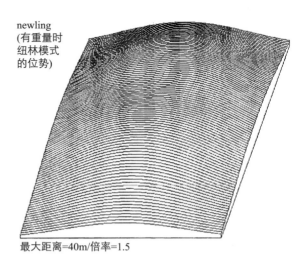

newling
(有重量时
纽林模式
的位势)

最大距离=40m/倍率=1.5

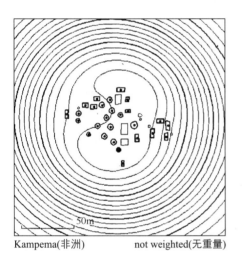

Kampema(非洲)　　　　　not weighted(无重量)

newling
(无重量时
纽林模式
的位势)

最大距离=40m/倍率=1.5

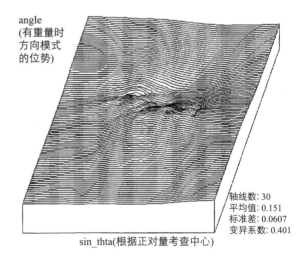

Kampema(非洲)　　　　　weighted(有重量)

angle
(有重量时
方向模式
的位势)

轴线数: 30
平均值: 0.151
标准差: 0.0607
变异系数: 0.401

sin_thta(根据正对量考查中心)

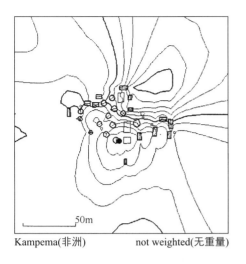

Kampema(非洲)　　　not weighted(无重量)

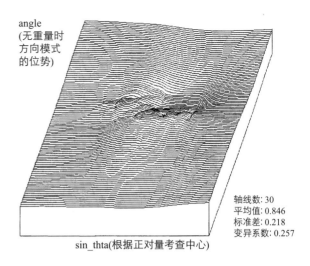

angle
(无重量时
方向模式
的位势)

轴线数: 30
平均值: 0.846
标准差: 0.218
变异系数: 0.257

sin_thta(根据正对量考查中心)

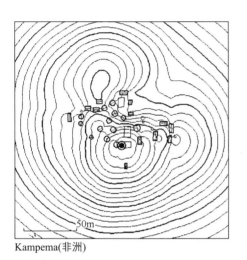

Kampema(非洲)

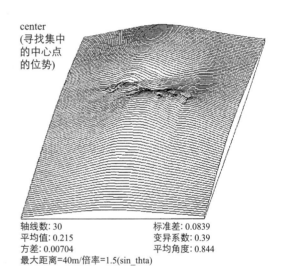

center
(寻找集中
的中心点
的位势)

轴线数: 30　　　　　　标准差: 0.0839
平均值: 0.215　　　　　变异系数: 0.39
方差: 0.00704　　　　　平均角度: 0.844
最大距离=40m/倍率=1.5(sin_thta)

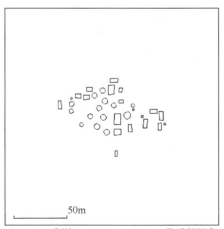

Kampema(非洲)　　　nearest neighbor(最近邻距离)
住居数: 26户　　　　　平均距离: 2.208m
标准差: 1.45m　　　　　变异系数: 0.659
最小距离: 0.95m　　　　最大距离: 8.15m

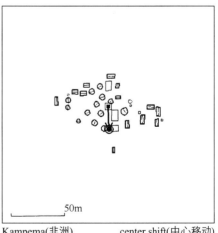

Kampema(非洲)　　　center shift(中心移动)
最大距离=40m/倍率=1.5(sin_thta)
移动距离: 21m

7 Pomboka

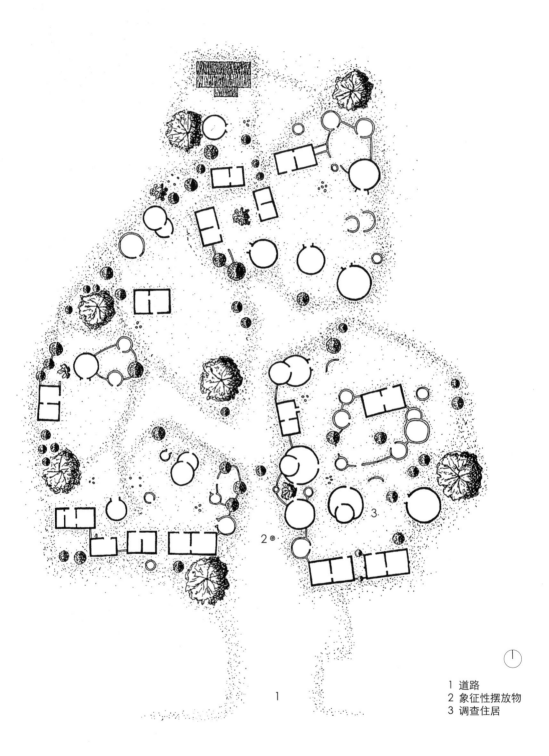

1 道路
2 象征性摆放物
3 调查住居

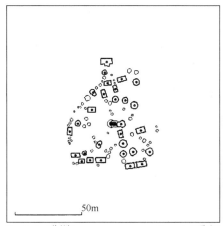

Pomboka(非洲)　　　　　gravity point(重心)
住居数: 29户　　　　　　平均面积: 19m²
标准差: 6.27m²　　　　　变异系数: 0.331
最小面积: 7.85m²　　　　最大面积: 39.18m²
平均最近距离: 8.2843m

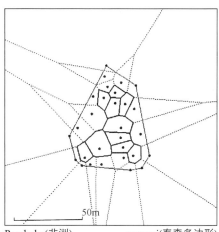

Pomboka(非洲)　　　　　voronoi(泰森多边形)
住居数: 10户　　　　　　平均面积: 135.57m²
标准差: 57.256m²　　　　邻近距离: 12.512m
变异系数: 0.4223　　　　最小面积: 72.293m²
最大面积: 264.39m²

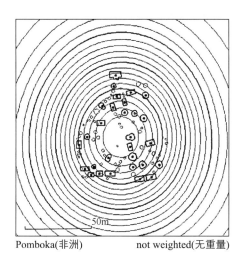

Pomboka(非洲)　　　　　not weighted(无重量)

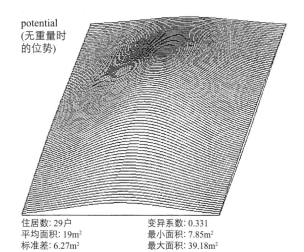

potential
(无重量时的位势)

住居数: 29户　　　　　　变异系数: 0.331
平均面积: 19m²　　　　　最小面积: 7.85m²
标准差: 6.27m²　　　　　最大面积: 39.18m²

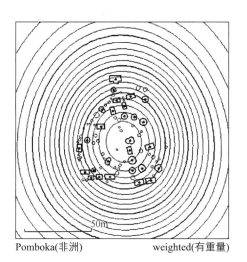

Pomboka(非洲)　　　　　weighted(有重量)

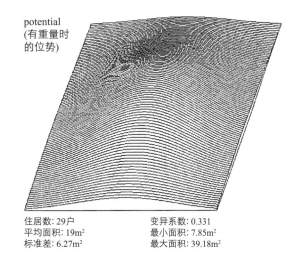

potential
(有重量时的位势)

住居数: 29户　　　　　　变异系数: 0.331
平均面积: 19m²　　　　　最小面积: 7.85m²
标准差: 6.27m²　　　　　最大面积: 39.18m²

173

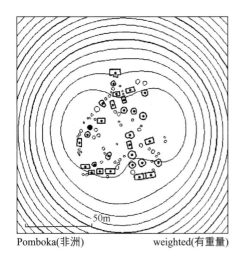

Pomboka(非洲)　　　　　weighted(有重量)

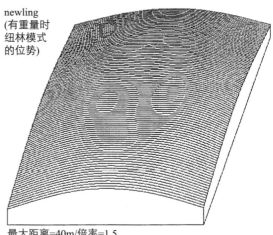

newling
(有重量时
纽林模式
的位势)

最大距离=40m/倍率=1.5

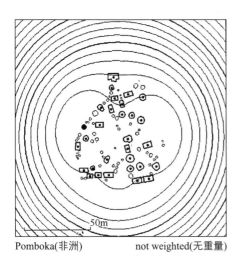

Pomboka(非洲)　　　　　not weighted(无重量)

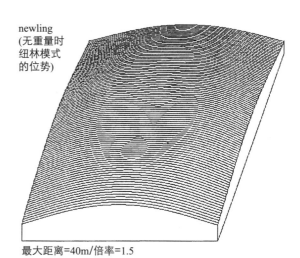

newling
(无重量时
纽林模式
的位势)

最大距离=40m/倍率=1.5

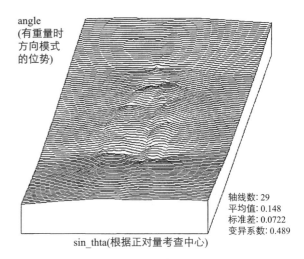

angle
(有重量时
方向模式
的位势)

Pomboka(非洲)　　　　　weighted(有重量)

sin_thta(根据正对量考查中心)

轴线数: 29
平均值: 0.148
标准差: 0.0722
变异系数: 0.489

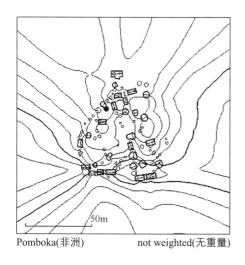

Pomboka(非洲)　　　　　not weighted(无重量)

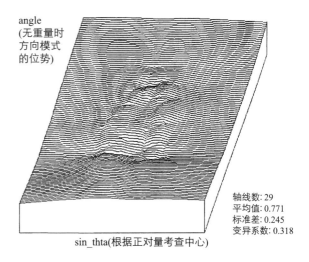

angle
(无重量时
方向模式
的位势)

轴线数: 29
平均值: 0.771
标准差: 0.245
变异系数: 0.318

sin_thta(根据正对量考查中心)

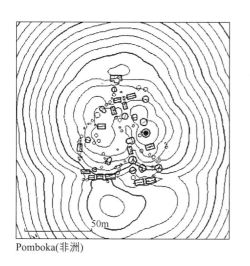

Pomboka(非洲)

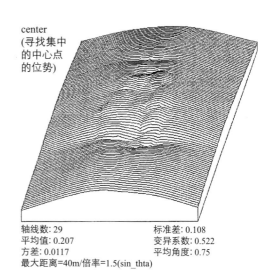

center
(寻找集中
的中心点
的位势)

轴线数: 29　　　　　　标准差: 0.108
平均值: 0.207　　　　　变异系数: 0.522
方差: 0.0117　　　　　 平均角度: 0.75
最大距离=40m/倍率=1.5(sin_thta)

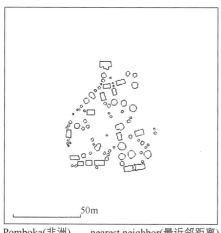

Pomboka(非洲)　　　nearest neighbor(最近邻距离)
住居数: 29户　　　　　平均距离: 1.509m
标准差: 0.925m　　　　变异系数: 0.613
最小距离: 0.75m　　　 最大距离: 4.15m

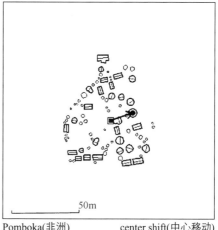

Pomboka(非洲)　　　　center shift(中心移动)
最大距离=40m/倍率=1.5(sin_thta)
移动距离: 17.56m

8　Rougoubin

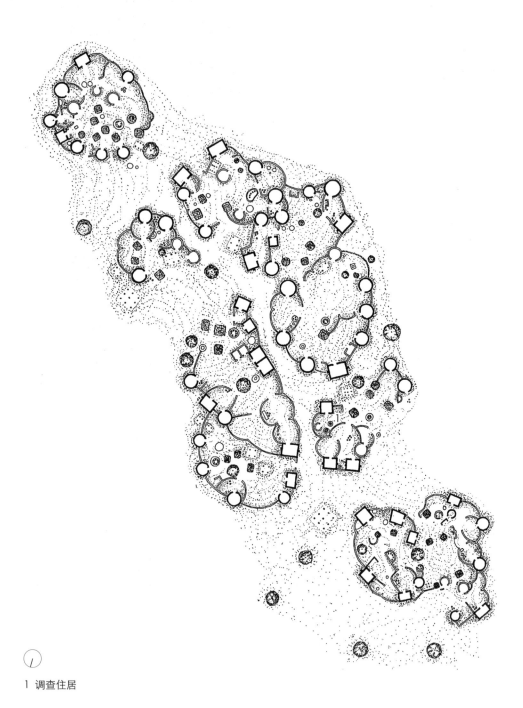

1 调查住居

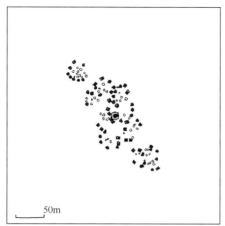

Rougoubin(非洲)   gravity point(重心)
住居数: 62户   平均面积: 17.7m²
标准差: 4.64m²   变异系数: 0.262
最小面积: 5.82m²   最大面积: 29.725m²
平均最近距离: 9.2385m

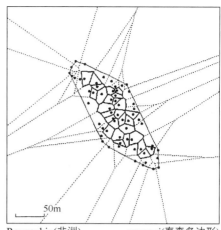

Rougoubin(非洲)   voronoi(泰森多边形)
住居数: 28户   平均面积: 236.72m²
标准差: 84.482m²   邻近距离: 16.533m
变异系数: 0.3569   最小面积: 112.63m²
最大面积: 414.18m²

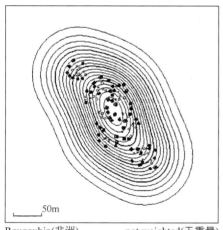

Rougoubin(非洲)   not weighted(无重量)

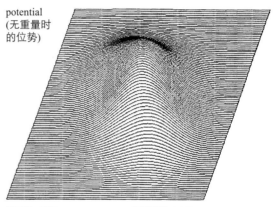

potential (无重量时的位势)

住居数: 62户   变异系数: 0.262
平均面积: 17.7m²   最小面积: 5.82m²
标准差: 4.64m²   最大面积: 29.725m²

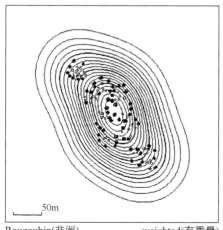

Rougoubin(非洲)   weighted(有重量)

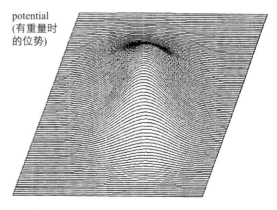

potential (有重量时的位势)

住居数: 62户   变异系数: 0.262
平均面积: 17.7m²   最小面积: 5.82m²
标准差: 4.64m²   最大面积: 29.725m²

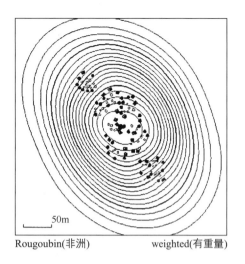
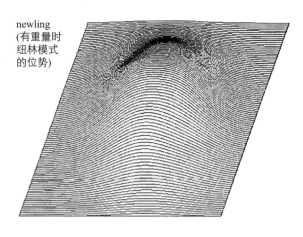

Rougoubin(非洲)　　　　weighted(有重量)

newling
(有重量时
纽林模式
的位势)

最大距离=40m/倍率=1.5

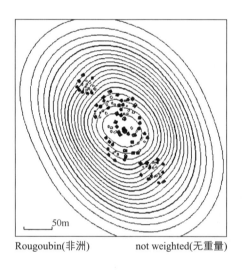

Rougoubin(非洲)　　　　not weighted(无重量)

newling
(无重量时
纽林模式
的位势)

最大距离=40m/倍率=1.5

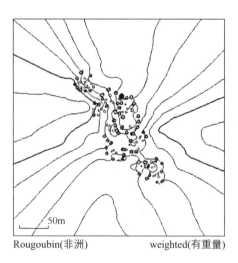
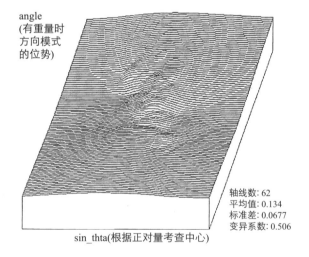

Rougoubin(非洲)　　　　weighted(有重量)

angle
(有重量时
方向模式
的位势)

轴线数: 62
平均值: 0.134
标准差: 0.0677
变异系数: 0.506

sin_thta(根据正对量考查中心)

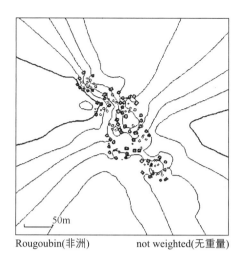

Rougoubin(非洲)　　not weighted(无重量)

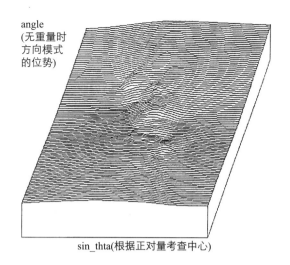

angle
(无重量时方向模式的位势)

sin_thta(根据正对量考查中心)

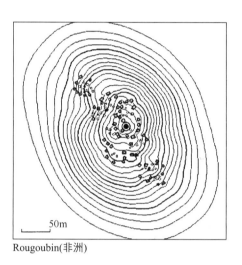

Rougoubin(非洲)

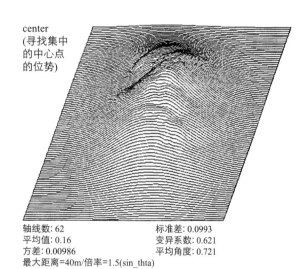

center
(寻找集中的中心点的位势)

轴线数: 62　　　　　　　标准差: 0.0993
平均值: 0.16　　　　　　变异系数: 0.621
方差: 0.00986　　　　　平均角度: 0.721
最大距离=40m/倍率=1.5(sin_thta)

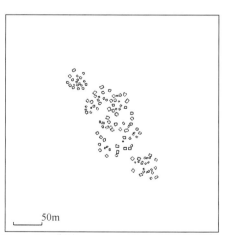

Rougoubin(非洲)　　nearest neighbor(最近邻距离)
住居数: 62户　　　　　平均距离: 2.14m
标准差: 1.42m　　　　变异系数: 0.665
最小距离: 0.35m　　　最大距离: 7.55m

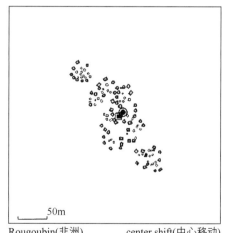

Rougoubin(非洲)　　center shift(中心移动)
最大距离=40m/倍率=1.5(sin_thta)
移动距离: 10.69m

9 Toussibik

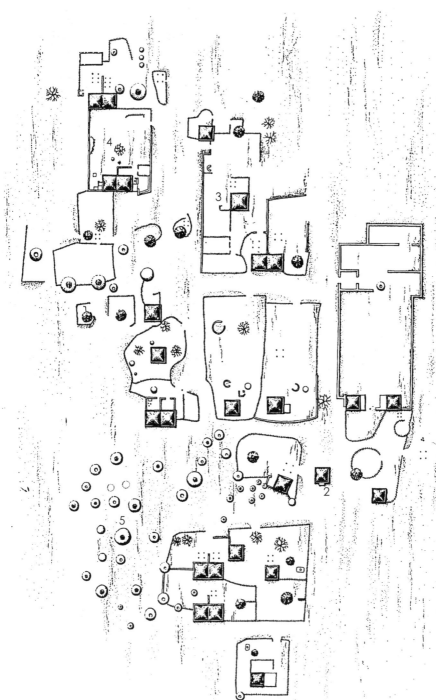

1 道路
2 清真寺
3 调查住居A
4 调查住居B
5 谷仓群

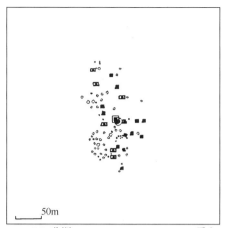

Toussibik(非洲)　　　　　　　gravity point(重心)
住居数: 20户　　　　　　　　平均面积: 38.1m²
标准差: 14.6m²　　　　　　　变异系数: 0.383
最小面积: 22m²　　　　　　　最大面积: 65.491m²
平均最近距离: 17.613m

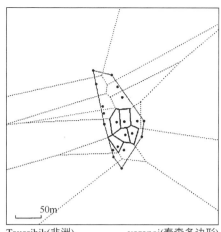

Toussibik(非洲)　　　　　　　voronoi(泰森多边形)
住居数: 5户　　　　　　　　　平均面积: 608.49m²
标准差: 109.01m²　　　　　　邻近距离: 26.507m
变异系数: 0.1792　　　　　　最小面积: 482.71m²
最大面积: 739.49m²

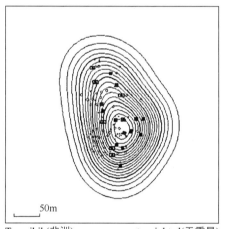

Toussibik(非洲)　　　　　　　not weighted(无重量)

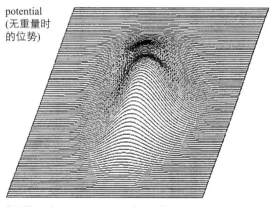

potential
(无重量时
的位势)

住居数: 20户　　　　　　　　变异系数: 0.383
平均面积: 38.1m²　　　　　　最小面积: 22m²
标准差: 14.6m²　　　　　　　最大面积: 65.491m²

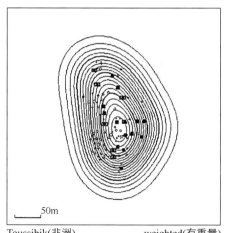

Toussibik(非洲)　　　　　　　weighted(有重量)

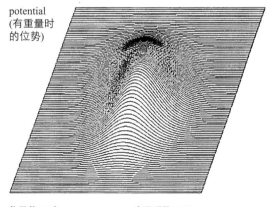

potential
(有重量时
的位势)

住居数: 20户　　　　　　　　变异系数: 0.383
平均面积: 38.1m²　　　　　　最小面积: 22m²
标准差: 14.6m²　　　　　　　最大面积: 65.491m²

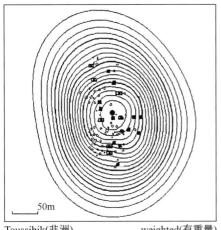

Toussibik(非洲)　　　　　weighted(有重量)

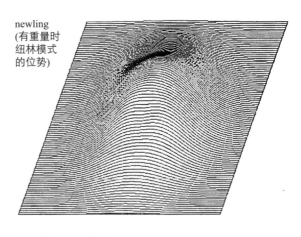

newling
(有重量时
纽林模式
的位势)

最大距离=40m/倍率=1.5

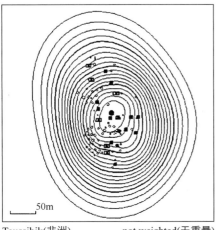

Toussibik(非洲)　　　　　not weighted(无重量)

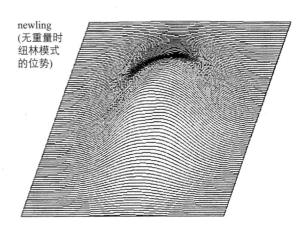

newling
(无重量时
纽林模式
的位势)

最大距离=40m/倍率=1.5

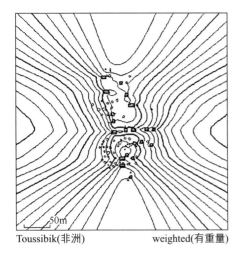

Toussibik(非洲)　　　　　weighted(有重量)

angle
(有重量时
方向模式
的位势)

sin_thta(根据正对量考查中心)

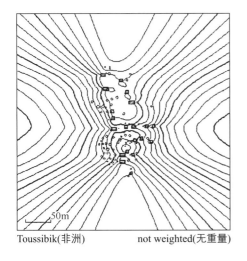

Toussibik(非洲)　　　　　　not weighted(无重量)

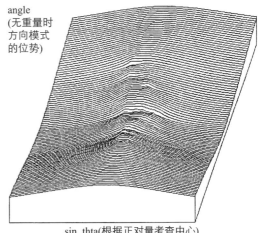

angle
(无重量时
方向模式
的位势)

sin_thta(根据正对量考查中心)

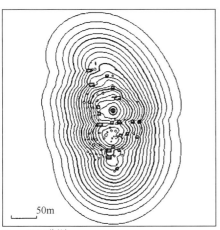

Toussibik(非洲)

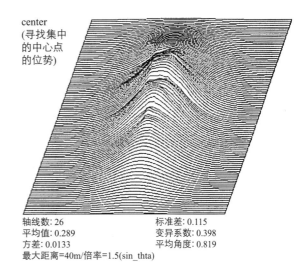

center
(寻找集中
的中心点
的位势)

轴线数: 26　　　　　　　　标准差: 0.115
平均值: 0.289　　　　　　　变异系数: 0.398
方差: 0.0133　　　　　　　平均角度: 0.819
最大距离=40m/倍率=1.5(sin_thta)

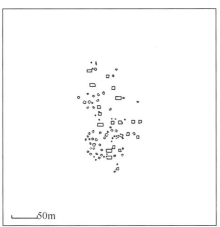

Toussibik(非洲)　　　　　nearest neighbor(最近邻距离)
住居数: 20户　　　　　　平均距离: 5.47m
标准差: 2.84m　　　　　　变异系数: 0.519
最小距离: 0.85m　　　　　最大距离: 10.65m

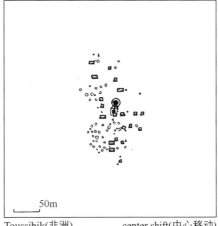

Toussibik(非洲)　　　　　　center shift(中心移动)
最大距离=40m/倍率=1.5(sin_thta)
移动距离: 18.08m

10 Zaba

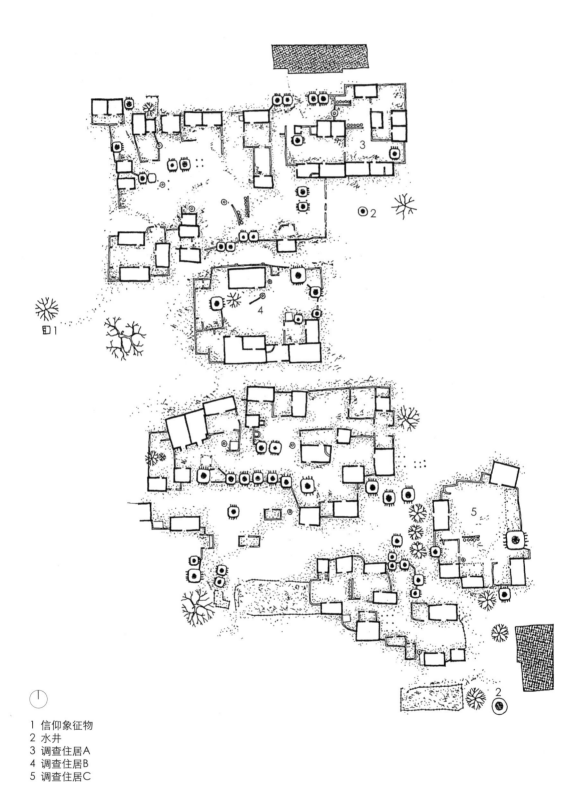

1 信仰象征物
2 水井
3 调查住居A
4 调查住居B
5 调查住居C

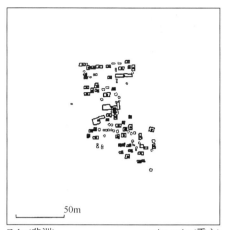

Zaba(非洲)　　　　　　　gravity point(重心)
住居数: 49户　　　　　　平均面积: 15.3m²
标准差: 12.9m²　　　　　变异系数: 0.842
最小面积: 5.95m²　　　　最大面积: 79.991m²
平均最近距离: 6.4873m

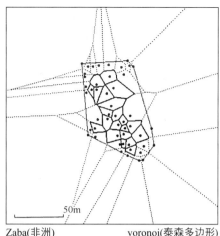

Zaba(非洲)　　　　　　　voronoi(泰森多边形)
住居数: 21户　　　　　　平均面积: 120.51m²
标准差: 63.898m²　　　　邻近距离: 11.796m
变异系数: 0.5302　　　　最小面积: 43.289m²
最大面积: 301.57m²

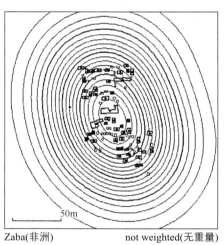

Zaba(非洲)　　　　　　　not weighted(无重量)

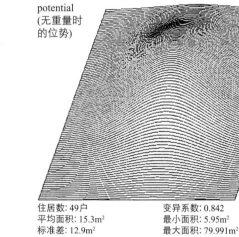

potential
(无重量时的位势)

住居数: 49户　　　　　　变异系数: 0.842
平均面积: 15.3m²　　　　最小面积: 5.95m²
标准差: 12.9m²　　　　　最大面积: 79.991m²

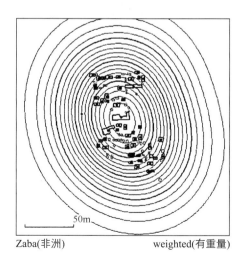

Zaba(非洲)　　　　　　　weighted(有重量)

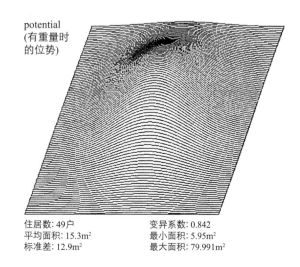

potential
(有重量时的位势)

住居数: 49户　　　　　　变异系数: 0.842
平均面积: 15.3m²　　　　最小面积: 5.95m²
标准差: 12.9m²　　　　　最大面积: 79.991m²

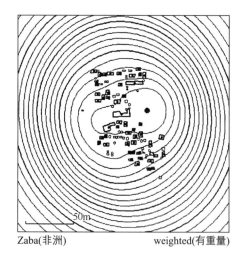

Zaba(非洲)　　　　　　　　weighted(有重量)

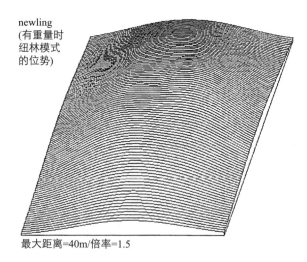

newling
(有重量时
纽林模式
的位势)

最大距离=40m/倍率=1.5

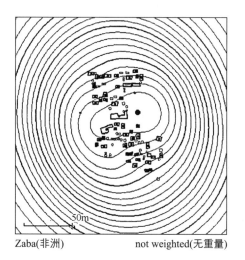

Zaba(非洲)　　　　　　　　not weighted(无重量)

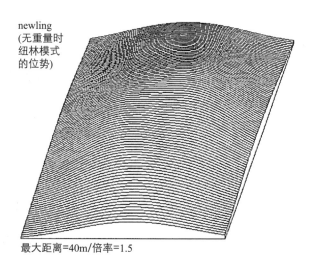

newling
(无重量时
纽林模式
的位势)

最大距离=40m/倍率=1.5

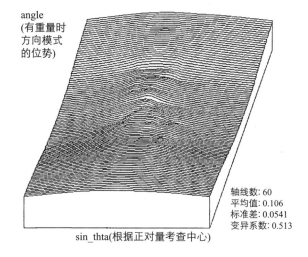

Zaba(非洲)　　　　　　　　weighted(有重量)

angle
(有重量时
方向模式
的位势)

sin_thta(根据正对量考查中心)

轴线数: 60
平均值: 0.106
标准差: 0.0541
变异系数: 0.513

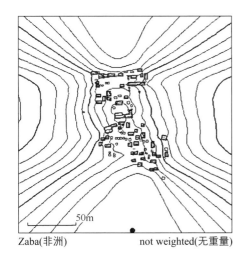

Zaba(非洲)　　　　　　　not weighted(无重量)

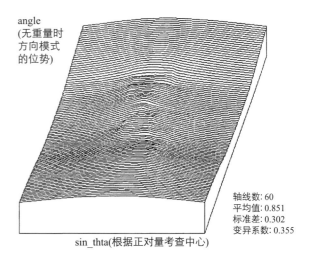

angle
(无重量时
方向模式
的位势)

sin_thta(根据正对量考查中心)

轴线数: 60
平均值: 0.851
标准差: 0.302
变异系数: 0.355

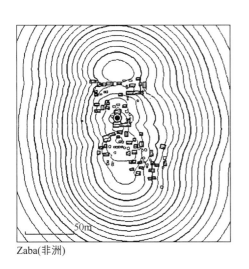

Zaba(非洲)

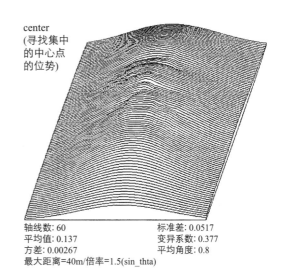

center
(寻找集中
的中心点
的位势)

轴线数: 60　　　　　　标准差: 0.0517
平均值: 0.137　　　　　变异系数: 0.377
方差: 0.00267　　　　　平均角度: 0.8
最大距离=40m/倍率=1.5(sin_thta)

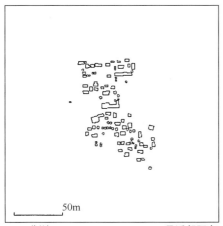

Zaba(非洲)　　　　　　nearest neighbor(最近邻距离)
住居数: 49户　　　　　　平均距离: 1.113m
标准差: 0.741m　　　　　变异系数: 0.665
最小距离: 0.35m　　　　最大距离: 3.85m

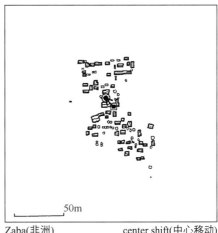

Zaba(非洲)　　　　　　　center shift(中心移动)
最大距离=40m/倍率=1.5(sin_thta)
移动距离: 11.75m

11　丰台沟

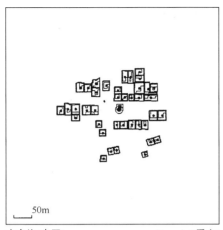

丰台沟(中国)　　　　　　gravity point(重心)
住居数: 39户　　　　　　平均面积: 245m²
标准差: 67.9m²　　　　　变异系数: 0.277
最小面积: 143m²　　　　 最大面积: 398.9m²
平均最近距离: 21.135m

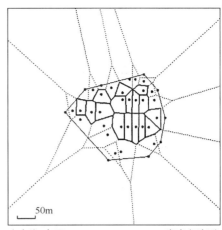

丰台沟(中国)　　　　　　voronoi(泰森多边形)
住居数: 16户　　　　　　平均面积: 1413.1m²
标准差: 342.63m²　　　　邻近距离: 40.394m
变异系数: 0.2425　　　　 最小面积: 884.37m²
最大面积: 2125.3m²

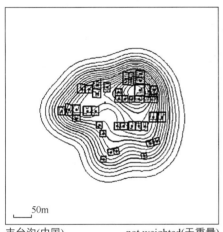

丰台沟(中国)　　　　　　not weighted(无重量)

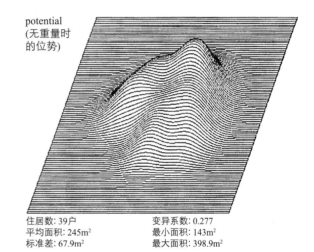

potential
(无重量时的位势)

住居数: 39户　　　　　　变异系数: 0.277
平均面积: 245m²　　　　 最小面积: 143m²
标准差: 67.9m²　　　　　最大面积: 398.9m²

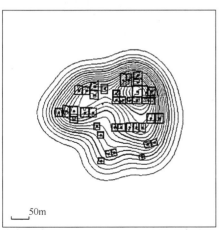

丰台沟(中国)　　　　　　weighted(有重量)

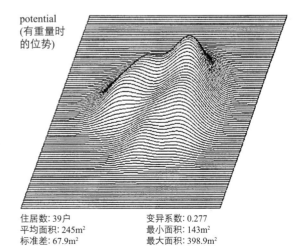

potential
(有重量时的位势)

住居数: 39户　　　　　　变异系数: 0.277
平均面积: 245m²　　　　 最小面积: 143m²
标准差: 67.9m²　　　　　最大面积: 398.9m²

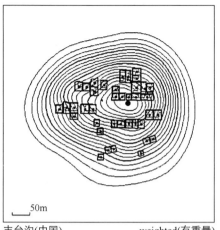

丰台沟(中国)　　　　　　weighted(有重量)

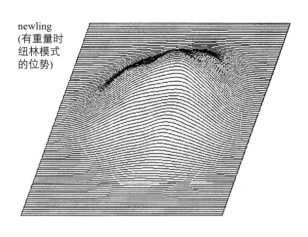

newling
(有重量时
纽林模式
的位势)

最大距离=40m/倍率=1.5

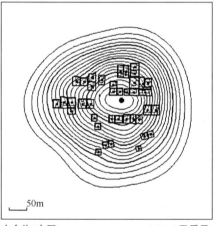

丰台沟(中国)　　　　　　not weighted(无重量)

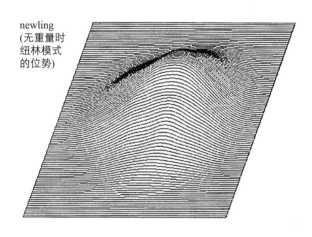

newling
(无重量时
纽林模式
的位势)

最大距离=40m/倍率=1.5

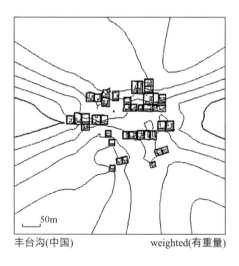

丰台沟(中国)　　　　　　weighted(有重量)

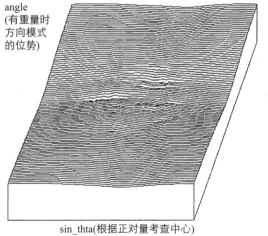

angle
(有重量时
方向模式
的位势)

sin_thta(根据正对量考查中心)

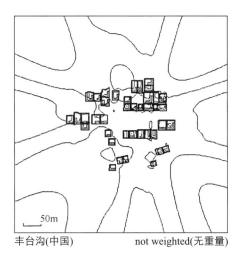

丰台沟(中国)　　　　not weighted(无重量)

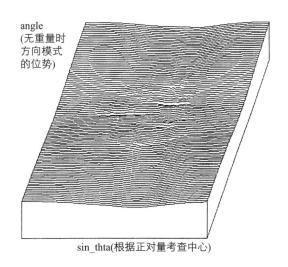

angle
(无重量时
方向模式
的位势)

sin_thta(根据正对量考查中心)

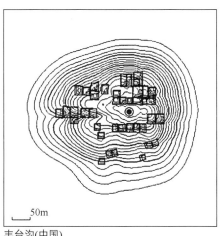

丰台沟(中国)

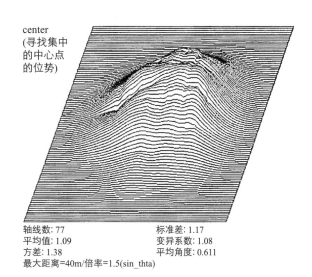

center
(寻找集中
的中心点
的位势)

轴线数: 77　　　　　　标准差: 1.17
平均值: 1.09　　　　　变异系数: 1.08
方差: 1.38　　　　　　平均角度: 0.611
最大距离=40m/倍率=1.5(sin_thta)

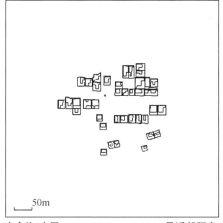

丰台沟(中国)　　　　nearest neighbor(最近邻距离)
住居数: 39户　　　　平均距离: 0.8782m
标准差: 1.36m　　　　变异系数: 1.55
最小距离: 0.15m　　　最大距离: 7.65m

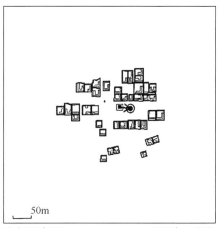

丰台沟(中国)　　　　center shift(中心移动)
最大距离=40m/倍率=1.5(sin_thta)
移动距离: 30.7m

12　日月山村

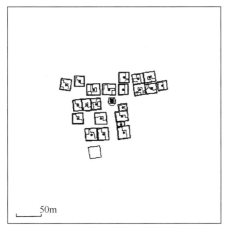

日月山村(中国)   gravity point(重心)
住居数: 22户   平均面积: 244m²
标准差: 76.6m²   变异系数: 0.313
最小面积: 76.5m²   最大面积: 421.41m²
平均最近距离: 22.455m

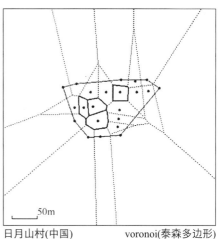

日月山村(中国)   voronoi(泰森多边形)
住居数: 4户   平均面积: 921.75m²
标准差: 197.77m²   邻近距离: 32.624m
变异系数: 0.2146   最小面积: 677.35m²
最大面积: 1229.3m²

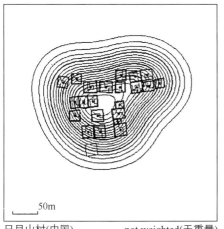

日月山村(中国)   not weighted(无重量)

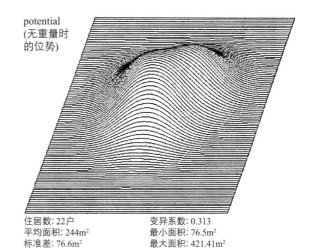

potential (无重量时的位势)

住居数: 22户   变异系数: 0.313
平均面积: 244m²   最小面积: 76.5m²
标准差: 76.6m²   最大面积: 421.41m²

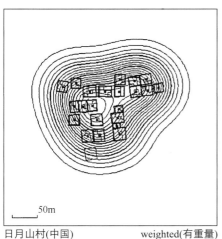

日月山村(中国)   weighted(有重量)

potential (有重量时的位势)

住居数: 22户   变异系数: 0.313
平均面积: 244m²   最小面积: 76.5m²
标准差: 76.6m²   最大面积: 421.41m²

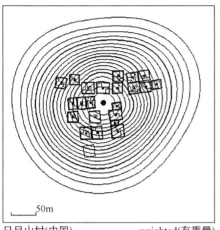
日月山村(中国)　　　　　　weighted(有重量)

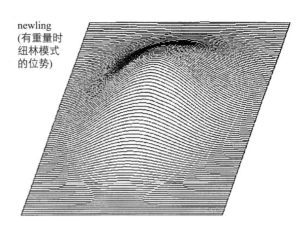
newling
(有重量时
纽林模式
的位势)

最大距离=40m/倍率=1.5

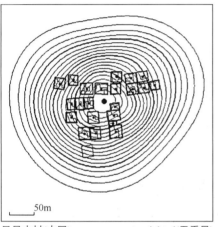
日月山村(中国)　　　　　　not weighted(无重量)

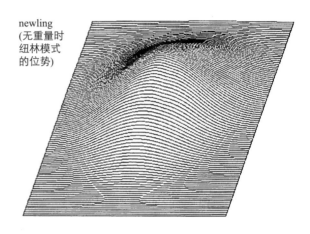
newling
(无重量时
纽林模式
的位势)

最大距离=40m/倍率=1.5

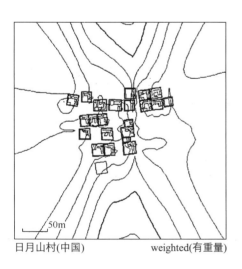
日月山村(中国)　　　　　　weighted(有重量)

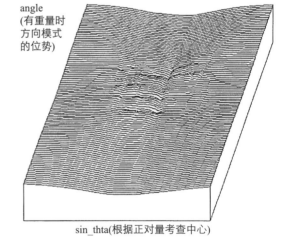
angle
(有重量时
方向模式
的位势)

sin_thta(根据正对量考查中心)

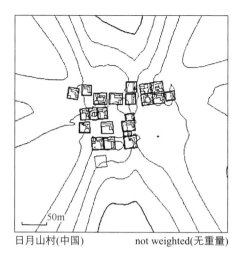

日月山村(中国)　　　not weighted(无重量)

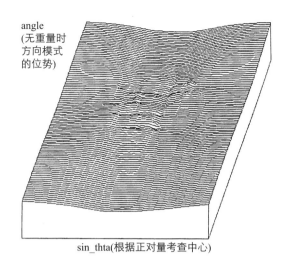

angle
(无重量时
方向模式
的位势)

sin_thta(根据正对量考查中心)

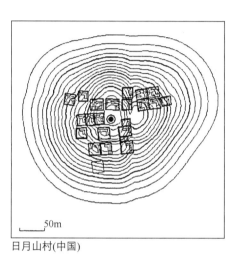

日月山村(中国)

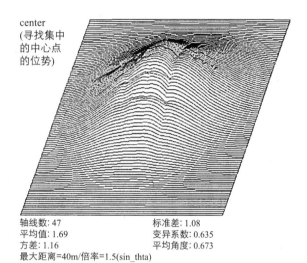

center
(寻找集中
的中心点
的位势)

轴线数: 47　　　　　　　标准差: 1.08
平均值: 1.69　　　　　　变异系数: 0.635
方差: 1.16　　　　　　　平均角度: 0.673
最大距离=40m/倍率=1.5(sin_thta)

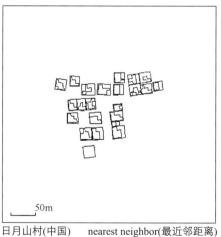

日月山村(中国)　　　nearest neighbor(最近邻距离)
住居数: 22户　　　　　平均距离: 0.9909m
标准差: 0.946m　　　　变异系数: 0.955
最小距离: 0.05m　　　　最大距离: 2.95m

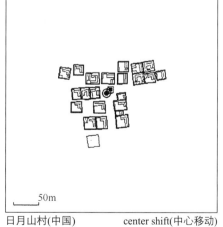

日月山村(中国)　　　center shift(中心移动)
最大距离=40m/倍率=1.5(sin_thta)
移动距离: 10.88m

13 巴拉寨

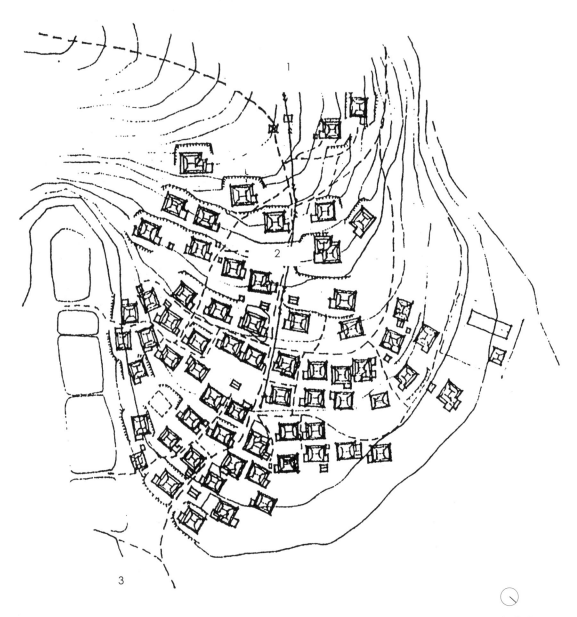

1 秋千
2 村长的家
3 鬼门

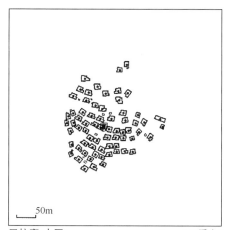

巴拉寨(中国)   gravity point(重心)
住居数: 68户   平均面积: 160m²
标准差: 28m²   变异系数: 0.175
最小面积: 81m²   最大面积: 245.66m²
平均最近距离: 20.237m

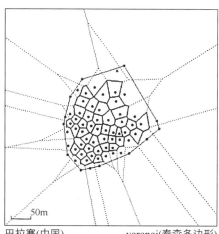

巴拉寨(中国)   voronoi(泰森多边形)
住居数: 42户   平均面积: 610.64m²
标准差: 245.15m²   邻近距离: 26.554m
变异系数: 0.4015   最小面积: 328.5m²
最大面积: 1275.3m²

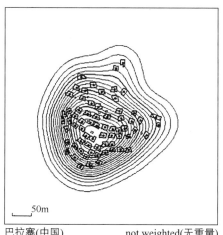

巴拉寨(中国)   not weighted(无重量)

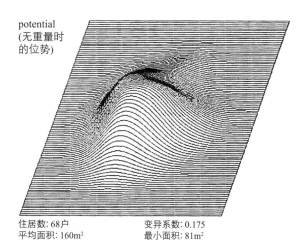

potential (无重量时的位势)

住居数: 68户   变异系数: 0.175
平均面积: 160m²   最小面积: 81m²
标准差: 28m²   最大面积: 245.66m²

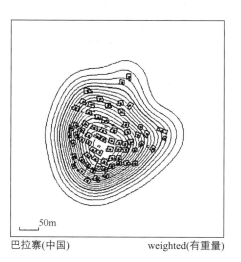

巴拉寨(中国)   weighted(有重量)

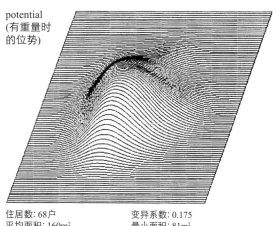

potential (有重量时的位势)

住居数: 68户   变异系数: 0.175
平均面积: 160m²   最小面积: 81m²
标准差: 28m²   最大面积: 245.66m²

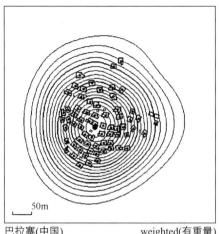

巴拉寨(中国)　　　　　　weighted(有重量)

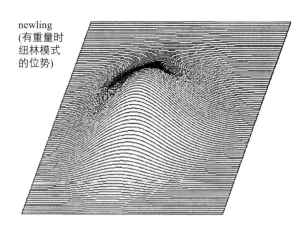

newling
(有重量时
纽林模式
的位势)

最大距离=40m/倍率=1.5

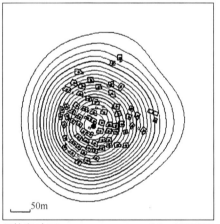

巴拉寨(中国)　　　　　　not weighted(无重量)

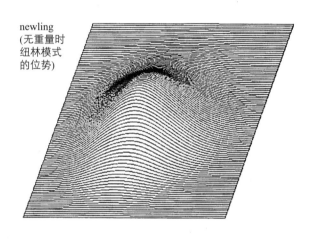

newling
(无重量时
纽林模式
的位势)

最大距离=40m/倍率=1.5

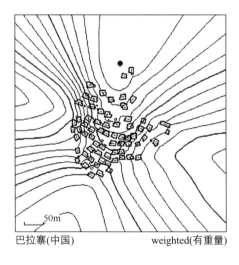

巴拉寨(中国)　　　　　　weighted(有重量)

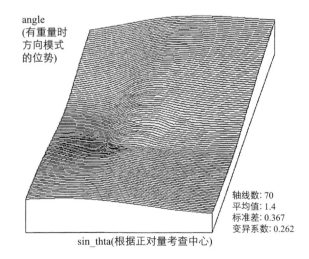

angle
(有重量时
方向模式
的位势)

轴线数: 70
平均值: 1.4
标准差: 0.367
变异系数: 0.262

sin_thta(根据正对量考查中心)

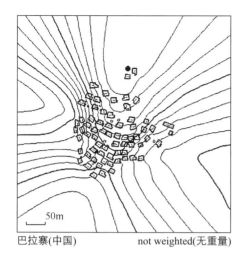

巴拉寨(中国)　　　　not weighted(无重量)

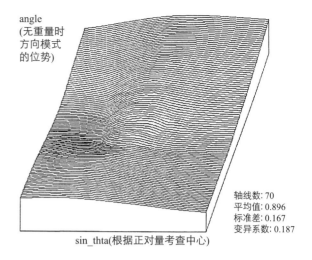

angle
(无重量时
方向模式
的位势)

轴线数: 70
平均值: 0.896
标准差: 0.167
变异系数: 0.187

sin_thta(根据正对量考查中心)

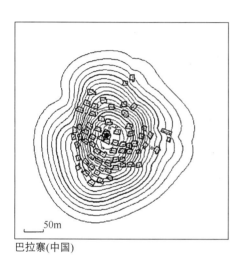

巴拉寨(中国)

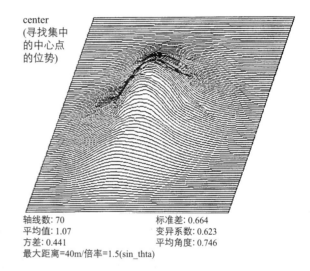

center
(寻找集中
的中心点
的位势)

轴线数: 70　　　　标准差: 0.664
平均值: 1.07　　　变异系数: 0.623
方差: 0.441　　　　平均角度: 0.746
最大距离=40m/倍率=1.5(sin_thta)

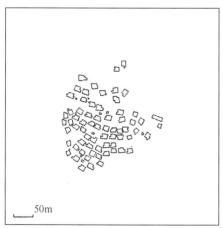

巴拉寨(中国)　　　　nearest neighbor(最近邻距离)
住居数: 68户　　　　平均距离: 2.531m
标准差: 1.58m　　　　变异系数: 0.624
最小距离: 0.25m　　　最大距离: 9.55m

巴拉寨(中国)　　　　center shift(中心移动)
最大距离=40m/倍率=1.5(sin_thta)
移动距离: 14.66m

14　巴破村

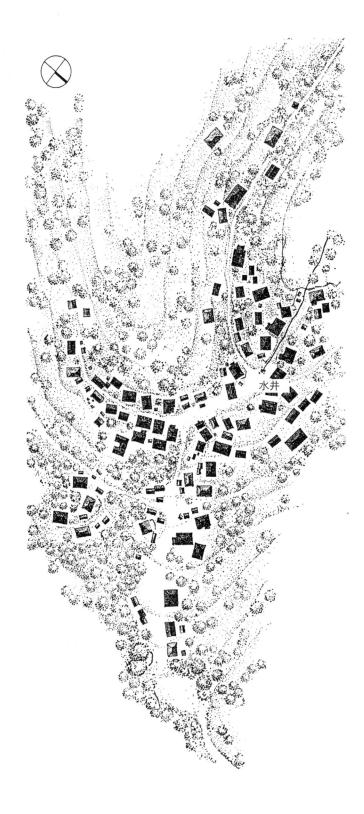

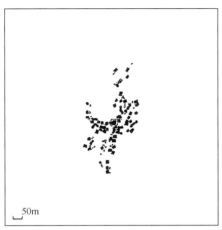

巴破村(中国) gravity point(重心)
住居数: 76户 平均面积: 115m²
标准差: 43.8m² 变异系数: 0.38
最小面积: 30.6m² 最大面积: 228.48m²
平均最近距离: 21.422m

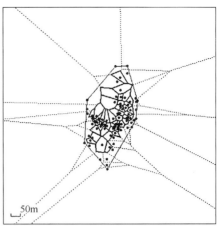

巴破村(中国) voronoi(泰森多边形)
住居数: 47户 平均面积: 1187.1m²
标准差: 989.38m² 邻近距离: 37.023m
变异系数: 0.8335 最小面积: 308.91m²
最大面积: 4602.5m²

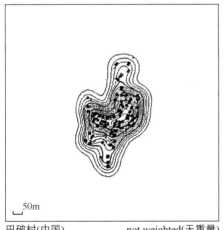

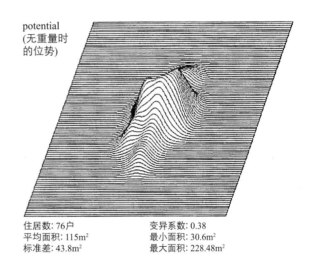

巴破村(中国) not weighted(无重量)

potential (无重量时的位势)

住居数: 76户 变异系数: 0.38
平均面积: 115m² 最小面积: 30.6m²
标准差: 43.8m² 最大面积: 228.48m²

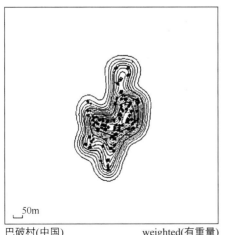

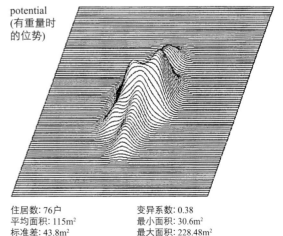

巴破村(中国) weighted(有重量)

potential (有重量时的位势)

住居数: 76户 变异系数: 0.38
平均面积: 115m² 最小面积: 30.6m²
标准差: 43.8m² 最大面积: 228.48m²

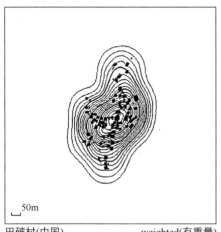

巴破村(中国)　　　　　weighted(有重量)

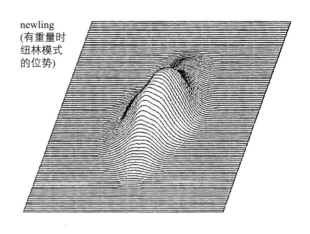

newling
(有重量时
纽林模式
的位势)

最大距离=40m/倍率=1.5

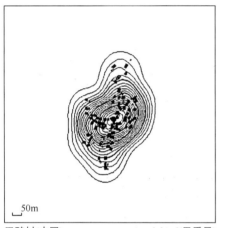

巴破村(中国)　　　　　not weighted(无重量)

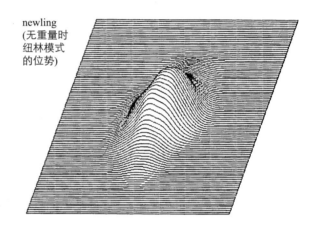

newling
(无重量时
纽林模式
的位势)

最大距离=40m/倍率=1.5

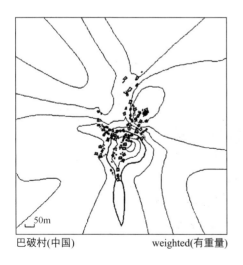

巴破村(中国)　　　　　weighted(有重量)

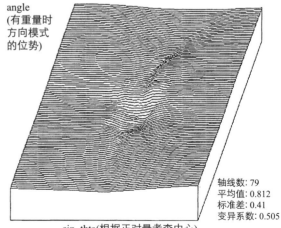

angle
(有重量时
方向模式
的位势)

轴线数: 79
平均值: 0.812
标准差: 0.41
变异系数: 0.505

sin_thta(根据正对量考查中心)

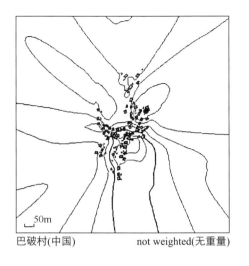

巴破村(中国)　　　　　not weighted(无重量)

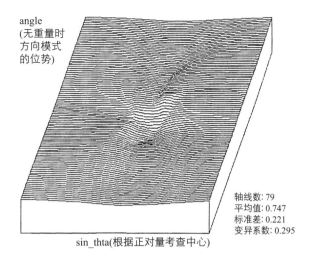

angle
(无重量时
方向模式
的位势)

轴线数: 79
平均值: 0.747
标准差: 0.221
变异系数: 0.295

sin_thta(根据正对量考查中心)

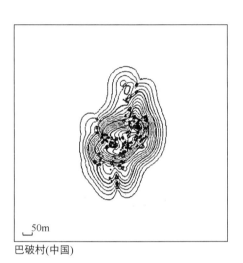

巴破村(中国)

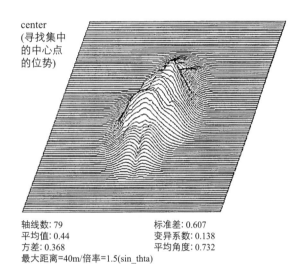

center
(寻找集中
的中心点
的位势)

轴线数: 79　　　　　标准差: 0.607
平均值: 0.44　　　　变异系数: 0.138
方差: 0.368　　　　 平均角度: 0.732
最大距离=40m/倍率=1.5(sin_thta)

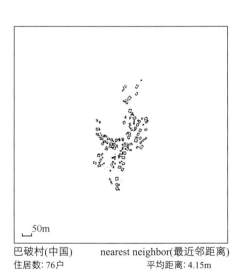

巴破村(中国)　　　nearest neighbor(最近邻距离)
住居数: 76户　　　　平均距离: 4.15m
标准差: 3.76m　　　 变异系数: 0.907
最小距离: 1.15m　　 最大距离: 22.05m

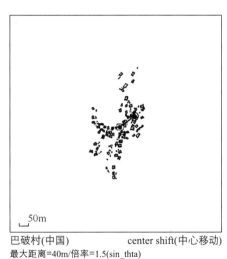

巴破村(中国)　　　　center shift(中心移动)
最大距离=40m/倍率=1.5(sin_thta)
移动距离: 94.37m

203

15　高寨

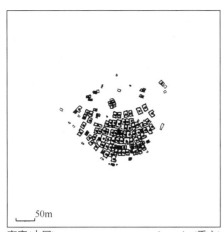

高寨(中国)　　　　　　　　gravity point(重心)
住居数: 99户　　　　　　　平均面积: 110m²
标准差: 37m²　　　　　　　变异系数: 0.337
最小面积: 35.2m²　　　　　最大面积: 218.47m²
平均最近距离: 12.172m

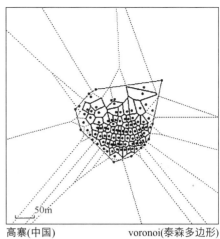

高寨(中国)　　　　　　　　voronoi(泰森多边形)
住居数: 69户　　　　　　　平均面积: 282.03m²
标准差: 209.77m²　　　　　邻近距离: 18.046m
变异系数: 0.7438　　　　　最小面积: 139.38m²
最大面积: 1568.1m²

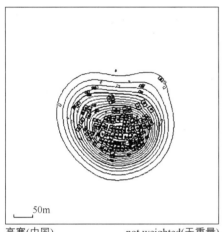

高寨(中国)　　　　　　　　not weighted(无重量)

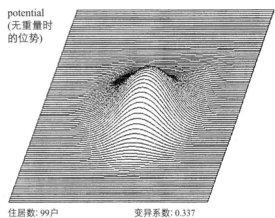

住居数: 99户　　　　　　　变异系数: 0.337
平均面积: 110m²　　　　　 最小面积: 35.2m²
标准差: 37m²　　　　　　　最大面积: 218.47m²

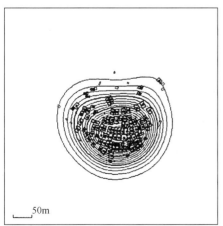

高寨(中国)　　　　　　　　weighted(有重量)

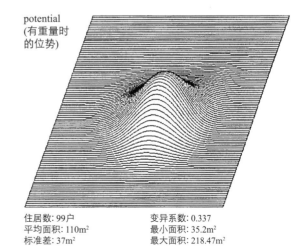

住居数: 99户　　　　　　　变异系数: 0.337
平均面积: 110m²　　　　　 最小面积: 35.2m²
标准差: 37m²　　　　　　　最大面积: 218.47m²

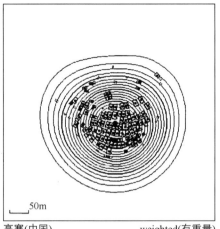

高寨(中国)　　　　　　　weighted(有重量)

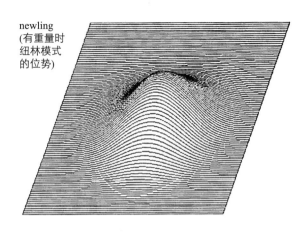

newling
(有重量时
纽林模式
的位势)

最大距离=40m/倍率=1.5

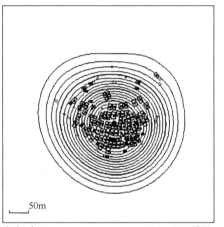

高寨(中国)　　　　　　　not weighted(无重量)

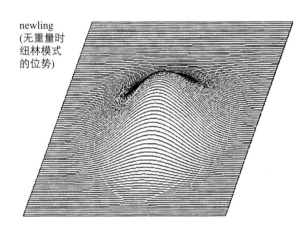

newling
(无重量时
纽林模式
的位势)

最大距离=40m/倍率=1.5

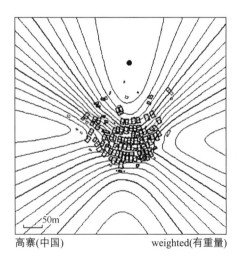

高寨(中国)　　　　　　　weighted(有重量)

angle
(有重量时
方向模式
的位势)

轴线数: 100
平均值: 1.06
标准差: 0.393
变异系数: 0.371

sin_thta(根据正对量考查中心)

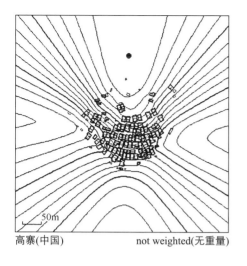

高寨(中国)　　　　　　　　not weighted(无重量)

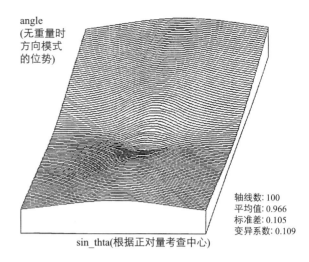

angle
(无重量时
方向模式
的位势)

sin_thta(根据正对量考查中心)

轴线数: 100
平均值: 0.966
标准差: 0.105
变异系数: 0.109

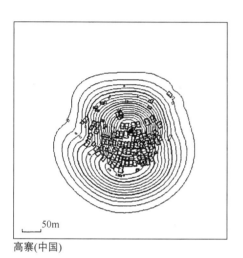

高寨(中国)

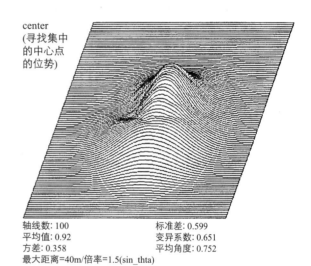

center
(寻找集中
的中心点
的位势)

轴线数: 100　　　　　　标准差: 0.599
平均值: 0.92　　　　　　变异系数: 0.651
方差: 0.358　　　　　　平均角度: 0.752
最大距离=40m/倍率=1.5(sin_thta)

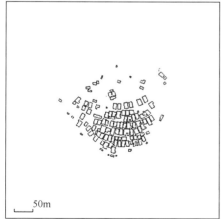

高寨(中国)　　　　　　nearest neighbor(最近邻距离)
住居数: 99户　　　　　平均距离: 1.149m
标准差: 2.07m　　　　　变异系数: 1.8
最小距离: 0.05m　　　　最大距离: 18.85m

高寨(中国)　　　　　　center shift(中心移动)
最大距离=40m/倍率=1.5(sin_thta)
移动距离: 31.07m

207

16 高走村

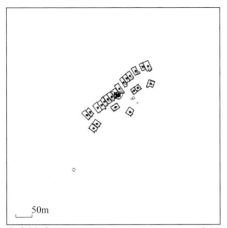

高走村(中国)　　　　　　　　gravity point(重心)
住居数: 22户　　　　　　　　平均面积: 305m²
标准差: 72.7m²　　　　　　　变异系数: 0.238
最小面积: 122m²　　　　　　最大面积: 448.63m²
平均最近距离: 18.291m

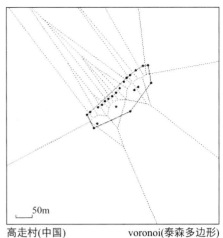

高走村(中国)　　　　　　　　voronoi(泰森多边形)
平均面积: 1065.8m²
邻近距离: 35.081m

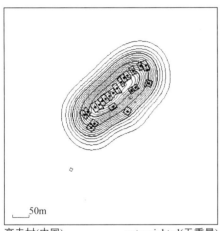

高走村(中国)　　　　　　　　not weighted(无重量)

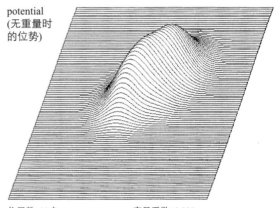

potential
(无重量时的位势)

住居数: 22户　　　　变异系数: 0.238
平均面积: 305m²　　 最小面积: 122m²
标准差: 72.7m²　　　最大面积: 448.63m²

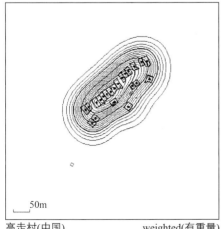

高走村(中国)　　　　　　　　weighted(有重量)

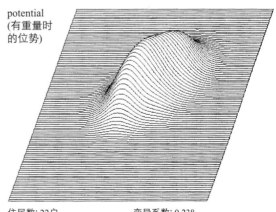

potential
(有重量时的位势)

住居数: 22户　　　　变异系数: 0.238
平均面积: 305m²　　 最小面积: 122m²
标准差: 72.7m²　　　最大面积: 448.63m²

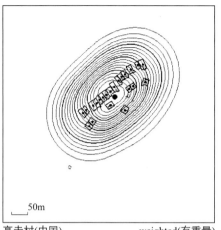
高走村(中国) weighted(有重量)

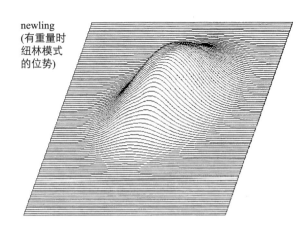
newling
(有重量时
纽林模式
的位势)

最大距离=40m/倍率=1.5

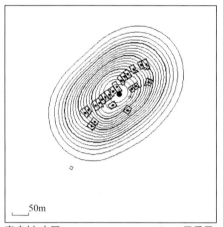
高走村(中国) not weighted(无重量)

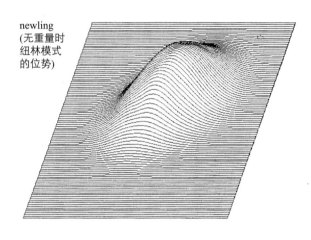
newling
(无重量时
纽林模式
的位势)

最大距离=40m/倍率=1.5

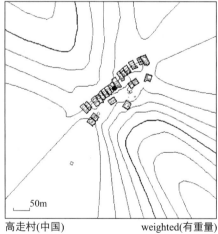
高走村(中国) weighted(有重量)

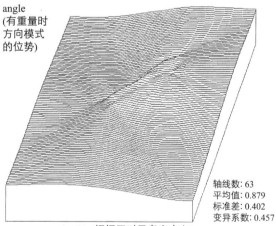
angle
(有重量时
方向模式
的位势)

轴线数: 63
平均值: 0.879
标准差: 0.402
变异系数: 0.457

sin_thta(根据正对量考查中心)

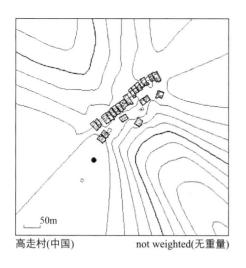

高走村(中国)　　　　　　　　not weighted(无重量)

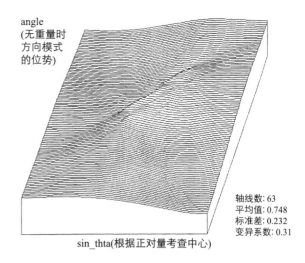

angle
(无重量时
方向模式
的位势)

sin_thta(根据正对量考查中心)

轴线数: 63
平均值: 0.748
标准差: 0.232
变异系数: 0.31

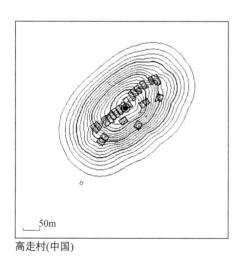

高走村(中国)

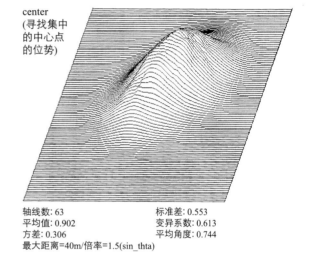

center
(寻找集中
的中心点
的位势)

轴线数: 63　　　　　　标准差: 0.553
平均值: 0.902　　　　变异系数: 0.613
方差: 0.306　　　　　平均角度: 0.744
最大距离=40m/倍率=1.5(sin_thta)

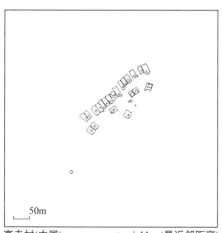

高走村(中国)　　　　　nearest neighbor(最近邻距离)
住居数: 22户　　　　　平均距离: 1.527m
标准差: 2.94m　　　　 变异系数: 1.92
最小距离: 0.15m　　　 最大距离: 12.15m

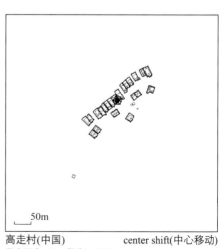

高走村(中国)　　　　　　　center shift(中心移动)
最大距离=40m/倍率=1.5(sin_thta)
移动距离: 5.231m

17　沟梁寨

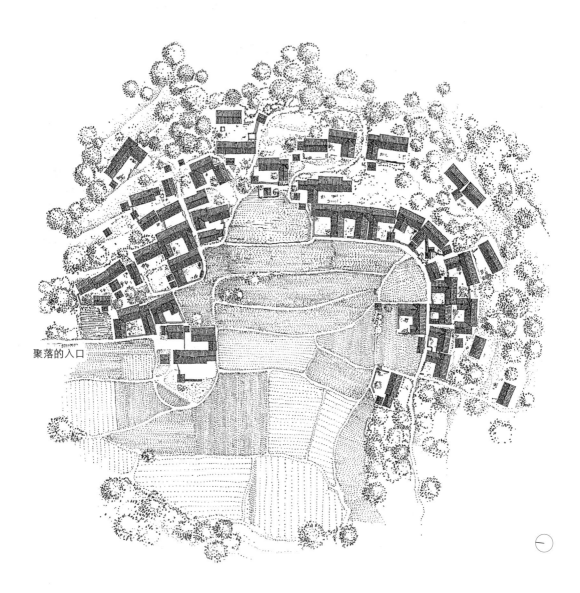

聚落的入口

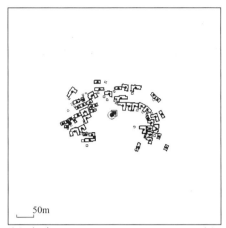

沟梁寨(中国) gravity point(重心)
住居数: 52户 平均面积: 182m²
标准差: 87.1m² 变异系数: 0.48
最小面积: 32.5m² 最大面积: 382.66m²
平均最近距离: 17.967m

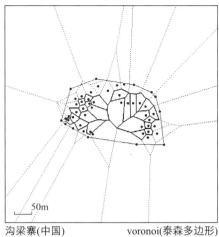

沟梁寨(中国) voronoi(泰森多边形)
住居数: 25户 平均面积: 868.01m²
标准差: 655.54m² 邻近距离: 31.659m
变异系数: 0.7552 最小面积: 235.57m²
最大面积: 3042.5m²

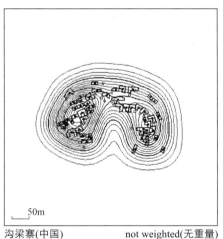

沟梁寨(中国) not weighted(无重量)

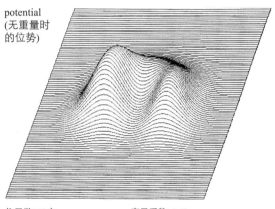

potential
(无重量时的位势)

住居数: 52户 变异系数: 0.48
平均面积: 182m² 最小面积: 32.5m²
标准差: 87.1m² 最大面积: 382.66m²

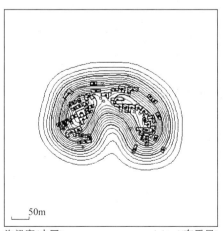

沟梁寨(中国) weighted(有重量)

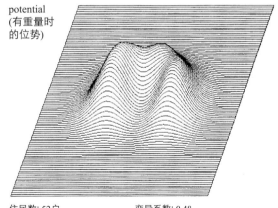

potential
(有重量时的位势)

住居数: 52户 变异系数: 0.48
平均面积: 182m² 最小面积: 32.5m²
标准差: 87.1m² 最大面积: 382.66m²

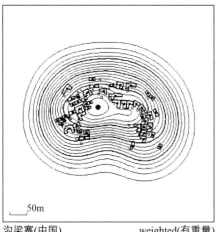
沟梁寨(中国)　　　　　　weighted(有重量)

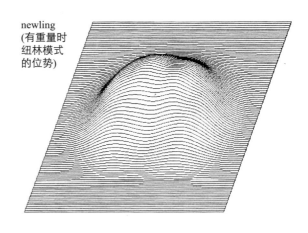
newling
(有重量时
纽林模式
的位势)

最大距离=40m/倍率=1.5

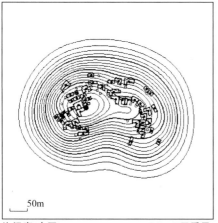
沟梁寨(中国)　　　　　　not weighted(无重量)

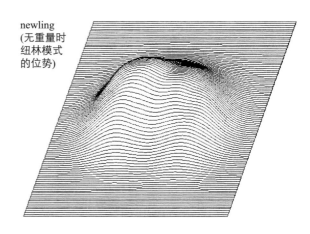
newling
(无重量时
纽林模式
的位势)

最大距离=40m/倍率=1.5

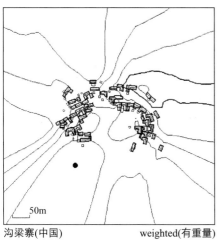
沟梁寨(中国)　　　　　　weighted(有重量)

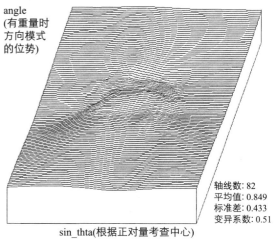
angle
(有重量时
方向模式
的位势)

sin_thta(根据正对量考查中心)

轴线数: 82
平均值: 0.849
标准差: 0.433
变异系数: 0.51

214

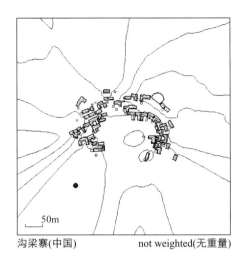

沟梁寨(中国)　　　　　　　　not weighted(无重量)

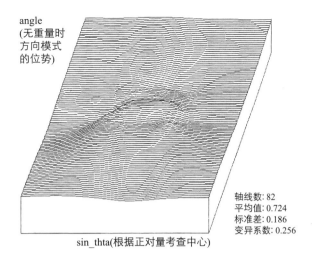

angle
(无重量时方向模式的位势)

sin_thta(根据正对量考查中心)

轴线数: 82
平均值: 0.724
标准差: 0.186
变异系数: 0.256

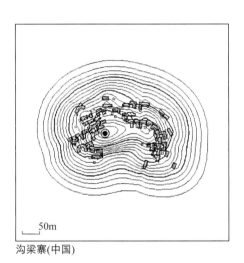

沟梁寨(中国)

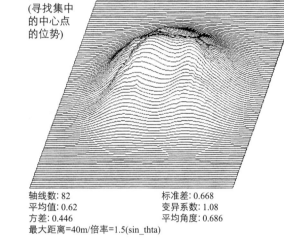

center
(寻找集中的中心点的位势)

轴线数: 82　　　　　　　标准差: 0.668
平均值: 0.62　　　　　　 变异系数: 1.08
方差: 0.446　　　　　　　平均角度: 0.686
最大距离=40m/倍率=1.5(sin_thta)

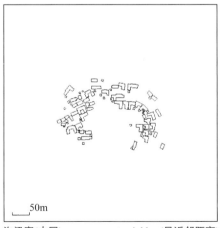

沟梁寨(中国)　　　　　　nearest neighbor(最近邻距离)
住居数: 52户　　　　　　　平均距离: 1.346m
标准差: 2.37m　　　　　　 变异系数: 1.76
最小距离: 0.05m　　　　　 最大距离: 11.95m

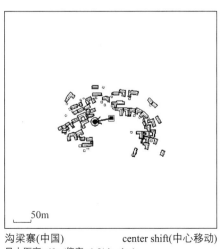

沟梁寨(中国)　　　　　　　center shift(中心移动)
最大距离=40m/倍率=1.5(sin_thta)
移动距离: 49.35m

18 号才坪

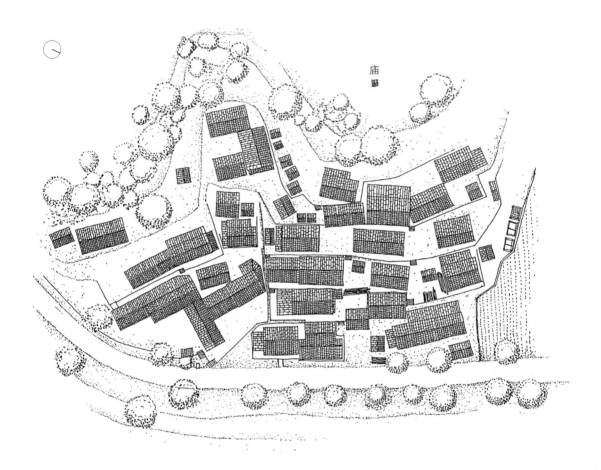

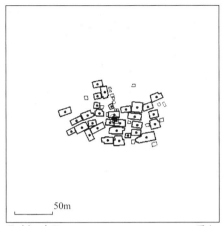

号才坪(中国)   gravity point(重心)
住居数: 31户   平均面积: 112m²
标准差: 41.7m²   变异系数: 0.374
最小面积: 33.9m²   最大面积: 250.52m²
平均最近距离: 12.115m

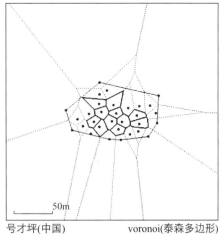

号才坪(中国)   voronoi(泰森多边形)
住居数: 11户   平均面积: 226.5m²
标准差: 47.698m²   邻近距离: 16.172m
变异系数: 0.2106   最小面积: 162.18m²
最大面积: 350.52m²

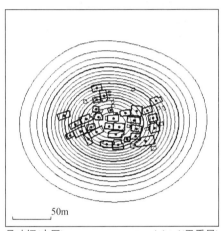

号才坪(中国)   not weighted(无重量)

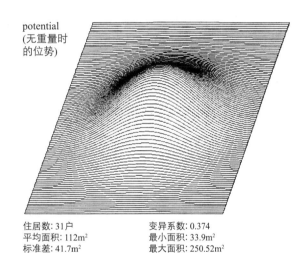

potential (无重量时的位势)

住居数: 31户   变异系数: 0.374
平均面积: 112m²   最小面积: 33.9m²
标准差: 41.7m²   最大面积: 250.52m²

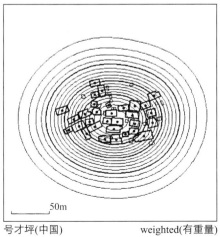

号才坪(中国)   weighted(有重量)

potential (有重量时的位势)

住居数: 31户   变异系数: 0.374
平均面积: 112m²   最小面积: 33.9m²
标准差: 41.7m²   最大面积: 250.52m²

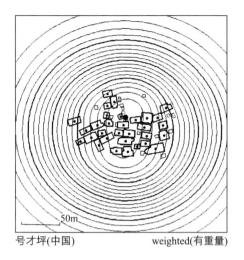

号才坪(中国)　　　　weighted(有重量)

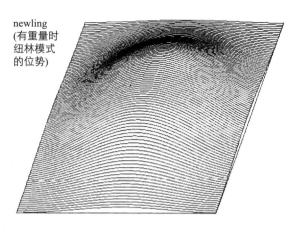

newling
(有重量时
纽林模式
的位势)

最大距离=40m/倍率=1.5

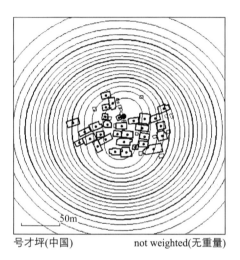

号才坪(中国)　　　　not weighted(无重量)

newling
(无重量时
纽林模式
的位势)

最大距离=40m/倍率=1.5

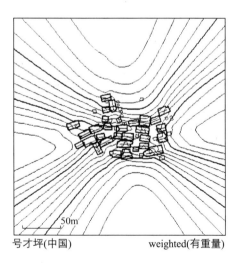

号才坪(中国)　　　　weighted(有重量)

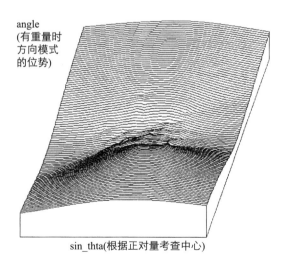

angle
(有重量时
方向模式
的位势)

sin_thta(根据正对量考查中心)

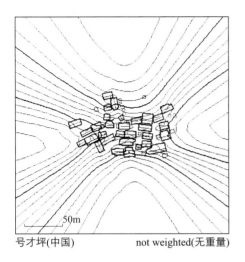

号才坪(中国)　　　　not weighted(无重量)

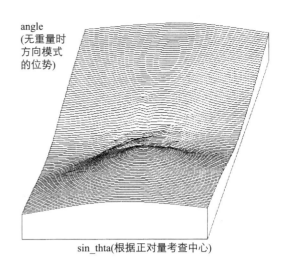

angle
(无重量时
方向模式
的位势)

sin_thta(根据正对量考查中心)

号才坪(中国)

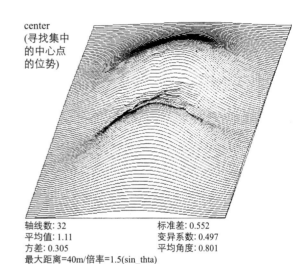

center
(寻找集中
的中心点
的位势)

轴线数: 32　　　　　　标准差: 0.552
平均值: 1.11　　　　　变异系数: 0.497
方差: 0.305　　　　　　平均角度: 0.801
最大距离=40m/倍率=1.5(sin_thta)

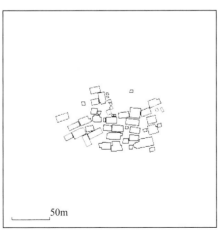

号才坪(中国)　　　　nearest neighbor(最近邻距离)
住居数: 31户　　　　　平均距离: 0.5887m
标准差: 0.721m　　　　变异系数: 1.22
最小距离: 0.05m　　　最大距离: 4.15m

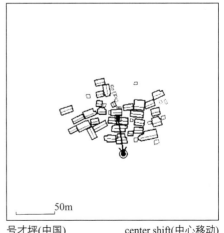

号才坪(中国)　　　　　center shift(中心移动)
最大距离=40m/倍率=1.5(sin_thta)
移动距离: 46.35m

19　建塘村

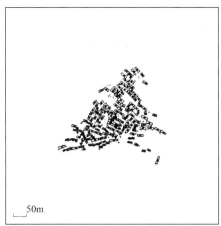

建塘村(中国)　　　　　gravity point(重心)
住居数: 172户　　　　　平均面积: 113m²
标准差: 41.3m²　　　　 变异系数: 0.366
最小面积: 19.8m²　　　 最大面积: 230.42m²
平均最近距离: 13.904m

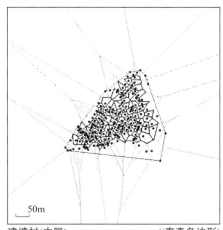

建塘村(中国)　　　　　voronoi(泰森多边形)
住居数: 130户　　　　　平均面积: 356.2m²
标准差: 178.01m²　　　 邻近距离: 20.281m
变异系数: 0.4998　　　　最小面积: 157.9m²
最大面积: 1484.9m²

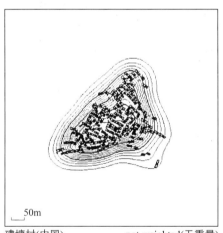

建塘村(中国)　　　　　not weighted(无重量)

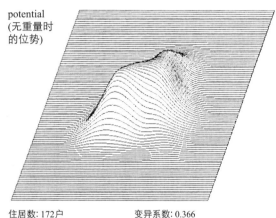

potential
(无重量时的位势)

住居数: 172户　　　　　变异系数: 0.366
平均面积: 113m²　　　　最小面积: 19.8m²
标准差: 41.3m²　　　　 最大面积: 230.42m²

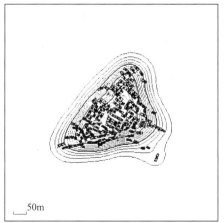

建塘村(中国)　　　　　weighted(有重量)

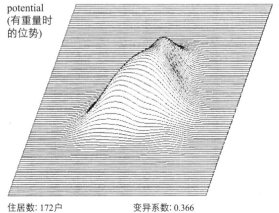

potential
(有重量时的位势)

住居数: 172户　　　　　变异系数: 0.366
平均面积: 113m²　　　　最小面积: 19.8m²
标准差: 41.3m²　　　　 最大面积: 230.42m²

建塘村(中国) weighted(有重量)

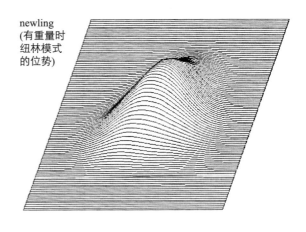

newling
(有重量时
纽林模式
的位势)

最大距离=40m/倍率=1.5

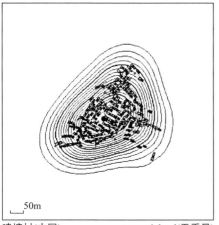
建塘村(中国) not weighted(无重量)

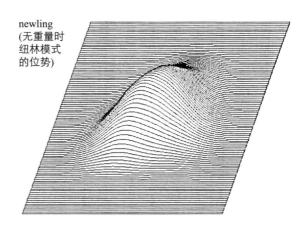

newling
(无重量时
纽林模式
的位势)

最大距离=40m/倍率=1.5

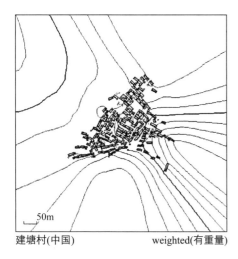
建塘村(中国) weighted(有重量)

angle
(有重量时
方向模式
的位势)

轴线数: 192
平均值: 0.782
标准差: 0.406
变异系数: 0.519

sin_thta(根据正对量考查中心)

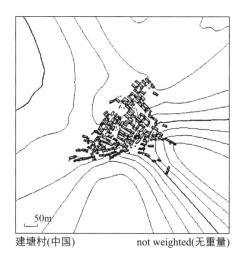

建塘村(中国)　　　　　　　not weighted(无重量)

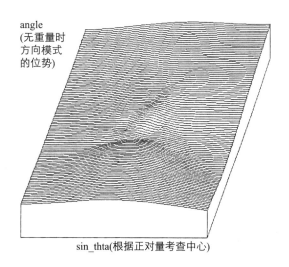

angle
(无重量时
方向模式
的位势)

sin_thta(根据正对量考查中心)

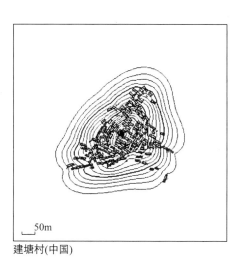

建塘村(中国)

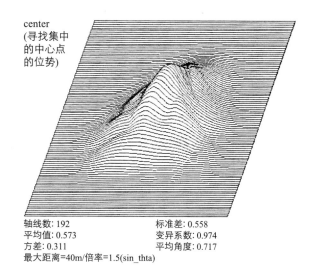

center
(寻找集中
的中心点
的位势)

轴线数: 192　　　　　　　标准差: 0.558
平均值: 0.573　　　　　　变异系数: 0.974
方差: 0.311　　　　　　　平均角度: 0.717
最大距离=40m/倍率=1.5(sin_thta)

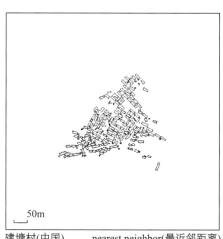

建塘村(中国)　　　　　　nearest neighbor(最近邻距离)
住居数: 172户　　　　　　平均距离: 0.9657m
标准差: 1.75m　　　　　　变异系数: 1.82
最小距离: 0.15m　　　　　最大距离: 17.25m

建塘村(中国)　　　　　　　center shift(中心移动)
最大距离=40m/倍率=1.5(sin_thta)
移动距离: 8.03m

20　回库村

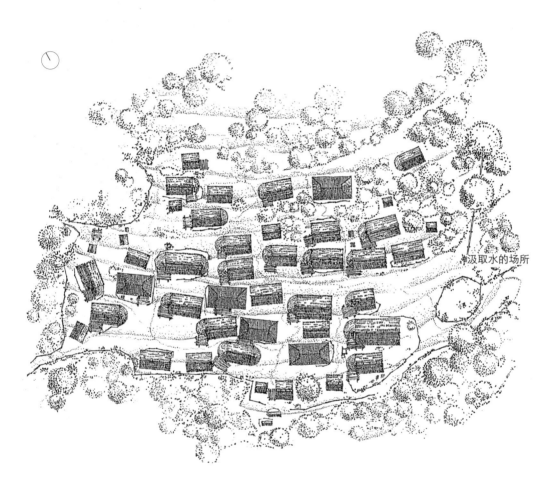

汲取水的场所

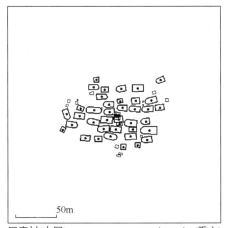

回库村(中国)	gravity point(重心)
住居数: 39户	平均面积: 75.9m²
标准差: 28.8m²	变异系数: 0.379
最小面积: 22.5m²	最大面积: 166.68m²
平均最近距离: 11.091m	

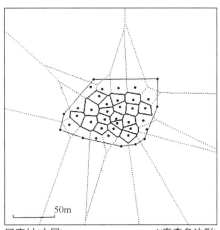

回库村(中国)	voronoi(泰森多边形)
住居数: 19户	平均面积: 188.11m²
标准差: 41.962m²	邻近距离: 14.738m
变异系数: 0.2231	最小面积: 106.03m²
最大面积: 287.62m²	

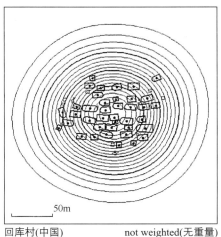

回库村(中国)　　not weighted(无重量)

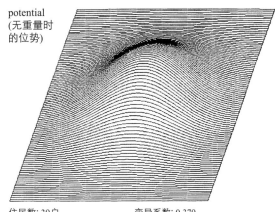

potential (无重量时的位势)

住居数: 39户	变异系数: 0.379
平均面积: 75.9m²	最小面积: 22.5m²
标准差: 28.8m²	最大面积: 166.68m²

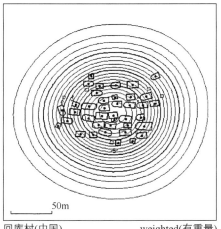

回库村(中国)　　weighted(有重量)

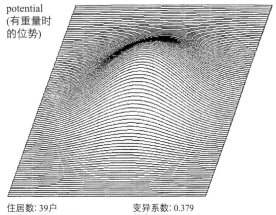

potential (有重量时的位势)

住居数: 39户	变异系数: 0.379
平均面积: 75.9m²	最小面积: 22.5m²
标准差: 28.8m²	最大面积: 166.68m²

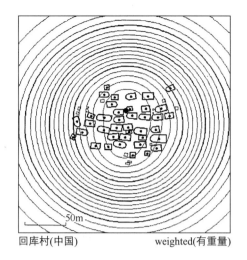

回库村(中国) weighted(有重量)

newling
(有重量时
纽林模式
的位势)

最大距离=40m/倍率=1.5

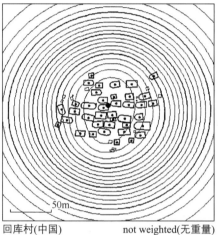

回库村(中国) not weighted(无重量)

newling
(无重量时
纽林模式
的位势)

最大距离=40m/倍率=1.5

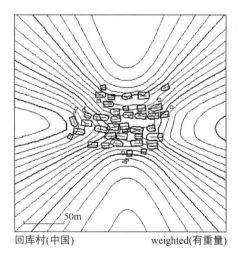

回库村(中国) weighted(有重量)

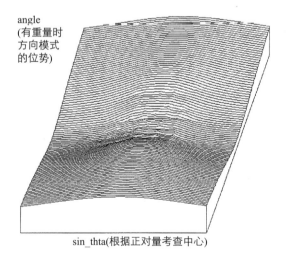

angle
(有重量时
方向模式
的位势)

sin_thta(根据正对量考查中心)

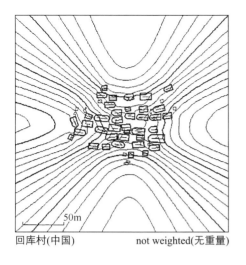

回库村(中国)　　　　　　　　not weighted(无重量)

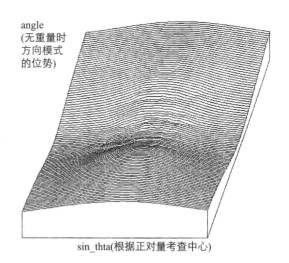

angle
(无重量时
方向模式
的位势)

sin_thta(根据正对量考查中心)

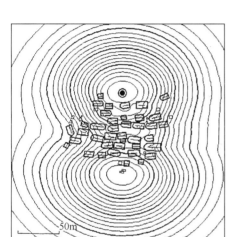

回库村(中国)

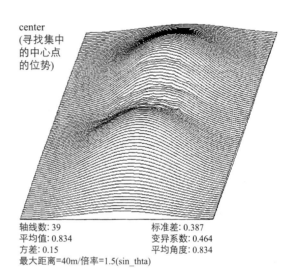

center
(寻找集中
的中心点
的位势)

轴线数: 39　　　　　　　　　标准差: 0.387
平均值: 0.834　　　　　　　　变异系数: 0.464
方差: 0.15　　　　　　　　　平均角度: 0.834
最大距离=40m/倍率=1.5(sin_thta)

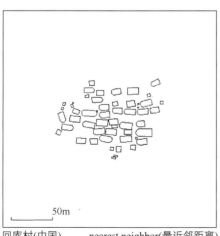

回库村(中国)　　　　　　nearest neighbor(最近邻距离)
住居数: 39户　　　　　　平均距离: 1.296m
标准差: 1.31m　　　　　　变异系数: 1.01
最小距离: 0.15m　　　　　最大距离: 7.65m

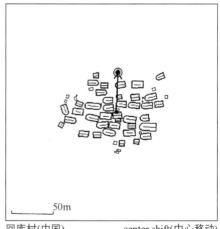

回库村(中国)　　　　　　　　center shift(中心移动)
最大距离=40m/倍率=1.5(sin_thta)
移动距离: 46.91m

21 曼农干

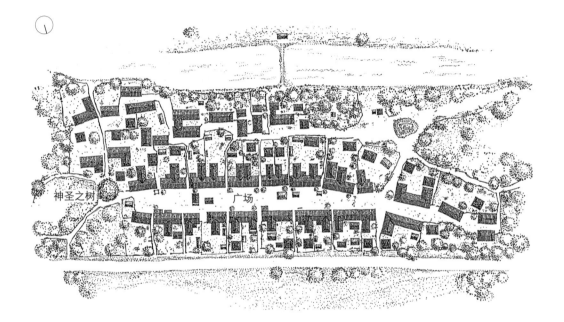

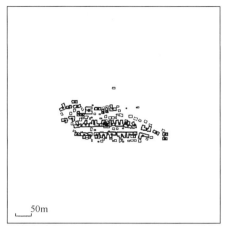

曼农干(中国)   gravity point(重心)
住居数: 36户   平均面积: 207m²
标准差: 89.5m²   变异系数: 0.432
最小面积: 92.1m²   最大面积: 395.84m²
平均最近距离: 19.38m

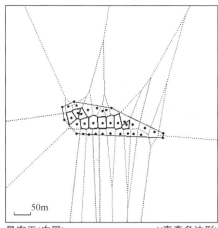

曼农干(中国)   voronoi(泰森多边形)
住居数: 9户   平均面积: 762.6m²
标准差: 203.59m²   邻近距离: 26.674m
变异系数: 0.267   最小面积: 449.45m²
最大面积: 1054.2m²

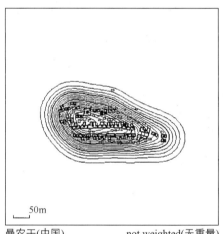

曼农干(中国)   not weighted(无重量)

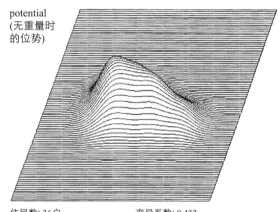

potential (无重量时的位势)

住居数: 36户   变异系数: 0.432
平均面积: 207m²   最小面积: 92.1m²
标准差: 89.5m²   最大面积: 395.84m²

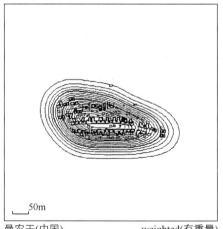

曼农干(中国)   weighted(有重量)

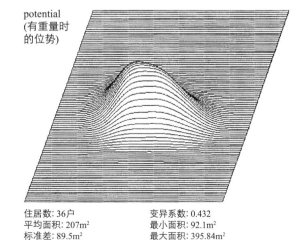

potential (有重量时的位势)

住居数: 36户   变异系数: 0.432
平均面积: 207m²   最小面积: 92.1m²
标准差: 89.5m²   最大面积: 395.84m²

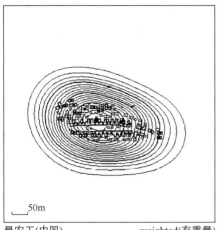

曼农干(中国)　　　　　weighted(有重量)

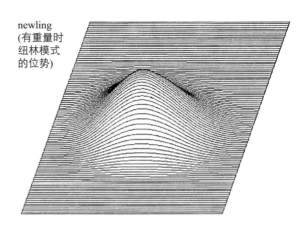

newling
(有重量时
纽林模式
的位势)

最大距离=40m/倍率=1.5

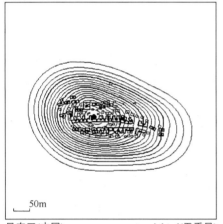

曼农干(中国)　　　　　not weighted(无重量)

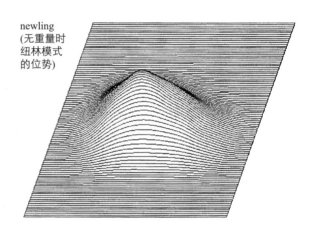

newling
(无重量时
纽林模式
的位势)

最大距离=40m/倍率=1.5

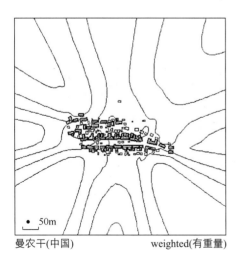

曼农干(中国)　　　　　weighted(有重量)

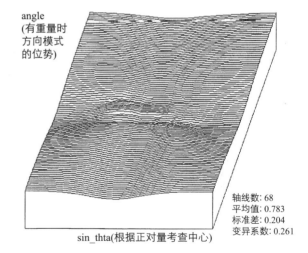

angle
(有重量时
方向模式
的位势)

sin_thta(根据正对量考查中心)

轴线数: 68
平均值: 0.783
标准差: 0.204
变异系数: 0.261

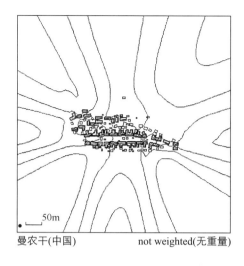

曼农干(中国)　　　　　　　　not weighted(无重量)

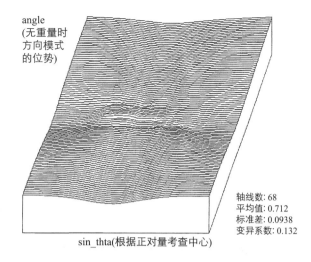

angle
(无重量时
方向模式
的位势)

sin_thta(根据正对量考查中心)

轴线数: 68
平均值: 0.712
标准差: 0.0938
变异系数: 0.132

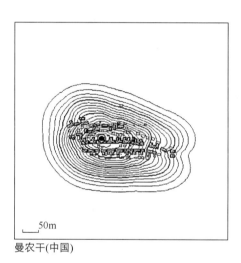

50m

曼农干(中国)

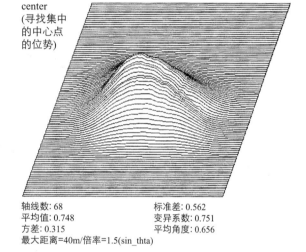

center
(寻找集中
的中心点
的位势)

轴线数: 68　　　　　　　标准差: 0.562
平均值: 0.748　　　　　　变异系数: 0.751
方差: 0.315　　　　　　　平均角度: 0.656
最大距离=40m/倍率=1.5(sin_thta)

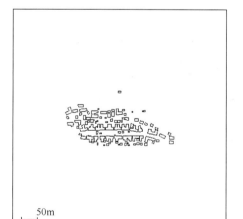

曼农干(中国)　　　　　　nearest neighbor(最近邻距离)
住居数: 36户　　　　　　平均距离: 1.467m
标准差: 0.939m　　　　　变异系数: 0.64
最小距离: 0.35m　　　　　最大距离: 3.55m

曼农干(中国)　　　　　　center shift(中心移动)
最大距离=40m/倍率=1.5(sin_thta)
移动距离: 38.63m

22　曼囡老寨

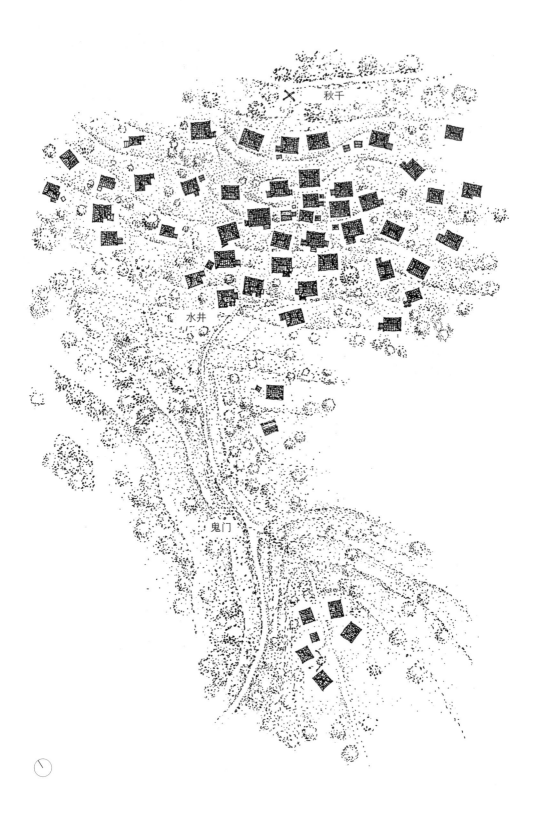

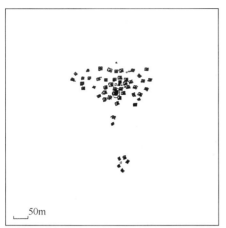

曼囡老寨(中国)   gravity point(重心)
住居数: 52户   平均面积: 93.4m²
标准差: 21.8m²   变异系数: 0.234
最小面积: 39.7m²   最大面积: 144.16m²
平均最近距离: 20.017m

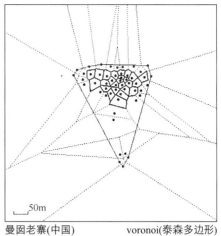

曼囡老寨(中国)   voronoi(泰森多边形)
住居数: 25户   平均面积: 641.7m²
标准差: 312.89m²   邻近距离: 27.221m
变异系数: 0.4876   最小面积: 236.94m²
最大面积: 1730.8m²

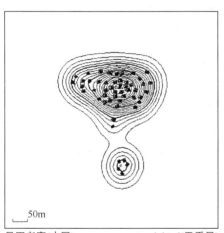

曼囡老寨(中国)   not weighted(无重量)

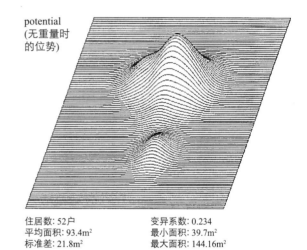

potential (无重量时的位势)

住居数: 52户   变异系数: 0.234
平均面积: 93.4m²   最小面积: 39.7m²
标准差: 21.8m²   最大面积: 144.16m²

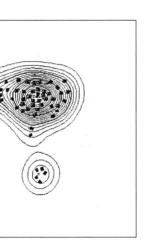

曼囡老寨(中国)   weighted(有重量)

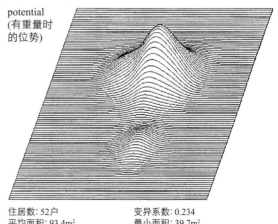

potential (有重量时的位势)

住居数: 52户   变异系数: 0.234
平均面积: 93.4m²   最小面积: 39.7m²
标准差: 21.8m²   最大面积: 144.16m²

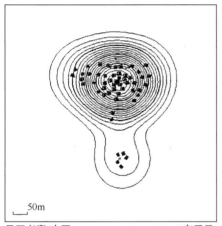

曼因老寨(中国)　　weighted(有重量)

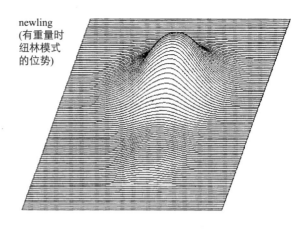

newling
(有重量时
纽林模式
的位势)

最大距离=40m/倍率=1.5

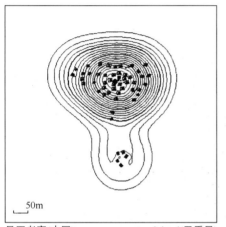

曼因老寨(中国)　　not weighted(无重量)

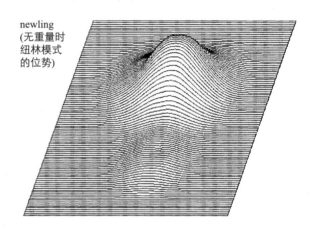

newling
(无重量时
纽林模式
的位势)

最大距离=40m/倍率=1.5

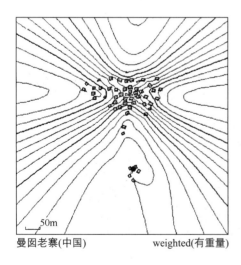

曼因老寨(中国)　　weighted(有重量)

angle
(有重量时
方向模式
的位势)

轴线数: 57
平均值: 0.767
标准差: 0.327
变异系数: 0.426

sin_thta(根据正对量考查中心)

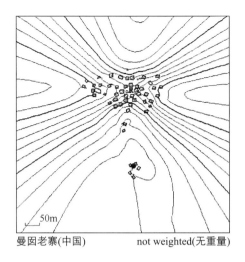

曼因老寨(中国)　　　　not weighted(无重量)

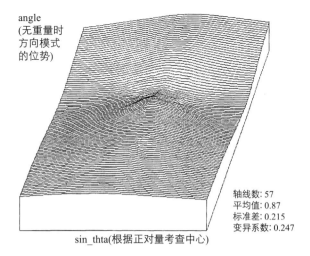

angle
(无重量时
方向模式
的位势)

sin_thta(根据正对量考查中心)

轴线数: 57
平均值: 0.87
标准差: 0.215
变异系数: 0.247

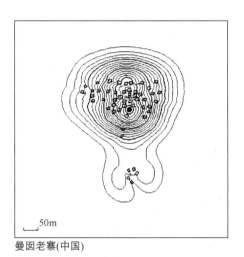

曼因老寨(中国)

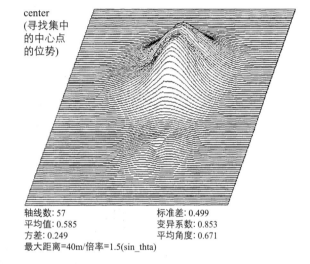

center
(寻找集中
的中心点
的位势)

轴线数: 57　　　　标准差: 0.499
平均值: 0.585　　　变异系数: 0.853
方差: 0.249　　　　平均角度: 0.671
最大距离=40m/倍率=1.5(sin_thta)

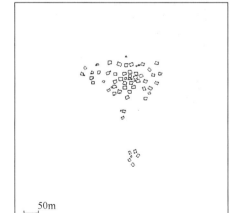

曼因老寨(中国)　　　nearest neighbor(最近邻距离)
住居数: 52户　　　　平均距离: 4.352m
标准差: 2.46m　　　 变异系数: 0.566
最小距离: 0.65m　　 最大距离: 11.65m

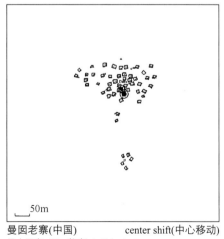

曼因老寨(中国)　　　center shift(中心移动)
最大距离=40m/倍率=1.5(sin_thta)
移动距离: 20.7m

23　漫伞村

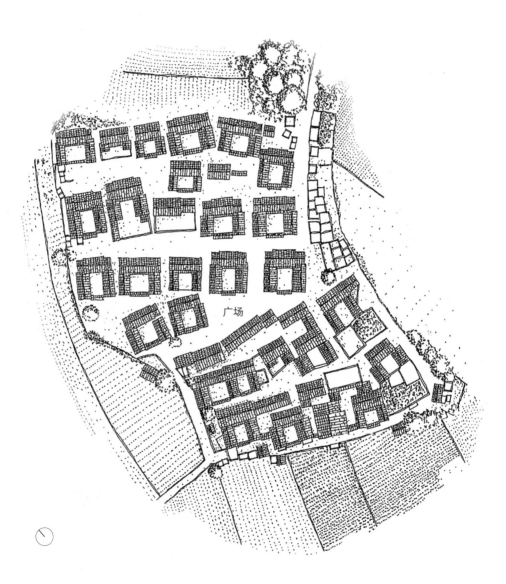

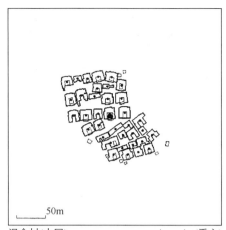

漫伞村(中国)　　　　　　gravity point(重心)
住居数: 36户　　　　　　平均面积: 221m²
标准差: 66.1m²　　　　　变异系数: 0.299
最小面积: 97.1m²　　　　最大面积: 352.39m²
平均最近距离: 17.774m

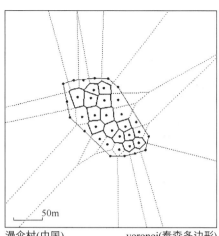

漫伞村(中国)　　　　　　voronoi(泰森多边形)
住居数: 14户　　　　　　平均面积: 435.07m²
标准差: 105.1m²　　　　 邻近距离: 22.414m
变异系数: 0.2416　　　　最小面积: 297.76m²
最大面积: 626.15m²

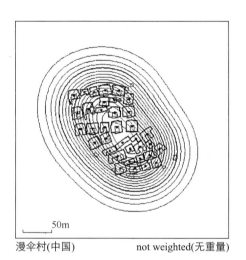

漫伞村(中国)　　　　　　not weighted(无重量)

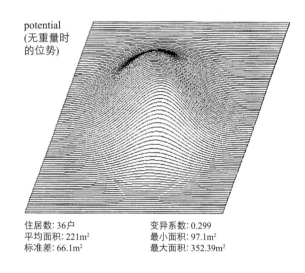

potential (无重量时的位势)

住居数: 36户　　　　　　变异系数: 0.299
平均面积: 221m²　　　　 最小面积: 97.1m²
标准差: 66.1m²　　　　　最大面积: 352.39m²

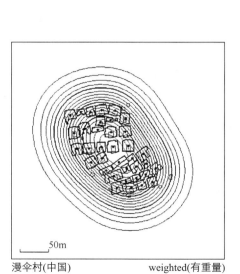

漫伞村(中国)　　　　　　weighted(有重量)

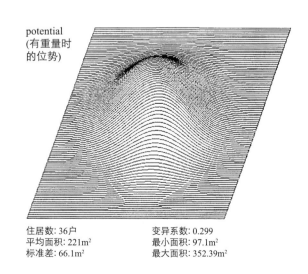

potential (有重量时的位势)

住居数: 36户　　　　　　变异系数: 0.299
平均面积: 221m²　　　　 最小面积: 97.1m²
标准差: 66.1m²　　　　　最大面积: 352.39m²

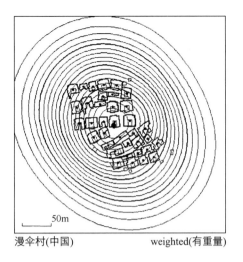

漫伞村(中国)　　　　weighted(有重量)

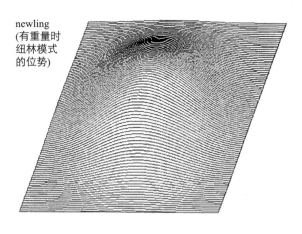

newling
(有重量时
纽林模式
的位势)

最大距离=40m/倍率=1.5

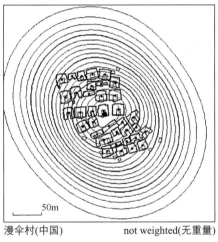

漫伞村(中国)　　　　not weighted(无重量)

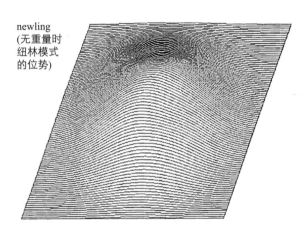

newling
(无重量时
纽林模式
的位势)

最大距离=40m/倍率=1.5

漫伞村(中国)　　　　weighted(有重量)

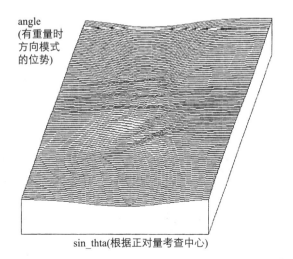

angle
(有重量时
方向模式
的位势)

sin_thta(根据正对量考查中心)

漫伞村(中国)　　　　not weighted(无重量)

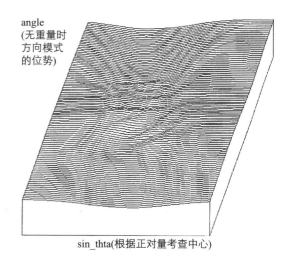

angle
(无重量时
方向模式
的位势)

sin_thta(根据正对量考查中心)

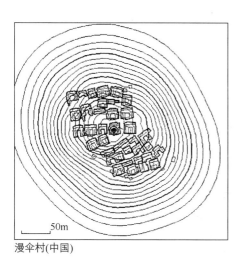

漫伞村(中国)

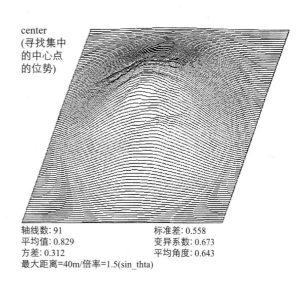

center
(寻找集中
的中心点
的位势)

轴线数: 91　　　　　　　标准差: 0.558
平均值: 0.829　　　　　　变异系数: 0.673
方差: 0.312　　　　　　　平均角度: 0.643
最大距离=40m/倍率=1.5(sin_thta)

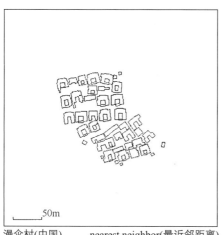

漫伞村(中国)　　　nearest neighbor(最近邻距离)
住居数: 36户　　　　　平均距离: 0.5639m
标准差: 0.422m　　　　变异系数: 0.749
最小距离: 0.05m　　　　最大距离: 1.95m

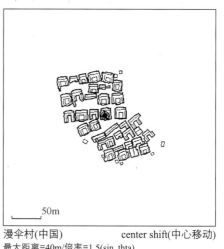

漫伞村(中国)　　　　center shift(中心移动)
最大距离=40m/倍率=1.5(sin_thta)
移动距离: 2.056m

24 农沙湖

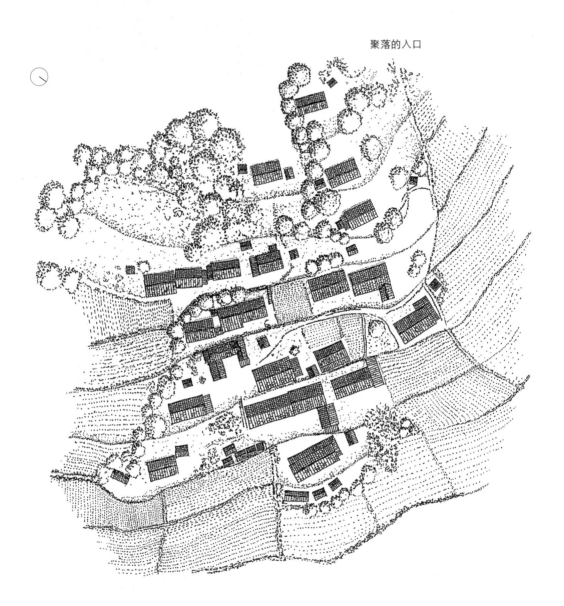

聚落的入口

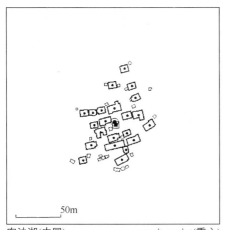

农沙湖(中国)   gravity point(重心)
住居数: 22户   平均面积: 77.6m²
标准差: 27.7m²   变异系数: 0.357
最小面积: 39m²   最大面积: 156.91m²
平均最近距离: 12.897m

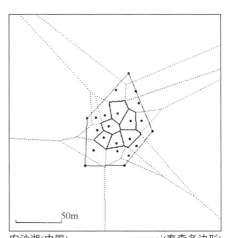

农沙湖(中国)   voronoi(泰森多边形)
住居数: 6户   平均面积: 268.59m²
标准差: 50.895m²   邻近距离: 17.611m
变异系数: 0.1895   最小面积: 214.17m²
最大面积: 361.99m²

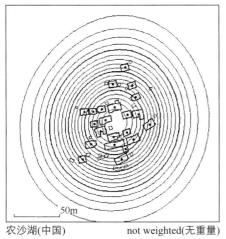

农沙湖(中国)   not weighted(无重量)

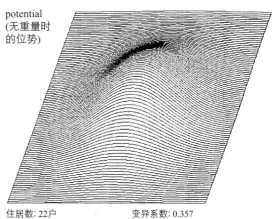

potential (无重量时的位势)

住居数: 22户   变异系数: 0.357
平均面积: 77.6m²   最小面积: 39m²
标准差: 27.7m²   最大面积: 156.91m²

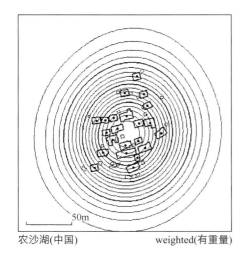

农沙湖(中国)   weighted(有重量)

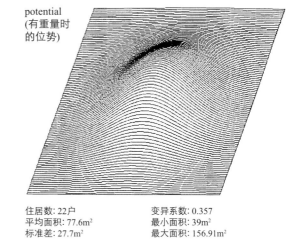

potential (有重量时的位势)

住居数: 22户   变异系数: 0.357
平均面积: 77.6m²   最小面积: 39m²
标准差: 27.7m²   最大面积: 156.91m²

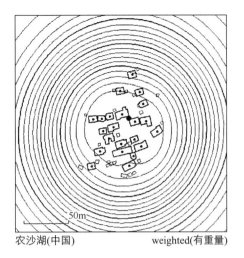
农沙湖(中国)　　　　　weighted(有重量)

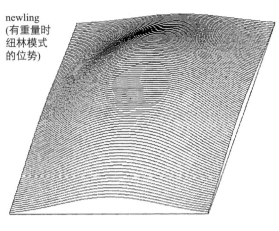
newling
(有重量时
纽林模式
的位势)

最大距离=40m/倍率=1.5

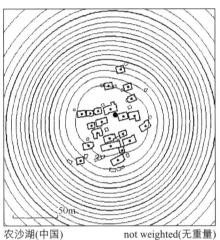
农沙湖(中国)　　　　　not weighted(无重量)

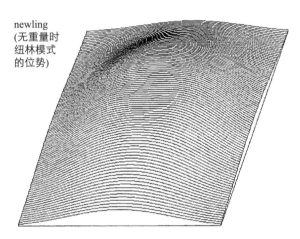
newling
(无重量时
纽林模式
的位势)

最大距离=40m/倍率=1.5

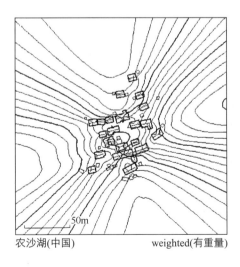
农沙湖(中国)　　　　　weighted(有重量)

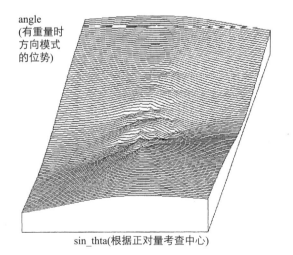
angle
(有重量时
方向模式
的位势)

sin_thta(根据正对量考查中心)

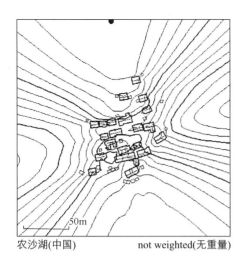

农沙湖(中国)　　　　　　　not weighted(无重量)

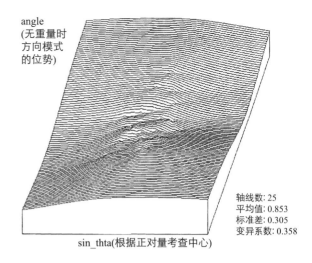

angle
(无重量时
方向模式
的位势)

sin_thta(根据正对量考查中心)

轴线数: 25
平均值: 0.853
标准差: 0.305
变异系数: 0.358

农沙湖(中国)

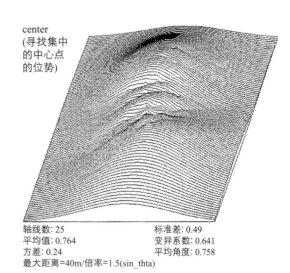

center
(寻找集中
的中心点
的位势)

轴线数: 25　　　　　　标准差: 0.49
平均值: 0.764　　　　变异系数: 0.641
方差: 0.24　　　　　　平均角度: 0.758
最大距离=40m/倍率=1.5(sin_thta)

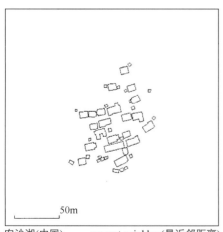

农沙湖(中国)　　　　nearest neighbor(最近邻距离)
住居数: 22户　　　　　平均距离: 1.532m
标准差: 1.72m　　　　 变异系数: 1.12
最小距离: 0.15m　　　最大距离: 5.75m

农沙湖(中国)　　　　　　　center shift(中心移动)
最大距离=40m/倍率=1.5(sin_thta)
移动距离: 37.94m

243

25 偏坡村

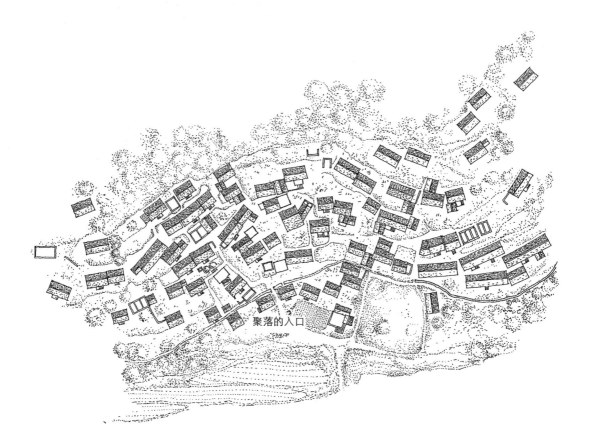

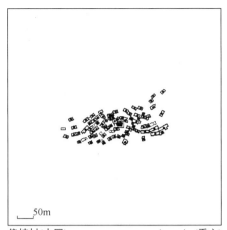

偏坡村(中国)   gravity point(重心)
住居数: 76户   平均面积: 110m²
标准差: 45.2m²   变异系数: 0.41
最小面积: 39.4m²   最大面积: 290.47m²
平均最近距离: 14.749m

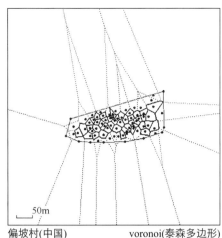

偏坡村(中国)   voronoi(泰森多边形)
住居数: 46户   平均面积: 357.29m²
标准差: 169.46m²   邻近距离: 20.312m
变异系数: 0.4743   最小面积: 136.85m²
最大面积: 1038.5m²

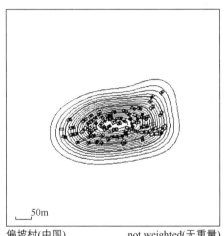

偏坡村(中国)   not weighted(无重量)

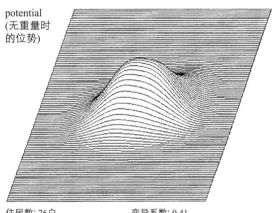

potential (无重量时的位势)

住居数: 76户   变异系数: 0.41
平均面积: 110m²   最小面积: 39.4m²
标准差: 45.2m²   最大面积: 290.47m²

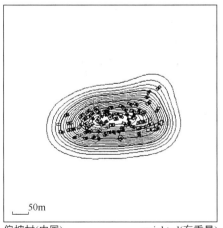

偏坡村(中国)   weighted(有重量)

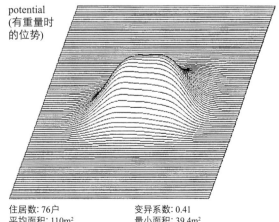

potential (有重量时的位势)

住居数: 76户   变异系数: 0.41
平均面积: 110m²   最小面积: 39.4m²
标准差: 45.2m²   最大面积: 290.47m²

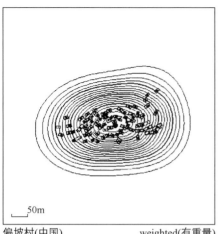

偏坡村(中国) weighted(有重量)

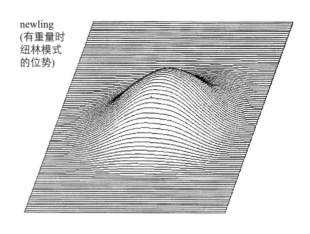

newling
(有重量时
纽林模式
的位势)

最大距离=40m/倍率=1.5

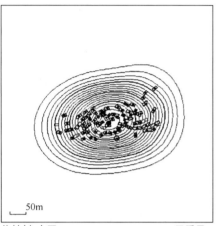

偏坡村(中国) not weighted(无重量)

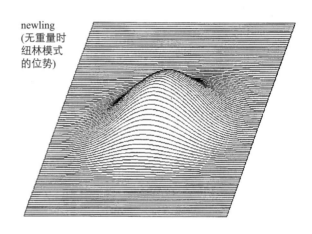

newling
(无重量时
纽林模式
的位势)

最大距离=40m/倍率=1.5

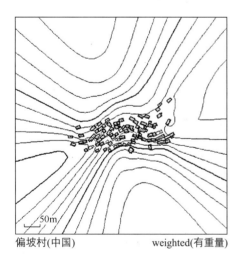

偏坡村(中国) weighted(有重量)

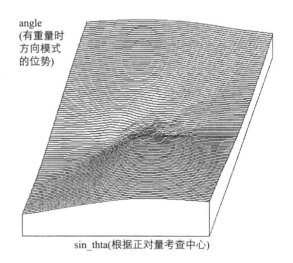

angle
(有重量时
方向模式
的位势)

sin_thta(根据正对量考查中心)

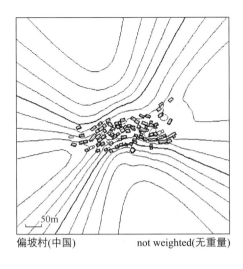

偏坡村(中国)　　　　not weighted(无重量)

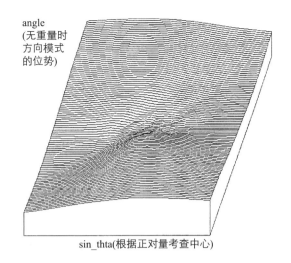

angle
(无重量时
方向模式
的位势)

sin_thta(根据正对量考查中心)

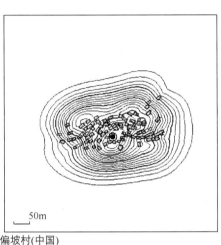

偏坡村(中国)

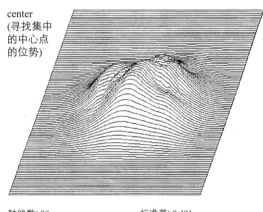

center
(寻找集中
的中心点
的位势)

轴线数: 88　　　　　　　标准差: 0.491
平均值: 0.565　　　　　变异系数: 0.869
方差: 0.241　　　　　　平均角度: 0.571
最大距离=40m/倍率=1.5(sin_thta)

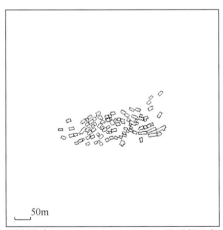

偏坡村(中国)　　　　nearest neighbor(最近邻距离)
住居数: 76户　　　　　平均距离: 1.489m
标准差: 2.37m　　　　 变异系数: 1.59
最小距离: 0.15m　　　最大距离: 12.15m

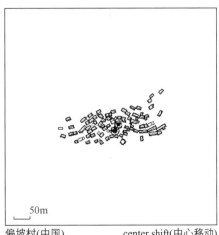

偏坡村(中国)　　　　center shift(中心移动)
最大距离=40m/倍率=1.5(sin_thta)
移动距离: 22.31m

26　腾梁山村

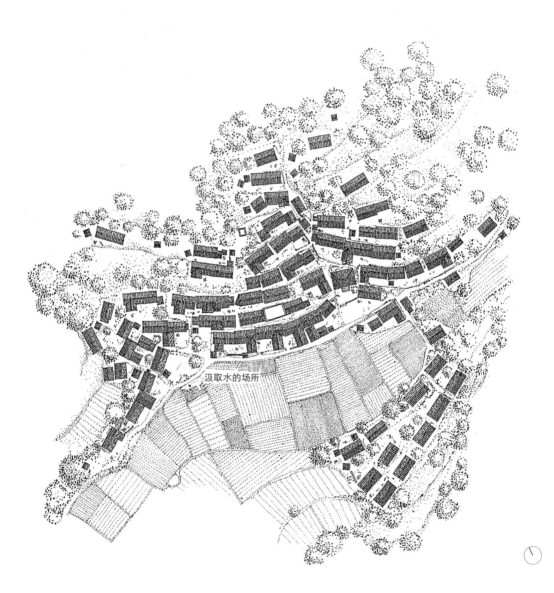

汲取水的场所

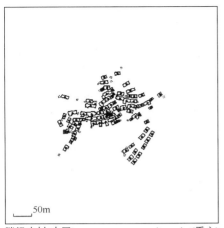

腾梁山村(中国) gravity point(重心)
住居数: 85户 平均面积: 119m²
标准差: 46.9m² 变异系数: 0.395
最小面积: 27.8m² 最大面积: 246.22m²
平均最近距离: 14.44m

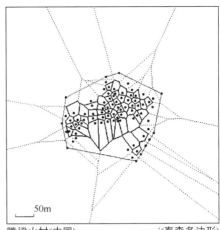

腾梁山村(中国) voronoi(泰森多边形)
住居数: 58户 平均面积: 450.87m²
标准差: 320.25m² 邻近距离: 22.817m
变异系数: 0.7103 最小面积: 155.96m²
最大面积: 1596.6m²

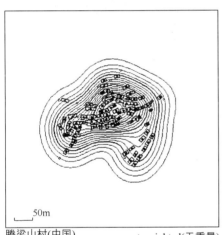

腾梁山村(中国) not weighted(无重量)

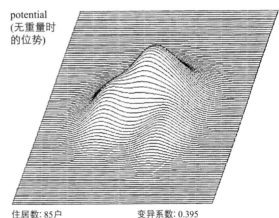

potential (无重量时的位势)

住居数: 85户 变异系数: 0.395
平均面积: 119m² 最小面积: 27.8m²
标准差: 46.9m² 最大面积: 246.22m²

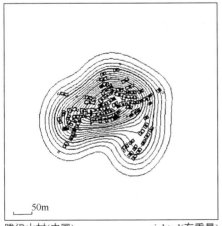

腾梁山村(中国) weighted(有重量)

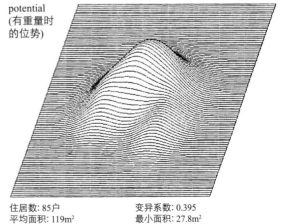

potential (有重量时的位势)

住居数: 85户 变异系数: 0.395
平均面积: 119m² 最小面积: 27.8m²
标准差: 46.9m² 最大面积: 246.22m²

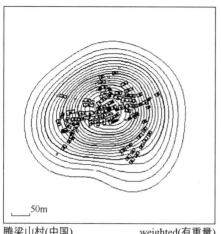
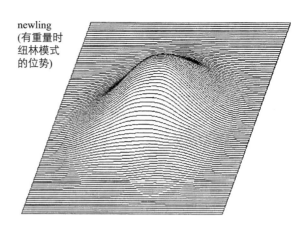

腾梁山村(中国)　　　weighted(有重量)

newling
(有重量时
纽林模式
的位势)

最大距离=40m/倍率=1.5

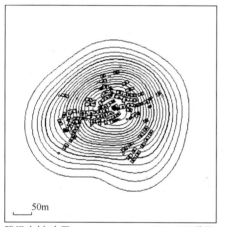
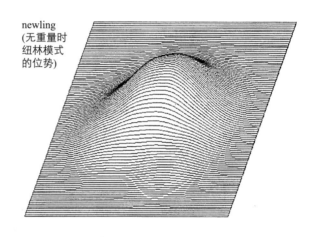

腾梁山村(中国)　　　not weighted(无重量)

newling
(无重量时
纽林模式
的位势)

最大距离=40m/倍率=1.5

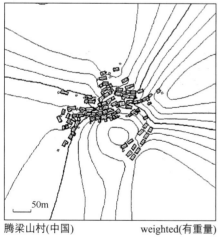
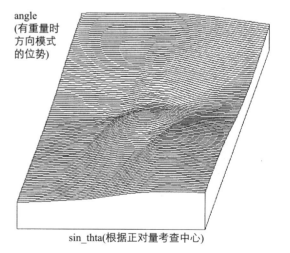

腾梁山村(中国)　　　weighted(有重量)

angle
(有重量时
方向模式
的位势)

sin_thta(根据正对量考查中心)

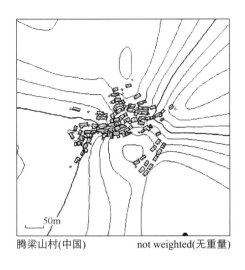

腾梁山村(中国)　　　　not weighted(无重量)

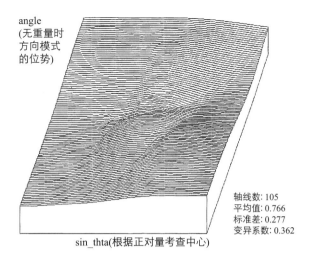

angle
(无重量时方向模式的位势)

sin_thta(根据正对量考查中心)

轴线数: 105
平均值: 0.766
标准差: 0.277
变异系数: 0.362

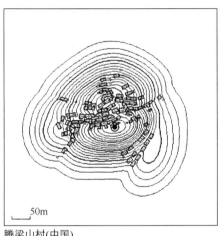

腾梁山村(中国)

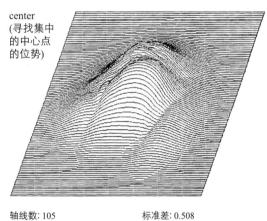

center
(寻找集中的中心点的位势)

轴线数: 105　　　　标准差: 0.508
平均值: 0.618　　　变异系数: 0.821
方差: 0.258　　　　平均角度: 0.705
最大距离=40m/倍率=1.5(sin_thta)

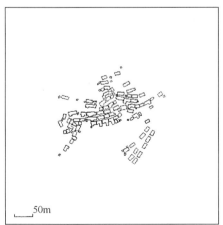

腾梁山村(中国)　　　nearest neighbor(最近邻距离)
住居数: 85户　　　　平均距离: 1.465m
标准差: 2.38m　　　 变异系数: 1.62
最小距离: 0.05m　　 最大距离: 16.05m

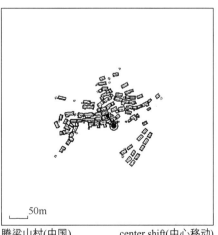

腾梁山村(中国)　　　center shift(中心移动)
最大距离=40m/倍率=1.5(sin_thta)
移动距离: 31.77m

27 Dolhesti

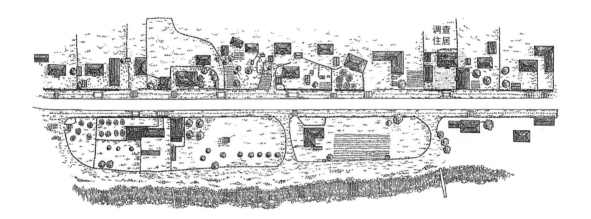

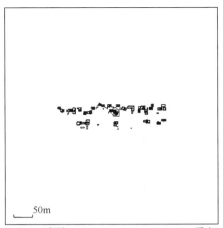

Dolhesti(欧洲)   gravity point(重心)
住居数: 28户   平均面积: 64.8m²
标准差: 26.9m²   变异系数: 0.415
最小面积: 23.8m²   最大面积: 126.41m²
平均最近距离: 14.471m

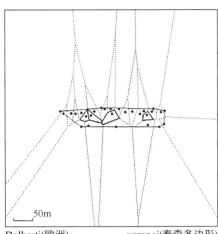

Dolhesti(欧洲)   voronoi(泰森多边形)
住居数: 4户   平均面积: 570.89m²
标准差: 210.72m²   邻近距离: 25.675m
变异系数: 0.3691   最小面积: 390.43m²
最大面积: 913.34m²

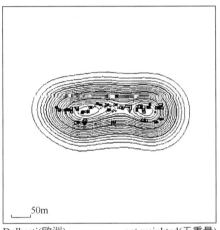

Dolhesti(欧洲)   not weighted(无重量)

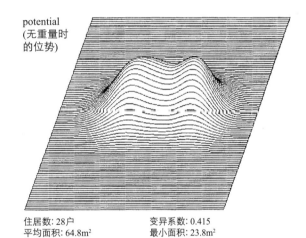

potential (无重量时的位势)

住居数: 28户   变异系数: 0.415
平均面积: 64.8m²   最小面积: 23.8m²
标准差: 26.9m²   最大面积: 126.41m²

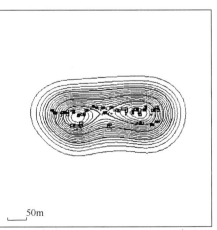

Dolhesti(欧洲)   weighted(有重量)

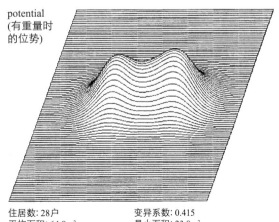

potential (有重量时的位势)

住居数: 28户   变异系数: 0.415
平均面积: 64.8m²   最小面积: 23.8m²
标准差: 26.9m²   最大面积: 126.41m²

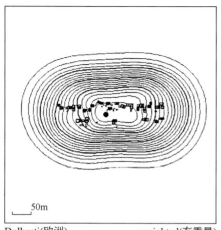
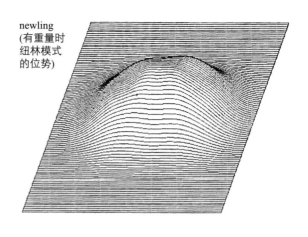

Dolhesti(欧洲)　　　　　weighted(有重量)　　　newling(有重量时纽林模式的位势)

最大距离=40m/倍率=1.5

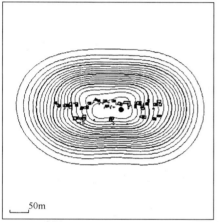
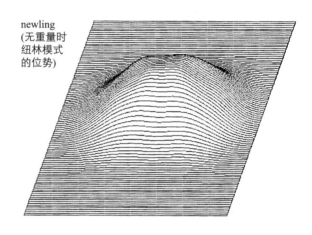

Dolhesti(欧洲)　　　　　not weighted(无重量)　　newling(无重量时纽林模式的位势)

最大距离=40m/倍率=1.5

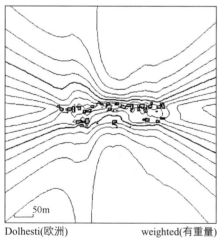
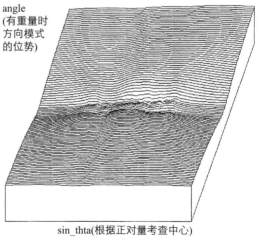

Dolhesti(欧洲)　　　　　weighted(有重量)　　　angle(有重量时方向模式的位势)

sin_thta(根据正对量考查中心)

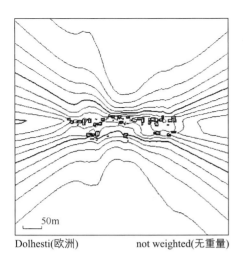

Dolhesti(欧洲)   not weighted(无重量)

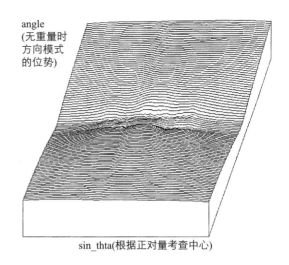

angle
(无重量时方向模式的位势)

sin_thta(根据正对量考查中心)

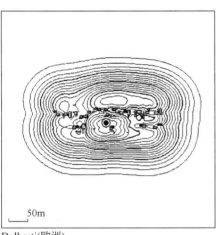

Dolhesti(欧洲)

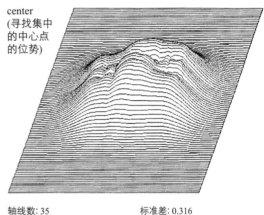

center
(寻找集中的中心点的位势)

轴线数: 35   标准差: 0.316
平均值: 0.309   变异系数: 1.02
方差: 0.0996   平均角度: 0.554
最大距离=40m/倍率=1.5(sin_thta)

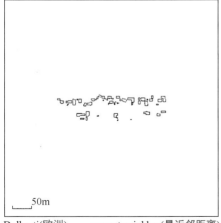

Dolhesti(欧洲)   nearest neighbor(最近邻距离)
住居数: 28户   平均距离: 2.196m
标准差: 2.58m   变异系数: 1.17
最小距离: 0.55m   最大距离: 13.25m

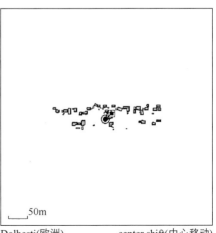

Dolhesti(欧洲)   center shift(中心移动)
最大距离=40m/倍率=1.5(sin_thta)
移动距离: 22.82m

28 Ruda Malenitca

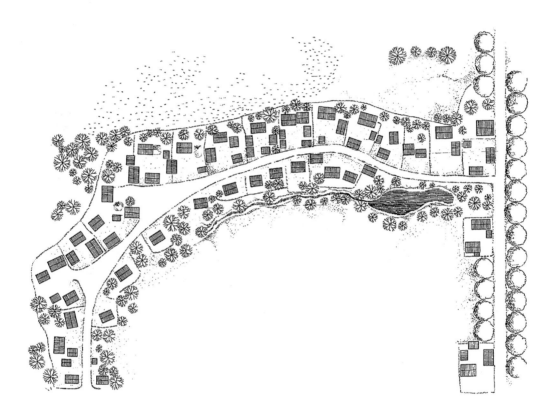

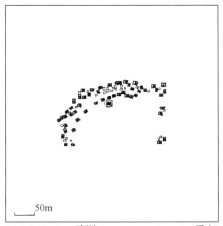

Ruda Malenitca(欧洲)　　　　gravity point(重心)
住居数: 52户　　　　　　　　平均面积: 47.1m²
标准差: 10.6m²　　　　　　　变异系数: 0.225
最小面积: 30.7m²　　　　　　最大面积: 86.383m²
平均最近距离: 13.012m

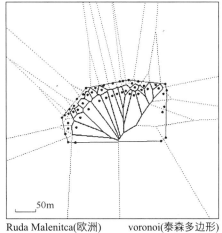

Ruda Malenitca(欧洲)　　　　voronoi(泰森多边形)
住居数: 22户　　　　　　　　平均面积: 866.47m²
标准差: 696.12m²　　　　　　邻近距离: 31.631m
变异系数: 0.8034　　　　　　最小面积: 214.45m²
最大面积: 2438.7m²

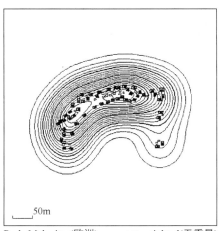

Ruda Malenitca(欧洲)　　　　not weighted(无重量)

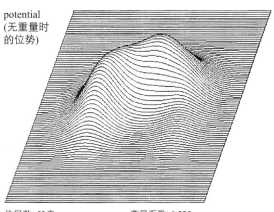

potential
(无重量时的位势)

住居数: 52户　　　　　　　　变异系数: 0.225
平均面积: 47.1m²　　　　　　最小面积: 30.7m²
标准差: 10.6m²　　　　　　　最大面积: 85.383m²

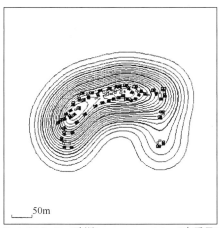

Ruda Malenitca(欧洲)　　　　weighted(有重量)

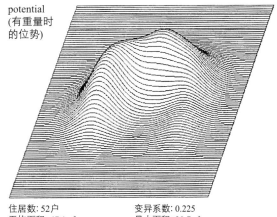

potential
(有重量时的位势)

住居数: 52户　　　　　　　　变异系数: 0.225
平均面积: 47.1m²　　　　　　最小面积: 30.7m²
标准差: 10.6m²　　　　　　　最大面积: 86.383m²

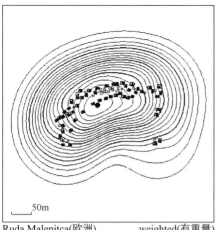

Ruda Malenitca(欧洲)　　weighted(有重量)

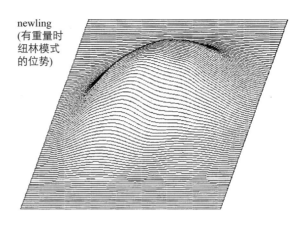

newling
(有重量时
纽林模式
的位势)

最大距离=40m/倍率=1.5

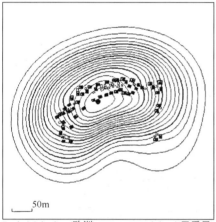

Ruda Malenitca(欧洲)　　not weighted(无重量)

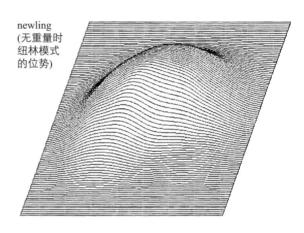

newling
(无重量时
纽林模式
的位势)

最大距离=40m/倍率=1.5

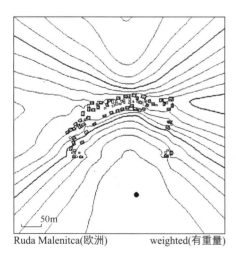

Ruda Malenitca(欧洲)　　weighted(有重量)

angle
(有重量时
方向模式
的位势)

轴线数: 52
平均值: 0.38
标准差: 0.16
变异系数: 0.422

sin_thta(根据正对量考查中心)

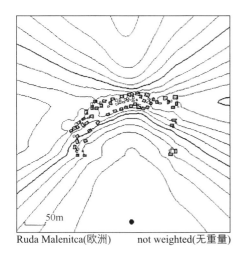

Ruda Malenitca(欧洲)　　　　not weighted(无重量)

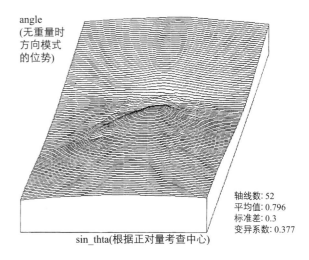

angle
(无重量时
方向模式
的位势)

sin_thta(根据正对量考查中心)

轴线数: 52
平均值: 0.796
标准差: 0.3
变异系数: 0.377

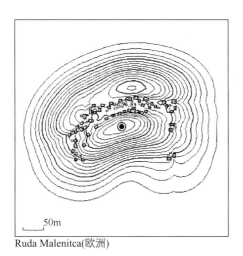

Ruda Malenitca(欧洲)

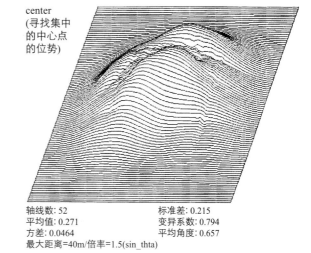

center
(寻找集中
的中心点
的位势)

轴线数: 52　　　　　　　标准差: 0.215
平均值: 0.271　　　　　 变异系数: 0.794
方差: 0.0464　　　　　　平均角度: 0.657
最大距离=40m/倍率=1.5(sin_thta)

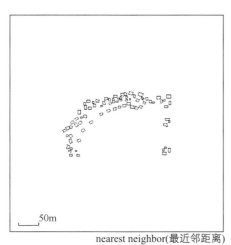

　　　　　　　　　　nearest neighbor(最近邻距离)

住居数: 52户　　　　　　平均距离: 2.308m
标准差: 1.55m　　　　　 变异系数: 0.671
最小距离: 0.35m　　　　 最大距离: 6.45m

Ruda Malenitca(欧洲)　　center shift(中心移动)

最大距离=40m/倍率=1.5(sin_thta)
移动距离: 18.11m

259

29 Travnik

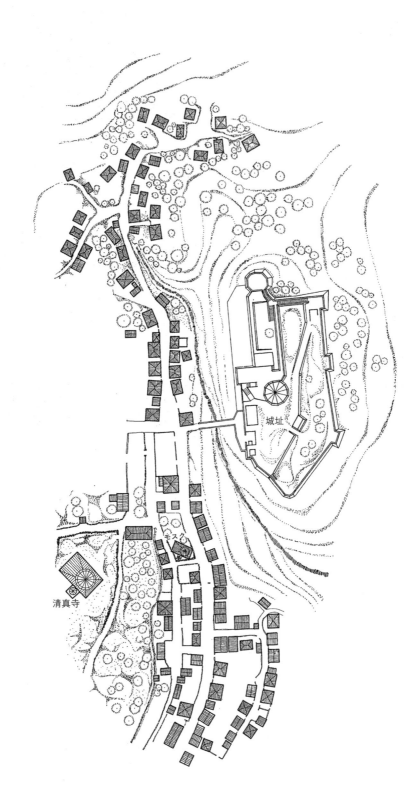

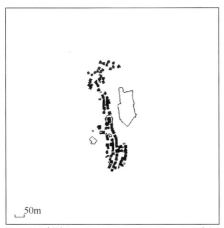

Travnik(欧洲)　　　　　　gravity point(重心)
住居数: 88户　　　　　　平均面积: 112m²
标准差: 41m²　　　　　　变异系数: 0.365
最小面积: 48.9m²　　　　最大面积: 271.67m²
平均最近距离: 16.365m

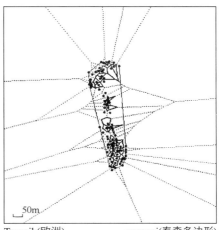

Travnik(欧洲)　　　　　　voronoi(泰森多边形)
住居数: 38户　　　　　　平均面积: 610.41m²
标准差: 395.55m²　　　　邻近距离: 26.549m
变异系数: 0.648　　　　　最小面积: 202.22m²
最大面积: 2339.8m²

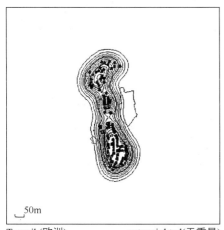

Travnik(欧洲)　　　　　　not weighted(无重量)

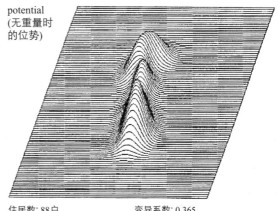

potential
(无重量时
的位势)

住居数: 88户　　　　　　变异系数: 0.365
平均面积: 112m²　　　　　最小面积: 48.9m²
标准差: 41m²　　　　　　最大面积: 271.67m²

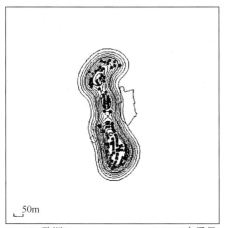

Travnik(欧洲)　　　　　　weighted(有重量)

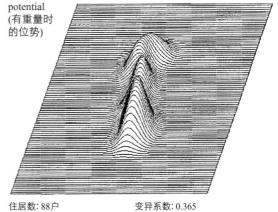

potential
(有重量时
的位势)

住居数: 88户　　　　　　变异系数: 0.365
平均面积: 112m²　　　　　最小面积: 48.9m²
标准差: 41m²　　　　　　最大面积: 271.67m²

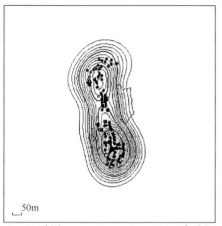
Travnik(欧洲)　　　　weighted(有重量)

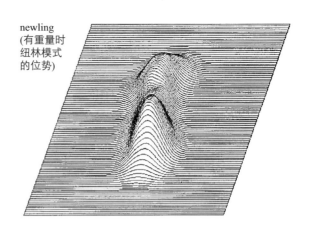
newling
(有重量时
纽林模式
的位势)

最大距离=40m/倍率=1.5

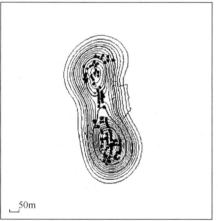
Travnik(欧洲)　　　　not weighted(无重量)

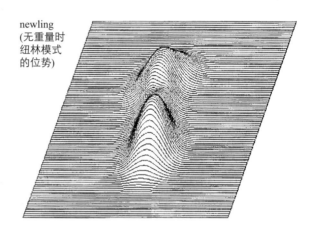
newling
(无重量时
纽林模式
的位势)

最大距离=40m/倍率=1.5

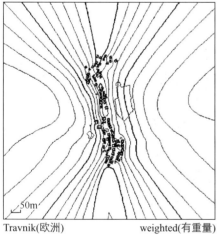
Travnik(欧洲)　　　　weighted(有重量)

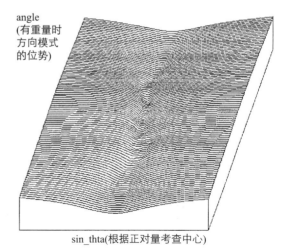
angle
(有重量时
方向模式
的位势)

sin_thta(根据正对量考查中心)

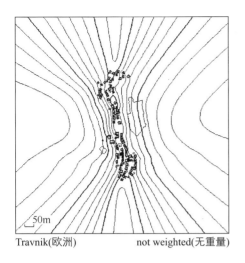

Travnik(欧洲)　　　　　not weighted(无重量)

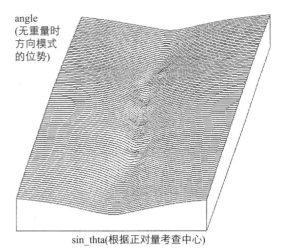

angle
(无重量时方向模式的位势)

sin_thta(根据正对量考查中心)

Travnik(欧洲)

center
(寻找集中的中心点的位势)

轴线数: 90　　　　　　标准差: 0.58
平均值: 0.397　　　　　变异系数: 1.46
方差: 0.337　　　　　　平均角度: 0.471
最大距离=40m/倍率=1.5(sin_thta)

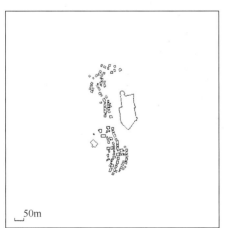

Travnik(欧洲)　　　　nearest neighbor(最近邻距离)
住居数: 88户　　　　　平均距离: 2.302m
标准差: 1.58m　　　　　变异系数: 0.684
最小距离: 0.75m　　　　最大距离: 8.35m

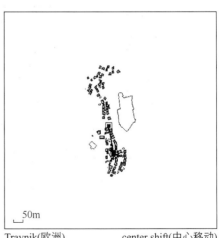

Travnik(欧洲)　　　　　center shift(中心移动)
最大距离=40m/倍率=1.5(sin_thta)
移动距离: 150.6m

30 Vranduk

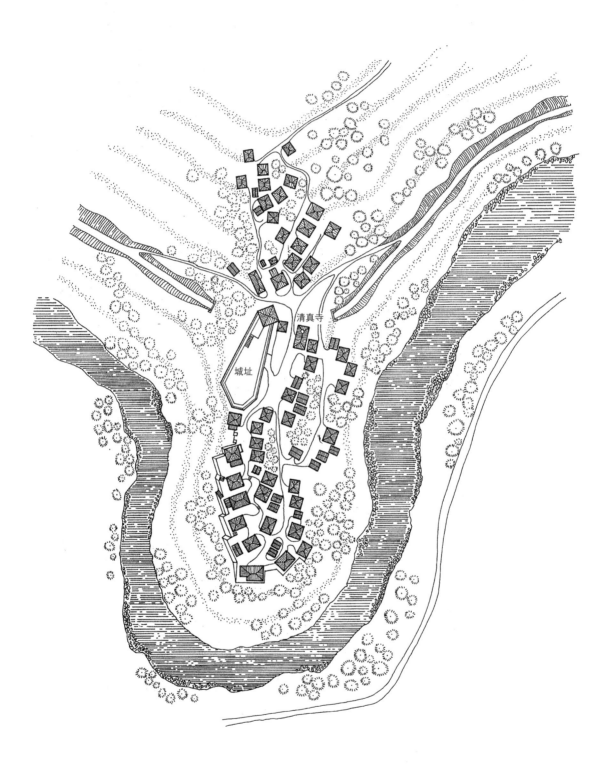

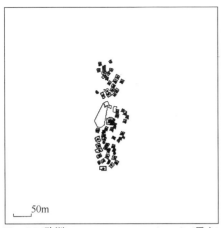

Vranduk(欧洲)   gravity point(重心)
住居数: 62户   平均面积: 68m²
标准差: 28.6m²   变异系数: 0.421
最小面积: 18.4m²   最大面积: 157.55m²
平均最近距离: 11.601m

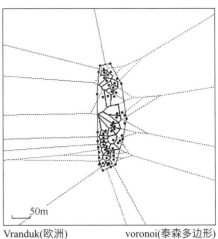

Vranduk(欧洲)   voronoi(泰森多边形)
住居数: 29户   平均面积: 316.03m²
标准差: 181.88m²   邻近距离: 19.103m
变异系数: 0.5755   最小面积: 125.56m²
最大面积: 962.27m²

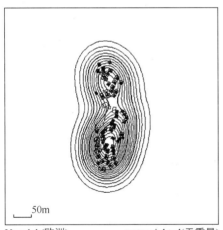

Vranduk(欧洲)   not weighted(无重量)

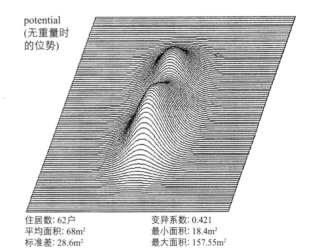

potential (无重量时的位势)

住居数: 62户   变异系数: 0.421
平均面积: 68m²   最小面积: 18.4m²
标准差: 28.6m²   最大面积: 157.55m²

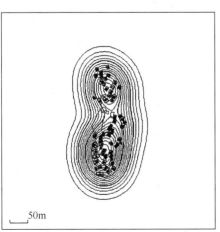

Vranduk(欧洲)   weighted(有重量)

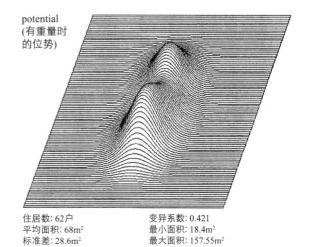

potential (有重量时的位势)

住居数: 62户   变异系数: 0.421
平均面积: 68m²   最小面积: 18.4m²
标准差: 28.6m²   最大面积: 157.55m²

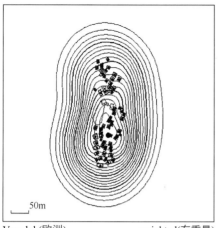

Vranduk(欧洲)　　　　weighted(有重量)

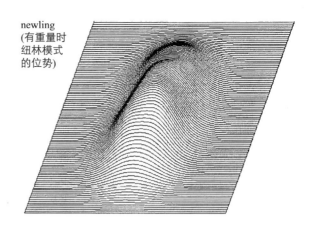

newling
(有重量时
纽林模式
的位势)

最大距离=40m/倍率=1.5

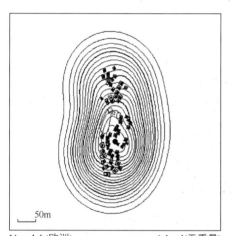

Vranduk(欧洲)　　　　not weighted(无重量)

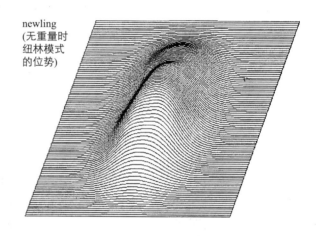

newling
(无重量时
纽林模式
的位势)

最大距离=40m/倍率=1.5

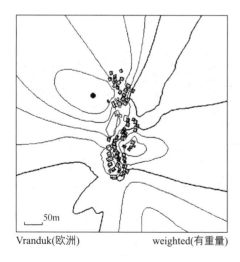

Vranduk(欧洲)　　　　weighted(有重量)

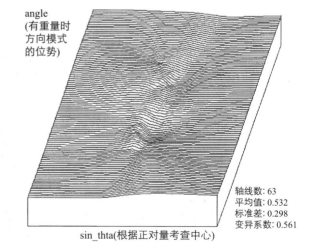

angle
(有重量时
方向模式
的位势)

轴线数: 63
平均值: 0.532
标准差: 0.298
变异系数: 0.561

sin_thta(根据正对量考查中心)

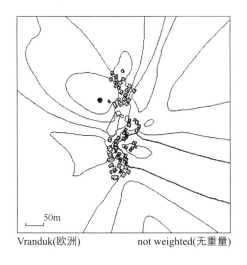

Vranduk(欧洲)　　　　not weighted(无重量)

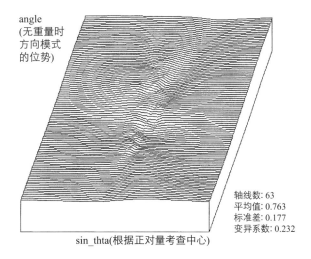

angle
(无重量时
方向模式
的位势)

sin_thta(根据正对量考查中心)

轴线数: 63
平均值: 0.763
标准差: 0.177
变异系数: 0.232

Vranduk(欧洲)

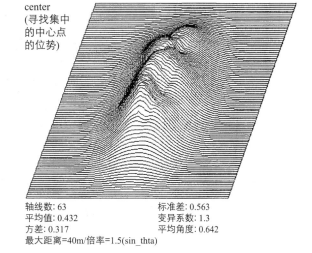

center
(寻找集中
的中心点
的位势)

轴线数: 63　　　　标准差: 0.563
平均值: 0.432　　　变异系数: 1.3
方差: 0.317　　　　平均角度: 0.642
最大距离=40m/倍率=1.5(sin_thta)

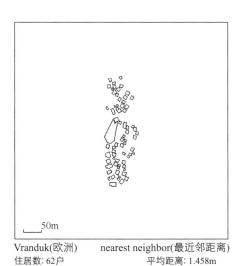

Vranduk(欧洲)　　　　nearest neighbor(最近邻距离)
住居数: 62户　　　　平均距离: 1.458m
标准差: 1.09m　　　　变异系数: 0.745
最小距离: 0.35m　　　最大距离: 6.35m

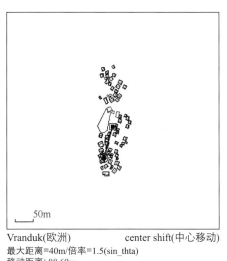

Vranduk(欧洲)　　　　center shift(中心移动)
最大距离=40m/倍率=1.5(sin_thta)
移动距离: 88.69m

31   Nakagaon Nakhsa

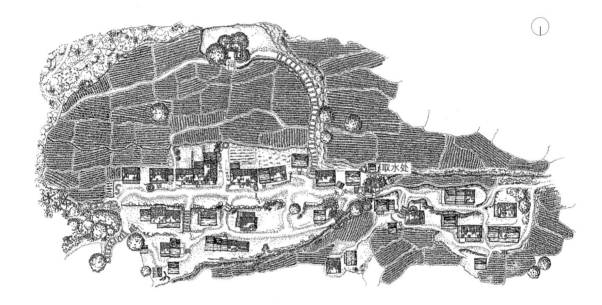

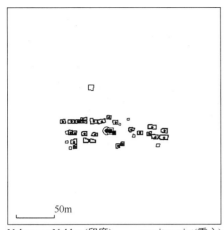

Nakagaon Nakhsa(印度)	gravity point(重心)
住居数: 26户	平均面积: 34.3m²
标准差: 12.8m²	变异系数: 0.372
最小面积: 18.1m²	最大面积: 65.365m²
平均最近距离: 8.8002m	

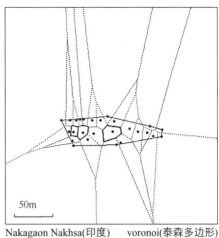

Nakagaon Nakhsa(印度)	voronoi(泰森多边形)
住居数: 3户	平均面积: 224.96m²
标准差: 105.55m²	邻近距离: 16.117m
变异系数: 0.4692	最小面积: 117.89m²
最大面积: 368.56m²	

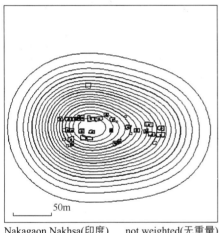

Nakagaon Nakhsa(印度)　　not weighted(无重量)

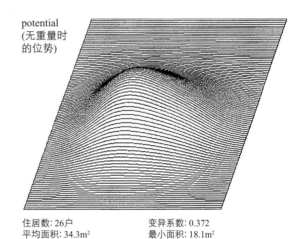

potential (无重量时的位势)

住居数: 26户	变异系数: 0.372
平均面积: 34.3m²	最小面积: 18.1m²
标准差: 12.8m²	最大面积: 65.365m²

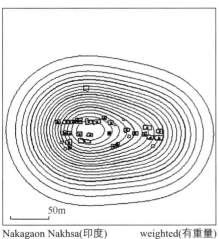

Nakagaon Nakhsa(印度)　　weighted(有重量)

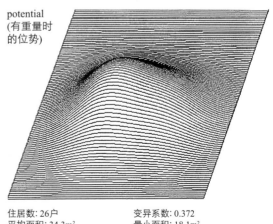

potential (有重量时的位势)

住居数: 26户	变异系数: 0.372
平均面积: 34.3m²	最小面积: 18.1m²
标准差: 12.8m²	最大面积: 65.365m²

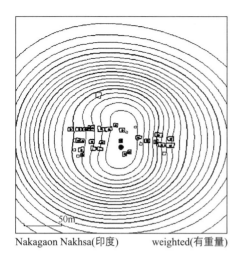

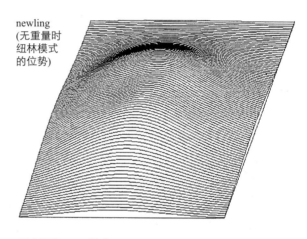

Nakagaon Nakhsa(印度)　　weighted(有重量)

newling
(有重量时
纽林模式
的位势)

最大距离=40m/倍率=1.5

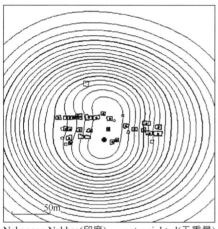

Nakagaon Nakhsa(印度)　　not weighted(无重量)

newling
(无重量时
纽林模式
的位势)

最大距离=40m/倍率=1.5

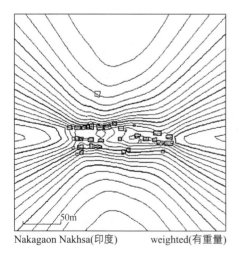

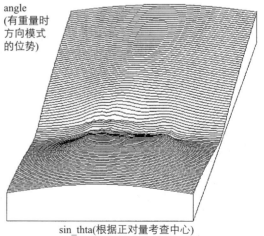

Nakagaon Nakhsa(印度)　　weighted(有重量)

angle
(有重量时
方向模式
的位势)

sin_thta(根据正对量考查中心)

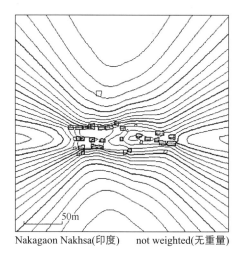

Nakagaon Nakhsa(印度)　not weighted(无重量)

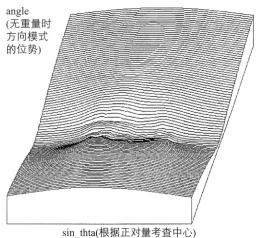

angle
(无重量时
方向模式
的位势)

sin_thta(根据正对量考查中心)

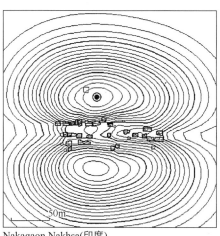

Nakagaon Nakhsa(印度)

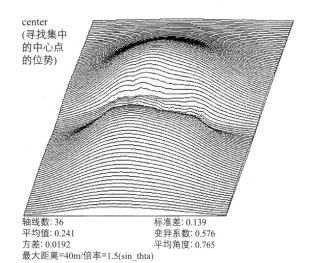

center
(寻找集中
的中心点
的位势)

轴线数: 36　　　　　　　标准差: 0.139
平均值: 0.241　　　　　　变异系数: 0.576
方差: 0.0192　　　　　　平均角度: 0.765
最大距离=40m/倍率=1.5(sin_thta)

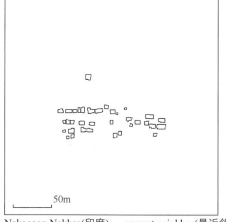

Nakagaon Nakhsa(印度)　nearest neighbor(最近邻距离)
住居数: 26户　　　　　　平均距离: 1.081m
标准差: 0.911m　　　　　变异系数: 0.843
最小距离: 0.25m　　　　最大距离: 4.25m

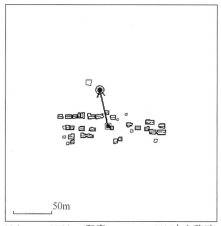

Nakagaon Nakhsa(印度)　center shift(中心移动)
最大距离=40m/倍率=1.5(sin_thta)
移动距离: 47.28m

32 Bhujaini

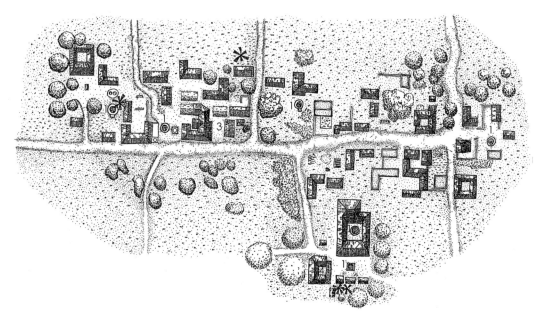

1 水井
2 调查住居A
3 调查住居B・C・D
4 调查住居E

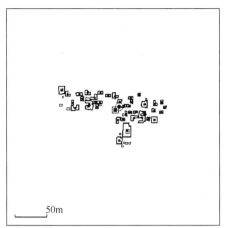

Bhujaini(印度)　　　　　gravity point(重心)
住居数: 39户　　　　　　平均面积: 43.8m²
标准差: 37.8m²　　　　　变异系数: 0.863
最小面积: 14.6m²　　　　最大面积: 211.27m²
平均最近距离: 9.4425m

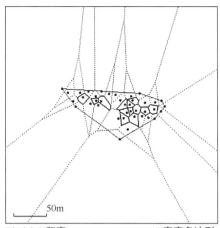

Bhujaini(印度)　　　　　voronoi(泰森多边形)
住居数: 13户　　　　　　平均面积: 141.02m²
标准差: 46.437m²　　　　邻近距离: 12.76m
变异系数: 0.3293　　　　最小面积: 65.606m²
最大面积: 221.44m²

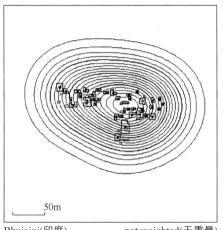

Bhujaini(印度)　　　　　not weighted(无重量)

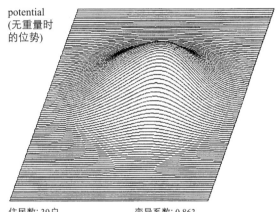

potential
(无重量时的位势)

住居数: 39户　　　　　　变异系数: 0.863
平均面积: 43.8m²　　　　最小面积: 14.6m²
标准差: 37.8m²　　　　　最大面积: 211.27m²

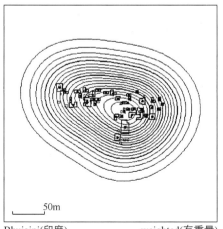

Bhujaini(印度)　　　　　weighted(有重量)

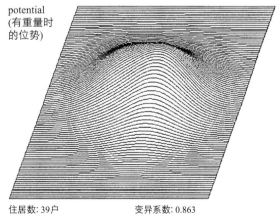

potential
(有重量时的位势)

住居数: 39户　　　　　　变异系数: 0.863
平均面积: 43.8m²　　　　最小面积: 14.6m²
标准差: 37.8m²　　　　　最大面积: 211.27m²

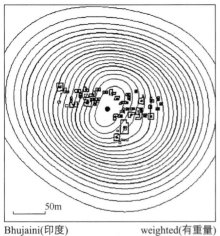

Bhujaini(印度)　　　　weighted(有重量)

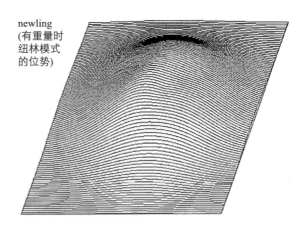

newling
(有重量时
纽林模式
的位势)

最大距离=40m/倍率=1.5

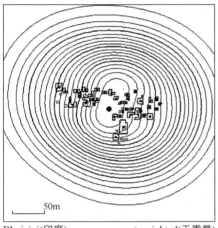

Bhujaini(印度)　　　　not weighted(无重量)

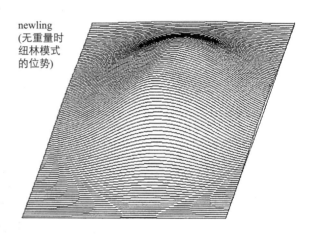

newling
(无重量时
纽林模式
的位势)

最大距离=40m/倍率=1.5

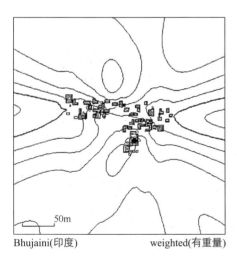

Bhujaini(印度)　　　　weighted(有重量)

angle
(有重量时
方向模式
的位势)

轴线数: 74
平均值: 0.176
标准差: 0.0985
变异系数: 0.561

sin_thta(根据正对量考查中心)

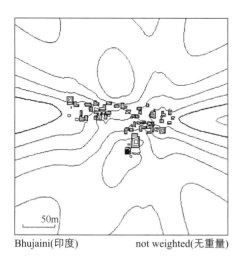

Bhujaini(印度)　　　　　not weighted(无重量)

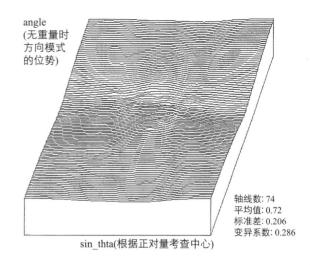

angle
(无重量时
方向模式
的位势)

sin_thta(根据正对量考查中心)

轴线数: 74
平均值: 0.72
标准差: 0.206
变异系数: 0.286

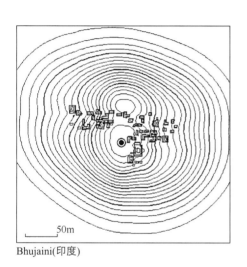

Bhujaini(印度)

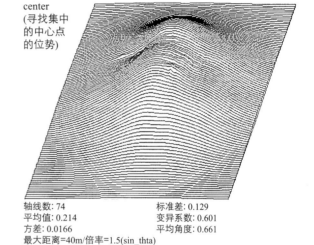

center
(寻找集中
的中心点
的位势)

轴线数: 74　　　　　　标准差: 0.129
平均值: 0.214　　　　变异系数: 0.601
方差: 0.0166　　　　平均角度: 0.661
最大距离=40m/倍率=1.5(sin_thta)

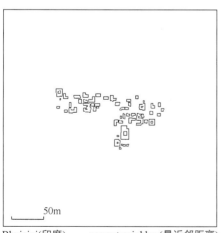

Bhujaini(印度)　　　　nearest neighbor(最近邻距离)
住居数: 39户　　　　　　平均距离: 1.076m
标准差: 0.787m　　　　　变异系数: 0.732
最小距离: 0.35m　　　　　最大距离: 3.75m

Bhujaini(印度)　　　　　center shift(中心移动)
最大距离=40m/倍率=1.5(sin_thta)
移动距离: 21.49m

275

33 Char oudha

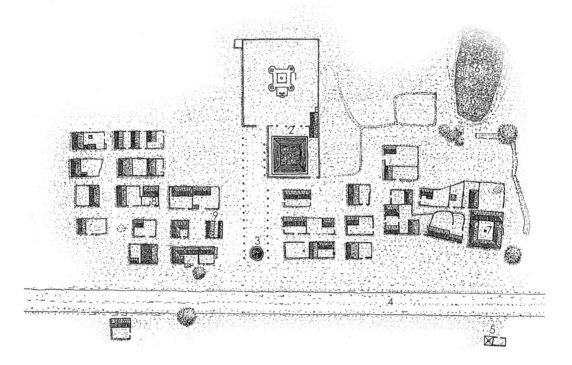

1 寺庙
2 公共浴池
3 公共水井
4 国道
5 祠
6 池
7 调查住居
8 调查住居
9 调查住居

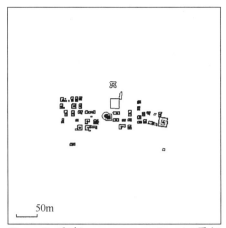

Char oudha(印度)　　　　　gravity point(重心)
住居数: 37户　　　　　　平均面积: 73.5m²
标准差: 47.6m²　　　　　变异系数: 0.648
最小面积: 28.1m²　　　　最大面积: 310.31m²
平均最近距离: 15.112m

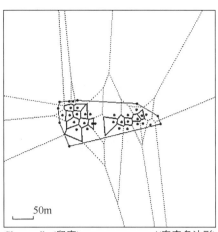

Char oudha(印度)　　　　voronoi(泰森多边形)
住居数: 14户　　　　　　平均面积: 428.52m²
标准差: 232.56m²　　　　邻近距离: 22.244m
变异系数: 0.5427　　　　最小面积: 232.47m²
最大面积: 1045.5m²

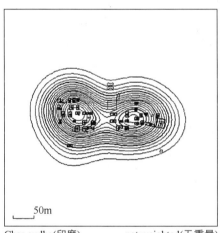

Char oudha(印度)　　　　not weighted(无重量)

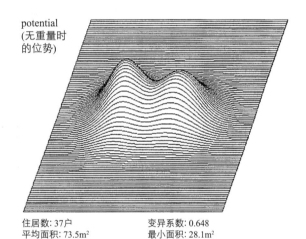

potential
(无重量时
的位势)

住居数: 37户　　　　　　变异系数: 0.648
平均面积: 73.5m²　　　　最小面积: 28.1m²
标准差: 47.6m²　　　　　最大面积: 310.31m²

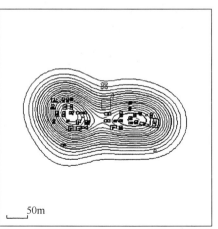

Char oudha(印度)　　　　weighted(有重量)

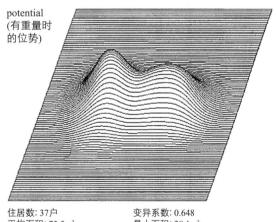

potential
(有重量时
的位势)

住居数: 37户　　　　　　变异系数: 0.648
平均面积: 73.5m²　　　　最小面积: 28.1m²
标准差: 47.6m²　　　　　最大面积: 310.31m²

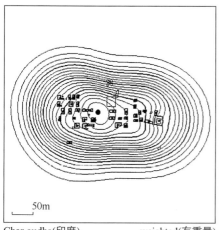

Char oudha(印度)　　　　weighted(有重量)

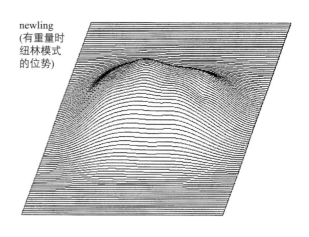

newling
(有重量时
纽林模式
的位势)

最大距离=40m/倍率=1.5

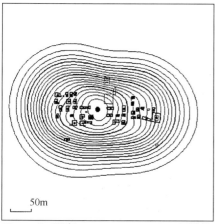

Char oudha(印度)　　　　not weighted(无重量)

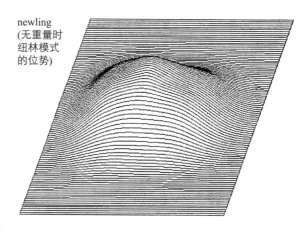

newling
(无重量时
纽林模式
的位势)

最大距离=40m/倍率=1.5

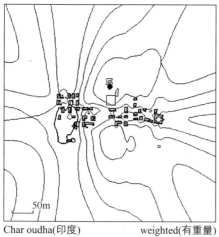

Char oudha(印度)　　　　weighted(有重量)

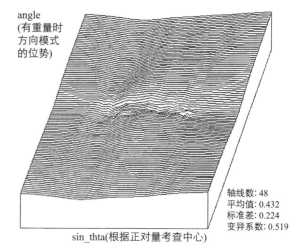

angle
(有重量时
方向模式
的位势)

轴线数: 48
平均值: 0.432
标准差: 0.224
变异系数: 0.519

sin_thta(根据正对量考查中心)

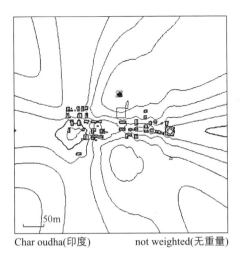

Char oudha(印度)　　　　not weighted(无重量)

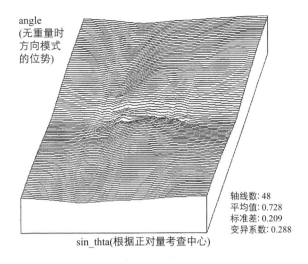

angle
(无重量时
方向模式
的位势)

轴线数: 48
平均值: 0.728
标准差: 0.209
变异系数: 0.288

sin_thta(根据正对量考查中心)

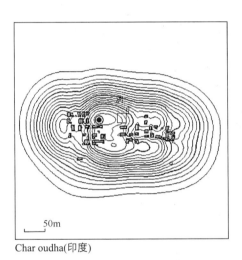

Char oudha(印度)

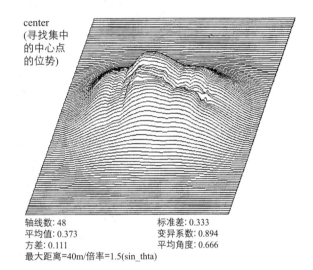

center
(寻找集中
的中心点
的位势)

轴线数: 48　　　　　标准差: 0.333
平均值: 0.373　　　 变异系数: 0.894
方差: 0.111　　　　 平均角度: 0.666
最大距离=40m/倍率=1.5(sin_thta)

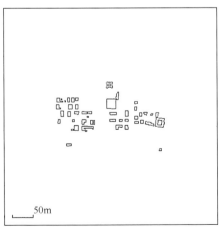

Char oudha(印度)　　nearest neighbor(最近邻距离)
住居数: 37户　　　　　平均距离: 2.869m
标准差: 2.43m　　　　 变异系数: 0.845
最小距离: 0.55m　　　最大距离: 15.85m

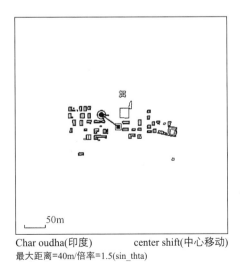

Char oudha(印度)　　　　center shift(中心移动)
最大距离=40m/倍率=1.5(sin_thta)
移动距离: 48.66m

34　Junapani

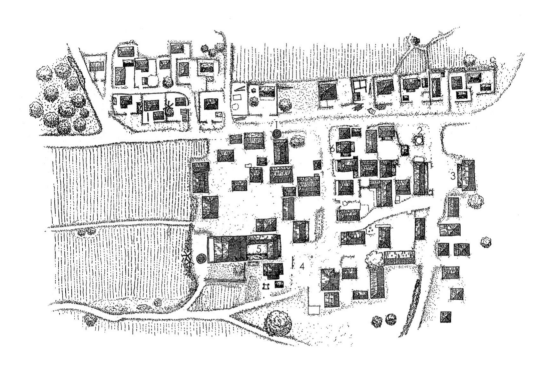

1 公共水井
2 寺庙
3 学校
4 广场
5 调查住居A
6 调查住居B
7 酸橘园

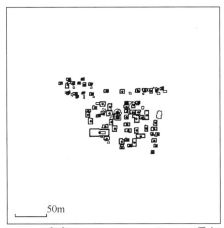

Junapani(印度) gravity point(重心)
住居数: 63户 平均面积: 42m²
标准差: 35.3m² 变异系数: 0.84
最小面积: 14.8m² 最大面积: 287.7m²
平均最近距离: 9.509m

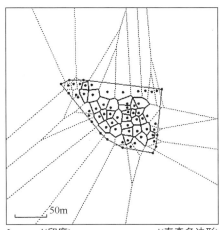

Junapani(印度) voronoi(泰森多边形)
住居数: 30户 平均面积: 188.86m²
标准差: 63.784m² 邻近距离: 14.767m
变异系数: 0.3377 最小面积: 93.531m²
最大面积: 326.58m²

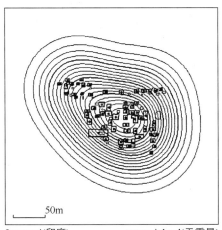

Junapani(印度) not weighted(无重量)

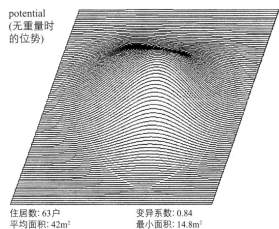

potential (无重量时的位势)

住居数: 63户 变异系数: 0.84
平均面积: 42m² 最小面积: 14.8m²
标准差: 35.3m² 最大面积: 287.7m²

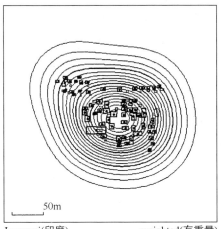

Junapani(印度) weighted(有重量)

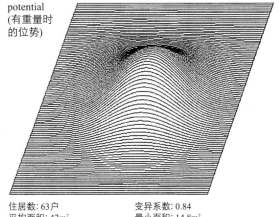

potential (有重量时的位势)

住居数: 63户 变异系数: 0.84
平均面积: 42m² 最小面积: 14.8m²
标准差: 35.3m² 最大面积: 287.7m²

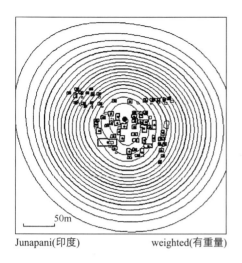

Junapani(印度)　　　　　weighted(有重量)

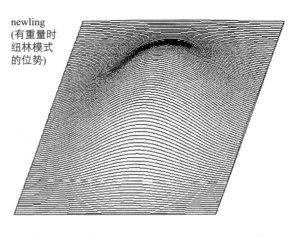

newling
(有重量时
纽林模式
的位势)

最大距离=40m/倍率=1.5

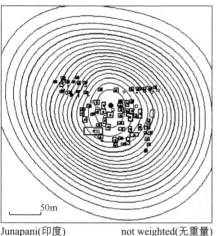

Junapani(印度)　　　　　not weighted(无重量)

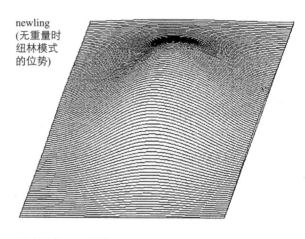

newling
(无重量时
纽林模式
的位势)

最大距离=40m/倍率=1.5

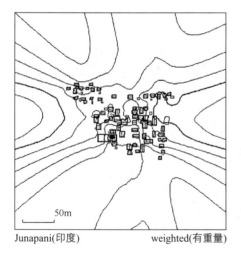

Junapani(印度)　　　　　weighted(有重量)

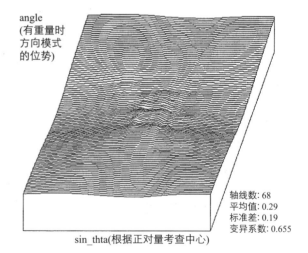

angle
(有重量时
方向模式
的位势)

sin_thta(根据正对量考查中心)

轴线数: 68
平均值: 0.29
标准差: 0.19
变异系数: 0.655

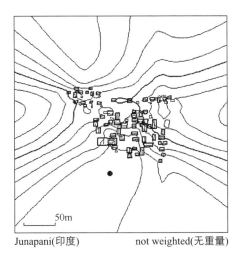

Junapani(印度)　　　　　not weighted(无重量)

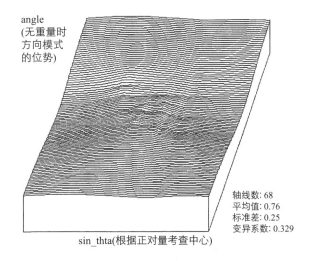

angle
(无重量时
方向模式
的位势)

sin_thta(根据正对量考查中心)

轴线数: 68
平均值: 0.76
标准差: 0.25
变异系数: 0.329

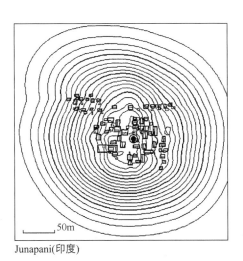

Junapani(印度)

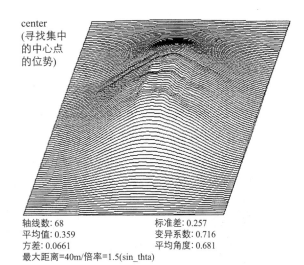

center
(寻找集中
的中心点
的位势)

轴线数: 68　　　　　标准差: 0.257
平均值: 0.359　　　变异系数: 0.716
方差: 0.0661　　　平均角度: 0.681
最大距离=40m/倍率=1.5(sin_thta)

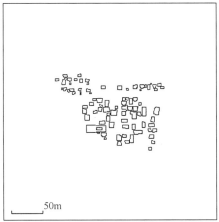

Junapani(印度)　　　　nearest neighbor(最近邻距离)
住居数: 63户　　　　　　平均距离: 1.293m
标准差: 1.22m　　　　　 变异系数: 0.947
最小距离: 0.35m　　　　 最大距离: 7.15m

Junapani(印度)　　　　　center shift(中心移动)
最大距离=40m/倍率=1.5(sin_thta)
移动距离: 14.44m

283

35 Kankear

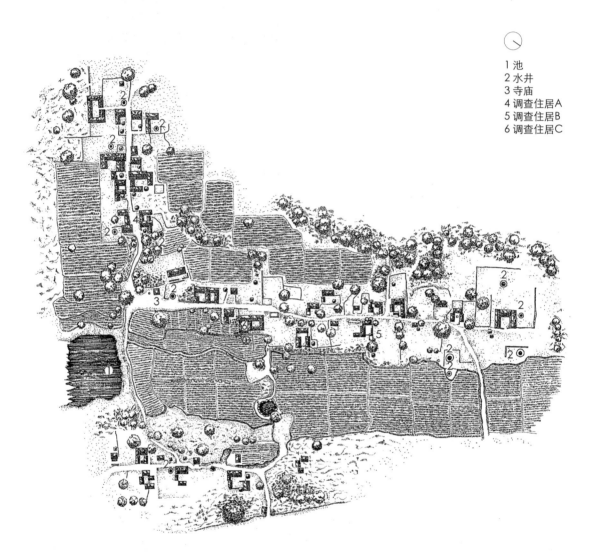

1 池
2 水井
3 寺庙
4 调查住居A
5 调查住居B
6 调查住居C

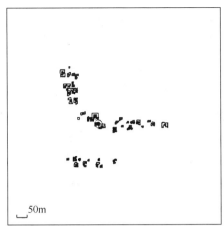

Kankear(印度)　　　　gravity point(重心)
住居数: 57户　　　　平均面积: 141m²
标准差: 114m²　　　　变异系数: 0.812
最小面积: 28.8m²　　 最大面积: 543.47m²
平均最近距离: 18.658m

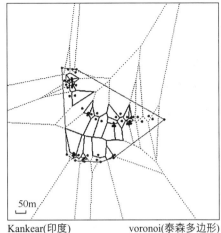

Kankear(印度)　　　　voronoi(泰森多边形)
住居数: 25户　　　　平均面积: 1976.1m²
标准差: 1826.9m²　　 邻近距离: 47.768m
变异系数: 0.9245　　 最小面积: 168.3m²
最大面积: 5968.3m²

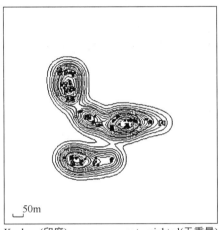

Kankear(印度)　　　　not weighted(无重量)

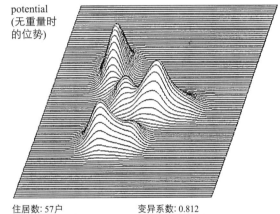

potential (无重量时的位势)

住居数: 57户　　　　变异系数: 0.812
平均面积: 141m²　　 最小面积: 28.8m²
标准差: 114m²　　　　最大面积: 543.47m²

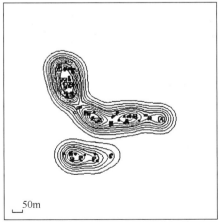

Kankear(印度)　　　　weighted(有重量)

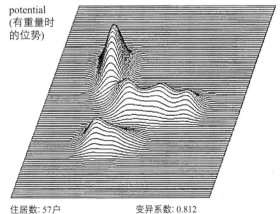

potential (有重量时的位势)

住居数: 57户　　　　变异系数: 0.812
平均面积: 141m²　　 最小面积: 28.8m²
标准差: 114m²　　　　最大面积: 543.47m²

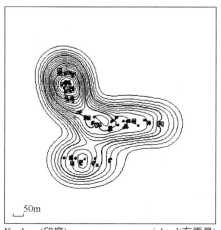
Kankear(印度)　　　　　weighted(有重量)

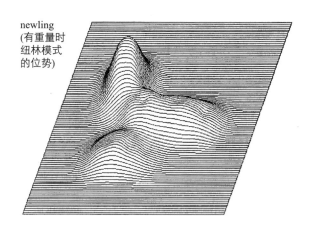
newling
(有重量时
纽林模式
的位势)

最大距离=40m/倍率=1.5

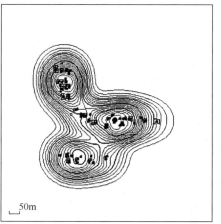
Kankear(印度)　　　　　not weighted(无重量)

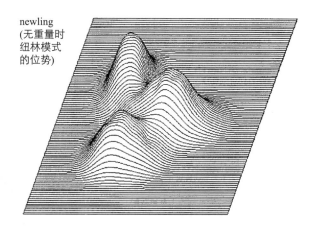
newling
(无重量时
纽林模式
的位势)

最大距离=40m/倍率=1.5

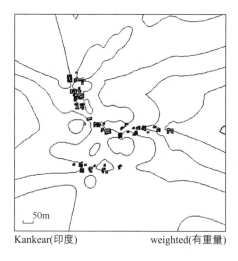
Kankear(印度)　　　　　weighted(有重量)

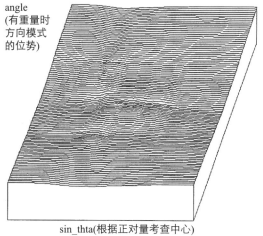
angle
(有重量时
方向模式
的位势)

sin_thta(根据正对量考查中心)

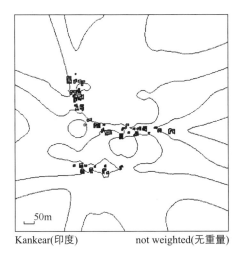

Kankear(印度)　　　　not weighted(无重量)

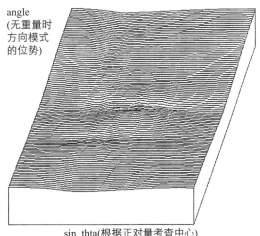

angle
(无重量时
方向模式
的位势)

sin_thta(根据正对量考查中心)

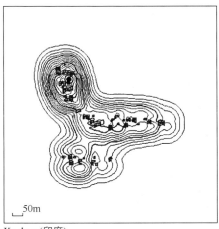

Kankear(印度)

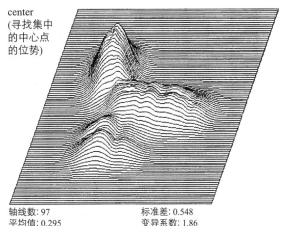

center
(寻找集中
的中心点
的位势)

轴线数: 97　　　　　　　标准差: 0.548
平均值: 0.295　　　　　变异系数: 1.86
方差: 0.3　　　　　　　平均角度: 0.67
最大距离=40m/倍率=1.5(sin_thta)

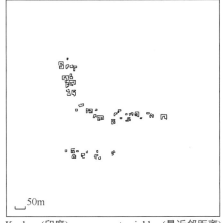

Kankear(印度)　　　　nearest neighbor(最近邻距离)
住居数: 57户　　　　　平均距离: 2.85m
标准差: 3.27m　　　　 变异系数: 1.15
最小距离: 0.45m　　　 最大距离: 18.75m

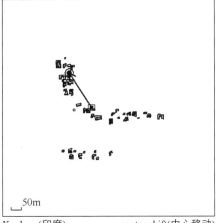

Kankear(印度)　　　　center shift(中心移动)
最大距离=40m/倍率=1.5(sin_thta)
移动距离: 195.5m

287

36 Keriyat

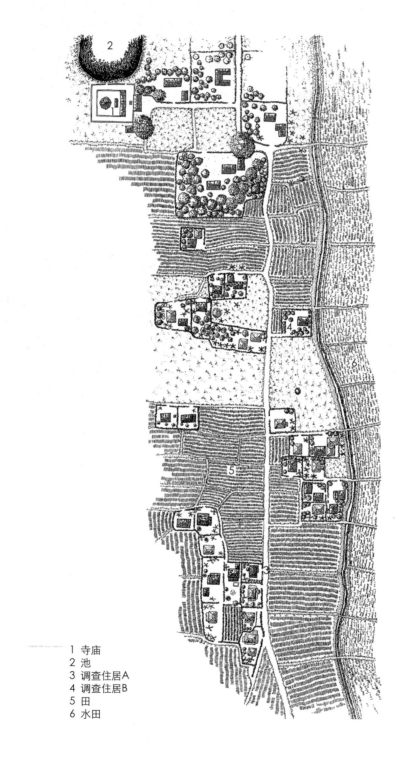

1 寺庙
2 池
3 调查住居A
4 调查住居B
5 田
6 水田

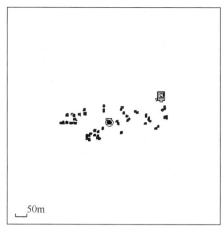

Keriyat(印度)　　　　　gravity point(重心)
住居数: 45户　　　　　平均面积: 64.9m²
标准差: 21.4m²　　　　变异系数: 0.33
最小面积: 34.7m²　　　最大面积: 141.2m²
平均最近距离: 14.805m

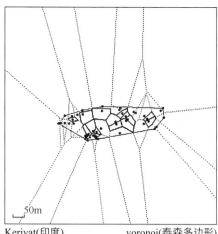

Keriyat(印度)　　　　　voronoi(泰森多边形)
住居数: 16户　　　　　平均面积: 1153.8m²
标准差: 783.78m²　　　邻近距离: 36.501m
变异系数: 0.6793　　　最小面积: 199.05m²
最大面积: 3157.9m²

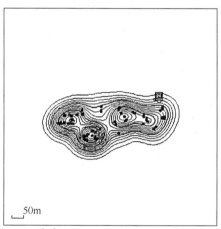

Keriyat(印度)　　　　　not weighted(无重量)

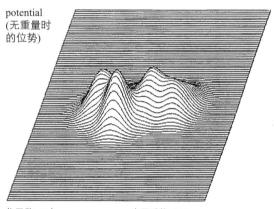

potential
(无重量时
的位势)

住居数: 45户　　　　　变异系数: 0.33
平均面积: 64.9m²　　　最小面积: 34.7m²
标准差: 21.4m²　　　　最大面积: 141.2m²

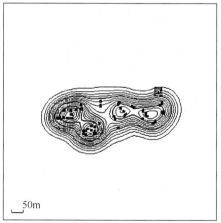

Keriyat(印度)　　　　　weighted(有重量)

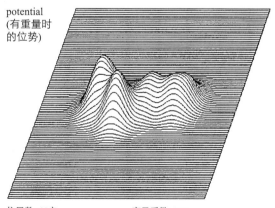

potential
(有重量时
的位势)

住居数: 45户　　　　　变异系数: 0.33
平均面积: 64.9m²　　　最小面积: 34.7m²
标准差: 21.4m²　　　　最大面积: 141.2m²

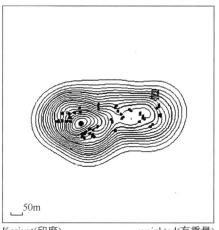

Keriyat(印度)　　　　weighted(有重量)

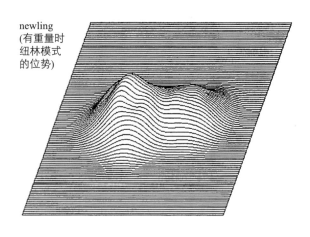

newling
(有重量时
纽林模式
的位势)

最大距离=40m/倍率=1.5

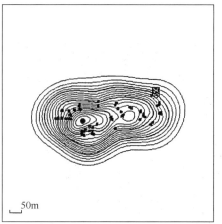

Keriyat(印度)　　　　not weighted(无重量)

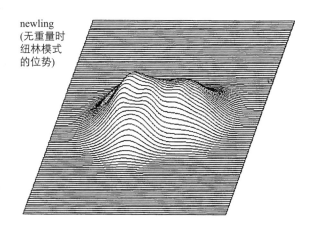

newling
(无重量时
纽林模式
的位势)

最大距离=40m/倍率=1.5

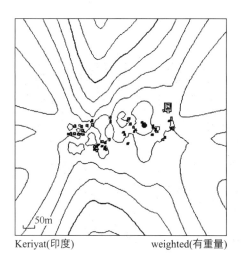

Keriyat(印度)　　　　weighted(有重量)

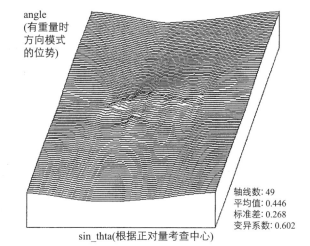

angle
(有重量时
方向模式
的位势)

轴线数: 49
平均值: 0.446
标准差: 0.268
变异系数: 0.602

sin_thta(根据正对量考查中心)

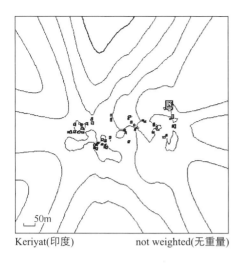

Keriyat(印度)　　　　　　　not weighted(无重量)

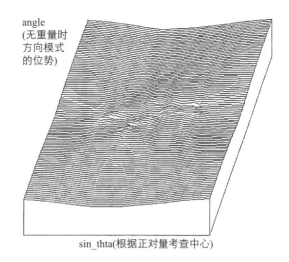

angle
(无重量时
方向模式
的位势)

sin_thta(根据正对量考查中心)

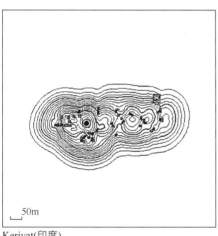

Keriyat(印度)

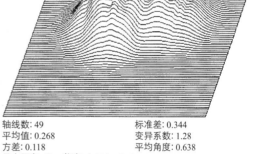

center
(寻找集中
的中心点
的位势)

轴线数: 49　　　　　　　标准差: 0.344
平均值: 0.268　　　　　　变异系数: 1.28
方差: 0.118　　　　　　　平均角度: 0.638
最大距离=40m/倍率=1.5(sin_thta)

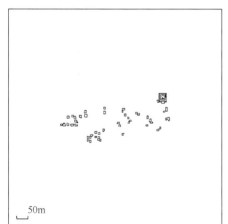

Keriyat(印度)　　　　　nearest neighbor(最近邻距离)
住居数: 45户　　　　　　平均距离: 2.71m
标准差: 2.97m　　　　　　变异系数: 1.1
最小距离: 0.15m　　　　　最大距离: 14.65m

Keriyat(印度)　　　　　　center shift(中心移动)
最大距离=40m/倍率=1.5(sin_thta)
移动距离: 69.8m

37　Letibeda

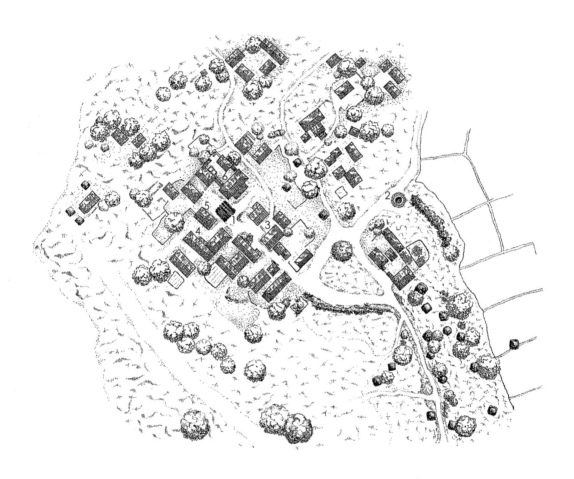

1　公共作业场所
2　水井
3　调查住居A
4　调查住居B
5　调查住居C
6　调查住居D

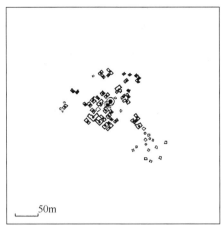

Letibeda(印度)　　　　　gravity point(重心)
住居数: 42户　　　　　　平均面积: 62.2m²
标准差: 35.1m²　　　　　变异系数: 0.565
最小面积: 21.1m²　　　　最大面积: 220.54m²
平均最近距离: 11.336m

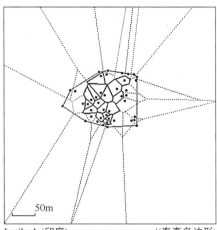

Letibeda(印度)　　　　　voronoi(泰森多边形)
住居数: 17户　　　　　　平均面积: 386.17m²
标准差: 172.51m²　　　　邻近距离: 21.117m
变异系数: 0.4467　　　　最小面积: 129.28m²
最大面积: 691.4m²

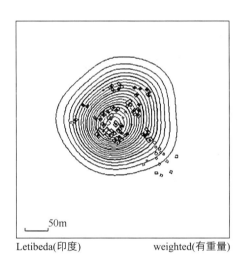

Letibeda(印度)　　　　　weighted(有重量)

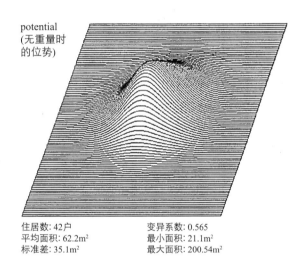

potential
(无重量时
的位势)

住居数: 42户　　　　　　变异系数: 0.565
平均面积: 62.2m²　　　　最小面积: 21.1m²
标准差: 35.1m²　　　　　最大面积: 200.54m²

Letibeda(印度)　　　　　not weighted(无重量)

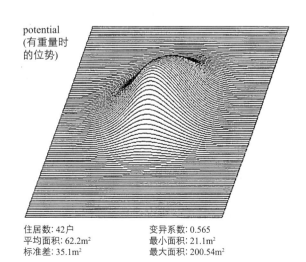

potential
(有重量时
的位势)

住居数: 42户　　　　　　变异系数: 0.565
平均面积: 62.2m²　　　　最小面积: 21.1m²
标准差: 35.1m²　　　　　最大面积: 200.54m²

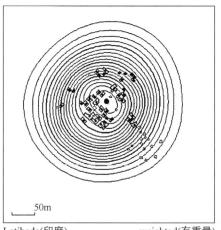
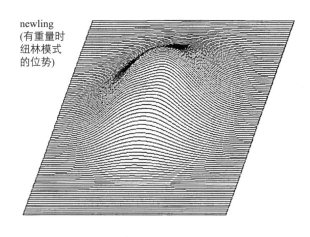

Letibeda(印度)　　　　weighted(有重量)

newling
(有重量时
纽林模式
的位势)

最大距离=40m/倍率=1.5

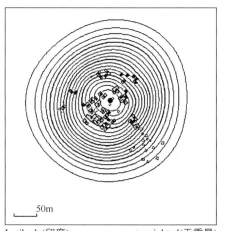
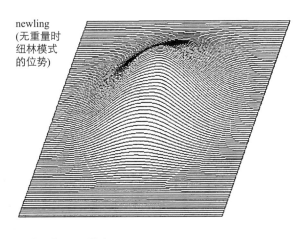

Letibeda(印度)　　　　not weighted(无重量)

newling
(无重量时
纽林模式
的位势)

最大距离=40m/倍率=1.5

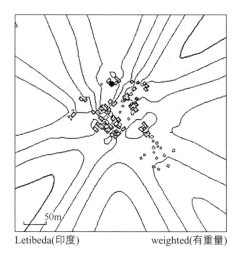
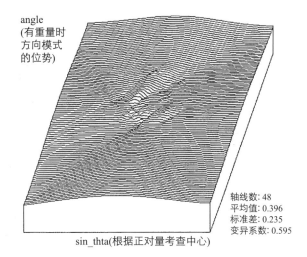

Letibeda(印度)　　　　weighted(有重量)

angle
(有重量时
方向模式
的位势)

sin_thta(根据正对量考查中心)

轴线数: 48
平均值: 0.396
标准差: 0.235
变异系数: 0.595

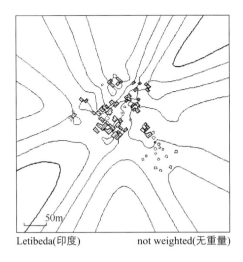

Letibeda(印度)　　　　　not weighted(无重量)

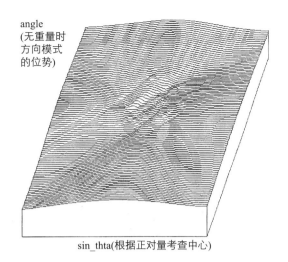

angle
(无重量时
方向模式
的位势)

sin_thta(根据正对量考查中心)

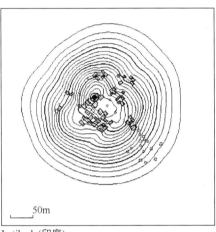

Letibeda(印度)

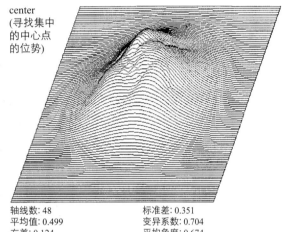

center
(寻找集中
的中心点
的位势)

轴线数: 48　　　　　　标准差: 0.351
平均值: 0.499　　　　　变异系数: 0.704
方差: 0.124　　　　　　平均角度: 0.674
最大距离=40m/倍率=1.5(sin_thta)

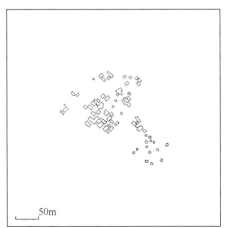

Letibeda(印度)　　nearest neighbor(最近邻距离)
住居数: 42户　　　　　平均距离: 1.1571m
标准差: 2.11m　　　　　变异系数: 1.34
最小距离: 0.35m　　　最大距离: 13.75m

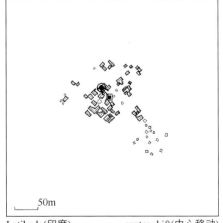

Letibeda(印度)　　　　　center shift(中心移动)
最大距离=40m/倍率=1.5(sin_thta)
移动距离: 26.16m

295

38 Matanwari

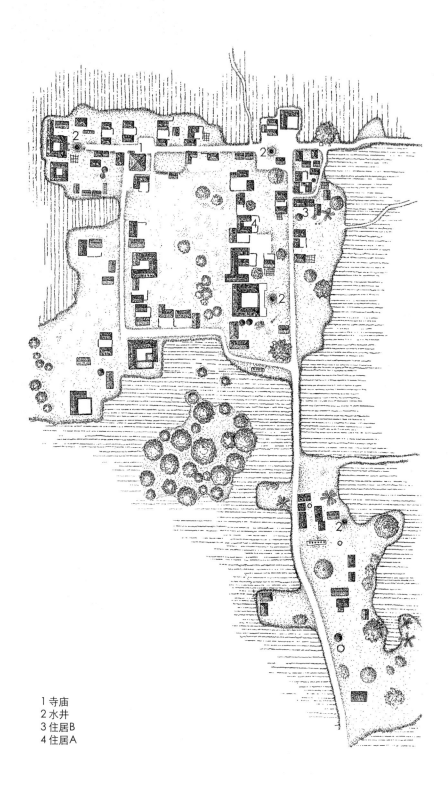

1 寺庙
2 水井
3 住居B
4 住居A

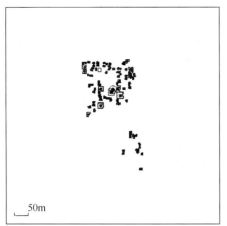

Matanwari(印度)　　　　gravity point(重心)
住居数: 88户　　　　　　平均面积: 59.2m²
标准差: 56.3m²　　　　　变异系数: 0.951
最小面积: 13.7m²　　　　最大面积: 372.98m²
平均最近距离: 11.149m

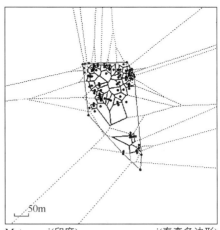

Matanwari(印度)　　　　voronoi(泰森多边形)
住居数: 49户　　　　　　平均面积: 514.81m²
标准差: 529.82m²　　　　邻近距离: 24.381m
变异系数: 1.029　　　　　最小面积: 97.636m²
最大面积: 3212.5m²

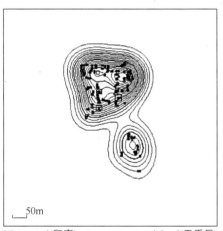

Matanwari(印度)　　　　not weighted(无重量)

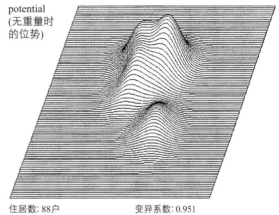

potential
(无重量时的位势)

住居数: 88户　　　　　　变异系数: 0.951
平均面积: 59.2m²　　　　最小面积: 13.7m²
标准差: 56.3m²　　　　　最大面积: 372.98m²

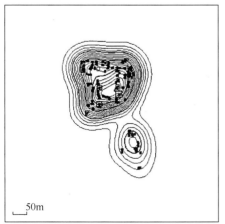

Matanwari(印度)　　　　weighted(有重量)

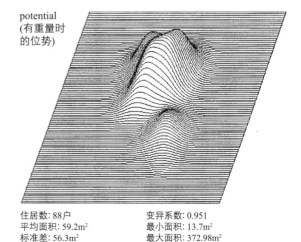

potential
(有重量时的位势)

住居数: 88户　　　　　　变异系数: 0.951
平均面积: 59.2m²　　　　最小面积: 13.7m²
标准差: 56.3m²　　　　　最大面积: 372.98m²

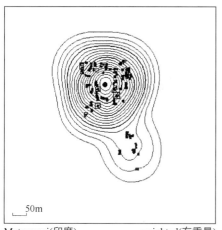

Matanwari(印度)　　　　weighted(有重量)

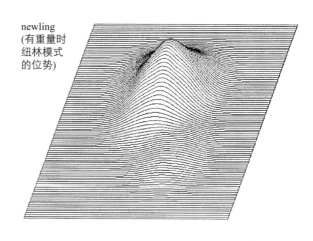

newling
(有重量时
纽林模式
的位势)

最大距离=40m/倍率=1.5

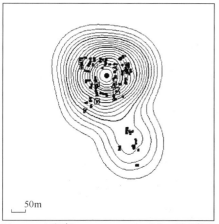

Matanwari(印度)　　　　not weighted(无重量)

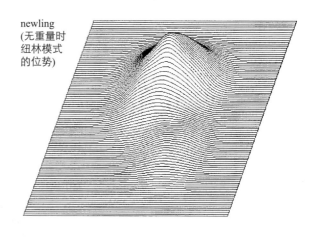

newling
(无重量时
纽林模式
的位势)

最大距离=40m/倍率=1.5

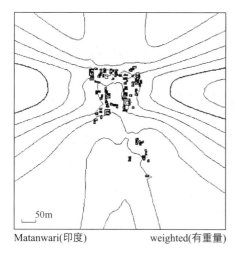

Matanwari(印度)　　　　weighted(有重量)

angle
(有重量时
方向模式
的位势)

sin_thta(根据正对量考查中心)

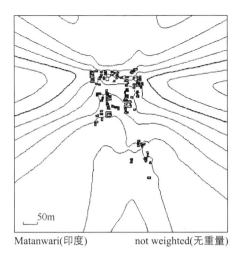

Matanwari(印度)　　　　not weighted(无重量)

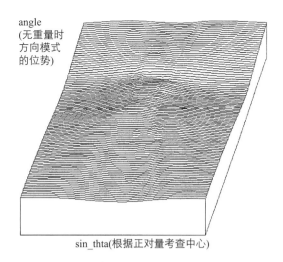

sin_thta(根据正对量考查中心)

angle
(无重量时
方向模式
的位势)

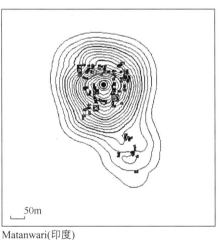

Matanwari(印度)

center
(寻找集中
的中心点
的位势)

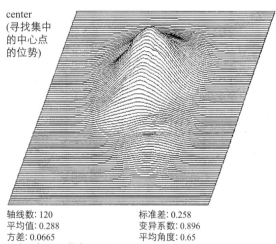

轴线数: 120　　　　　标准差: 0.258
平均值: 0.288　　　　变异系数: 0.896
方差: 0.0665　　　　 平均角度: 0.65
最大距离=40m/倍率=1.5(sin_thta)

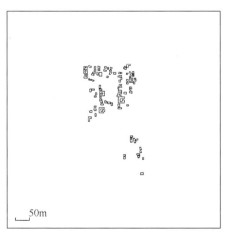

Matanwari(印度)　　　nearest neighbor(最近邻距离)
住居数: 88户　　　　　平均距离: 1.568m
标准差: 2.61m　　　　 变异系数: 1.66
最小距离: 0.25m　　　 最大距离: 23.05m

Matanwari(印度)　　　center shift(中心移动)
最大距离=40m/倍率=1.5(sin_thta)
移动距离: 37m

39 Nasnoda

1 广场
2 寺庙
3 水井
4 圆型小屋
5 通往国道的路
6 调查住居A·B
7 调查住居C·D
8 调查住居E

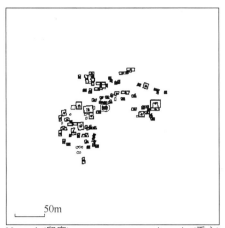

Nasnoda(印度)　　　　gravity point(重心)
住居数: 74户　　　　　平均面积: 35.3m²
标准差: 25.9m²　　　　变异系数: 0.733
最小面积: 9.2m²　　　　最大面积: 147.41m²
平均最近距离: 8.5109m

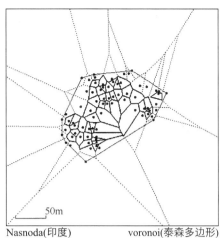

Nasnoda(印度)　　　　voronoi(泰森多边形)
住居数: 45户　　　　　平均面积: 226.19m²
标准差: 180.26m²　　　邻近距离: 16.161m
变异系数: 0.7969　　　最小面积: 68.552m²
最大面积: 1012.2m²

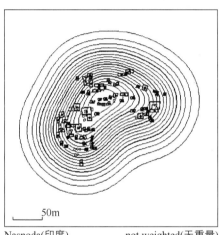

Nasnoda(印度)　　　　not weighted(无重量)

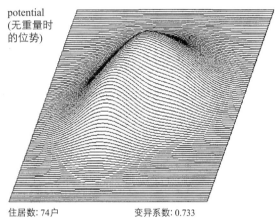

potential
(无重量时
的位势)

住居数: 74户　　　　　变异系数: 0.733
平均面积: 35.3m²　　　最小面积: 9.2m²
标准差: 25.9m²　　　　最大面积: 147.41m²

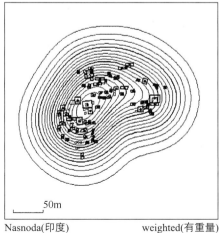

Nasnoda(印度)　　　　weighted(有重量)

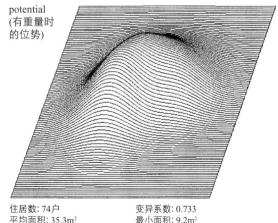

potential
(有重量时
的位势)

住居数: 74户　　　　　变异系数: 0.733
平均面积: 35.3m²　　　最小面积: 9.2m²
标准差: 25.9m²　　　　最大面积: 147.41m²

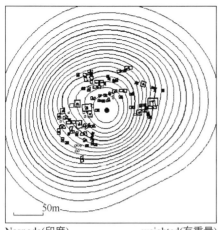

Nasnoda(印度)　　　　weighted(有重量)

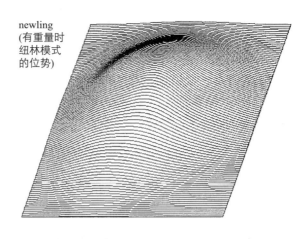

newling
(有重量时
纽林模式
的位势)

最大距离=40m/倍率=1.5

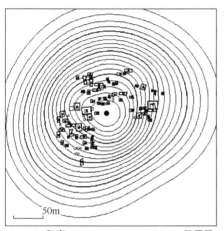

Nasnoda(印度)　　　　not weighted(无重量)

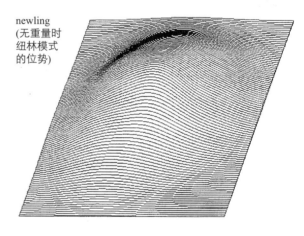

newling
(无重量时
纽林模式
的位势)

最大距离=40m/倍率=1.5

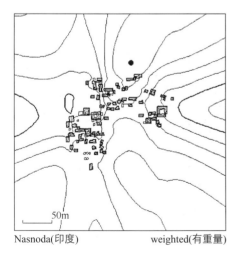

Nasnoda(印度)　　　　weighted(有重量)

angle
(有重量时
方向模式
的位势)

轴线数: 93
平均值: 0.212
标准差: 0.127
变异系数: 0.597

sin_thta(根据正对量考查中心)

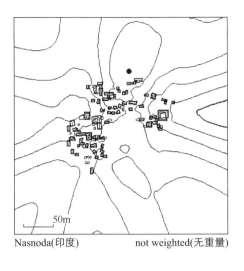

Nasnoda(印度)　　　　　not weighted(无重量)

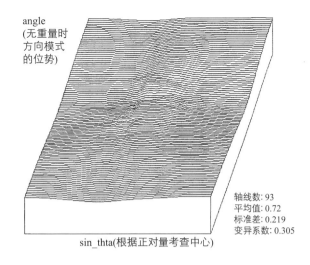

angle
(无重量时
方向模式
的位势)

轴线数: 93
平均值: 0.72
标准差: 0.219
变异系数: 0.305

sin_thta(根据正对量考查中心)

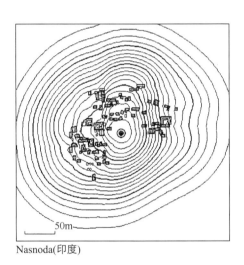

Nasnoda(印度)

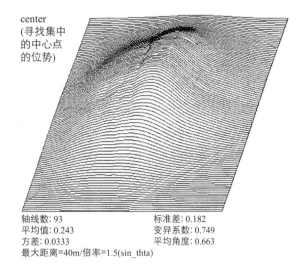

center
(寻找集中
的中心点
的位势)

轴线数: 93　　　　　　标准差: 0.182
平均值: 0.243　　　　　变异系数: 0.749
方差: 0.0333　　　　　平均角度: 0.663
最大距离=40m/倍率=1.5(sin_thta)

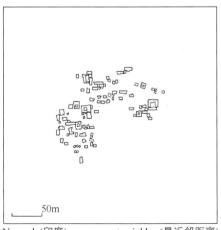

Nasnoda(印度)　　　　nearest neighbor(最近邻距离)
住居数: 74户　　　　　平均距离: 1.041m
标准差: 1.21m　　　　　变异系数: 1.16
最小距离: 0.15m　　　　最大距离: 7.55m

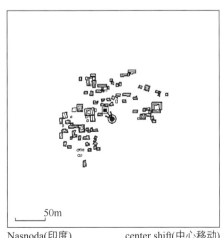

Nasnoda(印度)　　　　　center shift(中心移动)
最大距离=40m/倍率=1.5(sin_thta)
移动距离: 17.94m

40 Ningle Taklum

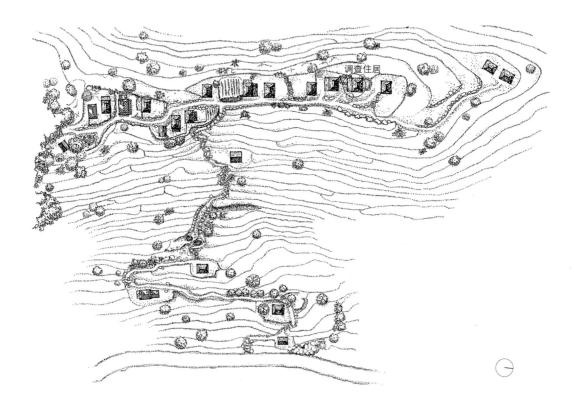

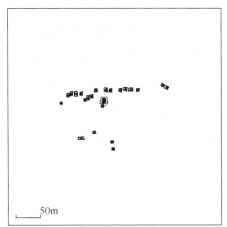

Ningle Taklum(印度)　　　gravity point(重心)
住居数: 22户　　　　　　平均面积: 32.5m²
标准差: 8.72m²　　　　　 变异系数: 0.268
最小面积: 18.7m²　　　　 最大面积: 52.088m²
平均最近距离: 12.911m

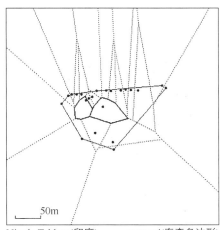

Ningle Taklum(印度)　　　voronoi(泰森多边形)
住居数: 2户　　　　　　 平均面积: 1690.1m²
标准差: 613.3m²　　　　　邻近距离: 44.176m
变异系数: 0.3629　　　　　最小面积: 1076.8m²
最大面积: 2303.4m²

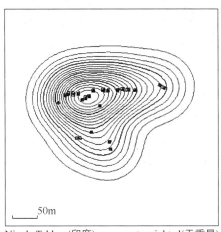

Ningle Taklum(印度)　　　not weighted(无重量)

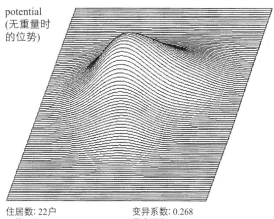

potential
(无重量时
的位势)

住居数: 22户　　　　　 变异系数: 0.268
平均面积: 32.5m²　　　 最小面积: 18.7m²
标准差: 8.72m²　　　　 最大面积: 52.088m²

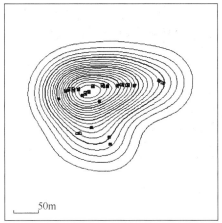

Ningle Taklum(印度)　　　weighted(有重量)

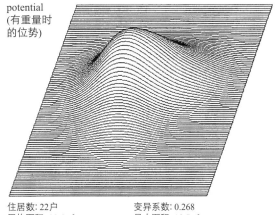

potential
(有重量时
的位势)

住居数: 22户　　　　　 变异系数: 0.268
平均面积: 32.5m²　　　 最小面积: 18.7m²
标准差: 8.72m²　　　　 最大面积: 52.088m²

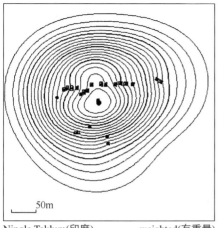

Ningle Taklum(印度)　　weighted(有重量)

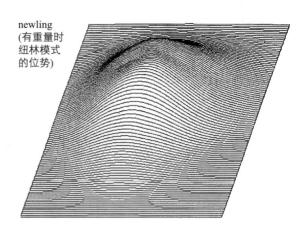

newling
(有重量时
纽林模式
的位势)

最大距离=40m/倍率=1.5

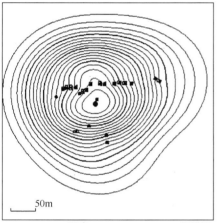

Ningle Taklum(印度)　　not weighted(无重量)

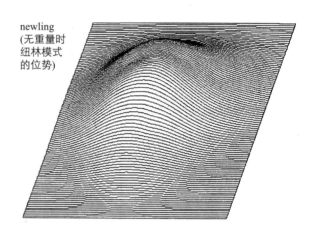

newling
(无重量时
纽林模式
的位势)

最大距离=40m/倍率=1.5

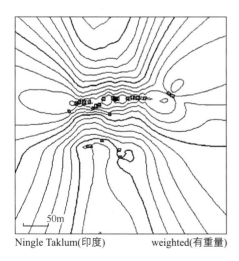

Ningle Taklum(印度)　　weighted(有重量)

angle
(有重量时
方向模式
的位势)

轴线数: 23
平均值: 0.291
标准差: 0.1
变异系数: 0.344

sin_thta(根据正对量考查中心)

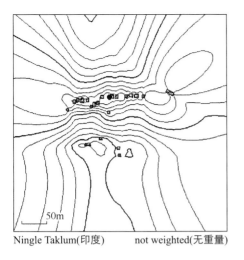

Ningle Taklum(印度)　　not weighted(无重量)

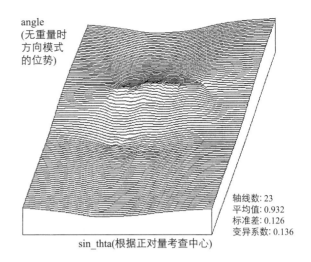

angle
(无重量时方向模式的位势)

sin_thta(根据正对量考查中心)

轴线数: 23
平均值: 0.932
标准差: 0.126
变异系数: 0.136

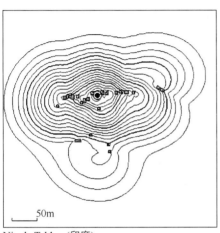

Ningle Taklum(印度)

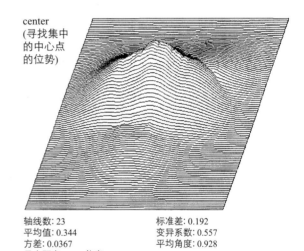

center
(寻找集中的中心点的位势)

轴线数: 23　　　　　　标准差: 0.192
平均值: 0.344　　　　变异系数: 0.557
方差: 0.0367　　　　平均角度: 0.928
最大距离=40m/倍率=1.5(sin_thta)

Ningle Taklum(印度)　　nearest neighbor(最近邻距离)
住居数: 22户　　　　　平均距离: 3.295m
标准差: 3.07m　　　　 变异系数: 0.933
最小距离: 0.75m　　　最大距离: 10.25m

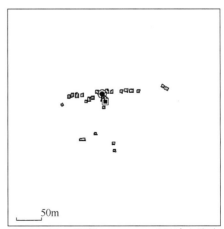

Ningle Taklum(印度)　　center shift(中心移动)
最大距离=40m/倍率=1.5(sin_thta)
移动距离: 16.09m

41 Shivli

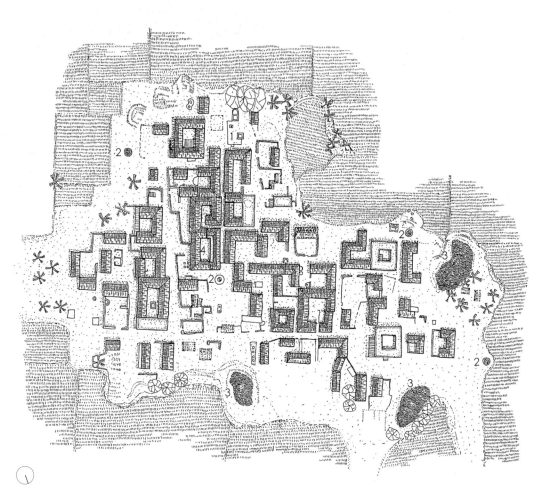

1 寺庙
2 水井
3 池塘
4 调查住居

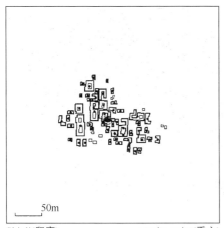

Shivli(印度) gravity point(重心)
住居数: 53户　　　　　　平均面积: 97.3m²
标准差: 95.2m²　　　　　变异系数: 0.978
最小面积: 22.1m²　　　　最大面积: 452.06m²
平均最近距离: 12.528m

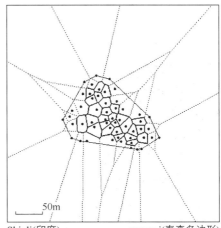

Shivli(印度) voronoi(泰森多边形)
住居数: 27户　　　　　　平均面积: 281.91m²
标准差: 100.86m²　　　　邻近距离: 18.042m
变异系数: 0.3578　　　　最小面积: 148.93m²
最大面积: 524.54m²

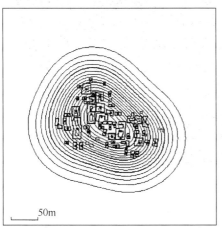

Shivli(印度) not weighted(无重量)

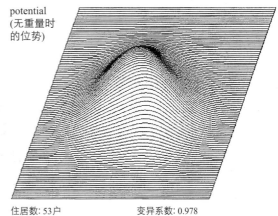

potential
(无重量时的位势)

住居数: 53户　　　　　　变异系数: 0.978
平均面积: 97.3m²　　　　最小面积: 22.1m²
标准差: 95.2m²　　　　　最大面积: 452.06m²

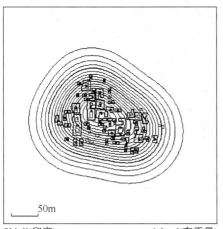

Shivli(印度) weighted(有重量)

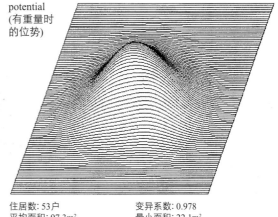

potential
(有重量时的位势)

住居数: 53户　　　　　　变异系数: 0.978
平均面积: 97.3m²　　　　最小面积: 22.1m²
标准差: 95.2m²　　　　　最大面积: 452.06m²

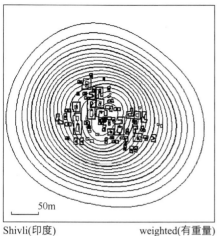

Shivli(印度)　　　　　weighted(有重量)

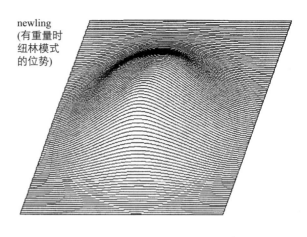

newling
(有重量时
纽林模式
的位势)

最大距离=40m/倍率=1.5

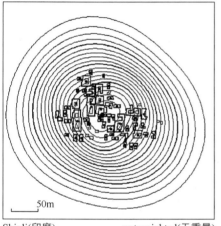

Shivli(印度)　　　　　not weighted(无重量)

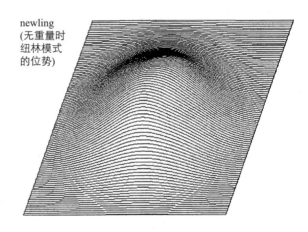

newling
(无重量时
纽林模式
的位势)

最大距离=40m/倍率=1.5

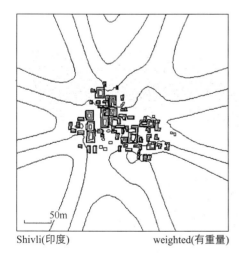

Shivli(印度)　　　　　weighted(有重量)

angle
(有重量时
方向模式
的位势)

sin_thta(根据正对量考查中心)

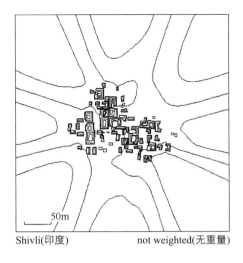

Shivli(印度)　　　　not weighted(无重量)

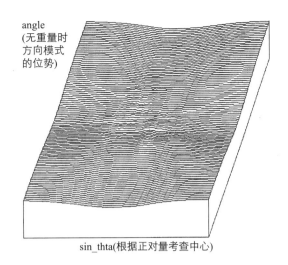

angle
(无重量时
方向模式
的位势)

sin_thta(根据正对量考查中心)

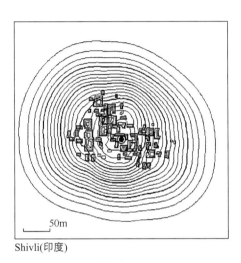

Shivli(印度)

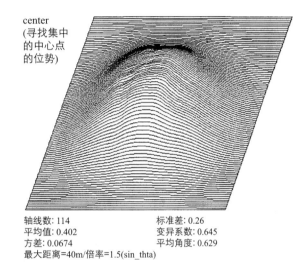

center
(寻找集中
的中心点
的位势)

轴线数: 114　　　　　　　标准差: 0.26
平均值: 0.402　　　　　　变异系数: 0.645
方差: 0.0674　　　　　　 平均角度: 0.629
最大距离=40m/倍率=1.5(sin_thta)

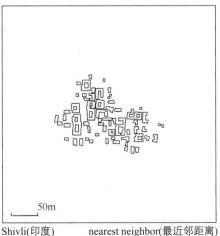

Shivli(印度)　　　nearest neighbor(最近邻距离)
住居数: 53户　　　　　平均距离: 1.333m
标准差: 1.21m　　　　　变异系数: 0.908
最小距离: 0.25m　　　　最大距离: 5.85m

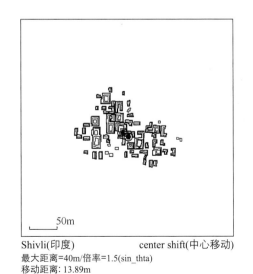

Shivli(印度)　　　　center shift(中心移动)
最大距离=40m/倍率=1.5(sin_thta)
移动距离: 13.89m

311

42 Togi

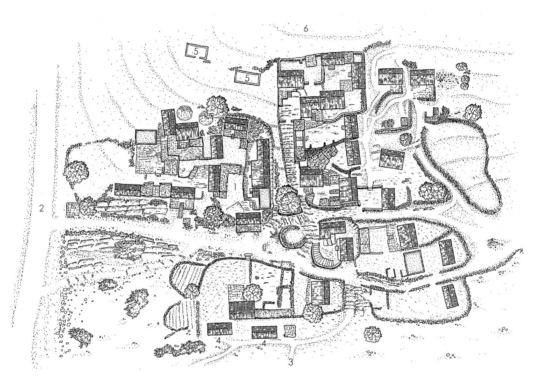

1 调查住居
2 国道
3 通往水井的小路
4 部族居民的住居
5 废弃住屋
6 山丘

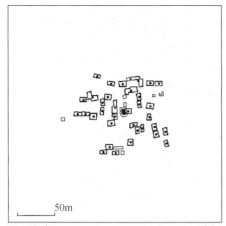

Togi(印度) gravity point(重心)
住居数: 34户 平均面积: 56.1m²
标准差: 19.5m² 变异系数: 0.348
最小面积: 35.5m² 最大面积: 112.55m²
平均最近距离: 12.173m

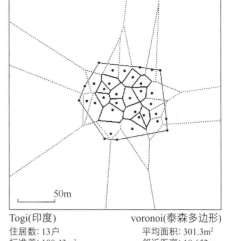

Togi(印度) voronoi(泰森多边形)
住居数: 13户 平均面积: 301.3m²
标准差: 100.43m² 邻近距离: 18.652m
变异系数: 0.333 最小面积: 185.32m²
最大面积: 588.63m²

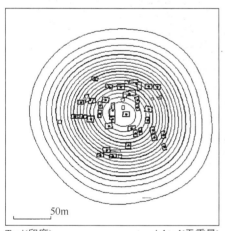

Togi(印度) not weighted(无重量)

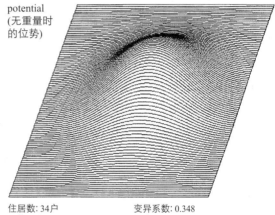

potential
(无重量时的位势)

住居数: 34户 变异系数: 0.348
平均面积: 56.1m² 最小面积: 35.5m²
标准差: 19.5m² 最大面积: 112.55m²

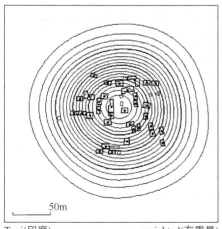

Togi(印度) weighted(有重量)

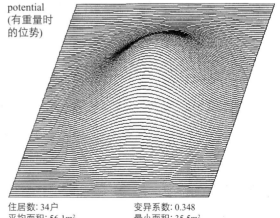

potential
(有重量时的位势)

住居数: 34户 变异系数: 0.348
平均面积: 56.1m² 最小面积: 35.5m²
标准差: 19.5m² 最大面积: 112.55m²

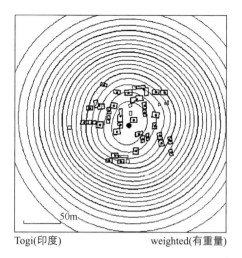

Togi(印度)　　　weighted(有重量)

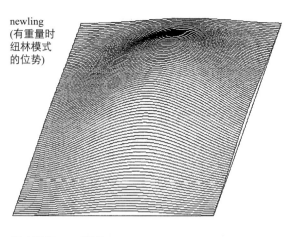

newling
(有重量时纽林模式的位势)

最大距离=40m/倍率=1.5

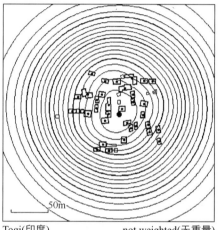

Togi(印度)　　　not weighted(无重量)

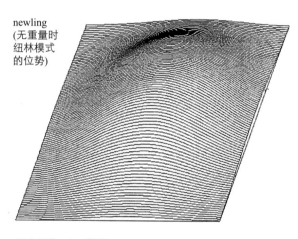

newling
(无重量时纽林模式的位势)

最大距离=40m/倍率=1.5

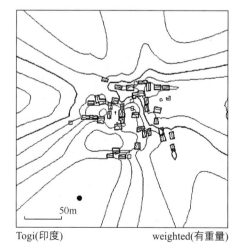

Togi(印度)　　　weighted(有重量)

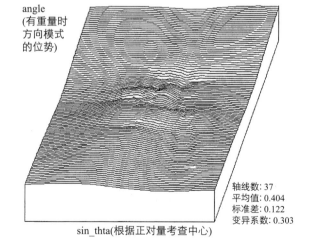

angle
(有重量时方向模式的位势)

轴线数: 37
平均值: 0.404
标准差: 0.122
变异系数: 0.303

sin_thta(根据正对量考查中心)

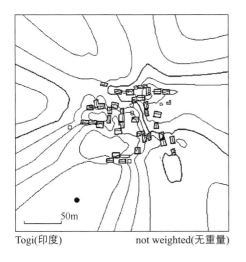

Togi(印度)　　　　　　　　　　not weighted(无重量)

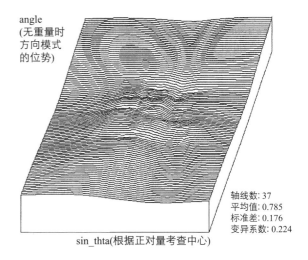

angle
(无重量时
方向模式
的位势)

sin_thta(根据正对量考查中心)

轴线数: 37
平均值: 0.785
标准差: 0.176
变异系数: 0.224

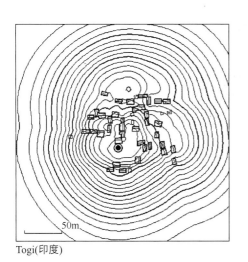

Togi(印度)

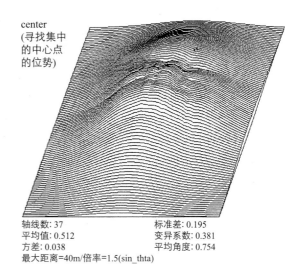

center
(寻找集中
的中心点
的位势)

轴线数: 37　　　　　　　标准差: 0.195
平均值: 0.512　　　　　　变异系数: 0.381
方差: 0.038　　　　　　　平均角度: 0.754
最大距离=40m/倍率=1.5(sin_thta)

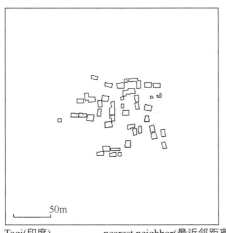

Togi(印度)　　　　　　nearest neighbor(最近邻距离)
住居数: 34户　　　　　平均距离: 1.441m
标准差: 1.39m　　　　　变异系数: 0.966
最小距离: 0.05m　　　　最大距离: 5.65m

Togi(印度)　　　　　　center shift(中心移动)
最大距离=40m/倍率=1.5(sin_thta)
移动距离: 31.16m

315

43 Udepalya

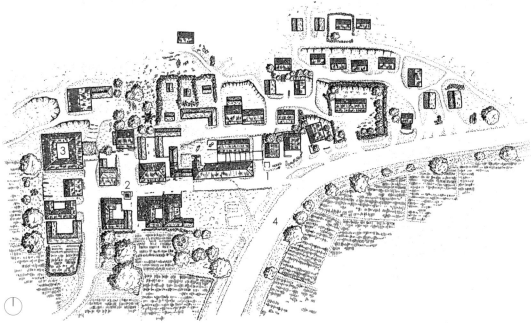

1 寺庙
2 水井
3 调查住居
4 区道

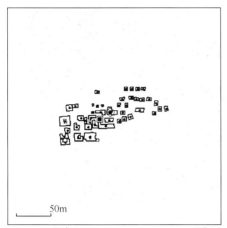

Udepalya(印度)　　　　　　gravity point(重心)
住居数: 43户　　　　　　　平均面积: 46.8m²
标准差: 38.1m²　　　　　　变异系数: 0.815
最小面积: 6.6m²　　　　　　最大面积: 173.84m²
平均最近距离: 9.536m

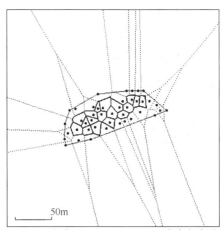

Udepalya(印度)　　　　　　voronoi(泰森多边形)
住居数: 18户　　　　　　　平均面积: 158.94m²
标准差: 43.782m²　　　　　邻近距离: 13.547m
变异系数: 0.2755　　　　　最小面积: 82.968m²
最大面积: 240.19m²

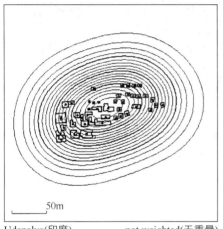

Udepalya(印度)　　　　　　not weighted(无重量)

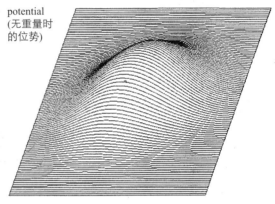

potential
(无重量时
的位势)

住居数: 43户　　　　　　　变异系数: 0.815
平均面积: 46.8m²　　　　　最小面积: 6.6m²
标准差: 38.1m²　　　　　　最大面积: 173.84m²

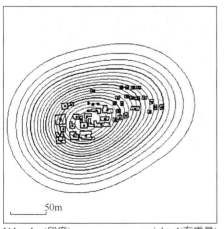

Udepalya(印度)　　　　　　weighted(有重量)

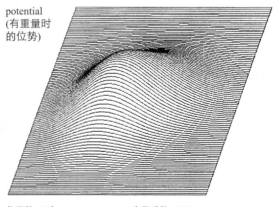

potential
(有重量时
的位势)

住居数: 43户　　　　　　　变异系数: 0.815
平均面积: 46.8m²　　　　　最小面积: 6.6m²
标准差: 38.1m²　　　　　　最大面积: 173.84m²

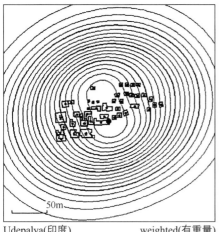
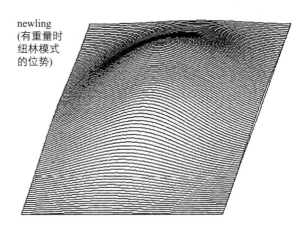

Udepalya(印度)   weighted(有重量)   newling(有重量时纽林模式的位势)

最大距离=40m/倍率=1.5

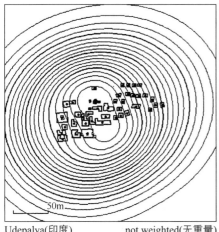
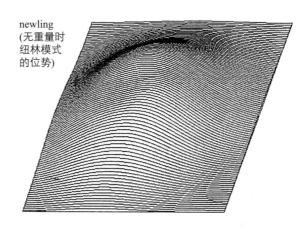

Udepalya(印度)   not weighted(无重量)   newling(无重量时纽林模式的位势)

最大距离=40m/倍率=1.5

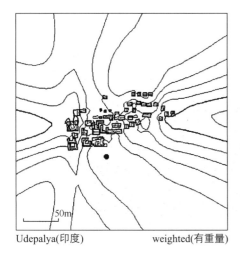

Udepalya(印度)   weighted(有重量)   angle(有重量时方向模式的位势)

sin_thta(根据正对量考查中心)

轴线数: 65
平均值: 0.226
标准差: 0.134
变异系数: 0.592

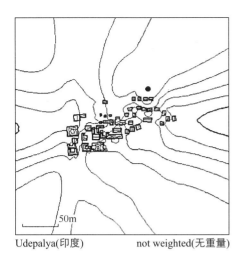

Udepalya(印度)　　　　　not weighted(无重量)

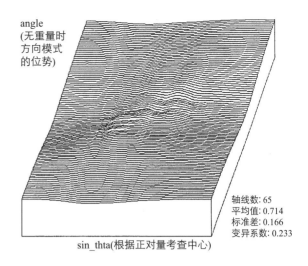

angle
(无重量时方向模式的位势)

轴线数: 65
平均值: 0.714
标准差: 0.166
变异系数: 0.233

sin_thta(根据正对量考查中心)

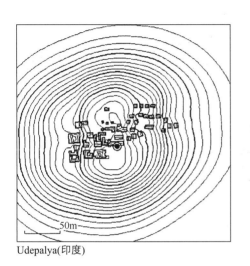

Udepalya(印度)

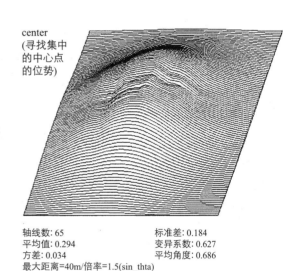

center
(寻找集中的中心点的位势)

轴线数: 65　　　　　标准差: 0.184
平均值: 0.294　　　　变异系数: 0.627
方差: 0.034　　　　　平均角度: 0.686
最大距离=40m/倍率=1.5(sin_thta)

Udepalya(印度)　　　　nearest neighbor(最近邻距离)
住居数: 43户　　　　　平均距离: 1.297m
标准差: 1.11m　　　　　变异系数: 0.852
最小距离: 0.25m　　　　最大距离: 7.15m

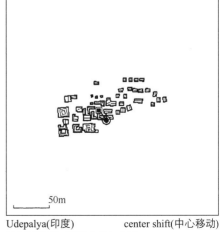

Udepalya(印度)　　　　　center shift(中心移动)
最大距离=40m/倍率=1.5(sin_thta)
移动距离: 17.7m

44 Ghotwal

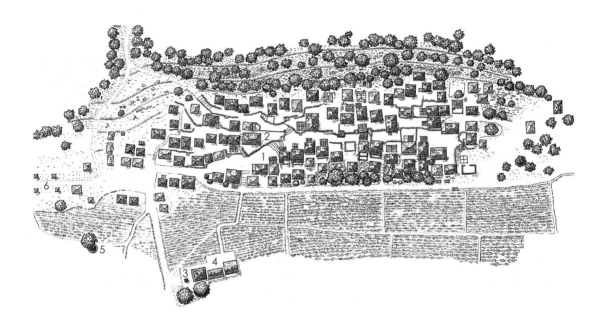

1 主要道路
2 调查住居
3 寺庙
4 学校
5 水井
6 家畜棚架

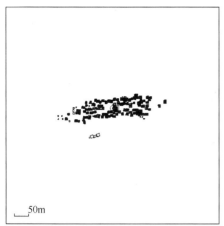

Ghotwal(印度)   gravity point(重心)
住居数: 102户   平均面积: 53.6m²
标准差: 16.6m²   变异系数: 0.309
最小面积: 28.1m²   最大面积: 107.25m²
平均最近距离: 10.123m

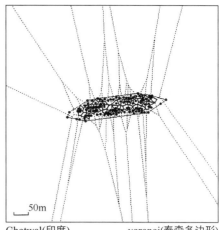

Ghotwal(印度)   voronoi(泰森多边形)
住居数: 51户   平均面积: 188.17m²
标准差: 54.104m²   邻近距离: 14.74m
变异系数: 0.2875   最小面积: 99.694m²
最大面积: 334.01m²

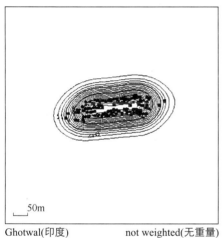

Ghotwal(印度)   not weighted(无重量)

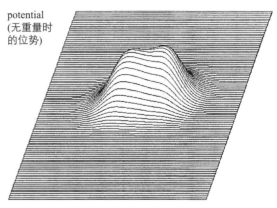

potential (无重量时的位势)

住居数: 102户   变异系数: 0.309
平均面积: 53.6m²   最小面积: 28.1m²
标准差: 16.6m²   最大面积: 107.25m²

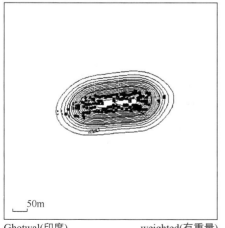

Ghotwal(印度)   weighted(有重量)

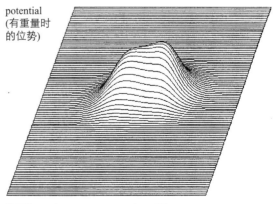

potential (有重量时的位势)

住居数: 102户   变异系数: 0.309
平均面积: 53.6m²   最小面积: 28.1m²
标准差: 16.6m²   最大面积: 107.25m²

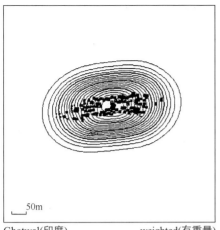
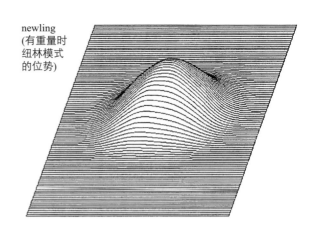

Ghotwal(印度)   weighted(有重量)

newling
(有重量时
纽林模式
的位势)

最大距离=40m/倍率=1.5

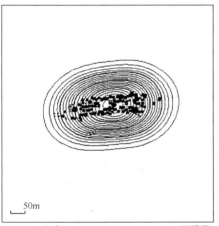
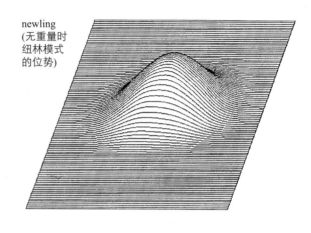

Ghotwal(印度)   not weighted(无重量)

newling
(无重量时
纽林模式
的位势)

最大距离=40m/倍率=1.5

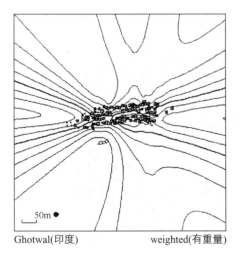
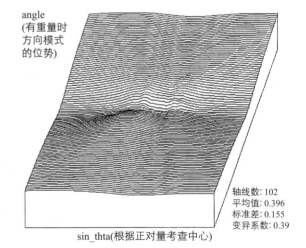

Ghotwal(印度)   weighted(有重量)

angle
(有重量时
方向模式
的位势)

轴线数: 102
平均值: 0.396
标准差: 0.155
变异系数: 0.39

sin_thta(根据正对量考查中心)

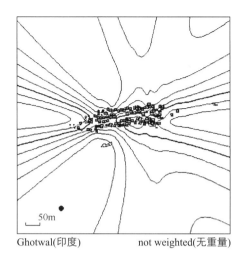

Ghotwal(印度)　　　　not weighted(无重量)

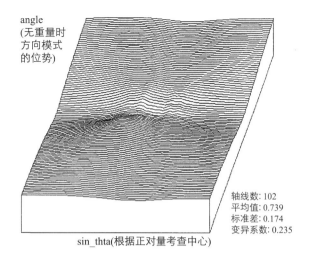

angle
(无重量时
方向模式
的位势)

sin_thta(根据正对量考查中心)

轴线数: 102
平均值: 0.739
标准差: 0.174
变异系数: 0.235

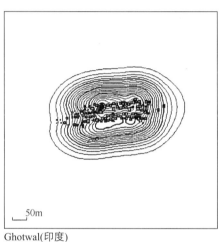

Ghotwal(印度)

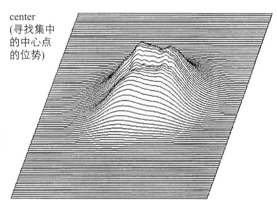

center
(寻找集中
的中心点
的位势)

轴线数: 102　　　　标准差: 0.338
平均值: 0.35　　　　变异系数: 0.966
方差: 0.114　　　　平均角度: 0.655
最大距离=40m/倍率=1.5(sin_thta)

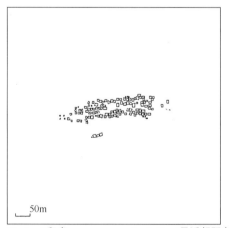

Ghotwal(印度)　　　　nearest neighbor(最近邻距离)
住居数: 102户　　　　平均距离: 1.071m
标准差: 1.08m　　　　变异系数: 1.01
最小距离: 0.35m　　　最大距离: 7.05m

Ghotwal(印度)　　　　center shift(中心移动)
最大距离=40m/倍率=1.5(sin_thta)
移动距离: 48.07m

45　Takpala

1　住栋
2　厨房栋
3　家畜小屋
4　仪式屋
5　储物间
6　厕所
7　耕地

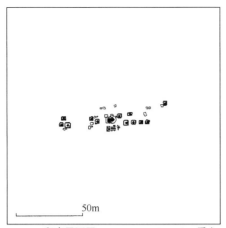

Takpala(印度尼西亚)　　　　gravity point(重心)
住居数: 12户　　　　　　　平均面积: 8.1m²
标准差: 2.44m²　　　　　　变异系数: 0.301
最小面积: 5.78m²　　　　　最大面积: 14.672m²
平均最近距离: 6.4794m

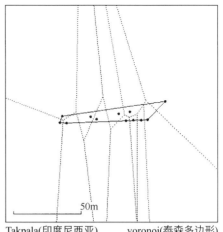

Takpala(印度尼西亚)　　　　voronoi(泰森多边形)
平均面积: 102.55m²
邻近距离: 10.882m

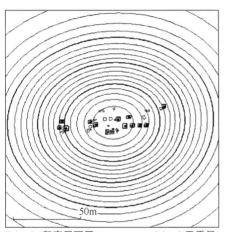

Takpala(印度尼西亚)　　　　not weighted(无重量)

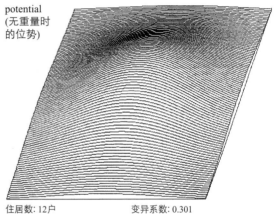

potential
(无重量时的位势)

住居数: 12户　　　　　　　变异系数: 0.301
平均面积: 8.1m²　　　　　　最小面积: 5.78m²
标准差: 2.44m²　　　　　　最大面积: 14.672m²

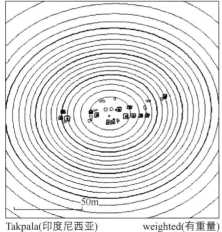

Takpala(印度尼西亚)　　　　weighted(有重量)

potential
(有重量时的位势)

住居数: 12户　　　　　　　变异系数: 0.301
平均面积: 8.1m²　　　　　　最小面积: 5.78m²
标准差: 2.44m²　　　　　　最大面积: 14.672m²

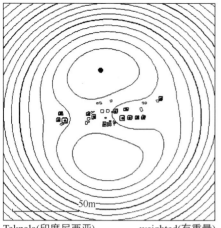

Takpala(印度尼西亚)　　weighted(有重量)

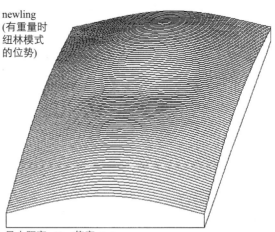

newling
(有重量时
纽林模式
的位势)

最大距离=40m/倍率=1.5

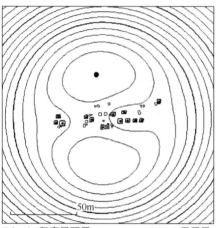

Takpala(印度尼西亚)　　not weighted(无重量)

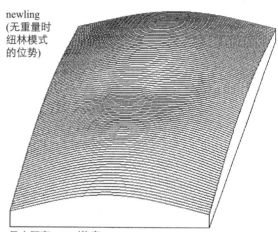

newling
(无重量时
纽林模式
的位势)

最大距离=40m/倍率=1.5

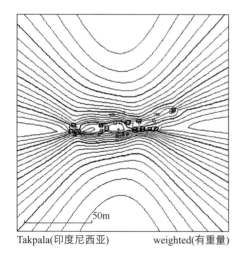

Takpala(印度尼西亚)　　weighted(有重量)

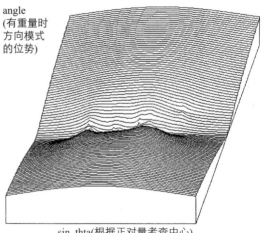

angle
(有重量时
方向模式
的位势)

sin_thta(根据正对量考查中心)

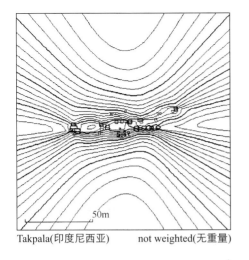

Takpala(印度尼西亚)　　　　not weighted(无重量)

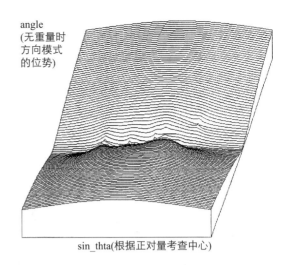

angle
(无重量时
方向模式
的位势)

sin_thta(根据正对量考查中心)

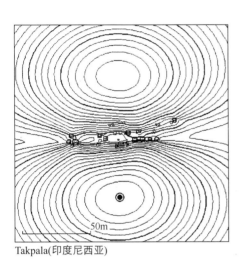

Takpala(印度尼西亚)

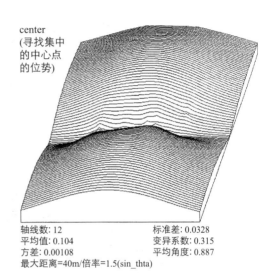

center
(寻找集中
的中心点
的位势)

轴线数: 12　　　　　　　标准差: 0.0328
平均值: 0.104　　　　　　变异系数: 0.315
方差: 0.00108　　　　　　平均角度: 0.887
最大距离=40m/倍率=1.5(sin_thta)

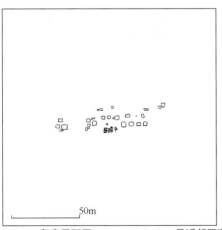

Takpala(印度尼西亚)　nearest neighbor(最近邻距离)
住居数: 12户　　　　　　平均距离: 1.633m
标准差: 1.87m　　　　　　变异系数: 1.15
最小距离: 0.65m　　　　　最大距离: 7.75m

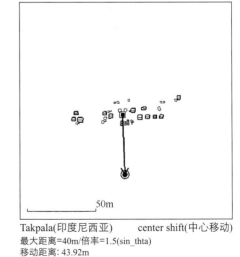

Takpala(印度尼西亚)　　　center shift(中心移动)
最大距离=40m/倍率=1.5(sin_thta)
移动距离: 43.92m

46 Kudji Ratu

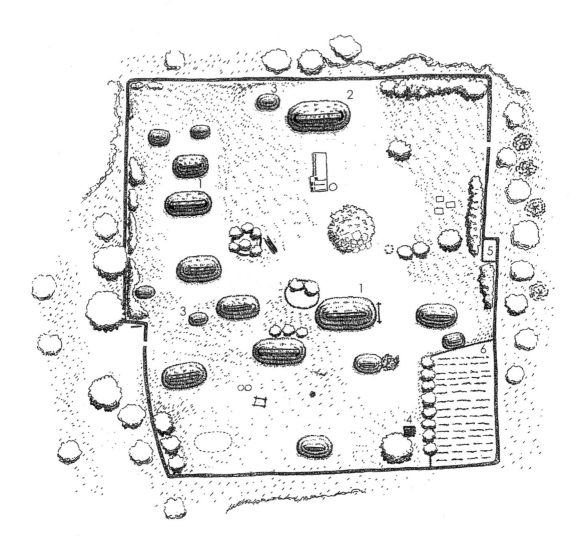

1 住栋
2 宿灵宅
3 厨房栋
4 储物间
5 家畜圈
6 耕地

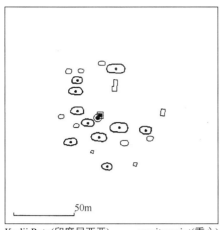

Kudji Ratu(印度尼西亚)　　gravity point(重心)
住居数: 10户　　　　　　　平均面积: 59.5m²
标准差: 19.6m²　　　　　　变异系数: 0.33
最小面积: 37.5m²　　　　　最大面积: 97.423m²
平均最近距离: 17.565m

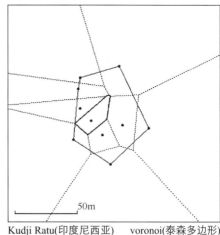

Kudji Ratu(印度尼西亚)　　voronoi(泰森多边形)
住居数: 1户　　　　　　　　平均面积: 405.04m²
标准差: 0m²　　　　　　　　邻近距离: 21.626m
变异系数: 0　　　　　　　　最小面积: 405.04m²
最大面积: 405.04m²

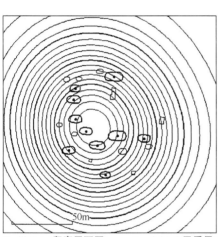

Kudji Ratu(印度尼西亚)　　not weighted(无重量)

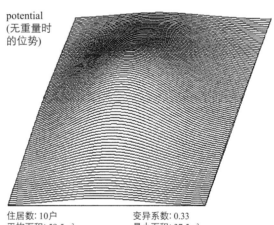

potential
(无重量时的位势)

住居数: 10户　　　　　　　变异系数: 0.33
平均面积: 59.5m²　　　　　最小面积: 37.5m²
标准差: 19.6m²　　　　　　最大面积: 97.423m²

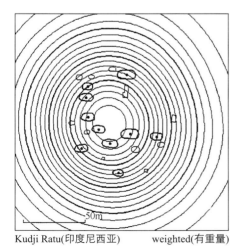

Kudji Ratu(印度尼西亚)　　weighted(有重量)

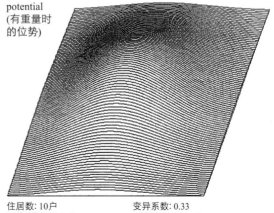

potential
(有重量时的位势)

住居数: 10户　　　　　　　变异系数: 0.33
平均面积: 59.5m²　　　　　最小面积: 37.5m²
标准差: 19.6m²　　　　　　最大面积: 97.423m²

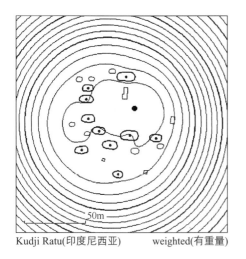

Kudji Ratu(印度尼西亚)　　　weighted(有重量)

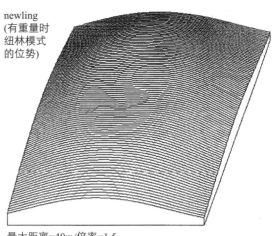

newling
(有重量时
纽林模式
的位势)

最大距离=40m/倍率=1.5

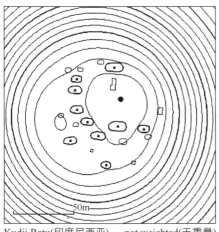

Kudji Ratu(印度尼西亚)　　　not weighted(无重量)

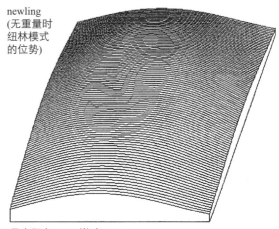

newling
(无重量时
纽林模式
的位势)

最大距离=40m/倍率=1.5

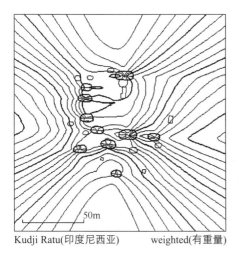

Kudji Ratu(印度尼西亚)　　　weighted(有重量)

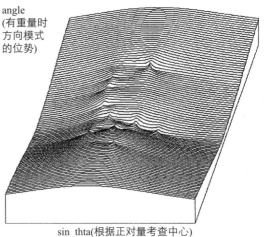

angle
(有重量时
方向模式
的位势)

sin_thta(根据正对量考查中心)

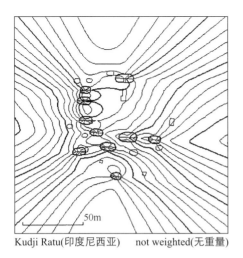

Kudji Ratu(印度尼西亚)　not weighted(无重量)

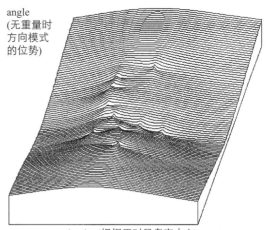

angle
(无重量时方向模式的位势)

sin_thta(根据正对量考查中心)

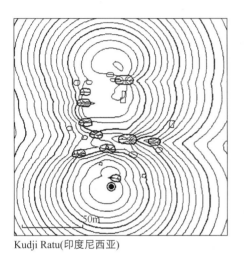

Kudji Ratu(印度尼西亚)

center
(寻找集中的中心点的位势)

轴线数: 10	标准差: 0.285
平均值: 0.715	变异系数: 0.399
方差: 0.0813	平均角度: 0.918

最大距离=40m/倍率=1.5(sin_thta)

Kudji Ratu(印度尼西亚) nearest neighbor(最近邻距离)

住居数: 10户	平均距离: 4.35m
标准差: 3.02m	变异系数: 0.695
最小距离: 1.65m	最大距离: 10.65m

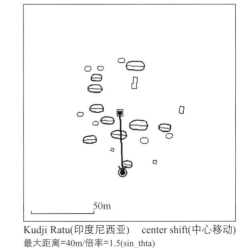

Kudji Ratu(印度尼西亚)　center shift(中心移动)

最大距离=40m/倍率=1.5(sin_thta)
移动距离: 47.9m

47 Lingga

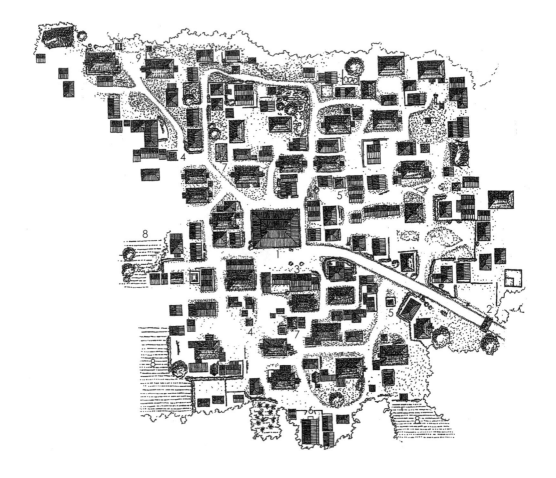

1 集会所
2 门
3 商店
4 谷仓
5 骨灰堂
6 基督教堂
7 磨粉小屋
8 耕地
9 调查住居

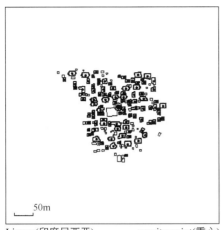

Lingga(印度尼西亚)   gravity point(重心)
住居数: 103户   平均面积: 96.7m²
标准差: 49.7m²   变异系数: 0.514
最小面积: 33.7m²   最大面积: 216.93m²
平均最近距离: 13.419m

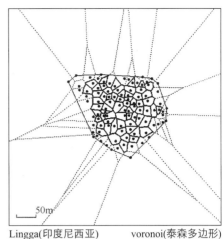

Lingga(印度尼西亚)   voronoi(泰森多边形)
住居数: 64户   平均面积: 370.36m²
标准差: 120.72m²   邻近距离: 20.68m
变异系数: 0.3259   最小面积: 173.79m²
最大面积: 742.72m²

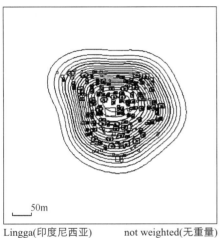

Lingga(印度尼西亚)   not weighted(无重量)

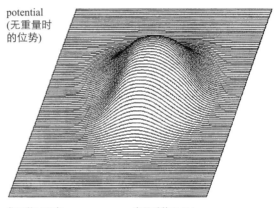

potential (无重量时的位势)

住居数: 103户   变异系数: 0.514
平均面积: 96.7m²   最小面积: 33.7m²
标准差: 49.7m²   最大面积: 216.93m²

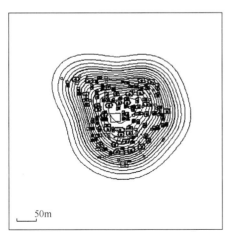

Lingga(印度尼西亚)   weighted(有重量)

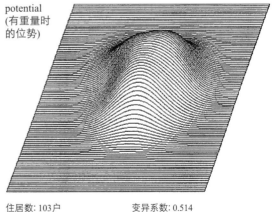

potential (有重量时的位势)

住居数: 103户   变异系数: 0.514
平均面积: 96.7m²   最小面积: 33.7m²
标准差: 49.7m²   最大面积: 216.93m²

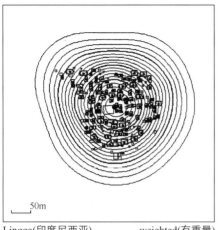

Lingga(印度尼西亚)　　　weighted(有重量)

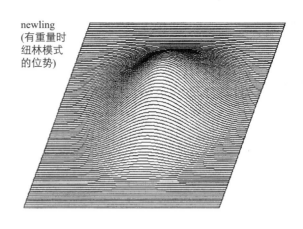

newling
(有重量时纽林模式的位势)

最大距离=40m/倍率=1.5

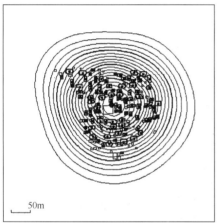

Lingga(印度尼西亚)　　　not weighted(无重量)

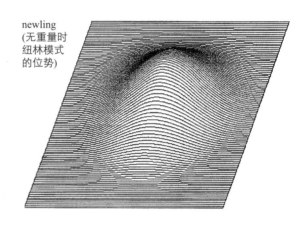

newling
(无重量时纽林模式的位势)

最大距离=40m/倍率=1.5

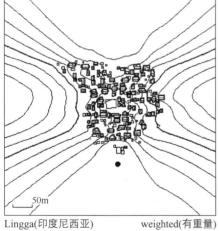

Lingga(印度尼西亚)　　　weighted(有重量)

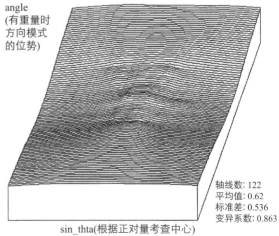

angle
(有重量时方向模式的位势)

sin_thta(根据正对量考查中心)

轴线数: 122
平均值: 0.62
标准差: 0.536
变异系数: 0.863

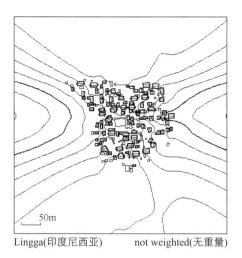

Lingga(印度尼西亚)　　not weighted(无重量)

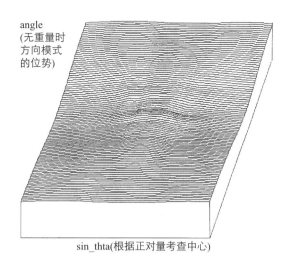

sin_thta(根据正对量考查中心)

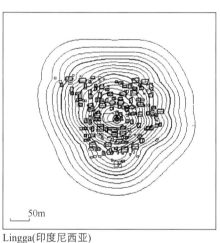

Lingga(印度尼西亚)

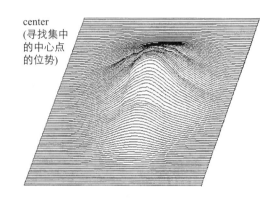

center(寻找集中的中心点的位势)

轴线数: 122　　　　　　标准差: 0.554
平均值: 0.571　　　　　变异系数: 0.97
方差: 0.307　　　　　　平均角度: 0.685
最大距离=40m/倍率=1.5(sin_thta)

Lingga(印度尼西亚)　　nearest neighbor(最近邻距离)
住居数: 103户　　　　　平均距离: 1.581m
标准差: 1.19m　　　　　变异系数: 0.755
最小距离: 0.25m　　　　最大距离: 8.45m

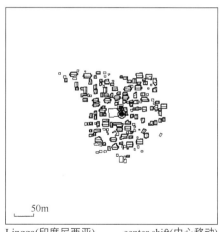

Lingga(印度尼西亚)　　center shift(中心移动)
最大距离=40m/倍率=1.5(sin_thta)
移动距离: 17.38m

335

48 Oel Bubu

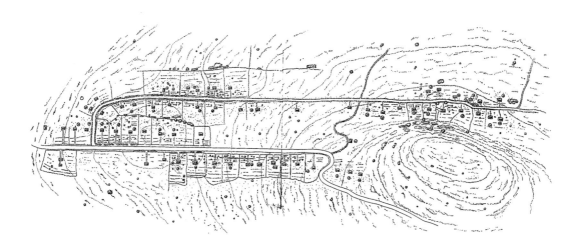

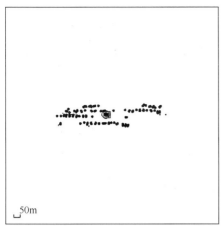

Oel Bubu(印度尼西亚)　　　gravity point(重心)
住居数: 102户　　　　　　平均面积: 31.8m²
标准差: 9.14m²　　　　　　变异系数: 0.287
最小面积: 14.7m²　　　　　最大面积: 57.166m²
平均最近距离: 12.904m

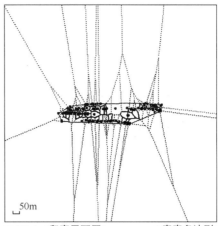

Oel Bubu(印度尼西亚)　　　voronoi(泰森多边形)
住居数: 40户　　　　　　　平均面积: 1053.5m²
标准差: 619.5m²　　　　　　邻近距离: 34.878m
变异系数: 0.588　　　　　　最小面积: 369.71m²
最大面积: 2754.4m²

Oel Bubu(印度尼西亚)　　　not weighted(无重量)

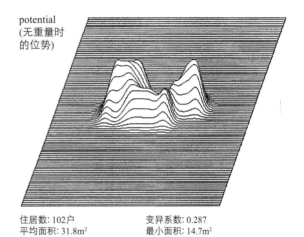

住居数: 102户　　　　　　变异系数: 0.287
平均面积: 31.8m²　　　　　最小面积: 14.7m²
标准差: 9.14m²　　　　　　最大面积: 57.166m²

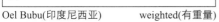

Oel Bubu(印度尼西亚)　　　weighted(有重量)

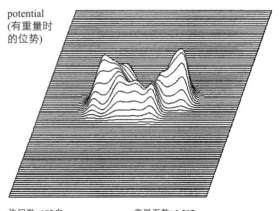

住居数: 102户　　　　　　变异系数: 0.287
平均面积: 31.8m²　　　　　最小面积: 14.7m²
标准差: 9.14m²　　　　　　最大面积: 57.166m²

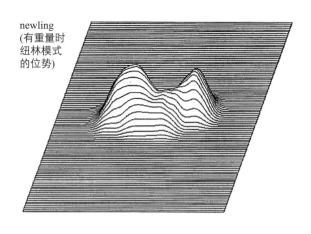

Oel Bubu(印度尼西亚)　　weighted(有重量)

newling
(有重量时
纽林模式
的位势)

最大距离=40m/倍率=1.5

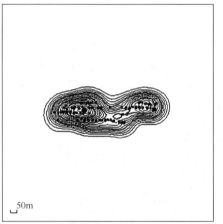
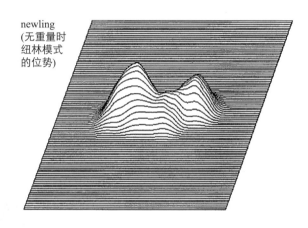

Oel Bubu(印度尼西亚)　　not weighted(无重量)

newling
(无重量时
纽林模式
的位势)

最大距离=40m/倍率=1.5

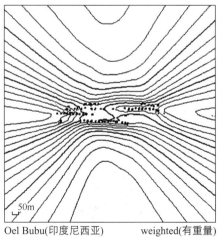
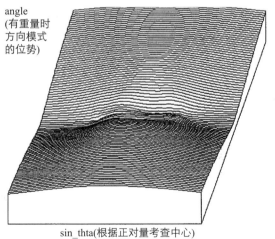

Oel Bubu(印度尼西亚)　　weighted(有重量)

angle
(有重量时
方向模式
的位势)

sin_thta(根据正对量考查中心)

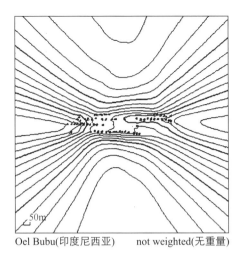

Oel Bubu(印度尼西亚)　　not weighted(无重量)

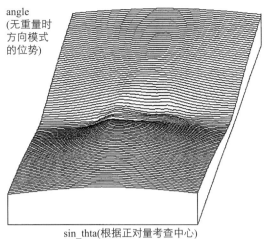

sin_thta(根据正对量考查中心)

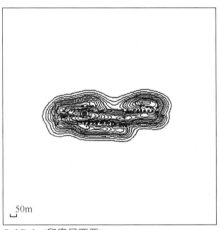

Oel Bubu(印度尼西亚)

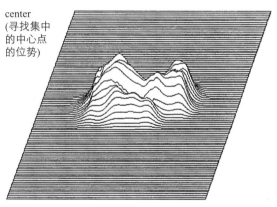

轴线数: 102　　　　　　　标准差: 0.131
平均值: 0.0837　　　　　　变异系数: 1.56
方差: 0.0171　　　　　　　平均角度: 0.495
最大距离=40m/倍率=1.5(sin_thta)

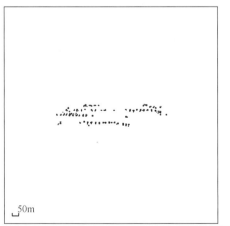

Oel Bubu(印度尼西亚)　　nearest neighbor(最近邻距离)
住居数: 102户　　　　　　平均距离: 3.331m
标准差: 4.13m　　　　　　变异系数: 1.24
最小距离: 0.45m　　　　　最大距离: 30.45m

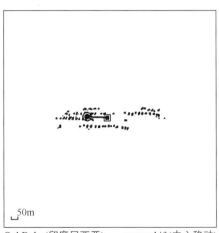

Oel Bubu(印度尼西亚)　　center shift(中心移动)
最大距离=40m/倍率=1.5(sin_thta)
移动距离: 159m

49 Dokan

1 磨粉小屋
2 谷仓
3 调查住居

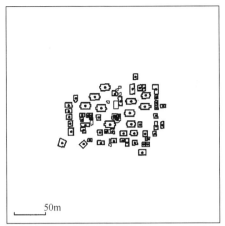

Dokan(印度尼西亚)　　gravity point(重心)
住居数: 59户　　　　　平均面积: 71.2m²
标准差: 38.8m²　　　　变异系数: 0.544
最小面积: 17.3m²　　　最大面积: 163.4m²
平均最近距离: 11.724m

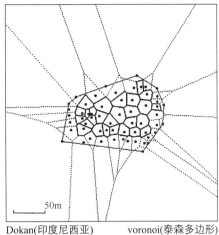

Dokan(印度尼西亚)　　voronoi(泰森多边形)
住居数: 27户　　　　　平均面积: 276.78m²
标准差: 110.28m²　　　邻近距离: 17.877m
变异系数: 0.3984　　　最小面积: 90.801m²
最大面积: 507.2m²

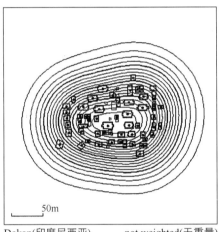

Dokan(印度尼西亚)　　not weighted(无重量)

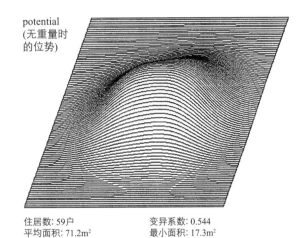

potential (无重量时的位势)

住居数: 59户　　　　　变异系数: 0.544
平均面积: 71.2m²　　　最小面积: 17.3m²
标准差: 38.8m²　　　　最大面积: 163.4m²

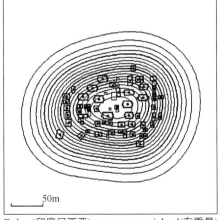

Dokan(印度尼西亚)　　weighted(有重量)

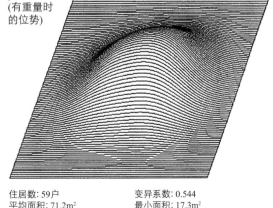

potential (有重量时的位势)

住居数: 59户　　　　　变异系数: 0.544
平均面积: 71.2m²　　　最小面积: 17.3m²
标准差: 38.8m²　　　　最大面积: 163.4m²

341

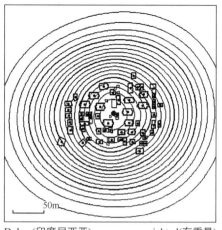
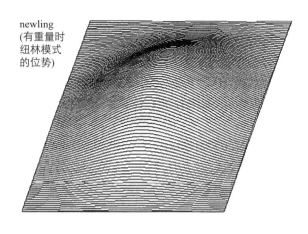

Dokan(印度尼西亚)   weighted(有重量)

newling
(有重量时
纽林模式
的位势)

最大距离=40m/倍率=1.5

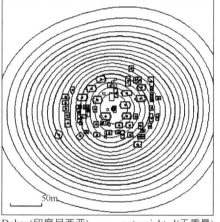
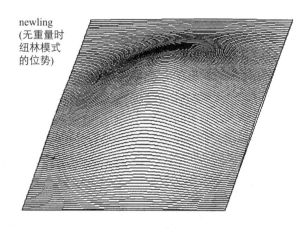

Dokan(印度尼西亚)   not weighted(无重量)

newling
(无重量时
纽林模式
的位势)

最大距离=40m/倍率=1.5

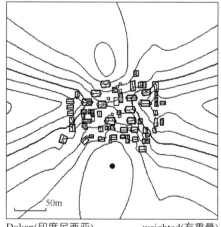
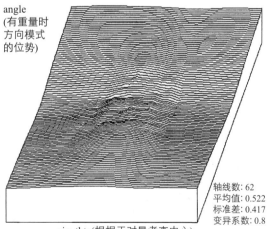

Dokan(印度尼西亚)   weighted(有重量)

angle
(有重量时
方向模式
的位势)

sin_thta(根据正对量考查中心)

轴线数: 62
平均值: 0.522
标准差: 0.417
变异系数: 0.8

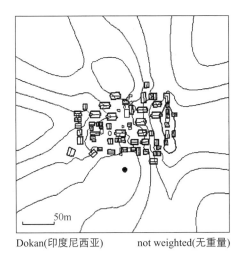

Dokan(印度尼西亚)　　　not weighted(无重量)

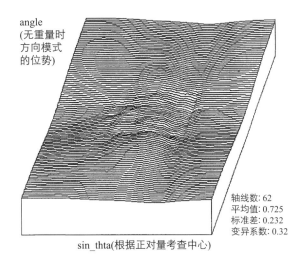

angle
(无重量时
方向模式
的位势)

轴线数: 62
平均值: 0.725
标准差: 0.232
变异系数: 0.32

sin_thta(根据正对量考查中心)

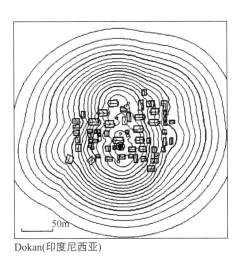

Dokan(印度尼西亚)

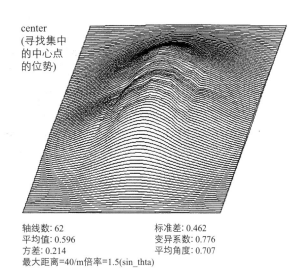

center
(寻找集中
的中心点
的位势)

轴线数: 62　　　　　　　标准差: 0.462
平均值: 0.596　　　　　　变异系数: 0.776
方差: 0.214　　　　　　　平均角度: 0.707
最大距离=40/m倍率=1.5(sin_thta)

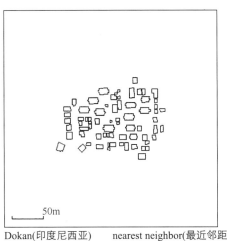

Dokan(印度尼西亚)　　　nearest neighbor(最近邻距离)
住居数: 59户　　　　　　平均距离: 1.57m
标准差: 1.08m　　　　　　变异系数: 0.687
最小距离: 0.35m　　　　　最大距离: 4.75m

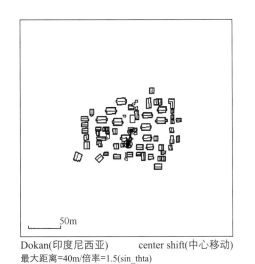

Dokan(印度尼西亚)　　　center shift(中心移动)
最大距离=40m/倍率=1.5(sin_thta)
移动距离: 21.99m

50 Bena

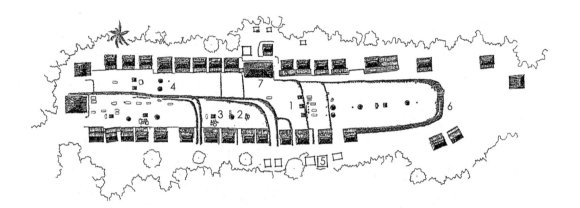

1 广场
2 父亲祖的先祠
3 母亲祖先的祠
4 石柱
5 家畜
6 石坛
7 教会·学校

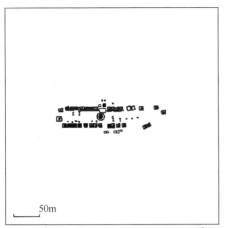

Bena(印度尼西亚)　　　　gravity point(重心)
住居数: 34户　　　　　　平均面积: 42.3m²
标准差: 12.5m²　　　　　变异系数: 0.294
最小面积: 25m²　　　　　最大面积: 99.432m²
平均最近距离: 9.6422m

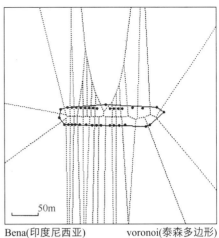

Bena(印度尼西亚)　　　　voronoi(泰森多边形)
平均面积: 268.09m²
邻近距离: 17.594m

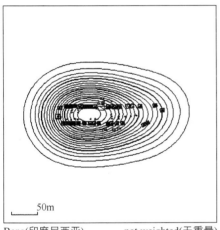

Bena(印度尼西亚)　　　　not weighted(无重量)

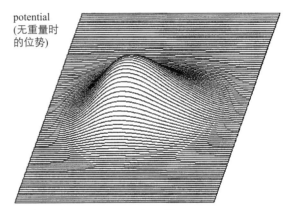

potential
(无重量时
的位势)

住居数: 34户　　　　　　变异系数: 0.295
平均面积: 42.3m²　　　　最小面积: 25m²
标准差: 12.5m²　　　　　最大面积: 99.432m²

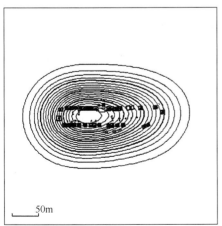

Bena(印度尼西亚)　　　　weighted(有重量)

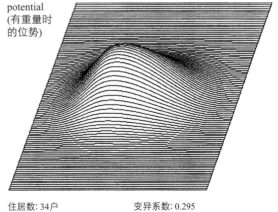

potential
(有重量时
的位势)

住居数: 34户　　　　　　变异系数: 0.295
平均面积: 42.3m²　　　　最小面积: 25m²
标准差: 12.5m²　　　　　最大面积: 99.432m²

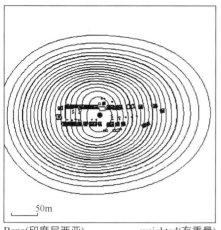

Bena(印度尼西亚)　　　weighted(有重量)

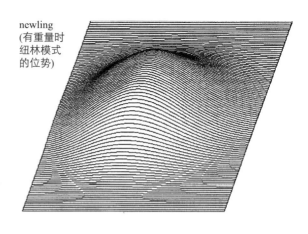

newling
(有重量时
纽林模式
的位势)

最大距离=40m/倍率=1.5

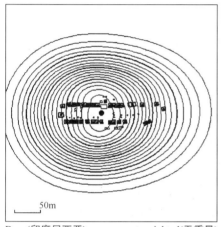

Bena(印度尼西亚)　　　not weighted(无重量)

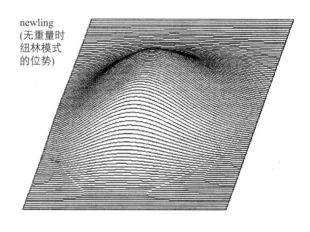

newling
(无重量时
纽林模式
的位势)

最大距离=40m/倍率=1.5

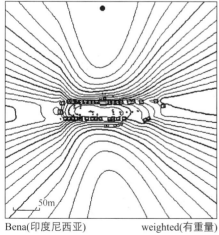

Bena(印度尼西亚)　　　weighted(有重量)

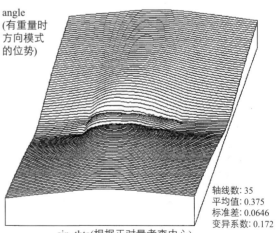

angle
(有重量时
方向模式
的位势)

轴线数: 35
平均值: 0.375
标准差: 0.0646
变异系数: 0.172

sin_thta(根据正对量考查中心)

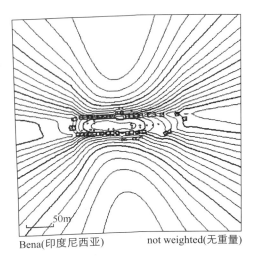

Bena(印度尼西亚)　　　　　not weighted(无重量)

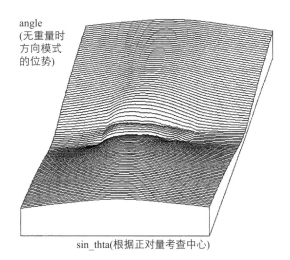

angle
(无重量时方向模式的位势)

sin_thta(根据正对量考查中心)

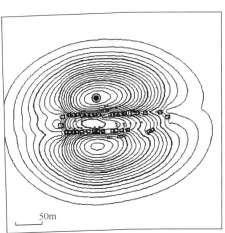

50m

Bena(印度尼西亚)

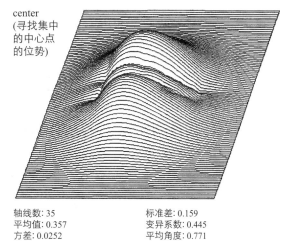

center
(寻找集中的中心点的位势)

轴线数: 35　　　　　　　标准差: 0.159
平均值: 0.357　　　　　　变异系数: 0.445
方差: 0.0252　　　　　　 平均角度: 0.771
最大距离=40m/倍率=1.5(sin_thta)

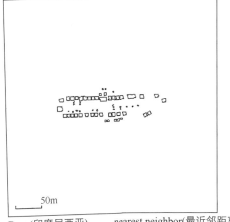

Bena(印度尼西亚)　　　　nearest neighbor(最近邻距离)
住居数: 34户　　　　　　平均距离: 1.356m
标准差: 1.23m　　　　　　变异系数: 0.909
最小距离: 0.25m　　　　　最大距离: 4.15m

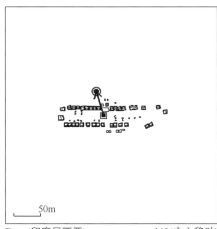

Bena(印度尼西亚)　　　　center shift(中心移动)
最大距离=40m/倍率=1.5(sin_thta)
移动距离: 47.23m

51 Lamboya

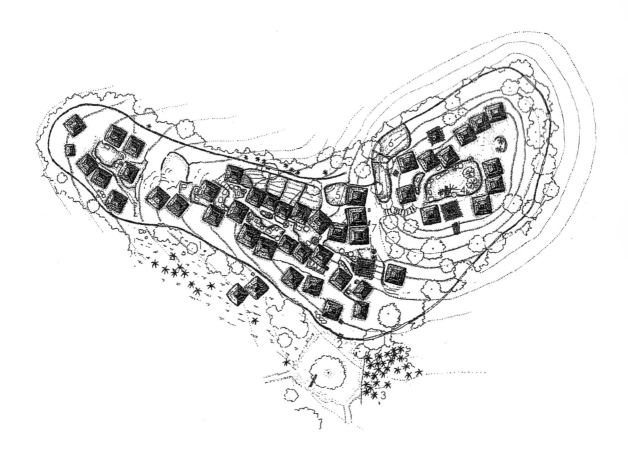

1 石墙
2 聚落入口
3 椰子林
4 树
5 猪圈
6 菜园
7 调查住居

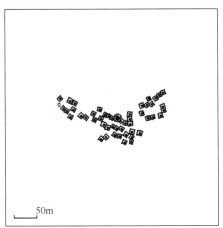

Lamboya(印度尼西亚)　gravity point(重心)
住居数: 50户　　　　平均面积: 81.5m²
标准差: 9.72m²　　　变异系数: 0.119
最小面积: 56.8m²　　最大面积: 102.52m²
平均最近距离: 11.598m

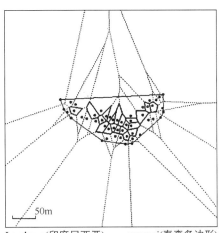

Lamboya(印度尼西亚)　voronoi(泰森多边形)
住居数: 20户　　　　平均面积: 280.63m²
标准差: 99.629m²　　邻近距离: 18.001m
变异系数: 0.355　　　最小面积: 158.06m²
最大面积: 528.62m²

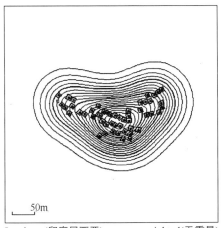

Lamboya(印度尼西亚)　not weighted(无重量)

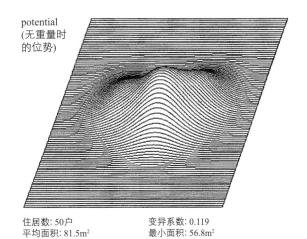

potential
(无重量时的位势)

住居数: 50户　　　　变异系数: 0.119
平均面积: 81.5m²　　最小面积: 56.8m²
标准差: 9.72m²　　　最大面积: 102.52m²

Lamboya(印度尼西亚)　weighted(有重量)

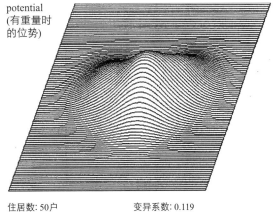

potential
(有重量时的位势)

住居数: 50户　　　　变异系数: 0.119
平均面积: 81.5m²　　最小面积: 56.8m²
标准差: 9.72m²　　　最大面积: 102.52m²

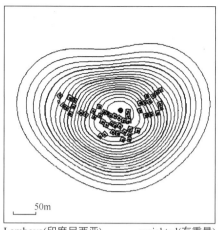
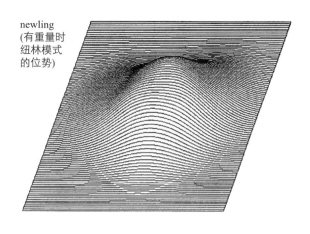

Lamboya(印度尼西亚)　　weighted(有重量)
newling
(有重量时
纽林模式
的位势)

最大距离=40m/倍率=1.5

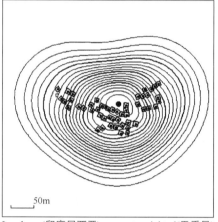
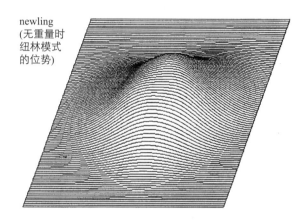

Lamboya(印度尼西亚)　　not weighted(无重量)
newling
(无重量时
纽林模式
的位势)

最大距离=40m/倍率=1.5

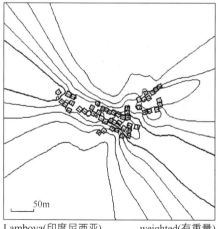
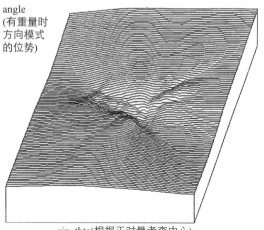

Lamboya(印度尼西亚)　　weighted(有重量)
angle
(有重量时
方向模式
的位势)

sin_thta(根据正对量考查中心)

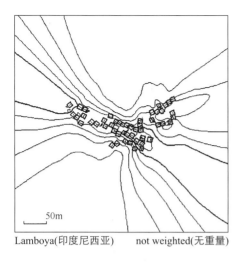

Lamboya(印度尼西亚)　　not weighted(无重量)

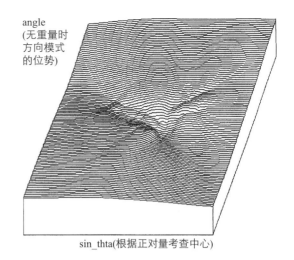

sin_thta(根据正对量考查中心)

angle
(无重量时
方向模式
的位势)

center
(寻找集中
的中心点
的位势)

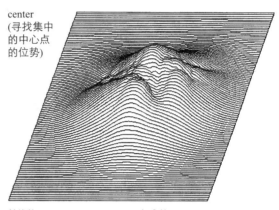

Lamboya(印度尼西亚)

轴线数: 50　　　　　　标准差: 0.337
平均值: 0.623　　　　　变异系数: 0.542
方差: 0.114　　　　　　平均角度: 0.663
最大距离=40m/倍率=1.5(sin_thta)

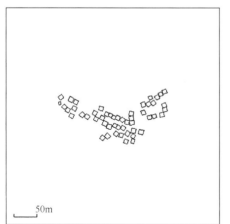

Lamboya(印度尼西亚)　　nearest neighbor(最近邻距离)
住居数: 50户　　　　　平均距离: 0.742m
标准差: 0.981m　　　　变异系数: 1.32
最小距离: 0.05m　　　　最大距离: 5.65m

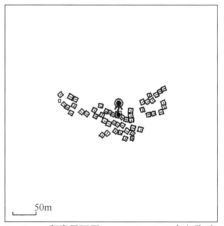

Lamboya(印度尼西亚)　　center shift(中心移动)
最大距离=40m/倍率=1.5(sin_thta)
移动距离: 24.83m

52 Lempo

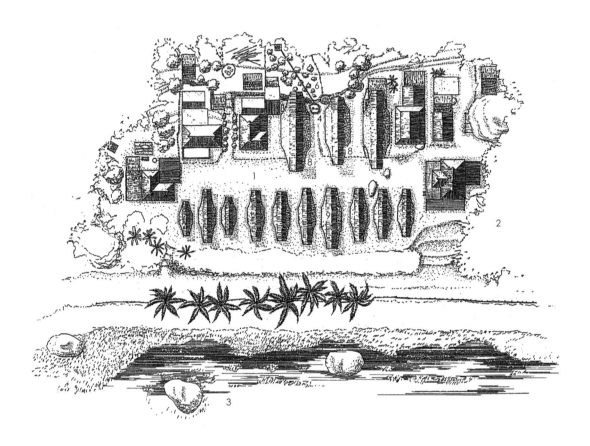

1 广场(路)
2 竹林
3 水田
4 取水处
5 小庙
6 菜园
7 家畜
8 调查住居
9 谷仓

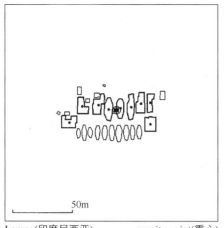

Lempo(印度尼西亚)　　　　gravity point(重心)
住居数: 9户　　　　　　　平均面积: 96.2m²
标准差: 11.7m²　　　　　 变异系数: 0.121
最小面积: 70.6m²　　　　 最大面积: 105.3m²
平均最近距离: 11.072m

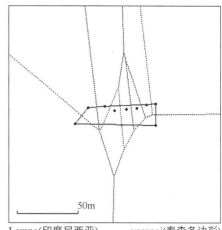

Lempo(印度尼西亚)　　　　voronoi(泰森多边形)
平均面积: 241.11m²
邻近距离: 16.686m

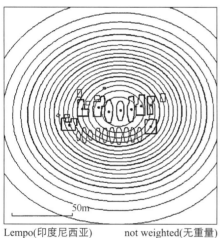

Lempo(印度尼西亚)　　　　not weighted(无重量)

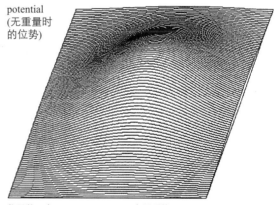

potential
(无重量时
的位势)

住居数: 9户　　　　　　　变异系数: 0.121
平均面积: 96.2m²　　　　 最小面积: 70.6m²
标准差: 11.7m²　　　　　 最大面积: 105.3m²

Lempo(印度尼西亚)　　　　weighted(有重量)

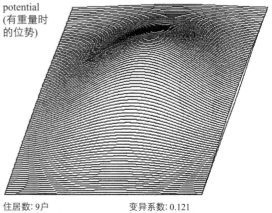

potential
(有重量时
的位势)

住居数: 9户　　　　　　　变异系数: 0.121
平均面积: 96.2m²　　　　 最小面积: 70.6m²
标准差: 11.7m²　　　　　 最大面积: 105.3m²

Lempo(印度尼西亚)　　　weighted(有重量)

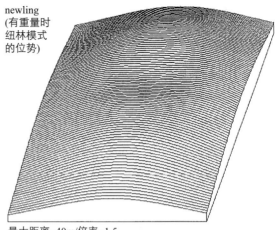

newling
(有重量时
纽林模式
的位势)

最大距离=40m/倍率=1.5

Lempo(印度尼西亚)　　　not weighted(无重量)

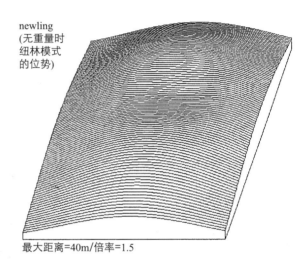

newling
(无重量时
纽林模式
的位势)

最大距离=40m/倍率=1.5

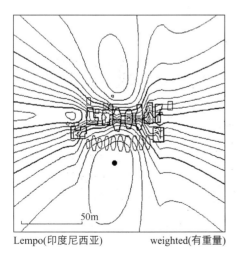

Lempo(印度尼西亚)　　　weighted(有重量)

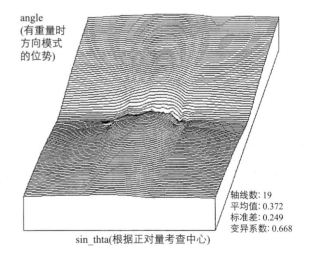

angle
(有重量时
方向模式
的位势)

轴线数: 19
平均值: 0.372
标准差: 0.249
变异系数: 0.668

sin_thta(根据正对量考查中心)

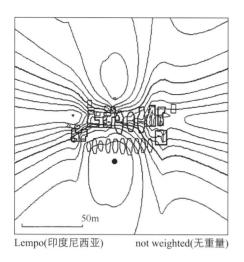

Lempo(印度尼西亚)　　not weighted(无重量)

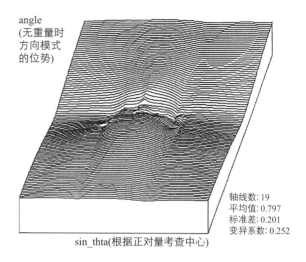

angle
(无重量时方向模式的位势)

sin_thta(根据正对量考查中心)

轴线数: 19
平均值: 0.797
标准差: 0.201
变异系数: 0.252

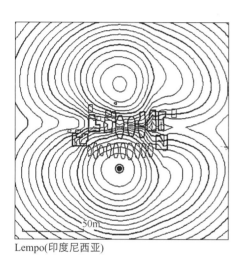

Lempo(印度尼西亚)

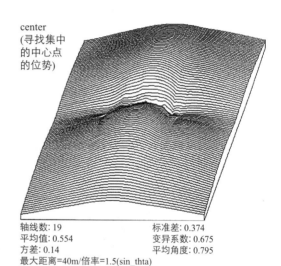

center
(寻找集中的中心点的位势)

轴线数: 19　　　　　　　标准差: 0.374
平均值: 0.554　　　　　变异系数: 0.675
方差: 0.14　　　　　　平均角度: 0.795
最大距离=40m/倍率=1.5(sin_thta)

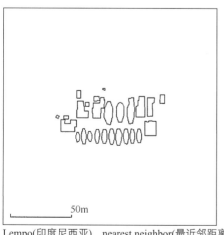

Lempo(印度尼西亚)　　nearest neighbor(最近邻距离)
住居数: 9户　　　　　平均距离: 0.8611m
标准差: 0.456m　　　变异系数: 0.529
最小距离: 0.35m　　　最大距离: 1.85m

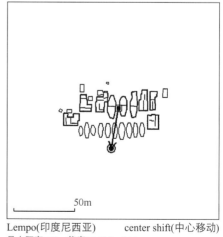

Lempo(印度尼西亚)　　center shift(中心移动)
最大距离=40m/倍率=1.5(sin_thta)
移动距离: 33.47m

53 Nanggara

1 广场(路)
2 小庙
3 调查住居
4 谷仓

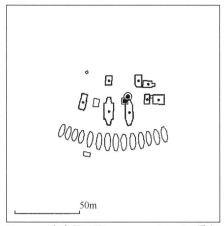

Nanggara(印度尼西亚)　　gravity point(重心)
住居数: 8户　　　　　　　平均面积: 59.1m²
标准差: 29.3m²　　　　　　变异系数: 0.495
最小面积: 28.2m²　　　　　最大面积: 116.85m²
平均最近距离: 13.392m

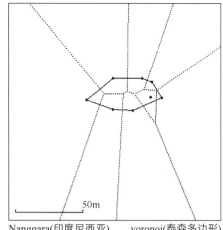

Nanggara(印度尼西亚)　　voronoi(泰森多边形)
平均面积: 936.61m²
邻近距离: 32.886m

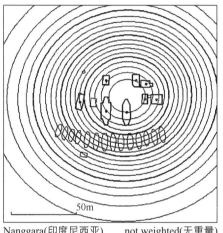

Nanggara(印度尼西亚)　　not weighted(无重量)

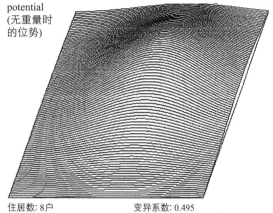

potential (无重量时的位势)

住居数: 8户　　　　　　　变异系数: 0.495
平均面积: 59.1m²　　　　　最小面积: 28.2m²
标准差: 29.3m²　　　　　　最大面积: 116.85m²

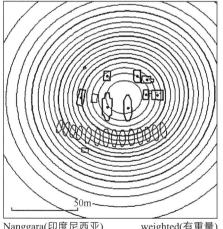

Nanggara(印度尼西亚)　　weighted(有重量)

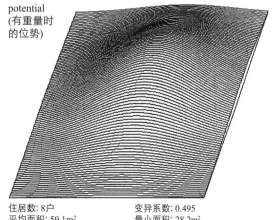

potential (有重量时的位势)

住居数: 8户　　　　　　　变异系数: 0.495
平均面积: 59.1m²　　　　　最小面积: 28.2m²
标准差: 29.3m²　　　　　　最大面积: 116.85m²

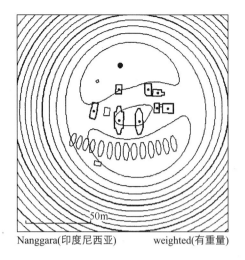

Nanggara(印度尼西亚)　　weighted(有重量)

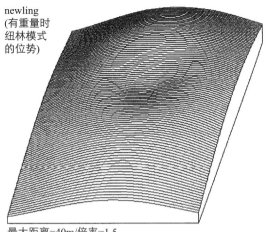

newling
(有重量时
纽林模式
的位势)

最大距离=40m/倍率=1.5

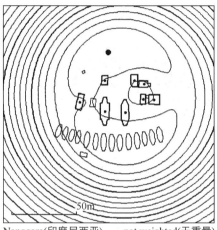

Nanggara(印度尼西亚)　　not weighted(无重量)

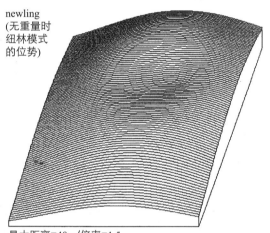

newling
(无重量时
纽林模式
的位势)

最大距离=40m/倍率=1.5

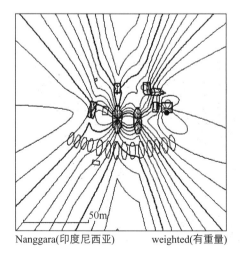

Nanggara(印度尼西亚)　　weighted(有重量)

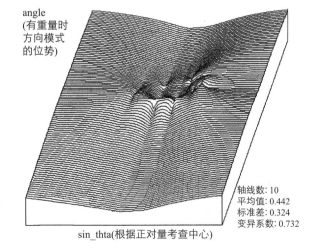

angle
(有重量时
方向模式
的位势)

轴线数: 10
平均值: 0.442
标准差: 0.324
变异系数: 0.732

sin_thta(根据正对量考查中心)

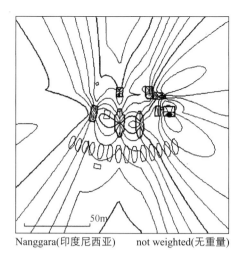

Nanggara(印度尼西亚)　　not weighted(无重量)

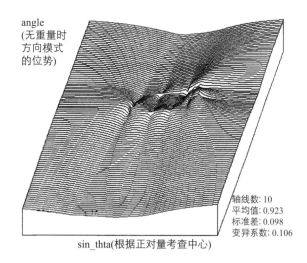

sin_thta(根据正对量考查中心)

轴线数: 10
平均值: 0.923
标准差: 0.098
变异系数: 0.106

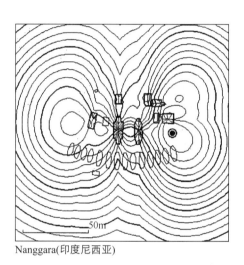

Nanggara(印度尼西亚)

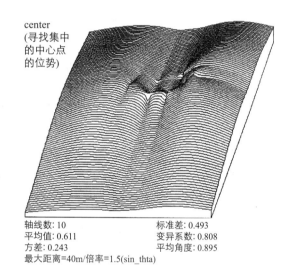

center
(寻找集中的中心点的位势)

轴线数: 10　　　　标准差: 0.493
平均值: 0.611　　　变异系数: 0.808
方差: 0.243　　　　平均角度: 0.895
最大距离=40m/倍率=1.5(sin_thta)

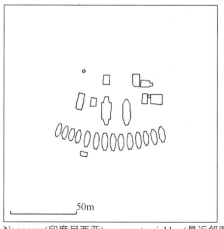

Nanggara(印度尼西亚)　　nearest neighbor(最近邻距离)
住居数: 8户　　　　　平均距离: 2.912m
标准差: 2.29m　　　　变异系数: 0.785
最小距离: 0.35m　　　最大距离: 6.75m

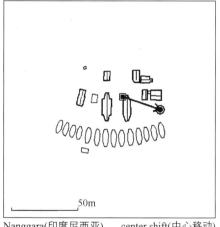

Nanggara(印度尼西亚)　　center shift(中心移动)
最大距离=40m/倍率=1.5(sin_thta)
移动距离: 30.35m

359

54 Pasunga

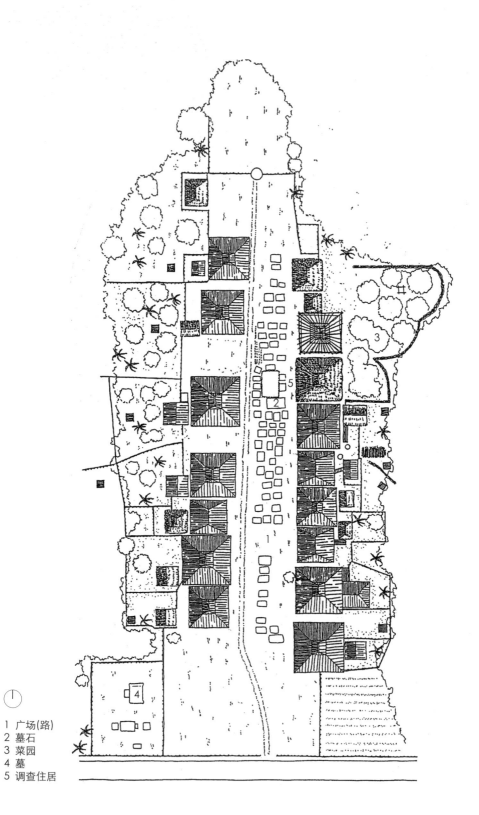

1 广场(路)
2 墓石
3 菜园
4 墓
5 调查住居

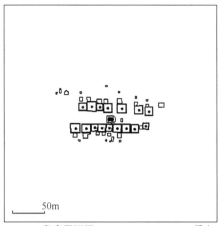

Pasunga(印度尼西亚)　　　　gravity point(重心)
住居数: 16户　　　　　　　　平均面积: 152m²
标准差: 37.1m²　　　　　　　变异系数: 0.245
最小面积: 85.1m²　　　　　　最大面积: 214.27m²
平均最近距离: 14.087m

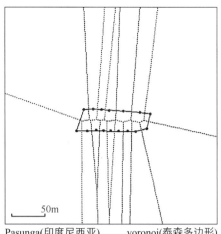

Pasunga(印度尼西亚)　　　　voronoi(泰森多边形)
平均面积: 405.75m²
邻近距离: 21.645m

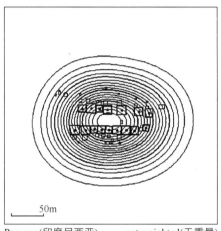

Pasunga(印度尼西亚)　　　　not weighted(无重量)

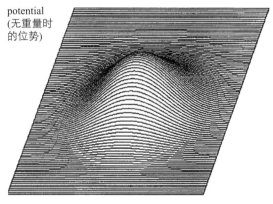

potential
(无重量时
的位势)

住居数: 16户　　　　　　　　变异系数: 0.245
平均面积: 152m²　　　　　　最小面积: 85.1m²
标准差: 37.1m²　　　　　　　最大面积: 214.27m²

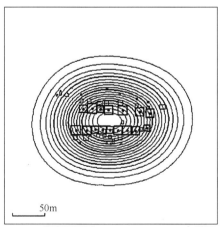

Pasunga(印度尼西亚)　　　　weighted(有重量)

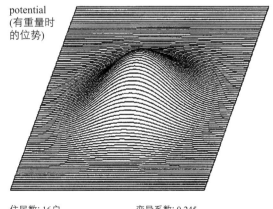

potential
(有重量时
的位势)

住居数: 16户　　　　　　　　变异系数: 0.245
平均面积: 152m²　　　　　　最小面积: 85.1m²
标准差: 37.1m²　　　　　　　最大面积: 214.27m²

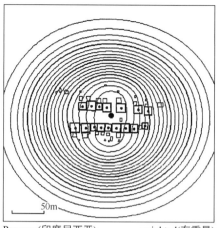
Pasunga(印度尼西亚)　　weighted(有重量)

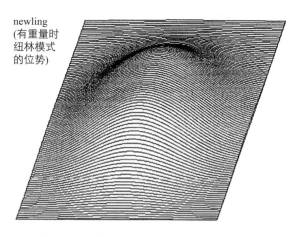
newling
(有重量时
纽林模式
的位势)

最大距离=40m/倍率=1.5

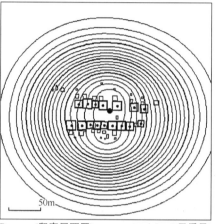
Pasunga(印度尼西亚)　　not weighted(无重量)

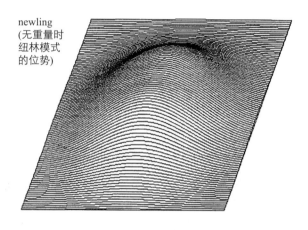
newling
(无重量时
纽林模式
的位势)

最大距离=40m/倍率=1.5

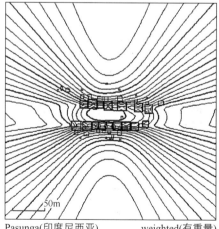
Pasunga(印度尼西亚)　　weighted(有重量)

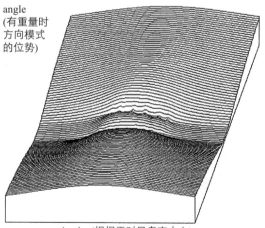
angle
(有重量时
方向模式
的位势)

sin_thta(根据正对量考查中心)

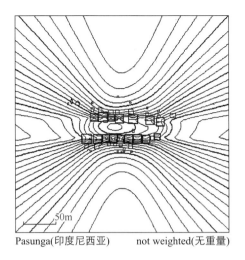

Pasunga(印度尼西亚)　　　not weighted(无重量)

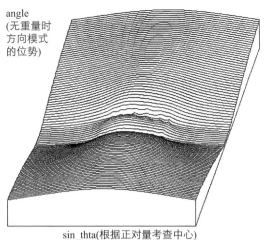

angle
(无重量时
方向模式
的位势)

sin_thta(根据正对量考查中心)

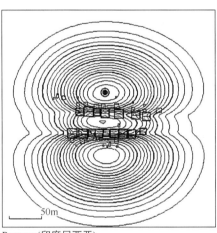

Pasunga(印度尼西亚)

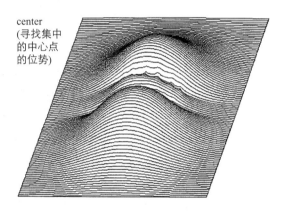

center
(寻找集中
的中心点
的位势)

轴线数: 16　　　　　　标准差: 0.543
平均值: 1.62　　　　　变异系数: 0.336
方差: 0.295　　　　　 平均角度: 0.828
最大距离=40m/倍率=1.5(sin_thta)

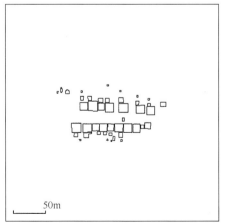

Pasunga(印度尼西亚)　　　nearest neighbor(最近邻距离)
住居数: 16户　　　　　　平均距离: 1.019m
标准差: 1.1m　　　　　　变异系数: 1.08
最小距离: 0.15m　　　　 最大距离: 4.05m

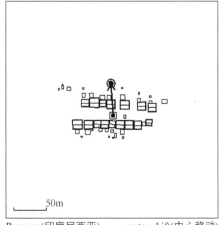

Pasunga(印度尼西亚)　　　center shift(中心移动)
最大距离=40m/倍率=1.5(sin_thta)
移动距离: 48.46m

55 Sade/Rembitan

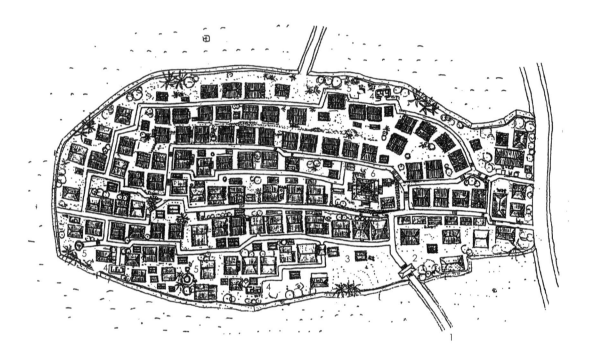

1 入口道路
2 门
3 谷仓
4 寺庙
5 水井
6 清真寺

Sade/Rembitan(印度尼西亚)　gravity point(重心)
住居数: 107户　　　　　　　平均面积: 47.5m²
标准差: 10.3m²　　　　　　变异系数: 0.218
最小面积: 27m²　　　　　　最大面积: 89.318m²
平均最近距离: 9.0307m

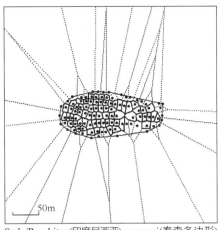

Sade/Rembitan(印度尼西亚)　voronoi(泰森多边形)
住居数: 68户　　　　　　　平均面积: 140.39m²
标准差: 43.751m²　　　　　邻近距离: 12.732m
变异系数: 0.3116　　　　　最小面积: 86.801m²
最大面积: 305.36m²

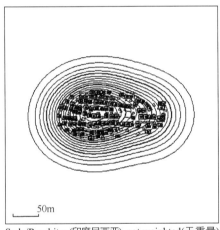

Sade/Rembitan(印度尼西亚) not weighted(无重量)

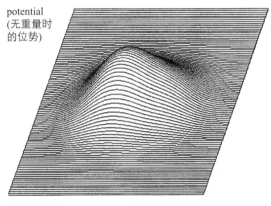

potential (无重量时的位势)

住居数: 107户　　　　　　变异系数: 0.218
平均面积: 47.5m²　　　　 最小面积: 27m²
标准差: 10.3m²　　　　　 最大面积: 89.318m²

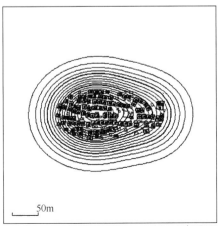

Sade/Rembitan(印度尼西亚)　weighted(有重量)

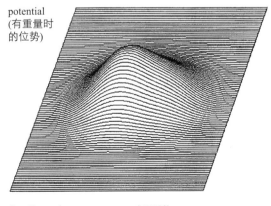

potential (有重量时的位势)

住居数: 107户　　　　　　变异系数: 0.218
平均面积: 47.5m²　　　　 最小面积: 27m²
标准差: 10.3m²　　　　　 最大面积: 89.318m²

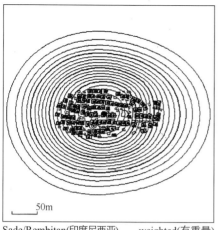

Sade/Rembitan(印度尼西亚)　weighted(有重量)

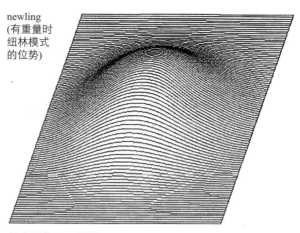

newling
(有重量时
纽林模式
的位势)

最大距离=40m/倍率=1.5

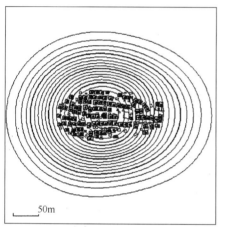

Sade/Rembitan(印度尼西亚) not weighted(无重量)

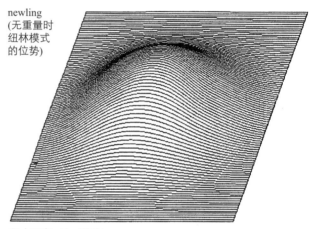

newling
(无重量时
纽林模式
的位势)

最大距离=40m/倍率=1.5

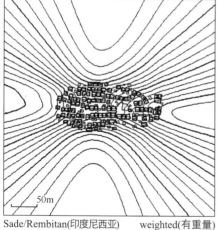

Sade/Rembitan(印度尼西亚)　weighted(有重量)

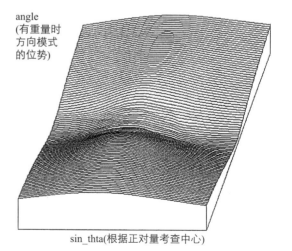

angle
(有重量时
方向模式
的位势)

sin_thta(根据正对量考查中心)

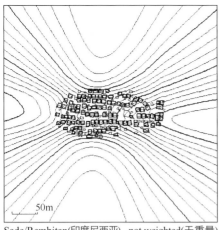

Sade/Rembitan(印度尼西亚) not weighted(无重量)

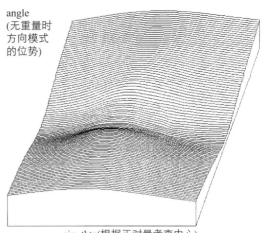

angle
(无重量时方向模式的位势)

sin_thta(根据正对量考查中心)

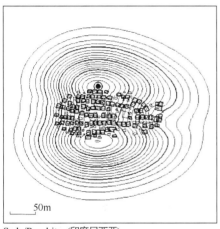

Sade/Rembitan(印度尼西亚)

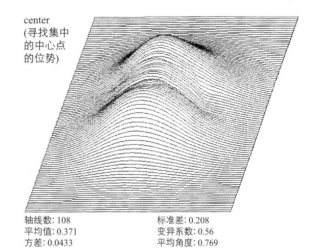

center
(寻找集中的中心点的位势)

轴线数: 108　　　　　　　标准差: 0.208
平均值: 0.371　　　　　　变异系数: 0.56
方差: 0.0433　　　　　　 平均角度: 0.769
最大距离=40m/倍率=1.5(sin_thta)

Sade/Rembitan(印度尼西亚) nearest neighbor(最近邻距离)
住居数: 107户　　　　　　平均距离: 0.9023m
标准差: 0.592m　　　　　 变异系数: 0.656
最小距离: 0.25m　　　　　最大距离: 3.25m

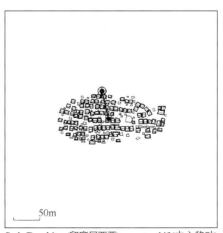

Sade/Rembitan(印度尼西亚) center shift(中心移动)
最大距离=40m/倍率=1.5(sin_thta)
移动距离: 54.23m

56　Tarung/Waitabar

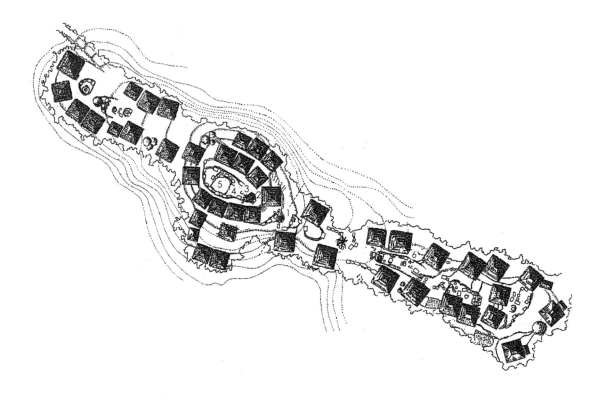

1 村子边界
2 祠
3 树
4 墓石
5 坛
6 调查住居

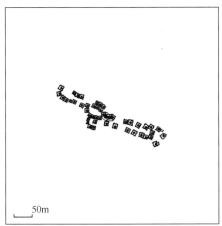

Tarung/Waitabar(印度尼西亚)　gravity point(重心)
住居数: 45户　　　　　　平均面积: 101m²
标准差: 25.8m²　　　　　变异系数: 0.255
最小面积: 40.3m²　　　　最大面积: 147.62m²
平均最近距离: 13.479m

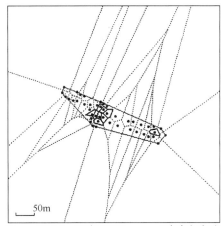

Tarung/Waitabar(印度尼西亚)　voronoi(泰森多边形)
住居数: 9户　　　　　　　平均面积: 253.47m²
标准差: 69.106m²　　　　邻近距离: 17.108m
变异系数: 0.2726　　　　最小面积: 172.82m²
最大面积: 379.19m²

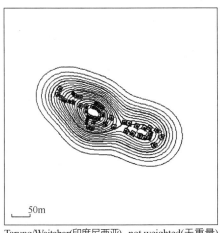

Tarung/Waitabar(印度尼西亚)　not weighted(无重量)

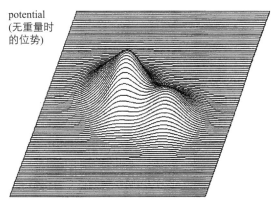

potential (无重量时的位势)

住居数: 45户　　　　变异系数: 0.255
平均面积: 101m²　　 最小面积: 40.3m²
标准差: 25.8m²　　　最大面积: 147.62m²

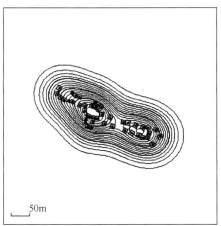

Tarung/Waitabar(印度尼西亚)　weighted(有重量)

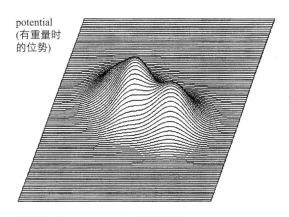

potential (有重量时的位势)

住居数: 45户　　　　变异系数: 0.255
平均面积: 101m²　　 最小面积: 40.3m²
标准差: 25.8m²　　　最大面积: 147.62m²

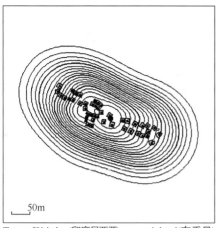

Tarung/Waitabar(印度尼西亚)　　weighted(有重量)

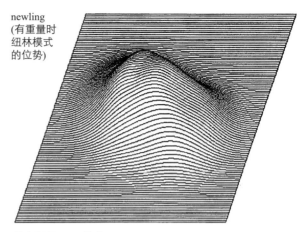

newling
(有重量时
纽林模式
的位势)

最大距离=40m/倍率=1.5

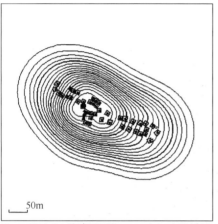

Tarung/Waitabar(印度尼西亚) not weighted(无重量)

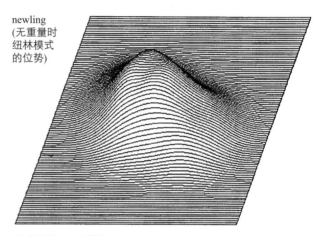

newling
(无重量时
纽林模式
的位势)

最大距离=40m/倍率=1.5

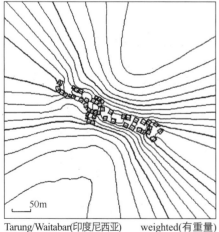

Tarung/Waitabar(印度尼西亚)　　weighted(有重量)

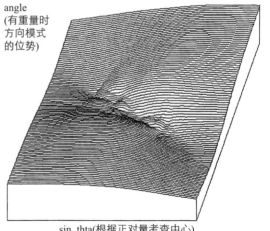

angle
(有重量时
方向模式
的位势)

sin_thta(根据正对量考查中心)

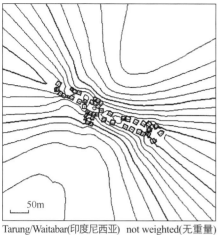

Tarung/Waitabar(印度尼西亚) not weighted(无重量)

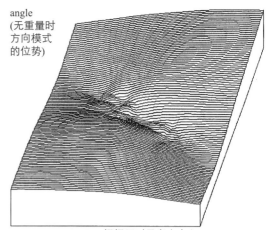

angle
(无重量时方向模式的位势)

sin_thta(根据正对量考查中心)

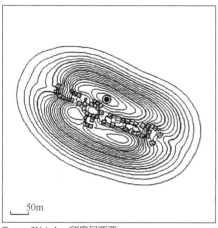

Tarung/Waitabar(印度尼西亚)

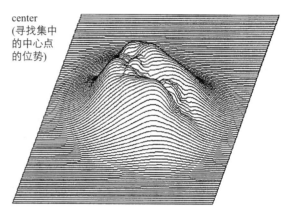

center
(寻找集中的中心点的位势)

轴线数: 47　　　　　　　标准差: 0.464
平均值: 0.519　　　　　 变异系数: 0.896
方差: 0.216　　　　　　 平均角度: 0.631
最大距离=40m/倍率=1.5(sin_thta)

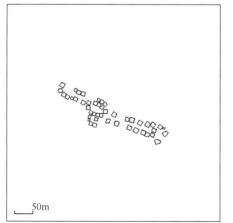

Tarung/Waitabar(印度尼西亚) nearest neighbor(最近邻距离)
住居数: 45户　　　　　　平均距离: 1.214m
标准差: 1.48m　　　　　 变异系数: 1.22
最小距离: 0.05m　　　　 最大距离: 5.35m

Tarung/Waitabar(印度尼西亚) center shift(中心移动)
最大距离=40m/倍率=1.5(sin_thta)
移动距离: 45.35m

57 Wanumuttu

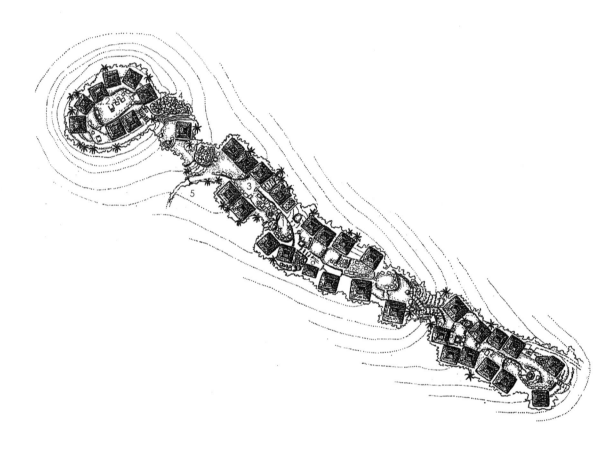

1 树
2 墓
3 墓石
4 菜园
5 石头小屋

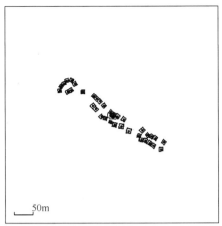
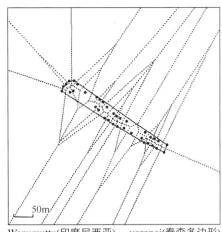

Wanumuttu(印度尼西亚)　　gravity point(重心)
住居数: 36户　　　　平均面积: 92.1m²
标准差: 15.8m²　　　变异系数: 0.171
最小面积: 51.7m²　　最大面积: 139.12m²
平均最近距离: 13.161m

Wanumuttu(印度尼西亚)　　voronoi(泰森多边形)
平均面积: 365.46m²
邻近距离: 20.543m

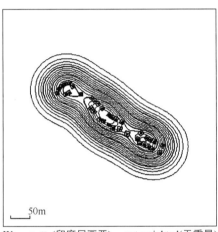
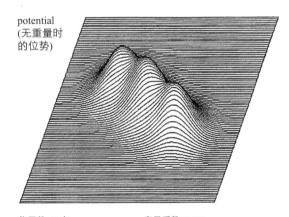

Wanumuttu(印度尼西亚)　　not weighted(无重量)

potential
(无重量时
的位势)

住居数: 36户　　　　变异系数: 0.171
平均面积: 92.1m²　　最小面积: 51.7m²
标准差: 15.8m²　　　最大面积: 139.12m²

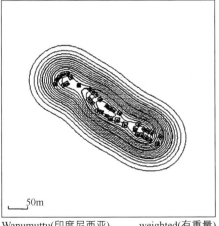
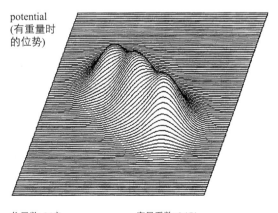

Wanumuttu(印度尼西亚)　　weighted(有重量)

potential
(有重量时
的位势)

住居数: 36户　　　　变异系数: 0.171
平均面积: 92.1m²　　最小面积: 51.7m²
标准差: 15.8m²　　　最大面积: 139.12m²

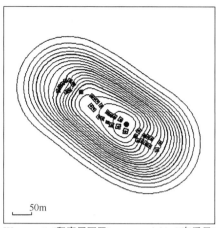
Wanumuttu(印度尼西亚)　weighted(有重量)

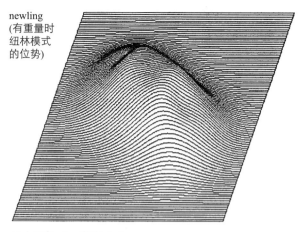
newling
(有重量时
纽林模式
的位势)

最大距离=40m/倍率=1.5

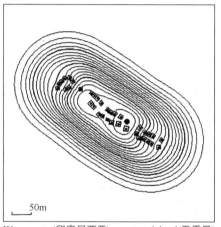
Wanumuttu(印度尼西亚)　not weighted(无重量)

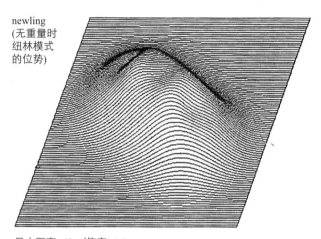
newling
(无重量时
纽林模式
的位势)

最大距离=40m/倍率=1.5

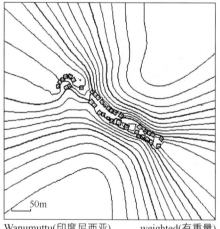
Wanumuttu(印度尼西亚)　weighted(有重量)

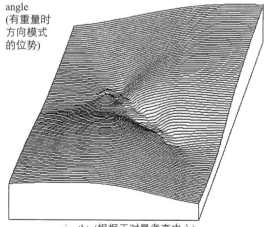
angle
(有重量时
方向模式
的位势)

sin_thta(根据正对量考查中心)

Wanumuttu(印度尼西亚)　not weighted(无重量)

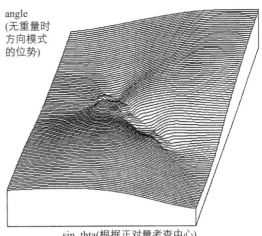

angle
(无重量时方向模式的位势)

sin_thta(根据正对量考查中心)

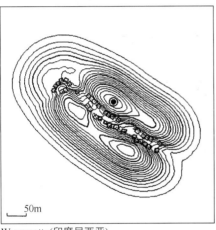

Wanumuttu(印度尼西亚)

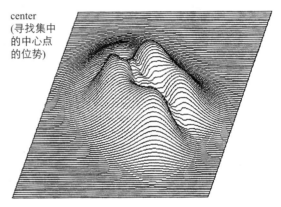

center
(寻找集中的中心点的位势)

轴线数: 36　　　　　标准差: 0.539
平均值: 0.542　　　　变异系数: 0.994
方差: 0.29　　　　　平均角度: 0.656
最大距离=40m/倍率=1.5(sin_thta)

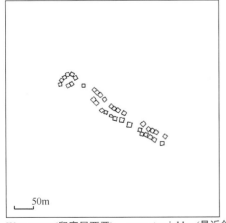

Wanumuttu(印度尼西亚)　nearest neighbor(最近邻距离)
住居数: 36户　　　　　平均距离: 1.314m
标准差: 1.79m　　　　 变异系数: 1.36
最小距离: 0.25m　　　 最大距离: 8.75m

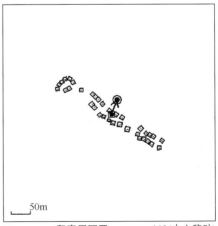

Wanumuttu(印度尼西亚)　center shift(中心移动)
最大距离=40m/倍率=1.5(sin_thta)
移动距离: 40.41m

58 Wogo

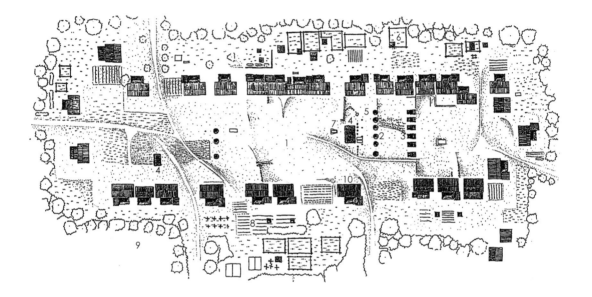

1 广场
2 父系祖先的祠
3 母系祖先的祠
4 石桌(墓)
5 石柱
6 家畜
7 墓
8 耕作场所
9 竹林
10 调查住居

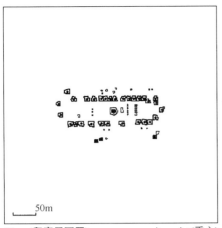

Wogo(印度尼西亚)　　　　gravity point(重心)
住居数: 33户　　　　　　　平均面积: 79.4m²
标准差: 17.2m²　　　　　　变异系数: 0.217
最小面积: 36.3m²　　　　　最大面积: 110.05m²
平均最近距离: 14.495m

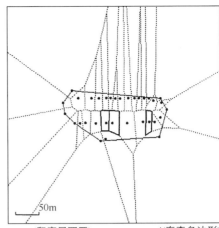

Wogo(印度尼西亚)　　　　voronoi(泰森多边形)
住居数: 33户　　　　　　　平均面积: 778.26m²
标准差: 192.41m²　　　　　邻近距离: 29.978m
变异系数: 0.2472
最大面积: 1032.7m²　　　　最小面积: 567.44m²

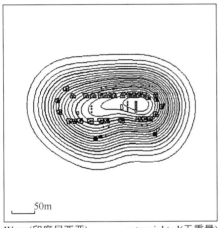

Wogo(印度尼西亚)　　　　not weighted(无重量)

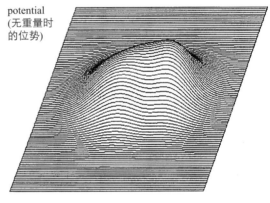

potential
(无重量时的位势)

住居数: 33户　　　　　　　变异系数: 0.217
平均面积: 79.4m²　　　　　最小面积: 36.3m²
标准差: 17.2m²　　　　　　最大面积: 110.05m²

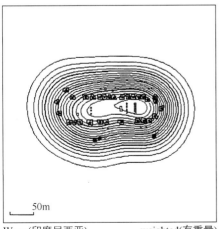

Wogo(印度尼西亚)　　　　weighted(有重量)

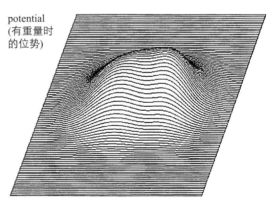

potential
(有重量时的位势)

住居数: 33户　　　　　　　变异系数: 0.217
平均面积: 79.4m²　　　　　最小面积: 36.3m²
标准差: 17.2m²　　　　　　最大面积: 110.05m²

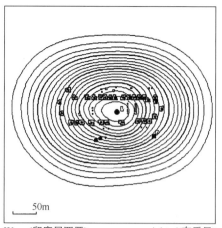

Wogo(印度尼西亚)　　　weighted(有重量)

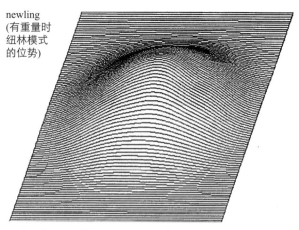

newling
(有重量时
纽林模式
的位势)

最大距离=40m/倍率=1.5

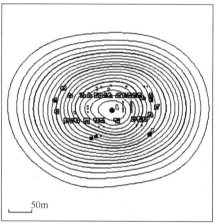

Wogo(印度尼西亚)　　　not weighted(无重量)

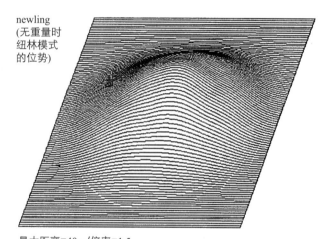

newling
(无重量时
纽林模式
的位势)

最大距离=40m/倍率=1.5

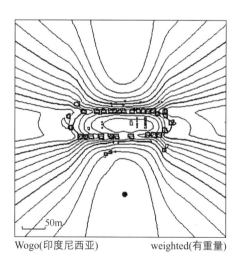

Wogo(印度尼西亚)　　　weighted(有重量)

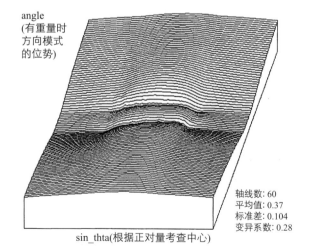

angle
(有重量时
方向模式
的位势)

轴线数: 60
平均值: 0.37
标准差: 0.104
变异系数: 0.28

sin_thta(根据正对量考查中心)

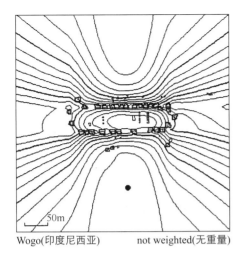

Wogo(印度尼西亚)　　　　not weighted(无重量)

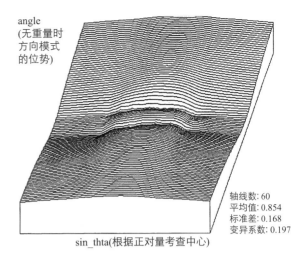

angle
(无重量时
方向模式
的位势)

轴线数: 60
平均值: 0.854
标准差: 0.168
变异系数: 0.197

sin_thta(根据正对量考查中心)

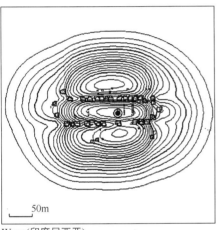

Wogo(印度尼西亚)

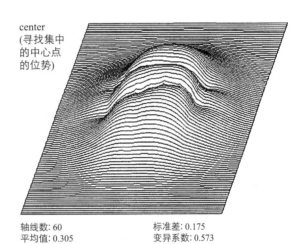

center
(寻找集中
的中心点
的位势)

轴线数: 60　　　　　标准差: 0.175
平均值: 0.305　　　　变异系数: 0.573
方差: 0.0305　　　　平均角度: 0.627
最大距离=40m/倍率=1.5(sin_thta)

Wogo(印度尼西亚)　　nearest neighbor(最近邻距离)
住居数: 33户　　　　　平均距离: 2.202m
标准差: 2.84m　　　　变异系数: 1.29
最小距离: 0.25m　　　最大距离: 11.75m

Wogo(印度尼西亚)　　　center shift(中心移动)
最大距离=40m/倍率=1.5(sin_thta)
移动距离: 18.49m

59 Uros kaskalla

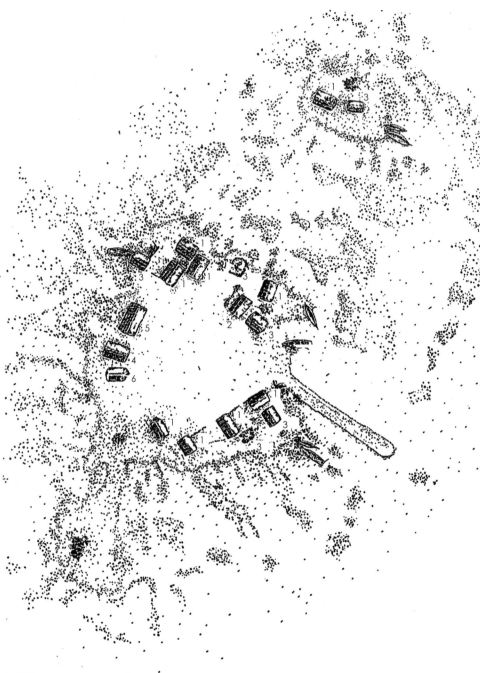

1 住栋
2 住栋+厨房
3 厨房
4 教堂
5 仓库
6 鸡窝

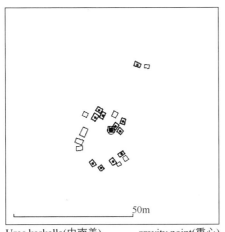

Uros kaskalla(中南美)　　gravity point(重心)
住居数: 11户　　　　　　平均面积: 4.53m²
标准差: 0.52m²　　　　　变异系数: 0.115
最小面积: 3.64m²　　　　最大面积: 5.5745m²
平均最近距离: 5.4386m

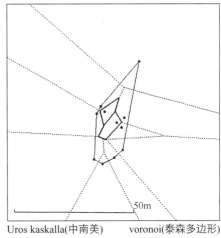

Uros kaskalla(中南美)　　voronoi(泰森多边形)
住居数: 2户　　　　　　　平均面积: 44.195m²
标准差: 6.2161m²　　　　 邻近距离: 7.1436m
变异系数: 0.1407　　　　 最小面积: 37.979m²
最大面积: 50.411m²

Uros kaskalla(中南美)　　not weighted(无重量)

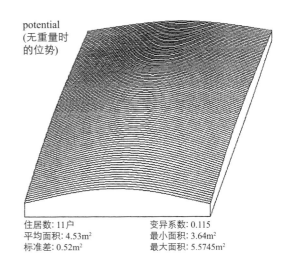

potential
(无重量时
的位势)

住居数: 11户　　　　　　变异系数: 0.115
平均面积: 4.53m²　　　　最小面积: 3.64m²
标准差: 0.52m²　　　　　最大面积: 5.5745m²

Uros kaskalla(中南美)　　weighted(有重量)

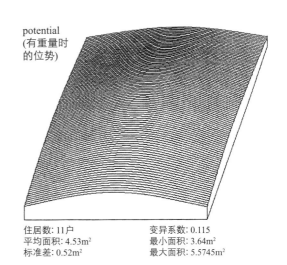

potential
(有重量时
的位势)

住居数: 11户　　　　　　变异系数: 0.115
平均面积: 4.53m²　　　　最小面积: 3.64m²
标准差: 0.52m²　　　　　最大面积: 5.5745m²

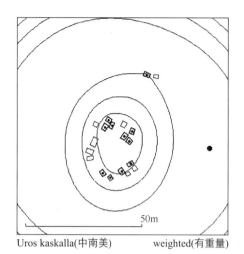

Uros kaskalla(中南美)　　weighted(有重量)

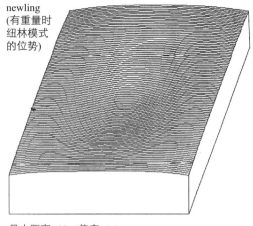

newling
(有重量时
纽林模式
的位势)

最大距离=40m/倍率=1.5

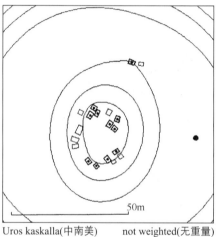

Uros kaskalla(中南美)　　not weighted(无重量)

newling
(无重量时
纽林模式
的位势)

最大距离=40m/倍率=1.5

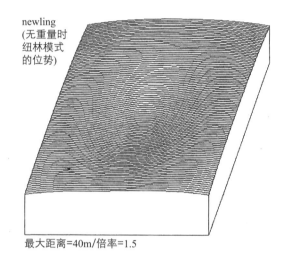

Uros kaskalla(中南美)　　weighted(有重量)

angle
(有重量时
方向模式
的位势)

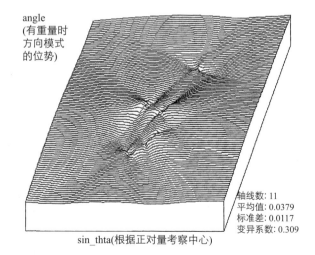

轴线数: 11
平均值: 0.0379
标准差: 0.0117
变异系数: 0.309

sin_thta(根据正对量考察中心)

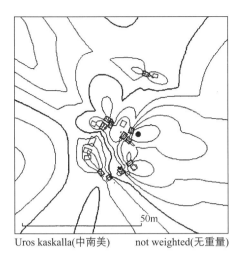

Uros kaskalla(中南美)　　not weighted(无重量)

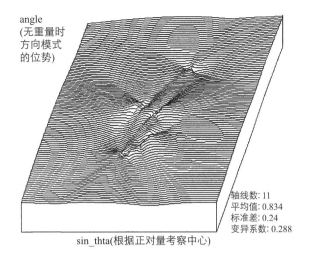

angle
(无重量时方向模式的位势)

sin_thta(根据正对量考察中心)

轴线数: 11
平均值: 0.834
标准差: 0.24
变异系数: 0.288

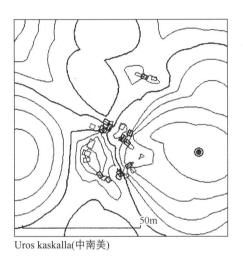

Uros kaskalla(中南美)

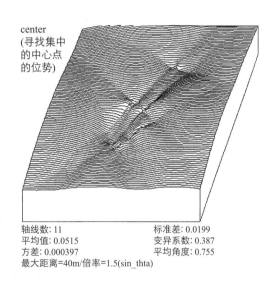

center
(寻找集中的中心点的位势)

轴线数: 11　　　　　　　标准差: 0.0199
平均值: 0.0515　　　　　变异系数: 0.387
方差: 0.000397　　　　　平均角度: 0.755
最大距离=40m/倍率=1.5(sin_thta)

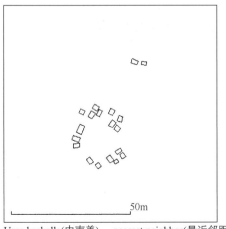

Uros kaskalla(中南美)　　nearest neighbor(最近邻距离)
住居数: 11户　　　　　　平均距离: 1.505m
标准差: 3.02m　　　　　　变异系数: 2
最小距离: 0.15m　　　　　最大距离: 10.95m

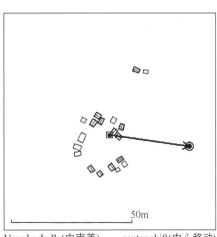

Uros kaskalla(中南美)　　center shift(中心移动)
最大距离=40m/倍率=1.5(sin_thta)
移动距离: 33.54m

383

60 Bislaiy

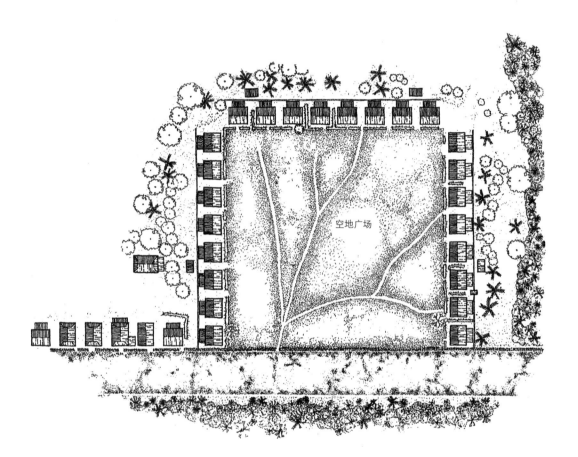

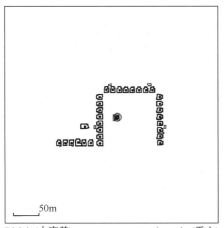

Bislaiy(中南美)　　　　gravity point(重心)
住居数: 31户　　　　　　平均面积: 84.7m²
标准差: 7.99m²　　　　　变异系数: 0.0943
最小面积: 76.3m²　　　　最大面积: 108.92m²
平均最近距离: 12.704m

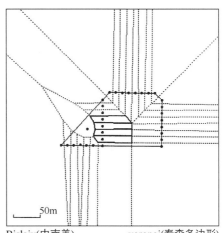

Bislaiy(中南美)　　　　voronoi(泰森多边形)
住居数: 4户　　　　　　平均面积: 878.39m²
标准差: 21.384m²　　　　邻近距离: 31.848m
变异系数: 0.02434　　　　最小面积: 845.13m²
最大面积: 903.64m²

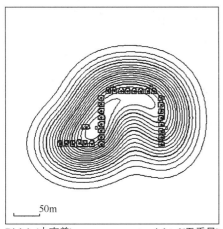

Bislaiy(中南美)　　　　not weighted(无重量)

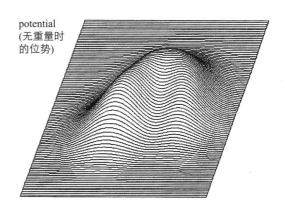

potential (无重量时的位势)

住居数: 31户　　　　　　变异系数: 0.0943
平均面积: 84.7m²　　　　最小面积: 76.3m²
标准差: 7.99m²　　　　　最大面积: 108.92m²

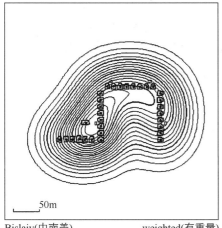

Bislaiy(中南美)　　　　weighted(有重量)

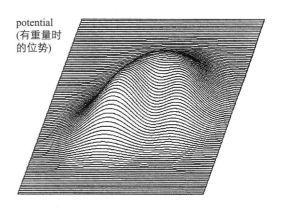

potential (有重量时的位势)

住居数: 31户　　　　　　变异系数: 0.0943
平均面积: 84.7m²　　　　最小面积: 76.3m²
标准差: 7.99m²　　　　　最大面积: 108.92m²

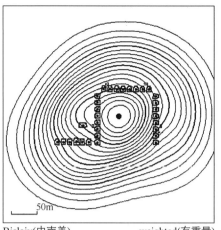

Bislaiy(中南美)　　　　weighted(有重量)

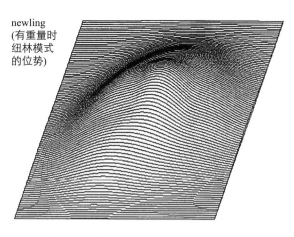

newling
(有重量时
纽林模式
的位势)

最大距离=40m/倍率=1.5

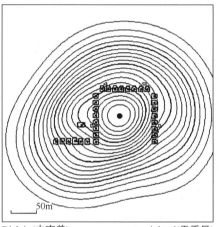

Bislaiy(中南美)　　　　not weighted(无重量)

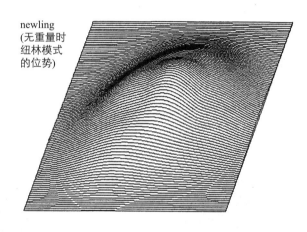

newling
(无重量时
纽林模式
的位势)

最大距离=40m/倍率=1.5

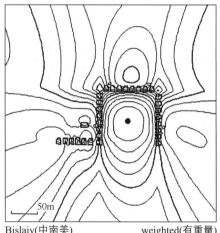

Bislaiy(中南美)　　　　weighted(有重量)

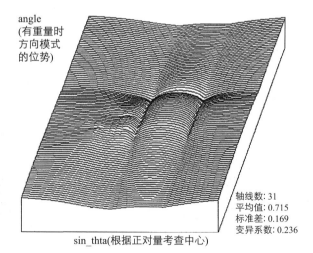

angle
(有重量时
方向模式
的位势)

轴线数: 31
平均值: 0.715
标准差: 0.169
变异系数: 0.236

sin_thta(根据正对量考查中心)

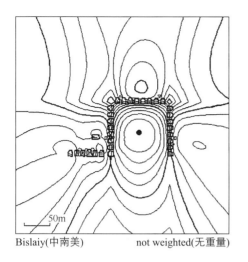

Bislaiy(中南美)　　　　　not weighted(无重量)

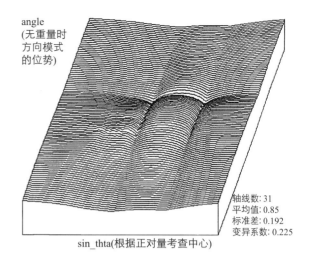

angle
(无重量时
方向模式
的位势)

轴线数: 31
平均值: 0.85
标准差: 0.192
变异系数: 0.225

sin_thta(根据正对量考查中心)

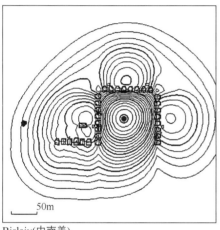

Bislaiy(中南美)

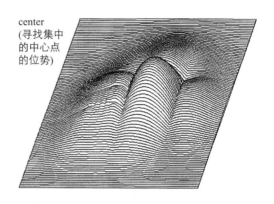

center
(寻找集中
的中心点
的位势)

轴线数: 31　　　　　　　标准差: 0.335
平均值: 0.849　　　　　变异系数: 0.395
方差: 0.112　　　　　　平均角度: 0.848
最大距离=40m/倍率=1.5(sin_thta)

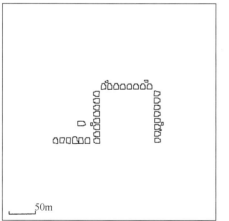

Bislaiy(中南美)　　　　nearest neighbor(最近邻距离)
住居数: 31户　　　　　平均距离: 1.869m
标准差: 1.13m　　　　　变异系数: 0.607
最小距离: 0.45m　　　　最大距离: 7.75m

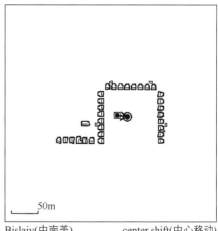

Bislaiy(中南美)　　　　center shift(中心移动)
最大距离=40m/倍率=1.5(sin_thta)
移动距离: 18.91m

61　Juncal

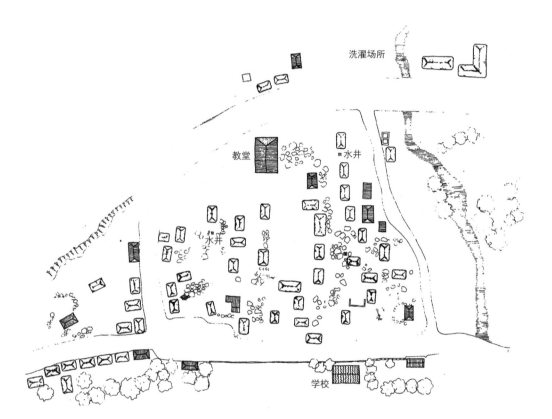

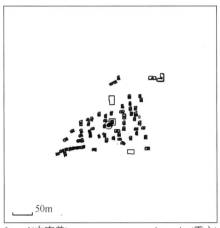

Juncal(中南美) gravity point(重心)
住居数: 62户 平均面积: 51.4m²
标准差: 24.4m² 变异系数: 0.474
最小面积: 28m² 最大面积: 208.28m²
平均最近距离: 13.435m

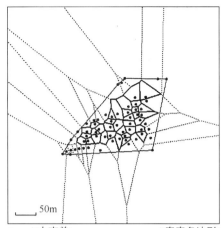

Juncal(中南美) voronoi(泰森多边形)
住居数: 34户 平均面积: 427.1m²
标准差: 256.82m² 邻近距离: 22.208m
变异系数: 0.6013 最小面积: 201.98m²
最大面积: 1239.6m²

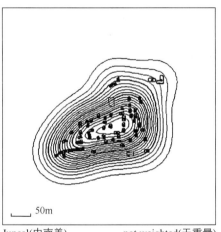

Juncal(中南美) not weighted(无重量)

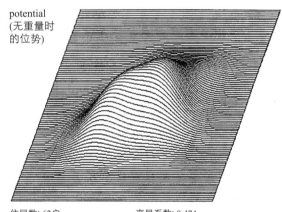

potential (无重量时的位势)

住居数: 62户 变异系数: 0.474
平均面积: 51.4m² 最小面积: 28m²
标准差: 24.4m² 最大面积: 208.28m²

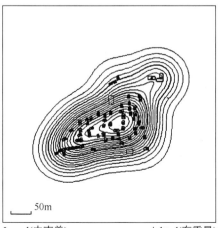

Juncal(中南美) weighted(有重量)

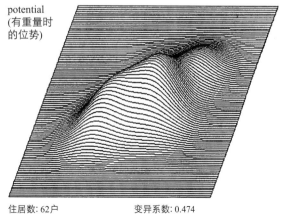

potential (有重量时的位势)

住居数: 62户 变异系数: 0.474
平均面积: 51.4m² 最小面积: 28m²
标准差: 24.4m² 最大面积: 208.28m²

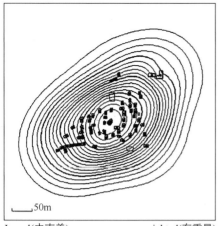

Juncal(中南美)　　　　weighted(有重量)

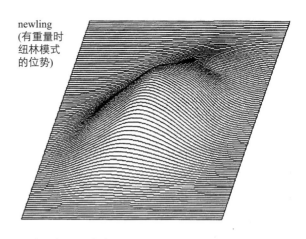

newling
(有重量时
纽林模式
的位势)

最大距离=40m/倍率=1.5

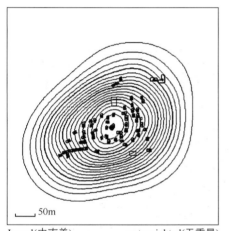

Juncal(中南美)　　　　not weighted(无重量)

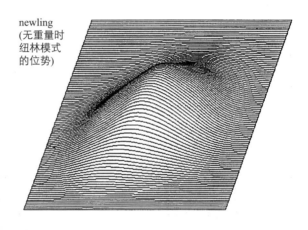

newling
(无重量时
纽林模式
的位势)

最大距离=40m/倍率=1.5

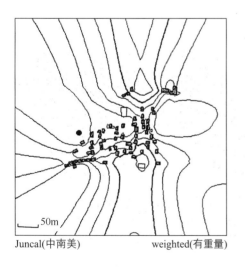

Juncal(中南美)　　　　weighted(有重量)

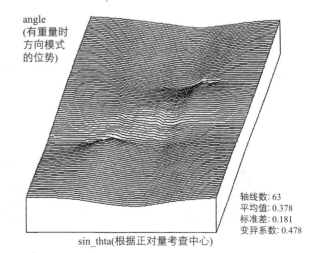

angle
(有重量时
方向模式
的位势)

轴线数: 63
平均值: 0.378
标准差: 0.181
变异系数: 0.478

sin_thta(根据正对量考查中心)

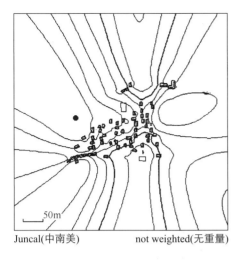

Juncal(中南美)　　　not weighted(无重量)

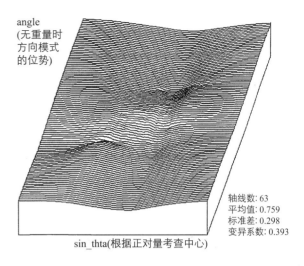

angle
(无重量时
方向模式
的位势)

轴线数: 63
平均值: 0.759
标准差: 0.298
变异系数: 0.393

sin_thta(根据正对量考查中心)

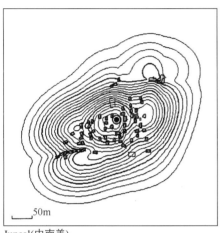

Juncal(中南美)

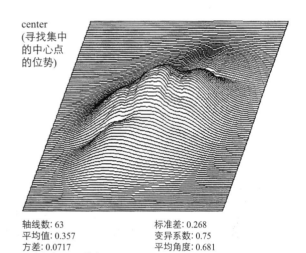

center
(寻找集中
的中心点
的位势)

轴线数: 63　　　　　　　标准差: 0.268
平均值: 0.357　　　　　　变异系数: 0.75
方差: 0.0717　　　　　　 平均角度: 0.681
最大距离=40m/倍率=1.5(sin_thta)

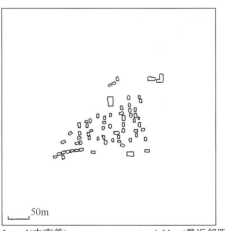

Juncal(中南美)　　　nearest neighbor(最近邻距离)
住居数: 62户　　　　平均距离: 2.387m
标准差: 2.17m　　　　变异系数: 0.909
最小距离: 0.15m　　　最大距离: 10.65m

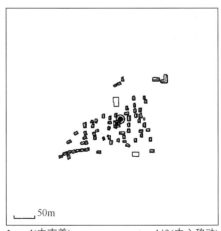

Juncal(中南美)　　　center shift(中心移动)
最大距离=40m/倍率=1.5(sin_thta)
移动距离: 14.61m

62 Mocolon

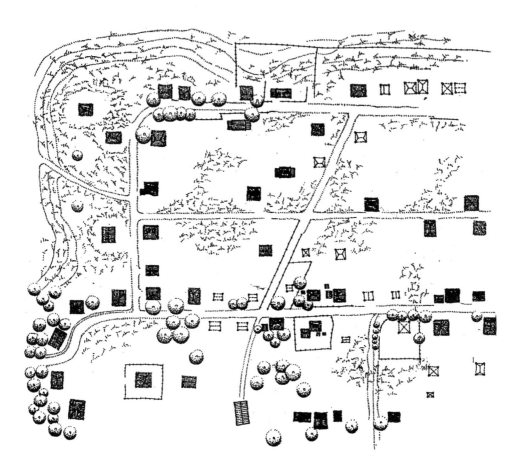

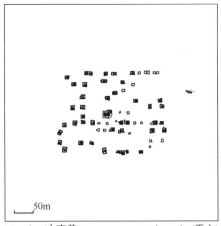

Mocolon(中南美)   gravity point(重心)
住居数: 43户   平均面积: 75.4m²
标准差: 16.3m²   变异系数: 0.217
最小面积: 36m²   最大面积: 115.55m²
平均最近距离: 22.767m

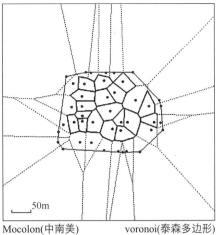

Mocolon(中南美)   voronoi(泰森多边形)
住居数: 18户   平均面积: 1444.3m²
标准差: 426.16m²   邻近距离: 40.838m
变异系数: 0.2951   最小面积: 686.22m²
最大面积: 2162.9m²

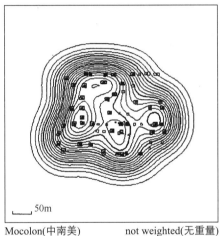

Mocolon(中南美)   not weighted(无重量)

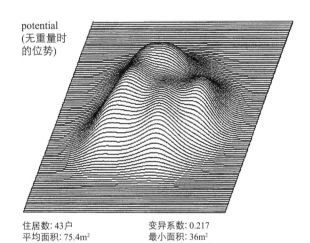

potential (无重量时的位势)

住居数: 43户   变异系数: 0.217
平均面积: 75.4m²   最小面积: 36m²
标准差: 16.3m²   最大面积: 115.55m²

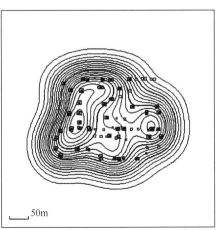

Mocolon(中南美)   weighted(有重量)

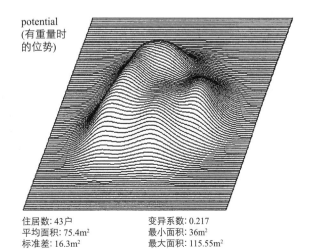

potential (有重量时的位势)

住居数: 43户   变异系数: 0.217
平均面积: 75.4m²   最小面积: 36m²
标准差: 16.3m²   最大面积: 115.55m²

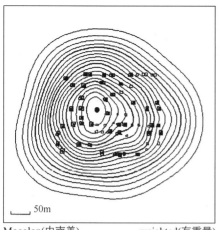

Mocolon(中南美)　　　weighted(有重量)

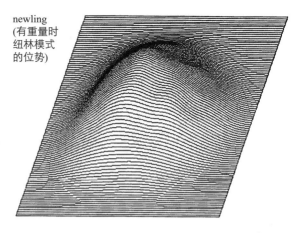

newling
(有重量时
纽林模式
的位势)

最大距离=40m/倍率=1.5

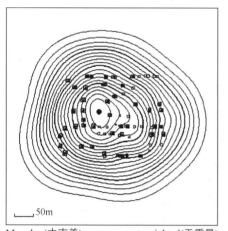

Mocolon(中南美)　　　not weighted(无重量)

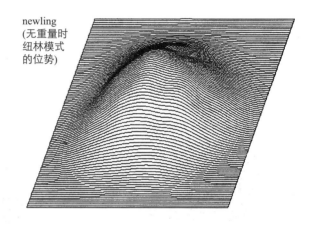

newling
(无重量时
纽林模式
的位势)

最大距离=40m/倍率=1.5

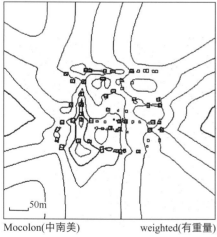

Mocolon(中南美)　　　weighted(有重量)

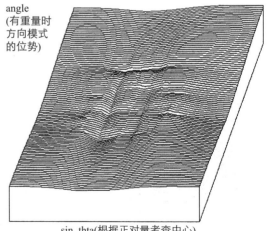

angle
(有重量时
方向模式
的位势)

sin_thta(根据正对量考查中心)

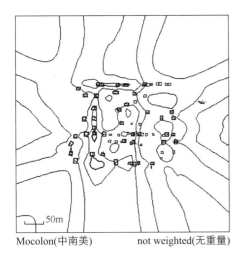

Mocolon(中南美)　　　not weighted(无重量)

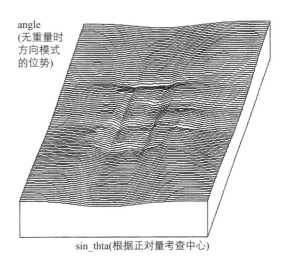

angle
(无重量时
方向模式
的位势)

sin_thta(根据正对量考查中心)

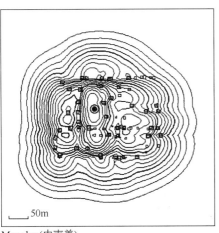

Mocolon(中南美)

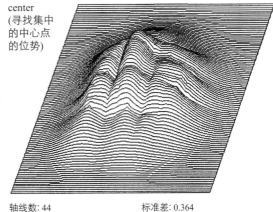

center
(寻找集中
的中心点
的位势)

轴线数: 44　　　　　　　　标准差: 0.364
平均值: 0.358　　　　　　变异系数: 1.02
方差: 0.132　　　　　　　平均角度: 0.628
最大距离=40m/倍率=1.5(sin_thta)

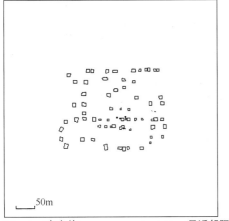

Mocolon(中南美)　　　nearest neighbor(最近邻距离)
住居数: 43户　　　　　平均距离: 6.417m
标准差: 3.5m　　　　　变异系数: 0.545
最小距离: 0.85m　　　最大距离: 14.35m

Mocolon(中南美)　　　center shift(中心移动)
最大距离=40m/倍率=1.5(sin_thta)
移动距离: 32.7m

63 Oxcaco

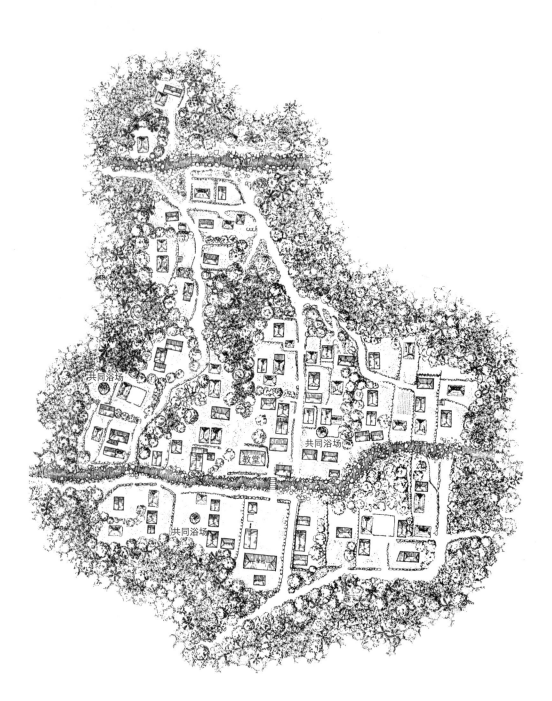

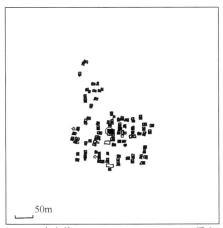

Oxcaco(中南美)   gravity point(重心)
住居数: 84户   平均面积: 59.1m²
标准差: 18.2m²   变异系数: 0.308
最小面积: 21.9m²   最大面积: 119.44m²
平均最近距离: 12.783m

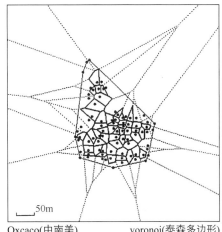

Oxcaco(中南美)   voronoi(泰森多边形)
住居数: 51户   平均面积: 460.8m²
标准差: 213.17m²   邻近距离: 23.067m
变异系数: 0.4626   最小面积: 214.43m²
最大面积: 1123.7m²

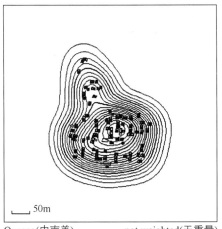

Oxcaco(中南美)   not weighted(无重量)

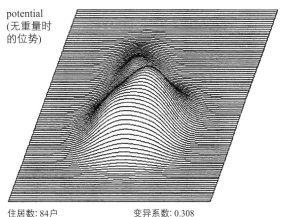

potential (无重量时的位势)

住居数: 84户   变异系数: 0.308
平均面积: 59.1m²   最小面积: 21.9m²
标准差: 18.2m²   最大面积: 119.44m²

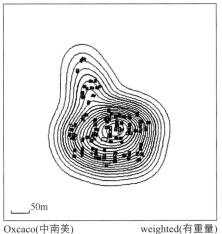

Oxcaco(中南美)   weighted(有重量)

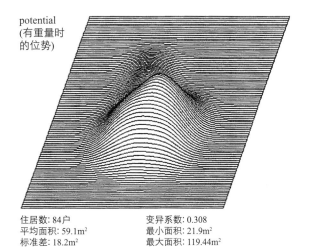

potential (有重量时的位势)

住居数: 84户   变异系数: 0.308
平均面积: 59.1m²   最小面积: 21.9m²
标准差: 18.2m²   最大面积: 119.44m²

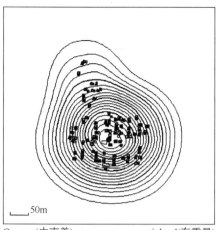

Oxcaco(中南美)　　　　　weighted(有重量)

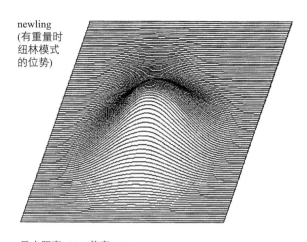

newling
(有重量时
纽林模式
的位势)

最大距离=40m/倍率=1.5

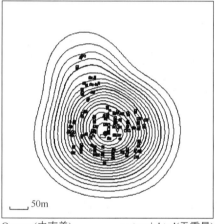

Oxcaco(中南美)　　　　　not weighted(无重量)

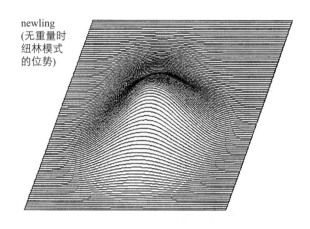

newling
(无重量时
纽林模式
的位势)

最大距离=40m/倍率=1.5

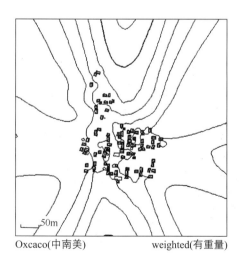

Oxcaco(中南美)　　　　　weighted(有重量)

angle
(有重量时
方向模式
的位势)

sin_thta(根据正对量考查中心)

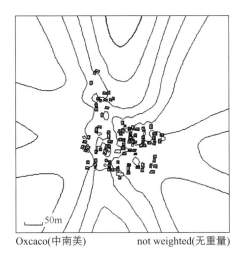

Oxcaco(中南美)　　　　not weighted(无重量)

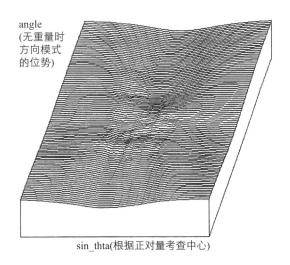

angle
(无重量时
方向模式
的位势)

sin_thta(根据正对量考查中心)

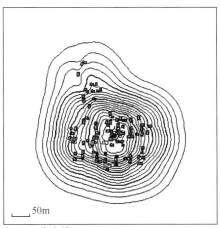

Oxcaco(中南美)

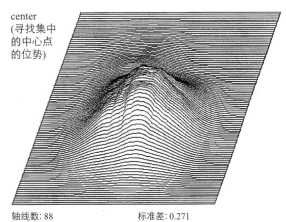

center
(寻找集中
的中心点
的位势)

轴线数: 88　　　　　　　标准差: 0.271
平均值: 0.348　　　　　变异系数: 0.78
方差: 0.0734　　　　　　平均角度: 0.661
最大距离=40m/倍率=1.5(sin_thta)

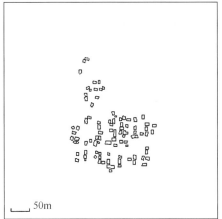

Oxcaco(中南美)　　　　nearest neighbor(最近邻距离)
住居数: 84户　　　　　平均距离: 2.086m
标准差: 1.77m　　　　　变异系数: 0.847
最小距离: 0.35m　　　　最大距离: 10.25m

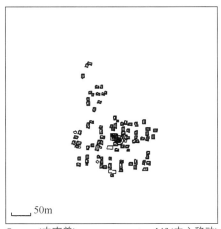

Oxcaco(中南美)　　　　center shift(中心移动)
最大距离=40m/倍率=1.5(sin_thta)
移动距离: 18.2m

399

64　San Jorge

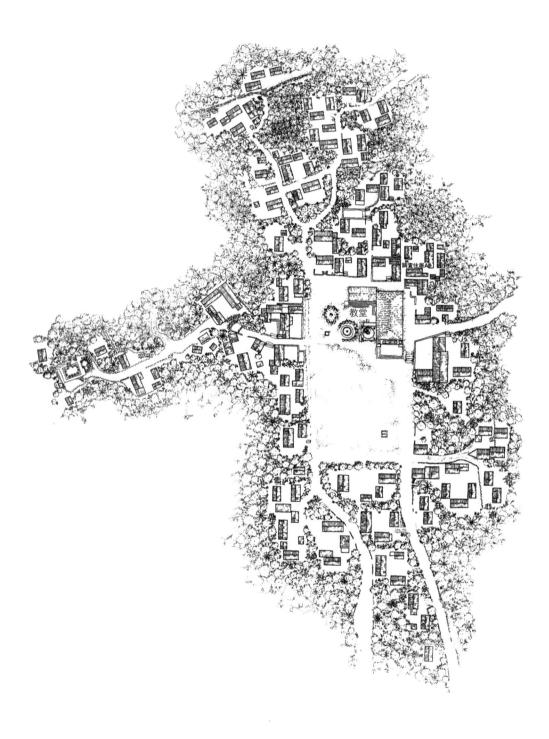

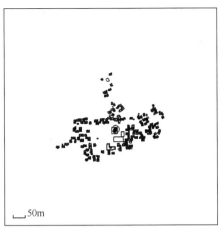

San Jorge (中南美)   gravity point(重心)
住居数: 124户   平均面积: 83.4m²
标准差: 54.9m²   变异系数: 0.657
最小面积: 25.4m²   最大面积: 505.57m²
平均最近距离: 13.702m

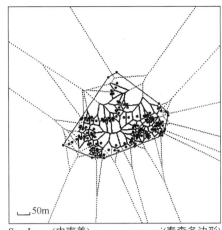

San Jorge (中南美)   voronoi(泰森多边形)
住居数: 80户   平均面积: 680.38m²
标准差: 503.78m²   邻近距离: 28.029m
变异系数: 0.7404   最小面积: 141.75m²
最大面积: 2300.8m²

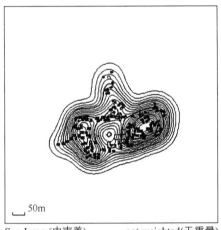

San Jorge (中南美)   not weighted(无重量)

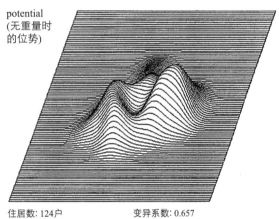

potential (无重量时的位势)

住居数: 124户   变异系数: 0.657
平均面积: 83.4m²   最小面积: 25.4m²
标准差: 54.9m²   最大面积: 505.57m²

San Jorge (中南美)   weighted(有重量)

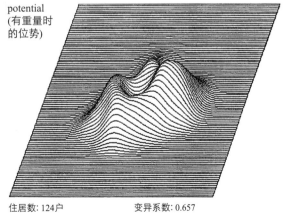

potential (有重量时的位势)

住居数: 124户   变异系数: 0.657
平均面积: 83.4m²   最小面积: 25.4m²
标准差: 54.9m²   最大面积: 505.57m²

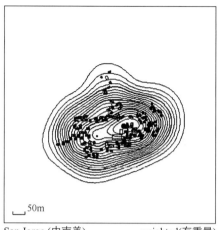

San Jorge (中南美)　　　weighted(有重量)

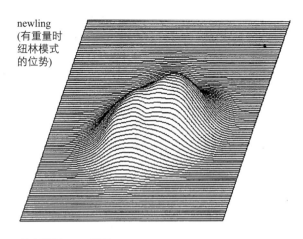

newling
(有重量时
纽林模式
的位势)

最大距离=40m/倍率=1.5

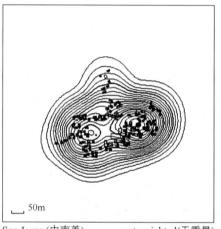

San Jorge (中南美)　　　not weighted(无重量)

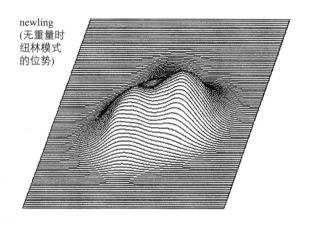

newling
(无重量时
纽林模式
的位势)

最大距离=40m/倍率=1.5

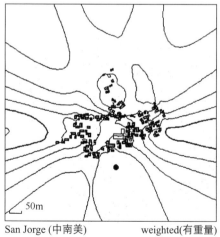

San Jorge (中南美)　　　weighted(有重量)

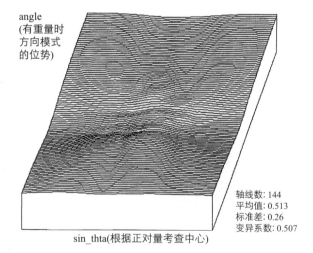

angle
(有重量时
方向模式
的位势)

轴线数: 144
平均值: 0.513
标准差: 0.26
变异系数: 0.507

sin_thta(根据正对量考查中心)

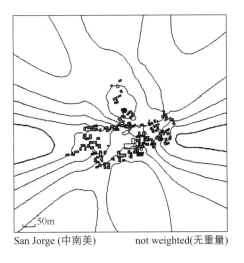

San Jorge (中南美)　　　not weighted(无重量)

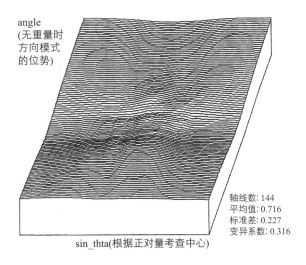

angle
(无重量时
方向模式
的位势)

轴线数: 144
平均值: 0.716
标准差: 0.227
变异系数: 0.316

sin_thta(根据正对量考查中心)

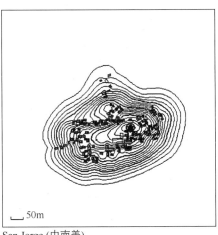

San Jorge (中南美)

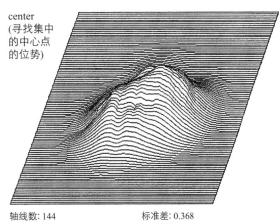

center
(寻找集中
的中心点
的位势)

轴线数: 144　　　　标准差: 0.368
平均值: 0.283　　　变异系数: 1.3
方差: 0.135　　　　平均角度: 0.655
最大距离=40m/倍率=1.5(sin_thta)

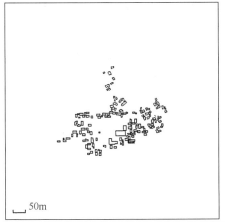

San Jorge (中南美)　　　nearest neighbor(最近邻距离)
住居数: 124户　　　　　平均距离: 1.632m
标准差: 2.31m　　　　　变异系数: 1.42
最小距离: 0.05m　　　　最大距离: 16.05m

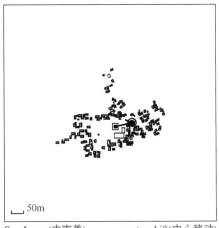

San Jorge (中南美)　　　center shift(中心移动)
最大距离=40m/倍率=1.5(sin_thta)
移动距离: 73m

65 San Andres

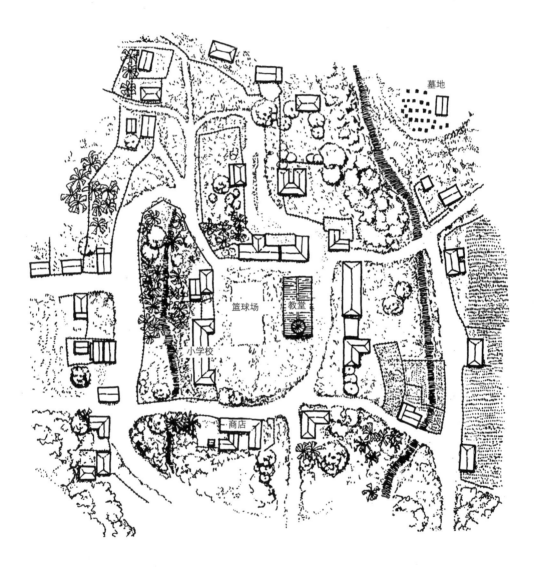

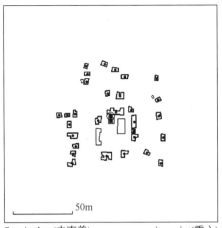

San Andres(中南美)　　　gravity point(重心)
住居数: 30户　　　　　平均面积: 19.9m²
标准差: 10.7m²　　　　变异系数: 0.539
最小面积: 8.69m²　　　最大面积: 56.279m²
平均最近距离: 10.264m

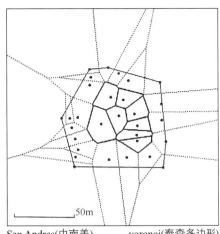

San Andres(中南美)　　　voronoi(泰森多边形)
住居数: 8户　　　　　　平均面积: 268.98m²
标准差: 98.263m²　　　 邻近距离: 17.624m
变异系数: 0.3653　　　 最小面积: 184.63m²
最大面积: 500.83m²

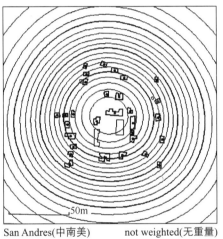

San Andres(中南美)　　　not weighted(无重量)

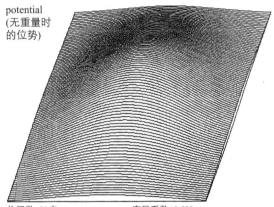

potential
(无重量时
的位势)

住居数: 30户　　　　　变异系数: 0.539
平均面积: 19.9m²　　　最小面积: 8.69m²
标准差: 10.7m²　　　　最大面积: 56.279m²

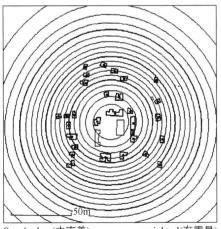

San Andres(中南美)　　　weighted(有重量)

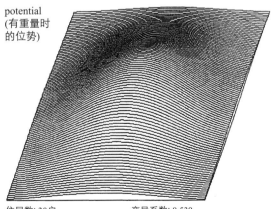

potential
(有重量时
的位势)

住居数: 30户　　　　　变异系数: 0.539
平均面积: 19.9m²　　　最小面积: 8.69m²
标准差: 10.7m²　　　　最大面积: 56.279m²

405

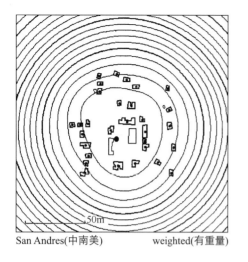

San Andres(中南美) weighted(有重量)

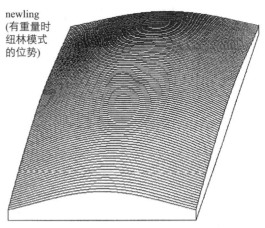

newling
(有重量时
纽林模式
的位势)

最大距离=40m/倍率=1.5

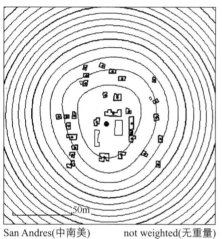

San Andres(中南美) not weighted(无重量)

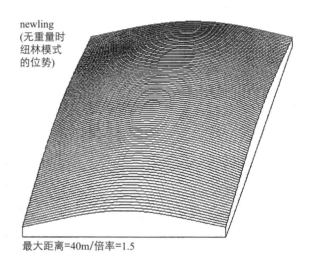

newling
(无重量时
纽林模式
的位势)

最大距离=40m/倍率=1.5

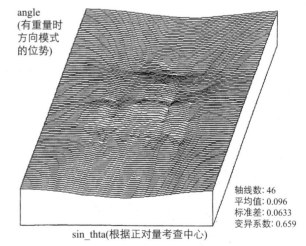

San Andres(中南美) weighted(有重量)

angle
(有重量时
方向模式
的位势)

轴线数: 46
平均值: 0.096
标准差: 0.0633
变异系数: 0.659

sin_thta(根据正对量考查中心)

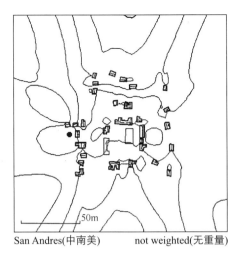

San Andres(中南美)　　　not weighted(无重量)

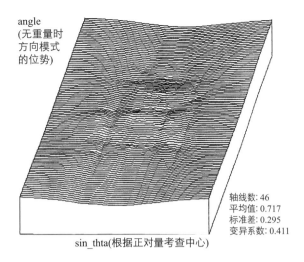

angle
(无重量时
方向模式
的位势)

轴线数: 46
平均值: 0.717
标准差: 0.295
变异系数: 0.411

sin_thta(根据正对量考查中心)

San Andres(中南美)

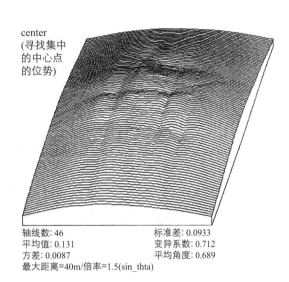

center
(寻找集中
的中心点
的位势)

轴线数: 46　　　　　　标准差: 0.0933
平均值: 0.131　　　　　变异系数: 0.712
方差: 0.0087　　　　　平均角度: 0.689
最大距离=40m/倍率=1.5(sin_thta)

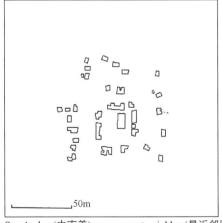

San Andres(中南美)　　　nearest neighbor(最近邻距离)
住居数: 30户　　　　　　平均距离: 2.467m
标准差: 1.65m　　　　　变异系数: 0.669
最小距离: 0.45m　　　　最大距离: 6.75m

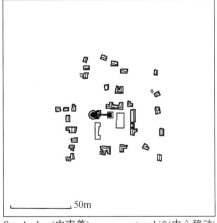

San Andres(中南美)　　　center shift(中心移动)
最大距离=40m/倍率=1.5(sin_thta)
移动距离: 14.69m

66 Thuli

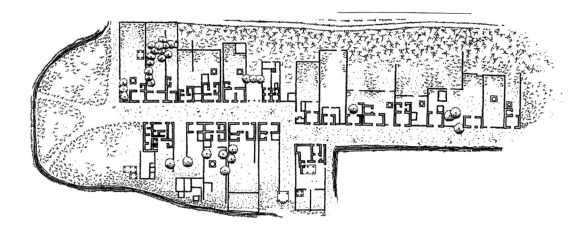

Thuli(中南美)   gravity point(重心)
住居数: 22户   平均面积: 139m²
标准差: 77.2m²   变异系数: 0.554
最小面积: 57m²   最大面积: 369.09m²
平均最近距离: 15.973m

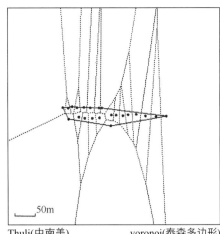

Thuli(中南美)   voronoi(泰森多边形)
平均面积: 442.59m²
邻近距离: 22.607m

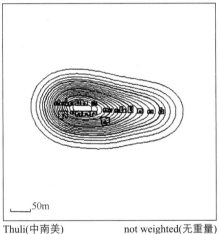

Thuli(中南美)   not weighted(无重量)

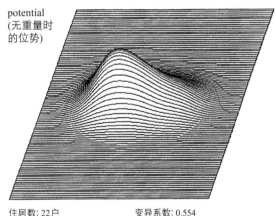

potential (无重量时的位势)

住居数: 22户   变异系数: 0.554
平均面积: 139m²   最小面积: 57m²
标准差: 77.2m²   最大面积: 369.09m²

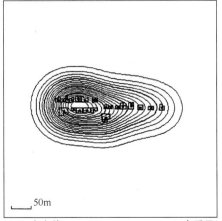

Thuli(中南美)   weighted(有重量)

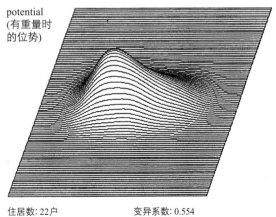

potential (有重量时的位势)

住居数: 22户   变异系数: 0.554
平均面积: 139m²   最小面积: 57m²
标准差: 77.2m²   最大面积: 369.09m²

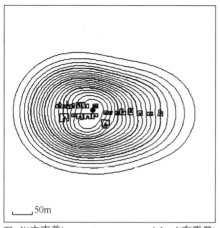

Thuli(中南美)　　　　　weighted(有重量)

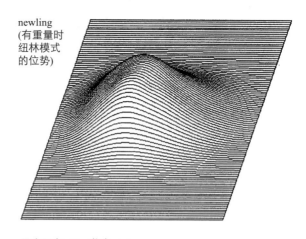

newling
(有重量时
纽林模式
的位势)

最大距离=40m/倍率=1.5

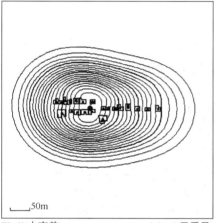

Thuli(中南美)　　　　　not weighted(无重量)

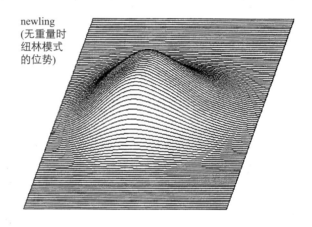

newling
(无重量时
纽林模式
的位势)

最大距离=40m/倍率=1.5

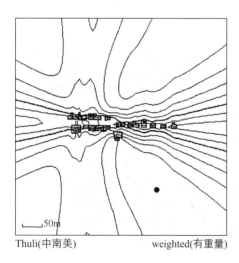

Thuli(中南美)　　　　　weighted(有重量)

angle
(有重量时
方向模式
的位势)

sin_thta(根据正对量考查中心)

轴线数: 40
平均值: 0.557
标准差: 0.278
变异系数: 0.499

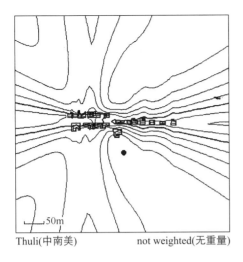
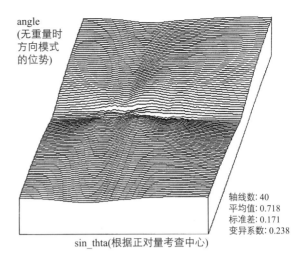

Thuli(中南美)　　　　　not weighted(无重量)　　　　sin_thta(根据正对量考查中心)

angle
(无重量时方向模式的位势)

轴线数: 40
平均值: 0.718
标准差: 0.171
变异系数: 0.238

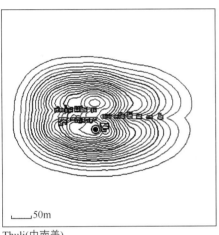
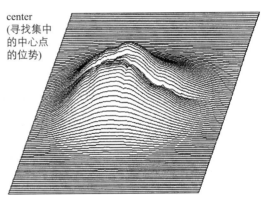

Thuli(中南美)

center
(寻找集中的中心点的位势)

轴线数: 40　　　　　标准差: 0.398
平均值: 0.559　　　变异系数: 0.712
方差: 0.159　　　　平均角度: 0.671
最大距离=40m/倍率=1.5(sin_thta)

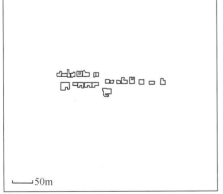
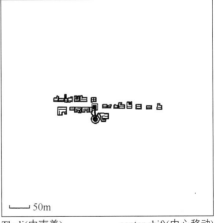

Thuli(中南美)　　　　　nearest neighbor(最近邻距离)
住居数: 22户　　　　　平均距离: 1.895m
标准差: 2.33m　　　　变异系数: 1.23
最小距离: 0.05m　　　最大距离: 6.95m

Thuli(中南美)　　　　　center shift(中心移动)
最大距离=40m/倍率=1.5(sin_thta)
移动距离: 30.54m

67　Moka-Mates

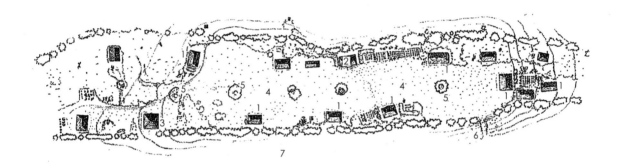

1　住居
2　村长住居
3　年轻人的小屋
4　广场
5　花坛
6　聚落入口
7　田地

Moka-Mates(巴布亚新几内亚)　　gravity point(重心)

住居数: 16户　　　　　　　　　平均面积: 39m²
标准差: 8.84m²　　　　　　　　变异系数: 0.227
最小面积: 22.4m²　　　　　　　最大面积: 55.116m²
平均最近距离: 23.121m

Moka-Mates(巴布亚新几内亚)　　voronoi(泰森多边形)

平均面积: 789.8m²
邻近距离: 30.199m

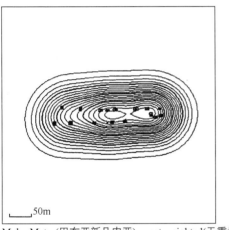

Moka-Mates(巴布亚新几内亚)　　not weighted(无重量)

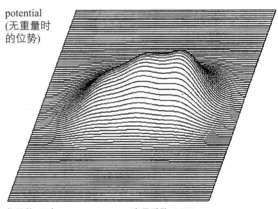

potential
(无重量时的位势)

住居数: 16户　　　　　　　　　变异系数: 0.227
平均面积: 39m²　　　　　　　　最小面积: 22.4m²
标准差: 8.84m²　　　　　　　　最大面积: 55.116m²

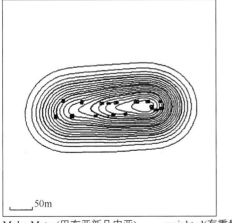

Moka-Mates(巴布亚新几内亚)　　weighted(有重量)

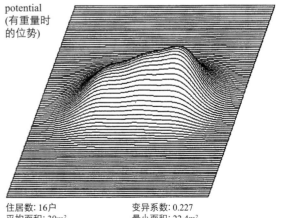

potential
(有重量时的位势)

住居数: 16户　　　　　　　　　变异系数: 0.227
平均面积: 39m²　　　　　　　　最小面积: 22.4m²
标准差: 8.84m²　　　　　　　　最大面积: 55.116m²

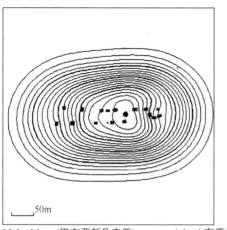
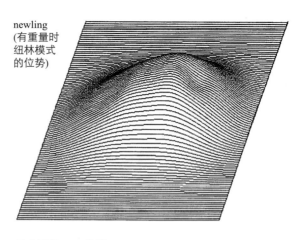

Moka-Mates(巴布亚新几内亚)　　weighted(有重量)　　最大距离=40m/倍率=1.5

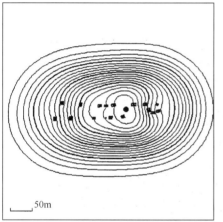
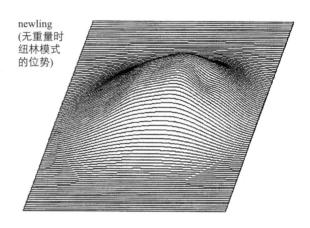

Moka-Mates(巴布亚新几内亚)　　not weighted(无重量)　　最大距离=40m/倍率=1.5

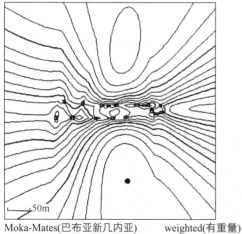
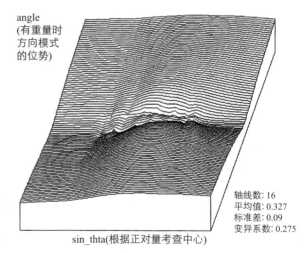

Moka-Mates(巴布亚新几内亚)　　weighted(有重量)　　sin_thta(根据正对量考查中心)

轴线数: 16
平均值: 0.327
标准差: 0.09
变异系数: 0.275

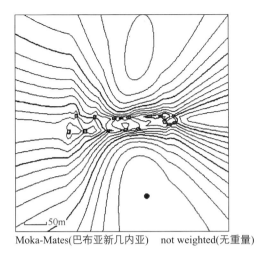

Moka-Mates(巴布亚新几内亚)　　not weighted(无重量)

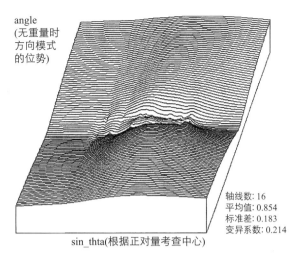

angle
(无重量时方向模式的位势)

sin_thta(根据正对量考查中心)

轴线数: 16
平均值: 0.854
标准差: 0.183
变异系数: 0.214

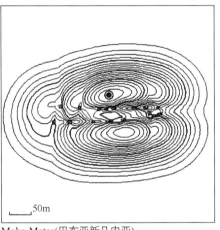

Moka-Mates(巴布亚新几内亚)

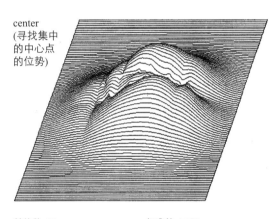

center
(寻找集中的中心点的位势)

轴线数: 16　　　　　标准差: 0.183
平均值: 0.274　　　　变异系数: 0.67
方差: 0.0336　　　　 平均角度: 0.719
最大距离=40m/倍率=1.5(sin_thta)

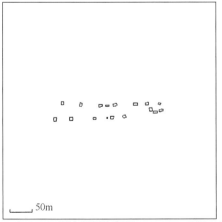

Moka-Mates(巴布亚新几内亚)　　nearest neighbor(最近邻距离)
住居数: 16户　　　　　平均距离: 7.506m
标准差: 4.86m　　　　 变异系数: 0.647
最小距离: 1.15m　　　 最大距离: 14.45m

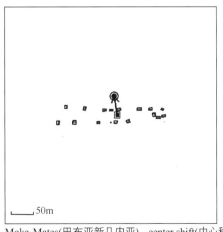

Moka-Mates(巴布亚新几内亚)　　center shift(中心移动)
最大距离=40m/倍率=1.5(sin_thta)
移动距离: 41.87m

68 Kambaranba

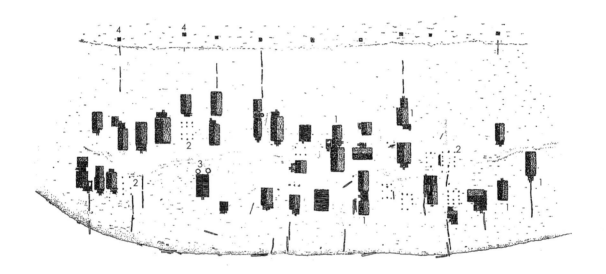

1 住居
2 住居的废墟
3 蓄水池
4 厕所

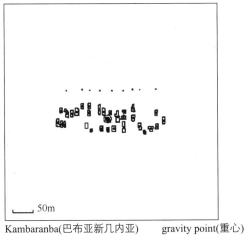

Kambaranba(巴布亚新几内亚)　　gravity point(重心)
住居数: 30户　　　　　　　　平均面积: 92.1m²
标准差: 35m²　　　　　　　　变异系数: 0.38
最小面积: 30.9m²　　　　　　最大面积: 197.34m²
平均最近距离: 16.332m

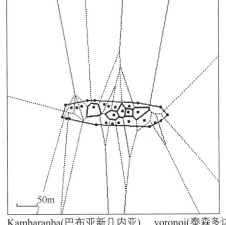

Kambaranba(巴布亚新几内亚)　　voronoi(泰森多边形)
住居数: 5户　　　　　　　　　平均面积: 604.26m²
标准差: 206.59m²　　　　　　邻近距离: 26.415m
变异系数: 0.3419　　　　　　最小面积: 355.26m²
最大面积: 911.89m²

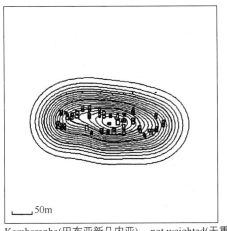

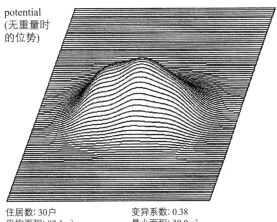

potential
(无重量时的位势)

住居数: 30户　　　　　　　　变异系数: 0.38
平均面积: 92.1m²　　　　　　最小面积: 30.9m²
标准差: 35m²　　　　　　　　最大面积: 197.34m²

Kambaranba(巴布亚新几内亚)　　not weighted(无重量)

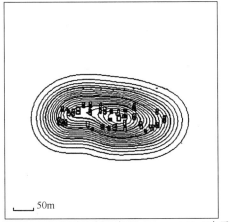

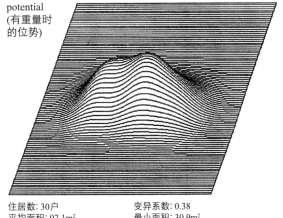

potential
(有重量时的位势)

住居数: 30户　　　　　　　　变异系数: 0.38
平均面积: 92.1m²　　　　　　最小面积: 30.9m²
标准差: 35m²　　　　　　　　最大面积: 197.34m²

Kambaranba(巴布亚新几内亚)　　weighted(有重量)

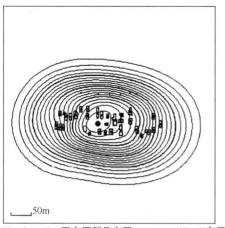
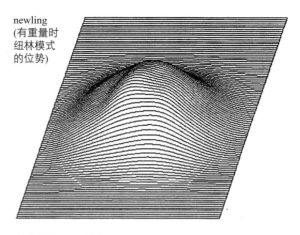

Kambaranba(巴布亚新几内亚)　　weighted(有重量)　　最大距离=40m/倍率=1.5

newling
(有重量时
纽林模式
的位势)

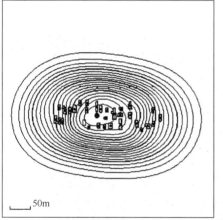
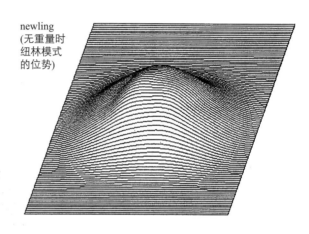

Kambaranba(巴布亚新几内亚)　　not weighted(无重量)　　最大距离=40m/倍率=1.5

newling
(无重量时
纽林模式
的位势)

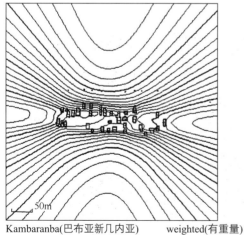
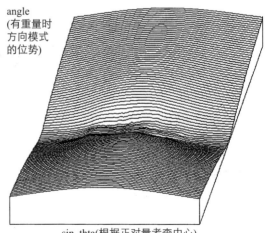

Kambaranba(巴布亚新几内亚)　　weighted(有重量)　　sin_thta(根据正对量考查中心)

angle
(有重量时
方向模式
的位势)

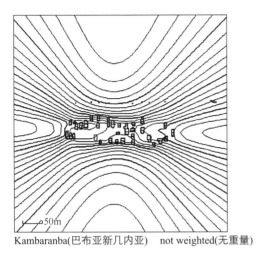

Kambaranba(巴布亚新几内亚)　not weighted(无重量)

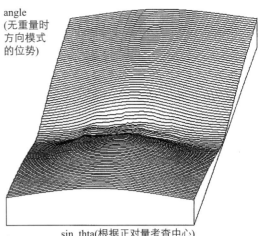

angle
(无重量时
方向模式
的位势)

sin_thta(根据正对量考查中心)

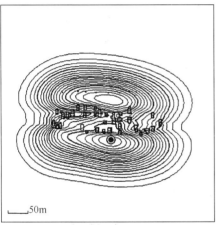

Kambaranba(巴布亚新几内亚)

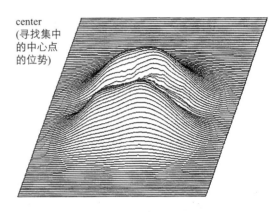

center
(寻找集中
的中心点
的位势)

轴线数: 35　　　　　　　标准差: 0.449
平均值: 0.499　　　　　变异系数: 0.899
方差: 0.201　　　　　　平均角度: 0.613
最大距离=40m/倍率=1.5(sin_thta)

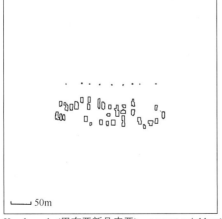

Kambaranba(巴布亚新几内亚)　nearest neighbor(最近邻距离)
住居数: 30户　　　　　平均距离: 3.143m
标准差: 1.85m　　　　 变异系数: 0.588
最小距离: 0.35m　　　 最大距离: 9.35m

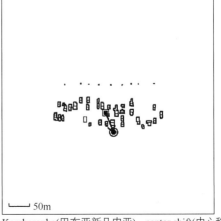

Kambaranba(巴布亚新几内亚)　center shift(中心移动)
最大距离=40m/倍率=1.5(sin_thta)
移动距离: 51.26m

69　Luya

1　住居
2　山芋库房(集体用)
3　山芋库房(个人用)
4　空地
5　墓地
6　东屋

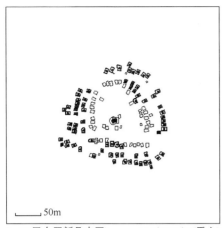

Luya(巴布亚新几内亚)   gravity point(重心)
住居数: 75户   平均面积: 43.3m²
标准差: 9.85m²   变异系数: 0.227
最小面积: 22.9m²   最大面积: 73.035m²
平均最近距离: 10.482m

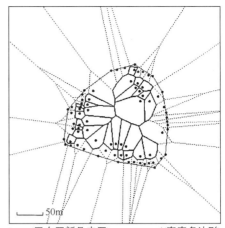

Luya(巴布亚新几内亚)   voronoi(泰森多边形)
住居数: 30户   平均面积: 578.29m²
标准差: 501.22m²   邻近距离: 25.841m
变异系数: 0.8667   最小面积: 90.672m²
最大面积: 2518.3m²

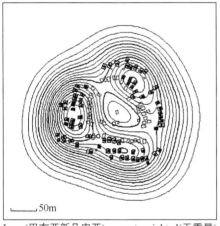

Luya(巴布亚新几内亚)   not weighted(无重量)

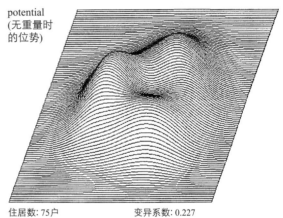

potential (无重量时的位势)

住居数: 75户   变异系数: 0.227
平均面积: 43.3m²   最小面积: 22.9m²
标准差: 9.85m²   最大面积: 73.035m²

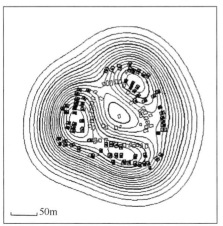

Luya(巴布亚新几内亚)   weighted(有重量)

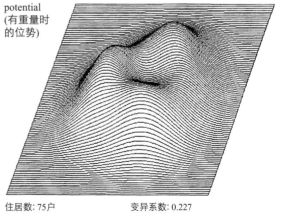

potential (有重量时的位势)

住居数: 75户   变异系数: 0.227
平均面积: 43.3m²   最小面积: 22.9m²
标准差: 9.85m²   最大面积: 73.035m²

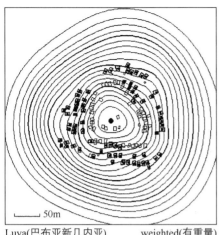

Luya(巴布亚新几内亚)　　　weighted(有重量)

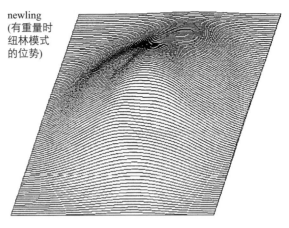

newling
(有重量时
纽林模式
的位势)

最大距离=40m/倍率=1.5

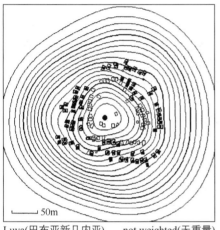

Luya(巴布亚新几内亚)　　　not weighted(无重量)

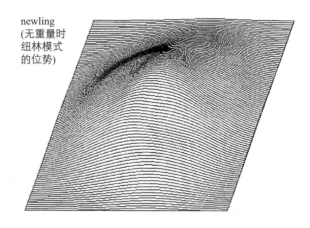

newling
(无重量时
纽林模式
的位势)

最大距离=40m/倍率=1.5

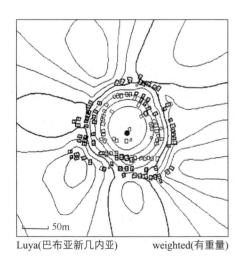

Luya(巴布亚新几内亚)　　　weighted(有重量)

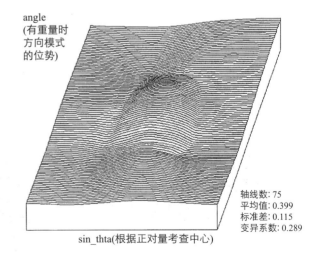

angle
(有重量时
方向模式
的位势)

轴线数: 75
平均值: 0.399
标准差: 0.115
变异系数: 0.289

sin_thta(根据正对量考查中心)

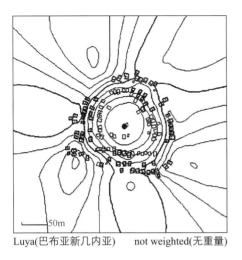

Luya(巴布亚新几内亚)　　not weighted(无重量)

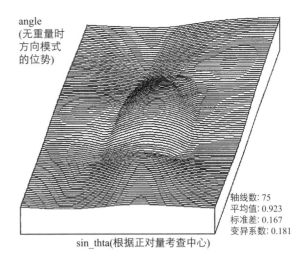

angle
(无重量时方向模式的位势)

sin_thta(根据正对量考查中心)

轴线数: 75
平均值: 0.923
标准差: 0.167
变异系数: 0.181

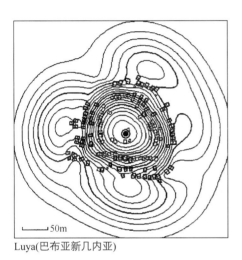

Luya(巴布亚新几内亚)

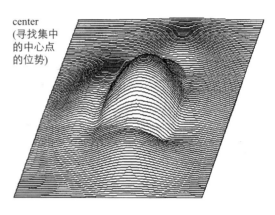

center
(寻找集中的中心点的位势)

轴线数: 75　　　　　　　标准差: 0.16
平均值: 0.354　　　　　变异系数: 0.453
方差: 0.0257　　　　　平均角度: 0.923
最大距离=40m/倍率=1.5(sin_thta)

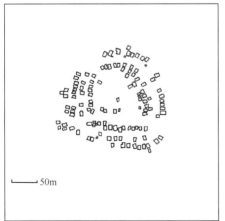

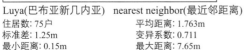

Luya(巴布亚新几内亚)　nearest neighbor(最近邻距离)
住居数: 75户　　　　　平均距离: 1.763m
标准差: 1.25m　　　　 变异系数: 0.711
最小距离: 0.15m　　　 最大距离: 7.65m

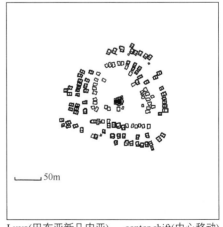

Luya(巴布亚新几内亚)　　center shift(中心移动)
最大距离=40m/倍率=1.5(sin_thta)
移动距离: 2.955m

70 Mando

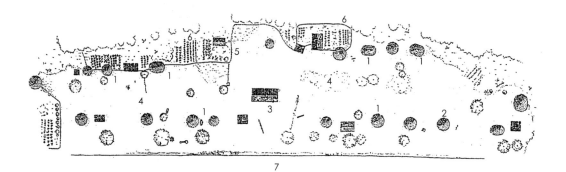

1 住居
2 村长住居
3 教会
4 广场
5 木栅栏
6 田地
7 高速道路

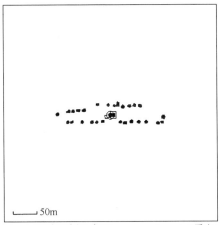

Mando(巴布亚新几内亚)　　gravity point(重心)
住居数: 27户　　　　　　　平均面积: 22.6m²
标准差: 5.76m²　　　　　　变异系数: 0.254
最小面积: 13.5m²　　　　　最大面积: 37.912m²
平均最近距离: 11.841m

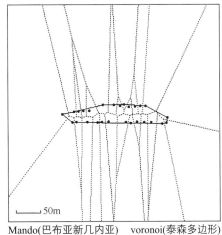

Mando(巴布亚新几内亚)　　voronoi(泰森多边形)
平均面积: 369.47m²
邻近距离: 20.655m

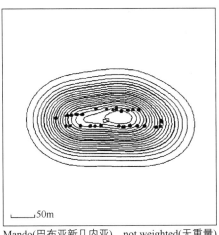

Mando(巴布亚新几内亚)　　not weighted(无重量)

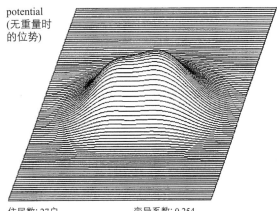

potential
(无重量时
的位势)

住居数: 27户　　　　　　　变异系数: 0.254
平均面积: 22.6m²　　　　　最小面积: 13.5m²
标准差: 5.76m²　　　　　　最大面积: 37.912m²

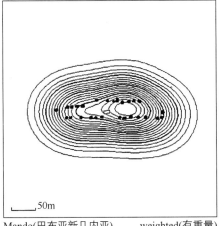

Mando(巴布亚新几内亚)　　weighted(有重量)

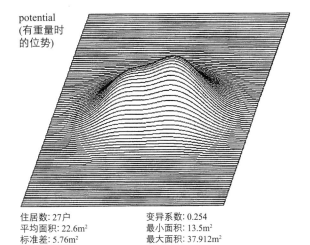

potential
(有重量时
的位势)

住居数: 27户　　　　　　　变异系数: 0.254
平均面积: 22.6m²　　　　　最小面积: 13.5m²
标准差: 5.76m²　　　　　　最大面积: 37.912m²

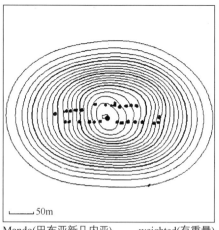
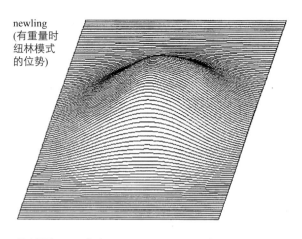

Mando(巴布亚新几内亚)　　weighted(有重量)

newling
(有重量时
纽林模式
的位势)

最大距离=40m/倍率=1.5

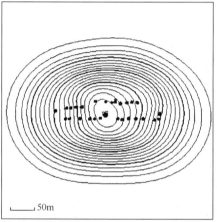
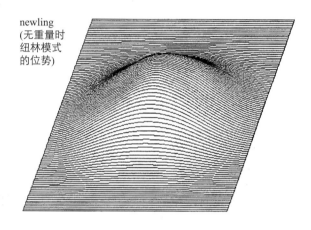

Mando(巴布亚新几内亚)　　not weighted(无重量)

newling
(无重量时
纽林模式
的位势)

最大距离=40m/倍率=1.5

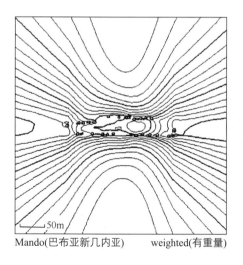
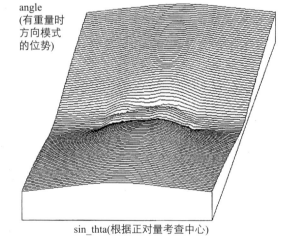

Mando(巴布亚新几内亚)　　weighted(有重量)

angle
(有重量时
方向模式
的位势)

sin_thta(根据正对量考查中心)

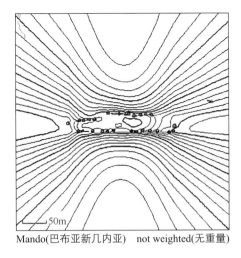

Mando(巴布亚新几内亚)　not weighted(无重量)

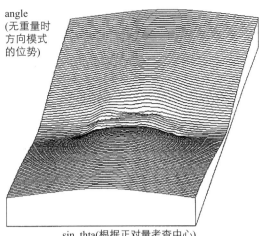

angle
(无重量时方向模式的位势)

sin_thta(根据正对量考查中心)

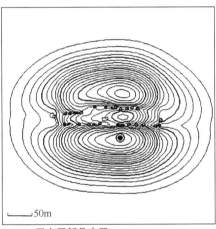

Mando(巴布亚新几内亚)

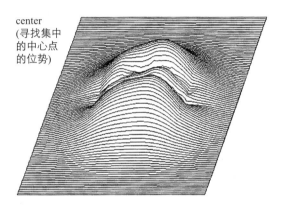

center
(寻找集中的中心点的位势)

轴线数: 27	标准差: 0.125
平均值: 0.173	变异系数: 0.724
方差: 0.0157	平均角度: 0.663

最大距离=40m/倍率=1.5(sin_thta)

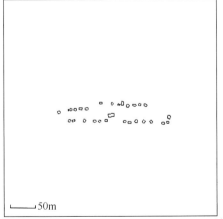

Mando(巴布亚新几内亚)　nearest neighbor(最近邻距离)
住居数: 27户　　　　　平均距离: 3.15m
标准差: 2.18m　　　　　变异系数: 0.692
最小距离: 1.25m　　　　最大距离: 9.75m

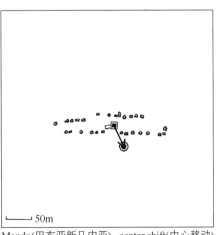

Mando(巴布亚新几内亚)　center shift(中心移动)
最大距离=40m/倍率=1.5(sin_thta)
移动距离: 46.16m

427

71 Napamogona

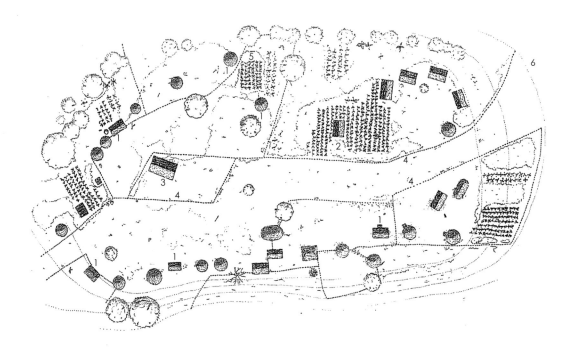

1 住居
2 村长住居
3 教会
4 木栅栏
5 田地
6 聚落入口

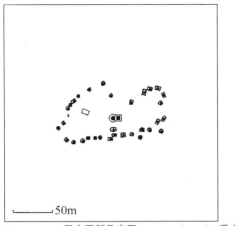

Napamogona(巴布亚新几内亚)　gravity point(重心)
住居数: 32户　　　　　　　平均面积: 17.1m²
标准差: 4.33m²　　　　　　变异系数: 0.254
最小面积: 8.99m²　　　　　最大面积: 28.625m²
平均最近距离: 9.6022m

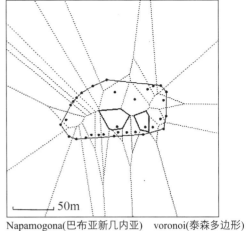

Napamogona(巴布亚新几内亚)　voronoi(泰森多边形)
住居数: 2户　　　　　　　　平均面积: 486.47m²
标准差: 160.86m²　　　　　邻近距离: 23.701m
变异系数: 0.3307　　　　　最小面积: 325.61m²
最大面积: 647.32m²

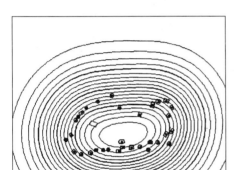

Napamogona(巴布亚新几内亚)　not weighted(无重量)

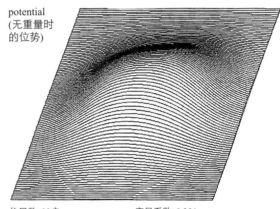

potential
(无重量时的位势)

住居数: 32户　　　　　　　变异系数: 0.254
平均面积: 17.1m²　　　　　最小面积: 8.99m²
标准差: 4.33m²　　　　　　最大面积: 28.625m²

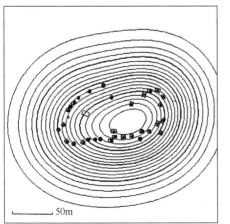

Napamogona(巴布亚新几内亚)　weighted(有重量)

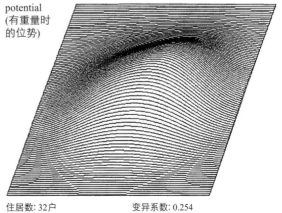

potential
(有重量时的位势)

住居数: 32户　　　　　　　变异系数: 0.254
平均面积: 17.1m²　　　　　最小面积: 8.99m²
标准差: 4.33m²　　　　　　最大面积: 28.625m²

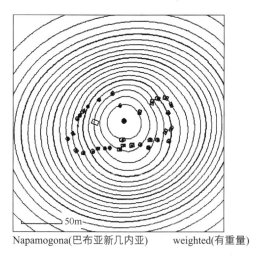
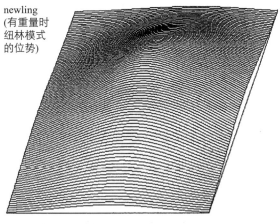

Napamogona(巴布亚新几内亚)　　weighted(有重量)　　newling(有重量时纽林模式的位势)

最大距离=40m/倍率=1.5

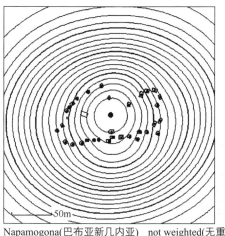
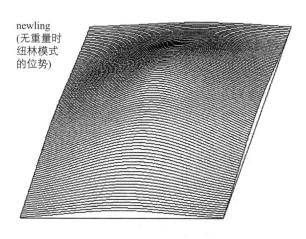

Napamogona(巴布亚新几内亚)　not weighted(无重量)　　newling(无重量时纽林模式的位势)

最大距离=40m/倍率=1.5

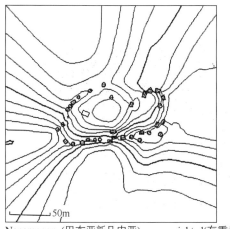
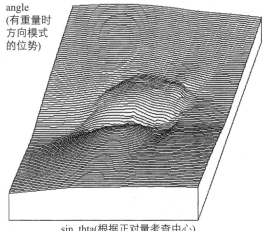

Napamogona(巴布亚新几内亚)　　weighted(有重量)　　angle(有重量时方向模式的位势)

sin_thta(根据正对量考查中心)

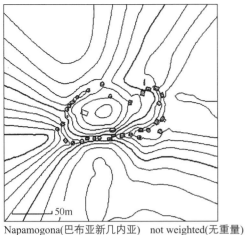

Napamogona(巴布亚新几内亚)　not weighted(无重量)

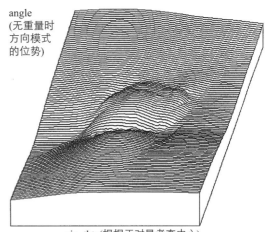

angle
(无重量时
方向模式
的位势)

sin_thta(根据正对量考查中心)

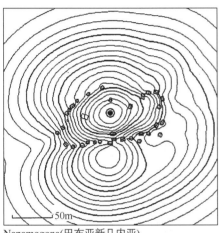

Napamogona(巴布亚新几内亚)

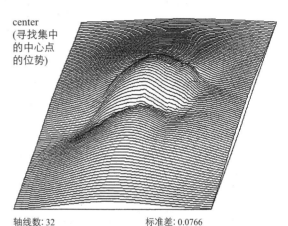

center
(寻找集中
的中心点
的位势)

轴线数: 32　　　　　　标准差: 0.0766
平均值: 0.194　　　　　变异系数: 0.395
方差: 0.00587　　　　　平均角度: 0.795
最大距离=40m/倍率=1.5(sin_thta)

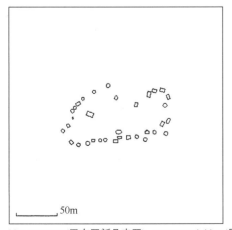

Napamogona(巴布亚新几内亚)　nearest neighbor(最近邻距离)
住居数: 32户　　　　　　平均距离: 2.288m
标准差: 1.79m　　　　　 变异系数: 0.781
最小距离: 0.45m　　　　 最大距离: 6.65m

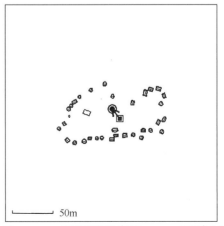

Napamogona(巴布亚新几内亚)　center shift(中心移动)
最大距离=40m/倍率=1.5(sin_thta)
移动距离: 14.78m

72 Omarakana

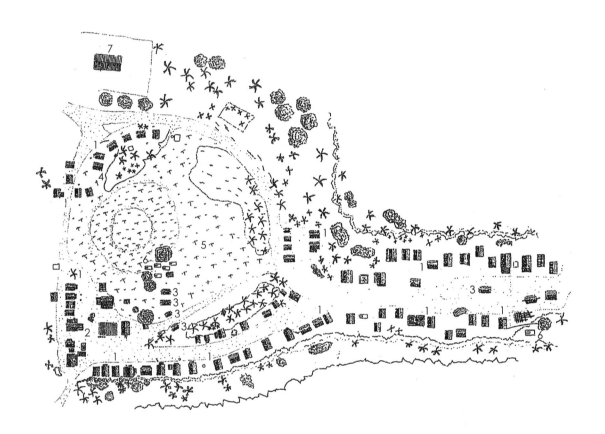

1 住居
2 村长住居
3 山芋库房(集体用)
4 山芋库房(个人用)
5 空场
6 墓地
7 基督教会

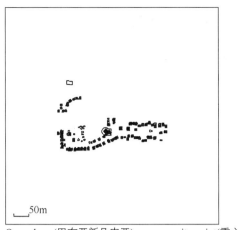

Omarakana(巴布亚新几内亚)　　　gravity point(重心)
住居数: 73户　　　　　　　平均面积: 42.2m²
标准差: 14.9m²　　　　　　变异系数: 0.353
最小面积: 21m²　　　　　　最大面积: 91.02m²
平均最近距离: 11.121m

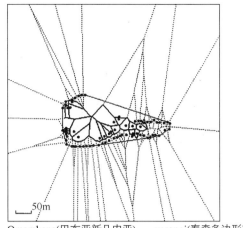

Omarakana(巴布亚新几内亚)　　　voronoi(泰森多边形)
住居数: 20户　　　　　　　平均面积: 934.94m²
标准差: 855.42m²　　　　　邻近距离: 32.857m
变异系数: 0.915　　　　　　最小面积: 112.59m²
最大面积: 3176.6m²

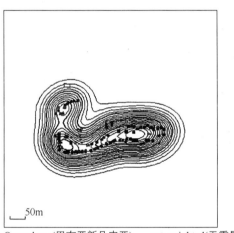

Omarakana(巴布亚新几内亚)　　　not weighted(无重量)

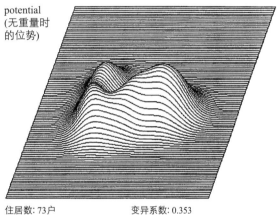

potential
(无重量时
的位势)

住居数: 73户　　　　　　　变异系数: 0.353
平均面积: 42.2m²　　　　　最小面积: 21m²
标准差: 14.9m²　　　　　　最大面积: 91.02m²

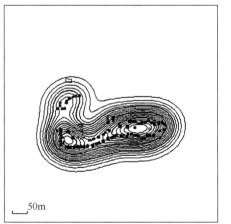

Omarakana(巴布亚新几内亚)　　　weighted(有重量)

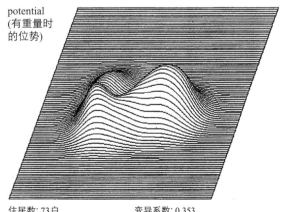

potential
(有重量时
的位势)

住居数: 73户　　　　　　　变异系数: 0.353
平均面积: 42.2m²　　　　　最小面积: 21m²
标准差: 14.9m²　　　　　　最大面积: 91.02m²

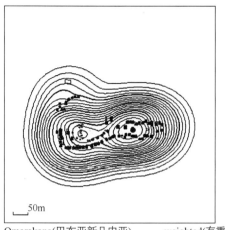
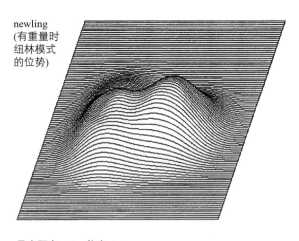

Omarakana(巴布亚新几内亚)　　weighted(有重量)　　newling(有重量时纽林模式的位势)　　最大距离=40m/倍率=1.5

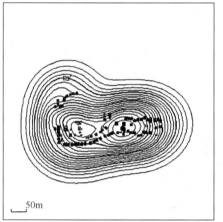
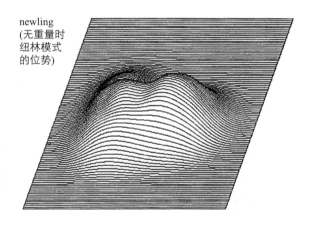

Omarakana(巴布亚新几内亚)　　not weighted(无重量)　　newling(无重量时纽林模式的位势)　　最大距离=40m/倍率=1.5

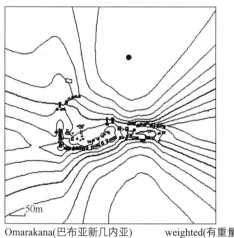
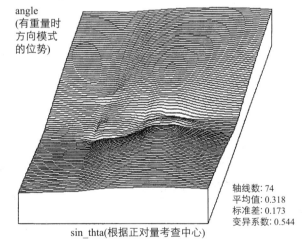

Omarakana(巴布亚新几内亚)　　weighted(有重量)　　angle(有重量时方向模式的位势)　　sin_thta(根据正对量考查中心)

轴线数: 74
平均值: 0.318
标准差: 0.173
变异系数: 0.544

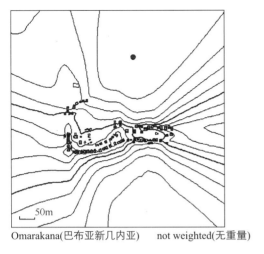

Omarakana(巴布亚新几内亚)　　not weighted(无重量)

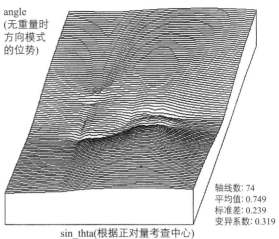

angle
(无重量时
方向模式
的位势)

轴线数: 74
平均值: 0.749
标准差: 0.239
变异系数: 0.319

sin_thta(根据正对量考查中心)

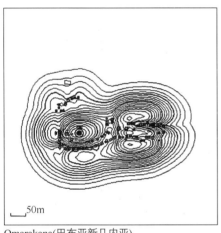

Omarakana(巴布亚新几内亚)

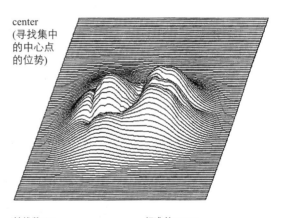

center
(寻找集中
的中心点
的位势)

轴线数: 74　　　　　　标准差: 0.255
平均值: 0.188　　　　变异系数: 1.35
方差: 0.065　　　　　平均角度: 0.553
最大距离=40m/倍率=1.5(sin_thta)

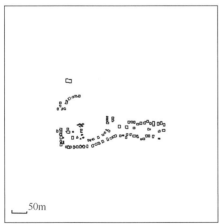

Omarakana(巴布亚新几内亚)　　nearest neighbor(最近邻距离)
住居数: 73户　　　　平均距离: 2.275m
标准差: 1.48m　　　 变异系数: 0.651
最小距离: 0.45m　　 最大距离: 7.55m

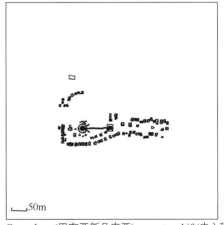

Omarakana(巴布亚新几内亚)　　center shift(中心移动)
最大距离=40m/倍率=1.5(sin_thta)
移动距离: 88.23m

73 Palambei

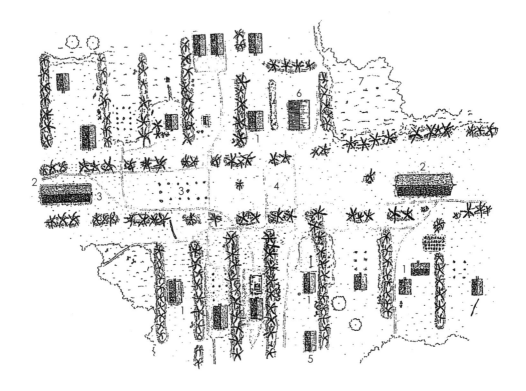

1 住居
2 祭祖堂
3 祭祖堂(废墟)
4 广场
5 可可椰子林
6 教会
7 墓地

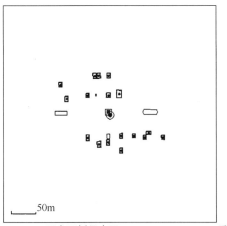

Palambei(巴布亚新几内亚)　　　gravity point(重心)
住居数: 17户　　　　　　　平均面积: 65.2m²
标准差: 24.8m²　　　　　　变异系数: 0.38
最小面积: 42.2m²　　　　　最大面积: 154.08m²
平均最近距离: 22.086m

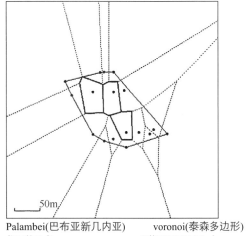

Palambei(巴布亚新几内亚)　　　voronoi(泰森多边形)
住居数: 3户　　　　　　　　平均面积: 2209.3m²
标准差: 332.29m²　　　　　邻近距离: 50.508m
变异系数: 0.1459　　　　　最小面积: 1892.6m²
最大面积: 2651.5m²

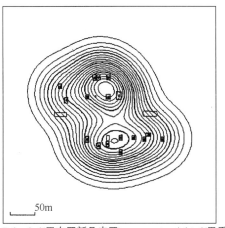

Palambei(巴布亚新几内亚)　　　not weighted(无重量)

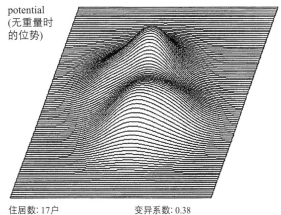

potential
(无重量时的位势)

住居数: 17户　　　　　　变异系数: 0.38
平均面积: 65.2m²　　　　最小面积: 42.2m²
标准差: 24.8m²　　　　　最大面积: 154.08m²

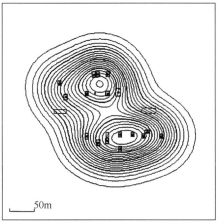

Palambei(巴布亚新几内亚)　　　weighted(有重量)

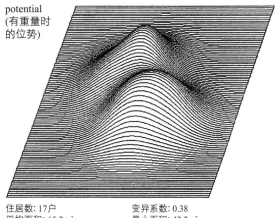

potential
(有重量时的位势)

住居数: 17户　　　　　　变异系数: 0.38
平均面积: 65.2m²　　　　最小面积: 42.2m²
标准差: 24.8m²　　　　　最大面积: 154.08m²

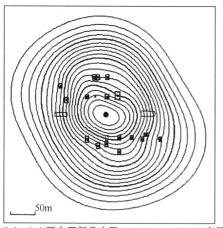
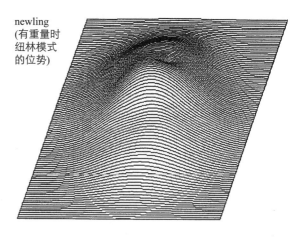

Palambei(巴布亚新几内亚)　　weighted(有重量)　　newling (有重量时纽林模式的位势)　　最大距离=40m/倍率=1.5

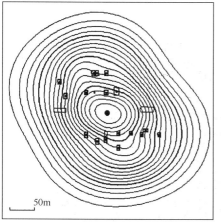
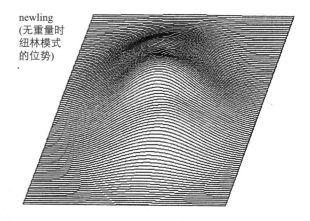

Palambei(巴布亚新几内亚)　　not weighted(无重量)　　newling (无重量时纽林模式的位势)　　最大距离=40m/倍率=1.5

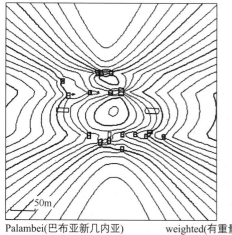
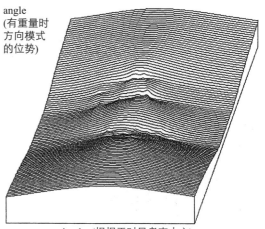

Palambei(巴布亚新几内亚)　　weighted(有重量)　　angle (有重量时方向模式的位势)　　sin_thta(根据正对量考查中心)

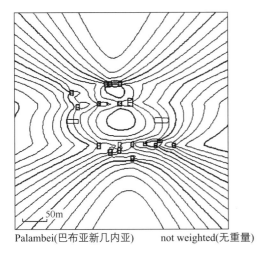

Palambei(巴布亚新几内亚)　　not weighted(无重量)

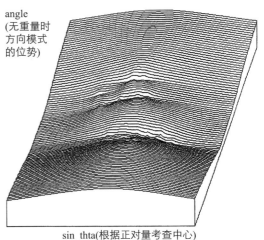

angle
(无重量时方向模式的位势)

sin_thta(根据正对量考查中心)

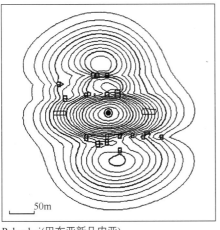

Palambei(巴布亚新几内亚)

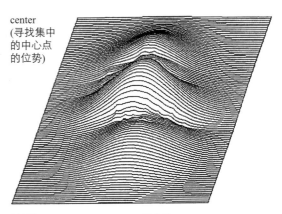

center
(寻找集中的中心点的位势)

轴线数: 17　　　标准差: 0.456
平均值: 0.612　　变异系数: 0.745
方差: 0.208　　　平均角度: 0.759
最大距离=40m/倍率=1.5(sin_thta)

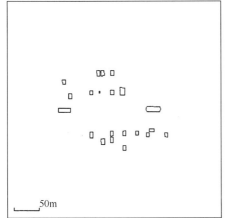

Palambei(巴布亚新几内亚)　　nearest neighbor(最近邻距离)
住居数: 17户　　　　平均距离: 6.75m
标准差: 3.87m　　　变异系数: 0.574
最小距离: 0.85m　　最大距离: 15.25m

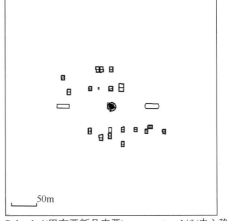

Palambei(巴布亚新几内亚)　　center shift(中心移动)
最大距离=40m/倍率=1.5(sin_thta)
移动距离: 3.181m

74 Wombun

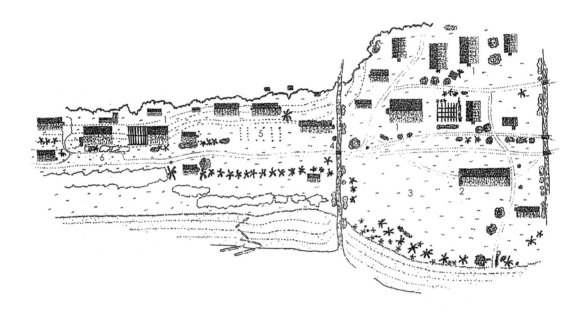

1 住居
2 祭祖堂
3 广场
4 沟
5 住居废墟
6 花坛

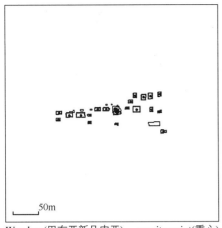

Wombun(巴布亚新几内亚) gravity point(重心)
住居数: 20户　　　　　平均面积: 57.2m²
标准差: 32.4m²　　　　变异系数: 0.567
最小面积: 18.9m²　　　最大面积: 133.43m²
平均最近距离: 16.956m

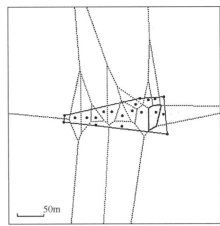

Wombun(巴布亚新几内亚) voronoi(泰森多边形)
住居数: 1户　　　　　平均面积: 848m²
标准差: 0m²　　　　　邻近距离: 31.292m
变异系数: 0　　　　　最小面积: 848m²
最大面积: 848m²

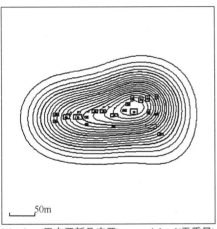

Wombun(巴布亚新几内亚) not weighted(无重量)

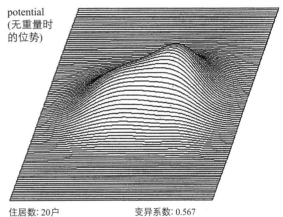

potential (无重量时的位势)

住居数: 20户　　　　　变异系数: 0.567
平均面积: 57.2m²　　　最小面积: 18.9m²
标准差: 32.4m²　　　　最大面积: 133.43m²

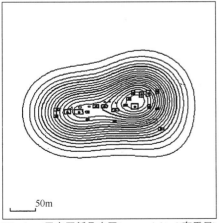

Wombun(巴布亚新几内亚) weighted(有重量)

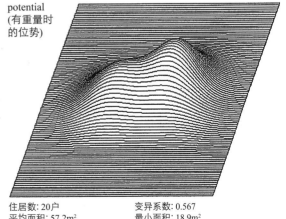

potential (有重量时的位势)

住居数: 20户　　　　　变异系数: 0.567
平均面积: 57.2m²　　　最小面积: 18.9m²
标准差: 32.4m²　　　　最大面积: 133.43m²

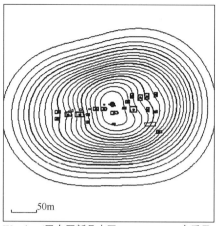

Wombun(巴布亚新几内亚)　　weighted(有重量)

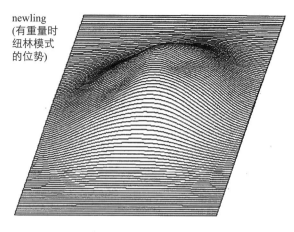

newling
(有重量时
纽林模式
的位势)

最大距离=40m/倍率=1.5

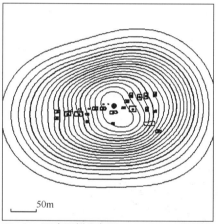

Wombun(巴布亚新几内亚) not weighted(无重量)

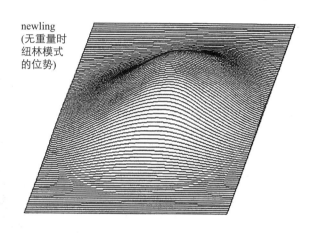

newling
(无重量时
纽林模式
的位势)

最大距离=40m/倍率=1.5

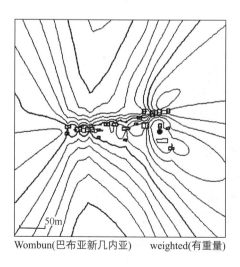

Wombun(巴布亚新几内亚)　　weighted(有重量)

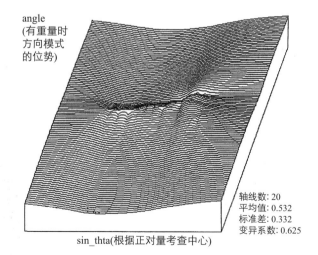

angle
(有重量时
方向模式
的位势)

轴线数: 20
平均值: 0.532
标准差: 0.332
变异系数: 0.625

sin_thta(根据正对量考查中心)

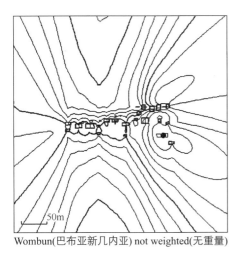

Wombun(巴布亚新几内亚) not weighted(无重量)

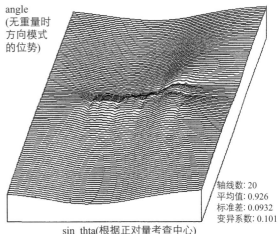

angle
(无重量时方向模式的位势)

sin_thta(根据正对量考查中心)

轴线数: 20
平均值: 0.926
标准差: 0.0932
变异系数: 0.101

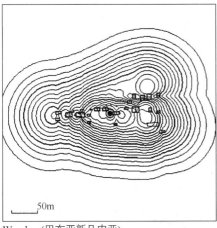

Wombun(巴布亚新几内亚)

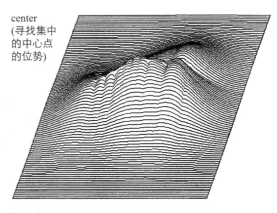

center
(寻找集中的中心点的位势)

轴线数: 20 标准差: 0.511
平均值: 0.527 变异系数: 0.969
方差: 0.261 平均角度: 0.731
最大距离=40m/倍率=1.5(sin_thta)

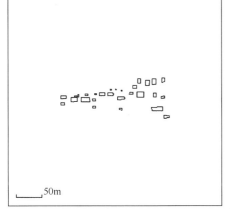

Wombun(巴布亚新几内亚)　nearest neighbor(最近邻距离)

住居数: 20户　　　　　平均距离: 4.37m
标准差: 3.14m　　　　　变异系数: 0.718
最小距离: 2.45m　　　　最大距离: 16.75m

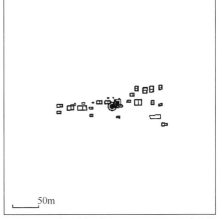

Wombun(巴布亚新几内亚)　center shift(中心移动)

最大距离=40m/倍率=1.5(sin_thta)
移动距离: 11.36m

75　Garm-e-Rud-Bar

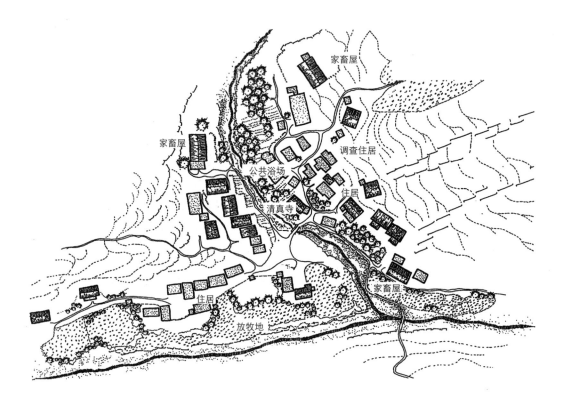

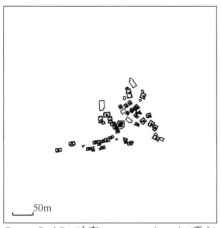

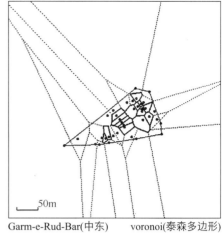

Garm-e-Rud-Bar(中东)   gravity point(重心)
住居数: 37户   平均面积: 77.2m²
标准差: 39.7m²   变异系数: 0.514
最小面积: 21.1m²   最大面积: 212.23m²
平均最近距离: 13.429m

Garm-e-Rud-Bar(中东)   voronoi(泰森多边形)
住居数: 16户   平均面积: 377.19m²
标准差: 244.06m²   邻近距离: 20.87m
变异系数: 0.6471   最小面积: 83.676m²
    最大面积: 1135.8m²

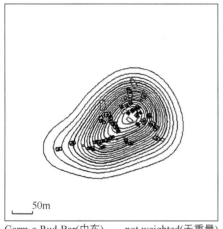

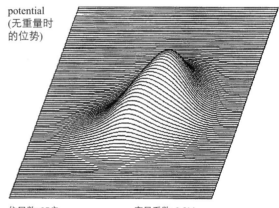

potential
(无重量时的位势)

Garm-e-Rud-Bar(中东)   not weighted(无重量)

住居数: 37户   变异系数: 0.514
平均面积: 77.2m²   最小面积: 21.1m²
标准差: 39.7m²   最大面积: 212.23m²

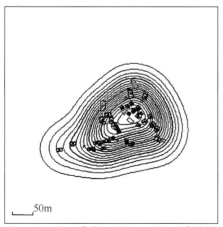

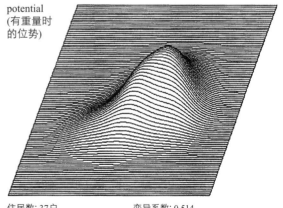

potential
(有重量时的位势)

Garm-e-Rud-Bar(中东)   weighted(有重量)

住居数: 37户   变异系数: 0.514
平均面积: 77.2m²   最小面积: 21.1m²
标准差: 39.7m²   最大面积: 212.23m²

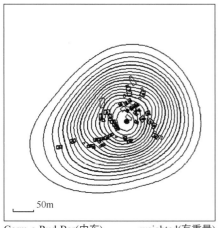

Garm-e-Rud-Bar(中东)　　weighted(有重量)

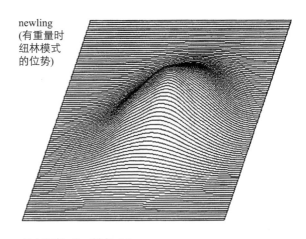

newling
(有重量时
纽林模式
的位势)

最大距离=40m/倍率=1.5

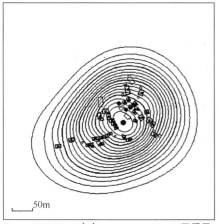

Garm-e-Rud-Bar(中东)　　not weighted(无重量)

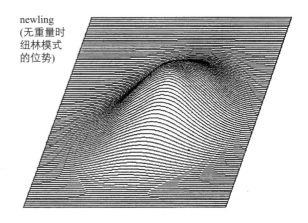

newling
(无重量时
纽林模式
的位势)

最大距离=40m/倍率=1.5

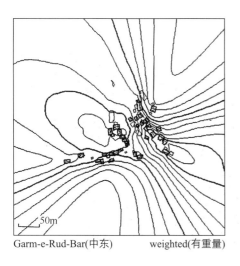

Garm-e-Rud-Bar(中东)　　weighted(有重量)

angle
(有重量时
方向模式
的位势)

sin_thta(根据正对量考查中心)

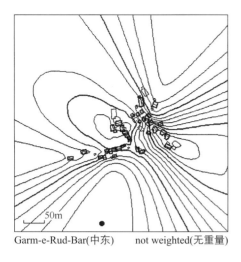

Garm-e-Rud-Bar(中东)   not weighted(无重量)

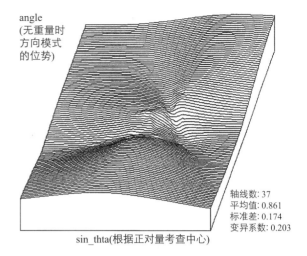

angle
(无重量时方向模式的位势)

sin_thta(根据正对量考查中心)

轴线数: 37
平均值: 0.861
标准差: 0.174
变异系数: 0.203

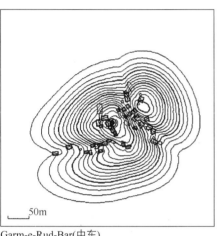

Garm-e-Rud-Bar(中东)

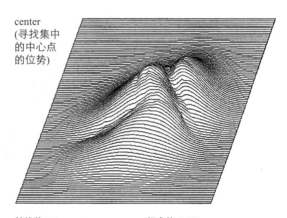

center
(寻找集中的中心点的位势)

轴线数: 37   标准差: 0.461
平均值: 0.651   变异系数: 0.707
方差: 0.212   平均角度: 0.732
最大距离=40m/倍率=1.5(sin_thta)

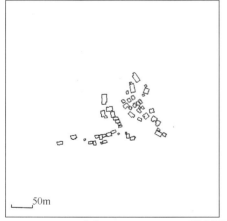

Garm-e-Rud-Bar(中东)   nearest neighbor(最近邻距离)
住居数: 37户   平均距离: 2.004m
标准差: 2.64m   变异系数: 1.32
最小距离: 0.35m   最大距离: 10.45m

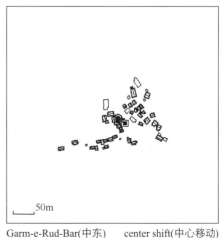

Garm-e-Rud-Bar(中东)   center shift(中心移动)
最大距离=40m/倍率=1.5(sin_thta)
移动距离: 19.83m

447

76 Sivrihisar

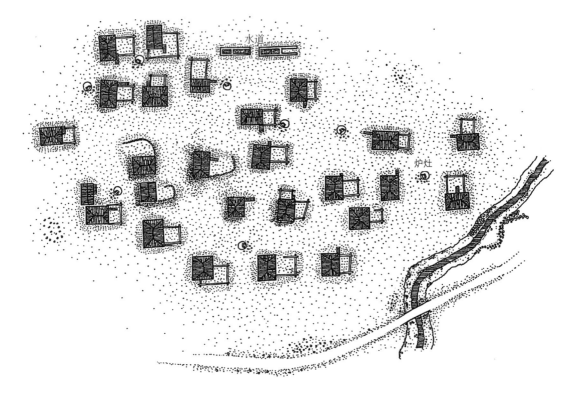

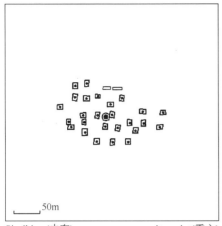

Sivrihisar(中东)　　　　　　gravity point(重心)
住居数: 26户　　　　　　　　平均面积: 90.2m²
标准差: 12.6m²　　　　　　　变异系数: 0.14
最小面积: 57.6m²　　　　　　最大面积: 117.04m²
平均最近距离: 21.104m

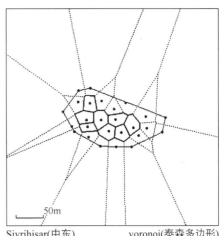

Sivrihisar(中东)　　　　　　voronoi(泰森多边形)
住居数: 8户　　　　　　　　 平均面积: 658.61m²
标准差: 93.274m²　　　　　　邻近距离: 27.577m
变异系数: 0.1416　　　　　　最小面积: 441.38m²
最大面积: 765.69m²

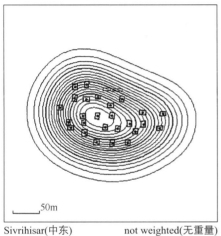

Sivrihisar(中东)　　　　　　not weighted(无重量)

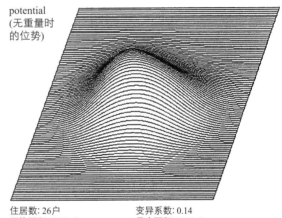

potential
(无重量时的位势)

住居数: 26户　　　　　　　　变异系数: 0.14
平均面积: 90.2m²　　　　　　最小面积: 57.6m²
标准差: 12.6m²　　　　　　　最大面积: 117.04m²

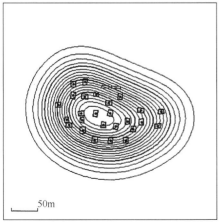

Sivrihisar(中东)　　　　　　weighted(有重量)

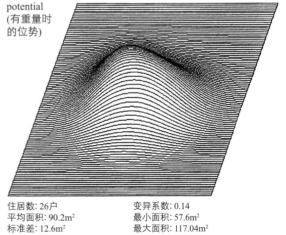

potential
(有重量时的位势)

住居数: 26户　　　　　　　　变异系数: 0.14
平均面积: 90.2m²　　　　　　最小面积: 57.6m²
标准差: 12.6m²　　　　　　　最大面积: 117.04m²

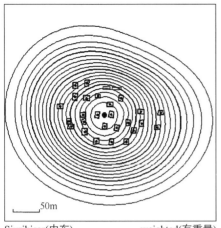

Sivrihisar(中东)   weighted(有重量)

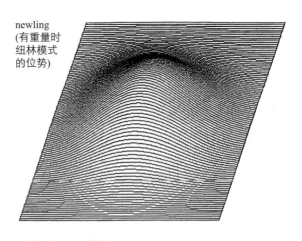

newling
(有重量时纽林模式的位势)

最大距离=40m/倍率=1.5

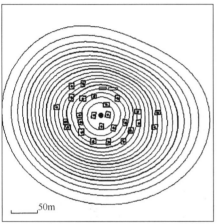

Sivrihisar(中东)   not weighted(无重量)

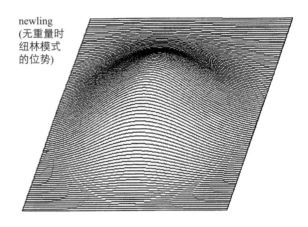

newling
(无重量时纽林模式的位势)

最大距离=40m/倍率=1.5

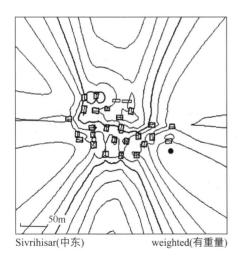

Sivrihisar(中东)   weighted(有重量)

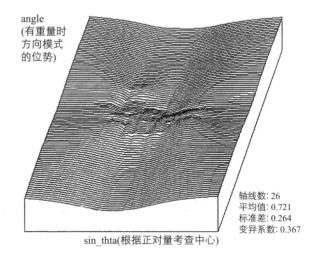

angle
(有重量时方向模式的位势)

轴线数: 26
平均值: 0.721
标准差: 0.264
变异系数: 0.367

sin_thta(根据正对量考查中心)

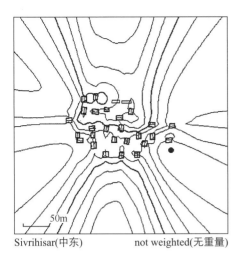

Sivrihisar(中东) not weighted(无重量)

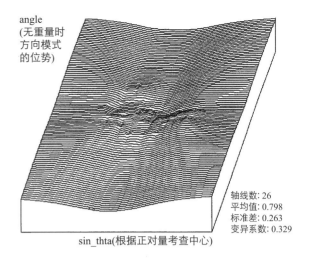

angle
(无重量时
方向模式
的位势)

sin_thta(根据正对量考查中心)

轴线数: 26
平均值: 0.798
标准差: 0.263
变异系数: 0.329

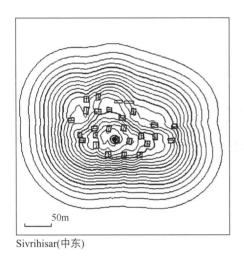

Sivrihisar(中东)

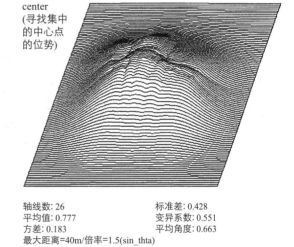

center
(寻找集中
的中心点
的位势)

轴线数: 26   标准差: 0.428
平均值: 0.777   变异系数: 0.551
方差: 0.183   平均角度: 0.663
最大距离=40m/倍率=1.5(sin_thta)

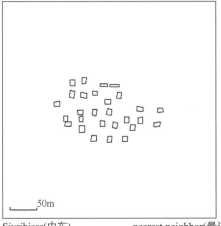

Sivrihisar(中东)   nearest neighbor(最近邻距离)
住居数: 26户   平均距离: 4.912m
标准差: 2.5m   变异系数: 0.509
最小距离: 0.35m   最大距离: 9.45m

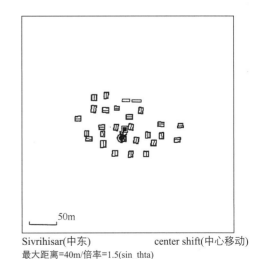

Sivrihisar(中东)   center shift(中心移动)
最大距离=40m/倍率=1.5(sin_thta)
移动距离: 18.17m

77 Aliabad

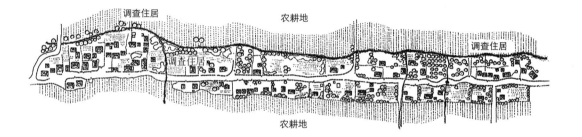

Aliabad(中东)　　　　　gravity point(重心)
住居数: 56户　　　　　　平均面积: 28.9m²
标准差: 9.86m²　　　　　变异系数: 0.341
最小面积: 13.6m²　　　　最大面积: 60.083m²
平均最近距离: 11.564m

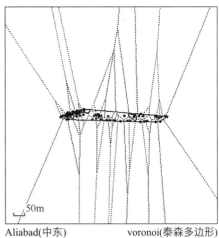

Aliabad(中东)　　　　　voronoi(泰森多边形)
住居数: 8户　　　　　　 平均面积: 281.79m²
标准差: 187.56m²　　　　邻近距离: 18.039m
变异系数: 0.6656　　　　最小面积: 102.57m²
最大面积: 682.24m²

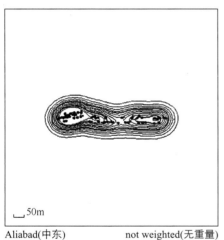

Aliabad(中东)　　　　　not weighted(无重量)

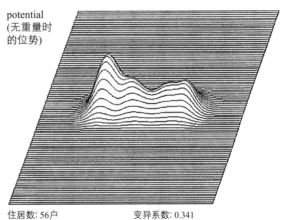

potential
(无重量时的位势)

住居数: 56户　　　　　　变异系数: 0.341
平均面积: 28.9m²　　　　最小面积: 13.6m²
标准差: 9.86m²　　　　　最大面积: 60.083m²

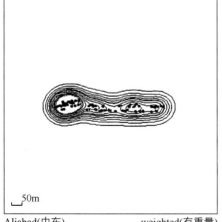

Aliabad(中东)　　　　　weighted(有重量)

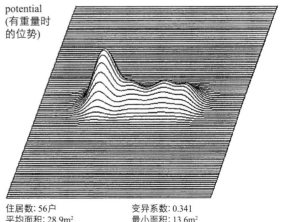

potential
(有重量时的位势)

住居数: 56户　　　　　　变异系数: 0.341
平均面积: 28.9m²　　　　最小面积: 13.6m²
标准差: 9.86m²　　　　　最大面积: 60.083m²

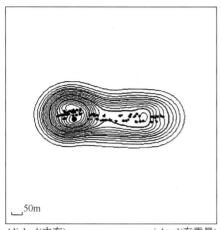
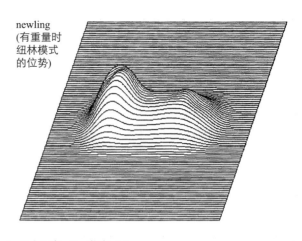

Aliabad(中东)　　　　　weighted(有重量)　　　　　最大距离=40m/倍率=1.5

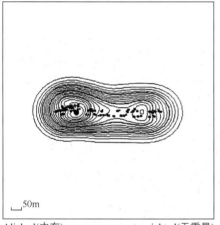
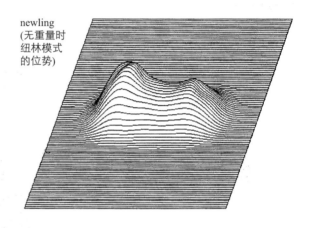

Aliabad(中东)　　　　　not weighted(无重量)　　　　最大距离=40m/倍率=1.5

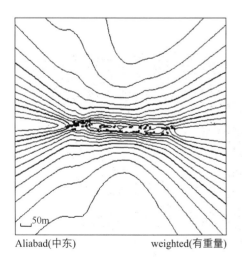

newling
(有重量时
纽林模式
的位势)

newling
(无重量时
纽林模式
的位势)

angle
(有重量时
方向模式
的位势)

Aliabad(中东)　　　　　weighted(有重量)　　　　　sin_thta(根据正对量考查中心)

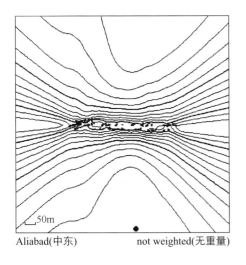

Aliabad(中东)　　　　　　　　not weighted(无重量)

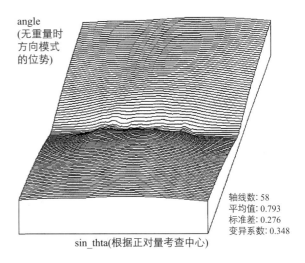

angle
(无重量时
方向模式
的位势)

轴线数: 58
平均值: 0.793
标准差: 0.276
变异系数: 0.348

sin_thta(根据正对量考查中心)

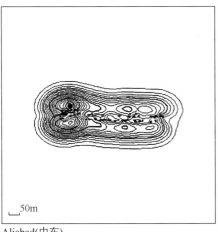

Aliabad(中东)

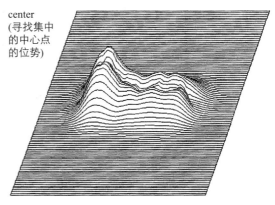

center
(寻找集中
的中心点
的位势)

轴线数: 58　　　　标准差: 0.179
平均值: 0.138　　　变异系数: 1.3
方差: 0.032　　　　平均角度: 0.51
最大距离=40m/倍率=1.5(sin_thta)

Aliabad(中东)　　　　　　nearest neighbor(最近邻距离)
住居数: 56户　　　　　　平均距离: 2.561m
标准差: 2.2m　　　　　　变异系数: 0.861
最小距离: 0.45m　　　　 最大距离: 9.65m

Aliabad(中东)　　　　　　　center shift(中心移动)
最大距离=40m/倍率=1.5(sin_thta)
移动距离: 140.9m

455

78 Meyandare

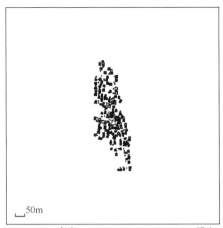

Meyandare(中东)　　　　　gravity point(重心)
住居数: 113户　　　　　　平均面积: 115m²
标准差: 72.9m²　　　　　 变异系数: 0.632
最小面积: 33.7m²　　　　 最大面积: 525.99m²
平均最近距离: 16.673m

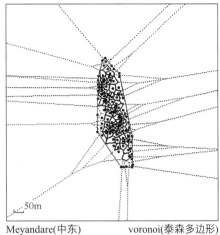

Meyandare(中东)　　　　　voronoi(泰森多边形)
住居数: 70户　　　　　　 平均面积: 543.58m²
标准差: 216.71m²　　　　 邻近距离: 25.03m
变异系数: 0.3994　　　　 最小面积: 220.05m²
最大面积: 1217.4m²

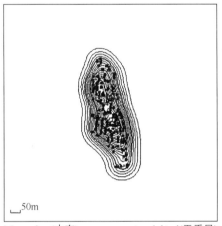

Meyandare(中东)　　　　　not weighted(无重量)

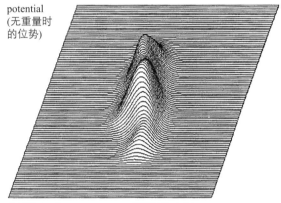

potential
(无重量时
的位势)

住居数: 113户　　　　　　变异系数: 0.632
平均面积: 115m²　　　　　最小面积: 33.7m²
标准差: 72.9m²　　　　　 最大面积: 525.99m²

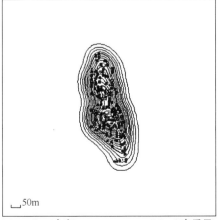

Meyandare(中东)　　　　　weighted(有重量)

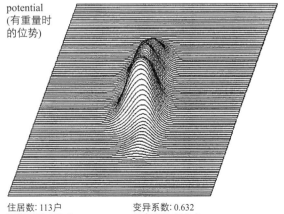

potential
(有重量时
的位势)

住居数: 113户　　　　　　变异系数: 0.632
平均面积: 115m²　　　　　最小面积: 33.7m²
标准差: 72.9m²　　　　　 最大面积: 525.99m²

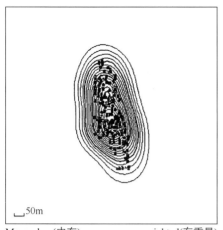
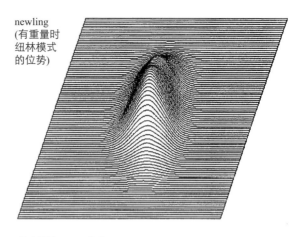

Meyandare(中东)　　　weighted(有重量)　　　newling(有重量时纽林模式的位势)　　最大距离=40m/倍率=1.5

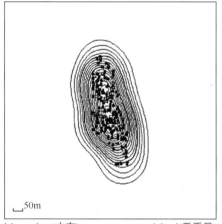
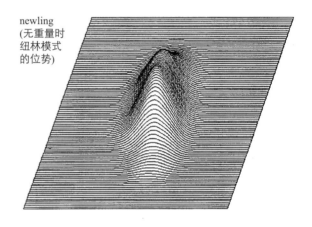

Meyandare(中东)　　　not weighted(无重量)　　newling(无重量时纽林模式的位势)　　最大距离=40m/倍率=1.5

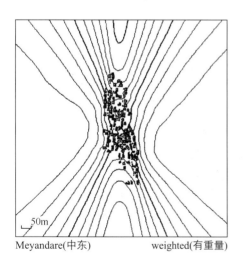
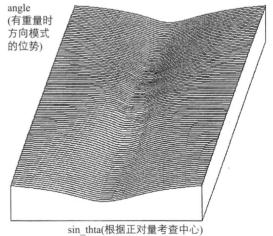

Meyandare(中东)　　　weighted(有重量)　　　angle(有重量时方向模式的位势)　　sin_thta(根据正对量考查中心)

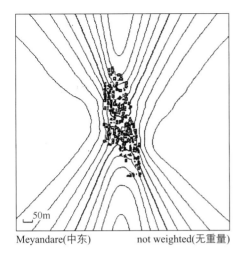

Meyandare(中东)　　　　not weighted(无重量)

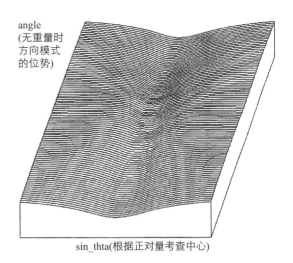

angle
(无重量时
方向模式
的位势)

sin_thta(根据正对量考查中心)

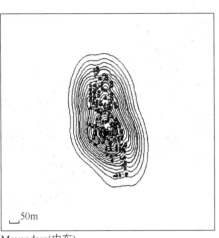

Meyandare(中东)

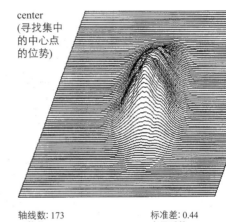

center
(寻找集中
的中心点
的位势)

轴线数: 173　　　　　　　标准差: 0.44
平均值: 0.334　　　　　　变异系数: 1.32
方差: 0.193　　　　　　　平均角度: 0.579
最大距离=40m/倍率=1.5(sin_thta)

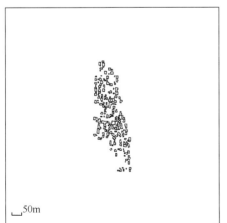

Meyandare(中东)　　　　nearest neighbor(最近邻距离)
住居数: 113户　　　　　　平均距离: 1.977m
标准差: 1.61m　　　　　　变异系数: 0.813
最小距离: 0.55m　　　　　最大距离: 9.95m

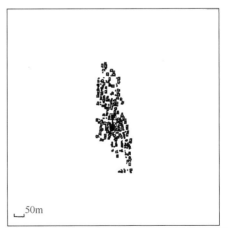

Meyandare(中东)　　　　center shift(中心移动)
最大距离=40m/倍率=1.5(sin_thta)
移动距离: 60.16m

79 Kayikiraze

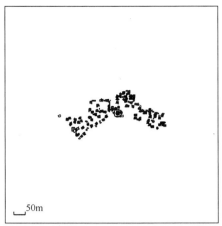

Kayikiraze(中东)　　　　　　gravity point(重心)
住居数: 81户　　　　　　　平均面积: 71.4m²
标准差: 27.7m²　　　　　　变异系数: 0.388
最小面积: 34.8m²　　　　　最大面积: 207.74m²
平均最近距离: 14.862m

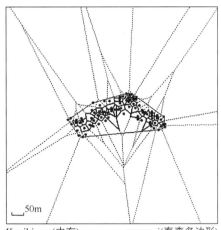

Kayikiraze(中东)　　　　　　voronoi(泰森多边形)
住居数: 40户　　　　　　　平均面积: 519.78m²
标准差: 269.2m²　　　　　　邻近距离: 24.499m
变异系数: 0.5179　　　　　最小面积: 186.28m²
最大面积: 1788.7m²

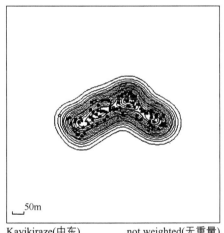

Kayikiraze(中东)　　　　　　not weighted(无重量)

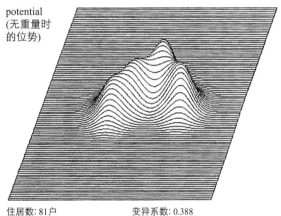

potential
(无重量时
的位势)

住居数: 81户　　　　　　　变异系数: 0.388
平均面积: 71.4m²　　　　　最小面积: 34.8m²
标准差: 27.7m²　　　　　　最大面积: 207.74m²

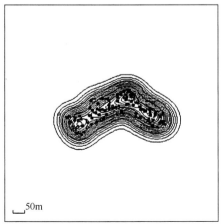

Kayikiraze(中东)　　　　　　weighted(有重量)

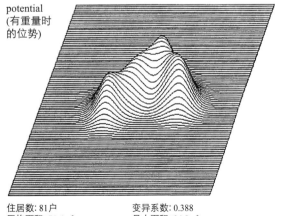

potential
(有重量时
的位势)

住居数: 81户　　　　　　　变异系数: 0.388
平均面积: 71.4m²　　　　　最小面积: 34.8m²
标准差: 27.7m²　　　　　　最大面积: 207.74m²

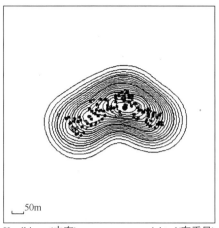

Kayikiraze(中东)　　　　weighted(有重量)

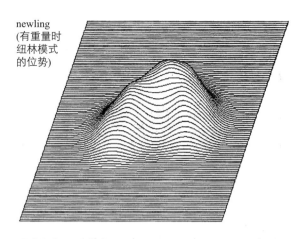

newling
(有重量时
纽林模式
的位势)

最大距离=40m/倍率=1.5

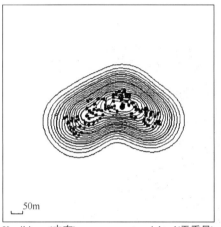

Kayikiraze(中东)　　　　not weighted(无重量)

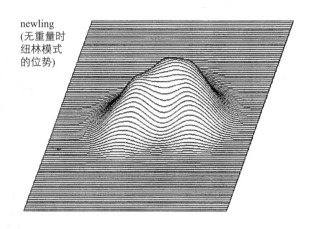

newling
(无重量时
纽林模式
的位势)

最大距离=40m/倍率=1.5

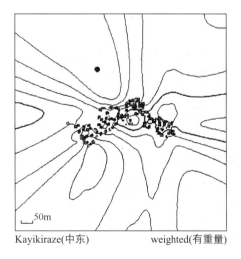

Kayikiraze(中东)　　　　weighted(有重量)

angle
(有重量时
方向模式
的位势)

轴线数: 93
平均值: 0.46
标准差: 0.162
变异系数: 0.353

sin_thta(根据正对量考查中心)

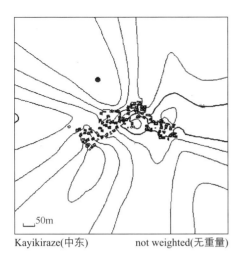
Kayikiraze(中东)　　　　not weighted(无重量)

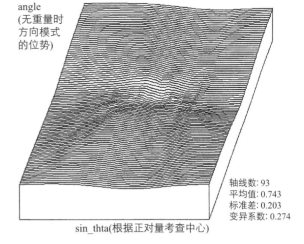

angle
(无重量时方向模式的位势)

轴线数: 93
平均值: 0.743
标准差: 0.203
变异系数: 0.274

sin_thta(根据正对量考查中心)

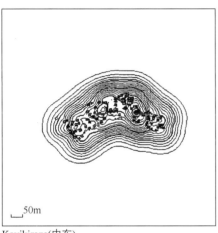

Kayikiraze(中东)

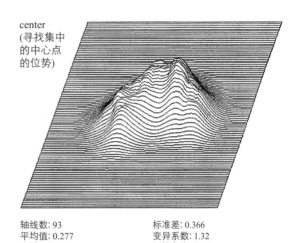

center
(寻找集中的中心点的位势)

轴线数: 93　　　　　标准差: 0.366
平均值: 0.277　　　 变异系数: 1.32
方差: 0.134　　　　平均角度: 0.562
最大距离=40m/倍率=1.5(sin_thta)

Kayikiraze(中东)　　　nearest neighbor(最近邻距离)
住居数: 81户　　　　平均距离: 2.369m
标准差: 1.92m　　　　变异系数: 0.812
最小距离: 0.55m　　　最大距离: 10.25m

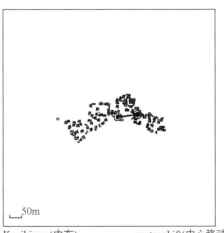

Kayikiraze(中东)　　　　center shift(中心移动)
最大距离=40m/倍率=1.5(sin_thta)
移动距离: 83.99m

463

附录2 分析用程序

001 根据住居重心寻找中心的模型程序

```c
/*##############################################################
                    gravity point (jyuu_isa.c)
                    根据住居重心寻找中心的模型程序
                              98/11/02
##############################################################*/
#include         <stdio.h>
#include         <stdlib.h>
#include         <string.h>
#include         <alloc.h>
#include         <math.h>
#include         <dos.h>
#include         <my.h>
#include         <myg.h>

FILE                    *fp,*fp0,*fp1;
char                    *file0=" f:\\wan\\data\\" ;
char                    *file1=" f:\\wan\\data\\name_1.dat" ;
char                    open_file[64];

#define      NX              (121)        /* 网格x方向 */
#define      NY              (121)        /* 网格y方向 */
#define      NN              (40)         /* 最大角度 */
#define      PNO             (500)        /* 最多建筑户数 */
#define      JNO             (200)        /* 最多重心数 */
double                   ymm=749.0,
                         x00=5.0,
                         y00=200.0,
                         wd;

double                   hx,hy,
                         xw,yw;

static double   (huge *px)[NN+1];
static double   (huge *py)[NN+1];
static int              ne;
static int              prt;

static int              ll,dl,dc;
static char             buf[40],val[20];
static double  scale;
static int              no,kak[PNO],type[PNO],attrib[PNO];
static int              dt_num;

static double  pix[NN+1],piy[NN+1];
static double  gx[JNO],gy[JNO];
static int              gno;
static int              xpp[JNO],ypp[JNO];
static double  gx_p,gy_p;
static int              ne_a,ne_p;
static double  men[JNO];
static int              pgn[JNO];

static int              nd;
static double  zd[JNO];
static double  aver,var,sd,dmin,dmax;
static int              col;
static double  wd_sav;
static double  coss,sinn;
static double  ra,ro,r_num;

char                    *msg[20];
int                             ln_s,co_s,ln_n,co_w;
int                             ccc;

void                    line_direct(void);
int                             interi(double,double);
void                    menu(void);
void                    open_mtx(void);
void                    statistics(void);
void                    make_data(void);
double                  menseki(void);
void                    draw_polygon(double,double,int,double,double,int);
void                    jyu_point(void);
void                    jyu_weighted_point(void);
void                    jyu_area(void);
int                             gravity_point(void);
void                    draw_grid(void);
void                    pgon_plot(int);
void                    convex(void);
double                  nearest_neighbor(void);

/*========================= line_direct ======================*/
void            line_direct(void)                                /* direction of half line */
{               double  thta=34.5;
                thta=M_PI*thta/180.0;
                sinn=sin(thta);
                coss=cos(thta);
}
/*========================= interi ===========================*/
int             interi(double e,double f)       /* check interior or not */
{               int             k,ic,ki;
                for(k=0;k<ne;++k)                                /* boundary check */
                {               double  aa,bb,s;
                                aa=(e-pix[k])*(piy[k+1]-piy[k]);
                                bb=(f-piy[k])*(pix[k+1]-pix[k]);
                                if(aa-bb!=0)
                                                continue;
                                if(pix[k+1]-pix[k]==0)
                                {               s=(f-piy[k])/(piy[k+1]-piy[k]);
                                                if(s>=0 && s<=1)
                                                {               ki=1;
                                                                return(ki);
                                                }
                                }
                                else
                                {               s=(e-pix[k])/(pix[k+1]-pix[k]);
                                                if(s>=0 && s<=1)
                                                {               ki=1;
                                                                return(ki);
```

```c
                }
        }
    ic=0;
    for(k=0;k<ne;++k)
        {       double    p1,p2,ee,ff,s,t;

                p1=pix[k+1]-pix[k];
                p2=piy[k+1]-piy[k];
                ee=e-pix[k];
                ff=f-piy[k];
                if(p1*ff-p2*ee==0)
                        {       if(p1==0)
                                        s=ff/p2;
                                else
                                        s=ee/p1;
                                if(s>=0 && s<=1)
                                        {       ki=0;
                                                if(ic%2 !=0)
                                                        ki=1;
                                                return(ki);
                                        }
                        }
                if(p1==0)
                        {       t=-ee/coss;
                                s=(t*sinn+ff)/p2;
                        }
                else
                        {       t=(p1*ff-p2*ee)/(p2*coss-p1*sinn);
                                s=(t*coss+ee)/p1;
                        }
                if(t<=0)
                        continue;
                if(s>=0 && s<=1)
                        ic=ic+1;
        }
    ki=0;
    if(ic%2 !=0)
            ki=1;
    return(ki);
}
/*===================== menu ==========================*/
void    menu(void)
{
        msg[0]="               $" ;
        msg[1]=" 全部          $" ;
        msg[2]=" 非洲          $" ;
        msg[3]=" 中国          $" ;
        msg[4]=" 欧洲          $" ;
        msg[5]=" 印度          $" ;
        msg[6]=" 印度尼西亚    $" ;
        msg[7]=" 中南米        $" ;
        msg[8]=" 巴布亚新几内亚 $" ;
        msg[9]=" 中東          $" ;
        msg[10]="              $" ;
        ln_s= 5;                                            /* start line */
        co_s=30;                                            /* start colyumn */
        ln_n=11;                                            /* line No. */
        co_w=12;                                            /* column No. */
}
/*===================== open_mtx ==========================*/
void    open_mtx(void)
{
        if((px=farcalloc(PNO,(unsigned long)sizeof(*px)))==NULL)
                {       red_b;
                        printf( "\nallocation error : px" );     /* [PNO][NN+1] */
                        normal;
                        exit(1);
                }
        if((py=farcalloc(PNO,(unsigned long)sizeof(*py)))==NULL)
                {       red_b;
                        printf( "\nallocation error : py" );     /* [PNO][NN+1] */
                        normal;
                        exit(1);
                }
}
/*===================== statistics ==========================*/
void    statistics(void)
{
        int             i;
        double          smesh=0,amesh=0;

        wd=1.0;
        dmin=1.0e10;
        dmax=-1.0e+10;
        for(i=0;i<nd;++i)
                {       smesh=smesh+zd[i];
                        amesh=amesh+SQUARE(zd[i]);
                        if(zd[i]>dmax)
                                dmax=zd[i];
                        if(zd[i]<dmin)
                                dmin=zd[i];
                }
        aver=smesh/nd;
        var=amesh/nd-SQUARE(aver);
        if(fabs(var)<0.0001)
                var=0.0;
        sd=sqrt(var);
        printf( "\nnd          =%5d" ,nd);
        printf( "\naverage     =%9.3lf" ,aver);
        printf( "\ndispersion  =%9.3lf" ,var);
        printf( "\nstandard dev =%9.3lf" ,sd);
        printf( "\ndmin        =%9.3lf" ,dmin);
        printf( "\ndmax        =%9.3lf" ,dmax);
        printf( "\nc          =%9.3lf" ,sd/aver);

        strcpy(buf," 住居数 : " );
        itoa(nd,val,10);
        strcat(buf,val);
        strcat(buf," 戸 ");
        ll+=dl;
        put_string_crt(0,-50,18,0.0,white,buf);

        gcvt(aver,2,val);
        strcpy(buf," 平均面積 : " );
        strcat(buf,val);
        strcat(buf," 平方米" );
        ll+=dl;
        put_string_crt(250,-50,18,0.0,white,buf);

        gcvt(sd,2,val);
        strcpy(buf," 標準差 : " );
        strcat(buf,val);
        strcat(buf," 平方米 ");
```

```
                ll+=dl;
                put_string_crt(0,-70,18,0.0,white,buf);

                gcvt(sd/aver,2,val);
                strcpy(buf," 变异系数 : " );
                strcat(buf,val);
                ll+=dl;
                put_string_crt(250,-70,18,0.0,white,buf);

                gcvt(dmin,2,val);
                strcpy(buf," 最小面积 : " );
                strcat(buf,val);
                strcat(buf," 平方米" );
                ll+=dl;
                put_string_crt(0,-90,18,0.0,white,buf);

                gcvt(dmax,4,val);
                strcpy(buf," 最大面积 : " );
                strcat(buf,val);
                strcat(buf," 平方米" );
                ll+=dl;
                put_string_crt(250,-90,18,0.0,white,buf);

                gcvt(ra,4,val);
                strcpy(buf," 平均最近距离 :" );
                strcat(buf,val);
                strcat(buf," m" );
                ll+=dl;
                put_string_crt(0,-110,18,0.0,white,buf);
                gcvt(r_num,3,val);
                strcpy(buf," R指数 : " );
                strcat(buf,val);
                ll+=dl;
                put_string_crt(250,-110,18,0.0,white,buf);
                wd=wd_sav;
}
/*======================= make_data ===========================*/
void        make_data(void)
{
                int             i,j;
                int             kz;
                double          x_min=1.0e10,x_max=-1.0e10,y_min=1.0e10,y_max=-1.0e10;
                double          dwx,dwy;

                dl=30;
                dc=720;
                kz=2;                                                                   /* xw=kz*dwx/yw=kz*dwy */
                                                                                        /* kz=a:画面的1/a大小 */
                dt_num=0;
                gno=0;
                ll=450;
                cls1();
                cls2();
                printf( "\n<%s>" ,open_file);
                file_open(open_file,READ_T);
                fp0=fp;
                fscanf(fp0," %lf" ,&scale);                                             /* 比例尺 */
                while(!feof(fp0))
                {
                                if(EOF==fscanf(fp0," %d%d%d%d" ,&no,&kak[dt_num],
                                                        &type[dt_num],&attrib[dt_num]))
                                                break;
                                if(kak[dt_num]>NN-1)
                                {
                                                red_b;
                                                printf( "\nkak > NN !!" );              /* 测试角度 */
                                                normal;
                                                exit(1);
                                }
                                for(i=0;i<kak[dt_num];++i)
                                {
                                                fscanf(fp0," %lf%lf\n" ,&px[dt_num][i],&py[dt_num][i]);
                                                px[dt_num][i]*=scale/1000.0; /* 单位 米 */
                                                py[dt_num][i]*=scale/1000.0;
                                                if(px[dt_num][i]<x_min)
                                                                x_min=px[dt_num][i];
                                                if(px[dt_num][i]>x_max)
                                                                x_max=px[dt_num][i];
                                                if(py[dt_num][i]<y_min)
                                                                y_min=py[dt_num][i];
                                                if(py[dt_num][i]>y_max)
                                                                y_max=py[dt_num][i];
                                }
                                if(attrib[dt_num]!=2)                                   /* 跳过 */
                                                ++dt_num;
                                if(dt_num>PNO-1)
                                {
                                                red_b;
                                                printf( "\ndt_num > PNO !!" );          /* 测试建筑的户数 */
                                                normal;
                                                exit(1);
                                }
                }
                fclose(fp0);

                dwx=x_max-x_min;
                dwy=y_max-y_min;
                printf( "\ndt_num = %4d" ,dt_num);
                printf( "\nx_min = %7.2lf  x_max = %7.2lf / dwx = %7.2lf" ,
                                        x_min,x_max,dwx);
                printf( "\ny_min = %7.2lf  y_max = %7.2lf / dwy = %7.2lf" ,
                                        y_min,y_max,dwy);

                if(dwx>=dwy)                                                            /* 画面大小的表示 */
                                hx=hy=kz*dwx/(NX-1);
                else
                                hx=hy=kz*dwy/(NY-1);
                printf( "\nhx   = %7.2lf  hx   = %7.2lf" ,hx,hy);

                xw=hx*(NX-1);
                yw=hy*(NY-1);
                wd=wd_sav=450.0/xw;                                                     /* 将xw设定为450 */
                draw_grid();
                for(j=0;j<dt_num;++j)                                                   /* 移动原点 */
                {
                                ne=kak[j];
                                for(i=0;i<ne;++i)
                                {
                                                px[j][i]=(px[j][i]-x_min-dwx/2.0)+xw/2.0;
                                                py[j][i]=(py[j][i]-y_min-dwy/2.0)+yw/2.0;
                                }
                                if(type[j]==1)                                          /* 关闭多角形数据 */
                                {
                                                px[j][ne]=px[j][0];
                                                py[j][ne]=py[j][0];
                                }
                }
                for(j=0;j<dt_num;++j)
                {
                                ne=kak[j];
```

```c
                        switch(attrib[j])
                        {
                            case 0:                                              /* 外形线 */
                                for(i=0;i<ne;++i)
                                    line_thick(px[j][i],py[j][i],px[j][i+1],py[j][i+1],
                                               green,0x00,2);
                                break;
                            case 1:                                              /* 孔 */
                                for(i=0;i<ne;++i)
                                    line(px[j][i],py[j][i],px[j][i+1],py[j][i+1],
                                         d_green,0x00);
                                break;
                            case 2:                                              /* 线 */
                                for(i=0;i<ne-1;++i)
                                    line_thick(px[j][i],py[j][i],px[j][i+1],py[j][i+1],
                                               yellow,0x00,2);
                                break;
                            case 3:                                              /* 塔 */
                                for(i=0;i<ne;++i)
                                    line(px[j][i],py[j][i],px[j][i+1],py[j][i+1],
                                         d_white,0x00);
                                break;
                            case 4:                                              /* 家畜小屋 */
                                for(i=0;i<ne;++i)
                                    line(px[j][i],py[j][i],px[j][i+1],py[j][i+1],
                                         d_white,0x00);
                                break;
                            default:
                                for(i=0;i<ne;++i)                                /* 其他 */
                                    line(px[j][i],py[j][i],px[j][i+1],py[j][i+1],
                                         blue,0x00);
                                break;
                        }
                    }
                    gravity_point();
}
/*=================== menseki ==============================*/              /* 面积计算 */
double      menseki(void)
{
            int         k;
            double      s=0.0;

            for(k=0;k<ne_a;++k)
                s+=(piy[k+1]+piy[k])*(pix[k+1]-pix[k])/2.0;
            return(s);
}
/*=================== draw_polygon ==========================*/
void        draw_polygon(double xc,double yc,int mark,double pgon_st,
                         double mark_width,int ln_col)
{
            int         i;
            double      st,dth;
            double      x0,y0,x1,y1,tht0,tht1;

            st=pgon_st/180.0*M_PI;
            dth=2.0*M_PI/(double)mark;
            for(i=0;i<mark;++i)
            {
                tht0=st+i*dth;
                tht1=st+(i+1)*dth;
                x0=xc+mark_width*cos(tht0);
                y0=yc+mark_width*sin(tht0);
                x1=xc+mark_width*cos(tht1);
                y1=yc+mark_width*sin(tht1);
                line(x0,y0,x1,y1,ln_col,0x00);
            }
}
/*=================== jyu_point =============================*/
void        jyu_point(void)                                                 /* 重心计算 */
{
            int         k;
            double      x_sum=0.0,y_sum=0.0;

            for(k=0;k<ne_p;++k)
            {
                x_sum+=xpp[k];
                y_sum+=ypp[k];
            }
            gx_p=x_sum/ne_p;
            gy_p=y_sum/ne_p;
}
/*=================== jyu_weighted_point =====================*/
void        jyu_weighted_point(void)                                        /* 有重量的重心计算 */
{
            int         k;
            double      x_sum=0.0,y_sum=0.0,men_sum=0.0;

            for(k=0;k<ne_p;++k)                                             /* 将面积算定为重量 */
            {
                x_sum+=xpp[k]*men[k];
                y_sum+=ypp[k]*men[k];
                men_sum+=men[k];
            }
            gx_p=x_sum/men_sum;
            gy_p=y_sum/men_sum;
}
/*=================== jyu_area ==============================*/
void        jyu_area(void)                                                  /* 全体的重心位置 */
{
            int         k;
            double      xds,yds,sx,sy,dsx,dsy,dx,dy;

            xds=yds=sx=sy=0.0;
            for(k=0;k<ne_a;++k)
            {
                dsx=(piy[k+1]+piy[k])*(pix[k+1]-pix[k])/2.0;
                dsy=(pix[k+1]+pix[k])*(piy[k+1]-piy[k])/2.0;
                if(dsx!=0)
                {
                    dx=piy[k+1]*(2.0*pix[k+1]+pix[k])+piy[k]*(pix[k+1]+2.0*pix[k]);
                    dx/=(3.0*(piy[k+1]+piy[k]));
                    sx+=dsx;
                    xds+=dx*dsx;
                }
                if(dsy!=0)
                {
                    dy=pix[k+1]*(2.0*piy[k+1]+piy[k])+pix[k]*(piy[k+1]+2.0*piy[k]);
                    dy/=(3.0*(pix[k+1]+pix[k]));
                    sy+=dsy;
                    yds+=dy*dsy;
                }
            }
            gx[gno]=xds/sx;
            gy[gno]=yds/sy;
}
/*=================== gravity_point =========================*/
int         gravity_point(void)
{
            int         i,j,k;

            for(j=0;j<dt_num;++j)
            {
                switch(attrib[j])
                {
                    case 0:                                                 /* 外形线 */
                        ne=kak[j];
                        for(i=0;i<=ne;++i)
```

```c
                                {
                                    pix[i]=px[j][i];
                                    piy[i]=py[j][i];
                                }
                                ne_a=ne;
                                jyu_area();
                                men[gno]=fabs(menseki());
                                pgn[gno]=j;
                                ++gno;
                                break;
                        case 1:
                                break;                                          /* 孔 */
                        case 2:
                                break;                                          /* 线 */
                        case 3:
                                break;                                          /* 塔 */
                        case 4:
                                break;                                          /* 家畜小屋 */
                        default:
                                break;                                          /* 其他 */
                    }
                }
                for(j=0;j<dt_num;++j)
                {
                    double      hole_men;
                    switch(attrib[j])
                    {
                        case 0:
                                break;                                          /* 外形线 */
                        case 1:                                                 /* 孔 */
                                ne=kak[j];
                                for(i=0;i<=ne;++i)
                                {
                                    pix[i]=px[j][i];
                                    piy[i]=py[j][i];
                                }
                                ne_a=ne;
                                jyu_area();
                                hole_men=fabs(menseki());
                                for(k=0;k<gno;++k)                              /* 含有孔的外形线 */
                                {
                                    ne=kak[pgn[k]];
                                    for(i=0;i<=ne;++i)
                                    {
                                        pix[i]=px[pgn[k]][i];
                                        piy[i]=py[pgn[k]][i];
                                    }
                                    if(interi(gx[gno],gy[gno]))
                                    {
                                        men[k]-=hole_men;
                                        goto out;
                                    }
                                }
                                printf( "\nnot found !!" );
                                exit(1);
out:                            break;
                        default:                                                /* 其他 */
                                break;
                    }
                }
                for(k=0;k<gno;++k)
                    circle(gx[k],gy[k],2,2,purple,0x20);
                for(k=0;k<gno;++k)
                {
                    xpp[k]=gx[k];
                    ypp[k]=gy[k];
                    zd[k]=men[k];
                }
                ne_p=gno;
                jyu_point();                                                    /* 没有重量 */
                convex();                                                       /* 凸包 */
                circle(gx_p,gy_p,8,8,red,0x00);
                circle(gx_p,gy_p,4,4,red,0x00);
                paint1(gx_p,gy_p,red,red);
                jyu_weighted_point();                                           /* 有重量 */
                draw_polygon(gx_p,gy_p,4,45.0,9.0/wd,yellow);
                draw_polygon(gx_p,gy_p,4,45.0,5.0/wd,yellow);
                paint1(gx_p,gy_p,yellow,yellow);
                nd=gno;
                statistics();
                return(1);
}
/*===================== draw_grid ======================*/
void    draw_grid(void)                                                         /* 描画网格 */
{
            int         ig=0;                                                   /* 只有轮廓:0, 网格:1 */
            int         i,j,nsx,nsy;
            if(ig==0)
            {
                nsx=NX-1;
                nsy=NY-1;
            }
            else
            {
                nsx=1;
                nsy=1;
            }
            for(i=0;i<NX;i+=nsx)
            {
                if(i==0 || i==NX-1)
                {
                    col=red;
                    line_thick(hx*i,0,hx*i,yw,col,0x00,2);
                }
                else
                {
                    col=blue;
                    line(hx*i,0,hx*i,yw,col,0x00);
                }
            }
            for(j=0;j<NY;j+=nsy)
            {
                if(j==0 || j==NY-1)
                {
                    col=red;
                    line_thick(0,hy*j,xw,hy*j,col,0x00,2);
                }
                else
                {
                    col=blue;
                    line(0,hy*j,xw,hy*j,col,0x00);
                }
            }
}
/*===================== pgon_plot ======================*/
void    pgon_plot(int ico)                                                      /* draw polygon */
{
            int         k;
            for(k=0;k<ne_a;++k)
                t_line(pix[k],piy[k],pix[k+1],piy[k+1],ico,0x00);
}
/*===================== convex ======================*/
void    convex(void)                                                            /* convex hull */
{
            int         i;
            int         n_max,nc=0;
            int         kst,kf;
```

```
            double      px0,py0,px1,py1,px_max,py_max;
            double      cos_max,coss;
            double      ox,oy;
            double      cox[JNO],coy[JNO],len=0.0;
            double      area;

            xpp[ne_p]=xpp[0];
            ypp[ne_p]=ypp[0];

            ox=1.0e5;
            oy=0.0;
            px0=-ox;
            py0= oy;
            cos_max=-1.0e5;
            for(i=0;i<ne_p;++i)
            {
                        px1=xpp[i]-ox;
                        py1=ypp[i]-oy;
                        coss=(px0*px1+py0*py1)/(sqrt(SQUARE(px0)+SQUARE(py0))*
                                            sqrt(SQUARE(px1)+SQUARE(py1)));
                        if(coss>cos_max)
                        {
                                    cos_max=coss;
                                    px_max=px1;
                                    py_max=py1;
                                    n_max=i;
                        }
            }
            kst=n_max;
            cox[nc]=xpp[n_max];
            coy[nc]=ypp[n_max];
            ++nc;
            while(1)
            {
                        kf=n_max;
                        ox=xpp[n_max];
                        oy=ypp[n_max];
                        px0=px_max;
                        py0=py_max;
                        cos_max=-1.0e2;
                        for(i=0;i<ne_p;++i)
                        {           if(i==kf)
                                                continue;
                                    px1=xpp[i]-ox;
                                    py1=ypp[i]-oy;
                                    coss=(px0*px1+py0*py1)/(sqrt(SQUARE(px0)+SQUARE(py0))*
                                                        sqrt(SQUARE(px1)+SQUARE(py1)));
                                    if(coss>cos_max)
                                    {
                                                cos_max=coss;
                                                px_max=px1;
                                                py_max=py1;
                                                n_max=i;
                                    }
                        }
                        if(n_max==kst)
                                    break;
                        cox[nc]=xpp[n_max];
                        coy[nc]=ypp[n_max];
                        ++nc;
            }
            cox[nc]=cox[0];
            coy[nc]=coy[0];

            for(i=0;i<=nc;++i)
            {           pix[i]=cox[i];
                        piy[i]=coy[i];
            }
            ne_a=nc;
            pgon_plot(green);
            area=menseki();
            printf( "\narea = %9.2lf" ,area);
            for(i=0;i<ne_a;++i)
                        len+=sqrt(SQUARE(pix[i+1]-pix[i])+SQUARE(piy[i+1]-piy[i]));
            printf( " / len = %9.2lf" ,len);
            ra=nearest_neighber();
            ro=(double)ne_p/area;
            r_num=ra*2.0*sqrt(ro);
            printf( "\nra = %12.4lf / ro = %12.4lf" ,ra,ro);
            printf( "\nR_number = %9.2lf" ,r_num);
/*
*/
}
/*====================== nearest_neighber ======================*/
double      nearest_neighber(void)
{
            int         i,j;
            double      dt_sum=0.0;

            for(i=0;i<ne_p;++i)
            {           double      dt,dt_min=1.0e5;
                        for(j=0;j<ne_p;++j)
                        {           if(i==j)
                                                continue;
                                    dt=SQUARE(xpp[i]-xpp[j])+SQUARE(ypp[i]-ypp[j]);
                                    if(dt<dt_min)
                                                dt_min=dt;
                        }
                        dt_sum+=sqrt(dt_min);
            }
            return(dt_sum/ne_p);                                /* 平均最近距离 */
}
/*********************** main ***********************/
void        main(void)
{
            char        file_name[64];

            start_process();
            graphic_init();

            read_ank_no();
            read_jis_no();
            line_direct();

            open_mtx();

            menu();

            save_text_vram(ln_s,co_s,ln_n,co_w+2);
            disp_menu(ln_s,co_s,ln_n,msg);
            ccc=pull_down_menu(ln_s,co_s,ln_n,co_w);
            load_text_vram(ln_s,co_s,ln_n,co_w+2);

            locate(20,10);
            printf( "print out (y/n) :  ");
            prt=yes_no_check();

            file_open(file1,READ_T);
            fp1=fp;
            while(!feof(fp1))
```

```c
    {       int             i;
            int             code;
            char            village[64],dir[64];
            if(EOF==fscanf(fp1," %s%s%d\n",file_name,dir,&code))
                    break;
            fgets(village,64,fp1);
            for(i=0;i<strlen(village);++i)                          /* skip LF */
                            if(village[i]==0x0a)
                                    village[i]=0x00;

            if(code==0)                                             /* skip : code = 0 */
                            continue;
            if(code==2)                                             /* skip : 保留 */
                            continue;
            if(code==3)                                             /* skip : 住居 */
                            continue;

            switch(ccc)
            {       case 1:                                         /* all */
                                    break;
                    case 2:                                         /* africa */
                                    if(strcmp(dir," africa" ))
                                            continue;
                                    break;
                    case 3:                                         /* china */
                                    if(strcmp(dir," china" ))
                                            continue;
                                    break;
                    case 4:                                         /* europe */
                                    if(strcmp(dir," europe" ))
                                            continue;
                                    break;
                    case 5:                                         /* india */
                                    if(strcmp(dir," india" ))
                                            continue;
                                    break;
                    case 6:                                         /* inndonesia */
                                    if(strcmp(dir," indnesia" ))
                                            continue;
                                    break;
                    case 7:                                         /* laten america */
                                    if(strcmp(dir," latenam" ))
                                            continue;
                                    break;
                    case 8:                                         /* papua */
                                    if(strcmp(dir," png" ))
                                            continue;
                                    break;
                    case 9:                                         /* mideast */
                                    if(strcmp(dir," mideast" ))
                                            continue;
                                    break;
                    default:
                                    red_b;
                                    printf( "\nirregal value" );
                                    normal;
                                    exit(1);
            }
            strcpy(open_file,file0);
            strcat(open_file,dir);
            strcat(open_file," \\" );
            strcat(open_file,file_name);
            strcat(open_file," .att" );
            printf( "\n%s" ,open_file);

            make_data();

            if(!strcmp(dir," africa" ))
                            strcat(village," (Africa)" );
            if(!strcmp(dir," china" ))
                            strcat(village," (China)" );
            if(!strcmp(dir," europe" ))
                            strcat(village," (Europe)" );
            if(!strcmp(dir," india" ))
                            strcat(village," (India)" );
            if(!strcmp(dir," indnesia" ))
                            strcat(village," (Indonesia)" );
            if(!strcmp(dir," latenam" ))
                            strcat(village," (Laten America)" );
            if(!strcmp(dir," png" ))
                            strcat(village," (Papua New Guinea)" );
            if(!strcmp(dir," mideast" ))
                            strcat(village," (Middle East)" );

            wd=1.0;                                                 /* scale & name */
            line(20.0,20.0,20.0,25.0,red,0x00);
            line(20.0,20.0,20.0+50*wd_sav,20.0,red,0x00);
            line(20.0+50*wd_sav,20.0,20.0+50*wd_sav,25.0,red,0x00);
            put_string_crt(20.0+50*wd_sav,25.0,21,0.0,white," 50m" );
            put_string_crt(0,-25,21,0.0,white,village);
            put_string_crt(310,-25,18,0.0,white," <gravity point>" );

            if(prt)
                            gcopy_16();
    }
    fclose(fp1);

    graphic_end();
    end_process();

}
```

002 住居面积的定量化模型程序

```c
/*################################################################
                     voronoi diagram (voro_isa.c)
                        住居面积的定量化模型程序
                              98/10/24
#################################################################*/
#include        <stdio.h>
#include        <stdlib.h>
#include        <string.h>
#include        <alloc.h>
#include        <math.h>
#include        <my.h>
#include        <myg.h>
#include        <conio.h>

FILE            *fp,*fp0,*fp1;
char            *file0=" f:\\wan\\data\\" ;
char            *file1=" f:\\wan\\data\\name_1.dat" ;
char            open_file[64];

#define         MP              (400)
#define         ME              (35)
#define         IM              (4)

#define         NX              (81)            /* 网格x方向 */
#define         NY              (81)            /* 网格y方向 */

#define         NN              (40)            /* 最大角度 */
#define         PNO             (380)           /* 最多建筑户数 */

#define         JNO             (200)           /* 最多重心数 */

double                          ymm=749.0,
                                x00=5.0,
                                y00=200.0,
                                wd;

double                          hx,hy,
                                xw,yw;

static double   (huge *px)[NN+1];
static double   (huge *py)[NN+1];
static int                      ne;
static int                      prt;

static int                      ll,dl,dc;
static char                     buf[40],val[20];
static double   scale;
static int                      no,kak[PNO],type[PNO],attrib[PNO];
static int                      dt_num;

static double   pix[NN+1],piy[NN+1];
static double   gx[JNO],gy[JNO];
static int                      gno;
static double   xpp[JNO],ypp[JNO];
static double   gx_p,gy_p;
static int                      ne_a,ne_p;
static int      men[JNO];
static int                      pgn[JNO];

static int                      nd;
static double   zd[JNO];
static double   aver,var,sd,dmin,dmax;
static int                      col;
static double   wd_sav;
static double   coss,sinn;

char                            *msg[20];
int                             ln_s,co_s,ln_n,co_w;
int                             ccc;

static double   xts,yts,xte,yte,
                                xaa[4],yaa[4],xbb[4],ybb[4],xcr[2],ycr[2],
                                xcrm[2],ycrm[2],xx,yy;
static int      kneib[500],jm[2],
                                ik[MP],
                                nline,newp,neibp,neibpm,
                                iaite,icr,kn,jj,ipmax;
static char                     crt=' n' ;

static float   (*edgex)[2],(*edgey)[2];
static int                      (*npt)[ME],(*ned)[ME],(*neib)[2];
static char                     *iml,*ick;
static int                      *nof,*non;
static float   *xp,*yp;
static int                      ne;
static double   cox[JNO],coy[JNO];
static int                      nc;
static double   ave_conv;

int                             kouten(double,double,double,double,double,double,
                                double *,double *,double *,double *);
void                            line_direct(void);
int                             interi(double,double);
void                            menu(void);
void                            open_mtx(void);
void                            open_byte_mtx(void);
void                            statistics(void);
void                            make_data(void);
double                          menseki(void);
void                            draw_polygon(double,double,int,double,double,int);
void                            jyu_point(void);
void                            jyu_weighted_point(void);
void                            jyu_area(void);
int                             gravity_point(void);
void                            draw_grid(void);
void                            pgon_plot(int);
void                            disp_convex(void);
void                            convex(void);
double                          nearest_neighber(void);
void                            marginal_line(void);
void                            set_used_ed_check(void);
void                            search_neighberest(void);
int                             dist_check(double,double,double,double *);
void                            vector(double *,double *,double *,double *);
int                             cline(double,double,double,double,double,double,
                                double *,double *,double *,double *);
void                            new_edge(void);
```

```c
void                            cut_ed(double,double,double,double,int);
void                            imply_check(void);
void                            set_opposite(void);
void                            disp_voronoi(void);
void                            pack_ik(void);
void                            voronoi(void);
/*========================= kouten ================================*/
int         kouten(double xa,double ya,double xb,double yb,double xu,double yu,
                   double xv,double yv,double *s,double *t,double *xx,double *yy)
{
            double      gsi,eta,dta;

            *s=*t=*xx=*yy=-999.0;                               /* no intersection */
            gsi= (xv-xu)*(ya-yu)-(yv-yu)*(xa-xu);
            eta=-(xa-xu)*(yb-ya)+(ya-yu)*(xb-xa);
            if(sgn(gsi)!=sgn(eta))
                    return(0);
            dta= (yv-yu)*(xb-xa)-(xv-xu)*(yb-ya);
            if(dta==0)
                    return(0);
            if(sgn(gsi)!=sgn(dta-gsi))
                    return(0);
            if(sgn(gsi)!=sgn(dta-eta))
                    return(0);
            *t=gsi/dta;                                         /* (xa,ya),(xb,yb),(xu,yu),(xv,yv) */
            *s=eta/dta;                                         /*       ===> s,t,icr,(xx,yy) */
            *xx=xa+*t*(xb-xa);
            *yy=ya+*t*(yb-ya);
            return(1);
}
/*========================= line_direct ================================*/
void        line_direct(void)                                   /* direction of half line */
{
            double      thta=34.5;

            thta=M_PI*thta/180.0;
            sinn=sin(thta);
            coss=cos(thta);
}
/*========================= interi ================================*/
int         interi(double e,double f)                           /* check interior or not */
{
            int         k,ic,ki;

            for(k=0;k<ne;++k)                                   /* boundary check */
            {
                double      aa,bb,s;
                aa=(e-pix[k])*(piy[k+1]-piy[k]);
                bb=(f-piy[k])*(pix[k+1]-pix[k]);
                if(aa-bb!=0)
                        continue;
                if(pix[k+1]-pix[k]==0)
                {
                        s=(f-piy[k])/(piy[k+1]-piy[k]);
                        if(s>=0 && s<=1)
                        {       ki=1;
                                return(ki);
                        }
                }
                else
                {
                        s=(e-pix[k])/(pix[k+1]-pix[k]);
                        if(s>=0 && s<=1)
                        {       ki=1;
                                return(ki);
                        }
                }
            }

            ic=0;
            for(k=0;k<ne;++k)
            {
                double      p1,p2,ee,ff,s,t;

                p1=pix[k+1]-pix[k];
                p2=piy[k+1]-piy[k];
                ee=e-pix[k];
                ff=f-piy[k];
                if(p1*ff-p2*ee==0)
                {
                        if(p1==0)
                                s=ff/p2;
                        else
                                s=ee/p1;
                        if(s>=0 && s<=1)
                        {       ki=0;
                                if(ic%2 !=0)
                                        ki=1;
                                return(ki);
                        }
                }
                if(p1==0)
                {
                        t=-ee/coss;
                        s=(t*sinn+ff)/p2;
                }
                else
                {
                        t=(p1*ff-p2*ee)/(p2*coss-p1*sinn);
                        s=(t*coss+ee)/p1;
                }
                if(t<=0)
                        continue;
                if(s>=0 && s<=1)
                        ic=ic+1;
            }
            ki=0;
            if(ic%2 !=0)
                    ki=1;
            return(ki);
}
/*========================= menu ================================*/
void        menu(void)
{
            msg[0]="              $" ;
            msg[1]=" 全部         $" ;
            msg[2]=" 非洲         $" ;
            msg[3]=" 中国         $" ;
            msg[4]=" 欧洲         $" ;
            msg[5]=" 印度         $" ;
            msg[6]=" 印度尼西亚   $" ;
            msg[7]=" 中南美       $" ;
            msg[8]=" 巴布亚新几内亚 $" ;
            msg[9]=" 中近东       $" ;
            msg[10]="             $" ;
            ln_s= 5;                                            /* start line */
            co_s=30;                                            /* start colyumn */
            ln_n=11;                                            /* line No. */
            co_w=12;                                            /* column No. */
}
/*========================= open_mtx ================================*/
void        open_mtx(void)
```

```c
{
                    if((px=farcalloc(PNO,(unsigned long)sizeof(*px)))==NULL)
                        {
                            red_b;                                                                  /* [PNO][NN+1] */
                            printf(" \nallocation error : px" );
                            normal;
                            exit(1);
                        }
                    if((py=farcalloc(PNO,(unsigned long)sizeof(*py)))==NULL)
                        {
                            red_b;                                                                  /* [PNO][NN+1] */
                            printf(" \nallocation error : py" );
                            normal;
                            exit(1);
                        }
}
/*========================= open_byte_mtx ===========================*/
void        open_byte_mtx(void)
{
                    if((edgex=farcalloc(MP*IM,(unsigned long)sizeof(*edgex)))==NULL)
                        {
                            red_b;                                                                  /* [MP*IM][2] */
                            printf(" \nallocation error : edgex" );
                            normal;
                            exit(1);
                        }
                    if((edgey=farcalloc(MP*IM,(unsigned long)sizeof(*edgey)))==NULL)
                        {
                            red_b;                                                                  /* [MP*IM][2] */
                            printf(" \nallocation error : edgey" );
                            normal;
                            exit(1);
                        }
                    if((npt=farcalloc(MP,(unsigned long)sizeof(*npt)))==NULL)
                        {
                            red_b;                                                                  /* [MP][ME] */
                            printf(" \nallocation error : npt" );
                            normal;
                            exit(1);
                        }
                    if((ned=farcalloc(MP,(unsigned long)sizeof(*ned)))==NULL)
                        {
                            red_b;                                                                  /* [MP][ME] */
                            printf(" \nallocation error : ned" );
                            normal;
                            exit(1);
                        }
                    if((neib=farcalloc(MP*IM,(unsigned long)sizeof(*neib)))==NULL)
                        {
                            red_b;                                                                  /* [MP*IM][2] */
                            printf(" \nallocation error : neib" );
                            normal;
                            exit(1);
                        }
                    if((iml=farcalloc(MP*IM,(unsigned long)sizeof(*iml)))==NULL)
                        {
                            red_b;                                                                  /* [MP*IM] */
                            printf(" \nallocation error : iml" );
                            normal;
                            exit(1);
                        }
                    if((jck=farcalloc(MP*IM,(unsigned long)sizeof(*jck)))==NULL)
                        {
                            red_b;                                                                  /* [MP*IM] */
                            printf(" \nallocation error : jck" );
                            normal;
                            exit(1);
                        }
                    if((nof=farcalloc(MP*IM,(unsigned long)sizeof(*nof)))==NULL)
                        {
                            red_b;                                                                  /* [MP*IM] */
                            printf(" \nallocation error : nof" );
                            normal;
                            exit(1);
                        }
                    if((non=farcalloc(MP*IM,(unsigned long)sizeof(*non)))==NULL)
                        {
                            red_b;                                                                  /* [MP*IM] */
                            printf(" \nallocation error : non" );
                            normal;
                            exit(1);
                        }
                    if((xp=calloc(MP,(unsigned int)sizeof(*xp)))==NULL)
                        {
                            red_b;                                                                  /* [MP] */
                            printf(" \nallocation error : xp" );
                            normal;
                            exit(1);
                        }
                    if((yp=calloc(MP,(unsigned int)sizeof(*yp)))==NULL)
                        {
                            red_b;                                                                  /* [MP] */
                            printf(" \nallocation error : yp" );
                            normal;
                            exit(1);
                        }
}
/*========================= statistics ===============================*/
void        statistics(void)
{
                    int             i;
                    double          smesh=0,amesh=0;
                    double          ave_dist;

                    wd=1.0;
                    if(!nd)
                        {                                                                           /* 当内包多角形不存在时 */
                            gcvt(ave_conv,4,val);
                            strcpy(buf," 平均面积 : " );
                            strcat(buf,val);
                            strcat(buf," m" );
                            ll+=dl;
                            put_g_holizontal(dc,ll,buf,white);

                            ave_dist=sqrt(2.0*ave_conv/sqrt(3.0));
                            gcvt(ave_dist,4,val);
                            strcpy(buf," 邻近距离 : " );
                            strcat(buf,val);
                            strcat(buf," m" );
                            ll+=dl;
                            put_g_holizontal(dc,ll,buf,white);
                            return;
                        }
                    cls1();
                    dmin=1.0e10;
                    dmax=-1.0e+10;
                    for(i=0;i<nd;++i)
                        {
                            smesh=smesh+zd[i];
                            amesh=amesh+SQUARE(zd[i]);
                            if(zd[i]>dmax)
                                        dmax=zd[i];
                            if(zd[i]<dmin)
                                        dmin=zd[i];
                        }
                    aver=smesh/nd;
                    var=amesh/nd-SQUARE(aver);
                    if(fabs(var)<0.0001)
                                var=0.0;
```

```
            sd=sqrt(var);
            printf( "\nnd          =%5d"   ,nd);
            printf( "\naverage     =%9.3lf" ,aver);
            printf( "\ndispersion  =%9.3lf" ,var);
            printf( "\nstandard dev=%9.3lf" ,sd);
            printf( "\ndmin        =%9.3lf" ,dmin);
            printf( "\ndmax        =%9.3lf" ,dmax);
            printf( "\nc           =%9.3lf" ,sd/aver);

            strcpy(buf," 住居数： " );
            itoa(nd,val,10);
            strcat(buf,val);
            strcat(buf," 户 ");
            ll+=dl;
            put_string_crt(0,-50,18,0.0,white,buf);

            gcvt(aver,4,val);
            strcpy(buf," 平均面积:" );
            strcat(buf,val);
            strcat(buf," 平方米" );
            ll+=dl;
            put_string_crt(250,-50,18,0.0,white,buf);

            gcvt(sd,4,val);
            strcpy(buf," 标准差:" );
            strcat(buf,val);
            strcat(buf," 平方米" );
            ll+=dl;
            put_string_crt(0,-70,18,0.0,white,buf);

            ave_dist=sqrt(2.0*aver/sqrt(3.0));
            gcvt(ave_dist,4,val);
            strcpy(buf," 邻近距离:" );
            strcat(buf,val);
            strcat(buf," 米" );
            ll+=dl;
            put_string_crt(250,-70,18,0.0,white,buf);

            gcvt(sd/aver,3,val);
            strcpy(buf," 变异系数:" );
            strcat(buf,val);
            ll+=dl;
            put_string_crt(0,-90,18,0.0,white,buf);

            gcvt(dmin,4,val);
            strcpy(buf," 最小面积:" );
            strcat(buf,val);
            strcat(buf," 平方米" );
            ll+=dl;
            put_string_crt(250,-90,18,0.0,white,buf);

            gcvt(dmax,4,val);
            strcpy(buf," 最大面积:" );
            strcat(buf,val);
            strcat(buf," 平方米" );
            ll+=dl;
            put_string_crt(0,-110,18,0.0,white,buf);
            wd=wd_sav;
}
/*======================= make_data =============================*/
void    make_data(void)
{
            int                         i,j;
            int                         kz;
            double          x_min=1.0e10,x_max=-1.0e10,y_min=1.0e10,y_max=-1.0e10;
            double          dwx,dwy;

            dl=30;
            dc=720;
            for(kz=2;kz<3;++kz)                             /* xw=kz*dwx/yw=kz*dwy */
            {
                        dt_num=0;                           /* kz=a：画面1/a的大小 */
                        gno=0;
                        ll=450;
                        cls1();
                        cls2();
                        printf( "\n<%s>" ,open_file);
                        file_open(open_file,READ_T);
                        fp0=fp;
                        fscanf(fp0," %lf" ,&scale);         /* 比例尺 */
                        while(!feof(fp0))
                        {
                                    if(EOF==fscanf(fp0," %d%d%d%d" ,&no,&kak[dt_num],
                                                &type[dt_num],&attrib[dt_num]))
                                                break;
                                    if(kak[dt_num]>NN-1)
                                    {
                                                red_b;                              /* 检查角度 */
                                                printf( "\nkak > NN !!" );
                                                normal;
                                                exit(1);
                                    }
                                    for(i=0;i<kak[dt_num];++i)
                                    {
                                                fscanf(fp0," %lf%lf\n" ,&px[dt_num][i],&py[dt_num][i]);
                                                px[dt_num][i]*=scale/1000.0;/* 单位m */
                                                py[dt_num][i]*=scale/1000.0;
                                                if(px[dt_num][i]<x_min)
                                                            x_min=px[dt_num][i];
                                                if(px[dt_num][i]>x_max)
                                                            x_max=px[dt_num][i];
                                                if(py[dt_num][i]<y_min)
                                                            y_min=py[dt_num][i];
                                                if(py[dt_num][i]>y_max)
                                                            y_max=py[dt_num][i];
                                    }
                                    if(attrib[dt_num]!=2)                           /* 跳过 */
                                                ++dt_num;
                                    if(dt_num>PNO-1)
                                    {
                                                red_b;                              /* 检查建筑户数 */
                                                printf( "\ndt_num > PNO !!" );
                                                normal;
                                                exit(1);
                                    }
                        }
                        fclose(fp0);

                        dwx=x_max-x_min;
                        dwy=y_max-y_min;
                        printf( "\ndt_num = %4d" ,dt_num);
                        printf( "\nx_min = %7.2lf  x_max = %7.2lf / dwx = %7.2lf" ,
                                                x_min,x_max,dwx);
                        printf( "\ny_min = %7.2lf  y_max = %7.2lf / dwy = %7.2lf" ,
                                                y_min,y_max,dwy);

                        if(dwx>=dwy)                                                /* 画面表示的大小 */
                                    hx=hy=kz*dwx/(NX-1);
```

```c
                    else
                                    hx=hy=kz*dwy/(NY-1);
                            printf( "\nhx    = %7.2lf  hx    = %7.2lf" ,hx,hy);
                            xw=hx*(NX-1);
                            yw=hy*(NY-1);
                            wd=wd_sav=450.0/xw;                                                 /* xw按450设定 */
                    draw_grid();
                    for(j=0;j<dt_num;++j)                                                       /* 原点移动 */
                    {
                            ne=kak[j];
                            for(i=0;i<ne;++i)
                            {
                                    px[j][i]=(px[j][i]-x_min-dwx/2.0)+xw/2.0;
                                    py[j][i]=(py[j][i]-y_min-dwy/2.0)+yw/2.0;
                            }
                            if(type[j]==1)                                                      /* 封闭多角形数据 */
                            {
                                    px[j][ne]=px[j][0];
                                    py[j][ne]=py[j][0];
                            }
                    }
                    for(j=0;j<dt_num;++j)
                    {
                            ne=kak[j];
                            switch(attrib[j])
                            {
                                    case 0:                                                     /* 外形线 */
                                            for(i=0;i<ne;++i)
                                                    line_thick(px[j][i],py[j][i],px[j][i+1],py[j][i+1],
                                                                    green,0x00,2);
                                            break;
                                    case 1:                                                     /* 孔 */
                                            for(i=0;i<ne;++i)
                                                    line(px[j][i],py[j][i],px[j][i+1],py[j][i+1],
                                                                    d_green,0x00);
                                            break;
                                    case 2:                                                     /* 线 */
                                            for(i=0;i<ne-1;++i)
                                                    line_thick(px[j][i],py[j][i],px[j][i+1],py[j][i+1],
                                                                    yellow,0x00,2);
                                            break;
                                    case 3:                                                     /* 塔 */
                                            for(i=0;i<ne;++i)
                                                    line(px[j][i],py[j][i],px[j][i+1],py[j][i+1],
                                                                    d_white,0x00);
                                            break;
                                    case 4:                                                     /* 家畜小屋 */
                                            for(i=0;i<ne;++i)
                                                    line(px[j][i],py[j][i],px[j][i+1],py[j][i+1],
                                                                    d_white,0x00);
                                            break;
                                    default:                                                    /* 其他 */
                                            for(i=0;i<ne;++i)
                                                    line(px[j][i],py[j][i],px[j][i+1],py[j][i+1],
                                                                    blue,0x00);
                                            break;
                            }
                    }
                    if(gravity_point())
                            break;
            }
    }
    /*==================== menseki ====================*/
    double  menseki(void)                                                                       /* 面积计算 */
    {
            int             k;
            double          s=0.0;

            for(k=0;k<ne_a;++k)
                    s+=(piy[k+1]+piy[k])*(pix[k+1]-pix[k])/2.0;
            return(s);
    }
    /*==================== draw_polygon ====================*/
    void    draw_polygon(double xc,double yc,int mark,double pgon_st,
                                    double mark_width,int ln_col)
    {
            int             i;
            double          st,dth;
            double          x0,y0,x1,y1,tht0,tht1;

            st=pgon_st/180.0*M_PI;
            dth=2.0*M_PI/(double)mark;
            for(i=0;i<mark;++i)
            {
                    tht0=st+i*dth;
                    tht1=st+(i+1)*dth;
                    x0=xc+mark_width*cos(tht0);
                    y0=yc+mark_width*sin(tht0);
                    x1=xc+mark_width*cos(tht1);
                    y1=yc+mark_width*sin(tht1);
                    line(x0,y0,x1,y1,ln_col,0x00);
            }
    }
    /*==================== jyu_point ====================*/
    void    jyu_point(void)                                                                     /* 重心计算 */
    {
            int             k;
            double          x_sum=0.0,y_sum=0.0;

            for(k=0;k<ne_p;++k)
            {
                    x_sum+=xpp[k];
                    y_sum+=ypp[k];
            }
            gx_p=x_sum/ne_p;
            gy_p=y_sum/ne_p;
    }
    /*==================== jyu_weighted_point ====================*/
    void    jyu_weighted_point(void)                                                            /* 有重量的重心计算 */
    {
            int             k;
            double          x_sum=0.0,y_sum=0.0,men_sum=0.0;

            for(k=0;k<ne_p;++k)                                                                 /* 将面积视为重量 */
            {
                    x_sum+=xpp[k]*men[k];
                    y_sum+=ypp[k]*men[k];
                    men_sum+=men[k];
            }
            gx_p=x_sum/men_sum;
            gy_p=y_sum/men_sum;
    }
    /*==================== jyu_area ====================*/
    void    jyu_area(void)                                                                      /* 全体的重心位置 */
    {
            int             k;
            double          xds,yds,sx,sy,dsx,dsy,dx,dy;

            xds=yds=sx=sy=0.0;
            for(k=0;k<ne_a;++k)
            {
                    dsx=(piy[k+1]+piy[k])*(pix[k+1]-pix[k])/2.0;
                    dsy=(pix[k+1]+pix[k])*(piy[k+1]-piy[k])/2.0;
```

```c
                    if(dsx!=0)
                    {
                            dx=piy[k+1]*(2.0*pix[k+1]+pix[k])+piy[k]*(pix[k+1]+2.0*pix[k]);
          dx/=(3.0*(piy[k+1]+piy[k]));
                            sx+=dsx;
                            xds+=dx*dsx;
                    }
                    if(dsy!=0)
                    {
                            dy=pix[k+1]*(2.0*piy[k+1]+piy[k])+pix[k]*(piy[k+1]+2.0*piy[k]);
                            dy/=(3.0*(pix[k+1]+pix[k]));
                            sy+=dsy;
                            yds+=dy*dsy;
                    }
            }
            gx[gno]=xds/sx;
            gy[gno]=yds/sy;
}
/*===================== gravity_point =====================*/
int             gravity_point(void)
{               int                     i,j,k;

        for(j=0;j<dt_num;++j)
        {               switch(attrib[j])
                {               case 0:                                                         /* 外形线 */
                                        ne=kak[j];
                                        for(i=0;i<=ne;++i)
                                        {               pix[i]=px[j][i];
                                                        piy[i]=py[j][i];
                                        }
                                        ne_a=ne;
                                        jyu_area();
                                        men[gno]=fabs(menseki());
                                        pgn[gno]=j;
                                        ++gno;
                                        break;
                                case 1:                                                         /* 孔 */
                                        break;
                                case 2:                                                         /* 线 */
                                        break;
                                case 3:                                                         /* 塔 */
                                        break;
                                case 4:                                                         /* 家畜小屋 */
                                        break;
                                default:                                                        /* 其他 */
                                        break;
                }
        }
        for(j=0;j<dt_num;++j)
        {               double          hole_men;
                        switch(attrib[j])
                {               case 0:                                                         /* 外形线*/
                                        break;
                                case 1:                                                         /* 孔 */
                                        ne=kak[j];
                                        for(i=0;i<=ne;++i)
                                        {               pix[i]=px[j][i];
                                                        piy[i]=py[j][i];
                                        }
                                        ne_a=ne;
                                        jyu_area();
                                        hole_men=fabs(menseki());               /* 测试含有孔的外形线 */
                                        for(k=0;k<gno;++k)
                                        {               ne=kak[pgn[k]];
                                                        for(i=0;i<=ne;++i)
                                                        {               pix[i]=px[pgn[k]][i];
                                                                        piy[i]=py[pgn[k]][i];
                                                        }
                                                        if(interi(gx[gno],gy[gno]))
                                                        {               men[k]-=hole_men;
                                                                        goto out;
                                                        }
                                        }
                                        printf( "\nnot found !!" );
                                        exit(1);
out:                                    break;
                                default:                                                        /* 其他 */
                                        break;
                }
        }
        for(k=0;k<gno;++k)
                circle(gx[k],gy[k],2,2,white,0x20);
        for(k=0;k<gno;++k)
        {               xpp[k]=gx[k];
                        ypp[k]=gy[k];
                        zd[k]=men[k];
        }
        ne_p=gno;
        jyu_point();                                                                    /* 无重量 */

        circle(gx_p,gy_p,8,8,red,0x00);
        circle(gx_p,gy_p,4,4,red,0x00);
        paint1(gx_p,gy_p,red,red);
        jyu_weighted_point();                                                           /* 有重量 */
        draw_polygon(gx_p,gy_p,4,45.0,9.0/wd,yellow);
        draw_polygon(gx_p,gy_p,4,45.0,5.0/wd,yellow);
        paint1(gx_p,gy_p,yellow,yellow);

        nd=gno;
        return(1);
}
/*===================== draw_grid =====================*/                       /* 描画网格 */
void            draw_grid(void)
{               int                     ig=0;                                   /* 只有外框:0, 网格:1 */
                int                     i,j,nsx,nsy;

        if(ig==0)
        {               nsx=NX-1;
                        nsy=NY-1;
        }
        else
        {               nsx=1;
                        nsy=1;
        }
        for(i=0;i<NX;i+=nsx)
        {               if(i==0 || i==NX-1)
                        {               col=red;
                                        line_thick(hx*i,0,hx*i,yw,col,0x00,2);
                        }
                        else
                        {               col=blue;
                                        line(hx*i,0,hx*i,yw,col,0x00);
                        }
        }
```

```c
            for(j=0;j<NY;j+=nsy)
            {
                    if(j==0 || j==NY-1)
                    {
                            col=red;
                            line_thick(0,hy*j,xw,hy*j,col,0x00,2);
                    }
                    else
                    {
                            col=blue;
                            line(0,hy*j,xw,hy*j,col,0x00);
                    }
            }
}
/*====================== pgon_plot ======================*/
void    pgon_plot(int ico)                                                      /* draw polygon */
{
        int             k;

        for(k=0;k<ne_a;++k)
                line(pix[k],piy[k],pix[k+1],piy[k+1],ico,0x00);
}
/*====================== disp_convex ======================*/
void    disp_convex(void)                                                       /* convex hull */
{
        int             i;

        for(i=0;i<=nc;++i)
        {
                pix[i]=cox[i];
                piy[i]=coy[i];
                circle(pix[i],piy[i],2,2,sky_blue,0x20);
        }
        ne_a=nc;
        pgon_plot(purple);
}
/*====================== convex ======================*/
void    convex(void)                                                            /* convex hull */
{
        int             i;
        int             n_max;
        int             kst,kf;
        double          px0,py0,px1,py1,px_max,py_max;
        double          cos_max,coss;
        double          ox,oy;
        double          len;
        double          area;

        nc=0;
        len=0.0;
        xpp[ne_p]=xpp[0];
        ypp[ne_p]=ypp[0];

        ox=1.0e5;
        oy=0.0;
        px0=-ox;
        py0= oy;
        cos_max=-1.0e5;
        for(i=0;i<ne_p;++i)
        {
                px1=xpp[i]-ox;
                py1=ypp[i]-oy;
                coss=(px0*px1+py0*py1)/(sqrt(SQUARE(px0)+SQUARE(py0))*
                                        sqrt(SQUARE(px1)+SQUARE(py1)));
                if(coss>cos_max)
                {
                        cos_max=coss;
                        px_max=px1;
                        py_max=py1;
                        n_max=i;
                }
        }
        kst=n_max;
        cox[nc]=xpp[n_max];
        coy[nc]=ypp[n_max];
        ++nc;
        while(1)
        {
                kf=n_max;
                ox=xpp[n_max];
                oy=ypp[n_max];
                px0=px_max;
                py0=py_max;
                cos_max=-1.0e2;
                for(i=0;i<ne_p;++i)
                {
                        if(i==kf)
                                continue;
                        px1=xpp[i]-ox;
                        py1=ypp[i]-oy;
                        coss=(px0*px1+py0*py1)/(sqrt(SQUARE(px0)+SQUARE(py0))*
                                                sqrt(SQUARE(px1)+SQUARE(py1)));
                        if(coss>cos_max)
                        {
                                cos_max=coss;
                                px_max=px1;
                                py_max=py1;
                                n_max=i;
                        }
                }
                if(n_max==kst)
                        break;
                cox[nc]=xpp[n_max];
                coy[nc]=ypp[n_max];
                ++nc;
        }
        cox[nc]=cox[0];
        coy[nc]=coy[0];

        for(i=0;i<=nc;++i)
        {
                pix[i]=cox[i];
                piy[i]=coy[i];
        }
        ne_a=nc;
        pgon_plot(purple);
        area=menseki();

        ave_conv=area/(nd-nc);
        printf( "\nnd = %4d nc = %4d / area = %9.2lf / ave = %9.2lf" ,
                nd,nc,area,ave_conv);
        for(i=0;i<ne_a;++i)
                len+=sqrt(SQUARE(cox[i+1]-cox[i])+SQUARE(coy[i+1]-coy[i]));
        printf( " / len = %9.2lf" ,len);
}
/*====================== nearest_neighber ======================*/
double  nearest_neighber(void)
{
        int             i,j;
        double          dt_sum=0.0;

        for(i=0;i<ne_p;++i)
        {
                double          dt,dt_min=1.0e5;
                for(j=0;j<ne_p;++j)
                {
                        if(i==j)
                                continue;
```

```c
                    dt=SQUARE(xpp[i]-xpp[j])+SQUARE(ypp[i]-ypp[j]);
                    if(dt<dt_min)
                        dt_min=dt;
                }
                dt_sum+=sqrt(dt_min);
        }
        return(dt_sum/ne_p);                              /* 最近距离的平均值 */
}
/*==================== marginal_line ====================*/
void    marginal_line(void)                               /* marginal square */
{       double      xgs=-3000.0,ygs=xgs,xge=-xgs,yge=xge;
                                                          /* 注意遗失数据 */
        xaa[0]=xgs;
        yaa[0]=ygs;
        xbb[0]=xge;
        ybb[0]=ygs;
        xaa[1]=xgs;
        yaa[1]=yge;
        xbb[1]=xge;
        ybb[1]=yge;
        xaa[2]=xgs;
        yaa[2]=ygs;
        xbb[2]=xgs;
        ybb[2]=yge;
        xaa[3]=xge;
        yaa[3]=ygs;
        xbb[3]=xge;
        ybb[3]=yge;
}
/*==================== set_used_ed_check ====================*/
void    set_used_ed_check(void)
{       kn=-1;
        memset(jck,0,MP*IM);
}
/*==================== search_neighberest ====================*/
void    search_neighberest(void)                          /* nearest neighbor search */
{       int         k;
        char        *dck;
        double      xpoint,ypoint,dd,dc;
        if((dck=calloc(MP,sizeof(char)))==NULL)
        {       red_b;                                    /* [MP] */
                printf( "\nallocation error : dck" );
                normal;
                exit(1);
        }
        neibp=0;                                          /* starting point */
        xpoint=xp[newp];
        ypoint=yp[newp];
        dd=SQUARE(xp[neibp]-xpoint)+SQUARE(yp[neibp]-ypoint);
rec:    for(k=0;k<=ik[neibp];++k)
        {       iaite=npt[neibp][k];
                if(!dck[iaite])
                {       if(dist_check(dd,xpoint,ypoint,&dc))
                        {       dck[neibp]=1;
                                neibp=iaite;
                                dd=dc;
                                goto rec;
                        }
                }
        }
        free(dck);
}
/*==================== dist_check ====================*/
int     dist_check(double dd,double xpoint,double ypoint,double *dc)
{       *dc=SQUARE(xp[iaite]-xpoint)+SQUARE(yp[iaite]-ypoint);
        if(*dc<dd)
                return(1);
        else
                return(0);
}
/*==================== vector ====================*/
void    vector(double *xm,double *ym,double *ux,double *uy)
{       *xm=(xp[newp]+xp[neibp])/2.0;
        *ym=(yp[newp]+yp[neibp])/2.0;
        *ux=-yp[newp]+yp[neibp];
        *uy= xp[newp]-xp[neibp];
        if(crt=='y')
                printf( "\n%f %2f %f %f" ,xp[newp],yp[newp],xp[neibp],yp[neibp]);
}
/*==================== cline ====================*/
int     cline(double xa,double ya,double xb,double yb,
              double xm,double ym,double ux,double uy,
              double *ss,double *tt,double *xx,double *yy)
{       double      gsi,dta,eta;                          /* [xa,ya],[xb,yb],[xm,ym],[ux,uy]
                                                             ===> ss,tt,[xx,yy],icr */
        icr=0;
        gsi=ux*(ya-ym)-uy*(xa-xm);
        dta=uy*(xb-xa)-ux*(yb-ya);
        if(!dta)
                return(icr);
        if(sgn(gsi)!=sgn(dta-gsi))
                return(icr);
        eta=-(xa-xm)*(yb-ya)+(ya-ym)*(xb-xa);
        *tt=gsi/dta;
        *ss=eta/dta;
        *xx=xa+*tt*(xb-xa);
        *yy=ya+*tt*(yb-ya);
        icr=1;
        return(icr);
}
/*==================== new_edge ====================*/
void    new_edge(void)                                    /* register new edge */
{       ++nline;
        edgex[nline][0]=xcr[0];
        edgex[nline][1]=xcr[1];
        edgey[nline][0]=ycr[0];
        edgey[nline][1]=ycr[1];
        neib[nline][0]=neibp;
        neib[nline][1]=newp;
        ++ik[neibp];
        ++ik[newp];
        npt[neibp][ik[neibp]]=newp;
        ned[neibp][ik[neibp]]=nline;
        npt[newp][ik[newp]]=neibp;
        ned[newp][ik[newp]]=nline;
        ++kn;
        kneib[kn]=neibp;
        if(crt=='y')
        {       printf( "\nnline=%5d : ",nline);
                printf( "%7.2f %7.2f ",edgex[nline][0],edgey[nline][0]);
```

```c
                        printf( "%7.2f %7.2f ",edgex[nline][1],edgey[nline][1]);
                        printf( "%5d - %5d" ,neib[nline][0],neib[nline][1]);
        }
}
/*========================= cut_ed ================================*/
void        cut_ed(double xm,double ym,double ux,double uy,int jj)
{           int                         l;                                          /* cut edge of the same side */
            double                      sgn1;
            sgn1=sgn((xp[newp]-xm)*uy/ux+ym-yp[newp]);
            for(l=0;l<2;++l)
            {           double          sgn2;
                        sgn2=sgn((edgex[jj][l]-xm)*uy/ux+ym-edgey[jj][l]);
                        if(sgn1!=sgn2)
                                    continue;
                        line(edgex[jj][l],edgey[jj][l],xx,yy,red,0x00);
                        edgex[jj][l]=xx;
                        edgey[jj][l]=yy;
                        break;
            }
            if(edgex[jj][0]==edgex[jj][1] && edgey[jj][0]==edgey[jj][1])
                        iml[jj]=1;
}
/*========================= imply_check -----------------------------*/
void        imply_check(void)                                              /*        check edge implied or not */
{           int                         i;
            if(crt==' y' )
                        printf( "\nkn=%5d" ,kn);
            for(i=0;i<kn;++i)
            {           int             j,it1;
                        it1=kneib[i];
                        for(j=i+1;j<=kn;++j)
                        {           int             it2,kk;
                                    it2=kneib[j];
                                    for(kk=0;kk<=ik[it1];++kk)
                                    {           int             k;
                                                double          x1,y1,d1,dnew;
                                                if(npt[it1][kk]!=it2)
                                                            continue;
                                                else
                                                            k=ned[it1][kk];
                                                if(iml[k])
                                                            continue;
                                                x1=(edgex[k][0]+edgex[k][1])/2.0;
                                                y1=(edgey[k][0]+edgey[k][1])/2.0;
                                                d1=SQUARE(xp[it1]-x1)+SQUARE(yp[it1]-y1);
                                                dnew=SQUARE(xp[newp]-x1)+SQUARE(yp[newp]-y1);
                                                if(dnew>d1)
                                                            break;
                                                line(edgex[k][0],edgey[k][0],
                                                            edgex[k][1],edgey[k][1],red,0x00);
                                                iml[k]=1;
                                    }
                        }
            }
}
/*========================= set_opposite ============================*/
void        set_opposite(void)                       /* trace opposite direction */
{           neibp=neibpm;
            xx=xcrm[1];
            yy=ycrm[1];
            jj=jm[1];
}
/*========================= disp_voronoi ============================*/
void        disp_voronoi(void)                                              /* display result */
{           int                         i;
            int                         pg_check[MP*IM]={0};

            cls1();
            cls2();
            nd=0;
            draw_grid();
            for(i=0;i<ipmax;++i)
            {           char            num[10];
                        circle(gx[i],gy[i],2,2,d_red,0x20);
/*                      cross(xp[i],yp[i],green,2);                         /* draw cross */
*/                      itoa(i,num,10);
*/                      put_string_crt(xp[i],yp[i],12,0.0,red,num);          /* draw number */
            }
            for(i=0;i<=nline;++i)
                        h_line(edgex[i][0],edgey[i][0],edgex[i][1],edgey[i][1],green,0x00);
/* options to make polygons */
/*          for(i=0;i<ipmax;++i)
            {           int                         j;                       /* adjusnt points */
                        printf( "\n%3d : ",i);
                        for(j=0;j<=ik[i];++j)
                                    printf( "%3d  ",npt[i][j]);              /* point around generator */
                        printf( "/  ");
                        for(j=0;j<=ik[i];++j)
                                    printf( "%3d  ",ned[i][j]);              /* edge around generator */
            }
*/          for(i=0;i<ipmax;++i)                                             /* perfect loop */
            {           int                         j;
                        for(j=0;j<=ik[i];++j)
                        {           int             ed;
                                    ed=ned[i][j];
                                    if(edgex[ed][0]>=xte || edgex[ed][0]<=xts)
                                                goto out;
                                    if(edgex[ed][1]>=xte || edgex[ed][1]<=xts)
                                                goto out;
                                    if(edgey[ed][0]>=yte || edgey[ed][0]<=yts)
                                                goto out;
                                    if(edgey[ed][1]>=yte || edgey[ed][1]<=yts)
                                                goto out;
                        }
                        for(j=0;j<=ik[i];++j)                                /* 测试凸包和交点 */
                        {           int             k;
                                    int             ed;
                                    int             icr;
                                    double          ss,tt,xx,yy;
                                    ed=ned[i][j];
                                    for(k=0;k<nc;++k)
                                    {           icr=kouten(edgex[ed][0],edgey[ed][0],
                                                            edgex[ed][1],edgey[ed][1],
                                                            cox[k],coy[k],cox[k+1],coy[k+1],&ss,&tt,&xx,&yy);
                                                if(icr)
                                                            goto out;
```

```c
                                        }
                        for(j=0;j<=ik[i];++j)
                        {       int             ed;                             /* 凸包内多角形表示 */
                                ed=ned[i][j];
                                line_thick(edgex[ed][0],edgey[ed][0],
                                                edgex[ed][1],edgey[ed][1],yellow,0x00,2);
                                pg_check[ed]=1;
                        }
out:;           }
                for(i=0;i<ipmax;++i)                                    /* make polygon */
                {       int             j,k,l;
                        double  px[20][2],py[20][2];
                        double  st,ed,xx,yy;
                        int             ck[20]={0};
                        int             kak=0;
                        ne=0;
                        for(j=0;j<=ik[i];++j)
                        {       int             ed;
                                ed=ned[i][j];
                                if(pg_check[ed]==0)
                                        goto ret;
                                px[kak][0]=edgex[ed][0];
                                py[kak][0]=edgey[ed][0];
                                px[kak][1]=edgex[ed][1];
                                py[kak][1]=edgey[ed][1];
                                ++kak;
                        }
                        printf("\nkak = %d",kak);       /* edge to form polygon */
/*                      for(k=0;k<kak;++k)
                                printf("\n%lf %lf %lf %lf",
                                                px[k][0],py[k][0],px[k][1],py[k][1]);
*/
                        st=pix[0]=px[0][0];
                        ed=piy[0]=py[0][0];
                        xx=px[0][1];
                        yy=py[0][1];
                        ++ne;
loop:           for(k=0;k<kak;++k)
                        {       double  eps=0.0012;
                                if(ne==1 && k==0)
                                        continue;
                                if(ck[k])
                                        continue;
                                for(l=0;l<2;++l)
                                {       if(fabs(px[k][l]-xx)<eps && fabs(py[k][l]-yy)<eps)
                                        {       pix[ne]=px[k][l];
                                                piy[ne]=py[k][l];
                                                if(l==0)
                                                {       xx=px[k][1];
                                                        yy=py[k][1];
                                                }
                                                else
                                                {       xx=px[k][0];
                                                        yy=py[k][0];
                                                }
                                                if(fabs(px[k][l]-st)<eps && fabs(py[k][l]-ed)<eps)
                                                        goto disp;
                                                ck[k]=1;
                                                ++ne;
                                                goto loop;
                                        }
                                }
                        }
disp:;
                        if(ne>NN-1)
                        {       red_b;                                                                  /* NN check */
                                printf("\nne > (NN-1) !!");
                                normal;
                                exit(1);
                        }
                        printf("\nne = %d\n",ne);               /* points to form polygon */
/*                      for(k=0;k<ne;++k)
                                printf("%lf% lf-",pix[k],piy[k]);
*/
                        if(ne!=kak)
                        {       red_b;
                                printf("\nerror occurs in making polygon !!");
                                normal;
                                exit(1);
                        }
                        ne_a=ne;
                        zd[nd]=fabs(menseki());
                        printf("\n%d %3d area = %7.2lf",i,nd,zd[nd]);
                        ++nd;
ret:;           }
}
/*======================== pack_ik ================================*/
void    pack_ik(void)
{       int             i,ict=-1;                                       /* pack line & edge data */
        if(nline==-1)
                return;
        for(i=0;i<=nline;++i)
        {       if(liml[i])
                {       ++ict;
                        nof[ict]=i;
                        non[i]=ict;
                }
        }
        for(i=0;i<=ict;++i)
        {       int             j;
                for(j=0;j<=1;++j)
                {       edgex[i][j]=edgex[nof[i]][j];
                        edgey[i][j]=edgey[nof[i]][j];
                        neib[i][j]=neib[nof[i]][j];
                }
        }
        for(i=0;i<newp;++i)
        {       int             k,kct=-1;
                for(k=0;k<=ik[i];++k)
                {       if(liml[ned[i][k]])
                                continue;
                        ++kct;
                        npt[i][kct]=npt[i][k];
                        ned[i][kct]=non[ned[i][k]];
                }
                ik[i]=kct;
```

```c
            }
            nline=ict;
}
/*====================== voronoi =============================*/
void       voronoi(void)                                              /* voronoi tesseration */
{
            int               lcross,mcross;
            int               i,kk;
            int               icase2,icase3,neibst,kcr;
            double            xpoint,ypoint,dd,dc,xm,ym,ux,uy,xa,ya,xb,yb,ss,tt;
            char              mfound;

            nline=-1;                                                 /* nline : no. of edges */
            newp=-1;
            for(kk=0;kk<MP;++kk)
                     ik[kk]=-1;                                       /* ik : No. of neib point */
/* === next_point === */
next_point:
            newp=newp+1;
/*          printf( "%4d ",newp);
*/          if(newp==ipmax)
            {
                     pack_ik();
                     disp_voronoi();
                     return;
            }
            if(!(newp%10))                                            /* pack every 10 points */
            {
                     pack_ik();
                     memset(iml,0,MP*IM);
            }
same_omit:
            xp[newp]=gx[newp];
            yp[newp]=gy[newp];

            if(crt==' y' )
                     printf( "\n< new point > newp = %5d xp=%7.2f yp=%7.2f" ,
                                      newp,xp[newp],yp[newp]);
/*          cross(xp[newp],yp[newp],green,2);               /* draw cross */
*/          if(!newp)                                                 /* newp=0 */
                     goto next_point;
            set_used_ed_check();                                      /* kn=-1,dim jck[]=0 */
            icase2=0;                                                 /* icase? : counter of case */
            icase3=0;
            neibst=-1;                                                /* neibst : starting neibp */

            search_neighberest();
            if(crt==' y' )
                     printf( "\n< nearest neighbor > neibp=%5d newp=%5d" ,neibp,newp);
            neibpm=neibp;                                             /* mid moint & perpendicular vector */

            kcr=-1;
            vector(&xm,&ym,&ux,&uy);         /* check intersection with lines */

            lcross=0;                                                 /*lcross : no. of intersection of lines */
            mcross=0;                                                 /*mcross : no. of intersection of margin */

/* check intersection of lines */
            for(kk=0;kk<=ik[neibp];++kk)
            {
                     jj=ned[neibp][kk];
                     if(iml[jj])
                              continue;                               /* iml ; implied line no. */
                     if(jck[jj])
                              continue;                               /* jck ; used edge check */
                     xa=edgex[jj][0];
                     ya=edgey[jj][0];
                     xb=edgex[jj][1];
                     yb=edgey[jj][1];

                     cline(xa,ya,xb,yb,xm,ym,ux,uy,&ss,&tt,&xx,&yy);
                     if(!icr)
                              continue;
                     if(crt==' y' )
                              printf( "\nline cross : edge No. %5d %7.2f %7.2f" ,jj,xx,yy);
                     ++lcross;
                     ++kcr;
                     xcr[kcr]=xx;
                     ycr[kcr]=yy;
                     xcrm[kcr]=xcr[kcr];                              /* set opposite direction */
                     ycrm[kcr]=ycr[kcr];
                     jm[kcr]=jj;

                     if(kcr)                                          /* both sides intersect edges */
                              goto two_points_found;
                     cut_ed(xm,ym,ux,uy,jj);                          /* cut edge of the same side */
            }
/* check intersection of margin (kcr=1) */
            for(i=0;i<4;++i)
            {
                     int               loop_out=0;
                     xa=xaa[i];
                     ya=yaa[i];
                     xb=xbb[i];
                     yb=ybb[i];
                     cline(xa,ya,xb,yb,xm,ym,ux,uy,&ss,&tt,&xx,&yy);
                     if(!icr)
                              continue;
                     if(crt==' y' )
                     {
                              printf( "\nmergin cross : margin No. %d ",i);
                              printf( "xx=%5.2f yy=%5.2f" ,xx,yy);
                     }
                     xpoint=xx;
                     ypoint=yy;
                     dd=SQUARE(xp[neibp]-xpoint)+SQUARE(yp[neibp]-ypoint);
                     for(kk=0;kk<=ik[neibp];++kk)
                     {        jj=ned[neibp][kk];                      /* select point nearer to neibp */
                              if(iml[jj])
                                       continue;
                              iaite=npt[neibp][kk];
                              if(dist_check(dd,xpoint,ypoint,&dc))
                              {        loop_out=1;
                                       break;
                              }
                     }
                     if(loop_out)
                              continue;
                     ++mcross;
                     ++kcr;
                     xcr[kcr]=xx;
                     ycr[kcr]=yy;
                     if(kcr)
                              break;
            }
two_points_found:
            h_line(xcr[0],ycr[0],xcr[1],ycr[1],sky_blue,0x00);
```

```
                        new_edge();
                                                /* === case-1 mcross=2        : both sides margin */
            if(mcross==2)
            {
                        imply_check();
                        goto next_point;
            }
                                                /* === case-2 lcross=1 & mcross=1 : one side margin */
            if(lcross==1 && mcross==1)
            {
                        ++icase2;
                        xcr[1]=xcrm[0];
                        ycr[1]=ycrm[0];
                        jj=jm[0];
                        if(neib[jj][0]!=neibp)
                                    neibp=neib[jj][0];
                        else
                                    neibp=neib[jj][1];
            }
            else
            {                                   /* === case-3 lcross=2         : both sides edge */
                        neibst=neibp;                                   /* starting neibp */
other_side:
                        ++icase3;
                        switch(icase3)
                        {
                                    case 1:
                                                xcr[1]=xcrm[0];
                                                ycr[1]=ycrm[0];
                                                jj=jm[0];
                                                break;
                                    case 2:
                                                xcr[1]=xcrm[1];
                                                ycr[1]=ycrm[1];
                                                jj=jm[1];
                                                break;
                        }
                        if(neib[jj][0]!=neibp)
                                    neibp=neib[jj][0];
                        else
                                    neibp=neib[jj][1];
            }
/* ======== < more than second time > ======== */
second:
            mfound='n';
            jck[jj]=1;                          /* used edge check */
            if(crt=='y')
                        printf("\n* second neibp=%5d newp=%5d",neibp,newp);
/* === mid point & perpendicular vector */
            vector(&xm,&ym,&ux,&uy);            /* check intersection with lines */
/* === check intersection of lines */
            for(kk=0;kk<=ik[neibp];++kk)
            {           jj=ned[neibp][kk];
                        if(iml[jj])
                                    continue;
                        if(jck[jj])
                                    continue;
                        xa=edgex[jj][0];
                        ya=edgey[jj][0];
                        xb=edgex[jj][1];
                        yb=edgey[jj][1];
                        cline(xa,ya,xb,yb,xm,ym,ux,uy,&ss,&tt,&xx,&yy);
                        if(!icr)
                                    continue;
                        if(crt=='y')
                        {
                                    printf("\nline cross : edge no %4d ",jj);
                                    printf("xx=%5.2f yy=%5.2f",xx,yy);
                        }
                        xcr[0]=xx;
                        ycr[0]=yy;
                        jck[jj]=1;
/* === cut edge of the same side */
                        cut_ed(xm,ym,ux,uy,jj);                 /* cut edge of the same side */
                        goto disp_edge;
            }
/* === check intersection of mergin */
            for(i=0;i<4;++i)                    /* intersection of marginal lines */
            {           int         loop_out=0;
                        xa=xaa[i];
                        ya=yaa[i];
                        xb=xbb[i];
                        yb=ybb[i];
                        cline(xa,ya,xb,yb,xm,ym,ux,uy,&ss,&tt,&xx,&yy);
                        if(!icr)
                                    continue;
                        if(crt=='y')
                        {
                                    printf("\nmergin cross : mergin No %5d ",i);
                                    printf("xx=%7.2f yy=%7.2f",xx,yy);
                        }
                        xpoint=xx;
                        ypoint=yy;
                        dd=SQUARE(xp[neibp]-xpoint)+SQUARE(yp[neibp]-ypoint);
                        for(kk=0;kk<=ik[neibp];++kk)
                        {           jj=ned[neibp][kk];
                                    if(iml[jj])
                                                continue;
                                    iaite=npt[neibp][kk];
                                    if(dist_check(dd,xpoint,ypoint,&dc))
                                    {           loop_out=1;
                                                break;
                                    }
                        }
                        if(loop_out)
                                    continue;
                        mfound='y';
                        xcr[0]=xx;
                        ycr[0]=yy;
                        break;
            }
disp_edge:
            h_line(xcr[0],ycr[0],xcr[1],ycr[1],green,0x00);

            new_edge();

            if(mfound!='y')
                        goto loop_check;                        /* in case of mfound="y" */
            if(icase2==1 && crt=='y')
                        printf("\n边缘部 case2 ");
            if(icase2==1)
                        goto next;
            if(icase3==1 && crt=='y')
```

```
                                    printf("\n边缘部 case3-1");
          if(icase3==1)
              {
                    set_opposite();
                    vector(&xm,&ym,&ux,&uy);   /* check intersection with lines */
                    cut_ed(xm,ym,ux,uy,jj);     /* cut edge of the same side */
                    goto other_side;
              }
          if(icase3==2 && crt==' y' )
                    printf("\n边缘部 case3-2");
          if(icase3==2)
                    goto next;

/* === loop check */
loop_check:
          if(neib[jj][0]!=neibp)
                    neibp=neib[jj][0];
          else
                    neibp=neib[jj][1];
          if(neibp==neibst && crt==' y' )
                    printf("\n-巡 case3");
          if(neibp==neibst)
                    goto next;
          xcr[1]=xcr[0];
          ycr[1]=ycr[0];
          goto second;
next:
          imply_check();
          goto next_point;
}
/************************ main ************************/
void      main(void)
{         char      file_name[64];

          start_process();
          graphic_init();

          read_ank_no();
          read_jis_no();
          line_direct();

          open_mtx();
          open_byte_mtx();

          menu();

          save_text_vram(ln_s,co_s,ln_n,co_w+2);
          disp_menu(ln_s,co_s,ln_n,msg);
          ccc=pull_down_menu(ln_s,co_s,ln_n,co_w);
          load_text_vram(ln_s,co_s,ln_n,co_w+2);

          locate(20,10);
          printf("print out (y/n) :  ");
          prt=yes_no_check();

          file_open(file1,READ_T);
          fp1=fp;
          while(!feof(fp1))
          {         int                 i;
                    int                 code;
                    char      village[64],dir[64];
                    if(EOF==fscanf(fp1," %s%s%d\n",file_name,dir,&code))
                              break;
                    fgets(village,64,fp1);
                    for(i=0;i<strlen(village);++i)                        /* skip LF */
                              if(village[i]==0x0a)
                                        village[i]=0x00;

                    if(code==0)                         /* skip : code = 0 */
                              continue;
                    if(code==2)                         /* skip : 保留 */
                              continue;
                    if(code==3)                         /* skip : 住宅 */
                              continue;

                    switch(ccc)
                    {         case 1:                                           /* all */
                                        break;
                              case 2:
                                        if(strcmp(dir," africa" ))            /* africa */
                                                  continue;
                                        break;
                              case 3:
                                        if(strcmp(dir," china" ))             /* china */
                                                  continue;
                                        break;
                              case 4:
                                        if(strcmp(dir," europe" ))            /* europe */
                                                  continue;
                                        break;
                              case 5:
                                        if(strcmp(dir," india" ))             /* india */
                                                  continue;
                                        break;
                              case 6:
                                        if(strcmp(dir," indnesia" ))          /* inndonesia */
                                                  continue;
                                        break;
                              case 7:
                                        if(strcmp(dir," latenam" ))           /* laten america */
                                                  continue;
                                        break;
                              case 8:
                                        if(strcmp(dir," png" ))               /* papua */
                                                  continue;
                                        break;
                              case 9:
                                        if(strcmp(dir," mideast" ))           /* mideast */
                                                  continue;
                                        break;
                              default:
                                        red_b;
                                        printf("\nirregal value");
                                        normal;
                                        exit(1);
                    }
                    strcpy(open_file,file0);
                    strcat(open_file,dir);
                    strcat(open_file," \\" );
                    strcat(open_file,file_name);
                    strcat(open_file," .att" );
                    printf("\n%s",open_file);
```

```
                                    make_data();

                                    xts=0.0;
                                    yts=0.0;
                                    xte=xw;
                                    yte=yw;
                                    if(crt==' y' )
                                            printf( "\nxts=%5.0f yts=%5.0f xte=%5.0f yte=%5.0f\n" ,
                                                                    xts,yts,xte,yte);
                                    GVIEW((int)(x00+xts*wd),(int)(ymm-yte*wd-y00),
                                            (int)(x00+xte*wd),(int)(ymm-yts*wd-y00),0xff,0xff);
                                    marginal_line();                                    /* set outer margin */

                                    ipmax=gno;                                          /* No. of generator */
                                    convex();                                           /* 凸包 */
                                    voronoi();
                                    disp_convex();                                      /* 凸包 */

                                    GVIEW(0,0,1119,749,0xff,0xff);
                                    statistics();

                                    if(!strcmp(dir," africa" ))
                                            strcat(village," (Africa)" );
                                    if(!strcmp(dir," china" ))
                                            strcat(village," (China)" );
                                    if(!strcmp(dir," europe" ))
                                            strcat(village," (Europe)" );
                                    if(!strcmp(dir," india" ))
                                            strcat(village," (India)" );
                                    if(!strcmp(dir," indnesia" ))
                                            strcat(village," (Indonesia)" );
                                    if(!strcmp(dir," latenam" ))
                                            strcat(village," (Laten America)" );
                                    if(!strcmp(dir," png" ))
                                            strcat(village," (Papua New Guinea)" );
                                    if(!strcmp(dir," mideast" ))
                                            strcat(village," (Middle East)" );

                                    wd=1.0;                                             /* scale & name */
                                    line(20.0,20.0,20.0,25.0,red,0x00);
                                    line(20.0,20.0,20.0+50*wd_sav,20.0,red,0x00);
                                    line(20.0+50*wd_sav,20.0,20.0+50*wd_sav,25.0,red,0x00);
                                    put_string_crt(20.0+50*wd_sav,25.0,21,0.0,white," 50m" );
                                    put_string_crt(0,-25,21,0.0,white,village);
                                    put_string_crt(350,-25,18,0.0,white," <voronoi>" );

                                    if(prt)
                                                    gcopy_16();
                            }
                            fclose(fp1);

                            graphic_end();
                            end_process();
        }
}
```

003 住居所形成的电磁场模型程序

```c
/*##############################################################
                                          potential model (pot_isa.c)
                                          住居所形成的电磁场模型程序
                                                 98/10/12
##############################################################*/
#include         <stdio.h>
#include         <stdlib.h>
#include         <string.h>
#include         <alloc.h>
#include         <math.h>
#include         <dos.h>
#include         <my.h>
#include         <myg.h>

FILE             *fp,*fp0,*fp1;
char             *file0=" f:\\wan\\data\\" ;
char             *file1=" f:\\wan\\data\\name_1.dat" ;
char             open_file[64];

#define          NX               (101)              /* 网格x方向 */
#define          NY               (101)              /* 网格y方向 */
#define          KH               (20)

#define          NN               (40)                           /* 最大角度 */
#define          PNO              (400)                          /* 最多建筑户数 */

#define          JNO              (200)                          /* 最多重心数 */

#define          TH0              (0)
#define          TH1              (110)

#define          X_DIRECT         (1)        /* x_direction : 1 */
#define          Y_DIRECT         (0)        /* y_direction : 1 */

double           ymm=749.0,
                 x00=5.0,
                 y00=200.0,
                 wd;

double           hx,hy,
                 xw,yw,
                 heit[KH];

static double    MAG_ALT;
static double    (huge *alt)[NX];
static char      (huge *ksw)[NX];

static int       kxm=1,ic[KH]={0};

static double    (huge *px)[NN+1];
static double    (huge *py)[NN+1];
static int       ne;
static int       prt;

static int       ll,dl,dc;
static char      buf[40],val[20];
static double    scale;
static int       no,kak[PNO],type[PNO],attrib[PNO];
static int       dt_num;

static double    pix[NN+1],piy[NN+1];
static double    gx[JNO],gy[JNO];
static int       gno;
static double    xpp[JNO],ypp[JNO];
static double    gx_p,gy_p;
static int       ne_a,ne_p;
static double    men[JNO];
static int       pgn[JNO];

static int       nd;
static double    zd[JNO];
static double    aver,var,sd,dmin,dmax;
static int       col,ww;
static double    wd_sav;
static double    coss,sinn;
static double    alt_max;

char             *msg[20];
int              ln_s,co_s,ln_n,co_w;
int              ccc;

static int       weight;
static double    aa,bb;

double           th0=TH0,th1=TH1,
                 s_th0,c_th0,s_th1,c_th1;
static int       ymin[1120],ymax[1120],
                 x_direct=X_DIRECT,
                 y_direct=Y_DIRECT;
void             line_direct(void);
int              interi(double,double);
void             menu(void);
void             open_mtx(void);
void             statistics(void);
void             make_data(void);
double           menseki(void);
void             draw_polygon(double,double,int,double,double,int);
void             jyu_point(void);
void             jyu_area(void);
int              gravity_point(void);
void             draw_grid(void);
void             set_parameter(void);
void             calculation(void);
void             init_contour(void);
double           interpolation(double,double,double,double);
void             trace(int,int,int,int,double,double,double,double);
void             contour(void);
void             init_isomeln(void);
void             draw_base(void);
void             draw_fringe_x(int);
void             draw_fringe_y(int);
void             plot_line(double,double,double,double,int);
void             isome_x(void);
void             isome_y(void);

/*========================= line_direct =========================*/
```

```c
void        line_direct(void)                                    /* direction of half line */
{
            double      thta=34.5;

            thta=M_PI*thta/180.0;
            sinn=sin(thta);
            coss=cos(thta);
}
/*========================= interi ================================*/
int         interi(double e,double f)            /* check interior or not */
{
            int                     k,ic,ki;

            for(k=0;k<ne;++k)                                    /* boundary check */
            {
                        double      aa,bb,s;
                        aa=(e-pix[k])*(piy[k+1]-piy[k]);
                        bb=(f-piy[k])*(pix[k+1]-pix[k]);
                        if(aa-bb!=0)
                                    continue;
                        if(pix[k+1]-pix[k]==0)
                        {
                                    s=(f-piy[k])/(piy[k+1]-piy[k]);
                                    if(s>=0 && s<=1)
                                    {
                                                ki=1;
                                                return(ki);
                                    }
                        }
                        else
                        {
                                    s=(e-pix[k])/(pix[k+1]-pix[k]);
                                    if(s>=0 && s<=1)
                                    {
                                                ki=1;
                                                return(ki);
                                    }
                        }
            }

            ic=0;
            for(k=0;k<ne;++k)
            {
                        double      p1,p2,ee,ff,s,t;

                        p1=pix[k+1]-pix[k];
                        p2=piy[k+1]-piy[k];
                        ee=e-pix[k];
                        ff=f-piy[k];
                        if(p1*ff-p2*ee==0)
                        {
                                    if(p1==0)
                                                s=ff/p2;
                                    else
                                                s=ee/p1;
                                    if(s>=0 && s<=1)
                                    {
                                                ki=0;
                                                if(ic%2 !=0)
                                                            ki=1;
                                                return(ki);
                                    }
                        }
                        if(p1==0)
                        {
                                    t=-ee/coss;
                                    s=(t*sinn+ff)/p2;
                        }
                        else
                        {
                                    t=(p1*ff-p2*ee)/(p2*coss-p1*sinn);
                                    s=(t*coss+ee)/p1;
                        }
                        if(t<=0)
                                    continue;
                        if(s>=0 && s<=1)
                                    ic=ic+1;
            }
            ki=0;
            if(ic%2 !=0)
                        ki=1;
            return(ki);
}
/*========================= menu ================================*/
void        menu(void)
{
            msg[0]="                        $" ;
            msg[1]=" 全部                    $" ;
            msg[2]=" 非洲                    $" ;
            msg[3]=" 中国                    $" ;
            msg[4]=" 欧洲                    $" ;
            msg[5]=" 印度                    $" ;
            msg[6]=" 印度尼西亚              $" ;
            msg[7]=" 中南美                  $" ;
            msg[8]=" 巴布亚新几内亚          $" ;
            msg[9]=" 中东                    $" ;
            msg[10]="                        $" ;
            ln_s= 5;                                             /* start line */
            co_s=30;                                             /* start colyumn */
            ln_n=11;                                             /* line No. */
            co_w=12;                                             /* column No. */
}
/*========================= open_mtx ================================*/
void        open_mtx(void)
{
            if((alt=farcalloc(NY,(unsigned long)sizeof(*alt)))==NULL)
            {           red_b;                                   /* [NY][NX] */
                        printf( "\nallocation error : alt" );
                        normal;
                        exit(1);
            }
            if((ksw=farcalloc(NY-1,(unsigned long)sizeof(*ksw)))==NULL)
            {           red_b;                                   /* [NY-1][NX] */
                        printf( "\nallocation error : ksw" );
                        normal;
                        exit(1);
            }
            if((px=farcalloc(PNO,(unsigned long)sizeof(*px)))==NULL)
            {           red_b;                                   /* [PNO][NN+1] */
                        printf( "\nallocation error : px" );
                        normal;
                        exit(1);
            }
            if((py=farcalloc(PNO,(unsigned long)sizeof(*py)))==NULL)
            {           red_b;                                   /* [PNO][NN+1] */
                        printf( "\nallocation error : py" );
                        normal;
                        exit(1);
            }
}
/*========================= statistics ================================*/
void        statistics(void)
{
            int                     i;
            double      smesh=0,amesh=0;

            wd=1.0;
```

```
                dmin=1.0e10;
                dmax=-1.0e+10;
                for(i=0;i<nd;++i)
                {           smesh=smesh+zd[i];
                            amesh=amesh+SQUARE(zd[i]);
                            if(zd[i]>dmax)
                                        dmax=zd[i];
                            if(zd[i]<dmin)
                                        dmin=zd[i];
                }
                aver=smesh/nd;
                var=amesh/nd-SQUARE(aver);
                if(fabs(var)<0.0001)
                            var=0.0;
                sd=sqrt(var);
                printf( "\nnd        =%5d"    ,nd);
                printf( "\naverage   =%9.3lf" ,aver);
                printf( "\ndispersion =%9.3lf" ,var);
                printf( "\nstandard dev =%9.3lf" ,sd);
                printf( "\ndmin      =%9.3lf" ,dmin);
                printf( "\ndmax      =%9.3lf" ,dmax);
                printf( "\nc        =%9.3lf" ,sd/aver);

                strcpy(buf," 住居数 : " );
                ltoa(nd,val,10);
                strcat(buf,val);
                strcat(buf," 户 ");
                li+=dl;
                put_string_crt(530,50,18,0.0,white,buf);

                gcvt(aver,2,val);
                strcpy(buf," 平均面积 : " );
                strcat(buf,val);
                strcat(buf," 平方米" );
                li+=dl;
                put_string_crt(530,25,18,0.0,white,buf);

                gcvt(sd,2,val);
                strcpy(buf," 标准差 : " );
                strcat(buf,val);
                strcat(buf," 平方米 ");
                li+=dl;
                put_string_crt(530,0,18,0.0,white,buf);

                gcvt(sd/aver,2,val);
                strcpy(buf," 变异系数 : " );
                strcat(buf,val);
                li+=dl;
                put_string_crt(750,50,18,0.0,white,buf);

                gcvt(dmin,2,val);
                strcpy(buf," 最小面积 : " );
                strcat(buf,val);
                strcat(buf," 平方米 ");
                li+=dl;
                put_string_crt(750,25,18,0.0,white,buf);

                gcvt(dmax,4,val);
                strcpy(buf," 最大面积 : " );
                strcat(buf,val);
                strcat(buf," 平方米 ");
                li+=dl;
                put_string_crt(750,0,18,0.0,white,buf);
                wd=wd_sav;
}
/*===================== make_data ============================*/
void        make_data(void)
{
                int                 i,j;
                int                 kz;
                double              x_min=1.0e10,x_max=-1.0e10,y_min=1.0e10,y_max=-1.0e10;
                double              dwx,dwy;

                dl=30;
                dc=720;
                for(kz=2;kz<3;++kz)                          /* xw=kz*dwx/yw=kz*dwy */
                {           dt_num=0;                        /* kz=a : 画面的1/a大小 */
                            gno=0;
                            li=500;
                            cls1();
                            cls2();
                            printf( "\n<%s>" ,open_file);
                            file_open(open_file,READ_T);
                            fp0=fp;
                            fscanf(fp0," %lf" ,&scale);      /* 比例尺 */
                            while(!feof(fp0))
                            {           if(EOF==fscanf(fp0," %d%d%d%d" ,&no,&kak[dt_num],
                                                    &type[dt_num],&attrib[dt_num]))
                                                    break;
                                        if(kak[dt_num]>NN-1)
                                        {           red_b;
                                                    printf( "\nkak > NN !!" );               /* 对角的数量进行测试 */
                                                    normal;
                                                    exit(1);
                                        }
                                        for(i=0;i<kak[dt_num];++i)
                                        {           fscanf(fp0," %lf%lf\n" ,&px[dt_num][i],&py[dt_num][i]);
                                                    px[dt_num][i]*=scale/1000.0;/* 单位米 */
                                                    py[dt_num][i]*=scale/1000.0;
                                                    if(px[dt_num][i]<x_min)
                                                            x_min=px[dt_num][i];
                                                    if(px[dt_num][i]>x_max)
                                                            x_max=px[dt_num][i];
                                                    if(py[dt_num][i]<y_min)
                                                            y_min=py[dt_num][i];
                                                    if(py[dt_num][i]>y_max)
                                                            y_max=py[dt_num][i];
                                        }
                                        if(attrib[dt_num]!=2)                                /* 跳过 */
                                                    ++dt_num;
                                        if(dt_num>PNO-1)
                                        {           red_b;                                   /* 测试建筑的户数 */
                                                    printf( "\ndt_num > PNO !!" );
                                                    normal;
                                                    exit(1);
                                        }
                            }
                            fclose(fp0);

                            dwx=x_max-x_min;
                            dwy=y_max-y_min;
                            printf( "\ndt_num = %4d" ,dt_num);
                            printf( "\nx_min = %7.2lf  x_max = %7.2lf / dwx = %7.2lf" ,
```

```c
                                                 x_min,x_max,dwx);
                         printf( "\ny_min = %7.2lf y_max = %7.2lf / dwy = %7.2lf" ,
                                                 y_min,y_max,dwy);

                         if(dwx>=dwy)                                   /* 表示画面的大小 */
                                         hx=hy=kz*dwx/(NX-1);
                         else
                                         hx=hy=kz*dwy/(NY-1);
                         printf( "\nhx    = %7.2lf  hx    = %7.2lf" ,hx,hy);

                         xw=hx*(NX-1);
                         yw=hy*(NY-1);
                         wd=wd_sav=450.0/xw;                            /* 将xw设定为450 */
            draw_grid();
                         for(j=0;j<dt_num;++j);                         /* 移动原点 */
                         {
                                         ne=kak[j];
                                         for(i=0;i<ne;++i)
                                         {
                                                         px[j][i]=(px[j][i]-x_min-dwx/2.0)+xw/2.0;
                                                         py[j][i]=(py[j][i]-y_min-dwy/2.0)+yw/2.0;
                                         }
                                         if(type[j]==1)                 /* 封闭多边形数据 */
                                         {
                                                         px[j][ne]=px[j][0];
                                                         py[j][ne]=py[j][0];
                                         }
                         }
                         for(j=0;j<dt_num;++j)
                         {               ne=kak[j];
                                         switch(attrib[j])
                                         {
                                         case 0:                                                        /* 外形线 */
                                                         for(i=0;i<ne;++i)
                                                                         line_thick(px[j][i],py[j][i],px[j][i+1],py[j][i+1],
                                                                                          green,0x00,2);
                                                         break;
                                         case 1:                                                        /* 孔 */
                                                         for(i=0;i<ne;++i)
                                                                         line(px[j][i],py[j][i],px[j][i+1],py[j][i+1],
                                                                                          d_green,0x00);
                                                         break;
                                         case 2:                                                        /* 线 */
                                                         for(i=0;i<ne-1;++i)
                                                                         line_thick(px[j][i],py[j][i],px[j][i+1],py[j][i+1],
                                                                                          yellow,0x00,2);
                                                         break;
                                         case 3:                                                        /* 塔 */
                                                         for(i=0;i<ne;++i)
                                                                         line(px[j][i],py[j][i],px[j][i+1],py[j][i+1],
                                                                                          d_white,0x00);
                                                         break;
                                         case 4:                                                        /* 家畜小屋 */
                                                         for(i=0;i<ne;++i)
                                                                         line(px[j][i],py[j][i],px[j][i+1],py[j][i+1],
                                                                                          d_white,0x00);
                                                         break;
                                         default:                                                       /* 其他 */
                                                         for(i=0;i<ne;++i)
                                                                         line(px[j][i],py[j][i],px[j][i+1],py[j][i+1],
                                                                                          blue,0x00);
                                                         break;
                                         }
                                         if(gravity_point())
                                                         break;
                         }
}
/*=================== menseki ==========================*/        /* 面积计算 */
double          menseki(void)
{                            int                     k;
                             double                  s=0.0;

                             for(k=0;k<ne_a;++k)
                                             s+=(piy[k+1]+piy[k])*(pix[k+1]-pix[k])/2.0;
                             return(s);
}
/*=================== draw_polygon ==========================*/
void            draw_polygon(double xc,double yc,int mark,double pgon_st,
                                             double mark_width,int ln_col)
{                            int                     i;
                             double                  st,dth;
                             double                  x0,y0,x1,y1,tht0,tht1;

                             st=pgon_st/180.0*M_PI;
                             dth=2.0*M_PI/(double)mark;
                             for(i=0;i<mark;++i)
                             {
                                             tht0=st+i*dth;
                                             tht1=st+(i+1)*dth;
                                             x0=xc+mark_width*cos(tht0);
                                             y0=yc+mark_width*sin(tht0);
                                             x1=xc+mark_width*cos(tht1);
                                             y1=yc+mark_width*sin(tht1);
                                             line(x0,y0,x1,y1,ln_col,0x00);
                             }
}
/*=================== jyu_point ==========================*/
void            jyu_point(void)                                                    /* 重心计算 */
{                            int                     k;
                             double                  x_sum=0.0,y_sum=0.0;

                             for(k=0;k<ne_p;++k)
                             {               x_sum+=xpp[k];
                                             y_sum+=ypp[k];
                             }
                             gx_p=x_sum/ne_p;
                             gy_p=y_sum/ne_p;
}
/*=================== jyu_area ==========================*/
void            jyu_area(void)                                                     /* 全体的重心位置 */
{                            int                     k;
                             double                  xds,yds,sx,sy,dsx,dsy,dx,dy;

                             xds=yds=sx=sy=0.0;
                             for(k=0;k<ne_a;++k)
                             {
                                             dsx=(piy[k+1]+piy[k])*(pix[k+1]-pix[k])/2.0;
                                             dsy=(pix[k+1]+pix[k])*(piy[k+1]-piy[k])/2.0;
                                             if(dsx!=0)
                                             {
                                                             dx=piy[k+1]*(2.0*pix[k+1]+pix[k])+piy[k]*(pix[k+1]+2.0*pix[k]);
                                                             dx/=(3.0*(piy[k+1]+piy[k]));
                                                             sx+=dsx;
                                                             xds+=dx*dsx;
                                             }
                                             if(dsy!=0)
```

```c
                        {
                                    dy=pix[k+1]*(2.0*piy[k+1]+piy[k])+pix[k]*(piy[k+1]+2.0*piy[k]);
                                    dy/=(3.0*(pix[k+1]+pix[k]));
                                    sy+=dsy;
                                    yds+=dy*dsy;
                        }
            }
            gx[gno]=xds/sx;
            gy[gno]=yds/sy;
}
/*======================= gravity_point ========================*/
int             gravity_point(void)
{               int                     i,j,k;
            for(j=0;j<dt_num;++j)
            {           ne=kak[j];
                        switch(attrib[j])
                        {           case 0:                                                 /* 外形线 */
                                    for(i=0;i<=ne;++i)
                                    {           pix[i]=px[j][i];
                                                piy[i]=py[j][i];
                                    }
                                    ne_a=ne;
                                    jyu_area();
                                    men[gno]=fabs(menseki());
                                    pgn[gno]=j;
                                    ++gno;
                                    break;
                                    case 1:                                                 /* 孔 */
                                    break;
                                    case 2:                                                 /* 线 */
                                    break;
                                    case 3:                                                 /* 塔 */
                                    break;
                                    case 4:                                                 /* 家畜小屋 */
                                    break;
                                    default:                                                /* 其他 */
                                    break;
                        }
            }
            for(j=0;j<dt_num;++j)
            {           double          hole_men;
                        ne=kak[j];
                        switch(attrib[j])
                        {           case 0:                                                 /* 外形线 */
                                    break;
                                    case 1:                                                 /* 孔 */
                                    for(i=0;i<=ne;++i)
                                    {           pix[i]=px[j][i];
                                                piy[i]=py[j][i];
                                    }
                                    ne_a=ne;
                                    jyu_area();
                                    hole_men=fabs(menseki());
                                    for(k=0;k<gno;++k)                                      /* 测试含有孔的外形线 */
                                    {           ne=kak[pgn[k]];
                                                for(i=0;i<=ne;++i)
                                                {           pix[i]=px[pgn[k]][i];
                                                            piy[i]=py[pgn[k]][i];
                                                }
                                                if(interi(gx[gno],gy[gno]))
                                                {           men[k]-=hole_men;
                                                            goto out;
                                                }
                                    }
                                    printf( "\nnot found !!" );
                                    exit(1);
out:                                break;
                                    default:                                                /* 其他 */
                                    break;
                        }
            }
            for(k=0;k<gno;++k)
                        circle(gx[k],gy[k],2,2,purple,0x20);
            for(k=0;k<gno;++k)
            {           xpp[k]=gx[k];
                        ypp[k]=gy[k];
                        zd[k]=men[k];
            }
            nd=gno;
            statistics();
            return(1);
}
/*======================= draw_grid ========================*/
void            draw_grid(void)                                                 /* 描画网格 */
{           int                     ig=0;                                       /* 只描画外框 :0, 网格 :1 */
            int                     i,j,nsx,nsy;
            if(ig==0)
            {           nsx=NX-1;
                        nsy=NY-1;
            }
            else
            {           nsx=1;
                        nsy=1;
            }
            for(i=0;i<NX;i+=nsx)
            {           if(i==0 || i==NX-1)
                        {           col=red;
                                    line_thick(hx*i,0,hx*i,yw,col,0x00,2);
                        }
                        else
                        {           col=blue;
                                    line(hx*i,0,hx*i,yw,col,0x00);
                        }
            }
            for(j=0;j<NY;j+=nsy)
            {           if(j==0 || j==NY-1)
                        {           col=red;
                                    line_thick(0,hy*j,xw,hy*j,col,0x00,2);
                        }
                        else
                        {           col=blue;
                                    line(0,hy*j,xw,hy*j,col,0x00);
                        }
            }
}
/*======================= set_parameter ========================*/
void            set_parameter(void)
{           bb=-log(0.1)/SQUARE(80.0);
/*          printf( "\nbb = %lf" ,bb);
*/}
/*======================= calculation ========================*/
```

```c
void        calculation(void)
{
            int                         i,j,k;

            for(j=0;j<NY;++j)
            {           for(i=0;i<NX;++i)
                                    alt[j][i]=0.0;
            }
            for(j=0;j<NY-1;++j)
            {           for(i=0;i<NX;++i)
                                    ksw[j][i]=0;
            }

            alt_max=-1.0e10;
            for(j=0;j<NY;++j)
            {           double          yg;
                        yg=hy*j;
                        locate(60,1);
                        printf( "%d" ,j);
                        for(i=0;i<NX;++i)
                        {           double          xg;
                                    xg=hx*i;
                                    for(k=0;k<gno;++k)
                                    {           double          dist;
                                                dist=sqrt(SQUARE(gx[k]-xg)+SQUARE(gy[k]-yg));
                                                if(weight)
                                                            aa=men[k]/100.0;   /* set scale */
                                                else
                                                            aa=1.0;
                                                alt[j][i]+=aa*exp(-bb*SQUARE(dist));
                                    }
                                    if(alt[j][i]>alt_max)
                                                alt_max=alt[j][i];
                        }
            }
}
/*======================== init_contour ==========================*/
void        init_contour(void)                                      /* contour initial condition */
{           int                         i;

            for(i=0;i<KH;++i)
                        heit[i]=i*(alt_max/KH);
            MAG_ALT=100.0/alt_max;
}
/*======================== interpolation =========-==================*/
double      interpolation(double a1,double a2,double hh,double ht)
{           double          dl;

            dl=hh*(ht-a1)/(a2-a1);
            return(dl);
}
/*======================== trace ==================================*/
void        trace(int ii,int jj,int ist,int jst,double a1,double a2,
                        double xs,double ys,double ht)
{           int                         ir,il,ku,im,md,m,mm;
            double          xds,yds,xde,yde,dl;

            for(ir=0;ir<2;++ir)
            {           ku=0;                                                   /* ku : check connecting point */
                        if(ir==1)
                                    swap_double(&a1,&a2);
                        xds=xs;
                        yds=ys;
                        if(ir==0)
                                    il=2;
                        else
                                    il=4;                                       /* il : edge of input */
loop:
                        switch(il)
                        {           case 1:
                                                jj-=1;                          /* im : edge no. of il in new grid */
                                                break;
                                    case 2:
                                                ii-=1;
                                                break;
                                    case 3:
                                                jj+=1;
                                                break;
                                    case 4:
                                                ii+=1;
                                                break;
                        }                                                       /* check closed */
                        if(ii==ist && jj==jst && ku!=0)
                        {           xde=xs;
                                    yde=ys;
                                    line_thick(xds,yds,xde,yde,col,0,ww);
                                    return;
                        }                                                       /* check out of frame */
                        if(ii<0 || ii>NX-2 || jj<0 || jj>NY-2)
                        {           ii=ist-1;
                                    jj=jst;
                                    continue;
                        }
                        ku=1;
                        im=il+2;
                        if(im>4)
                                    im-=4;
                        if(a1>ht)
                                    md=1;
                        else
                                    md=-1;
                        m=im;
                        for(mm=1;mm<4;++mm)
                        {           double          hh;
                                    m+=md;
                                    if(m<1)
                                                m=4;
                                    if(m>4)
                                                m=1;
                                    switch(m)
                                    {           case 1:
                                                            a1=alt[jj][ii+1];
                                                            a2=alt[jj][ii];
                                                            break;
                                                case 2:
                                                            a1=alt[jj][ii];
                                                            a2=alt[jj+1][ii];
                                                            break;
                                                case 3:
                                                            a1=alt[jj+1][ii];
                                                            a2=alt[jj+1][ii+1];
                                                            break;
```

```c
                                      case 4:
                                              a1=alt[jj+1][ii+1];
                                              a2=alt[jj][ii+1];
                                              break;
                              }
                              if((a1-ht)*(a2-ht)>0)
                                              continue;
                              if(m==1 || m==3)
                                              hh=hx;
                              else
                                              hh=hy;
                              dl=interpolation(a1,a2,hh,ht);
                              switch(m)
                              {
                                      case 1:
                                              xde=hx*(ii+1)-dl;
                                              yde=hy*jj;
                                              break;
                                      case 2:
                                              xde=hx*ii;
                                              yde=hy*jj+dl;
                                              break;
                                      case 3:
                                              xde=hx*ii+dl;
                                              yde=hy*(jj+1);
                                              break;
                                      case 4:
                                              xde=hx*(ii+1);
                                              yde=hy*(jj+1)-dl;
                                              break;
                              }
                              ksw[jj][ii]=1;
                              ksw[jj][ii+1]=1;
                              line_thick(xds,yds,xde,yde,col,0,ww);
                              xds=xde;
                              yds=yde;
                              il=m;
                              goto loop;
              }
      }
}
/*======================= contour =================================*/
void    contour(void)                                          /* drawing contour */
{
              int                           i,j,l;
              double        ht;

              for(l=0;l<KH;++l)
                              ic[l]=0;
              for(l=0;l<KH;++l)
              {
                              locate(0,0);
                              printf( "ht =%7.2lf" ,heit[l]);
                              if(!(l%5))
                                              ww=2;
                              else
                                              ww=1;
                              col=l%15+1;
                              if(l>1 && ic[l-2]==1 && ic[l-1]==0)
                                              return;                       /* ic ; check of end : l>=2 */
                              ht=heit[l]-.001;
                                                                                                                      /* search point */
                              for(i=0;i<NX-1;i+=kxm)
                              {
                                              for(j=0;j<NY-1;++j)
                                              {
                                                              int                           ii,jj,ist,jst;
                                                              double        a1,a2,xs,ys,dl;
                                                              if(ksw[j][i]==1)
                                                                              continue;
                                                              a1=alt[j][i];
                                                              a2=alt[j+1][i];
                                                              if((a1-ht)*(a2-ht)>0)
                                                                              continue;
                                                              dl=interpolation(a1,a2,hy,ht);
                                                              xs=hx*i;
                                                              ys=hy*j+dl;
                                                              ist=i;
                                                              jst=j;
                                                              ksw[jst][ist]=1;
                                                              ii=ist;
                                                              jj=jst;
                                                              trace(ii,jj,ist,jst,a1,a2,xs,ys,ht);
                                                              ic[l]=1;
                                              }
                              }
              }
}
/*======================= init_isomeln =================================*/
void    init_isomeln(void)                                    /* isomeln initial condition */
{
              int                           i;

              xw=hx*(NX-1);
              yw=hy*(NY-1);
              s_th0=sin(M_PI/180.0*th0);
              c_th0=cos(M_PI/180.0*th0);
              s_th1=sin(M_PI/180.0*th1);
              c_th1=cos(M_PI/180.0*th1);
              for(i=0;i<1120;++i)
              {
                              ymin[i]= 32000;
                              ymax[i]=-ymin[i];
              }
}
/*======================= draw_base =================================*/
void    draw_base(void)
{               line(0.0,0.0,xw*c_th0,xw*s_th0,blue,0);           /* base */
/*              line(0.0,0.0,-yw*c_th1,yw*s_th1,blue,0);
*/              line(xw*c_th0,xw*s_th0,     xw*c_th0-yw*c_th1,xw*s_th0+yw*s_th1,blue,0);
/*              line(-yw*c_th1,yw*s_th1,-yw*c_th1+xw*c_th0,yw*s_th1+xw*s_th0,blue,0);
*/
              line(0.0,0.0,0.0,alt[0][0]*MAG_ALT,blue,0);/* vertical line */
              line(xw*c_th0,xw*s_th0,     xw*c_th0,xw*s_th0+alt[0][NX-1]*MAG_ALT,blue,0);
/*              line(-yw*c_th1,yw*s_th1,-yw*c_th1,yw*s_th1+alt[NY-1][0]*MAG_ALT,blue,0);
*/              line(xw*c_th0-yw*c_th1,xw*s_th0+yw*s_th1,xw*c_th0-yw*c_th1,
                              xw*s_th0+yw*s_th1+alt[NY-1][NX-1]*MAG_ALT,blue,0);
}
/*======================= draw_fringe_x =================================*/
void    draw_fringe_x(int j)                                                              /* edge of stripe */
{               double        xs,ys,px0,py0,px1,py1;

              xs=0;
              ys=0;
              px0=xs-(j-1)*hy*c_th1;
              py0=ys+(j-1)*hy*s_th1+alt[j-1][0]*MAG_ALT;
              px1=xs-j*hy*c_th1;
              py1=ys+j*hy*s_th1+alt[j][0]*MAG_ALT;
              plot_line(px0,py0,px1,py1,white);
```

```
            xs=xw*c_th0;
            ys=xw*s_th0;
            px0=xs-(j-1)*hy*c_th1;
            py0=ys+(j-1)*hy*s_th1+alt[j-1][NX-1]*MAG_ALT;
            px1=xs-j*hy*c_th1;
            py1=ys+j*hy*s_th1+alt[j][NX-1]*MAG_ALT;
            plot_line(px0,py0,px1,py1,white);
    }
}
/*========================= draw_fringe_y =============================*/
void    draw_fringe_y(int i)                                                /* edge of stripe */
{
            double    xs,ys,px0,py0,px1,py1;

            xs=0;
            ys=0;
            px0=xs+(i-1)*hx*c_th0;
            py0=ys+(i-1)*hx*s_th0+alt[0][i-1]*MAG_ALT;
            px1=xs+i*hx*c_th0;
            py1=ys+i*hx*s_th0+alt[0][i]*MAG_ALT;
            plot_line(px0,py0,px1,py1,white);

            xs=-yw*c_th1;
            ys= yw*s_th1;
            px0=xs+(i-1)*hx*c_th0;
            py0=ys+(i-1)*hx*s_th0+alt[NY-1][i-1]*MAG_ALT;
            px1=xs+i*hx*c_th0;
            py1=ys+i*hx*s_th0+alt[NY-1][i]*MAG_ALT;
            plot_line(px0,py0,px1,py1,white);
}
/*========================= plot_line =============================*/
void    plot_line(double px0,double py0,double px1,double py1,int col)
{
            double    a,b;
            int                       kx,ks,ke,ys,ye;
            int                       plot_flag0=0,plot_flag1;
            int                       yv,xv_f=0,yv_f=0;

            ks=MINV(px0,px1);
            ke=MAXV(px0,px1);
            if(ks==(int)px0)
            {
                        ys=py0;
                        ye=py1;
            }
            else
            {
                        ys=py1;
                        ye=py0;
            }

            a=(py1-py0)/(px1-px0);
            b=-a*px0+py0;
            for(kx=ks;kx<=ke;++kx)
            {           plot_flag1=0;
                        if(kx==ks)                                          /* adjust edge point */
                                    yv=ys;
                        else if(kx==ke)
                                    yv=ye;
                        else
                                    yv=a*kx+b;
                        if(yv<=ymin[(int)(kx+x00)])
                        {           ymin[(int)(kx+x00)]=yv;
                                    plot_flag1=1;
                        }
                        if(yv>=ymax[(int)(kx+x00)])
                        {           ymax[(int)(kx+x00)]=yv;
                                    plot_flag1=1;
                        }
                        if(plot_flag0 & plot_flag1)
                                    line(xv_f,yv_f,kx,yv,col,0);
                        plot_flag0=plot_flag1;
                        xv_f=kx;
                        yv_f=yv;
            }
}
/*========================= isome_x =============================*/
void    isome_x(void)                                               /* draw x-direct line */
{
            int             i,j;
            double    xs,ys,px0,py0,px1,py1;

            for(j=0;j<NY;++j)
            {
                        xs=-j*hy*c_th1;
                        ys= j*hy*s_th1;
                        for(i=0;i<NX-1;++i)
                        {
                                    px0=xs+i*hx*c_th0;
                                    py0=ys+i*hx*s_th0+alt[j][i]*MAG_ALT;
                                    px1=xs+(i+1)*hx*c_th0;
                                    py1=ys+(i+1)*hx*s_th0+alt[j][i+1]*MAG_ALT;
                                    plot_line(px0,py0,px1,py1,white);
                        }
                        if(j==0)
                                    continue;
                        else
                                    draw_fringe_x(j);
            }
}
/*========================= isome_y =============================*/
void    isome_y(void)                                               /* draw y-direct line */
{
            int             i,j;
            double    xs,ys,px0,py0,px1,py1;

            if(th0>0)
            {           for(i=0;i<NX;++i)
                        {
                                    xs=i*hx*c_th0;
                                    ys=i*hx*s_th0;
                                    for(j=0;j<NY-1;++j)
                                    {
                                                px0=xs-j*hy*c_th1;
                                                py0=ys+j*hy*s_th1+alt[j][i]*MAG_ALT;
                                                px1=xs-(j+1)*hy*c_th1;
                                                py1=ys+(j+1)*hy*s_th1+alt[j+1][i]*MAG_ALT;
                                                plot_line(px0,py0,px1,py1,white);
                                    }
                                    if(i==0)
                                                continue;
                                    else
                                                draw_fringe_y(i);
                        }
            }
            else
            {           for(i=NX-1;i>=0;--i)
                        {
                                    xs=i*hx*c_th0;
                                    ys=i*hx*s_th0;
                                    for(j=0;j<NY-1;++j)
                                    {
                                                px0=xs-j*hy*c_th1;
                                                py0=ys+j*hy*s_th1+alt[j][i]*MAG_ALT;
```

```
                                    px1=xs-(j+1)*hy*c_th1;
                                    py1=ys+(j+1)*hy*s_th1+alt[j+1][i]*MAG_ALT;
                                    plot_line(px0,py0,px1,py1,white);
                                }
                        if(i==0)
                                    continue;
                        else
                                    draw_fringe_y(i);
                    }
        }
}
/*********************** main ***********************/
void        main(void)
{           char            file_name[64];

            start_process();
            graphic_init();

            read_ank_no();
            read_jis_no();
            line_direct();

            open_mtx();
            set_parameter();

            menu();

            save_text_vram(ln_s,co_s,ln_n,co_w+2);
            disp_menu(ln_s,co_s,ln_n,msg);
            ccc=pull_down_menu(ln_s,co_s,ln_n,co_w);
            load_text_vram(ln_s,co_s,ln_n,co_w+2);

            locate(20,11);
            printf( "weight       (y/n) :  ");
            weight=yes_no_check();

            locate(20,12);
            printf( "print out    (y/n) :  ");
            prt=yes_no_check();

            file_open(file1,READ_T);
            fp1=fp;
            while(!feof(fp1))
            {           int             i;
                        int             code;
                        char            village[64],dir[64];
                        if(EOF==fscanf(fp1," %s%s%d\n" ,file_name,dir,&code))
                                    break;
                        fgets(village,64,fp1);
                        for(i=0;i<strlen(village);++i)              /* skip LF */
                                    if(village[i]==0x0a)
                                                village[i]=0x00;

                        if(code==0)                                 /* skip : code = 0 */
                                    continue;
                        if(code==2)                                 /* skip : 保留 */
                                    continue;
                        if(code==3)                                 /* skip : 住居 */
                                    continue;

                        switch(ccc)
                        {           case 1:
                                                break;              /* all */
                                    case 2:
                                                if(strcmp(dir," africa" ))   /* africa */
                                                            continue;
                                                break;
                                    case 3:
                                                if(strcmp(dir," china" ))    /* china */
                                                            continue;
                                                break;
                                    case 4:
                                                if(strcmp(dir," europe" ))   /* europe */
                                                            continue;
                                                break;
                                    case 5:
                                                if(strcmp(dir," india" ))    /* india */
                                                            continue;
                                                break;
                                    case 6:
                                                if(strcmp(dir," indnesia" )) /* inndonesia */
                                                            continue;
                                                break;
                                    case 7:
                                                if(strcmp(dir," latenam" ))  /* laten america */
                                                            continue;
                                                break;
                                    case 8:
                                                if(strcmp(dir," png" ))      /* papua */
                                                            continue;
                                                break;
                                    case 9:
                                                if(strcmp(dir," mideast" ))  /* mideast */
                                                            continue;
                                                break;
                                    default:
                                                red_b;
                                                printf( "\nirregal value" );
                                                normal;
                                                exit(1);
                        }
                        strcpy(open_file,file0);
                        strcat(open_file,dir);
                        strcat(open_file," \\" );
                        strcat(open_file,file_name);
                        strcat(open_file," .att" );
                        printf( "\n%s" ,open_file);

                        make_data();
                        calculation();
                        init_contour();
                        contour();

                        if(!strcmp(dir," africa" ))
                                    strcat(village," (Africa)" );
                        if(!strcmp(dir," china" ))
                                    strcat(village," (China)" );
                        if(!strcmp(dir," europe" ))
                                    strcat(village," (Europe)" );
                        if(!strcmp(dir," india" ))
                                    strcat(village," (India)" );
                        if(!strcmp(dir," indnesia" ))
```

```
                                strcat(village," (Indonesia)" );
                if(!strcmp(dir," latenam" ))
                                strcat(village," (Laten America)" );
                if(!strcmp(dir," png" ))
                                strcat(village," (Papua New Guinea)" );
                if(!strcmp(dir," mideast" ))
                                strcat(village," (Middle East)" );

                wd=1.0;                                                                                 /* scale & name */
                line(20.0,20.0,20.0,25.0,red,0x00);
                line(20.0,20.0,20.0+50*wd_sav,20.0,red,0x00);
                line(20.0+50*wd_sav,20.0,20.0+50*wd_sav,25.0,red,0x00);
                put_string_crt(20.0+50*wd_sav,25.0,21,0.0,white," 50m" );
                put_string_crt(500,430,21,0.0,white," <potential>" );
                if(weight)
                                put_string_crt(360,-30,21,0.0,white," weighted" );
                else
                                put_string_crt(300,-30,21,0.0,white," not weighted" );

                x00+=530.0;
                y00+=90.0;
                hx=400.0/(NX-1);
                hy=400.0/(NY-1);
                if(x_direct)
                {
                                init_isomeln();
                                isome_x();
                                draw_base();
                }
                if(y_direct)
                {
                                init_isomeln();
                                isome_y();
                                draw_base();
                }
                x00-=530.0;
                y00-=90.0;
                                if(prt)
                                                gcopy_16();
        }
        fclose(fp1);

        graphic_end();
        end_process();
}
```

004 根据住居面积的大小分布寻找中心（纽林）的模型程序

```c
/*###############################################################
                        potential (new_isa.c)
            根据住居面积的大小分布寻找中心的（纽林）模型程序
                              97/11/02
###############################################################*/
#include           <stdio.h>
#include           <stdlib.h>
#include           <string.h>
#include           <alloc.h>
#include           <math.h>
#include           <dos.h>
#include           <my.h>
#include           <myg.h>
#include           <conio.h>

FILE               *fp,*fp0,*fp1;
char               *file0=" f:\\wan\\data\\" ;
char               *file1=" f:\\wan\\data\\name_1.dat" ;
char               open_file[64];

#define    NX           (101)              /* 网格x方向 */
#define    NY           (101)              /* 网格y方向 */
#define    KH           (20)

#define    NN           (40)               /* 最大角度 */
#define    PNO          (430)              /* 最多建筑户数 */

#define    JNO          (200)              /* 最多重心数 */
#define    MAX_POT  (80)                   /* 高峰值的位置(m) */
#define    BAI          (1.5)              /* 高峰值的最大倍率 */

#define    TH0                     (0)
#define    TH1                     (110)

#define    X_DIRECT  (1)                   /* x_direction : 1 */
#define    Y_DIRECT  (0)                   /* y_direction : 1 */

double             ymm=749.0,
                   x00=5.0,
                   y00=200.0,
                   wd;

double             hx,hy,
                   xw,yw,
                   heit[KH];

static double  MAG_ALT;
static double  (huge *alt)[NX];
static char    (huge *ksw)[NX];

static int     kxm=1,ic[KH]={0};

static double  (huge *px)[NN];
static double  (huge *py)[NN];
static int     ne;
static char    buf[40],val[20];
static int     prt;

static int     ll,dl,dc;
static double  scale;
static int     no,kak[PNO],type[PNO],attrib[PNO];
static double  dt_num;

static double  pix[NN],piy[NN];
static double  gx[JNO],gy[JNO];
static int     gno=0;
static int     ne_a;
static double  men[JNO];
static double  pgn[JNO];

static int     col,ww;
static double  wd_sav;
static double  coss,sinn;
static double  alt_max;

char               *msg[20];
int                ln_s,co_s,ln_n,co_w;
int                ccc;

static int     weight;
static double  alpha,beta;

double             th0=TH0,th1=TH1,
                   s_th0,c_th0,s_th1,c_th1;
static int     ymin[1120],ymax[1120],
                   x_direct=X_DIRECT,
                   y_direct=Y_DIRECT;

void               line_direct(void);
int                interi(double,double);
void               menu(void);
void               open_mtx(void);
void               make_data(void);
double             menseki(void);
void               draw_polygon(double,double,int,double,double,int);
void               jyu_area(void);
int                            gravity_point(void);
void               set_parameter(void);
void               calculation(void);
void               draw_grid(void);
void               init_contour(void);
double             interpolation(double,double,double,double);
void               trace(int,int,int,int,double,double,double,double);
void               contour(void);
void               init_isomeln(void);
void               draw_base(void);
void               draw_fringe_x(int);
void               draw_fringe_y(int);
void               plot_line(double,double,double,double,int);
void               isome_x(void);
void               isome_y(void);
/*======================= line_direct ========================*/
void   line_direct(void)                   /* direction of half line */
{
       double       thta=34.5;

       thta=M_PI*thta/180.0;
```

```c
            sinn=sin(thta);
            coss=cos(thta);
}
/*========================= interi ==========-==================*/
int     interi(double e,double f)              /* check interior or not */
{
        int             k,ic,ki;

        for(k=0;k<ne;++k)                      /* boundary check */
        {
                double          aa,bb,s;
                aa=(e-pix[k])*(piy[k+1]-piy[k]);
                bb=(f-piy[k])*(pix[k+1]-pix[k]);
                if(aa-bb!=0)
                        continue;
                if(pix[k+1]-pix[k]==0)
                {
                        s=(f-piy[k])/(piy[k+1]-piy[k]);
                        if(s>=0 && s<=1)
                        {
                                ki=1;
                                return(ki);
                        }
                }
                else
                {
                        s=(e-pix[k])/(pix[k+1]-pix[k]);
                        if(s>=0 && s<=1)
                        {
                                ki=1;
                                return(ki);
                        }
                }
        }

        ic=0;
        for(k=0;k<ne;++k)
        {
                double          p1,p2,ee,ff,s,t;

                p1=pix[k+1]-pix[k];
                p2=piy[k+1]-piy[k];
                ee=e-pix[k];
                ff=f-piy[k];
                if(p1*ff-p2*ee==0)
                {
                        if(p1==0)
                                s=ff/p2;
                        else
                                s=ee/p1;
                        if(s>=0 && s<=1)
                        {
                                ki=0;
                                if(ic%2 !=0)
                                        ki=1;
                                return(ki);
                        }
                }
                if(p1==0)
                {
                        t=-ee/coss;
                        s=(t*sinn+ff)/p2;
                }
                else
                {
                        t=(p1*ff-p2*ee)/(p2*coss-p1*sinn);
                        s=(t*coss+ee)/p1;
                }
                if(t<=0)
                        continue;
                if(s>=0 && s<=1)
                        ic=ic+1;
        }
        ki=0;
        if(ic%2 !=0)
                ki=1;
        return(ki);
}
/*========================= menu ==================================*/
void    menu(void)
{
        msg[0]="                    $" ;
        msg[1]=" 全部               $" ;
        msg[2]=" 非洲               $" ;
        msg[3]=" 中国               $" ;
        msg[4]=" 欧洲               $" ;
        msg[5]=" 印度               $" ;
        msg[6]=" 印度尼西亚         $" ;
        msg[7]=" 中南美             $" ;
        msg[8]=" 巴布亚新几内亚     $" ;
        msg[9]=" 中东               $" ;
        msg[10]="                    $" ;
        ln_s= 5;                                       /* start line */
        co_s=30;                                       /* start colyumn */
        ln_n=11;                                       /* line No. */
        co_w=12;                                       /* column No. */
}
/*========================= open_mtx ==================================*/
void    open_mtx(void)
{
        if((alt=farcalloc(NY,(unsigned long)sizeof(*alt)))==NULL)
        {
                red_b;                                                 /* [NY][NX] */
                printf( "\nallocation error : alt" );
                normal;
                exit(1);
        }
        if((ksw=farcalloc(NY-1,(unsigned long)sizeof(*ksw))==NULL)
        {
                red_b;                                                 /* [NY-1][NX] */
                printf( "\nallocation error : ksw" );
                normal;
                exit(1);
        }
        if((px=farcalloc(PNO,(unsigned long)sizeof(*px)))==NULL)
        {
                red_b;                                                 /* [PNO][NN] */
                printf( "\nallocation error : px" );
                normal;
                exit(1);
        }
        if((py=farcalloc(PNO,(unsigned long)sizeof(*py)))==NULL)
        {
                red_b;                                                 /* [PNO][NN] */
                printf( "\nallocation error : py" );
                normal;
                exit(1);
        }
}
/*========================= make_data ==================================*/
void    make_data(void)
{
        int             i,j;
        int             kz;
        double          x_min=1.0e10,x_max=-1.0e10,y_min=1.0e10,y_max=-1.0e10;
        double          dwx,dwy;

        dl=30;
        dc=720;
        for(kz=2;kz<3;++kz)                            /* xw=kz*dwx/yw=kz*dwy */
```

```c
        {
            dt_num=0;
            gno=0;
            ll=500;
            cls1();
            cls2();
            printf( "\n<%s>" ,open_file);
            file_open(open_file,READ_T);
            fp0=fp;
            fscanf(fp0," %lf" ,&scale);              /* 比例尺 */
            while(!feof(fp0))
            {       if(EOF==fscanf(fp0," %d%d%d%d" ,&no,&kak[dt_num],
                                    &type[dt_num],&attrib[dt_num]))
                                break;
                    if(kak[dt_num]>NN-1)
                    {           red_b;
                                printf( "\nkak > NN !!" );      /* 测试角度 */
                                normal;
                                exit(1);
                    }
                    for(i=0;i<kak[dt_num];++i)
                    {           fscanf(fp0," %lf%lf\n" ,&px[dt_num][i],&py[dt_num][i]);
                                px[dt_num][i]*=scale/1000.0;/* 单位 米 */
                                py[dt_num][i]*=scale/1000.0;
                                if(px[dt_num][i]<x_min)
                                        x_min=px[dt_num][i];
                                if(px[dt_num][i]>x_max)
                                        x_max=px[dt_num][i];
                                if(py[dt_num][i]<y_min)
                                        y_min=py[dt_num][i];
                                if(py[dt_num][i]>y_max)
                                        y_max=py[dt_num][i];
                    }
                    if(attrib[dt_num]!=2)
                            ++dt_num;                   /* 跳过 */
                    if(dt_num>PNO-1)
                    {           red_b;
                                printf( "\ndt_num > PNO !!" );  /* 测试建筑户数 */
                                normal;
                                exit(1);
                    }
            }
            fclose(fp0);
            dwx=x_max-x_min;
            dwy=y_max-y_min;
            printf( "\ndt_num = %4d" ,dt_num);
            printf( "\nx_min = %7.2lf  x_max = %7.2lf / dwx = %7.2lf" ,
                    x_min,x_max,dwx);
            printf( "\ny_min = %7.2lf  y_max = %7.2lf / dwy = %7.2lf" ,
                    y_min,y_max,dwy);
            if(dwx>=dwy)                                /* 画面表示的大小 */
                    hx=hy=kz*dwx/(NX-1);
            else
                    hx=hy=kz*dwy/(NY-1);
            printf( "\nhx   = %7.2lf  hx   = %7.2lf" ,hx,hy);
            xw=hx*(NX-1);
            yw=hy*(NY-1);
            wd=wd_sav=450.0/xw;                         /* 将xw设定为450 */
            draw_grid();
            for(j=0;j<dt_num;++j)                       /* 移动原点 */
            {           ne=kak[j];
                        for(i=0;i<ne;++i)
                        {       px[j][i]=(px[j][i]-x_min-dwx/2.0)+xw/2.0;
                                py[j][i]=(py[j][i]-y_min-dwy/2.0)+yw/2.0;
                        }
                        if(type[j]==1)                  /* 封闭多边形的数据 */
                        {       px[j][ne]=px[j][0];
                                py[j][ne]=py[j][0];
                        }
            }
            for(j=0;j<dt_num;++j)
            {           ne=kak[j];
                        switch(attrib[j])
                        {   case 0:                                                     /* 外形线 */
                                    for(i=0;i<ne;++i)
                                            line_thick(px[j][i],py[j][i],px[j][i+1],py[j][i+1],
                                                    green,0x00,2);
                                    break;
                            case 1:                                                     /* 孔 */
                                    for(i=0;i<ne;++i)
                                            line(px[j][i],py[j][i],px[j][i+1],py[j][i+1],
                                                    d_green,0x00);
                                    break;
/*                          case 2:                                                     /* 线 */
                                    for(i=0;i<ne-1;++i)
                                            line_thick(px[j][i],py[j][i],px[j][i+1],py[j][i+1],
                                                    yellow,0x00,2);
                                    break;
*/                          case 3:                                                     /* 塔 */
                                    for(i=0;i<ne;++i)
                                            line(px[j][i],py[j][i],px[j][i+1],py[j][i+1],
                                                    d_white,0x00);
                                    break;
                            case 4:                                                     /* 家畜小屋 */
                                    for(i=0;i<ne;++i)
                                            line(px[j][i],py[j][i],px[j][i+1],py[j][i+1],
                                                    d_white,0x00);
                                    break;
                            default:                                                    /* 其他 */
                                    for(i=0;i<ne;++i)
                                            line(px[j][i],py[j][i],px[j][i+1],py[j][i+1],
                                                    blue,0x00);
                                    break;
                        }
                        if(gravity_point())
                                break;
            }
    }
}
/*===================== menseki ======================*/        /* caluculate area */
double      menseki(void)
{           int                             k;
            double                          s=0.0;

            for(k=0;k<ne_a;++k)
                    s+=(piy[k+1]+piy[k])*(pix[k+1]-pix[k])/2.0;
            return(s);
}
```

```c
/*======================= draw_polygon =========================*/
void        draw_polygon(double xc,double yc,int mark,double pgon_st,
                                    double mark_width,int ln_col)
{
            int             i;
            double          st,dth;
            double          x0,y0,x1,y1,tht0,tht1;

            st=pgon_st/180.0*M_PI;
            dth=2.0*M_PI/(double)mark;
            for(i=0;i<mark;++i)
            {
                    tht0=st+i*dth;
                    tht1=st+(i+1)*dth;
                    x0=xc+mark_width*cos(tht0);
                    y0=yc+mark_width*sin(tht0);
                    x1=xc+mark_width*cos(tht1);
                    y1=yc+mark_width*sin(tht1);
                    line(x0,y0,x1,y1,ln_col,0x00);
            }
            paint1(xc,yc,ln_col,ln_col);
}
/*======================= jyu_area =========================*/
void        jyu_area()                                              /* caluculate gravity point */
{
            int                     k;
            double                  xds,yds,sx,sy,dsx,dsy,dx,dy;

            xds=yds=sx=sy=0.0;
            for(k=0;k<ne_a;++k)
            {
                    dsx=(piy[k+1]+piy[k])*(pix[k+1]-pix[k])/2.0;
                    dsy=(pix[k+1]+pix[k])*(piy[k+1]-piy[k])/2.0;
                    if(dsx!=0)
                    {
                            dx=piy[k+1]*(2.0*pix[k+1]+pix[k])+piy[k]*(pix[k+1]+2.0*pix[k]);
                            dx/=(3.0*(piy[k+1]+piy[k]));
                            sx+=dsx;
                            xds+=dx*dsx;
                    }
                    if(dsy!=0)
                    {
                            dy=pix[k+1]*(2.0*piy[k+1]+piy[k])+pix[k]*(piy[k+1]+2.0*piy[k]);
                            dy/=(3.0*(pix[k+1]+pix[k]));
                            sy+=dsy;
                            yds+=dy*dsy;
                    }
            }
            gx[gno]=xds/sx;
            gy[gno]=yds/sy;
}
/*======================= gravity_point =========================*/
int         gravity_point(void)
{
            int                     i,j,k;

            for(j=0;j<dt_num;++j)
            {
                    ne=kak[j];
                    switch(attrib[j])
                    {
                            case 0:                                         /* outline */
                                    for(i=0;i<=ne;++i)
                                    {
                                            pix[i]=px[j][i];
                                            piy[i]=py[j][i];
                                    }
                                    ne_a=ne;
                                    jyu_area();
                                    men[gno]=fabs(menseki());
                                    pgn[gno]=j;
                                    ++gno;
                                    break;
                            case 1:                                         /* hole */
                                    break;
                            case 2:                                         /* line */
                                    break;
                            case 3:                                         /* tower */
                                    break;
                            case 4:                                         /* animal */
                                    break;
                            default:                                        /* others */
                                    break;
                    }
            }
            for(j=0;j<dt_num;++j)
            {
                    double          hole_men;
                    ne=kak[j];
                    switch(attrib[j])
                    {
                            case 0:                                         /* outline */
                                    break;
                            case 1:                                         /* hole */
                                    for(i=0;i<=ne;++i)
                                    {
                                            pix[i]=px[j][i];
                                            piy[i]=py[j][i];
                                    }
                                    ne_a=ne;
                                    jyu_area();
                                    hole_men=fabs(menseki());
                                    for(k=0;k<gno;++k)                  /* check pg imply gravity p */
                                    {
                                            ne=kak[pgn[k]];
                                            for(i=0;i<=ne;++i)
                                            {
                                                    pix[i]=px[pgn[k]][i];
                                                    piy[i]=py[pgn[k]][i];
                                            }
                                            if(interi(gx[gno],gy[gno]))
                                            {
                                                    men[pgn[k]]-=hole_men;
                                                    goto out;
                                            }
                                    }
                                    printf( "\nnot found !!" );
                                    exit(1);
out:                                break;
                            default:                                        /* others */
                                    break;
                    }
            }
            for(k=0;k<gno;++k)
                    circle(gx[k],gy[k],2,2,d_red,0x20);
            return(1);
}
/*======================= set_parameter =========================*/
void        set_parameter(void)
{
            double          xd=MAX_POT;                                 /* 高峰値の位置(m) */
            double          bai=BAI;                                    /* 高峰値の倍率 */

            beta=log(bai)/SQUARE(xd);
            alpha=2.0*xd*beta;
            printf( "\nmax_pot = %7.2lf (m)" ,xd);
            printf( "\nalpha = %lf / beta = %lf" ,alpha,beta);
}
/*======================= calculation =========================*/
```

```c
void        calculation(void)
{
            int                 i,j,k;
            int                 i_max,j_max;
            double      xct,yct;

            for(j=0;j<NY;++j)
            {           for(i=0;i<NX;++i)
                                    alt[j][i]=0.0;
            }
            for(j=0;j<NY-1;++j)
            {           for(i=0;i<NX;++i)
                                    ksw[j][i]=0;
            }

            alt_max=-1.0e10;
            for(j=0;j<NY;++j)
            {           double      yg;
                        yg=hy*j;
                        locate(60,1);
                        printf( "%d"  ,j);
                        for(i=0;i<NX;++i)
                        {           double      xg;
                                    double      y0;
                                    xg=hx*i;
                                    for(k=0;k<gno;++k)
                                    {           double      dist;
                                                dist=sqrt(SQUARE(gx[k]-xg)+SQUARE(gy[k]-yg));
                                                if(weight)
                                                            y0=men[k]/100.0;
                                                else
                                                            y0=1.0;
                                                alt[j][i]+=y0*exp(dist*(alpha-beta*dist));
                                    }
                                    if(alt[j][i]>alt_max)
                                    {           i_max=i;
                                                j_max=j;
                                                alt_max=alt[j][i];
                                    }
                        }
            }
            yct=hy*j_max;
            xct=hx*i_max;
            circle(xct,yct,5,5,red,0x20);
}
/*========================= draw_grid ==============================*/
void        draw_grid(void)                                         /* drawing grid */
{
            int                 ig=0;                               /* frame only :0, grid :1 */
            int                 i,j,nsx,nsy;

            if(ig==0)
            {           nsx=NX-1;
                        nsy=NY-1;
            }
            else
            {           nsx=1;
                        nsy=1;
            }
            for(i=0;i<NX;i+=nsx)
            {           if(i==0 || i==NX-1)
                                    col=red;
                        else
                                    col=blue;
                        line(hx*i,0,hx*i,yw,col,0x00);
            }
            for(j=0;j<NY;j+=nsy)
            {           if(j==0 || j==NY-1)
                                    col=red;
                        else
                                    col=blue;
                        line(0,hy*j,xw,hy*j,col,0x00);
            }
}
/*========================= init_contour ===========================*/
void        init_contour(void)                      /* contour initial condition */
{           int                     i;

            for(i=0;i<KH;++i)
                        heit[i]=i*(alt_max/KH);
            MAG_ALT=100.0/alt_max;
}
/*========================= interpolation =========-================*/
double      interpolation(double a1,double a2,double hh,double ht)
{           double      dl;

            dl=hh*(ht-a1)/(a2-a1);
            return(dl);
}
/*========================= trace ==================================*/
void        trace(int ii,int jj,int ist,int jst,double a1,double a2,
                        double xs,double ys,double ht)
{           int                 ir,il,ku,im,md,m,mm;
            double      xds,yds,xde,yde,dl;

            for(ir=0;ir<2;++ir)
            {           ku=0;                           /* ku : check connecting point */
                        if(ir==1)
                                    swap_double(&a1,&a2);
                        xds=xs;
                        yds=ys;
                        if(ir==0)
                                    il=2;
                        else
                                    il=4;                                   /* il : edge of input */
loop:
                        switch(il)
                        {           case 1:
                                                jj-=1;      /* im : edge no. of il in new grid */
                                                break;
                                    case 2:
                                                ii-=1;
                                                break;
                                    case 3:
                                                jj+=1;
                                                break;
                                    case 4:
                                                ii+=1;
                                                break;
                        }                                                       /* check closed */
                        if(ii==ist && jj==jst && ku!=0)
                        {           xde=xs;
                                    yde=ys;
                                    line_thick(xds,yds,xde,yde,col,0,ww);
```

```c
                                        return;
                                }
                                if(ii<0 || ii>NX-2 || jj<0 || jj>NY-2)      /* check out of frame */
                                {
                                        ii=ist-1;
                                        jj=jst;
                                        continue;
                                }
                                ku=1;
                                im=il+2;
                                if(im>4)
                                        im-=4;
                                if(a1>ht)
                                        md=1;
                                else
                                        md=-1;
                                m=im;
                                for(mm=1;mm<4;++mm)
                                {       double      hh;
                                        m+=md;
                                        if(m<1)
                                                m=4;
                                        if(m>4)
                                                m=1;
                                        switch(m)
                                        {
                                                case 1:
                                                        a1=alt[jj][ii+1];
                                                        a2=alt[jj][ii];
                                                        break;
                                                case 2:
                                                        a1=alt[jj][ii];
                                                        a2=alt[jj+1][ii];
                                                        break;
                                                case 3:
                                                        a1=alt[jj+1][ii];
                                                        a2=alt[jj+1][ii+1];
                                                        break;
                                                case 4:
                                                        a1=alt[jj+1][ii+1];
                                                        a2=alt[jj][ii+1];
                                                        break;
                                        }
                                        if((a1-ht)*(a2-ht)>0)
                                                continue;
                                        if(m==1 || m==3)
                                                hh=hx;
                                        else
                                                hh=hy;
                                        dl=interpolation(a1,a2,hh,ht);
                                        switch(m)
                                        {
                                                case 1:
                                                        xde=hx*(ii+1)-dl;
                                                        yde=hy*jj;
                                                        break;
                                                case 2:
                                                        xde=hx*ii;
                                                        yde=hy*jj+dl;
                                                        break;
                                                case 3:
                                                        xde=hx*ii+dl;
                                                        yde=hy*(jj+1);
                                                        break;
                                                case 4:
                                                        xde=hx*(ii+1);
                                                        yde=hy*(jj+1)-dl;
                                                        break;
                                        }
                                        ksw[jj][ii]=1;
                                        ksw[jj][ii+1]=1;
                                        line_thick(xds,yds,xde,yde,col,0,ww);
                                        xds=xde;
                                        yds=yde;
                                        il=m;
                                        goto loop;
                                }
                        }
}
/*======================== contour ================================*/
void    contour(void)                                                       /* drawing contour */
{
        int             i,j,l;
        double          ht;

        for(l=0;l<KH;++l)
        {
                locate(0,0);
                printf( "ht =%7.2lf"  ,heit[l]);
                if(!(l%5))
                        ww=2;
                else
                        ww=1;
                col=l%15+1;
                if(l>1 && ic[l-2]==1 && ic[l-1]==0)
                        return;
                ht=heit[l]-.001;                        /* ic ; check of end : l>=2 */
                for(i=0;i<NX;i+=kxm)                                        /* search point */
                {       for(j=0;j<NY-1;++j)
                        {       int             ii,jj,ist,jst;
                                double          a1,a2,xs,ys,dl;
                                if(ksw[j][i]==1)
                                        continue;
                                a1=alt[j][i];
                                a2=alt[j+1][i];
                                if((a1-ht)*(a2-ht)>0)
                                        continue;
                                dl=interpolation(a1,a2,hy,ht);
                                xs=hx*i;
                                ys=hy*j+dl;
                                ist=i;
                                jst=j;
                                ksw[jst][ist]=1;
                                ii=ist;
                                jj=jst;
                                trace(ii,jj,ist,jst,a1,a2,xs,ys,ht);
                                ic[l]=1;
                        }
                }
        }
}
/*======================== init_isomeln ============================*/
void    init_isomeln(void)                                                  /* isomeln initial condition */
{       int             i;
```

```c
                    xw=hx*(NX-1);
                    yw=hy*(NY-1);
                    s_th0=sin(M_PI/180.0*th0);
                    c_th0=cos(M_PI/180.0*th0);
                    s_th1=sin(M_PI/180.0*th1);
                    c_th1=cos(M_PI/180.0*th1);
                    for(i=0;i<1120;++i)
                        {
                            ymin[i]= 32000;
                            ymax[i]=-ymin[i];
                        }
}
/*======================= draw_base ============================*/
void        draw_base(void)
{           line(0.0,0.0,xw*c_th0,xw*s_th0,blue,0);      /* base */
/*          line(0.0,0.0,-yw*c_th1,yw*s_th1,blue,0);
*/          line(xw*c_th0,xw*s_th0,       xw*c_th0-yw*c_th1,xw*s_th0+yw*s_th1,blue,0);
/*          line(-yw*c_th1,yw*s_th1,-yw*c_th1+xw*c_th0,yw*s_th1+xw*s_th0,blue,0);
*/
            line(0.0,0.0,0.0,alt[0][0]*MAG_ALT,blue,0);/* vertical line */
            line(xw*c_th0,xw*s_th0,      xw*c_th0,xw*s_th0+alt[0][NX-1]*MAG_ALT,blue,0);
/*          line(-yw*c_th1,yw*s_th1,-yw*c_th1,yw*s_th1+alt[NY-1][0]*MAG_ALT,blue,0);
*/          line(xw*c_th0-yw*c_th1,xw*s_th0+yw*s_th1,xw*c_th0-yw*c_th1,
                    xw*s_th0+yw*s_th1+alt[NY-1][NX-1]*MAG_ALT,blue,0);
}
/*======================= draw_fringe_x ============================*/
void        draw_fringe_x(int j)                                              /* edge of stripe */
{           double      xs,ys,px0,py0,px1,py1;

            xs=0;
            ys=0;
            px0=xs-(j-1)*hy*c_th1;
            py0=ys+(j-1)*hy*s_th1+alt[j-1][0]*MAG_ALT;
            px1=xs-j*hy*c_th1;
            py1=ys+j*hy*s_th1+alt[j][0]*MAG_ALT;
            plot_line(px0,py0,px1,py1,white);

            xs=xw*c_th0;
            ys=xw*s_th0;
            px0=xs-(j-1)*hy*c_th1;
            py0=ys+(j-1)*hy*s_th1+alt[j-1][NX-1]*MAG_ALT;
            px1=xs-j*hy*c_th1;
            py1=ys+j*hy*s_th1+alt[j][NX-1]*MAG_ALT;
            plot_line(px0,py0,px1,py1,white);
}
/*======================= draw_fringe_y ============================*/
void        draw_fringe_y(int i)                                              /* edge of stripe */
{           double      xs,ys,px0,py0,px1,py1;

            xs=0;
            ys=0;
            px0=xs+(i-1)*hx*c_th0;
            py0=ys+(i-1)*hx*s_th0+alt[0][i-1]*MAG_ALT;
            px1=xs+i*hx*c_th0;
            py1=ys+i*hx*s_th0+alt[0][i]*MAG_ALT;
            plot_line(px0,py0,px1,py1,white);

            xs=-yw*c_th1;
            ys= yw*s_th1;
            px0=xs+(i-1)*hx*c_th0;
            py0=ys+(i-1)*hx*s_th0+alt[NY-1][i-1]*MAG_ALT;
            px1=xs+i*hx*c_th0;
            py1=ys+i*hx*s_th0+alt[NY-1][i]*MAG_ALT;
            plot_line(px0,py0,px1,py1,white);
}
/*======================= plot_line ============================*/
void        plot_line(double px0,double py0,double px1,double py1,int col)
{           double      a,b;
            int                     kx,ks,ke,ys,ye;
            int                     plot_flag0=0,plot_flag1;
            int                     yv,xv_f=0,yv_f=0;

            ks=MINV(px0,px1);
            ke=MAXV(px0,px1);
            if(ks==(int)px0)
                {
                            ys=py0;
                            ye=py1;
                }
            else
                {
                            ys=py1;
                            ye=py0;
                }

            a=(py1-py0)/(px1-px0);
            b=-a*px0+py0;
            for(kx=ks;kx<=ke;++kx)
                {           plot_flag1=0;
                            if(kx==ks)                              /* adjust edge point */
                                            yv=ys;
                            else if(kx==ke)
                                            yv=ye;
                            else
                                            yv=a*kx+b;
                            if(yv<=ymin[(int)(kx+x00)])
                                {
                                            ymin[(int)(kx+x00)]=yv;
                                            plot_flag1=1;
                                }
                            if(yv>=ymax[(int)(kx+x00)])
                                {
                                            ymax[(int)(kx+x00)]=yv;
                                            plot_flag1=1;
                                }
                            if(plot_flag0 & plot_flag1)
                                            line(xv_f,yv_f,kx,yv,col,0);
                            plot_flag0=plot_flag1;
                            xv_f=kx;
                            yv_f=yv;
                }
}
/*======================= isome_x ============================*/
void        isome_x(void)                                                     /* draw x-direct line */
{           int                     i,j;
            double      xs,ys,px0,py0,px1,py1;

            for(j=0;j<NY;++j)
                {           xs=-j*hy*c_th1;
                            ys= j*hy*s_th1;
                            for(i=0;i<NX-1;++i)
                                {
                                            px0=xs+i*hx*c_th0;
                                            py0=ys+i*hx*s_th0+alt[j][i]*MAG_ALT;
                                            px1=xs+(i+1)*hx*c_th0;
                                            py1=ys+(i+1)*hx*s_th0+alt[j][i+1]*MAG_ALT;
                                            plot_line(px0,py0,px1,py1,white);
                                }
                }
```

```
                                if(j==0)
                                                continue;
                                else
                                                draw_fringe_x(i);
                }
}
/*========================= isome_y ===============================*/
void            isome_y(void)                                   /* draw y-direct line */
{
                                int             i,j;
                                double          xs,ys,px0,py0,px1,py1;

                                if(th0>0)
                                {
                                                for(i=0;i<NX;++i)
                                                {
                                                                xs=i*hx*c_th0;
                                                                ys=i*hx*s_th0;
                                                                for(j=0;j<NY-1;++j)
                                                                {
                                                                                px0=xs-j*hy*c_th1;
                                                                                py0=ys+j*hy*s_th1+alt[j][i]*MAG_ALT;
                                                                                px1=xs-(j+1)*hy*c_th1;
                                                                                py1=ys+(j+1)*hy*s_th1+alt[j+1][i]*MAG_ALT;
                                                                                plot_line(px0,py0,px1,py1,white);
                                                                }
                                                                if(i==0)
                                                                                continue;
                                                                else
                                                                                draw_fringe_y(i);
                                                }
                                }
                                else
                                {
                                                for(i=NX-1;i>=0;--i)
                                                {
                                                                xs=i*hx*c_th0;
                                                                ys=i*hx*s_th0;
                                                                for(j=0;j<NY-1;++j)
                                                                {
                                                                                px0=xs-j*hy*c_th1;
                                                                                py0=ys+j*hy*s_th1+alt[j][i]*MAG_ALT;
                                                                                px1=xs-(j+1)*hy*c_th1;
                                                                                py1=ys+(j+1)*hy*s_th1+alt[j+1][i]*MAG_ALT;
                                                                                plot_line(px0,py0,px1,py1,white);
                                                                }
                                                                if(i==0)
                                                                                continue;
                                                                else
                                                                                draw_fringe_y(i);
                                                }
                                }
}
/*********************** main ***********************************/
void            main(void)
{
                                char            file_name[64];

                                start_process();
                                graphic_init();

                                read_ank_no();
                                read_jis_no();
                                line_direct();

                                open_mtx();

                                menu();

                                save_text_vram(ln_s,co_s,ln_n,co_w+2);
                                disp_menu(ln_s,co_s,ln_n,msg);
                                ccc=pull_down_menu(ln_s,co_s,ln_n,co_w);
                                load_text_vram(ln_s,co_s,ln_n,co_w+2);

                                locate(20,11);
                                printf(" weight      (y/n) :  ");
                                weight=yes_no_check();

                                locate(20,12);
                                printf(" print out   (y/n) :  ");
                                prt=yes_no_check();

                                file_open(file1,READ_T);
                                fp1=fp;
                                while(!feof(fp1))
                                {
                                                int             i;
                                                int
                                                char            village[64],dir[64];
                                                if(EOF==fscanf(fp1," %s%s%d\n" ,file_name,dir,&code))
                                                                break;
                                                fgets(village,64,fp1);
                                                for(i=0;i<strlen(village);++i)                  /* skip LF */
                                                                if(village[i]==0x0a)
                                                                                village[i]=0x00;

                                                if(code==0)                                                     /* skip : code = 0 */
                                                                continue;
                                                if(code==2)                                                     /* skip : 保留 */
                                                                continue;
                                                if(code==3)                                                     /* skip : 住居 */
                                                                continue;

                                                switch(ccc)
                                                {
                                                                case 1:                                         /* all */
                                                                                break;
                                                                case 2:                                         /* africa */
                                                                                if(strcmp(dir," africa" ))
                                                                                                continue;
                                                                                break;
                                                                case 3:                                         /* china */
                                                                                if(strcmp(dir," china" ))
                                                                                                continue;
                                                                                break;
                                                                case 4:                                         /* europe */
                                                                                if(strcmp(dir," europe" ))
                                                                                                continue;
                                                                                break;
                                                                case 5:                                         /* india */
                                                                                if(strcmp(dir," india" ))
                                                                                                continue;
                                                                                break;
                                                                case 6:                                         /* inndonesia */
                                                                                if(strcmp(dir," indnesia" ))
                                                                                                continue;
                                                                                break;
                                                                case 7:                                         /* laten america */
                                                                                if(strcmp(dir," latenam" ))
                                                                                                continue;
                                                                                break;
                                                                case 8:                                         /* papua */
```

```c
                              if(strcmp(dir," png" ))
                                            continue;
            case 9:                           /* mideast */
                              break;
                              if(strcmp(dir," mideast" ))
                                            continue;
                              break;
            default:
                              red_b;
                              printf( "\nirregal value" );
                              normal;
                              exit(1);
            }
            strcpy(open_file,file0);
            strcat(open_file,dir);
            strcat(open_file," \\" );
            strcat(open_file,file_name);
            strcat(open_file," .att" );
            printf( "\n%s" ,open_file);

            make_data();
            set_parameter();
            calculation();

            draw_grid();
            init_contour();
            contour();

            if(!strcmp(dir," africa" ))
                        strcat(village," (Africa)" );
            if(!strcmp(dir," china" ))
                        strcat(village," (China)" );
            if(!strcmp(dir," europe" ))
                        strcat(village," (Europe)" );
            if(!strcmp(dir," india" ))
                        strcat(village," (India)" );
            if(!strcmp(dir," indnesia" ))
                        strcat(village," (Indonesia)" );
            if(!strcmp(dir," latenam" ))
                        strcat(village," (Laten America)" );
            if(!strcmp(dir," png" ))
                        strcat(village," (Papua New Guinea)" );
            if(!strcmp(dir," mideast" ))
                        strcat(village," (Middle East)" );

            wd=1.0;                                                         /* scale & name */
            line(20.0,20.0,20.0,25.0,red,0x00);
            line(20.0,20.0,20.0+50*wd_sav,20.0,red,0x00);
            line(20.0+50*wd_sav,20.0,20.0+50*wd_sav,25.0,red,0x00);
            put_string_crt(20.0+50*wd_sav,25.0,21,0.0,white," 50m" );
            put_string_crt(0,-25,21,0.0,white,village);
            if(weight)
                        put_string_crt(360,-25,21,0.0,white," weighted" );
            else
                        put_string_crt(300,-25,21,0.0,white," not weighted" );
            put_string_crt(500,430,21,0.0,white," <angle>" );
            put_string_crt(500,430,21,0.0,white," <newling>" );
            itoa(MAX_POT,val,10);
            strcpy(buf," 最大距离 : " );
            strcat(buf,val);
            strcat(buf," m/ " );
            gcvt(BAI,2,val);
            strcat(buf," 倍率 = " );
            strcat(buf,val);
            put_string_crt(500,-25,18,0.0,white,buf);

            x00+=500.0;
            y00+=70.0;
            hx=400.0/(NX-1);
            hy=400.0/(NY-1);
            if(x_direct)
            {           init_isomeln();
                        isome_x();
                        draw_base();
            }
            if(y_direct)
            {           init_isomeln();
                        isome_y();
                        draw_base();
            }

            if(prt)
                        gcopy_16();

            x00-=500.0;
            y00-=70.0;
      }
      fclose(fp1);

      graphic_end();
      end_process();
}
```

005 根据住居的方向性寻找中心的模型程序

```c
/*##################################################################
                    angle of dwelling (kaku_isa.c)
                    根据住居的方向性寻找中心的模型程序
                                98/11/02
####################################################################*/
#include          <stdio.h>
#include          <stdlib.h>
#include          <string.h>
#include          <alloc.h>
#include          <math.h>
#include          <dos.h>
#include          <my.h>
#include          <myg.h>
#include          <conio.h>

FILE                           *fp,*fp0,*fp1;
char                           *file0=" f:\\wan\\data\\" ;
char                           *file1=" f:\\wan\\data\\name_1.dat" ;
char                           open_file[64];

#define           W            (1)                    /* 0:thta 1:sin_thta */
                                                      /* 2:fai 3:sin_fai */
                                                      /* 4:max(thta,fai) 5:max(sin_thta,sin_fai) */
#define           NX           (101)                                        /* 网格x方向 */
#define           NY           (101)                                        /* 网格y方向 */
#define           KH           (20)

#define           NN           (40)                                         /* 最大角度 */
#define           PNO          (380)                                        /* 最多建筑户数 */

#define           JNO          (200)                            /* 最多重心数 */

#define           TH0                        (0)
#define           TH1                        (110)

#define           X_DIRECT     (1)           /* x_direction : 1 */
#define           Y_DIRECT     (0)           /* y_direction : 1 */

double                         ymm=749.0,
                               x00=5.0,
                               y00=200.0,
                               wd;

static double    MAG_ALT;
static double    (huge *alt)[NX];
static char                    (huge *ksw)[NX];

static int                     kxm=1,ic[KH]={0};

double                         hx,hy,
                               xw,yw,
                               heit[KH];

static double    (huge *px)[NN+1];
static double    (huge *py)[NN+1];
static int                     ne;
static int                     prt;

static int                     ll,dl,dc;
static char                    buf[40],val[20];
static double    scale;
static int                     no;
static int                     (huge *kak),(huge *type),(huge *attrib);
static int                     dt_num;

static double    pix[NN+1],piy[NN+1];
static float     gx[JNO],gy[JNO];
static int                     gno;
static double    xpp[JNO],ypp[JNO];
static int                     ne_a;
static double    men[JNO];
static int                     pgn[JNO];
static double    jku[JNO];
static int                     weight;

static int                     nd;
static double    zd[JNO];
static double    aver,var,sd,dmin,dmax;
static int                     col,ww;
static double    wd_sav;
static double    coss,sinn;
static double    alt_max;

static double    x0[JNO],y0[JNO],x1[JNO],y1[JNO];
static int                     kk_num;

char                           *msg[20];
int                            ln_s,co_s,ln_n,co_w;
int                            ccc;

double                         th0=TH0,th1=TH1,
                               s_th0,c_th0,s_th1,c_th1;
static int       ymin[1120],ymax[1120],
                               x_direct=X_DIRECT,
                               y_direct=Y_DIRECT;

void                           line_direct(void);
int                            interi(double,double);
void                           menu(void);
void                           open_mtx(void);
void                           statistics(void);
double                         make_data(void);
void                           menseki(void);
void                           jyu_area(void);
int                            gravity_point(void);
void                           draw_polygon(double,double,int,double,double,int);
void                           draw_grid(void);
void                           calculation(void);
void                           init_contour(void);
double                         interpolation(double,double,double,double);
void                           trace(int,int,int,double,double,double,double);
void                           contour(void);
void                           init_isomeln(void);
void                           draw_base(void);
void                           draw_fringe_x(int);
void                           draw_fringe_y(int);
```

```c
void                            plot_line(double,double,double,double,int);
void                            isome_x(void);
void                            isome_y(void);
/*===================== line_direct =======================*/
void            line_direct(void)
{                       double          thta=34.5;              /* direction of half line */
                        thta=M_PI*thta/180.0;
                        sinn=sin(thta);
                        coss=cos(thta);
}
/*===================== interi =======================*/
int             interi(double e,double f)       /* check interior or not */
{                       int             k,ic,ki;

                        for(k=0;k<ne;++k)               /* boundary check */
                        {       double          aa,bb,s;
                                aa=(e-pix[k])*(piy[k+1]-piy[k]);
                                bb=(f-piy[k])*(pix[k+1]-pix[k]);
                                if(aa-bb!=0)
                                        continue;
                                if(pix[k+1]-pix[k]==0)
                                {       s=(f-piy[k])/(piy[k+1]-piy[k]);
                                        if(s>=0 && s<=1)
                                        {       ki=1;
                                                return(ki);
                                        }
                                }
                                else
                                {       s=(e-pix[k])/(pix[k+1]-pix[k]);
                                        if(s>=0 && s<=1)
                                        {       ki=1;
                                                return(ki);
                                        }
                                }
                        }
                        ic=0;
                        for(k=0;k<ne;++k)
                        {       double          p1,p2,ee,ff,s,t;
                                p1=pix[k+1]-pix[k];
                                p2=piy[k+1]-piy[k];
                                ee=e-pix[k];
                                ff=f-piy[k];
                                if(p1*ff-p2*ee==0)
                                {       if(p1==0)
                                                s=ff/p2;
                                        else
                                                s=ee/p1;
                                        if(s>=0 && s<=1)
                                        {       ki=0;
                                                if(ic%2 !=0)
                                                        ki=1;
                                                return(ki);
                                        }
                                }
                                if(p1==0)
                                {       t=-ee/coss;
                                        s=(t*sinn+ff)/p2;
                                }
                                else
                                {       t=(p1*ff-p2*ee)/(p2*coss-p1*sinn);
                                        s=(t*coss+ee)/p1;
                                }
                                if(t<=0)
                                        continue;
                                if(s>=0 && s<=1)
                                        ic=ic+1;
                        }
                        ki=0;
                        if(ic%2 !=0)
                                ki=1;
                        return(ki);
}
/*===================== menu =======================*/
void            menu(void)
{                       msg[0]="              $" ;
                        msg[1]="   全部         $" ;
                        msg[2]="   非洲         $" ;
                        msg[3]="   中国         $" ;
                        msg[4]="   欧洲         $" ;
                        msg[5]="   印度         $" ;
                        msg[6]="   印度尼西亚   $" ;
                        msg[7]="   中南美       $" ;
                        msg[8]="   巴布亚新几内亚 $" ;
                        msg[9]="   中东         $" ;
                        msg[10]="            $" ;
                        ln_s= 5;                                        /* start line */
                        co_s=30;                                        /* start colyumn */
                        ln_n=11;                                        /* line No. */
                        co_w=12;                                        /* column No. */
}
/*===================== open_mtx =======================*/
void            open_mtx(void)
{                       if((alt=farcalloc(NY,(unsigned long)sizeof(*alt)))==NULL)
                        {       red_b;                                                  /* [NY][NX] */
                                printf( "\nallocation error : alt" );
                                normal;
                                exit(1);
                        }
                        if((ksw=farcalloc(NY-1,(unsigned long)sizeof(*ksw)))==NULL)
                        {       red_b;                                                  /* [NY-1][NX] */
                                printf( "\nallocation error : ksw" );
                                normal;
                                exit(1);
                        }
                        if((px=farcalloc(PNO,(unsigned long)sizeof(*px)))==NULL)
                        {       red_b;                                                  /* [PNO][NN+1] */
                                printf( "\nallocation error : px" );
                                normal;
                                exit(1);
                        }
                        if((py=farcalloc(PNO,(unsigned long)sizeof(*py)))==NULL)
                        {       red_b;                                                  /* [PNO][NN+1] */
                                printf( "\nallocation error : py" );
                                normal;
                                exit(1);
                        }
                        if((kak=farcalloc(PNO,(unsigned long)sizeof(*kak)))==NULL)
                        {       red_b;                                                  /* [PNO] */
```

```c
                            printf( "\nallocation error : kak" );
                            normal;
                            exit(1);
                    }
                    if((type=farcalloc(PNO,(unsigned long)sizeof(*type)))==NULL)
                    {           red_b;                                                          /* [PNO] */
                                printf( "\nallocation error : type" );
                                normal;
                                exit(1);
                    }
                    if((attrib=farcalloc(PNO,(unsigned long)sizeof(*attrib)))==NULL)
                    {           red_b;                                                          /* [PNO] */
                                printf( "\nallocation error : attrib" );
                                normal;
                                exit(1);
                    }
}
/*======================= statistics ==============================*/
void        statistics(void)
{
                    int                 i;
                    double              smesh=0,amesh=0;

                    wd=1.0;
                    for(i=0;i<nd;++i)
                    {           smesh=smesh+zd[i];
                                amesh=amesh+SQUARE(zd[i]);
                                if(zd[i]>dmax)
                                            dmax=zd[i];
                                if(zd[i]<dmin)
                                            dmin=zd[i];
                    }
                    aver=smesh/nd;
                    var=amesh/nd-SQUARE(aver);
                    if(fabs(var)<0.0001)
                                var=0.0;
                    sd=sqrt(var);
                    printf( "\nnd        =%5d"  ,nd);
                    printf( "\naverage   =%9.3lf" ,aver);
                    printf( "\ndispersion =%9.3lf" ,var);
                    printf( "\nstandard dev =%9.3lf" ,sd);
                    printf( "\ndmin      =%9.3lf" ,dmin);
                    printf( "\ndmax      =%9.3lf" ,dmax);
                    printf( "\nnc        =%9.3lf" ,sd/aver);

                    strcpy(buf," 軸数  ： " );
                    itoa(kk_num,val,10);
                    strcat(buf,val);
                    ll+=dl;
                    put_string_crt(530,35,18,0.0,white,buf);

                    gcvt(aver,2,val);
                    strcpy(buf," 平均値  ： " );
                    strcat(buf,val);
                    ll+=dl;
                    put_string_crt(530,15,18,0.0,white,buf);
/*
                    gcvt(var,2,val);
                    strcpy(buf," 分散 ： " );
                    strcat(buf,val);
                    ll+=dl;
                    put_g_holizontal(dc,ll,buf,white);
*/
                    gcvt(sd,2,val);
                    strcpy(buf," 標準差 ： " );
                    strcat(buf,val);
                    ll+=dl;
                    put_string_crt(530,-5,18,0.0,white,buf);

                    gcvt(sd/aver,2,val);
                    strcpy(buf," 変異系数 ： " );
                    strcat(buf,val);
                    ll+=dl;
                    put_string_crt(530,-25,18,0.0,white,buf);
                    wd=wd_sav;
}
/*======================= make_data ==============================*/
void        make_data(void)
{
                    int                 i,j,k;
                    int                 kz;
                    double              x_min=1.0e10,x_max=-1.0e10,y_min=1.0e10,y_max=-1.0e10;
                    double              dwx,dwy;
                    double              xx0[JNO],yy0[JNO],xx1[JNO],yy1[JNO];
                    int                 jnn;

                    dl=30;
                    dc=720;
                    for(kz=2;kz<3;++kz)                 /* xw=kz*dwx/yw=kz*dwy */
                    {           dt_num=0;               /* kz=a : 画面1/a大小 */
                                kk_num=0;
                                jnn=0;
                                gno=0;
                                ll=500;
                                cls1();
                                cls2();
                                printf( "\n<%s>" ,open_file);
                                file_open(open_file,READ_T);
                                fp0=fp;
                                fscanf(fp0," %lf" ,&scale);       /* 比例尺 */
                                while(!feof(fp0))
                                {           if(EOF==fscanf(fp0," %d%d%d%d" ,&no,&kak[dt_num],
                                                        &type[dt_num],&attrib[dt_num]))
                                                        break;
                                            if(kak[dt_num]>NN-1)
                                            {           red_b;                                  /* 測試角度 */
                                                        printf( "\nkak > NN !!" );
                                                        normal;
                                                        exit(1);
                                            }
                                            for(i=0;i<kak[dt_num];++i)
                                            {           fscanf(fp0," %lf%lf\n" ,&px[dt_num][i],&py[dt_num][i]);
                                                        px[dt_num][i]*=scale/1000.0;/* 単位 米 */
                                                        py[dt_num][i]*=scale/1000.0;
                                                        if(px[dt_num][i]<x_min)
                                                                    x_min=px[dt_num][i];
                                                        if(px[dt_num][i]>x_max)
                                                                    x_max=px[dt_num][i];
                                                        if(py[dt_num][i]<y_min)
                                                                    y_min=py[dt_num][i];
                                                        if(py[dt_num][i]>y_max)
                                                                    y_max=py[dt_num][i];
                                                        if(attrib[dt_num]==2)                   /* 軸線 */
                                                        {           switch(i)
```

```c
                                    {                      case 0:
                                                                xx0[jnn]=px[dt_num][i];
                                                                yy0[jnn]=py[dt_num][i];
                                                                break;
                                                           case 1:
                                                                xx1[jnn]=px[dt_num][i];
                                                                yy1[jnn]=py[dt_num][i];
                                                                ++jnn;
                                                                if(jnn>JNO-1)
                                                                {           red_b;                        /* 测试轴线数 */
                                                                            printf( "\njnn > JNO !!" );
                                                                            normal;
                                                                            exit(1);
                                                                }
                                                                break;
                                    }
                                }
                                if(attrib[dt_num]!=2)                        /* 跳过 */
                                    ++dt_num;
                                if(dt_num>PNO-1)
                                {           red_b;
                                            printf( "\ndt_num > PNO !!" );   /* 建筑户数的测试 */
                                            normal;
                                            exit(1);
                                }
                            }
                    fclose(fp0);

                    dwx=x_max-x_min;
                    dwy=y_max-y_min;
                    printf( "\ndt_num = %4d" ,dt_num);
                    printf( "\nx_min = %7.2lf  x_max = %7.2lf / dwx = %7.2lf" ,
                                x_min,x_max,dwx);
                    printf( "\ny_min = %7.2lf  y_max = %7.2lf / dwy = %7.2lf" ,
                                y_min,y_max,dwy);
                    if(dwx>=dwy)                                             /* 画面表示的大小 */
                            hx=hy=kz*dwx/(NX-1);
                    else
                            hx=hy=kz*dwy/(NY-1);
                    printf( "\nhx = %7.2lf  hx  = %7.2lf" ,hx,hy);

                    xw=hx*(NX-1);
                    yw=hy*(NY-1);
                    wd=wd_sav=450.0/xw;                                      /* 将xw设定为450*/
            draw_grid();
                    for(j=0;j<dt_num;++j)                                    /* 移动原点*/
                    {       ne=kak[j];
                            for(i=0;i<ne;++i)
                            {       px[j][i]=(px[j][i]-x_min-dwx/2.0)+xw/2.0;
                                    py[j][i]=(py[j][i]-y_min-dwy/2.0)+yw/2.0;
                            }
                            if(type[j]==1)                                   /* 封闭多边形数据 */
                            {       px[j][ne]=px[j][0];
                                    py[j][ne]=py[j][0];
                            }
                    }

                    printf( "\njnn = %d" ,jnn);
                    for(k=0;k<jnn;++k)                                       /* 移动轴线的原点 */
                    {       double    xh,yh;
                            xx0[k]=(xx0[k]-x_min-dwx/2.0)+xw/2.0;
                            yy0[k]=(yy0[k]-y_min-dwy/2.0)+yw/2.0;
                            xx1[k]=(xx1[k]-x_min-dwx/2.0)+xw/2.0;
                            yy1[k]=(yy1[k]-y_min-dwy/2.0)+yw/2.0;
                            xh=(xx0[k]+xx1[k])/2.0;
                            yh=(yy0[k]+yy1[k])/2.0;
                            for(j=0;j<dt_num;++j)                            /* 外形线中的轴线 */
                            {       switch(attrib[j])
                                    {       case (0):                        /* 外形线 */
                                                ne=kak[j];
                                                for(i=0;i<=ne;++i)
                                                {       pix[i]=px[j][i];
                                                        piy[i]=py[j][i];
                                                }
                                                if(interi(xh,yh))
                                                {       x0[kk_num]=xx0[k];
                                                        y0[kk_num]=yy0[k];
                                                        x1[kk_num]=xx1[k];
                                                        y1[kk_num]=yy1[k];
                                                        line(x0[kk_num],y0[kk_num],
                                                                x1[kk_num],y1[kk_num],purple,0x00);
                                                        ++kk_num;
                                                }
                                                break;
                                            default:                         /* 其他 */
                                                break;
                                    }
                            }
                    }
                    printf( "\nkk_num = %d" ,kk_num);
                    for(j=0;j<dt_num;++j)
                    {       ne=kak[j];
                            switch(attrib[j])
                            {       case 0:                                  /* 外形线 */
                                        for(i=0;i<ne;++i)
                                            line_thick(px[j][i],py[j][i],px[j][i+1],py[j][i+1],
                                                    green,0x00,2);
                                        break;
                                    case 1:                                  /* 孔 */
                                        for(i=0;i<ne;++i)
                                            line(px[j][i],py[j][i],px[j][i+1],py[j][i+1],
                                                    d_green,0x00);
                                        break;
                                    case 3:                                  /* 塔 */
                                        for(i=0;i<ne;++i)
                                            line(px[j][i],py[j][i],px[j][i+1],py[j][i+1],
                                                    d_white,0x00);
                                        break;
                                    case 4:                                  /* 家畜小屋 */
                                        for(i=0;i<ne;++i)
                                            line(px[j][i],py[j][i],px[j][i+1],py[j][i+1],
                                                    d_white,0x00);
                                        break;
                                    default:                                 /* 其他 */
                                        for(i=0;i<ne;++i)
                                            line(px[j][i],py[j][i],px[j][i+1],py[j][i+1],
                                                    blue,0x00);
                                        break;
```

```c
            }
            if(gravity_point())
                break;
        }
}
/*===================== menseki =======================*/
double    menseki(void)                                           /* 面积计算 */
{
    int         k;
    double      s=0.0;

    for(k=0;k<ne_a;++k)
        s+=(piy[k+1]+piy[k])*(pix[k+1]-pix[k])/2.0;
    return(s);
}
/*===================== jyu_area =======================*/
void    jyu_area(void)                                            /* 全体重心的位置 */
{
    int         k;
    double      xds,yds,sx,sy,dsx,dsy,dx,dy;

    xds=yds=sx=sy=0.0;
    for(k=0;k<ne_a;++k)
    {
        dsx=(piy[k+1]+piy[k])*(pix[k+1]-pix[k])/2.0;
        dsy=(pix[k+1]+pix[k])*(piy[k+1]-piy[k])/2.0;
        if(dsx!=0)
        {
            dx=piy[k+1]*(2.0*pix[k+1]+pix[k])+piy[k]*(pix[k+1]+2.0*pix[k]);
            dx/=(3.0*(piy[k+1]+piy[k]));
            sx+=dsx;
            xds+=dx*dsx;
        }
        if(dsy!=0)
        {
            dy=pix[k+1]*(2.0*piy[k+1]+piy[k])+pix[k]*(piy[k+1]+2.0*piy[k]);
            dy/=(3.0*(pix[k+1]+pix[k]));
            sy+=dsy;
            yds+=dy*dsy;
        }
    }
    gx[gno]=xds/sx;
    gy[gno]=yds/sy;
}
/*===================== gravity_point =======================*/
int     gravity_point(void)
{
    int         i,j,k;

    for(j=0;j<dt_num;++j)
    {
        ne=kak[j];
        switch(attrib[j])
        {
            case 0:
                for(i=0;i<=ne;++i)                                /* 外形线 */
                {
                    pix[i]=px[j][i];
                    piy[i]=py[j][i];
                }
                ne_a=ne;
                jyu_area();
                men[gno]=fabs(menseki());
                pgn[gno]=j;
                ++gno;
                break;
            case 1:                                               /* 孔 */
                break;
            case 2:                                               /* 线 */
                break;
            case 3:                                               /* 塔 */
                break;
            case 4:                                               /* 家畜小屋 */
                break;
            default:                                              /* 其他 */
                break;
        }
    }
    for(j=0;j<dt_num;++j)
    {
        double      hole_men;
        ne=kak[j];
        switch(attrib[j])
        {
            case 0:                                               /* 外形线 */
                break;
            case 1:                                               /* 孔 */
                for(i=0;i<=ne;++i)
                {
                    pix[i]=px[j][i];
                    piy[i]=py[j][i];
                }
                ne_a=ne;
                jyu_area();
                hole_men=fabs(menseki());
                for(k=0;k<gno;++k)                                /* 测试含有孔的外形线 */
                {
                    ne=kak[pgn[k]];
                    for(i=0;i<=ne;++i)
                    {
                        pix[i]=px[pgn[k]][i];
                        piy[i]=py[pgn[k]][i];
                    }
                    if(interi(gx[gno],gy[gno]))
                    {
                        men[k]-=hole_men;
                        goto out;
                    }
                }
                printf("\nnot found !!");
                exit(1);
out:            break;
            default:                                              /* 其他 */
                break;
        }
    }
/*  for(k=0;k<gno;++k)
        circle(gx[k],gy[k],2,2,purple,0x20);
*/  for(k=0;k<gno;++k)
    {
        xpp[k]=gx[k];
        ypp[k]=gy[k];
        zd[k]=men[k];
    }
    nd=gno;
    return(1);
}
/*===================== draw_polygon =======================*/
void    draw_polygon(double xc,double yc,int mark,double pgon_st,
                     double mark_width,int ln_col)
{
    int         i;
    double      st,dth;
    double      x0,y0,x1,y1,tht0,tht1;

    st=pgon_st/180.0*M_PI;
    dth=2.0*M_PI/(double)mark;
    for(i=0;i<mark;++i)
```

```c
                {
                                tht0=st+i*dth;
                                tht1=st+(i+1)*dth;
                                x0=xc+mark_width*cos(tht0);
                                y0=yc+mark_width*sin(tht0);
                                x1=xc+mark_width*cos(tht1);
                                y1=yc+mark_width*sin(tht1);
                                line(x0,y0,x1,y1,ln_col,0x00);
                }
}
/*===================== jku_check =============================*/
void        jku_check(void)
{
            int                              i,j,k;

            for(j=0;j<dt_num;++j)
            {
                        int                 jn[10];                          /* 外形线中的轴线 */
                        int                 jku_num=0;
                        double              area;
                        ne=kak[j];
                        switch(attrib[j])
                        {            case (0):                               /* 外形线 */
                                    for(i=0;i<=ne;++i)
                                    {
                                                pix[i]=px[j][i];
                                                piy[i]=py[j][i];
                                    }
                                    ne_a=ne;
                                    area=fabs(menseki());
                                    for(k=0;k<kk_num;++k)                    /* 测试轴线 */
                                    {            double       xh,yh;
                                                xh=(x0[k]+x1[k])/2.0;
                                                yh=(y0[k]+y1[k])/2.0;
                                                if(interi(xh,yh))
                                                {
                                                            jn[jku_num]=k;
                                                            circle(xh,yh,3,3,sky_blue,0x20);
                                                            ++jku_num;
                                                }
                                    }
                                    if(!jku_num)
                                    {            printf( "\njiku : not found !!" );
                                                getch();
                                                exit(1);
                                    }
                                    else
                                    {            for(i=0;i<jku_num;++i)
                                                {            jku[jn[i]]=(area/jku_num);
                                                            printf( "%lf" ,jku[jn[i]]);
                                                }
                                    }
                                    break;
                                    case (1):                                /* 孔 */
                                    break;
                                    case (3):                                /* 塔 */
                                    break;
                                    case (4):                                /* 家畜小屋 */
                                    break;
                                    default:
                                    break;                                   /* 其他 */
                        }
            }
}
/*===================== draw_grid =============================*/                          /*描画网格 */
void        draw_grid(void)                                                                /* 只画外轮廓:0, 网格:1 */
{           int                 ig=0;
            int                 i,j,nsx,nsy;

            if(ig==0)
            {           nsx=NX-1;
                        nsy=NY-1;
            }
            else
            {           nsx=1;
                        nsy=1;
            }
            for(i=0;i<NX;i+=nsx)
            {           if(i==0 || i==NX-1)
                        {            col=red;
                                    line_thick(hx*i,0,hx*i,yw,col,0x00,2);
                        }
                        else
                        {            col=blue;
                                    line(hx*i,0,hx*i,yw,col,0x00);
                        }
            }
            for(j=0;j<NY;j+=nsy)
            {           if(j==0 || j==NY-1)
                        {            col=red;
                                    line_thick(0,hy*j,xw,hy*j,col,0x00,2);
                        }
                        else
                        {            col=blue;
                                    line(0,hy*j,xw,hy*j,col,0x00);
                        }
            }
}
/*===================== calculation =============================*/
void        calculation(void)
{           int                 i,j,k;
            int                 i_max,j_max;
            double              tha_max;
            double              xct,yct;
            double              wei;

            for(j=0;j<NY;++j)
            {           for(i=0;i<NX;++i)
                                    alt[j][i]=0.0;
            }
            for(j=0;j<NY-1;++j)
            {           for(i=0;i<NX;++i)
                                    ksw[j][i]=0;
            }
            cls1();
            cls1();
            wd=1.0;
            switch(W)
            {           case(0):                                            /* thta */
                                    strcpy(buf," <thta>" );
                                    break;
                        case(1):                                            /* sin_thta */
                                    strcpy(buf," <sin_thta>" );
                                    break;
                        case(2):                                            /* fai */
                                    strcpy(buf," <fai>" );
```

```
                        case(3):         break;                                        /* sin_fai */
                                strcpy(buf," <sin_fai>" );
                                break;
                        case(4):                                                        /* max(thta,fai) */
                                strcpy(buf," max(thta,fai)>" );
                                break;
                        case(5):                                                        /* max(sin_thta,sin_fai) */
                                strcpy(buf," max(sin_thta,sin_fai)>" );
                                break;
        }
        put_string_crt(800,-25,18,0,0,white,buf);
        wd=wd_sav;

        if(weight)
                jku_check();

        tha_max=-1.0e10;
        alt_max=-1.0e10;
        for(j=0;j<NY;++j)
        {       double     yg;
                yg=hy*j;
                locate(75,1);
                printf( "%d" ,j);
                for(i=0;i<NX;++i)
                {       double     xg;
                        double     tha_sum=0.0;
                        xg=hx*i;
                        for(k=0;k<kk_num;++k)
                        {       double     xu,yu,xv,yv;
                                double     thta,sin_thta,cos_thta,fai,sin_fai;
                                xu=(x0[k]+x1[k])/2.0-xg;              /* u */
                                yu=(y0[k]+y1[k])/2.0-yg;
                                xv=x1[k]-x0[k];                        /* v */
                                yv=y1[k]-y0[k];

                                if(xu==0.0 && yu==0.0)
                                        continue;
                                cos_thta=(xu*xv+yu*yv)/(sqrt(SQUARE(xu)+SQUARE(yu))
                                                *sqrt(SQUARE(xv)+SQUARE(yv)));
                                sin_thta=sqrt(1.0-SQUARE(cos_thta));
                                thta=asin(sin_thta);                   /* arcsin */
                                fai=M_PI_2-thta;
                                sin_fai=sin(fai);

                                if(weight)
                                        wei=jku[k]/100.0;              /* set scale */
                                else
                                        wei=1.0;

                                switch(W)
                                {       case(0):                                        /* thta */
                                                tha_sum+=thta*wei;
                                                break;
                                        case(1):                                        /* sin_thta */
                                                tha_sum+=sin_thta*wei;
                                                break;
                                        case(2):                                        /* fai */
                                                tha_sum+=fai*wei;
                                                break;
                                        case(3):                                        /* sin_fai */
                                                tha_sum+=sin_fai*wei;
                                                break;
                                        case(4):                                        /* max(thta,fai) */
                                                tha_sum+=MAXV(thta,fai)*wei;
                                                break;
                                        case(5):                                        /* max(sin_thta,sin_fai) */
                                                tha_sum+=MAXV(sin_thta,sin_fai)*wei;
                                                break;
                                }
                        }
                        if(tha_sum>tha_max)
                        {       tha_max=tha_sum;                        /* find center point */
                                i_max=i;
                                j_max=j;
                        }
                        alt[j][i]=tha_sum;
                        if(alt[j][i]>alt_max)
                                alt_max=alt[j][i];
                }
        }
        printf( "\ntha_max =%7.2lf j_max =%3d i_max =%3d ave =%7.2lf" ,
                tha_max,j_max,i_max,tha_max/(double)kk_num);
        if(i_max==0 || i_max==NX-1 || j_max==0 || j_max==NY-1)          /* 范围外 */
                return;

        gcvt(tha_max,3,val);
        strcpy(buf," 最大值 : " );
        strcat(buf,val);
        put_g_holizontal(dc,ll,buf,white);

        strcpy(buf," 位置 : i=" );
        itoa(i_max,val,10);
        strcat(buf,val);
        ll+=dl;
        put_g_holizontal(dc,ll,buf,white);

        strcpy(buf," /j=" );
        itoa(j_max,val,10);
        strcat(buf,val);
        put_g_holizontal(250+dc,ll,buf,white);

        nd=kk_num;                                                      /* 针对中心进行统计*/
        yct=hy*j_max;
        xct=hx*i_max;
        circle(xct,yct,5,5,red,0x20);

        for(k=0;k<kk_num;++k)
        {       double     xu,yu,xv,yv;
                double     thta,sin_thta,cos_thta,fai,sin_fai;
                xu=(x0[k]+x1[k])/2.0-xct;                               /* u */
                yu=(y0[k]+y1[k])/2.0-yct;
                xv=x1[k]-x0[k];                                         /* v */
                yv=y1[k]-y0[k];

                if(xu==0.0 && yu==0.0)
                        continue;
                cos_thta=(xu*xv+yu*yv)/(sqrt(SQUARE(xu)+SQUARE(yu))
                                *sqrt(SQUARE(xv)+SQUARE(yv)));
                sin_thta=sqrt(1.0-SQUARE(cos_thta));
                thta=asin(sin_thta);                                    /* arcsin */
                fai=M_PI_2-thta;
```

```
                    sin_fai=sin(fai);
                    if(weight)
                                    wei=jku[k]/100.0;                          /* set scale */
                    else
                                    wei=1.0;
                    switch(W)
                    {
                            case(0):
                                    zd[k]=thta*wei;
                                    break;
                            case(1):
                                    zd[k]=sin_thta*wei;
                                    break;
                            case(2):
                                    zd[k]=fai*wei;
                                    break;
                            case(3):
                                    zd[k]=sin_fai*wei;
                                    break;
                            case(4):
                                    zd[k]=MAXV(thta,fai)*wei;
                                    break;
                            case(5):
                                    zd[k]=MAXV(sin_thta,sin_fai)*wei;
                                    break;
                    }
            }
            statistics();
}
/*====================== init_contour ==========================*/
void        init_contour(void)                          /* contour initial condition */
{           int             i;

            for(i=0;i<KH;++i)
                    heit[i]=i*(alt_max/KH);
            MAG_ALT=80.0/alt_max;
}
/*====================== interpolation =========-===================*/
double      interpolation(double a1,double a2,double hh,double ht)
{           double          dl;

            dl=hh*(ht-a1)/(a2-a1);
            return(dl);
}
/*====================== trace ==================================*/
void        trace(int ii,int jj,int ist,int jst,double a1,double a2,
                        double xs,double ys,double ht)
{           int             ir,il,ku,im,md,m,mm;
            double          xds,yds,xde,yde,dl;

            for(ir=0;ir<2;++ir)
            {
                    ku=0;                                   /* ku : check connecting point */
                    if(ir==1)
                            swap_double(&a1,&a2);
                    xds=xs;
                    yds=ys;
                    if(ir==0)
                            il=2;
                    else
                            il=4;                           /* il : edge of input */
loop:
                    switch(il)
                    {
                            case 1:
                                    jj-=1;  /* im : edge no. of il in new grid */
                                    break;
                            case 2:
                                    ii-=1;
                                    break;
                            case 3:
                                    jj+=1;
                                    break;
                            case 4:
                                    ii+=1;
                                    break;
                    }
                    if(ii==ist && jj==jst && ku!=0)         /* check closed */
                    {
                            xde=xs;
                            yde=ys;
                            line_thick(xds,yds,xde,yde,col,0,ww);
                            return;
                    }
                                                            /* check out of frame */
                    if(ii<0 || ii>NX-2 || jj<0 || jj>NY-2)
                    {
                            ii=ist-1;
                            jj=jst;
                            continue;
                    }
                    ku=1;
                    im=il+2;
                    if(im>4)
                            im-=4;
                    if(a1>ht)
                            md=1;
                    else
                            md=-1;
                    m=im;
                    for(mm=1;mm<4;++mm)
                    {
                            double          hh;
                            m+=md;
                            if(m<1)
                                    m=4;
                            if(m>4)
                                    m=1;
                            switch(m)
                            {
                                    case 1:
                                            a1=alt[jj][ii+1];
                                            a2=alt[jj][ii];
                                            break;
                                    case 2:
                                            a1=alt[jj][ii];
                                            a2=alt[jj+1][ii];
                                            break;
                                    case 3:
                                            a1=alt[jj+1][ii];
                                            a2=alt[jj+1][ii+1];
                                            break;
                                    case 4:
                                            a1=alt[jj+1][ii+1];
                                            a2=alt[jj][ii+1];
                                            break;
                            }
```

```c
                                if((a1-ht)*(a2-ht)>0)
                                                continue;
                                if(m==1 || m==3)
                                                hh=hx;
                                else
                                                hh=hy;
                                dl=interpolation(a1,a2,hh,ht);
                                switch(m)
                                {               case 1:
                                                                xde=hx*(ii+1)-dl;
                                                                yde=hy*jj;
                                                                break;
                                                case 2:
                                                                xde=hx*ii;
                                                                yde=hy*jj+dl;
                                                                break;
                                                case 3:
                                                                xde=hx*ii+dl;
                                                                yde=hy*(jj+1);
                                                                break;
                                                case 4:
                                                                xde=hx*(ii+1);
                                                                yde=hy*(jj+1)-dl;
                                                                break;
                                }
                                ksw[jj][ii]=1;
                                ksw[jj][ii+1]=1;
                                line_thick(xds,yds,xde,yde,col,0,ww);
                                xds=xde;
                                yds=yde;
                                il=m;
                                goto loop;
                }
        }
}
/*========================= contour =================================*/
void    contour(void)
{       int                             i,j,l;                    /* drawing contour */
        double          ht;

        for(l=0;l<KH;++l)
                        ic[l]=0;
        for(l=0;l<KH;++l)
        {               locate(0,0);
                        printf( "ht =%7.2lf" ,heit[l]);
                        if(!(l%5))
                                        ww=2;
                        else
                                        ww=1;
                        col=l%15+1;
                        if(l>1 && ic[l-2]==1 && ic[l-1]==0)
                                        return;
                        ht=heit[l]-.001;                 /* ic ; check of end : l>=2 */
                                                                                        /* search point */
                        for(i=0;i<NX;i+=kxm)
                        {               for(j=0;j<NY-1;++j)
                                        {               int                             ii,jj,ist,jst;
                                                        double          a1,a2,xs,ys,dl;
                                                        if(ksw[j][i]==1)
                                                                        continue;
                                                        a1=alt[j][i];
                                                        a2=alt[j+1][i];
                                                        if((a1-ht)*(a2-ht)>0)
                                                                        continue;
                                                        dl=interpolation(a1,a2,hy,ht);
                                                        xs=hx*i;
                                                        ys=hy*j+dl;
                                                        ist=i;
                                                        jst=j;
                                                        ksw[jst][ist]=1;
                                                        ii=ist;
                                                        jj=jst;
                                                        trace(ii,jj,ist,jst,a1,a2,xs,ys,ht);
                                                        ic[l]=1;
                                        }
                        }
        }
}
/*========================= init_isomeln =========================*/
void    init_isomeln(void)                                                      /* isomeln initial condition */
{       int                                              i;

        xw=hx*(NX-1);
        yw=hy*(NY-1);
        s_th0=sin(M_PI/180.0*th0);
        c_th0=cos(M_PI/180.0*th0);
        s_th1=sin(M_PI/180.0*th1);
        c_th1=cos(M_PI/180.0*th1);
        for(i=0;i<1120;++i)
        {               ymin[i]= 32000;
                        ymax[i]=-ymin[i];
        }
}
/*========================= draw_base =========================*/
void    draw_base(void)
{               line(0.0,0.0,xw*c_th0,xw*s_th0,blue,0);            /* base */
/*              line(0.0,0.0,-yw*c_th1,yw*s_th1,blue,0);
*/              line(xw*c_th0,xw*s_th0,    xw*c_th0-yw*c_th1,xw*s_th0+yw*s_th1,blue,0);
/*              line(-yw*c_th1,yw*s_th1,-yw*c_th1+xw*c_th0,yw*s_th1+xw*s_th0,blue,0);
*/
                line(0.0,0.0,0.0,alt[0][0]*MAG_ALT,blue,0);/* vertical line */
                line(xw*c_th0,xw*s_th0,     xw*c_th0,xw*s_th0+alt[0][NX-1]*MAG_ALT,blue,0);
/*              line(-yw*c_th1,yw*s_th1,-yw*c_th1,yw*s_th1+alt[NY-1][0]*MAG_ALT,blue,0);
*/              line(xw*c_th0-yw*c_th1,xw*s_th0+yw*s_th1,xw*c_th0-yw*c_th1,
                                        xw*s_th0+yw*s_th1+alt[NY-1][NX-1]*MAG_ALT,blue,0);
}
/*========================= draw_fringe_x =========================*/
void    draw_fringe_x(int j)                                                            /* edge of stripe */
{               double          xs,ys,px0,py0,px1,py1;

        xs=0;
        ys=0;
        px0=xs-(j-1)*hy*c_th1;
        py0=ys+(j-1)*hy*s_th1+alt[j-1][0]*MAG_ALT;
        px1=xs-j*hy*c_th1;
        py1=ys+j*hy*s_th1+alt[j][0]*MAG_ALT;
        plot_line(px0,py0,px1,py1,white);

        xs=xw*c_th0;
        ys=xw*s_th0;
        px0=xs-(j-1)*hy*c_th1;
        py0=ys+(j-1)*hy*s_th1+alt[j-1][NX-1]*MAG_ALT;
```

```c
                    px1=xs-j*hy*c_th1;
                    py1=ys+j*hy*s_th1+alt[j][NX-1]*MAG_ALT;
                    plot_line(px0,py0,px1,py1,white);
}
/*======================= draw_fringe_y =========================*/
void        draw_fringe_y(int i)                                                    /* edge of stripe */
{
            double      xs,ys,px0,py0,px1,py1;

            xs=0;
            ys=0;
            px0=xs+(i-1)*hx*c_th0;
            py0=ys+(i-1)*hx*s_th0+alt[0][i-1]*MAG_ALT;
            px1=xs+i*hx*c_th0;
            py1=ys+i*hx*s_th0+alt[0][i]*MAG_ALT;
            plot_line(px0,py0,px1,py1,white);

            xs=-yw*c_th1;
            ys= yw*s_th1;
            px0=xs+(i-1)*hx*c_th0;
            py0=ys+(i-1)*hx*s_th0+alt[NY-1][i-1]*MAG_ALT;
            px1=xs+i*hx*c_th0;
            py1=ys+i*hx*s_th0+alt[NY-1][i]*MAG_ALT;
            plot_line(px0,py0,px1,py1,white);
}
/*-------------------------- plot_line ---------------------------*/
void        plot_line(double px0,double py0,double px1,double py1,int col)
{
            double      a,b;
            int                     kx,ks,ke,ys,ye;
            int                     plot_flag0=0,plot_flag1;
            int                     yv,xv_f=0,yv_f=0;

            ks=MINV(px0,px1);
            ke=MAXV(px0,px1);
            if(ks==(int)px0)
                    {
                            ys=py0;
                            ye=py1;
                    }
            else
                    {
                            ys=py1;
                            ye=py0;
                    }

            a=(py1-py0)/(px1-px0);
            b=-a*px0+py0;
            for(kx=ks;kx<=ke;++kx)
                    {
                            plot_flag1=0;
                            if(kx==ks)                                              /* adjust edge point */
                                    yv=ys;
                            else if(kx==ke)
                                    yv=ye;
                            else
                                    yv=a*kx+b;
                            if(yv<=ymin[(int)(kx+x00)])
                                    {       ymin[(int)(kx+x00)]=yv;
                                            plot_flag1=1;
                                    }
                            if(yv>=ymax[(int)(kx+x00)])
                                    {       ymax[(int)(kx+x00)]=yv;
                                            plot_flag1=1;
                                    }
                            if(plot_flag0 & plot_flag1)
                                    line(xv_f,yv_f,kx,yv,col,0);
                            plot_flag0=plot_flag1;
                            xv_f=kx;
                            yv_f=yv;
                    }
}
/*========================= isome_x ==============================*/
void        isome_x(void)                                               /* draw x-direct line */
{
            int                     i,j;
            double      xs,ys,px0,py0,px1,py1;

            for(j=0;j<NY;++j)
                    {
                            xs=-j*hy*c_th1;
                            ys= j*hy*s_th1;
                            for(i=0;i<NX-1;++i)
                                    {
                                            px0=xs+i*hx*c_th0;
                                            py0=ys+i*hx*s_th0+alt[j][i]*MAG_ALT;
                                            px1=xs+(i+1)*hx*c_th0;
                                            py1=ys+(i+1)*hx*s_th0+alt[j][i+1]*MAG_ALT;
                                            plot_line(px0,py0,px1,py1,white);
                                    }
                            if(j==0)
                                    continue;
                            else
                                    draw_fringe_x(j);
                    }
}
/*========================= isome_y ==============================*/
void        isome_y(void)                                               /* draw y-direct line */
{
            int                     i,j;
            double      xs,ys,px0,py0,px1,py1;

            if(th0>0)
                    {
                            for(i=0;i<NX;++i)
                                    {
                                            xs=i*hx*c_th0;
                                            ys=i*hx*s_th0;
                                            for(j=0;j<NY-1;++j)
                                                    {
                                                            px0=xs-j*hy*c_th1;
                                                            py0=ys+j*hy*s_th1+alt[j][i]*MAG_ALT;
                                                            px1=xs-(j+1)*hy*c_th1;
                                                            py1=ys+(j+1)*hy*s_th1+alt[j+1][i]*MAG_ALT;
                                                            plot_line(px0,py0,px1,py1,white);
                                                    }
                                            if(i==0)
                                                    continue;
                                            else
                                                    draw_fringe_y(i);
                                    }
                    }
            else
                    {
                            for(i=NX-1;i>=0;--i)
                                    {
                                            xs=i*hx*c_th0;
                                            ys=i*hx*s_th0;
                                            for(j=0;j<NY-1;++j)
                                                    {
                                                            px0=xs-j*hy*c_th1;
                                                            py0=ys+j*hy*s_th1+alt[j][i]*MAG_ALT;
                                                            px1=xs-(j+1)*hy*c_th1;
                                                            py1=ys+(j+1)*hy*s_th1+alt[j+1][i]*MAG_ALT;
                                                            plot_line(px0,py0,px1,py1,white);
                                                    }
                                            if(i==0)
```

```
                                continue;
                    else
                                draw_fringe_y(i);
                }
        }
}
/*************************** main ****************************/
void        main(void)
{
                char        file_name[64];

                start_process();
                graphic_init();

                read_ank_no();
                read_jis_no();
                line_direct();

                open_mtx();

                menu();

                save_text_vram(ln_s,co_s,ln_n,co_w+2);
                disp_menu(ln_s,co_s,ln_n,msg);
                ccc=pull_down_menu(ln_s,co_s,ln_n,co_w);
                load_text_vram(ln_s,co_s,ln_n,co_w+2);

                locate(20,11);
                printf( "weight      (y/n) :  ");
                weight=yes_no_check();

                locate(20,12);
                printf( "print out   (y/n) :  ");
                prt=yes_no_check();

                file_open(file1,READ_T);
                fp1=fp;
                while(!feof(fp1))
                {           int                 i;
                            int                 code;
                            char                village[64],dir[64];
                            if(EOF==fscanf(fp1," %s%s%d\n" ,file_name,dir,&code))
                                        break;
                            fgets(village,64,fp1);
                            for(i=0;i<strlen(village);++i)                  /* skip LF */
                                        if(village[i]==0x0a)
                                                    village[i]=0x00;

                            if(code==0)                                     /* skip : code = 0 */
                                        continue;
/*                          if(code==2)                         /* skip : 保留 */
                                        continue;
                            if(code==3)                                     /* skip : 住居 */
                                        continue;
*/
                            switch(ccc)
                            {           case 1:
                                                    break;                                      /* all */
                                        case 2:
                                                    if(strcmp(dir," africa" ))                  /* africa */
                                                                continue;
                                                    break;
                                        case 3:
                                                    if(strcmp(dir," china" ))                   /* china */
                                                                continue;
                                                    break;
                                        case 4:
                                                    if(strcmp(dir," europe" ))                  /* europe */
                                                                continue;
                                                    break;
                                        case 5:
                                                    if(strcmp(dir," india" ))                   /* india */
                                                                continue;
                                                    break;
                                        case 6:
                                                    if(strcmp(dir," indnesia" ))                /* inndonesia */
                                                                continue;
                                                    break;
                                        case 7:
                                                    if(strcmp(dir," latenam" ))                 /* laten america */
                                                                continue;
                                                    break;
                                        case 8:
                                                    if(strcmp(dir," png" ))                     /* papua */
                                                                continue;
                                                    break;
                                        case 9:
                                                    if(strcmp(dir," mideast" ))                 /* mideast */
                                                                continue;
                                                    break;
                                        default:
                                                    red_b;
                                                    printf( "\nirregal value" );
                                                    normal;
                                                    exit(1);
                            }
                            strcpy(open_file,file0);
                            strcat(open_file,dir);
                            strcat(open_file," \\" );
                            strcat(open_file,file_name);
                            strcat(open_file," .att" );
                            printf( "\n%s" ,open_file);

                            make_data();
                            calculation();
                            init_contour();
                            contour();

                            if(!strcmp(dir," africa" ))
                                        strcat(village,"  (Africa)" );
                            if(!strcmp(dir," china" ))
                                        strcat(village,"  (China)" );
                            if(!strcmp(dir," europe" ))
                                        strcat(village,"  (Europe)" );
                            if(!strcmp(dir," india" ))
                                        strcat(village,"  (India)" );
                            if(!strcmp(dir," indnesia" ))
                                        strcat(village,"  (Indonesia)" );
                            if(!strcmp(dir," latenam" ))
                                        strcat(village,"  (Laten America)" );
                            if(!strcmp(dir," png" ))
                                        strcat(village,"  (Papua New Guinea)" );
                            if(!strcmp(dir," mideast" ))
```

```
                                        strcat(village,"  (Middle East)"  );

                        wd=1.0;                                                                   /* scale & name */
                        line(20.0,20.0,20.0,25.0,red,0x00);
                        line(20.0,20.0,20.0+50*wd_sav,20.0,red,0x00);
                        line(20.0+50*wd_sav,20.0,20.0+50*wd_sav,25.0,red,0x00);
                        put_string_crt(20.0+50*wd_sav,25.0,21,0.0,white,"  50m"  );
                        put_string_crt(0,-30,21,0.0,white,village);
                        if(weight)
                                        put_string_crt(360,-25,21,0.0,white,"  weighted"  );
                        else
                                        put_string_crt(300,-25,21,0.0,white,"  not weighted"  );
                        put_string_crt(500,430,21,0.0,white," <angle>"  );

                        x00+=500.0;
                        y00+=90.0;
                        hx=400.0/(NX-1);
                        hy=400.0/(NY-1);
                        if(x_direct)
                        {
                                        init_isomeln();
                                        isome_x();
                                        draw_base();
                        }
                        if(y_direct)
                        {
                                        init_isomeln();
                                        isome_y();
                                        draw_base();
                        }

                        if(prt)
                                        gcopy_16();
        }
        fclose(fp1);

        graphic_end();
        end_process();
}
```
/*
*/

006 根据面积距离角度寻找集中的中心点的模型程序

```c
/*##############################################################
                 center of dwelling group(cent_isa.c)
              根据面积.距离.角度寻找集中的中心点的模型程序
                              98/11/02
###############################################################*/
#include            <stdio.h>
#include            <stdlib.h>
#include            <string.h>
#include            <alloc.h>
#include            <math.h>
#include            <dos.h>
#include            <my.h>
#include            <myg.h>
#include            <conio.h>

FILE                *fp,*fp0,*fp1;
char                *file0=" f:\\wan\\data\\" ;
char                *file1=" f:\\wan\\data\\name_1.dat" ;
char                open_file[64];

#define             W           (1)                         /* 0:thta 1:sin_thta */
                                                            /* 2:fai 3:sin_fai */
                                                /* 4:max(thta,fai) 5:max(sin_thta,sin_fai) */
#define             NX          (101)                       /* 网格x方向 */
#define             NY          (101)                       /* 网格y方向 */
#define             KH          (20)

#define             NN          (40)                        /* 最大角度 */
#define             PNO         (380)                       /* 最多建筑户数 */

#define             JNO         (180)                       /* 最多重心数 */
#define             MAX_POT     (40)                        /* 高峰值的位置(m) */
#define             BAI         (1.5)                       /* 高峰值的最大倍率 */

#define             TH0                     (0)
#define             TH1                     (110)

#define             X_DIRECT    (1)         /* x_direction : 1 */
#define             Y_DIRECT    (0)         /* y_direction : 1 */

double                          ymm=749.0,
                                x00=5.0,
                                y00=200.0,
                                wd;

static double       MAG_ALT;
static double       (huge *alt)[NX];
static char         (huge *ksw)[NX];

static int          kxm=1,ic[KH]={0};

double                          hx,hy,
                                xw,yw,
                                heit[KH];

static double       (huge *px)[NN+1];
static double       (huge *py)[NN+1];
static int                      ne;
static int                      prt;

static int                      ll,dl,dc;
static char                     buf[40],val[20];
static double       scale;
static int                      no;
static int                      (huge *kak),(huge *type),(huge *attrib);
static int                      dt_num;

static double       pix[NN+1],piy[NN+1];
static double       gx[JNO],gy[JNO];
static int                      gno;
static double       xpp[JNO],ypp[JNO];
static int                      ne_a;
static double       men[JNO];
static int                      pgn[JNO];
static double       jku[JNO];
static double       alpha,beta;

static int                      nd;
static double       zd[JNO];
static double       aver,var,sd,dmin,dmax;
static int                      col,ww;
static double       wd_sav;
static double       coss,sinn;
static double       alt_max;

static double       x0[JNO],y0[JNO],x1[JNO],y1[JNO];
static int                      kk_num;
static double       ang_ave;

double                          th0=TH0,th1=TH1,
                                s_th0,c_th0,s_th1,c_th1;
static int          ymin[1120],ymax[1120],
                                x_direct=X_DIRECT,
                                y_direct=Y_DIRECT;

char                            *msg[20];
int                             ln_s,co_s,ln_n,co_w;
int                             ccc;

void                line_direct(void);
int                 interi(double,double);
void                menu(void);
void                open_mtx(void);
void                statistics(void);
void                make_data(void);
double              menseki(void);
void                jyu_area(void);
int                             gravity_point(void);
void                set_parameter(void);
void                draw_polygon(double,double,int,double,double,int);
void                jku_check(void);
void                draw_grid(void);
void                center(void);
void                init_contour(void);
double              interpolation(double,double,double,double);
void                trace(int,int,int,double,double,double,double);
```

```c
void                            contour(void);
void                            init_isomeln(void);
void                            draw_base(void);
void                            draw_fringe_x(int);
void                            draw_fringe_y(int);
void                            plot_line(double,double,double,double,int);
void                            isome_x(void);
void                            isome_y(void);
/*========================= line_direct ===========================*/
void            line_direct(void)                       /* direction of half line */
{               double          thta=34.5;

                thta=M_PI*thta/180.0;
                sinn=sin(thta);
                coss=cos(thta);
}
/*========================= interi ===========================*/
int             interi(double e,double f)       /* check interior or not */
{               int                             k,ic,ki;

                for(k=0;k<ne;++k)                       /* boundary check */
                {               double          aa,bb,s;
                                aa=(e-pix[k])*(piy[k+1]-piy[k]);
                                bb=(f-piy[k])*(pix[k+1]-pix[k]);
                                if(aa-bb!=0)
                                                continue;
                                if(pix[k+1]-pix[k]==0)
                                {               s=(f-piy[k])/(piy[k+1]-piy[k]);
                                                if(s>=0 && s<=1)
                                                {               ki=1;
                                                                return(ki);
                                                }
                                }
                                else
                                {               s=(e-pix[k])/(pix[k+1]-pix[k]);
                                                if(s>=0 && s<=1)
                                                {               ki=1;
                                                                return(ki);
                                                }
                                }
                }
                ic=0;
                for(k=0;k<ne;++k)
                {               double          p1,p2,ee,ff,s,t;

                                p1=pix[k+1]-pix[k];
                                p2=piy[k+1]-piy[k];
                                ee=e-pix[k];
                                ff=f-piy[k];
                                if(p1*ff-p2*ee==0)
                                {               if(p1==0)
                                                                s=ff/p2;
                                                else
                                                                s=ee/p1;
                                                if(s>=0 && s<=1)
                                                {               ki=0;
                                                                if(ic%2 !=0)
                                                                                ki=1;
                                                                return(ki);
                                                }
                                }
                                if(p1==0)
                                {               t=-ee/coss;
                                                s=(t*sinn+ff)/p2;
                                }
                                else
                                {               t=(p1*ff-p2*ee)/(p2*coss-p1*sinn);
                                                s=(t*coss+ee)/p1;
                                }
                                if(t<=0)
                                                continue;
                                if(s>=0 && s<=1)
                                                ic=ic+1;
                }
                ki=0;
                if(ic%2 !=0)
                                ki=1;
                return(ki);
}
/*========================= menu ===========================*/
void            menu(void)
{               msg[0]="                $";
                msg[1]=" 全部           $" ;
                msg[2]=" 非洲           $" ;
                msg[3]=" 中国           $" ;
                msg[4]=" 欧洲           $" ;
                msg[5]=" 印度           $" ;
                msg[6]=" 印度尼西亚     $" ;
                msg[7]=" 中南美         $" ;
                msg[8]=" 巴布亚新几内亚 $" ;
                msg[9]=" 中东           $" ;
                msg[10]="              $" ;
                ln_s= 5;                                        /* start line */
                co_s=30;                                        /* start colyumn */
                ln_n=11;                                        /* line No. */
                co_w=12;                                        /* column No. */
}
/*========================= open_mtx ===========================*/
void            open_mtx(void)
{               if((alt=farcalloc(NY,(unsigned long)sizeof(*alt)))==NULL)
                                {               red_b;
                                                printf( "\nallocation error : alt" );        /* [NY][NX] */
                                                normal;
                                                exit(1);
                                }
                if((ksw=farcalloc(NY-1,(unsigned long)sizeof(*ksw)))==NULL)
                                {               red_b;
                                                printf( "\nallocation error : ksw" );        /* [NY-1][NX] */
                                                normal;
                                                exit(1);
                                }
                if((px=farcalloc(PNO,(unsigned long)sizeof(*px)))==NULL)
                                {               red_b;
                                                printf( "\nallocation error : px" );         /* [PNO][NN+1] */
                                                normal;
                                                exit(1);
                                }
                if((py=farcalloc(PNO,(unsigned long)sizeof(*py)))==NULL)
                                {               red_b;
                                                printf( "\nallocation error : py" );         /* [PNO][NN+1] */
```

```c
                            normal;
                            exit(1);
            }
            if((kak=farcalloc(PNO,(unsigned long)sizeof(*kak)))==NULL)          /* [PNO] */
            {           red_b;
                        printf( "\nallocation error : kak" );
                        normal;
                        exit(1);
            }
            if((type=farcalloc(PNO,(unsigned long)sizeof(*type)))==NULL)        /* [PNO] */
            {           red_b;
                        printf( "\nallocation error : type" );
                        normal;
                        exit(1);
            }
            if((attrib=farcalloc(PNO,(unsigned long)sizeof(*attrib)))==NULL)    /* [PNO] */
            {           red_b;
                        printf( "\nallocation error : attrib" );
                        normal;
                        exit(1);
            }
}
/*===================== statistics ===========================*/
void        statistics(void)
{           int                     i;
            double      smesh=0,amesh=0;

            wd=1.0;
            for(i=0;i<nd;++i)
            {           smesh=smesh+zd[i];
                        amesh=amesh+SQUARE(zd[i]);
                        if(zd[i]>dmax)
                                    dmax=zd[i];
                        if(zd[i]<dmin)
                                    dmin=zd[i];
            }
            aver=smesh/nd;
            var=amesh/nd-SQUARE(aver);
            if(fabs(var)<0.0001)
                        var=0.0;
            sd=sqrt(var);
            printf( "\nnd        =%5d"  ,nd);
            printf( "\naverage   =%9.3lf"   ,aver);
            printf( "\ndispersion =%9.3lf"  ,var);
            printf( "\nstandard dev =%9.3lf" ,sd);
            printf( "\ndmin      =%9.3lf"   ,dmin);
            printf( "\ndmax      =%9.3lf"   ,dmax);
            printf( "\nnc        =%9.3lf"   ,sd/aver);

            strcpy(buf," 軸数   :  " );
            itoa(kk_num,val,10);
            strcat(buf,val);
            ll+=dl;
            put_string_crt(500,40,18,0.0,white,buf);

            gcvt(aver,2,val);
            strcpy(buf," 平均値  :  " );
            strcat(buf,val);
            ll+=dl;
            put_string_crt(500,20,18,0.0,white,buf);

            gcvt(var,2,val);
            strcpy(buf," 分散   :  " );
            strcat(buf,val);
            ll+=dl;
            put_string_crt(500,0,18,0.0,white,buf);

            gcvt(sd,2,val);
            strcpy(buf," 標準差  :  " );
            strcat(buf,val);
            ll+=dl;
            put_string_crt(720,40,18,0.0,white,buf);

            gcvt(sd/aver,2,val);
            strcpy(buf," 変異係数 :  " );
            strcat(buf,val);
            ll+=dl;
            put_string_crt(720,20,18,0.0,white,buf);

            gcvt(ang_ave,2,val);
            strcpy(buf," 平均角度 :  " );
            strcat(buf,val);
            ll+=dl;
            put_string_crt(720,0,18,0.0,white,buf);

            itoa(MAX_POT,val,10);
            strcpy(buf," 最大距離  :   ");
            strcat(buf,val);
            strcat(buf," m /" );
            gcvt(BAI,2,val);
            strcat(buf," 倍率 =  ");
            strcat(buf,val);
            strcat(buf,"    ");
            switch(W)
            {           case(0):
                                    strcat(buf," <thta>" );             /* thta */
                                    break;
                        case(1):
                                    strcat(buf," <sin_thta>" );         /* sin_thta */
                                    break;
                        case(2):
                                    strcat(buf," <fai>" );              /* fai */
                                    break;
                        case(3):
                                    strcat(buf," <sin_fai>" );          /* sin_fai */
                                    break;
                        case(4):
                                    strcat(buf," max(thta,fai)>" );     /* max(thta,fai) */
                                    break;
                        case(5):
                                    strcat(buf," max(sin_thta,sin_fai)>" ); /* max(sin_thta,sin_fai) */
                                    break;
            }
            put_string_crt(500,-25,18,0.0,white,buf);
            wd=wd_sav;
}
/*===================== make_data ===========================*/
void        make_data(void)
{           int                     i,j,k;
            int                     kz;
            double      x_min=1.0e10,x_max=-1.0e10,y_min=1.0e10,y_max=-1.0e10;
            double      dwx,dwy;
```

```c
    double      xx0[JNO],yy0[JNO],xx1[JNO],yy1[JNO];
    int         jnn;

    dl=30;
    dc=720;
    for(kz=2;kz<3;++kz)                         /* xw=kz*dwx/yw=kz*dwy */
    {                                           /* kz=a：画面的1/a大小 */
        dt_num=0;
        kk_num=0;
        jnn=0;
        gno=0;
        ll=480;
        cls1();
        cls2();
        printf("\n<%s>",open_file);
        file_open(open_file,READ_T);
        fp0=fp;
        fscanf(fp0," %lf",&scale);      /* 比例尺 */
        while(!feof(fp0))
        {
            if(EOF==fscanf(fp0," %d%d%d%d",&no,&kak[dt_num],
                &type[dt_num],&attrib[dt_num]))
                break;
            if(kak[dt_num]>NN-1)
            {
                red_b;
                printf("\nkak > NN !!");        /* 测试角的数量 */
                normal;
                exit(1);
            }
            for(i=0;i<kak[dt_num];++i)
            {
                fscanf(fp0," %lf%lf\n",&px[dt_num][i],&py[dt_num][i]);
                px[dt_num][i]*=scale/1000.0;/* 单位 米 */
                py[dt_num][i]*=scale/1000.0;
                if(px[dt_num][i]<x_min)
                    x_min=px[dt_num][i];
                if(px[dt_num][i]>x_max)
                    x_max=px[dt_num][i];
                if(py[dt_num][i]<y_min)
                    y_min=py[dt_num][i];
                if(py[dt_num][i]>y_max)
                    y_max=py[dt_num][i];
                if(attrib[dt_num]==2)           /* 轴线 */
                {
                    switch(i)
                    {
                        case 0:
                            xx0[jnn]=px[dt_num][i];
                            yy0[jnn]=py[dt_num][i];
                            break;
                        case 1:
                            xx1[jnn]=px[dt_num][i];
                            yy1[jnn]=py[dt_num][i];
                            ++jnn;
                            if(jnn>JNO-1)
                            {
                                red_b;                  /* 测试轴线数 */
                                printf("\njnn > JNO !!");
                                normal;
                                exit(1);
                            }
                            break;
                    }
                }
            }
            if(attrib[dt_num]!=2)               /* 停止轴 */
                ++dt_num;
            if(dt_num>PNO-1)
            {
                red_b;
                printf("\ndt_num > PNO !!");            /* 测试建筑户数 */
                normal;
                exit(1);
            }
        }
        fclose(fp0);

        dwx=x_max-x_min;
        dwy=y_max-y_min;
        printf("\ndt_num = %4d",dt_num);
        printf("\nx_min = %7.2lf  x_max = %7.2lf / dwx = %7.2lf",
            x_min,x_max,dwx);
        printf("\ny_min = %7.2lf  y_max = %7.2lf / dwy = %7.2lf",
            y_min,y_max,dwy);

        if(dwx>=dwy)                            /* 画面表示的大小 */
            hx=hy=kz*dwx/(NX-1);
        else
            hx=hy=kz*dwy/(NY-1);
        printf("\nhx = %7.2lf  hx = %7.2lf",hx,hy);

        xw=hx*(NX-1);
        yw=hy*(NY-1);
        wd=wd_sav=450.0/xw;             /* 将xw设定为450 */
        draw_grid();
        for(j=0;j<dt_num;++j)                   /* 移动原点 */
        {
            ne=kak[j];
            for(i=0;i<ne;++i)
            {
                px[j][i]=(px[j][i]-x_min-dwx/2.0)+xw/2.0;
                py[j][i]=(py[j][i]-y_min-dwy/2.0)+yw/2.0;
            }
            if(type[j]==1)                      /* 封闭多角形数据 */
            {
                px[j][ne]=px[j][0];
                py[j][ne]=py[j][0];
            }
        }
        printf("\njnn = %d",jnn);
        for(k=0;k<jnn;++k)                      /* 移动轴线的原点 */
        {
            double      xh,yh;
            xx0[k]=(xx0[k]-x_min-dwx/2.0)+xw/2.0;
            yy0[k]=(yy0[k]-y_min-dwy/2.0)+yw/2.0;
            xx1[k]=(xx1[k]-x_min-dwx/2.0)+xw/2.0;
            yy1[k]=(yy1[k]-y_min-dwy/2.0)+yw/2.0;
            xh=(xx0[k]+xx1[k])/2.0;
            yh=(yy0[k]+yy1[k])/2.0;
            for(j=0;j<dt_num;++j)               /* 外形线中的轴线 */
            {
                switch(attrib[j])
                {
                    case (0):                   /* 外形线 */
                        ne=kak[j];
                        for(i=0;i<=ne;++i)
                        {
                            pix[i]=px[j][i];
                            piy[i]=py[j][i];
                        }
                        if(interi(xh,yh))
                        {
                            x0[kk_num]=xx0[k];
                            y0[kk_num]=yy0[k];
                            x1[kk_num]=xx1[k];
```

```c
                                                    y1[kk_num]=yy1[k];
                                                    line(x0[kk_num],y0[kk_num],
                                                         x1[kk_num],y1[kk_num],purple,0x00);
                                                    ++kk_num;
                                                    break;
                            default:                                            /* 其他 */
                                    break;
                    }
            }
            printf( "\nkk_num = %d" ,kk_num);
            for(j=0;j<dt_num;++j)
            {       ne=kak[j];
                    switch(attrib[j])
                    {       case 0:                                             /* 外形线 */
                                    for(i=0;i<ne;++i)
                                            line_thick(px[j][i],py[j][i],px[j][i+1],py[j][i+1],
                                                       green,0x00,2);
                            case 1:         break;                              /* 孔 */
                                    for(i=0;i<ne;++i)
                                            line(px[j][i],py[j][i],px[j][i+1],py[j][i+1],
                                                 d_green,0x00);
                            case 3:         break;                              /* 塔 */
                                    for(i=0;i<ne;++i)
                                            line(px[j][i],py[j][i],px[j][i+1],py[j][i+1],
                                                 d_white,0x00);
                            case 4:         break;                              /* 家畜小屋 */
                                    for(i=0;i<ne;++i)
                                            line(px[j][i],py[j][i],px[j][i+1],py[j][i+1],
                                                 d_white,0x00);
                            default:        break;                              /* 其他 */
                                    for(i=0;i<ne;++i)
                                            line(px[j][i],py[j][i],px[j][i+1],py[j][i+1],
                                                 blue,0x00);
                                    break;
                    }
            }
            if(gravity_point())
                    break;
    }
}
/*===================== menseki ===========================*/
double      menseki(void)                                                       /* 面积计算 */
{           int             k;
            double          s=0.0;
            for(k=0;k<ne_a;++k)
                    s+=(piy[k+1]+piy[k])*(pix[k+1]-pix[k])/2.0;
            return(s);
}
/*===================== jyu_area ===========================*/
void        jyu_area(void)                                                      /* 全体的重心位置 */
{           int             k;
            double          xds,yds,sx,sy,dsx,dsy,dx,dy;
            xds=yds=sx=sy=0.0;
            for(k=0;k<ne_a;++k)
            {       dsx=(piy[k+1]+piy[k])*(pix[k+1]-pix[k])/2.0;
                    dsy=(pix[k+1]+pix[k])*(piy[k+1]-piy[k])/2.0;
                    if(dsx!=0)
                    {       dx=piy[k+1]*(2.0*pix[k+1]+pix[k])+piy[k]*(pix[k+1]+2.0*pix[k]);
                            dx/=(3.0*(piy[k+1]+piy[k]));
                            sx+=dsx;
                            xds+=dx*dsx;
                    }
                    if(dsy!=0)
                    {       dy=pix[k+1]*(2.0*piy[k+1]+piy[k])+pix[k]*(piy[k+1]+2.0*piy[k]);
                            dy/=(3.0*(pix[k+1]+pix[k]));
                            sy+=dsy;
                            yds+=dy*dsy;
                    }
            }
            gx[gno]=xds/sx;
            gy[gno]=yds/sy;
}
/*===================== gravity_point ===========================*/
int         gravity_point(void)
{           int             i,j,k;
            for(j=0;j<dt_num;++j)
            {       switch(attrib[j])
                    {       case 0:                                             /* 外形线 */
                                    ne=kak[j];
                                    for(i=0;i<=ne;++i)
                                    {       pix[i]=px[j][i];
                                            piy[i]=py[j][i];
                                    }
                                    ne_a=ne;
                                    jyu_area();
                                    men[gno]=fabs(menseki());
                                    pgn[gno]=j;
                                    ++gno;
                            case 1:         break;                              /* 孔 */
                            case 2:         break;                              /* 线 */
                            case 3:         break;                              /* 塔 */
                            case 4:         break;                              /* 家畜小屋 */
                            default:        break;                              /* 其他 */
                                    break;
                    }
            }
            for(j=0;j<dt_num;++j)
            {       double          hole_men;
                    switch(attrib[j])
                    {       case 0:                                             /* 外形线 */
                                    break;
                            case 1:                                             /* 孔 */
                                    ne=kak[j];
                                    for(i=0;i<=ne;++i)
                                    {       pix[i]=px[j][i];
                                            piy[i]=py[j][i];
                                    }
```

```c
                                    ne_a=ne;
                                    jyu_area();
                                    hole_men=fabs(menseki());
                                    for(k=0;k<gno;++k)                                                      /* 含有孔的外形线 */
                                    {
                                                    ne=kak[pgn[k]];
                                                    for(i=0;i<=ne;++i)
                                                    {
                                                                    pix[i]=px[pgn[k]][i];
                                                                    piy[i]=py[pgn[k]][i];
                                                    }
                                                    if(interi(gx[gno],gy[gno]))
                                                    {
                                                                    men[-=hole_men;
                                                                    goto out;
                                                    }
                                    }
                                    printf( "\nnot found !!" );
                                    exit(1);
out:                                break;
                    default:
                                    break;                                                                  /* 其他 */
                    }
/*                  for(k=0;k<gno;++k)
                                    circle(gx[k],gy[k],2,2,purple,0x20);
*/                  for(k=0;k<gno;++k)
                    {
                                    xpp[k]=gx[k];
                                    ypp[k]=gy[k];
                                    zd[k]=men[k];
                    }
                    nd=gno;
                    return(1);
}
/*========================= set_parameter =========================*/
void        set_parameter(void)
{           double          xd=MAX_POT;                                                     /* 高峰值的位置(m) */
            double          bai=BAI;                                                        /* 高峰值的倍率 */

            beta=log(bai)/SQUARE(xd);
            alpha=2.0*xd*beta;
/*          printf( "\nmax_pot = %7.2lf (m)" ,xd);
            printf( "\nalpha = %lf / beta = %lf" ,alpha,beta);
*/}
/*========================= draw_polygon =========================*/
void        draw_polygon(double xc,double yc,int mark,double pgon_st,
                        double mark_width,int ln_col)
{           int             i;
            double          st,dth;
            double          x0,y0,x1,y1,tht0,tht1;

            st=pgon_st/180.0*M_PI;
            dth=2.0*M_PI/(double)mark;
            for(i=0;i<mark;++i)
            {
                            tht0=st+i*dth;
                            tht1=st+(i+1)*dth;
                            x0=xc+mark_width*cos(tht0);
                            y0=yc+mark_width*sin(tht0);
                            x1=xc+mark_width*cos(tht1);
                            y1=yc+mark_width*sin(tht1);
                            line(x0,y0,x1,y1,ln_col,0x00);
            }
}
/*========================= jku_check =========================*/
void        jku_check(void)
{           int             i,j,k;

            for(j=0;j<dt_num;++j)
            {
                            int             jn[10];                                         /* 外形线内部的轴线 */
                            int             jku_num=0;
                            double          area;
                            switch(attrib[j])
                            {
                                    case (0):                                               /* 外形线 */
                                                    ne=kak[j];
                                                    for(i=0;i<=ne;++i)
                                                    {
                                                                    pix[i]=px[j][i];
                                                                    piy[i]=py[j][i];
                                                    }
                                                    ne_a=ne;
                                                    area=fabs(menseki());
                                                    for(k=0;k<kk_num;++k)                   /* 测试轴线 */
                                                    {
                                                                    double          xh,yh;
                                                                    xh=(x0[k]+x1[k])/2.0;
                                                                    yh=(y0[k]+y1[k])/2.0;
                                                                    if(interi(xh,yh))
                                                                    {
                                                                                    jn[jku_num]=k;
                                                                                    circle(xh,yh,3,3,sky_blue,0x20);
                                                                                    ++jku_num;
                                                                    }
                                                    }
                                                    if(!jku_num)
                                                                    printf( "\njiku : not found !!" );
                                                    else
                                                    {
                                                                    for(i=0;i<jku_num;++i)
                                                                    {
                                                                                    jku[jn[i]]=(area/jku_num);
                                                                                    printf( "%7.2lf ",jku[jn[i]]);
                                                                    }
                                                    }
                                                    break;
                                    case (1):                                               /* 孔 */
                                                    break;
                                    case (3):                                               /* 塔 */
                                                    break;
                                    case (4):                                               /* 家畜小屋 */
                                                    break;
                                    default:
                                                    break;                                  /* 其他 */
                            }
            }
}
/*========================= draw_grid =========================*/
                                                                                /* 描画网格 */
void        draw_grid(void)
{           int             ig=0;                                               /* 只描画外轮廓:0, 网格:1 */
            int             i,j,nsx,nsy;

            if(ig==0)
            {
                            nsx=NX-1;
                            nsy=NY-1;
            }
            else
            {
                            nsx=1;
                            nsy=1;
            }
            for(i=0;i<NX;i+=nsx)
```

```
                    {       if(i==0 || i==NX-1)
                            {       col=red;
                                    line_thick(hx*i,0,hx*i,yw,col,0x00,2);
                            }
                            else
                            {       col=blue;
                                    line(hx*i,0,hx*i,yw,col,0x00);
                            }
                    }
                    for(j=0;j<NY;j+=nsy)
                    {       if(j==0 || j==NY-1)
                            {       col=red;
                                    line_thick(0,hy*j,xw,hy*j,col,0x00,2);
                            }
                            else
                            {       col=blue;
                                    line(0,hy*j,xw,hy*j,col,0x00);
                            }
                    }
            }
}
/*=========================== center ================================*/
void            center(void)
{
            int                         i,j,k;
            int                         i_max,j_max;
            double          tha_max;
            double          xct,yct;
            double          wei_0,wei_1;
            double          ang_sum;

            for(j=0;j<NY;++j)
            {       for(i=0;i<NX;++i)
                            alt[j][i]=0.0;
            }
            for(j=0;j<NY-1;++j)
            {       for(i=0;i<NX;++i)
                            ksw[j][i]=0;
            }
/*          switch(W)
            {       case(0):                                                    /* thta */
                            put_g_holizontal(dc,30," <thta>" ,white);
                            break;
                    case(1):                                                    /* sin_thta */
                            put_g_holizontal(dc,30," <sin_thta>" ,white);
                            break;
                    case(2):                                                    /* fai */
                            put_g_holizontal(dc,30," <fai>" ,white);
                            break;
                    case(3):                                                    /* sin_fai */
                            put_g_holizontal(dc,30," <sin_fai>" ,white);
                            break;
                    case(4):                                                    /* max(thta,fai) */
                            put_g_holizontal(dc,30," <max(thta,fai)>" ,white);
                            break;
                    case(5):                                                    /* max(sin_thta,sin_fai) */
                            put_g_holizontal(dc,30," <max(sin_thta,sin_fai)>" ,white);
                            break;
            }
            itoa(MAX_POT,val,10);
            strcpy(buf," MAX_POT = ");
            strcat(buf,val);
            strcat(buf," m" );
            put_g_holizontal(dc,70,buf,white);
*/
            jku_check();

            tha_max=-1.0e10;
            alt_max=-1.0e10;
            ang_sum=0.0;
            for(j=0;j<NY;++j)
            {       double          yg;
                    yg=hy*j;
                    locate(75,1);
                    printf( "%d" ,j);
                    for(i=0;i<NX;++i)
                    {       double          xg;
                            double          tha_sum=0.0;
                            xg=hx*i;
                            for(k=0;k<kk_num;++k)
                            {       double              xu,yu,xv,yv;
                                    double              thta,sin_thta,cos_thta,fai,sin_fai;
                                    double              xh,yh;
                                    double              dist;
                                    xu=(x0[k]+x1[k])/2.0-xg;                    /* u */
                                    yu=(y0[k]+y1[k])/2.0-yg;
                                    xv=x1[k]-x0[k];                                             /* v */
                                    yv=y1[k]-y0[k];

                                    if(xu==0.0 && yu==0.0)
                                            continue;
                                    cos_thta=(xu*xv+yu*yv)/(sqrt(SQUARE(xu)+SQUARE(yu))
                                                    *sqrt(SQUARE(xv)+SQUARE(yv)));
                                    sin_thta=sqrt(1.0-SQUARE(cos_thta));
                                    thta=asin(sin_thta);                        /* arcsin */
                                    fai=M_PI_2-thta;
                                    sin_fai=sin(fai);

                                    wei_0=jku[k]/100.0;                                                 /* set scale */

                                    xh=(x0[k]+x1[k])/2.0;                       /* 中点 */
                                    yh=(y0[k]+y1[k])/2.0;
                                    dist=sqrt(SQUARE(xh-xg)+SQUARE(yh-yg));
                                    wei_1=exp(dist*(alpha-beta*dist));

                                    switch(W)
                                    {       case(0):                                        /* thta */
                                                    tha_sum+=thta*wei_0*wei_1;
                                                    break;
                                            case(1):                                        /* sin_thta */
                                                    tha_sum+=sin_thta*wei_0*wei_1;
                                                    break;
                                            case(2):                                        /* fai */
                                                    tha_sum+=fai*wei_0*wei_1;
                                                    break;
                                            case(3):                                        /* sin_fai */
                                                    tha_sum+=sin_fai*wei_0*wei_1;
                                                    break;
                                            case(4):                                        /* max(thta,fai) */
                                                    tha_sum+=MAXV(thta,fai)*wei_0*wei_1;
                                                    break;
                                            case(5):                                        /* max(sin_thta,sin_fai) */
                                                    tha_sum+=MAXV(sin_thta,sin_fai)*wei_0*wei_1;
```

```
                                                                        }
                                        if(tha_sum>tha_max)                                     /* find center point */
                                        {                       tha_max=tha_sum;
                                                                i_max=i;
                                                                j_max=j;
                                        }
                                        alt[j][i]=tha_sum;
                                        if(alt[j][i]>alt_max)
                                                                alt_max=alt[j][i];
                                }
                        }
                        printf( "\ntha_max =%7.2lf j_max =%3d i_max =%3d ave =%7.2lf",
                                        tha_max,j_max,i_max,tha_max/(double)kk_num);
                        if(i_max==0 || i_max==NX-1 || j_max==0 || j_max==NY-1)
                                return;                                                 /* 范围外 */
/*
                        gcvt(tha_max,3,val);
                        strcpy(buf," 最大值 ： ");
                        strcat(buf,val);
                        put_g_holizontal(dc,ll,buf,white);

                        strcpy(buf," 位置 ： i=");
                        itoa(i_max,val,10);
                        strcat(buf,val);
                        ll+=dl;
                        put_g_holizontal(dc,ll,buf,white);

                        strcpy(buf,"  /j=");
                        itoa(j_max,val,10);
                        strcat(buf,val);
                        put_g_holizontal(250+dc,ll,buf,white);
*/
                        nd=kk_num;                                              /* 针对中心进行统计 */
                        yct=hy*j_max;
                        xct=hx*i_max;
                        circle(xct,yct,5,5,red,0x20);
                        circle(xct,yct,8,8,red,0x00);
                        circle(xct,yct,9,9,red,0x00);

                        for(k=0;k<kk_num;++k)
                        {               double          xu,yu,xv,yv;
                                        double          thta,sin_thta,cos_thta,fai,sin_fai;
                                        double          xh,yh;
                                        double          dist;
                                        xu=(x0[k]+x1[k])/2.0-xct;                       /* u */
                                        yu=(y0[k]+y1[k])/2.0-yct;
                                        xv=x1[k]-x0[k];                                 /* v */
                                        yv=y1[k]-y0[k];

                                        if(xu==0.0 && yu==0.0)
                                                        continue;
                                        cos_thta=(xu*xv+yu*yv)/(sqrt(SQUARE(xu)+SQUARE(yu))
                                                        *sqrt(SQUARE(xv)+SQUARE(yv)));
                                        sin_thta=sqrt(1.0-SQUARE(cos_thta));
                                        thta=asin(sin_thta);                            /* arcsin */
                                        fai=M_PI_2-thta;
                                        sin_fai=sin(fai);

                                        wei_0=jku[k]/100.0;                             /* set scale */

                                        xh=(x0[k]+x1[k])/2.0;                           /* 中点 */
                                        yh=(y0[k]+y1[k])/2.0;
                                        dist=sqrt(SQUARE(xh-xct)+SQUARE(yh-yct));
                                        wei_1=exp(dist*(alpha-beta*dist));

                                        switch(W)
                                        {               case(0):
                                                                zd[k]=thta*wei_0*wei_1;
                                                                ang_sum+=thta;
                                                                break;
                                                        case(1):
                                                                zd[k]=sin_thta*wei_0*wei_1;
                                                                ang_sum+=sin_thta;
                                                                break;
                                                        case(2):
                                                                zd[k]=fai*wei_0*wei_1;
                                                                ang_sum+=fai;
                                                                break;
                                                        case(3):
                                                                zd[k]=sin_fai*wei_0*wei_1;
                                                                ang_sum+=sin_fai;
                                                                break;
                                                        case(4):
                                                                zd[k]=MAXV(thta,fai)*wei_0*wei_1;
                                                                ang_sum+=MAXV(thta,fai);
                                                                break;
                                                        case(5):
                                                                zd[k]=MAXV(sin_thta,sin_fai)*wei_0*wei_1;
                                                                ang_sum+=MAXV(sin_thta,sin_fai);
                                                                break;
                                        }
                        }
                        ang_ave=ang_sum/(double)kk_num;
                        statistics();
}
/*========================= init_contour ===========================*/
void            init_contour(void)                                              /* contour initial condition */
{               int                     i;

                for(i=0;i<KH;++i)
                        heit[i]=i*(alt_max/KH);
                MAG_ALT=100.0/alt_max;
}
/*========================= interpolation =========-==================*/
double          interpolation(double a1,double a2,double hh,double ht)
{               double          dl;

                dl=hh*(ht-a1)/(a2-a1);
                return(dl);
}
/*========================= trace ===========================*/
void            trace(int ii,int jj,int ist,int jst,double a1,double a2,
                                double xs,double ys,double ht)
{               int                     ir,il,ku,im,md,m,mm;
                double          xds,yds,xde,yde,dl;

                for(ir=0;ir<2;++ir)
                {               ku=0;                                           /* ku : check connecting point */
                                if(ir==1)
                                        swap_double(&a1,&a2);
```

```
                        xds=xs;
                        yds=ys;
                        if(ir==0)
                                    il=2;
                        else
                                    il=4;                                                   /* il : edge of input */
loop:
                        switch(il)
                        {
                                    case 1:
                                                jj-=1;                                      /* im : edge no. of il in new grid */
                                                break;
                                    case 2:
                                                ii-=1;
                                                break;
                                    case 3:
                                                jj+=1;
                                                break;
                                    case 4:
                                                ii+=1;
                                                break;
                        }
                        if(ii==ist && jj==jst && ku!=0)                                     /* check closed */
                        {
                                    xde=xs;
                                    yde=ys;
                                    line_thick(xds,yds,xde,yde,col,0,ww);
                                    return;
                        }
                                                                                            /* check out of frame */
                        if(ii<0 || ii>NX-2 || jj<0 || jj>NY-2)
                        {
                                    ii=ist-1;
                                    jj=jst;
                                    continue;
                        }
                        ku=1;
                        im=il+2;
                        if(im>4)
                                    im-=4;
                        if(a1>ht)
                                    md=1;
                        else
                                    md=-1;
                        m=im;
                        for(mm=1;mm<4;++mm)
                        {           double      hh;
                                    m+=md;
                                    if(m<1)
                                                m=4;
                                    if(m>4)
                                                m=1;
                                    switch(m)
                                    {           case 1:
                                                            a1=alt[jj][ii+1];
                                                            a2=alt[jj][ii];
                                                            break;
                                                case 2:
                                                            a1=alt[jj][ii];
                                                            a2=alt[jj+1][ii];
                                                            break;
                                                case 3:
                                                            a1=alt[jj+1][ii];
                                                            a2=alt[jj+1][ii+1];
                                                            break;
                                                case 4:
                                                            a1=alt[jj+1][ii+1];
                                                            a2=alt[jj][ii+1];
                                                            break;
                                    }
                                    if((a1-ht)*(a2-ht)>0)
                                                continue;
                                    if(m==1 || m==3)
                                                hh=hx;
                                    else
                                                hh=hy;
                                    dl=interpolation(a1,a2,hh,ht);
                                    switch(m)
                                    {           case 1:
                                                            xde=hx*(ii+1)-dl;
                                                            yde=hy*jj;
                                                            break;
                                                case 2:
                                                            xde=hx*ii;
                                                            yde=hy*jj+dl;
                                                            break;
                                                case 3:
                                                            xde=hx*ii+dl;
                                                            yde=hy*(jj+1);
                                                            break;
                                                case 4:
                                                            xde=hx*(ii+1);
                                                            yde=hy*(jj+1)-dl;
                                                            break;
                                    }
                                    ksw[jj][ii]=1;
                                    ksw[jj][ii+1]=1;
                                    line_thick(xds,yds,xde,yde,col,0,ww);
                                    xds=xde;
                                    yds=yde;
                                    il=m;
                                    goto loop;
                        }
            }
}
/*====================== contour ==============================*/
void        contour(void)                                       /* drawing contour */
{
            int         i,j,l;
            double      ht;

            for(l=0;l<KH;++l)
                        ic[l]=0;
            for(l=0;l<KH;++l)
            {
                        locate(0,0);
                        printf( "ht =%7.2lf" ,heit[l]);
                        if(!(l%5))
                                    ww=2;
                        else
                                    ww=1;
                        col=l%15+1;
                        if(l>1 && ic[l-2]==1 && ic[l-1]==0)
                                    return;                     /* ic ; check of end : l>=2 */
                        ht=heit[l]-.001;
                                                                /* search point */
                        for(i=0;i<NX;i+=kxm)
```

```c
                                {           for(j=0;j<NY-1;++j)
                                    {       int             ii,jj,ist,jst;
                                            double          a1,a2,xs,ys,dl;
                                            if(ksw[j][i]==1)
                                                            continue;
                                            a1=alt[j][i];
                                            a2=alt[j+1][i];
                                            if((a1-ht)*(a2-ht)>0)
                                                            continue;
                                            dl=interpolation(a1,a2,hy,ht);
                                            xs=hx*i;
                                            ys=hy*j+dl;
                                            ist=i;
                                            jst=j;
                                            ksw[jst][ist]=1;
                                            ii=ist;
                                            jj=jst;
                                            trace(ii,jj,ist,jst,a1,a2,xs,ys,ht);
                                            ic[l]=1;
                                    }
                                }
}
/*========================= init_isomeln ==========================*/
void            init_isomeln(void)                                                      /* isomeln initial condition */
{                               int                             i;

                xw=hx*(NX-1);
                yw=hy*(NY-1);
                s_th0=sin(M_PI/180.0*th0);
                c_th0=cos(M_PI/180.0*th0);
                s_th1=sin(M_PI/180.0*th1);
                c_th1=cos(M_PI/180.0*th1);
                for(i=0;i<1120;++i)
                                {       ymin[i]= 32000;
                                        ymax[i]=-ymin[i];
                                }
}
/*========================= draw_base ============================*/
void            draw_base(void)
{                               line(0,0,0,0,xw*c_th0,xw*s_th0,blue,0);         /* base */
/*                              line(0,0,0,0,-yw*c_th1,yw*s_th1,blue,0);
*/                              line(xw*c_th0,xw*s_th0,          xw*c_th0-yw*c_th1,xw*s_th0+yw*s_th1,blue,0);
/*                              line(-yw*c_th1,yw*s_th1,-yw*c_th1+xw*c_th0,yw*s_th1+xw*s_th0,blue,0);
*/
                                line(0,0,0,0,0,0,alt[0][0]*MAG_ALT,blue,0);/* vertical line */
                                line(xw*c_th0,xw*s_th0,          xw*c_th0,xw*s_th0+alt[0][NX-1]*MAG_ALT,blue,0);
/*                              line(-yw*c_th1,yw*s_th1,-yw*c_th1,yw*s_th1+alt[NY-1][0]*MAG_ALT,blue,0);
*/                              line(xw*c_th0-yw*c_th1,xw*s_th0+yw*s_th1,xw*c_th0-yw*c_th1,
                                        xw*s_th0+yw*s_th1+alt[NY-1][NX-1]*MAG_ALT,blue,0);
}
/*========================= draw_fringe_x ==========================*/
void            draw_fringe_x(int j)                                                    /* edge of stripe */
{               double          xs,ys,px0,py0,px1,py1;

                xs=0;
                ys=0;
                px0=xs-(j-1)*hy*c_th1;
                py0=ys+(j-1)*hy*s_th1+alt[j-1][0]*MAG_ALT;
                px1=xs-j*hy*c_th1;
                py1=ys+j*hy*s_th1+alt[j][0]*MAG_ALT;
                plot_line(px0,py0,px1,py1,white);

                xs=xw*c_th0;
                ys=xw*s_th0;
                px0=xs-(j-1)*hy*c_th1;
                py0=ys+(j-1)*hy*s_th1+alt[j-1][NX-1]*MAG_ALT;
                px1=xs-j*hy*c_th1;
                py1=ys+j*hy*s_th1+alt[j][NX-1]*MAG_ALT;
                plot_line(px0,py0,px1,py1,white);
}
/*========================= draw_fringe_y ==========================*/
void            draw_fringe_y(int i)                                                    /* edge of stripe */
{               double          xs,ys,px0,py0,px1,py1;

                xs=0;
                ys=0;
                px0=xs+(i-1)*hx*c_th0;
                py0=ys+(i-1)*hx*s_th0+alt[0][i-1]*MAG_ALT;
                px1=xs+i*hx*c_th0;
                py1=ys+i*hx*s_th0+alt[0][i]*MAG_ALT;
                plot_line(px0,py0,px1,py1,white);

                xs=-yw*c_th1;
                ys= yw*s_th1;
                px0=xs+(i-1)*hx*c_th0;
                py0=ys+(i-1)*hx*s_th0+alt[NY-1][i-1]*MAG_ALT;
                px1=xs+i*hx*c_th0;
                py1=ys+i*hx*s_th0+alt[NY-1][i]*MAG_ALT;
                plot_line(px0,py0,px1,py1,white);
}
/*========================= plot_line ============================*/
void            plot_line(double px0,double py0,double px1,double py1,int col)
{                               double          a,b;
                                int                             kx,ks,ke,ys,ye;
                                int                             plot_flag0=0,plot_flag1;
                                int                             yv,xv_f=0,yv_f=0;

                ks=MINV(px0,px1);
                ke=MAXV(px0,px1);
                if(ks==(int)px0)
                {               ys=py0;
                                ye=py1;
                }
                else
                {               ys=py1;
                                ye=py0;
                }
                a=(py1-py0)/(px1-px0);
                b=-a*px0+py0;
                for(kx=ks;kx<=ke;++kx)
                                {       plot_flag1=0;
                                        if(kx==ks)                                              /* adjust edge point */
                                                        yv=ys;
                                        else if(kx==ke)
                                                        yv=ye;
                                        else
                                                        yv=a*kx+b;
                                        if(yv<=ymin[(int)(kx+x00)])
                                                {       ymin[(int)(kx+x00)]=yv;
                                                        plot_flag1=1;
```

```c
            }
            if(yv>=ymax[(int)(kx+x00)])
            {
                ymax[(int)(kx+x00)]=yv;
                plot_flag1=1;
            }
            if(plot_flag0 & plot_flag1)
                line(xv_f,yv_f,kx,yv,col,0);
            plot_flag0=plot_flag1;
            xv_f=kx;
            yv_f=yv;
        }
}
/*========================= isome_x =============================*/
void    isome_x(void)                       /* draw x-direct line */
{
    int     i,j;
    double  xs,ys,px0,py0,px1,py1;

    for(j=0;j<NY;++j)
    {
        xs=-j*hy*c_th1;
        ys=j*hy*s_th1;
        for(i=0;i<NX-1;++i)
        {
            px0=xs+i*hx*c_th0;
            py0=ys+i*hx*s_th0+alt[j][i]*MAG_ALT;
            px1=xs+(i+1)*hx*c_th0;
            py1=ys+(i+1)*hx*s_th0+alt[j][i+1]*MAG_ALT;
            plot_line(px0,py0,px1,py1,white);
        }
        if(j==0)
            continue;
        else
            draw_fringe_x(j);
    }
}
/*========================= isome_y =============================*/
void    isome_y(void)                       /* draw y-direct line */
{
    int     i,j;
    double  xs,ys,px0,py0,px1,py1;

    if(th0>0)
    {
        for(i=0;i<NX;++i)
        {
            xs=i*hx*c_th0;
            ys=i*hx*s_th0;
            for(j=0;j<NY-1;++j)
            {
                px0=xs-j*hy*c_th1;
                py0=ys+j*hy*s_th1+alt[j][i]*MAG_ALT;
                px1=xs-(j+1)*hy*c_th1;
                py1=ys+(j+1)*hy*s_th1+alt[j+1][i]*MAG_ALT;
                plot_line(px0,py0,px1,py1,white);
            }
            if(i==0)
                continue;
            else
                draw_fringe_y(i);
        }
    }
    else
    {
        for(i=NX-1;i>=0;--i)
        {
            xs=i*hx*c_th0;
            ys=i*hx*s_th0;
            for(j=0;j<NY-1;++j)
            {
                px0=xs-j*hy*c_th1;
                py0=ys+j*hy*s_th1+alt[j][i]*MAG_ALT;
                px1=xs-(j+1)*hy*c_th1;
                py1=ys+(j+1)*hy*s_th1+alt[j+1][i]*MAG_ALT;
                plot_line(px0,py0,px1,py1,white);
            }
            if(i==0)
                continue;
            else
                draw_fringe_y(i);
        }
    }
}
/*********************** main ****************************/
void    main(void)
{
    char    file_name[64];

    start_process();
    graphic_init();

    read_ank_no();
    read_jis_no();
    line_direct();

    open_mtx();
    set_parameter();

    menu();

    save_text_vram(ln_s,co_s,ln_n,co_w+2);
    disp_menu(ln_s,co_s,ln_n,msg);
    ccc=pull_down_menu(ln_s,co_s,ln_n,co_w);
    load_text_vram(ln_s,co_s,ln_n,co_w+2);

    locate(20,12);
    printf("print out   (y/n) :  ");
    prt=yes_no_check();

    file_open(file1,READ_T);
    fp1=fp;
    while(!feof(fp1))
    {
        int     i;
        int     code;
        char    village[64],dir[64];
        if(EOF==fscanf(fp1," %s%s%d\n",file_name,dir,&code))
            break;
        fgets(village,64,fp1);
        for(i=0;i<strlen(village);++i)          /* skip LF */
            if(village[i]==0x0a)
                village[i]=0x00;

        if(code==0)                             /* skip : code = 0 */
            continue;
        if(code==2)                             /* skip : 保留 */
            continue;
        if(code==3)                             /* skip : 住宅 */
            continue;

        switch(ccc)
        {
            case 1:                                             /* all */
                break;
            case 2:                                             /* africa */
```

```
                              if(strcmp(dir," africa" ))
                                         continue;
               case 3:       break;
                              if(strcmp(dir," china" ))                              /* china */
                                         continue;
               case 4:       break;                                                  /* europe */
                              if(strcmp(dir," europe" ))
                                         continue;
               case 5:       break;                                                  /* india */
                              if(strcmp(dir," india" ))
                                         continue;
               case 6:       break;                                                  /* inndonesia */
                              if(strcmp(dir," indnesia" ))
                                         continue;
               case 7:       break;                                                  /* laten america */
                              if(strcmp(dir," latenam" ))
                                         continue;
               case 8:       break;                                                  /* papua */
                              if(strcmp(dir," png" ))
                                         continue;
               case 9:       break;                                                  /* mideast */
                              if(strcmp(dir," mideast" ))
                                         continue;
               default:      break;
                              red_b;
                              printf( "\nirregal value" );
                              normal;
                              exit(1);
          }
          strcpy(open_file,file0);
          strcat(open_file,dir);
          strcat(open_file," \\" );
          strcat(open_file,file_name);
          strcat(open_file," .att" );
          printf( "\n%s" ,open_file);

          set_parameter();
          make_data();
          center();
          init_contour();
          contour();

          if(!strcmp(dir," africa" ))
                    strcat(village," (Africa)" );
          if(!strcmp(dir," china" ))
                    strcat(village," (China)" );
          if(!strcmp(dir," europe" ))
                    strcat(village," (Europe)" );
          if(!strcmp(dir," india" ))
                    strcat(village," (India)" );
          if(!strcmp(dir," indnesia" ))
                    strcat(village," (Indonesia)" );
          if(!strcmp(dir," latenam" ))
                    strcat(village," (Laten America)" );
          if(!strcmp(dir," png" ))
                    strcat(village," (Papua New Guinea)" );
          if(!strcmp(dir," mideast" ))
                    strcat(village," (Middle East)" );

          wd=1.0;                                                                    /* scale & name */
          line(20.0,20.0,20.0,25.0,red,0x00);
          line(20.0,20.0,20.0+50*wd_sav,20.0,red,0x00);
          line(20.0+50*wd_sav,20.0,20.0+50*wd_sav,25.0,red,0x00);
          put_string_crt(20.0+50*wd_sav,25.0,21,0.0,white," 50m" );
          put_string_crt(0,-25,21,0.0,white,village);
          put_string_crt(500,430,21,0.0,white," <center>" );

          x00+=500.0;
          y00+=70.0;
          hx=400.0/(NX-1);
          hy=400.0/(NY-1);
          if(x_direct)
          {
                    init_isomeln();
                    isome_x();
                    draw_base();
          }
          if(y_direct)
          {
                    init_isomeln();
                    isome_y();
                    draw_base();
          }

          if(prt)
                    gcopy_16();

          x00-=500.0;
          y00-=70.0;
     }
     fclose(fp1);

     graphic_end();
     end_process();
}
```

007 住居之间距离的定量化模型程序

```
/*##################################################################
                    draw equi-distant line (equi_isa.c)
                        住居之间距离的定量化模型程序
                                 98/11/02
####################################################################*/
#include            <stdio.h>
#include            <stdlib.h>
#include            <string.h>
#include            <alloc.h>
#include            <math.h>
#include            <my.h>
#include            <myg.h>
#include            <conio.h>

FILE                *fp,*fp0,*fp1;
char                *file0=" f:\\wan\\data\\" ;
char                *file1=" f:\\wan\\data\\name_1.dat" ;
char                open_file[64];

#define             NX              (101)       /* 网格x方向 */
#define             NY              (101)       /* 网格y方向 */

#define             NN              (40)        /* 最大角度 */
#define             PNO             (400)       /* 最多建筑户数 */
#define             LNO             (2000)

#define             DTMAX           (1)         /* 作为计算对象数 */

static int          crt=0;                      /* 途中经过的对象数目的表示 */

double                              ymm=749.0,
                                    x00=5.0,
                                    y00=200.0,
                                    wd=1.0;

double                              hx,
                                    hy,
                                    xw,yw;

static int          ll,dl,dc;
static int          no,kak[PNO],type[PNO],attrib[PNO];
static int          dt_num;

static double       (huge *px)[NN],(huge *py)[NN];
static int          kak[PNO];
static int          ne,col;
static int          pg_num;
static char         buf[40],val[20];

static double       pix[NN],piy[NN];

static double       eps=0.1,rr,rrmin=0.1;
static double       (huge *psx),(huge *psy),(huge *pex),(huge *pey);
static int          ln[LNO];
static int          ln_num;
static int          pg_ck;
static double       scale;
static double       wd_sav;
static int          prt;

static int          dtck[LNO];
static int          dtcheck;

static int          nd;
static double       zd[1000];
static double       aver,var,sd,dmin,dmax;

char                *msg[20];
int                                 ln_s,co_s,ln_n,co_w;
int                                 ccc;

void                open_mtx(void);
void                menu(void);
double              menseki(void);
void                statistics(void);
void                make_data(void);
void                init_contour(void);
void                draw_grid(void);
int                 kouten(double,double,double,double,double,double,double,double,
                    double *,double *,double *,double *);
void                quad(double,double,double,double,double *,int *);
void                pgon_plot(int);
void                parallel_lines(int);
void                distance_check(void);
int                                 cross_of_lines(void);
int                                 cross_of_line_arc(void);
int                                 cross_of_arc_line(void);
int                                 cross_of_arcs(void);

/*====================== open_mtx ===========================*/
void        open_mtx(void)
{
                    if((px=farcalloc(PNO,(unsigned long)sizeof(*px))==NULL)
                        {   red_b;
                            printf( "\nallocation error : px" );       /* [PNO][NN] */
                            normal;
                            exit(1);
                        }
                    if((py=farcalloc(PNO,(unsigned long)sizeof(*py))==NULL)
                        {   red_b;
                            printf( "\nallocation error : py" );       /* [PNO][NN] */
                            normal;
                            exit(1);
                        }
                    if((psx=farcalloc(LNO,(unsigned long)sizeof(*psx))==NULL)
                        {   red_b;
                            printf( "\nallocation error : psx" );      /* [LNO] */
                            normal;
                            exit(1);
                        }
                    if((psy=farcalloc(LNO,(unsigned long)sizeof(*psy))==NULL)
                        {   red_b;
                            printf( "\nallocation error : psy" );      /* [LNO] */
                            normal;
                            exit(1);
                        }
                    if((pex=farcalloc(LNO,(unsigned long)sizeof(*pex))==NULL)
                        {   red_b;                                     /* [LNO] */
```

```
                            printf( "\nallocation error : pex" );
                            normal;
                            exit(1);
                        }
                    if((pey=farcalloc(LNO,(unsigned long)sizeof(*pey)))==NULL)
                        {   red_b;
                            printf( "\nallocation error : pey" );                    /* [LNO] */
                            normal;
                            exit(1);
                        }
}
/*====================== menu ================================*/
void        menu(void)
{
                msg[0]="                    $" ;
                msg[1]="  全部              $" ;
                msg[2]="  非洲              $" ;
                msg[3]="  中国              $" ;
                msg[4]="  欧洲              $" ;
                msg[5]="  印度              $" ;
                msg[6]="  印度尼西亚         $" ;
                msg[7]="  中南美            $" ;
                msg[8]="  巴布亚新几内亚     $" ;
                msg[9]="  中东              $" ;
                msg[10]="                   $" ;
                ln_s= 5;                                                             /* start line */
                co_s=30;                                                             /* start colyumn */
                ln_n=11;                                                             /* line No. */
                co_w=12;                                                             /* column No. */
}
/*====================== menseki ================================*/
double      menseki(void)                                                            /* caluculate area */
{           int                                 k;
            double                              s=0.0;

            for(k=0;k<ne;++k)
                s+=(piy[k+1]+piy[k])*(pix[k+1]-pix[k])/2.0;
            return((s));
}
/*====================== statistics ================================*/
void        statistics(void)
{           int                                 i;
            double          smesh=0,amesh=0;

            cls1();
            wd=1.0;
            dmin=1.0e10;
            dmax=-1.0e+10;
            for(i=0;i<nd;++i)
                {   smesh=smesh+zd[i];
                    amesh=amesh+SQUARE(zd[i]);
                    if(zd[i]>dmax)
                        dmax=zd[i];
                    if(zd[i]<dmin)
                        dmin=zd[i];
                }
            aver=smesh/nd;
            var=amesh/nd-SQUARE(aver);
            sd=sqrt(var);
            printf( "\nnd         =%5d"  ,nd);
            printf( "\naverage    =%9.3lf" ,aver);
            printf( "\ndispersion =%9.3lf" ,var);
            printf( "\nstandard dev =%9.3lf" ,sd);
            printf( "\ndmin       =%9.3lf" ,dmin);
            printf( "\ndmax       =%9.3lf" ,dmax);
            printf( "\nc          =%9.3lf\n" ,sd/aver);
            strcpy(buf," 住居数    : " );
            itoa(nd,val,10);
            strcat(buf,val);
            strcat(buf," 户  ");
            li+=dl;
            put_string_crt(0,-50,18,0.0,white,buf);

            gcvt(aver,3,val);
            strcpy(buf," 平均距离  : " );
            strcat(buf,val);
            strcat(buf," 米" );
            li+=dl;
            put_string_crt(250,-50,18,0.0,white,buf);

            gcvt(sd,2,val);
            strcpy(buf," 标准差    : " );
            strcat(buf,val);
            strcat(buf," 米 ");
            li+=dl;
            put_string_crt(0,-70,18,0.0,white,buf);

            gcvt(sd/aver,2,val);
            strcpy(buf," 变异系数 : " );
            strcat(buf,val);
            li+=dl;
            put_string_crt(250,-70,18,0.0,white,buf);

            gcvt(dmin,2,val);
            strcpy(buf," 最小距离 : " );
            strcat(buf,val);
            strcat(buf," 米" );
            li+=dl;
            put_string_crt(0,-90,18,0.0,white,buf);

            gcvt(dmax,3,val);
            strcpy(buf," 最大距离 : " );
            strcat(buf,val);
            strcat(buf," 米" );
            li+=dl;
            put_string_crt(250,-90,18,0.0,white,buf);
            wd=wd_sav;
}
/*====================== make_data ================================*/
void        make_data(void)
{           int                                 i,j,k;
            double          x_min=1.0e10,x_max=-1.0e10,y_min=1.0e10,y_max=-1.0e10;
            double          dwx,dwy;

            dl=30;
            dc=720;
            for(k=2;k<3;++k)                                                         /* point */
                {   dt_num=0;
                    pg_num=0;
                    li=500;
                    cls1();
                    cls2();
```

```c
                        printf("\n<%s>",open_file);
                        file_open(open_file,READ_T);
                        fp0=fp;
                        fscanf(fp0," %lf",&scale);                              /* read scale */
                        while(!feof(fp0))
                        {          if(EOF==fscanf(fp0," %d%d%d%d",&no,&kak[dt_num],
                                            &type[dt_num],&attrib[dt_num]))
                                            break;
                                   if(kak[dt_num]>NN-1)
                                   {          red_b;                            /* NN check */
                                              printf("\nkak > (NN-1) !!");
                                              normal;
                                              exit(1);
                                   }
                                   for(i=0;i<kak[dt_num];++i)
                                   {          fscanf(fp0," %lf%lf\n",&px[dt_num][i],&py[dt_num][i]);
                                              px[dt_num][i]*=scale/1000.0;
                                              py[dt_num][i]*=scale/1000.0;
                                              if(px[dt_num][i]<x_min)
                                                         x_min=px[dt_num][i];
                                              if(px[dt_num][i]>x_max)
                                                         x_max=px[dt_num][i];
                                              if(py[dt_num][i]<y_min)
                                                         y_min=py[dt_num][i];
                                              if(py[dt_num][i]>y_max)
                                                         y_max=py[dt_num][i];
                                   }
                                   ++dt_num;
                                   if(dt_num>PNO)
                                   {          red_b;                            /* PNO check */
                                              printf("\ndt_num > PNO !!");
                                              normal;
                                              exit(1);
                                   }
                        }
                        fclose(fp0);

                        dwx=x_max-x_min;
                        dwy=y_max-y_min;
                        printf("\ndt_num = %4d",dt_num);
                        printf("\nx_min = %7.2lf x_max = %7.2lf / dwx = %7.2lf",
                                    x_min,x_max,dwx);
                        printf("\ny_min = %7.2lf y_max = %7.2lf / dwy = %7.2lf",
                                    y_min,y_max,dwy);

                        if(dwx>=dwy)
                                   hx=hy=dwx/((NX-1)/k);
                        else
                                   hx=hy=dwy/((NY-1)/k);
                        printf("\nhx   = %7.2lf hx   = %7.2lf",hx,hy);

                        xw=hx*(NX-1);
                        yw=hy*(NY-1);
                        wd=wd_sav=450.0/xw;                                     /* image width */
            draw_grid();
                        for(j=0;j<dt_num;++j)                                   /* move origin */
                        {          ne=kak[j];
                                   for(i=0;i<ne;++i)
                                   {          px[j][i]=(px[j][i]-x_min-dwx/2.0)+xw/2.0;
                                              py[j][i]=(py[j][i]-y_min-dwy/2.0)+yw/2.0;
                                   }
                                   if(type[j]==1)                               /* polygon data */
                                   {          px[j][ne]=px[j][0];
                                              py[j][ne]=py[j][0];
                                   }
                        }
                        for(j=0;j<dt_num;++j)
                        {          ne=kak[j];
                                   switch(attrib[j])
                                   {          case 0:                                                   /* outline */
                                                         for(i=0;i<ne;++i)
                                                                    line(px[j][i],py[j][i],px[j][i+1],py[j][i+1],
                                                                                green,0x00);
                                                         break;
                                              case 1:                                                   /* hole */
                                                         for(i=0;i<ne;++i)
                                                                    line(px[j][i],py[j][i],px[j][i+1],py[j][i+1],
                                                                                d_green,0x00);
                                                         break;
/*                                            case 2:                                                   /* line */
*/                                                       for(i=0;i<ne-1;++i)
                                                                    line_thick(px[j][i],py[j][i],px[j][i+1],py[j][i+1],
                                                                                yellow,0x00,2);
                                                         break;
                                              case 3:                                                   /* tower */
                                                         for(i=0;i<ne;++i)
                                                                    line(px[j][i],py[j][i],px[j][i+1],py[j][i+1],
                                                                                d_white,0x00);
                                                         break;
                                              case 4:                                                   /* animal */
                                                         for(i=0;i<ne;++i)
                                                                    line(px[j][i],py[j][i],px[j][i+1],py[j][i+1],
                                                                                d_white,0x00);
                                                         break;
                                              default:                                      /* others */
                                                         for(i=0;i<ne;++i)
                                                                    line(px[j][i],py[j][i],px[j][i+1],py[j][i+1],
                                                                                blue,0x00);
                                                         break;
                                   }
                        }
            for(j=0;j<dt_num;++j)                                   /* select outline */
            {          ne=kak[j];
                        switch(attrib[j])
                        {          case 0:                                                   /* outline */
                                              for(i=0;i<=ne;++i)
                                              {          pix[i]=px[j][i];
                                                         piy[i]=py[j][i];
                                              }
                                              if(menseki()<0.0)                 /* clockwise */
                                              {          for(i=0;i<=ne;++i)
                                                         {          px[pg_num][i]=pix[ne-i];
                                                                    py[pg_num][i]=piy[ne-i];
                                                         }
                                              }
                                              else
                                              {          for(i=0;i<=ne;++i)
                                                         {          px[pg_num][i]=pix[i];
                                                                    py[pg_num][i]=piy[i];
```

```c
                    }
                kak[pg_num]=ne;
                ++pg_num;
                break;
            default:                                                    /* others */
                break;
            }
        }
        printf( "\npg_num = %4d" ,pg_num);
/*      for(j=0;j<pg_num;++j)
        {
            printf( "\n%d\n" ,kak[j]);
            for(i=0;i<kak[j];++i)
                printf( "%7.2lf%7.2lf" ,px[j][i],py[j][i]);
        }
*/
}
/*==================== init_contour ======================*/
void    init_contour(void)                                              /* contour initial condition */
{
    xw=hx*(NX-1);
    yw=hy*(NY-1);
}
/*==================== draw_grid ======================*/
void    draw_grid(void)                                                 /* drawing grid */
{
    int         ig=0;                                                   /* frame only :0, grid :1 */
    int         i,j,nsx,nsy,col;

    if(ig==0)
    {
        nsx=NX-1;
        nsy=NY-1;
    }
    else
    {
        nsx=1;
        nsy=1;
    }
    for(i=0;i<NX;i+=nsx)
    {
        if(i==0 || i==NX-1)
        {
            col=red;
            line_thick(hx*i,0,hx*i,yw,col,0x00,2);
        }
        else
        {
            col=blue;
            line(hx*i,0,hx*i,yw,col,0x00);
        }
    }
    for(j=0;j<NY;j+=nsy)
    {
        if(j==0 || j==NY-1)
        {
            col=red;
            line_thick(0,hy*j,xw,hy*j,col,0x00,2);
        }
        else
        {
            col=blue;
            line(0,hy*j,xw,hy*j,col,0x00);
        }
    }
}
/*==================== kouten ======================*/
int     kouten(double xa,double ya,double xb,double yb,double xu,double yu,
               double xv,double yv,double *s,double *t,double *xx,double *yy)
{
    double      gsi,eta,dta;

    *s=*t=*xx=*yy=-999.0;                                               /* no intersection */
    gsi= (xv-xu)*(ya-yu)-(yv-yu)*(xa-xu);
    eta=-(xa-xu)*(yb-ya)+(ya-yu)*(xb-xa);
    if(sgn(gsi)!=sgn(eta))
        return(0);
    dta= (yv-yu)*(xb-xa)-(xv-xu)*(yb-ya);
    if(dta==0)
        return(0);
    if(sgn(gsi)!=sgn(dta-gsi))
        return(0);
    if(sgn(gsi)!=sgn(dta-eta))
        return(0);
    *t=gsi/dta;                                     /* (xa,ya),(xb,yb),(xu,yu),(xv,yv) */
    *s=eta/dta;                                     /*       ===> s,t,icr,(xx,yy) */
    *xx=xa+*t*(xb-xa);
    *yy=ya+*t*(yb-ya);
    return(1);
}
/*==================== quad ======================*/
void    quad(double aa,double bb,double cc,double *t0,double *t1,int *kn)
{
    double      rt,srt;

    if(aa==0.0)                                                         /* kn=-1 : 1st order */
    {                                                                   /*    0 : kyokon */
        *kn=-1;                                                         /*    1 : jyuukon */
        *t0=-cc/bb;                                                     /*    2 : 2-kon */
        return;
    }

    rt=bb*bb-4.0*aa*cc;

    if(rt<0.0)
    {
        *kn=0;
        return;
    }
    else if(rt==0.0)
    {
        *kn=1;
        *t0=-bb/(2.0*aa);
        return;
    }
    else
    {
        *kn=2;
        srt=sqrt(rt);
        *t0=(-bb+srt)/(2.0*aa);
        *t1=(-bb-srt)/(2.0*aa);
    }
}
/*==================== pgon_plot ======================*/
void    pgon_plot(int col)                                              /* draw polygon */
{
    int         k;

    for(k=0;k<ne;++k)
        line(pix[k],piy[k],pix[k+1],piy[k+1],col,0x00);
}
/*==================== parallel_lines ======================*/
void    parallel_lines(int nn)                                          /* parallel lines */
{
    double      pp=0.0,ee;
    int         i;

    for(i=0;i<ne;++i)
    {
        pp =(pix[i+1]-pix[i])*(pix[i+1]-pix[i]);
        pp+=(piy[i+1]-piy[i])*(piy[i+1]-piy[i]);
```

```c
                                ee=1.0*rr/sqrt(pp);
                                psx[ln_num]=pix[i]-ee*(piy[i+1]-piy[i]);
                                psy[ln_num]=piy[i]+ee*(pix[i+1]-pix[i]);
                                pex[ln_num]=pix[i+1]-ee*(piy[i+1]-piy[i]);
                                pey[ln_num]=piy[i+1]+ee*(pix[i+1]-pix[i]);
                                ln[ln_num]=nn;
                                ++ln_num;
                        }
        }
/*========================= distance_check =========================*/
void            distance_check(void)                                                            /* nearest polygon */
{               int                             i,j,k;
                int                             ret;
/*ppp*/
                                printf(  " / DTMAX = %d" ,DTMAX);
                                rr=rrmin;
                                nd=0;
                                for(i=0;i<pg_num;++i)
                                {               double          sum_dist=0.0;
                                                dtcheck=0;
                                                pg_ck=i;
                                                rr=rrmin;
                                                locate(0,8);
                                                printf(  "No.= %4d" ,i);
                                                while(1)
                                                {               if(crt)
                                                                {               cls1();
                                                                                cls2();
                                                                                draw_grid();
                                                                }
                                                                locate(12,8);
                                                                printf(  "rr = %7.2lf" ,rr);
                                                                ln_num=0;
                                                                for(j=0;j<pg_num;++j)
                                                                {               ne=kak[j];
                                                                                col=red;
                                                                                for(k=0;k<=ne;++k)
                                                                                {               pix[k]=px[j][k];
                                                                                                piy[k]=py[j][k];
                                                                                }
                                                                                parallel_lines(j);
                                                                                if(crt)
                                                                                {               if(j==pg_ck)
                                                                                                                col=green;
                                                                                                else
                                                                                                                col=red;
                                                                                                pgon_plot(col);
                                                                                }
                                                                }
                                                                if(crt)
                                                                {               for(j=0;j<ln_num;++j)
                                                                                {               for(k=0;k<dtcheck;++k)
                                                                                                {               if(dtck[k]==ln[j])
                                                                                                                                goto next_0;
                                                                                                }
                                                                                                if(ln[j]==pg_ck)
                                                                                                                col=green;
                                                                                                else
                                                                                                                col=red;
                                                                                                line(psx[j],psy[j],pex[j],pey[j],col,0x00);
next_0:;                                                                        }
                                                                                for(j=0;j<pg_num;++j)
                                                                                {               for(k=0;k<dtcheck;++k)
                                                                                                {               if(dtck[k]==j)
                                                                                                                                goto next_1;
                                                                                                }
                                                                                                for(k=0;k<kak[j];++k)
                                                                                                {               if(j==pg_ck)
                                                                                                                                col=green;
                                                                                                                else
                                                                                                                                col=red;
                                                                                                                circle(px[j][k],py[j][k],rr*wd,rr*wd,col,0x00);
                                                                                                }
next_1:;                                                                        }
                                                                }
                                                                ret=cross_of_lines();
                                                                if(ret>=0)
                                                                {               dtck[dtcheck]=ret;
                                                                                sum_dist+=rr-eps/2.0;
                                                                                ++dtcheck;
                                                                                if(dtcheck>=DTMAX)
                                                                                                goto out;
                                                                }
                                                                ret=cross_of_line_arc();
                                                                if(ret>=0)
                                                                {               dtck[dtcheck]=ret;
                                                                                sum_dist+=rr-eps/2.0;
                                                                                ++dtcheck;
                                                                                if(dtcheck>=DTMAX)
                                                                                                goto out;
                                                                }
                                                                ret=cross_of_arc_line();
                                                                if(ret>=0)
                                                                {               dtck[dtcheck]=ret;
                                                                                sum_dist+=rr-eps/2.0;
                                                                                ++dtcheck;
                                                                                if(dtcheck>=DTMAX)
                                                                                                goto out;
                                                                }
                                                                ret=cross_of_arcs();
                                                                if(ret>=0)
                                                                {               dtck[dtcheck]=ret;
                                                                                sum_dist+=rr-eps/2.0;
                                                                                ++dtcheck;
                                                                                if(dtcheck>=DTMAX)
                                                                                                goto out;
                                                                }
                                                                rr+=eps;
                                                }
out:;                           locate(0,9);
                                                zd[nd]=sum_dist/DTMAX;
                                                printf(  "dist = %7.2lf(m)" ,zd[nd]);
                                                ++nd;
                                }
                                statistics();
}
/*========================= cross_of_lines =========================*/
int             cross_of_lines(void)
{               double          xa,ya,xb,yb,xu,yu,xv,yv,ss,tt,xx,yy;
```

```c
                                int             icr,i,j,k;
                                for(i=0;i<ln_num-1;++i)
                                {               if(ln[i]!=pg_ck)
                                                                continue;
                                                xa=psx[i];
                                                ya=psy[i];
                                                xb=pex[i];
                                                yb=pey[i];
                                                for(j=i+1;j<ln_num;++j)
                                                {               if(ln[j]==pg_ck)
                                                                                continue;
                                                                for(k=0;k<dtcheck;++k)
                                                                                if(dtck[k]==ln[j])
                                                                                                goto next;
                                                                xu=psx[j];
                                                                yu=psy[j];
                                                                xv=pex[j];
                                                                yv=pey[j];
                                                                icr=kouten(xa,ya,xb,yb,xu,yu,xv,yv,&ss,&tt,&xx,&yy);
                                                                if(icr==0)
                                                                                continue;
                                                                if(tt<=0.0 || tt>=1.0)
                                                                                continue;
                                                                if(ss<=0.0 || ss>=1.0)
                                                                                continue;
                                                                if(crt)
                                                                {               circle(xx,yy,5,5,white,0x20);
                                                                                getch();
                                                                }
                                                                return(ln[j]);
                                                }
next:;                          }
                                return(-1);
}
/*======================= cross_of_line_arc =======================*/
int             cross_of_line_arc(void)                                                 /* intersection of line & arc */
{               int             i,j,k,kn;
                double  aa,bb,cc,t0,t1,ax,ay,bx,by;
                double  xc,yc,xk,yk;
                                                                /* arc no kouten */
                for(i=0;i<ln_num;++i)
                {               if(ln[i]!=pg_ck)
                                                continue;
                                ax=psx[i];
                                ay=psy[i];
                                bx=pex[i];
                                by=pey[i];
                                for(j=0;j<pg_num;++j)
                                {               if(j==pg_ck)
                                                                continue;
                                                for(k=0;k<dtcheck;++k)
                                                                if(dtck[k]==j)
                                                                                goto next;
                                                for(k=0;k<kak[j];++k)
                                                {               xc=px[j][k];
                                                                yc=py[j][k];
                                                                aa=SQUARE(bx-ax)+SQUARE(by-ay);
                                                                bb=2.0*((ax-xc)*(bx-ax)+(ay-yc)*(by-ay));
                                                                cc=SQUARE(ax-xc)+SQUARE(ay-yc)-SQUARE(rr);
                                                                quad(aa,bb,cc,&t0,&t1,&kn);
                                                                if(kn<=0)
                                                                                continue;
                                                                if(t0>0 && t0<1.0)
                                                                {               if(crt)
                                                                                {               xk=ax+(bx-ax)*t0;
                                                                                                yk=ay+(by-ay)*t0;
                                                                                                circle(xk,yk,5,5,yellow,0x20);
                                                                                                getch();
                                                                                }
                                                                                return(j);
                                                                }
                                                                if(kn==1 || t1<=0 || t1>=1.0)
                                                                                continue;
                                                                if(crt)
                                                                {               xk=ax+(bx-ax)*t1;
                                                                                yk=ay+(by-ay)*t1;
                                                                                circle(xk,yk,5,5,yellow,0x20);
                                                                                getch();
                                                                }
                                                                return(j);
                                                }
                                }
next:;                  }
                return(-1);
}
/*======================= cross_of_arc_line =======================*/
int             cross_of_arc_line(void)                                                 /* intersection of line & arc */
{               int             i,j,k,l,kn;
                double  aa,bb,cc,t0,t1,ax,ay,bx,by;
                double  xc,yc,xk,yk;
                                                /* arc no kouten */
                for(j=0;j<pg_num;++j)
                {               if(j!=pg_ck)
                                                continue;
                                for(k=0;k<kak[j];++k)
                                {               xc=px[j][k];
                                                yc=py[j][k];
                                                for(i=0;i<ln_num;++i)
                                                {               if(ln[i]==pg_ck)
                                                                                continue;
                                                                for(l=0;l<dtcheck;++l)
                                                                                if(dtck[l]==ln[i])
                                                                                                goto next;
                                                                ax=psx[i];
                                                                ay=psy[i];
                                                                bx=pex[i];
                                                                by=pey[i];
                                                                aa=SQUARE(bx-ax)+SQUARE(by-ay);
                                                                bb=2.0*((ax-xc)*(bx-ax)+(ay-yc)*(by-ay));
                                                                cc=SQUARE(ax-xc)+SQUARE(ay-yc)-SQUARE(rr);
                                                                quad(aa,bb,cc,&t0,&t1,&kn);
                                                                if(kn<=0)
                                                                                continue;
                                                                if(t0>0.0 && t0<1.0)
                                                                {               if(crt)
                                                                                {               xk=ax+(bx-ax)*t0;
                                                                                                yk=ay+(by-ay)*t0;
                                                                                                circle(xk,yk,5,5,purple,0x20);
```

```c
                                                                    getch();
                                                            }
                                                    return(ln[i]);
                                            }
                                    if(kn==1 || t1<=0.0 || t1>=1.0)
                                            continue;
                                    if(crt)
                                    {
                                            xk=ax+(bx-ax)*t1;
                                            yk=ay+(by-ay)*t1;
                                            circle(xk,yk,5,5,purple,0x20);
                                            getch();
                                    }
                                    return(ln[i]);
next:;                          }
                        }
                return(-1);
}
/*========================= cross_of_arcs =========================*/
int             cross_of_arcs(void)                             /* intersection of arcs */
{               int             i,j,k,ii,jj,kn;
                double          aa,bb,cc,t0,t1,x1,y1,x2,y2;
                double          xc1,yc1,xc2,yc2,sq,rq,xcp,xcm,ck;

                for(i=0;i<pg_num;++i)
                {       if(i!=pg_ck)
                                continue;
                        for(ii=0;ii<kak[i];++ii)
                        {       x1=px[i][ii];
                                y1=py[i][ii];
                                for(j=0;j<pg_num;++j)
                                {       if(j==i)
                                                continue;
                                        for(k=0;k<dtcheck;++k)
                                                if(dtck[k]==j)
                                                        goto next;
                                        for(jj=0;jj<kak[j];++jj)
                                        {       x2=px[j][jj];
                                                y2=py[j][jj];

                                                aa=4.0*(SQUARE(x1-x2)+SQUARE(y1-y2));
                                                bb=2.0*y1*SQUARE(x1-x2);
                                                bb+=(y1-y2)*(SQUARE(y1)-SQUARE(y2)-SQUARE(x1-x2));
                                                bb*=-4.0;
                                                cc=SQUARE((SQUARE(y1)-SQUARE(y2)-SQUARE(x1-x2)));
                                                cc-=4.0*SQUARE(x1-x2)*(SQUARE(rr)-SQUARE(y1));
                                                quad(aa,bb,cc,&t0,&t1,&kn);

                                                switch(kn)
                                                {       case 1:
                                                                yc1=t0;                                 /* kn=1 */
                                                                yc2=t0;
                                                                rq=SQUARE(rr)-SQUARE(yc1-y1);
                                                                if(rq<0)
                                                                        continue;
                                                                sq=sqrt(rq);
                                                                xc1=sq+x1;
                                                                xc2=-sq+x1;
                                                                break;
                                                        case 2:
                                                                yc1=t0;                                 /* kn=2 */
                                                                yc2=t1;
                                                                rq=SQUARE(rr)-SQUARE(yc1-y1);
                                                                if(rq>=0)
                                                                {       sq=sqrt(rq);
                                                                        xcp=sq+x1;
                                                                        xcm=-sq+x1;
                                                                        ck=SQUARE(xcp-x2)+SQUARE(yc1-y2);
                                                                        ck-=SQUARE(rr);
                                                                        if(fabs(ck)<.001)
                                                                                xc1=xcp;
                                                                        else
                                                                                xc1=xcm;
                                                                }
                                                                rq=SQUARE(rr)-SQUARE(yc2-y1);
                                                                if(rq<0)
                                                                        continue;
                                                                sq=sqrt(rq);
                                                                xcp=sq+x1;
                                                                xcm=-sq+x1;
                                                                ck=SQUARE(xcp-x2)+SQUARE(yc2-y2);
                                                                ck-=SQUARE(rr);
                                                                if(fabs(ck)<.001)
                                                                        xc2=xcp;
                                                                else
                                                                        xc2=xcm;
                                                                break;
                                                        default:                                        /* kn<=0 */
                                                                continue;                               /* not break */
                                                }
                                                if(crt)
                                                {       circle(xc1,yc1,5,5,sky_blue,0x20);
                                                        circle(xc2,yc2,5,5,sky_blue,0x20);
                                                        getch();
                                                }
                                                return(j);
                                        }
next:;                          }
                        }
                }
                return(-1);
}
/*********************** main ***********************/
void            main(void)
{               char            file_name[64];

                start_process();
                graphic_init();

                read_ank_no();
                read_jis_no();

                time_start();
                open_mtx();
                init_contour();

                menu();

                save_text_vram(ln_s,co_s,ln_n,co_w+2);
```

```
        disp_menu(ln_s,co_s,ln_n,msg);
        ccc=pull_down_menu(ln_s,co_s,ln_n,co_w);
        load_text_vram(ln_s,co_s,ln_n,co_w+2);

        locate(20,12);
        printf( "print out    (y/n) :  ");
        prt=yes_no_check();

        file_open(file1,READ_T);
        fp1=fp;
        while(!feof(fp1))
        {
                int                     i;
                int                     code;
                char            village[64],dir[64];
                if(EOF==fscanf(fp1," %s%s%d\n" ,file_name,dir,&code))
                        break;
                fgets(village,64,fp1);
                for(i=0;i<strlen(village);++i)                          /* skip LF */
                        if(village[i]==0x0a)
                                village[i]=0x00;
                if(code==0)
                        continue;                                                       /* skip : code = 0 */
                if(code==2)
                        continue;                                                       /* skip : 保留 */
                if(code==3)
                        continue;                                                       /* skip : 住居 */
                switch(ccc)
                {
                        case 1:                                                         /* all */
                                break;
                        case 2:                                                         /* africa */
                                if(strcmp(dir," africa" ))
                                        continue;
                                break;
                        case 3:                                                         /* china */
                                if(strcmp(dir," china" ))
                                        continue;
                                break;
                        case 4:                                                         /* europe */
                                if(strcmp(dir," europe" ))
                                        continue;
                                break;
                        case 5:                                                         /* india */
                                if(strcmp(dir," india" ))
                                        continue;
                                break;
                        case 6:                                                         /* inndonesia */
                                if(strcmp(dir," indnesia" ))
                                        continue;
                                break;
                        case 7:                                                         /* laten america */
                                if(strcmp(dir," latenam" ))
                                        continue;
                                break;
                        case 8:                                                         /* papua */
                                if(strcmp(dir," png" ))
                                        continue;
                                break;
                        case 9:                                                         /* mideast */
                                if(strcmp(dir," mideast" ))
                                        continue;
                                break;
                        default:
                                red_b;
                                printf( "\nirregal value" );
                                normal;
                                exit(1);
                }
                strcpy(open_file,file0);
                strcat(open_file,dir);
                strcat(open_file," \\" );
                strcat(open_file,file_name);
                strcat(open_file," .att" );
                printf( "\n%s" ,open_file);

                make_data();
                distance_check();
                if(!strcmp(dir," africa" ))
                        strcat(village,"   (Africa)" );
                if(!strcmp(dir," china" ))
                        strcat(village,"   (China)" );
                if(!strcmp(dir," europe" ))
                        strcat(village,"   (Europe)" );
                if(!strcmp(dir," india" ))
                        strcat(village,"   (India)" );
                if(!strcmp(dir," indnesia" ))
                        strcat(village,"   (Indonesia)" );
                if(!strcmp(dir," latenam" ))
                        strcat(village,"   (Laten America)" );
                if(!strcmp(dir," png" ))
                        strcat(village,"   (Papua New Guinea)" );
                if(!strcmp(dir," mideast" ))
                        strcat(village,"   (Middle East)" );

                wd=1.0;                                                                 /* scale & name */
                line(20.0,20.0,20.0,25.0,red,0x00);
                line(20.0,20.0,20.0+50*wd_sav,20.0,red,0x00);
                line(20.0+50*wd_sav,20.0,20.0+50*wd_sav,25.0,red,0x00);
                put_string_crt(20.0+50*wd_sav,25.0,21,0.0,white," 50m" );
                put_string_crt(0,-25,21,0.0,white,village);
                put_string_crt(250,-25,21,0.0,white," <nearest neighbor>" );
                if(prt)
                        gcopy_16();
        }
        fclose(fp1);

        time_end();
        graphic_end();
        end_process();
}
```

008 集中中心和重心的比较模型程序

```c
/*################################################################
                        move of center(move_isa.c)
                        集中中心和重心的比较模型程序
                                98/11/02
################################################################*/
#include         <stdio.h>
#include         <stdlib.h>
#include         <string.h>
#include         <alloc.h>
#include         <math.h>
#include         <dos.h>
#include         <my.h>
#include         <myg.h>
#include         <conio.h>
FILE             *fp,*fp0,*fp1;
char             *file0=" f:\\wan\\data\\" ;
char             *file1=" f:\\wan\\data\\name_1.dat" ;
char             open_file[64];

#define          W          (1)                        /* 0:thta 1:sin_thta */
                                                       /* 2:fai  3:sin_fai */
                                                       /* 4:max(thta,fai) 5:max(sin_thta,sin_fai) */
#define          NX         (101)                      /* 网格x方向 */
#define          NY         (101)                      /* 网格y方向 */
#define          KH         (20)

#define          NN         (40)                       /* 最大角度 */
#define          PNO        (380)                      /* 最多建筑户数 */

#define          JNO        (200)                      /* 最多重心数 */
#define          MAX_POT    (40)                       /* 高峰值的位置(m) */
#define          BAI        (1.5)                      /* 高峰值的最大倍率 */
double           ymm=749.0,
                 x00=5.0,
                 y00=200.0,
                 wd;

static double    (huge *alt)[NX];
static char      (huge *ksw)[NX];

static int       kxm=1,ic[KH]={0};

double                      hx,hy,
                            xw,yw,
                            heit[KH];

static double    (huge *px)[NN+1];
static double    (huge *py)[NN+1];
static int                  ne;
static int                  prt;

static int       ll,dl,dc;
static char      buf[40],val[20];
static double    scale;
static int       no,kak[PNO],type[PNO],attrib[PNO];
static int       dt_num;

static double    pix[NN+1],piy[NN+1];
static double    gx[JNO],gy[JNO];
static int                  gno;
static double    xpp[JNO],ypp[JNO];
static double    gx_p,gy_p;
static int       ne_a,ne_p;
static double    men[JNO];
static int                  pgn[JNO];
static double    jku[JNO];
static double    alpha,beta;

static int       nd;
static double    zd[JNO];
static double    aver,var,sd,dmin,dmax;
static int       col,ww;
static double    wd_sav;
static double    coss,sinn;
static double    alt_max;

static double    x0[JNO],y0[JNO],x1[JNO],y1[JNO];
static int       kk_num;
static double    ang_ave;

char             *msg[20];
int              ln_s,co_s,ln_n,co_w;
int              ccc;

void             line_direct(void);
int              interi(double,double);
void             menu(void);
void             open_mtx(void);
void             statistics(void);
void             make_data(void);
double           menseki(void);
void             jyu_point(void);
void             jyu_weighted_point(void);
int              jyu_area(void);
                 gravity_point(void);
void             set_parameter(void);
void             draw_polygon(double,double,int,double,double,int);
void             jku_check(void);
void             draw_grid(void);
void             center(void);
void             init_contour(void);
double           interpolation(double,double,double,double);
void             trace(int,int,int,int,double,double,double,double);
void             contour(void);
/*===================== line_direct =====================*/
void     line_direct(void)                                              /* direction of half line */
{
         double     thta=34.5;

         thta=M_PI*thta/180.0;
         sinn=sin(thta);
         coss=cos(thta);
}
/*===================== interi =====================*/
int      interi(double e,double f)                                      /* check interior or not */
```

```c
{
                        int             k,ic,ki;
                        for(k=0;k<ne;++k)                                                       /* boundary check */
                        {               double    aa,bb,s;
                                        aa=(e-pix[k])*(piy[k+1]-piy[k]);
                                        bb=(f-piy[k])*(pix[k+1]-pix[k]);
                                        if(aa-bb!=0)
                                                        continue;
                                        if(pix[k+1]-pix[k]==0)
                                        {               s=(f-piy[k])/(piy[k+1]-piy[k]);
                                                        if(s>=0 && s<=1)
                                                        {               ki=1;
                                                                        return(ki);
                                                        }
                                        }
                                        else
                                        {               s=(e-pix[k])/(pix[k+1]-pix[k]);
                                                        if(s>=0 && s<=1)
                                                        {               ki=1;
                                                                        return(ki);
                                                        }
                                        }
                        }
                        ic=0;
                        for(k=0;k<ne;++k)
                        {               double    p1,p2,ee,ff,s,t;

                                        p1=pix[k+1]-pix[k];
                                        p2=piy[k+1]-piy[k];
                                        ee=e-pix[k];
                                        ff=f-piy[k];
                                        if(p1*ff-p2*ee==0)
                                        {               if(p1==0)
                                                                        s=ff/p2;
                                                        else
                                                                        s=ee/p1;
                                                        if(s>=0 && s<=1)
                                                        {               ki=0;
                                                                        if(ic%2 !=0)                    ki=1;
                                                                        return(ki);
                                                        }
                                        }
                                        if(p1==0)
                                        {               t=-ee/coss;
                                                        s=(t*sinn+ff)/p2;
                                        }
                                        else
                                        {               t=(p1*ff-p2*ee)/(p2*coss-p1*sinn);
                                                        s=(t*coss+ee)/p1;
                                        }
                                        if(t<=0)
                                                        continue;
                                        if(s>=0 && s<=1)
                                                        ic=ic+1;
                        }
                        ki=0;
                        if(ic%2 !=0)
                                        ki=1;
                        return(ki);
}
/*========================= menu ================================*/
void            menu(void)
{               msg[0]="            $";
                msg[1]=" 全部        $";
                msg[2]=" 非洲        $";
                msg[3]=" 中国        $";
                msg[4]=" 欧洲        $";
                msg[5]=" 印度        $";
                msg[6]=" 印度尼西亚  $";
                msg[7]=" 中南美      $";
                msg[8]=" 巴布亚新几内亚 $";
                msg[9]=" 中东        $";
                msg[10]="           $";
                ln_s= 5;                                                                        /* start line */
                co_s=30;                                                                        /* start colyumn */
                ln_n=11;                                                                        /* line No. */
                co_w=12;                                                                        /* column No. */
}
/*====================== open_mtx =============================*/
void            open_mtx(void)
{                               if((alt=farcalloc(NY,(unsigned long)sizeof(*alt)))==NULL)
                                {               red_b;                                                                          /* [NY][NX]
*/
                                                printf( "\nallocation error : alt" );
                                                normal;
                                                exit(1);
                                }
                                if((ksw=farcalloc(NY-1,(unsigned long)sizeof(*ksw)))==NULL)
                                {               red_b;                                                                          /* [NY-1]
[NX] */
                                                printf( "\nallocation error : ksw" );
                                                normal;
                                                exit(1);
                                }
                                if((px=farcalloc(PNO,(unsigned long)sizeof(*px)))==NULL)
                                {               red_b;                                                                          /* [PNO]
[NN+1] */
                                                printf( "\nallocation error : px" );
                                                normal;
                                                exit(1);
                                }
                                if((py=farcalloc(PNO,(unsigned long)sizeof(*py)))==NULL)
                                {               red_b;                                                                          /* [PNO]
[NN+1] */
                                                printf( "\nallocation error : py" );
                                                normal;
                                                exit(1);
                                }
}
/*===================== statistics =============================*/
void            statistics(void)
{               int             i;
                double  smesh=0,amesh=0;

                wd=1.0;
                for(i=0;i<nd;++i)
                {               smesh=smesh+zd[i];
                                amesh=amesh+SQUARE(zd[i]);
                                if(zd[i]>dmax)
                                                dmax=zd[i];
```

```c
                            if(zd[i]<dmin)
                                    dmin=zd[i];
                    }
                    aver=smesh/nd;
                    var=amesh/nd-SQUARE(aver);
                    if(fabs(var)<0.0001)
                            var=0.0;
                    sd=sqrt(var);
                    printf("\nnd         =%5d"  ,nd);
                    printf("\naverage    =%9.3lf" ,aver);
                    printf("\ndispersion =%9.3lf" ,var);
                    printf("\nstandard dev =%9.3lf" ,sd);
                    printf("\ndmin       =%9.3lf" ,dmin);
                    printf("\ndmax       =%9.3lf" ,dmax);
                    printf("\nc          =%9.3lf" ,sd/aver);
/*
                    strcpy(buf," 轴数  :  " );
                    itoa(kk_num,val,10);
                    strcat(buf,val);
                    ll+=dl;
                    put_string_crt(500,40,18,0.0,white,buf);

                    gcvt(aver,2,val);
                    strcpy(buf," 平均值  :  " );
                    strcat(buf,val);
                    ll+=dl;
                    put_string_crt(500,20,18,0.0,white,buf);

                    gcvt(var,2,val);
                    strcpy(buf," 分散  :  " );
                    strcat(buf,val);
                    ll+=dl;
                    put_string_crt(500,0,18,0.0,white,buf);

                    gcvt(sd,2,val);
                    strcpy(buf," 标准差  :  " );
                    strcat(buf,val);
                    ll+=dl;
                    put_string_crt(720,40,18,0.0,white,buf);

                    gcvt(sd/aver,2,val);
                    strcpy(buf," 变异系数  :  " );
                    strcat(buf,val);
                    ll+=dl;
                    put_string_crt(720,20,18,0.0,white,buf);

                    gcvt(ang_ave,2,val);
                    strcpy(buf," 平均角度  :  " );
                    strcat(buf,val);
                    ll+=dl;
                    put_string_crt(720,0,18,0.0,white,buf);
*/
                    itoa(MAX_POT,val,10);
                    strcpy(buf," 最大距离 = ");
                    strcat(buf,val);
                    strcat(buf," m /" );
                    gcvt(BAI,2,val);
                    strcat(buf," 倍率 = ");
                    strcat(buf,val);
                    strcat(buf,"      ");
                    switch(W)
                    {           case(0):
                                        strcat(buf," <thta>" );             /* thta */
                                        break;
                                case(1):
                                        strcat(buf," <sin_thta>" );          /* sin_thta */
                                        break;
                                case(2):
                                        strcat(buf," <fai>" );              /* fai */
                                        break;
                                case(3):
                                        strcat(buf," <sin_fai>" );           /* sin_fai */
                                        break;
                                case(4):
                                        strcat(buf," max(thta,fai)>" );      /* max(thta,fai) */
                                        break;
                                case(5):
                                        strcat(buf," max(sin_thta,sin_fai)>" );  /* max(sin_thta,sin_fai) */
                                        break;
                    }
                    put_string_crt(0,-45,18,0.0,white,buf);
                    wd=wd_sav;
}
/*========================= make_data =============================*/
void        make_data(void)
{
            int             i,j,k;
            int             kz;
            double          x_min=1.0e10,x_max=-1.0e10,y_min=1.0e10,y_max=-1.0e10;
            double          dwx,dwy;
            double          xx0[JNO],yy0[JNO],xx1[JNO],yy1[JNO];
            int             jnn;

            dl=30;
            dc=720;
            for(kz=2;kz<3;++kz)                                    /* xw=kz*dwx/yw=kz*dwy */
            {           dt_num=0;                                  /* kz=a : 画面的 1/a 大小 */
                        kk_num=0;
                        jnn=0;
                        gno=0;
                        ll=480;
                        cls1();
                        cls2();
                        printf( "\n<%s>" ,open_file);
                        file_open(open_file,READ_T);
                        fp0=fp;
                        fscanf(fp0," %lf" ,&scale);                /* 比例尺 */
                        while(!feof(fp0))
                        {           if(EOF==fscanf(fp0," %d%d%d%d" ,&no,&kak[dt_num],
                                                &type[dt_num],&attrib[dt_num]))
                                            break;
                                    if(kak[dt_num]>NN-1)
                                    {           red_b;                              /* 测试角度 */
                                                printf( "\nkak > NN !!" );
                                                normal;
                                                exit(1);
                                    }
                                    for(i=0;i<kak[dt_num];++i)
                                    {           fscanf(fp0," %lf%lf\n" ,&px[dt_num][i],&py[dt_num][i]);
                                                px[dt_num][i]*=scale/1000.0;/* 单位 米 */
                                                py[dt_num][i]*=scale/1000.0;
                                                if(px[dt_num][i]<x_min)
                                                        x_min=px[dt_num][i];
```

```
                              if(px[dt_num][i]>x_max)
                                      x_max=px[dt_num][i];
                              if(py[dt_num][i]<y_min)
                                      y_min=py[dt_num][i];
                              if(py[dt_num][i]>y_max)
                                      y_max=py[dt_num][i];
                              if(attrib[dt_num]==2)                       /* 轴线 */
                              {
                                      switch(i)
                                      {
                                              case 0:
                                                      xx0[jnn]=px[dt_num][i];
                                                      yy0[jnn]=py[dt_num][i];
                                                      break;
                                              case 1:
                                                      xx1[jnn]=px[dt_num][i];
                                                      yy1[jnn]=py[dt_num][i];
                                                      ++jnn;
                                                      if(jnn>JNO-1)
                                                      {
                                                              red_b;              /* 测试轴线数*/
                                                              printf( "\njnn > JNO !!" );
                                                              normal;
                                                              exit(1);
                                                      }
                                                      break;
                                      }
                              }
                      }
                      if(attrib[dt_num]!=2)                              /* 停止轴 */
                              ++dt_num;
                      if(dt_num>PNO-1)
                      {
                              red_b;
                              printf( "\ndt_num > PNO !!" );              /* 测试建筑的户数 */
                              normal;
                              exit(1);
                      }
              }
              fclose(fp0);
              dwx=x_max-x_min;
              dwy=y_max-y_min;
              printf( "\ndt_num = %4d" ,dt_num);
              printf( "\nx_min = %7.2lf  x_max = %7.2lf / dwx = %7.2lf" ,
                      x_min,x_max,dwx);
              printf( "\ny_min = %7.2lf  y_max = %7.2lf / dwy = %7.2lf" ,
                      y_min,y_max,dwy);

              if(dwx>=dwy)                                                /* 画面表示的大小 */
                      hx=hy=kz*dwx/(NX-1);
              else
                      hx=hy=kz*dwy/(NY-1);
              printf( "\nhx   = %7.2lf  hx  = %7.2lf" ,hx,hy);

              xw=hx*(NX-1);
              yw=hy*(NY-1);
              wd=wd_sav=450.0/xw;                                         /* 将xw设定为 450 */
draw_grid();
              for(j=0;j<dt_num;++j)                                       /* 移动原点 */
              {
                      ne=kak[j];
                      for(i=0;i<ne;++i)
                      {
                              px[j][i]=(px[j][i]-x_min-dwx/2.0)+xw/2.0;
                              py[j][i]=(py[j][i]-y_min-dwy/2.0)+yw/2.0;
                      }
                      if(type[j]==1)                                      /* 将多角形数据封闭 */
                      {
                              px[j][ne]=px[j][0];
                              py[j][ne]=py[j][0];
                      }
              }
              printf( "\njnn = %d" ,jnn);
              for(k=0;k<jnn;++k)                                          /* 轴线的原点移动 */
              {
                      double      xh,yh;
                      xx0[k]=(xx0[k]-x_min-dwx/2.0)+xw/2.0;
                      yy0[k]=(yy0[k]-y_min-dwy/2.0)+yw/2.0;
                      xx1[k]=(xx1[k]-x_min-dwx/2.0)+xw/2.0;
                      yy1[k]=(yy1[k]-y_min-dwy/2.0)+yw/2.0;
                      xh=(xx0[k]+xx1[k])/2.0;
                      yh=(yy0[k]+yy1[k])/2.0;
                      for(j=0;j<dt_num;++j)                               /* 外形线中的轴线 */
                      {
                              switch(attrib[j])
                              {
                                      case (0):                           /* 外形线 */
                                              ne=kak[j];
                                              for(i=0;i<=ne;++i)
                                              {
                                                      pix[i]=px[j][i];
                                                      piy[i]=py[j][i];
                                              }
                                              if(interi(xh,yh)
                                              {
                                                      x0[kk_num]=xx0[k];
                                                      y0[kk_num]=yy0[k];
                                                      x1[kk_num]=xx1[k];
                                                      y1[kk_num]=yy1[k];
                                                      line(x0[kk_num],y0[kk_num],
                                                              x1[kk_num],y1[kk_num],purple,0x00);
                                                      ++kk_num;
                                                      break;
                                              }
                                      default:                            /* 其他 */
                                              break;
                              }
                      }
              }
              printf( "\nkk_num = %d" ,kk_num);
              for(j=0;j<dt_num;++j)
              {
                      ne=kak[j];
                      switch(attrib[j])
                      {
                              case 0:                                     /* 外形线 */
                                      for(i=0;i<ne;++i)
                                              line_thick(px[j][i],py[j][i],px[j][i+1],py[j][i+1],
                                                      green,0x00,2);
                                      break;
                              case 1:                                     /* 孔 */
                                      for(i=0;i<ne;++i)
                                              line(px[j][i],py[j][i],px[j][i+1],py[j][i+1],
                                                      d_green,0x00);
                                      break;
                              case 3:                                     /* 塔 */
                                      for(i=0;i<ne;++i)
                                              line(px[j][i],py[j][i],px[j][i+1],py[j][i+1],
                                                      d_white,0x00);
                                      break;
                              case 4:                                     /* 家畜小屋 */
```

```
                                                   for(i=0;i<ne;++i)
                                                       line(px[j][i],py[j][i],px[j][i+1],py[j][i+1],
                                                           d_white,0x00);
                                   default:                                                                              /* 其他 */
                                       break;                  for(i=0;i<ne;++i)
                                                                   line(px[j][i],py[j][i],px[j][i+1],py[j][i+1],
                                                                       blue,0x00);
                                                               break;
                               }
                   if(gravity_point())
                       break;
           }
}
/*========================= menseki =============================*/
double      menseki(void)                                                                 /* 面积计算 */
{
            int             k;
            double          s=0.0;

            for(k=0;k<ne_a;++k)
                s+=(piy[k+1]+piy[k])*(pix[k+1]-pix[k])/2.0;
            return(s);
}
/*========================= jyu_point =============================*/
void        jyu_point(void)                                                               /* 重心计算 */
{
            int             k;
            double          x_sum=0.0,y_sum=0.0;

            for(k=0;k<ne_p;++k)
            {
                x_sum+=xpp[k];
                y_sum+=ypp[k];
            }
            gx_p=x_sum/ne_p;
            gy_p=y_sum/ne_p;
}
/*========================= jyu_weighted_point =============================*/
void        jyu_weighted_point(void)                                      /* 有重量的重心计算 */
{
            int             k;
            double          x_sum=0.0,y_sum=0.0,men_sum=0.0;

            for(k=0;k<ne_p;++k)                                           /* 将面积计算为重量 */
            {
                x_sum+=xpp[k]*men[k];
                y_sum+=ypp[k]*men[k];
                men_sum+=men[k];
            }
            gx_p=x_sum/men_sum;
            gy_p=y_sum/men_sum;
}
/*========================= jyu_area =============================*/
void        jyu_area(void)                                                /* 全体的重心的位置 */
{
            int             k;
            double          xds,yds,sx,sy,dsx,dsy,dx,dy;

            xds=yds=sx=sy=0.0;
            for(k=0;k<ne_a;++k)
            {
                dsx=(piy[k+1]+piy[k])*(pix[k+1]-pix[k])/2.0;
                dsy=(pix[k]+pix[k+1])*(piy[k+1]-piy[k])/2.0;
                if(dsx!=0)
                {   dx=piy[k+1]*(2.0*pix[k+1]+pix[k])+piy[k]*(pix[k+1]+2.0*pix[k]);
                    dx/=(3.0*(piy[k+1]+piy[k]));
                    sx+=dsx;
                    xds+=dx*dsx;
                }
                if(dsy!=0)
                {   dy=pix[k+1]*(2.0*piy[k+1]+piy[k])+pix[k]*(piy[k+1]+2.0*piy[k]);
                    dy/=(3.0*(pix[k+1]+pix[k]));
                    sy+=dsy;
                    yds+=dy*dsy;
                }
            }
            gx[gno]=xds/sx;
            gy[gno]=yds/sy;
}
/*========================= gravity_point =============================*/
int         gravity_point(void)
{
            int             i,j,k;

            for(j=0;j<dt_num;++j)
            {
                switch(attrib[j])
                {
                   case 0:                                                                /* 外形线 */
                       ne=kak[j];
                       for(i=0;i<=ne;++i)
                       {
                           pix[i]=px[j][i];
                           piy[i]=py[j][i];
                       }
                       ne_a=ne;
                       jyu_area();
                       men[gno]=fabs(menseki());
                       pgn[gno]=j;
                       ++gno;
                       break;
                   case 1:                                                                /* 孔 */
                       break;
                   case 2:                                                                /* 线 */
                       break;
                   case 3:                                                                /* 塔 */
                       break;
                   case 4:                                                                /* 家畜小屋 */
                       break;
                   default:                                                               /* 其他 */
                       break;
                }
            }
            for(j=0;j<dt_num;++j)
            {
                double          hole_men;
                switch(attrib[j])
                {
                   case 0:                                                                /* 外形线 */
                       break;
                   case 1:                                                                /*孔 */
                       ne=kak[j];
                       for(i=0;i<=ne;++i)
                       {
                           pix[i]=px[j][i];
                           piy[i]=py[j][i];
                       }
                       ne_a=ne;
                       jyu_area();
                       hole_men=fabs(menseki());
                       for(k=0;k<gno;++k)                                /* 测试含有孔的外形线 */
                       {
                           ne=kak[pgn[k]];
                           for(i=0;i<=ne;++i)
                           {
                               pix[i]=px[pgn[k]][i];
```

```c
                                                                piy[i]=py[pgn[k]][i];
                                                              }
                                                              if(interi(gx[gno],gy[gno]))
                                                              {
                                                                men[k]-=hole_men;
                                                                goto out;
                                                              }
                                                            }
                                                            printf("\nnot found !!");
                                                            exit(1);
                              out:                        break;
                                                        default:                                    /* 其他 */
                                                          break;
                                    }
    /*                          for(k=0;k<gno;++k)
                                  circle(gx[k],gy[k],2,2,purple,0x20);
    */                          for(k=0;k<gno;++k)
                                {
                                  xpp[k]=gx[k];
                                  ypp[k]=gy[k];
                                  zd[k]=men[k];
                                }
                                ne_p=gno;
    /*                          jyu_point();                                      /* 有重量的重心 */
                                circle(gx_p,gy_p,8,8,red,0x00);
                                circle(gx_p,gy_p,4,4,red,0x00);
                                paint1(gx_p,gy_p,red,red);
    */                          jyu_weighted_point();                             /* 无重量的重心 */
                                draw_polygon(gx_p,gy_p,4,45.0,9.0/wd,yellow);
                                draw_polygon(gx_p,gy_p,4,45.0,5.0/wd,yellow);
                                paint1(gx_p,gy_p,yellow,yellow);
                                nd=gno;
                                return(1);
    }
    /*======================== set_parameter ========================*/
    void        set_parameter(void)
    {           double          xd=MAX_POT;                                       /* 高峰值的位置(m) */
                double          bai=BAI;                                          /* 高峰值的倍率 */
                beta=log(bai)/SQUARE(xd);
                alpha=2.0*xd*beta;
    /*          printf("\nmax_pot = %7.2lf (m)",xd);
                printf("\nalpha = %lf / beta = %lf",alpha,beta);
    */}
    /*======================== draw_polygon ========================*/
    void        draw_polygon(double xc,double yc,int mark,double pgon_st,
                             double mark_width,int ln_col)
    {           int             i;
                double          st,dth;
                double          x0,y0,x1,y1,tht0,tht1;

                st=pgon_st/180.0*M_PI;
                dth=2.0*M_PI/(double)mark;
                for(i=0;i<mark;++i)
                {
                  tht0=st+i*dth;
                  tht1=st+(i+1)*dth;
                  x0=xc+mark_width*cos(tht0);
                  y0=yc+mark_width*sin(tht0);
                  x1=xc+mark_width*cos(tht1);
                  y1=yc+mark_width*sin(tht1);
                  line(x0,y0,x1,y1,ln_col,0x00);
                }
    }
    /*======================== jku_check ========================*/
    void        jku_check(void)
    {           int             i,j,k;
                for(j=0;j<dt_num;++j)
                {               int             jn[10];                           /* 外形线中的轴线 */
                                int             jku_num=0;
                                double          area;
                                switch(attrib[j])
                                {               case (0):                         /* 外形线 */
                                                  ne=kak[j];
                                                  for(i=0;i<=ne;++i)
                                                  {
                                                    pix[i]=px[j][i];
                                                    piy[i]=py[j][i];
                                                  }
                                                  ne_a=ne;
                                                  area=fabs(menseki());
                                                  for(k=0;k<kk_num;++k)            /* 测试轴线 */
                                                  {               double          xh,yh;
                                                                  xh=(x0[k]+x1[k])/2.0;
                                                                  yh=(y0[k]+y1[k])/2.0;
                                                                  if(interi(xh,yh))
                                                                  {
                                                                    jn[jku_num]=k;
    /*                                                              circle(xh,yh,3,3,sky_blue,0x20);
    */                                                              ++jku_num;
                                                                  }
                                                  }
                                                  if(!jku_num)
                                                    printf("\njiku : not found !!");
                                                  else
                                                    for(i=0;i<jku_num;++i)
                                                    {
                                                      jku[jn[i]]=(area/jku_num);
                                                      printf("%7.2lf ",jku[jn[i]]);
                                                    }
                                                  break;
                                                case (1):                          /* 孔 */
                                                  break;
                                                case (3):                          /* 塔 */
                                                  break;
                                                case (4):                          /* 家畜小屋 */
                                                  break;
                                                default:                           /* 其他 */
                                                  break;
                                }
                }
    }
    /*======================== draw_grid ========================*/
    void        draw_grid(void)                                                    /* 描画网格 */
    {           int             ig=0;                                              /* 只描画轮廓:0, 网格:1 */
                int             i,j,nsx,nsy;

                if(ig==0)
                {               nsx=NX-1;
                                nsy=NY-1;
                }
                else
```

```
                                    {           nsx=1;
                                                nsy=1;
                                    }
                                    for(i=0;i<NX;i+=nsx)
                                    {       if(i==0 || i==NX-1)
                                            {           col=red;
                                                        line_thick(hx*i,0,hx*i,yw,col,0x00,2);
                                            }
                                            else
                                            {           col=blue;
                                                        line(hx*i,0,hx*i,yw,col,0x00);
                                            }
                                    }
                                    for(j=0;j<NY;j+=nsy)
                                    {       if(j==0 || j==NY-1)
                                            {           col=red;
                                                        line_thick(0,hy*j,xw,hy*j,col,0x00,2);
                                            }
                                            else
                                            {           col=blue;
                                                        line(0,hy*j,xw,hy*j,col,0x00);
                                            }
                                    }
}
/*===================== center ===========================*/
void            center(void)
{
                int                     i,j,k;
                int                     i_max,j_max;
                double          tha_max;
                double          xct,yct;
                double          wei_0,wei_1;
                double          ang_sum;
                double          mvd;

                for(j=0;j<NY;++j)
                {       for(i=0;i<NX;++i)
                                        alt[j][i]=0.0;
                }
                for(j=0;j<NY-1;++j)
                {       for(i=0;i<NX;++i)
                                        ksw[j][i]=0;
                }
/*
                switch(W)
                {       case(0):
                                        put_g_holizontal(dc,30," <thta>" ,white);          /* thta */
                                        break;
                        case(1):                                                             /* sin_thta */
                                        put_g_holizontal(dc,30," <sin_thta>" ,white);
                                        break;
                        case(2):                                                             /* fai */
                                        put_g_holizontal(dc,30," <fai>" ,white);
                                        break;
                        case(3):                                                             /* sin_fai */
                                        put_g_holizontal(dc,30," <sin_fai>" ,white);
                                        break;
                        case(4):                                                             /* max(thta,fai) */
                                        put_g_holizontal(dc,30," <max(thta,fai)>" ,white);
                                        break;
                        case(5):                                                             /* max(sin_thta,sin_fai) */
                                        put_g_holizontal(dc,30," <max(sin_thta,sin_fai)>" ,white);
                                        break;
                }
                itoa(MAX_POT,val,10);
                strcpy(buf," MAX_POT =  ");
                strcat(buf,val);
                strcat(buf," m" );
                put_g_holizontal(dc,70,buf,white);
*/
                jku_check();

                tha_max=-1.0e10;
                alt_max=-1.0e10;
                ang_sum=0.0;
                for(j=0;j<NY;++j)
                {               double          yg;
                                yg=hy*j;
                                locate(75,1);
                                printf( "%d" ,j);
                                for(i=0;i<NX;++i)
                                {               double          xg;
                                                double          tha_sum=0.0;
                                                xg=hx*i;
                                                for(k=0;k<kk_num;++k)
                                                {               double          xu,yu,xv,yv;
                                                                double          thta,sin_thta,cos_thta,fai,sin_fai;
                                                                double          xh,yh;
                                                                double          dist;
                                                                xu=(x0[k]+x1[k])/2.0-xg;              /* u */
                                                                yu=(y0[k]+y1[k])/2.0-yg;
                                                                xv=x1[k]-x0[k];                                                        /* v */
                                                                yv=y1[k]-y0[k];

                                                                if(xu==0.0 && yu==0.0)
                                                                                continue;
                                                                cos_thta=(xu*xv+yu*yv)/(sqrt(SQUARE(xu)+SQUARE(yu))
                                                                                *sqrt(SQUARE(xv)+SQUARE(yv)));
                                                                sin_thta=sqrt(1.0-SQUARE(cos_thta));
                                                                thta=asin(sin_thta);                            /* arcsin */
                                                                fai=M_PI_2-thta;
                                                                sin_fai=sin(fai);

                                                                wei_0=jku[k]/100.0;                                     /* set scale */
                                                                xh=(x0[k]+x1[k])/2.0;
                                                                yh=(y0[k]+y1[k])/2.0;
                                                                dist=sqrt(SQUARE(xh-xg)+SQUARE(yh-yg));
                                                                wei_1=exp(dist*(alpha-beta*dist));

                                                                switch(W)
                                                                {       case(0):                                         /* thta */
                                                                                tha_sum+=thta*wei_0*wei_1;
                                                                                break;
                                                                        case(1):                                         /* sin_thta */
                                                                                tha_sum+=sin_thta*wei_0*wei_1;
                                                                                break;
                                                                        case(2):                                         /* fai */
                                                                                tha_sum+=fai*wei_0*wei_1;
                                                                                break;
                                                                        case(3):                                         /* sin_fai */
                                                                                tha_sum+=sin_fai*wei_0*wei_1;
                                                                                break;
```

```c
                                                    case(4):                              /* max(thta,fai) */
                                                            tha_sum+=MAXV(thta,fai)*wei_0*wei_1;
                                                            break;
                                                    case(5):                              /* max(sin_thta,sin_fai) */
                                                            tha_sum+=MAXV(sin_thta,sin_fai)*wei_0*wei_1;
                                                            break;
                                    }
                            if(tha_sum>tha_max)                                           /* find center point */
                                    {
                                            tha_max=tha_sum;
                                            i_max=i;
                                            j_max=j;
                                    }
                            alt[j][i]=tha_sum;
                            if(alt[j][i]>alt_max)
                                    alt_max=alt[j][i];
                    }
            }
    printf( "\ntha_max =%7.2lf j_max =%3d i_max =%3d ave =%7.2lf",
                    tha_max,j_max,i_max,tha_max/(double)kk_num);
    if(i_max==0 || i_max==NX-1 || j_max==0 || j_max==NY-1)
            return;                                                                       /* 范围外 */
/*
    gcvt(tha_max,3,val);
    strcpy(buf," 最大值 : " );
    strcat(buf,val);
    put_g_holizontal(dc,ll,buf,white);

    strcpy(buf," 位置  :  i=" );
    itoa(i_max,val,10);
    strcat(buf,val);
    ll+=dl;
    put_g_holizontal(dc,ll,buf,white);

    strcpy(buf," /j=" );
    itoa(j_max,val,10);
    strcat(buf,val);
    put_g_holizontal(250+dc,ll,buf,white);
*/
    nd=kk_num;                                                          /* 针对中心进行统计 */
    yct=hy*j_max;
    xct=hx*i_max;
    circle(xct,yct,5,5,red,0x20);
    circle(xct,yct,8,8,red,0x00);
    circle(xct,yct,9,9,red,0x00);

    arrow(gx_p,gy_p,xct,yct,15/wd_sav,30,green);
    mvd=sqrt(SQUARE(gx_p-xct)+SQUARE(gy_p-yct));
    gcvt(mvd,3,val);
    strcpy(buf," 移动距离  : " );
    strcat(buf,val);
    strcat(buf," m" );
    put_string_crt(0,-65/wd_sav,18/wd_sav,0.0,white,buf);

    for(k=0;k<kk_num;++k)
            {
                    double          xu,yu,xv,yv;
                    double          thta,sin_thta,cos_thta,fai,sin_fai;
                    double          xh,yh;
                    double          dist;
                    xu=(x0[k]+x1[k])/2.0-xct;                           /* u */
                    yu=(y0[k]+y1[k])/2.0-yct;
                    xv=x1[k]-x0[k];                                     /* v */
                    yv=y1[k]-y0[k];

                    if(xu==0.0 && yu==0.0)
                            continue;
                    cos_thta=(xu*xv+yu*yv)/(sqrt(SQUARE(xu)+SQUARE(yu))
                                    *sqrt(SQUARE(xv)+SQUARE(yv)));
                    sin_thta=sqrt(1.0-SQUARE(cos_thta));
                    thta=asin(sin_thta);                                /* arcsin */
                    fai=M_PI_2-thta;
                    sin_fai=sin(fai);

                    wei_0=jku[k]/100.0;                                 /* set scale */
                    xh=(x0[k]+x1[k])/2.0;                               /* 中点 */
                    yh=(y0[k]+y1[k])/2.0;
                    dist=sqrt(SQUARE(xh-xct)+SQUARE(yh-yct));
                    wei_1=exp(dist*(alpha-beta*dist));

                    switch(W)
                            {
                                    case(0):
                                            zd[k]=thta*wei_0*wei_1;
                                            ang_sum+=thta;
                                            break;
                                    case(1):
                                            zd[k]=sin_thta*wei_0*wei_1;
                                            ang_sum+=sin_thta;
                                            break;
                                    case(2):
                                            zd[k]=fai*wei_0*wei_1;
                                            ang_sum+=fai;
                                            break;
                                    case(3):
                                            zd[k]=sin_fai*wei_0*wei_1;
                                            ang_sum+=sin_fai;
                                            break;
                                    case(4):
                                            zd[k]=MAXV(thta,fai)*wei_0*wei_1;
                                            ang_sum+=MAXV(thta,fai);
                                            break;
                                    case(5):
                                            zd[k]=MAXV(sin_thta,sin_fai)*wei_0*wei_1;
                                            ang_sum+=MAXV(sin_thta,sin_fai);
                                            break;
                            }
            }
    ang_ave=ang_sum/(double)kk_num;
    statistics();
}
/*========================= init_contour =========================*/
void            init_contour(void)                                  /* contour initial condition */
{
            int             i;

            for(i=0;i<KH;++i)
                    heit[i]=i*(alt_max/KH);
}
/*========================= interpolation =========================*/
double          interpolation(double a1,double a2,double hh,double ht)
{                               double           dl;
            dl=hh*(ht-a1)/(a2-a1);
```

```c
        return(dl);
}
/*===================== trace ========================*/
void    trace(int ii,int jj,int ist,int jst,double a1,double a2,
                double xs,double ys,double ht)
{       int     ir,il,ku,im,md,m,mm;
        double  xds,yds,xde,yde,dl;

        for(ir=0;ir<2;++ir)
        {       ku=0;                                   /* ku : check connecting point */
                if(ir==1)
                        swap_double(&a1,&a2);
                xds=xs;
                yds=ys;
                if(ir==0)
                        il=2;
                else
                        il=4;                           /* il : edge of input */
loop:
                switch(il)
                {       case 1:
                                jj-=1;                  /* im : edge no. of il in new grid */
                                break;
                        case 2:
                                ii-=1;
                                break;
                        case 3:
                                jj+=1;
                                break;
                        case 4:
                                ii+=1;
                                break;
                }                                       /* check closed */
                if(ii==ist && jj==jst && ku!=0)
                {       xde=xs;
                        yde=ys;
                        line_thick(xds,yds,xde,yde,col,0,ww);
                        return;
                }                                       /* check out of frame */
                if(ii<0 || ii>NX-2 || jj<0 || jj>NY-2)
                {       ii=ist-1;
                        jj=jst;
                        continue;
                }
                ku=1;
                im=il+2;
                if(im>4)
                        im-=4;
                if(a1>ht)
                        md=1;
                else
                        md=-1;
                m=im;
                for(mm=1;mm<4;++mm)
                {       double  hh;
                        m+=md;
                        if(m<1)
                                m=4;
                        if(m>4)
                                m=1;
                        switch(m)
                        {       case 1:
                                        a1=alt[jj][ii+1];
                                        a2=alt[jj][ii];
                                        break;
                                case 2:
                                        a1=alt[jj][ii];
                                        a2=alt[jj+1][ii];
                                        break;
                                case 3:
                                        a1=alt[jj+1][ii];
                                        a2=alt[jj+1][ii+1];
                                        break;
                                case 4:
                                        a1=alt[jj+1][ii+1];
                                        a2=alt[jj][ii+1];
                                        break;
                        }
                        if((a1-ht)*(a2-ht)>0)
                                continue;
                        if(m==1 || m==3)
                                hh=hx;
                        else
                                hh=hy;
                        dl=interpolation(a1,a2,hh,ht);
                        switch(m)
                        {       case 1:
                                        xde=hx*(ii+1)-dl;
                                        yde=hy*jj;
                                        break;
                                case 2:
                                        xde=hx*ii;
                                        yde=hy*jj+dl;
                                        break;
                                case 3:
                                        xde=hx*ii+dl;
                                        yde=hy*(jj+1);
                                        break;
                                case 4:
                                        xde=hx*(ii+1);
                                        yde=hy*(jj+1)-dl;
                                        break;
                        }
                        ksw[jj][ii]=1;
                        ksw[jj][ii+1]=1;
                        line_thick(xds,yds,xde,yde,col,0,ww);
                        xds=xde;
                        yds=yde;
                        il=m;
                        goto loop;
                }
        }
}
/*===================== contour ========================*/
void    contour(void)                                   /* drawing contour */
{       int     i,j,l;
        double  ht;

        for(l=0;l<KH;++l)
                ic[l]=0;
        for(l=0;l<KH;++l)
```

```c
            {
                        locate(0,0);
                        printf(  "ht =%7.2lf"  ,heit[l]);
                        if(!(l%5))
                                    ww=2;
                        else
                                    ww=1;
                        col=l%15+1;
                        if(l>1 && ic[l-2]==1 && ic[l-1]==0)
                                    return;                                                                                 /* ic ; check of end : l>=2 */
                        ht=heit[l]-.001;                                                                                    /* search point */
                        for(i=0;i<NX;i+=kxm)
                        {           for(j=0;j<NY-1;++j)
                                    {
                                                int                     ii,jj,ist,jst;
                                                double                  a1,a2,xs,ys,dl;
                                                if(ksw[j][i]==1)
                                                            continue;
                                                a1=alt[j][i];
                                                a2=alt[j+1][i];
                                                if((a1-ht)*(a2-ht)>0)
                                                            continue;
                                                dl=interpolation(a1,a2,hy,ht);
                                                xs=hx*i;
                                                ys=hy*j+dl;
                                                ist=i;
                                                jst=j;
                                                ksw[jst][ist]=1;
                                                ii=ist;
                                                jj=jst;
                                                trace(ii,jj,ist,jst,a1,a2,xs,ys,ht);
                                                ic[l]=1;
                                    }
                        }
            }
}
/*======================= arrow ================================*/
void        arrow(double x0,double y0,double x1,double y1,
                        double dw,double theta,int col)
{           double              x2,y2,x3,y3;
            double              da,r;
            double              alpha,fai;

            theta=theta/180.0*M_PI;                                                 /* rad. */
            da=sqrt(SQUARE(x1-x0)+SQUARE(y1-y0));
            if(x1==x0)                                                              /* holizontal */
            {           if(y1>y0)
                                    alpha=M_PI_2;
                        else
                                    alpha=-M_PI_2;
            }
            else if(y1==y0)                                                         /* vertical */
            {           if(x1<x0)
                                    alpha=M_PI;
                        else
                                    alpha=0.0;
            }
            else
            {           alpha=atan((y1-y0)/(x1-x0));
                        if(x1-x0<0.0)                                               /* 2,3 suadrant */
                                    alpha=M_PI+alpha;
            }
            r=sqrt(SQUARE(dw*sin(theta))+SQUARE(da-dw*cos(theta)));
            fai=atan(dw*sin(theta)/(da-dw*cos(theta)));

            x2=r*cos(alpha+fai)+x0;
            y2=r*sin(alpha+fai)+y0;
            x3=r*cos(alpha-fai)+x0;
            y3=r*sin(alpha-fai)+y0;

            line_thick(x0,y0,x1,y1,col,0x00,3);
            line_thick(x2,y2,x1,y1,col,0x00,3);
            line_thick(x3,y3,x1,y1,col,0x00,3);
}
/*********************** main ***************************/
void        main(void)
{           char                file_name[64];

            start_process();
            graphic_init();

            read_ank_no();
            read_jis_no();
            line_direct();

            open_mtx();
            set_parameter();
            menu();

            save_text_vram(ln_s,co_s,ln_n,co_w+2);
            disp_menu(ln_s,co_s,ln_n,msg);
            ccc=pull_down_menu(ln_s,co_s,ln_n,co_w);
            load_text_vram(ln_s,co_s,ln_n,co_w+2);

            locate(20,12);
            printf(  "print out    (y/n) :  ");
            prt=yes_no_check();

            file_open(file1,READ_T);
            fp1=fp;
            while(!feof(fp1))
            {           int                 i;
                        int                 code;
                        char                village[64],dir[64];
                        if(EOF==fscanf(fp1," %s%s%d\n"  ,file_name,dir,&code))
                                    break;
                        fgets(village,64,fp1);
                        for(i=0;i<strlen(village);++i)                              /* skip LF */
                                    if(village[i]==0x0a)
                                                village[i]=0x00;

                        if(code==0)                                                                         /* skip : code = 0 */
                                    continue;
                        if(code==2)                                                                         /* skip : 保留 */
                                    continue;
                        if(code==3)                                                                         /* skip : 住宅 */
                                    continue;

                        switch(ccc)
                        {           case 1:                                                                 /* all */
                                                break;
                                    case 2:                                                                 /* africa */
```

```c
                                if(strcmp(dir," africa" ))
                                            continue;
                                break;
                    case 3:
                                if(strcmp(dir," china" ))                          /* china */
                                            continue;
                                break;
                    case 4:                                                        /* europe */
                                if(strcmp(dir," europe" ))
                                            continue;
                                break;
                    case 5:                                                        /* india */
                                if(strcmp(dir," india" ))
                                            continue;
                                break;
                    case 6:                                                        /* inndonesia */
                                if(strcmp(dir," indnesia" ))
                                            continue;
                                break;
                    case 7:                                                        /* laten america */
                                if(strcmp(dir," latenam" ))
                                            continue;
                                break;
                    case 8:                                                        /* papua */
                                if(strcmp(dir," png" ))
                                            continue;
                                break;
                    case 9:                                                        /* mideast */
                                if(strcmp(dir," mideast" ))
                                            continue;
                                break;
                    default:
                                red_b;
                                printf( "\nirregal value" );
                                normal;
                                exit(1);
        }
        strcpy(open_file,file0);
        strcat(open_file,dir);
        strcat(open_file," \\" );
        strcat(open_file,file_name);
        strcat(open_file," .att" );
        printf( "\n%s" ,open_file);

        set_parameter();
        make_data();
        center();

        if(!strcmp(dir," africa" ))
                    strcat(village,"   (Africa)" );
        if(!strcmp(dir," china" ))
                    strcat(village,"   (China)" );
        if(!strcmp(dir," europe" ))
                    strcat(village,"   (Europe)" );
        if(!strcmp(dir," india" ))
                    strcat(village,"   (India)" );
        if(!strcmp(dir," indnesia" ))
                    strcat(village,"   (Indonesia)" );
        if(!strcmp(dir," latenam" ))
                    strcat(village,"   (Laten America)" );
        if(!strcmp(dir," png" ))
                    strcat(village,"   (Papua New Guinea)" );
        if(!strcmp(dir," mideast" ))
                    strcat(village,"   (Middle East)" );

        wd=1.0;                                                                    /* scale & name */
        line(20.0,20.0,20.0,25.0,red,0x00);
        line(20.0,20.0,20.0+50*wd_sav,20.0,red,0x00);
        line(20.0+50*wd_sav,20.0,20.0+50*wd_sav,25.0,red,0x00);
        put_string_crt(20.0+50*wd_sav,25.0,21,0.0,white," 50m" );
        put_string_crt(0,-25,21,0.0,white,village);
        put_string_crt(350,-25,21,0.0,white," <中心移動>" );
        if(prt)
                    gcopy_16();
    }
    fclose(fp1);

    graphic_end();
    end_process();
}
```

009 求心量和平均面积的二维矩阵坐标程序

```c
/*###############################################################
                    kakudo to mennseki (kak_men.c)
                    求心量和平均面积的二维矩阵坐标程序
                              98/10/21
#################################################################*/
#include        <stdio.h>
#include        <stdlib.h>
#include        <string.h>
#include        <math.h>
#include        <my.h>
#include        <myg.h>

FILE                            *fp,*fp0;
char                            *file1=" f:\\wan\\data\\name_1.dat" ;
char                            *file2=" f:\\wan\\data\\men.dat" ;
char                            *file3=" f:\\wan\\data\\cent.dat" ;

#define                         VN              (100)           /* 设定的聚落数 */

double                          ymm=749.0,
                                x00=50.0,
                                y00=50.0,
                                wd;

char                            *msg[20];
int                             ln_s,co_s,ln_n,co_w;
int                             ccc;

static double   dx=20.0,dy=60.0;
static double   ix=40.0,jy=10.0,iw,jw;
static int                      zone[VN];

static int                      nd[VN];
static double   aver[VN],var[VN],sd[VN],dmin[VN],dmax[VN];
static double   hen[VN],kyo[VN],rn[VN];
static double   ang[VN];
static int                      vn;

static char                     val[20];
static int                      prt,nbr;

void                            draw_graph(void);
void                            plot_data(double,double,int,int);
void                            menu(void);
void                            read_village(void);
void                            read_men(void);
void                            read_cent(void);
void                            draw_polygon(double,double,int,double,double,int);

/*=================== draw_graph ============================*/
void            draw_graph(void)
{               int                             i,j;
                double          sy=28.0;
                double          dd=4.0;
                double          xx,yy;

                wd=1.0;
                iw=ix*dx;
                jw=jy*dy;
                for(i=0;i<ix;++i)
                {               line_thick(i*dx,0.0,(i+1)*dx,0.0,green,0x00,2);
                                if(!(i%10))
                                                line(i*dx,0.0,i*dx,-10.0,green,0x00);
                                else
                                                line(i*dx,0.0,i*dx,-5.0,green,0x00);
                }
                line(iw,0.0,iw,-10.0,green,0x00);
                t_line(0.0,jw/2.0,iw,jw/2.0,green,0x00);
                line_thick(0.0,jw,iw,jw,green,0x00,2);
                for(i=0;i<=ix;i+=10)
                {               itoa(i*10,val,10);
                                put_string_crt(i*dx-15.0,-30.0,18,0.0,white,val);
                }
                put_string_crt(iw+20.0,-30.0,18,0.0,white," m" );
                put_string_crt(iw+30.0,-22.0,9,0.0,white," 2" );

                for(j=0;j<jy;++j)
                {               line_thick(0.0,j*dy,0.0,(j+1)*dy,green,0x00,2);
                                if(!(j%10))
                                                line(0.0,j*dy,-10.0,j*dy,green,0x00);
                                else
                                                line(0.0,j*dy,-5.0,j*dy,green,0x00);
                }
                line(0.0,jw,-10.0,jw,green,0x00);
                put_string_crt(-40.0,jw/2.0-10.0,18,0.0,white," 0.5" );
                put_string_crt(-40.0,jw-10.0,18,0.0,white," 1.0" );
                put_string_crt(-40.0,jw+20.0,18,0.0,white," 平均角度" );
                line_thick(iw,0.0,iw,jw,green,0x00,2);

                for(i=1;i<9;++i)
                {               int                             col;
                                col=i;
                                xx=iw+40.0;
                                yy=jw+30.0-sy*i;
                                switch(i)
                                {               case 1:
                                                                line_thick(xx-dd,yy+dd,xx+dd,yy-dd,col,0x00,2);
                                                                line_thick(xx-dd,yy-dd,xx+dd,yy+dd,col,0x00,2);
                                                                put_string_crt(xx+20.0,yy-5.0,18,0.0,col," africa" );
                                                                break;
                                                case 2:
                                                                circle(xx,yy,dd,dd,col,0x20);
                                                                put_string_crt(xx+20.0,yy-5.0,18,0.0,col," china" );
                                                                break;
                                                case 3:
                                                                draw_polygon(xx,yy,3,90.0,dd+1,col);
                                                                put_string_crt(xx+20.0,yy-5.0,18,0.0,col," europe" );
                                                                break;
                                                case 4:
                                                                cross(xx,yy,col,dd);
                                                                cross(xx-1,yy-1,col,dd);
                                                                put_string_crt(xx+20.0,yy-5.0,18,0.0,col," india" );
                                                                break;
                                                case 5:
                                                                line(xx-dd,yy-dd,xx+dd,yy+dd,col,0x01);
                                                                line(xx-dd-1,yy-dd-1,xx+dd-1,yy+dd-1,col,0x01);
                                                                put_string_crt(xx+20.0,yy-5.0,18,0.0,col," indonesia" );
```

548

```
                                        case 6:
                                                draw_polygon(xx,yy,3,30.0,dd+1,col);
                                                put_string_crt(xx+20.0,yy-5.0,18,0.0,col," laten am." );
                                                break;
                                        case 7:
                                                draw_polygon(xx,yy,5,18.0,dd+1,col);
                                                put_string_crt(xx+20.0,yy-5.0,18,0.0,col," PNG" );
                                                break;
                                        case 8:
                                                draw_polygon(xx,yy,4,0.0,dd+1,col);
                                                put_string_crt(xx+20.0,yy-5.0,18,0.0,col," middle east" );
                                                break;
                                }
                        }
}
/*====================== plot_data ============================*/
void        plot_data(double x,double y,int zone,int number)
{
                        double          dd=4.0;
                        double          xx,yy;

                        wd=1.0;
                        xx=x/10.0*dx;
                        yy=y*dy*jy;

                        switch(zone)
                        {
                                case 1:
                                        line_thick(xx-dd,yy+dd,xx+dd,yy-dd,zone,0x00,2);
                                        line_thick(xx-dd,yy-dd,xx+dd,yy+dd,zone,0x00,2);
                                        break;
                                case 2:
                                        circle(xx,yy,dd,dd,zone,0x20);
                                        break;
                                case 3:
                                        draw_polygon(xx,yy,3,90.0,dd+1,zone);
                                        break;
                                case 4:
                                        cross(xx,yy,zone,dd);
                                        cross(xx-1,yy-1,zone,dd);
                                        break;
                                case 5:
                                        line(xx-dd,yy-dd,xx+dd,yy+dd,zone,0x01);
                                        line(xx-dd-1,yy-dd-1,xx+dd-1,yy+dd-1,zone,0x01);
                                        break;
                                case 6:
                                        draw_polygon(xx,yy,3,30.0,dd+1,zone);
                                        break;
                                case 7:
                                        draw_polygon(xx,yy,5,18.0,dd+1,zone);
                                        break;
                                case 8:
                                        draw_polygon(xx,yy,4,0.0,dd+1,zone);
                                        break;
                        }
                        if(nbr)
                        {
                                itoa(number,val,10);
                                put_string_crt(xx+15.0,yy+2.0,16,0.0,zone,val);
                        }
}
/*====================== menu =================================*/
void        menu(void)
{
                        msg[0]="                  $" ;
                        msg[1]=" 全部             $" ;
                        msg[2]=" 非洲             $" ;
                        msg[3]=" 中国             $" ;
                        msg[4]=" 欧洲             $" ;
                        msg[5]=" 印度             $" ;
                        msg[6]=" 印度尼西亚       $" ;
                        msg[7]=" 中南美           $" ;
                        msg[8]=" 巴布亚新几内亚   $" ;
                        msg[9]=" 中东             $" ;
                        msg[10]="                 $" ;
                        ln_s= 5;                                        /* start line */
                        co_s=30;                                        /* start colyumn */
                        ln_n=11;                                        /* line No. */
                        co_w=12;                                        /* column No. */
}
/*====================== read_village =========================*/
void        read_village(void)
{
                        char            file_name[64];

                        vn=0;
                        file_open(file1,READ_T);
                        fp0=fp;
                        while(!feof(fp0))
                        {
                                int             i;
                                int             code;
                                char            village[64],dir[64];
                                if(EOF==fscanf(fp0," %s%s%d\n" ,file_name,dir,&code))
                                        break;
                                fgets(village,64,fp0);
                                for(i=0;i<strlen(village);++i)          /* skip LF */
                                        if(village[i]==0x0a)
                                                village[i]=0x00;

                                if(code==0)                             /* skip : code = 0 */
                                        continue;
                                if(code==2)                             /* skip : 保留 */
                                        continue;
                                if(code==3)                             /* skip : 住宅 */
                                        continue;

                                if(!strcmp(dir," africa" ))
                                {       strcat(village," (Africa)" );
                                        zone[vn]=1;
                                }
                                if(!strcmp(dir," china" ))
                                {       strcat(village," (China)" );
                                        zone[vn]=2;
                                }
                                if(!strcmp(dir," europe" ))
                                {       strcat(village," (Europe)" );
                                        zone[vn]=3;
                                }
                                if(!strcmp(dir," india" ))
                                {       strcat(village," (India)" );
                                        zone[vn]=4;
                                }
                                if(!strcmp(dir," indnesia" ))
                                {       strcat(village," (Indonesia)" );
                                        zone[vn]=5;
                                }
```

```c
                    if(!strcmp(dir," latenam" ))
                    {           strcat(village,"  (Laten America)"  );
                                zone[vn]=6;
                    }
                    if(!strcmp(dir," png" ))
                    {           strcat(village,"  (Papua New Guinea)"  );
                                zone[vn]=7;
                    }
                    if(!strcmp(dir," mideast" ))
                    {           strcat(village,"  (Middle East)"  );
                                zone[vn]=8;
                    }
                    ++vn;
        }
}
/*========================= read_men ==============================*/
void        read_men(void)
{           int                     i;
            int                     no=0;
            char        village[64];

            file_open(file2,READ_T);
            fp0=fp;
            while(!feof(fp0))
            {           if(NULL==fgets(village,64,fp0))
                                    break;
                        for(i=0;i<strlen(village);++i)                  /* skip LF */
                                    if(village[i]==0x0a)
                                                village[i]=0x00;
                        fscanf(fp0," %d"    ,&nd[no]);
                        fscanf(fp0," %lf"   ,&aver[no]);
                        fscanf(fp0," %lf"   ,&var[no]);
                        fscanf(fp0," %lf"   ,&sd[no]);
                        fscanf(fp0," %lf"   ,&dmin[no]);
                        fscanf(fp0," %lf"   ,&dmax[no]);
                        fscanf(fp0," %lf"   ,&hen[no]);
                        fscanf(fp0," %lf"   ,&kyo[no]);
                        fscanf(fp0," %lf\n" ,&rn[no]);
                        ++no;
            }
            fclose(fp0);
}
/*========================= read_cent ==============================*/
void        read_cent(void)
{           int                     i;
            int                     no=0;
            char        village[64];

            file_open(file3,READ_T);
            fp0=fp;
            while(!feof(fp0))
            {           if(NULL==fgets(village,64,fp0))
                                    break;
                        for(i=0;i<strlen(village);++i)                  /* skip LF */
                                    if(village[i]==0x0a)
                                                village[i]=0x00;
                        fscanf(fp0," %lf\n" ,&ang[no]);
                        ++no;
            }
            fclose(fp0);
}
/*========================= draw_polygon ==========================*/
void        draw_polygon(double xc,double yc,int mark,double pgon_st,
                                    double mark_width,int ln_col)
{           int                     i;
            double      st,dth;
            double      x0,y0,x1,y1,tht0,tht1;

            st=pgon_st/180.0*M_PI;
            dth=2.0*M_PI/(double)mark;
            for(i=0;i<mark;++i)
            {           tht0=st+i*dth;
                        tht1=st+(i+1)*dth;
                        x0=xc+mark_width*cos(tht0);
                        y0=yc+mark_width*sin(tht0);
                        x1=xc+mark_width*cos(tht1);
                        y1=yc+mark_width*sin(tht1);
                        line_thick(x0,y0,x1,y1,ln_col,0x00,2);
            }
}
/*********************** main ****************************/
void        main(void)
{           int                     i;

            start_process();
            graphic_init();

            read_ank_no();
            read_jis_no();

            read_men();
            read_cent();
            read_village();

            menu();

            save_text_vram(ln_s,co_s,ln_n,co_w+2);
            disp_menu(ln_s,co_s,ln_n,msg);
            ccc=pull_down_menu(ln_s,co_s,ln_n,co_w);
            load_text_vram(ln_s,co_s,ln_n,co_w+2);

            locate(20,12);
            printf( "print out    (y/n) :  ");
            prt=yes_no_check();

            locate(20,13);
            printf( "number       (y/n) :  ");
            nbr=yes_no_check();
            cls1();

            draw_graph();

            for(i=0;i<vn;++i)
            {           if(ccc==1)
                                    plot_data(aver[i],ang[i],zone[i],i);
                        else
                                    if(zone[i]==ccc-1)
                                                plot_data(aver[i],ang[i],zone[i],i);
            }
            if(prt)
                        gcopy_16();

            graphic_end();
            end_process();
}
```

010 求心量和平均距离的二维矩阵坐标程序

```c
/*################################################################
                   kakudo to kyori (kak_rin.c)
                   求心量和平均距离的二维矩阵坐标程序
                              98/10/23
##################################################################*/
#include        <stdio.h>
#include        <stdlib.h>
#include        <string.h>
#include        <math.h>
#include        <my.h>
#include        <myg.h>

FILE                            *fp,*fp0;
char                            *file1=" f:\\wan\\data\\name_1.dat" ;
char                            *file2=" f:\\wan\\data\\equi.dat"  ;
char                            *file3=" f:\\wan\\data\\cent.dat"  ;

#define                         VN                      (100)                       /* 设定的聚落数 */

double                          ymm=749.0,
                                x00=50.0,
                                y00=50.0,
                                wd;

char                            *msg[20];
int                             ln_s,co_s,ln_n,co_w;
int                             ccc;

static double   dx=90.0,dy=60.0;
static double   ix=10.0,jy=10.0,iw,jw;
static int                      zone[VN];

static double   dist[VN];
static double   ang[VN];
static int                      vn;

static char                     val[20];
static int                      prt,nbr;

void                            draw_graph(void);
void                            plot_data(double,double,int,int);
void                            menu(void);
void                            read_village(void);
void                            read_men(void);
void                            read_cent(void);
void                            draw_polygon(double,double,int,double,double,int);

/*===================== draw_graph ===========================*/
void            draw_graph(void)
{
                int                     i,j;
                double          sy=28.0;
                double          dd=4.0;
                double          xx,yy;

                wd=1.0;
                iw=ix*dx;
                jw=jy*dy;
                for(i=0;i<ix;++i)
                {
                                line_thick(i*dx,0.0,(i+1)*dx,0.0,green,0x00,2);
                                if(!(i%10))
                                                line(i*dx,0.0,i*dx,-10.0,green,0x00);
                                else
                                                line(i*dx,0.0,i*dx,-5.0,green,0x00);
                }
                line(iw,0.0,iw,-10.0,green,0x00);
                t_line(0.0,jw/2.0,iw,jw/2.0,green,0x00);
                line_thick(0.0,jw,iw,jw,green,0x00,2);
                for(i=0;i<=ix;i+=5)
                {
                                itoa(i,val,10);
                                put_string_crt(i*dx-15.0,-30.0,18,0.0,white,val);
                }
                put_string_crt(iw+20.0,-30.0,18,0.0,white," m 最近距离" );

                for(j=0;j<jy;++j)
                {
                                line_thick(0.0,j*dy,0.0,(j+1)*dy,green,0x00,2);
                                if(!(j%10))
                                                line(0.0,j*dy,-10.0,j*dy,green,0x00);
                                else
                                                line(0.0,j*dy,-5.0,j*dy,green,0x00);
                }
                line(0.0,jw,-10.0,jw,green,0x00);
                put_string_crt(-40.0,jw/2.0-10.0,18,0.0,white," 0.5" );
                put_string_crt(-40.0,jw-10.0,18,0.0,white," 1.0" );
                put_string_crt(-40.0,jw+20.0,18,0.0,white," 平均角度" );
                line_thick(iw,0.0,iw,jw,green,0x00,2);
                for(i=1;i<9;++i)
                {
                                int                     col;
                                col=i;
                                xx=iw+40.0;
                                yy=jw+30.0-sy*i;
                                switch(i)
                                {
                                case 1:
                                                line_thick(xx-dd,yy+dd,xx+dd,yy-dd,col,0x00,2);
                                                line_thick(xx-dd,yy-dd,xx+dd,yy+dd,col,0x00,2);
                                                put_string_crt(xx+20.0,yy-5.0,18,0.0,col," africa"    );
                                                break;
                                case 2:
                                                circle(xx,yy,dd,dd,col,0x20);
                                                put_string_crt(xx+20.0,yy-5.0,18,0.0,col," china"    );
                                                break;
                                case 3:
                                                draw_polygon(xx,yy,3,90.0,dd+1,col);
                                                put_string_crt(xx+20.0,yy-5.0,18,0.0,col," europe"   );
                                                break;
                                case 4:
                                                cross(xx,yy,col,dd);
                                                cross(xx-1,yy-1,col,dd);
                                                put_string_crt(xx+20.0,yy-5.0,18,0.0,col," india"   );
                                                break;
                                case 5:
                                                line(xx-dd,yy-dd,xx+dd,yy+dd,col,0x01);
                                                line(xx-dd-1,yy-dd-1,xx+dd-1,yy+dd-1,col,0x01);
                                                put_string_crt(xx+20.0,yy-5.0,18,0.0,col," indonesia"   );
                                                break;
                                case 6:
                                                draw_polygon(xx,yy,3,30.0,dd+1,col);
```

```
                                        put_string_crt(xx+20.0,yy-5.0,18,0.0,col," laten am." );
                                        break;
                        case 7:
                                        draw_polygon(xx,yy,5,18.0,dd+1,col);
                                        put_string_crt(xx+20.0,yy-5.0,18,0.0,col," PNG" );
                                        break;
                        case 8:
                                        draw_polygon(xx,yy,4,0.0,dd+1,col);
                                        put_string_crt(xx+20.0,yy-5.0,18,0.0,col," middle east" );
                                        break;
                        }
                }
}
/*========================= plot_data ===========================*/
void        plot_data(double x,double y,int zone,int number)
{                       double          dd=4.0;
                        double          xx,yy;

                        wd=1.0;
                        xx=x*dx;
                        yy=y*dy*jy;

                        switch(zone)
                        {
                        case 1:
                                        line_thick(xx-dd,yy+dd,xx+dd,yy-dd,zone,0x00,2);
                                        line_thick(xx-dd,yy-dd,xx+dd,yy+dd,zone,0x00,2);
                                        break;
                        case 2:
                                        circle(xx,yy,dd,dd,zone,0x20);
                                        break;
                        case 3:
                                        draw_polygon(xx,yy,3,90.0,dd+1,zone);
                                        break;
                        case 4:
                                        cross(xx,yy,zone,dd);
                                        cross(xx-1,yy-1,zone,dd);
                                        break;
                        case 5:
                                        line(xx-dd,yy-dd,xx+dd,yy+dd,zone,0x01);
                                        line(xx-dd-1,yy-dd-1,xx+dd-1,yy+dd-1,zone,0x01);
                                        break;
                        case 6:
                                        draw_polygon(xx,yy,3,30.0,dd+1,zone);
                                        break;
                        case 7:
                                        draw_polygon(xx,yy,5,18.0,dd+1,zone);
                                        break;
                        case 8:
                                        draw_polygon(xx,yy,4,0.0,dd+1,zone);
                                        break;
                        }
                        if(nbr)
                        {               itoa(number,val,10);
                                        put_string_crt(xx+15.0,yy+2.0,16,0.0,zone,val);
                        }
}
/*========================= menu ==================================*/
void        menu(void)
{                       msg[0]="                    $" ;
                        msg[1]="  全部             $" ;
                        msg[2]="  非洲             $" ;
                        msg[3]="  中国             $" ;
                        msg[4]="  欧洲             $" ;
                        msg[5]="  印度             $" ;
                        msg[6]="  印度尼西亚     $" ;
                        msg[7]="  中南美         $" ;
                        msg[8]="  巴布亚新几内亚 $" ;
                        msg[9]="  中东           $" ;
                        msg[10]="                  $" ;
                        ln_s= 5;                                                /* start line */
                        co_s=30;                                                /* start colyumn */
                        ln_n=11;                                                /* line No. */
                        co_w=12;                                                /* column No. */
}
/*========================= read_village =========================*/
void        read_village(void)
{                       char            file_name[64];

                        vn=0;
                        file_open(file1,READ_T);
                        fp0=fp;
                        while(!feof(fp0))
                        {               int                             i;
                                        int                             code;
                                        char            village[64],dir[64];
                                        if(EOF==fscanf(fp0," %s%s%d\n" ,file_name,dir,&code))
                                                        break;
                                        fgets(village,64,fp0);
                                        for(i=0;i<strlen(village);++i)          /* skip LF */
                                                        if(village[i]==0x0a)
                                                                        village[i]=0x00;

                                        if(code==0)                                             /* skip : code = 0 */
                                                        continue;
                                        if(code==2)                                             /* skip : 保留 */
                                                        continue;
                                        if(code==3)                                             /* skip : 住宅 */
                                                        continue;

                                        if(!strcmp(dir," africa" ))
                                        {               strcat(village," (Africa)" );
                                                        zone[vn]=1;
                                        }
                                        if(!strcmp(dir," china" ))
                                        {               strcat(village," (China)" );
                                                        zone[vn]=2;
                                        }
                                        if(!strcmp(dir," europe" ))
                                        {               strcat(village," (Europe)" );
                                                        zone[vn]=3;
                                        }
                                        if(!strcmp(dir," india" ))
                                        {               strcat(village," (India)" );
                                                        zone[vn]=4;
                                        }
                                        if(!strcmp(dir," indnesia" ))
                                        {               strcat(village," (Indonesia)" );
                                                        zone[vn]=5;
                                        }
                                        if(!strcmp(dir," latenam" ))
                                        {               strcat(village," (Laten America)" );
                                                        zone[vn]=6;
                                        }
```

```
                            }
                            if(!strcmp(dir," png" ))
                            {           strcat(village,"  (Papua New Guinea)" );
                                        zone[vn]=7;
                            }
                            if(!strcmp(dir," mideast" ))
                            {           strcat(village,"  (Middle East)" );
                                        zone[vn]=8;
                            }
                            ++vn;
                }
}
/*========================= read_equi ==============================*/
void        read_equi(void)
{           int                                 i;
            int                                 no=0;
            char                village[64];

            file_open(file2,READ_T);
            fp0=fp;
            while(!feof(fp0))
            {           if(NULL==fgets(village,64,fp0))
                                    break;
                        for(i=0;i<strlen(village);++i)              /* skip LF */
                                    if(village[i]==0x0a)
                                                village[i]=0x00;
                        fscanf(fp0," %lf\n" ,&dist[no]);
                        ++no;
            }
            fclose(fp0);
}
/*========================= read_cent ==============================*/
void        read_cent(void)
{           int                                 i;
            int                                 no=0;
            char                village[64];

            file_open(file3,READ_T);
            fp0=fp;
            while(!feof(fp0))
            {           if(NULL==fgets(village,64,fp0))
                                    break;
                        for(i=0;i<strlen(village);++i)              /* skip LF */
                                    if(village[i]==0x0a)
                                                village[i]=0x00;
                        fscanf(fp0," %lf\n" ,&ang[no]);
                        ++no;
            }
            fclose(fp0);
}
/*========================= draw_polygon ===========================*/
void        draw_polygon(double xc,double yc,int mark,double pgon_st,
                                                double mark_width,int ln_col)
{           int                                 i;
            double              st,dth;
            double              x0,y0,x1,y1,tht0,tht1;

            st=pgon_st/180.0*M_PI;
            dth=2.0*M_PI/(double)mark;
            for(i=0;i<mark;++i)
            {           tht0=st+i*dth;
                        tht1=st+(i+1)*dth;
                        x0=xc+mark_width*cos(tht0);
                        y0=yc+mark_width*sin(tht0);
                        x1=xc+mark_width*cos(tht1);
                        y1=yc+mark_width*sin(tht1);
                        line_thick(x0,y0,x1,y1,ln_col,0x00,2);
            }
}
/*********************** main ****************************/
void        main(void)
{           int                                 i;

            start_process();
            graphic_init();

            read_ank_no();
            read_jis_no();

            read_equi();
            read_cent();
            read_village();

            menu();

            save_text_vram(ln_s,co_s,ln_n,co_w+2);
            disp_menu(ln_s,co_s,ln_n,msg);
            ccc=pull_down_menu(ln_s,co_s,ln_n,co_w);
            load_text_vram(ln_s,co_s,ln_n,co_w+2);

            locate(20,12);
            printf( "print out    (y/n) :  ");
            prt=yes_no_check();

            locate(20,13);
            printf( "number       (y/n) :  ");
            nbr=yes_no_check();
            cls1();

            draw_graph();

            for(i=0;i<vn;++i)
            {           if(ccc==1)
                                    plot_data(dist[i],ang[i],zone[i],i);
                        else
                                    if(zone[i]==ccc-1)
                                                plot_data(dist[i],ang[i],zone[i],i);
            }
            if(prt)
                        gcopy_16();

            graphic_end();
            end_process();
}
```

011 平均距离和平均面积的二维矩阵坐标程序

```c
/*################################################################
                       kyori to mennseki (rin_men.c)
                       平均距离和平均面积的二维矩阵坐标程序
                                    99/01/11
##################################################################*/
#include         <stdio.h>
#include         <stdlib.h>
#include         <string.h>
#include         <math.h>
#include         <my.h>
#include         <myg.h>

FILE                          *fp,*fp0;
char                          *file1=" f:\\wan\\data\\name_1.dat" ;
char                          *file2=" f:\\wan\\data\\men.dat" ;
char                          *file3=" f:\\wan\\data\\equi.dat" ;

#define          VN                   (100)          /* 设定的聚落数 */

double                        ymm=749.0,
                              x00=50.0,
                              y00=50.0,
                              wd;

char                          *msg[20];
int                           ln_s,co_s,ln_n,co_w;
int                           ccc;

static double    dx=20.0,dy=60.0;
static double    ix=40.0,jy=10.0,iw,jw;
static int       zone[VN];

static int       nd[VN];
static double    aver[VN],var[VN],sd[VN],dmin[VN],dmax[VN];
static double    hen[VN],kyo[VN],rn[VN];
static double    ang[VN];
static double    dist[VN];
static int       vn;

static char      val[20];
static int       prt,nbr;

void                          draw_graph(void);
void                          plot_data(double,double,int,int);
void                          menu(void);
void                          read_village(void);
void                          read_men(void);
void                          read_cent(void);
void                          draw_polygon(double,double,int,double,int);

/*==================== draw_graph ====================*/
void     draw_graph(void)
{
                 int                  i,j;
                 double      sy=28.0;
                 double      dd=4.0;
                 double      xx,yy;

                 wd=1.0;
                 iw=ix*dx;
                 jw=jy*dy;
                 for(i=0;i<ix;++i)
                 {
                          line_thick(i*dx,0.0,(i+1)*dx,0.0,green,0x00,2);
                          if(!(i%10))
                                   line(i*dx,0.0,i*dx,-10.0,green,0x00);
                          else
                                   line(i*dx,0.0,i*dx,-5.0,green,0x00);
                 }
                 line(iw,0.0,iw,-10.0,green,0x00);
                 line_thick(0.0,jw,iw,jw,green,0x00,2);
                 for(i=0;i<=ix;i+=10)
                 {
                          itoa(i*10,val,10);
                          put_string_crt(i*dx-15.0,-30.0,18,0.0,white,val);
                 }
                 put_string_crt(iw+20.0,-30.0,18,0.0,white," m" );
                 put_string_crt(iw+30.0,-22.0,9,0.0,white," 2" );

                 for(j=0;j<jy;++j)
                 {
                          line_thick(0.0,j*dy,0.0,(j+1)*dy,green,0x00,2);
                          if(!(j%10))
                                   line(0.0,j*dy,-10.0,j*dy,green,0x00);
                          else
                                   line(0.0,j*dy,-5.0,j*dy,green,0x00);
                 }
                 line_thick(iw,0.0,iw,jw,green,0x00,2);
                 for(j=0;j<=jy;j+=5)
                 {
                          if(j==0)
                                   continue;
                          itoa(j,val,10);
                          put_string_crt(-30.0,j*dy-15.0,18,0.0,white,val);
                 }
                 put_string_crt(-20.0,jw+10,18,0.0,white," m 最近距离" );

                 for(i=1;i<9;++i)
                 {
                          int                 col;
                          col=i;
                          xx=iw+40.0;
                          yy=jw+30.0-sy*i;
                          switch(i)
                          {
                          case 1:
                                   line_thick(xx-dd,yy+dd,xx+dd,yy-dd,col,0x00,2);
                                   line_thick(xx-dd,yy-dd,xx+dd,yy+dd,col,0x00,2);
                                   put_string_crt(xx+20.0,yy-5.0,18,0.0,col," africa" );
                                   break;
                          case 2:
                                   circle(xx,yy,dd,dd,col,0x20);
                                   put_string_crt(xx+20.0,yy-5.0,18,0.0,col," china" );
                                   break;
                          case 3:
                                   draw_polygon(xx,yy,3,90.0,dd+1,col);
                                   put_string_crt(xx+20.0,yy-5.0,18,0.0,col," europe" );
                                   break;
                          case 4:
                                   cross(xx,yy,col,dd);
                                   cross(xx-1,yy-1,col,dd);
                                   put_string_crt(xx+20.0,yy-5.0,18,0.0,col," india" );
                                   break;
```

```
                                        case 5:
                                                line(xx-dd,yy-dd,xx+dd,yy+dd,col,0x01);
                                                line(xx-dd-1,yy-dd-1,xx+dd-1,yy+dd-1,col,0x01);
                                                put_string_crt(xx+20.0,yy-5.0,18,0.0,col," indonesia" );
                                                break;
                                        case 6:
                                                draw_polygon(xx,yy,3,30.0,dd+1,col);
                                                put_string_crt(xx+20.0,yy-5.0,18,0.0,col," laten am." );
                                                break;
                                        case 7:
                                                draw_polygon(xx,yy,5,18.0,dd+1,col);
                                                put_string_crt(xx+20.0,yy-5.0,18,0.0,col," PNG" );
                                                break;
                                        case 8:
                                                draw_polygon(xx,yy,4,0.0,dd+1,col);
                                                put_string_crt(xx+20.0,yy-5.0,18,0.0,col," middle east" );
                                                break;
                                        }
                }
}
/*======================= plot_data ===============================*/
void    plot_data(double x,double y,int zone,int number)
{               double          dd=4.0;
                double          xx,yy;

                wd=1.0;
                xx=x/10.0*dx;
                yy=y/10.0*dy*jy;

                switch(zone)
                {               case 1:
                                        line_thick(xx-dd,yy+dd,xx+dd,yy-dd,zone,0x00,2);
                                        line_thick(xx-dd,yy-dd,xx+dd,yy+dd,zone,0x00,2);
                                        break;
                                case 2:
                                        circle(xx,yy,dd,dd,zone,0x20);
                                        break;
                                case 3:
                                        draw_polygon(xx,yy,3,90.0,dd+1,zone);
                                        break;
                                case 4:
                                        cross(xx,yy,zone,dd);
                                        cross(xx-1,yy-1,zone,dd);
                                        break;
                                case 5:
                                        line(xx-dd,yy-dd,xx+dd,yy+dd,zone,0x01);
                                        line(xx-dd-1,yy-dd-1,xx+dd-1,yy+dd-1,zone,0x01);
                                        break;
                                case 6:
                                        draw_polygon(xx,yy,3,30.0,dd+1,zone);
                                        break;
                                case 7:
                                        draw_polygon(xx,yy,5,18.0,dd+1,zone);
                                        break;
                                case 8:
                                        draw_polygon(xx,yy,4,0.0,dd+1,zone);
                                        break;
                }
                if(nbr)
                {               itoa(number,val,10);
                                put_string_crt(xx+15.0,yy+2.0,16,0.0,zone,val);
                }
}
/*======================= menu ===================================*/
void    menu(void)
{               msg[0]="                        $" ;
                msg[1]="   全部                  $" ;
                msg[2]="   非洲                  $" ;
                msg[3]="   中国                  $" ;
                msg[4]="   欧洲                  $" ;
                msg[5]="   印度                  $" ;
                msg[6]="   印度尼西亚            $" ;
                msg[7]="   中南美                $" ;
                msg[8]="   巴布新几内亚          $" ;
                msg[9]="   中东                  $" ;
                msg[10]="                        $" ;
                ln_s= 5;                                        /* start line */
                co_s=30;                                        /* start colyumn */
                ln_n=11;                                        /* line No. */
                co_w=12;                                        /* column No. */
}
/*======================= read_village ==========================*/
void    read_village(void)
{               char            file_name[64];

                vn=0;
                file_open(file1,READ_T);
                fp0=fp;
                while(!feof(fp0))
                {               int                             i;
                                int                             code;
                                char            village[64],dir[64];
                                if(EOF==fscanf(fp0," %s%s%d\n" ,file_name,dir,&code))
                                        break;
                                fgets(village,64,fp0);
                                for(i=0;i<strlen(village);++i)          /* skip LF */
                                        if(village[i]==0x0a)
                                                village[i]=0x00;

                                if(code==0)                             /* skip : code = 0 */
                                        continue;
                                if(code==2)                             /* skip : 保留 */
                                        continue;
                                if(code==3)                             /* skip : 住宅 */
                                        continue;

                                if(!strcmp(dir," africa" ))
                                {               strcat(village,"  (Africa)" );
                                                zone[vn]=1;
                                }
                                if(!strcmp(dir," china" ))
                                {               strcat(village,"  (China)" );
                                                zone[vn]=2;
                                }
                                if(!strcmp(dir," europe" ))
                                {               strcat(village,"  (Europe)" );
                                                zone[vn]=3;
                                }
                                if(!strcmp(dir," india" ))
                                {               strcat(village,"  (India)" );
                                                zone[vn]=4;
                                }
```

```c
                    if(!strcmp(dir," indnesia" ))
                    {           strcat(village,"   (Indonesia)"  );
                                zone[vn]=5;
                    }
                    if(!strcmp(dir," latenam" ))
                    {           strcat(village,"   (Laten America)"  );
                                zone[vn]=6;
                    }
                    if(!strcmp(dir," png" ))
                    {           strcat(village,"   (Papua New Guinea)"  );
                                zone[vn]=7;
                    }
                    if(!strcmp(dir," mideast" ))
                    {           strcat(village,"   (Middle East)"  );
                                zone[vn]=8;
                    }
                    ++vn;
          }
}
/*======================= read_men =============================*/
void      read_men(void)
{         int                         i;
          int                         no=0;
          char           village[64];

          file_open(file2,READ_T);
          fp0=fp;
          while(!feof(fp0))
          {         if(NULL==fgets(village,64,fp0))
                                 break;
                    for(i=0;i<strlen(village);++i)               /* skip LF */
                                 if(village[i]==0x0a)
                                             village[i]=0x00;
                    fscanf(fp0," %d"  ,&nd[no]);
                    fscanf(fp0," %lf"  ,&aver[no]);
                    fscanf(fp0," %lf"  ,&var[no]);
                    fscanf(fp0," %lf"  ,&sd[no]);
                    fscanf(fp0," %lf"  ,&dmin[no]);
                    fscanf(fp0," %lf"  ,&dmax[no]);
                    fscanf(fp0," %lf"  ,&hen[no]);
                    fscanf(fp0," %lf"  ,&kyo[no]);
                    fscanf(fp0," %lf\n"  ,&rn[no]);
                    ++no;
          }
          fclose(fp0);
}
/*======================= read_equi =============================*/
void      read_equi(void)
{         int                         i;
          int                         no=0;
          char           village[64];

          file_open(file3,READ_T);
          fp0=fp;
          while(!feof(fp0))
          {         if(NULL==fgets(village,64,fp0))
                                 break;
                    for(i=0;i<strlen(village);++i)               /* skip LF */
                                 if(village[i]==0x0a)
                                             village[i]=0x00;
                    fscanf(fp0," %lf\n"  ,&dist[no]);
                    ++no;
          }
          fclose(fp0);
}
/*======================= read_cent =============================*/
void      read_cent(void)
{         int                         i;
          int                         no=0;
          char           village[64];

          file_open(file3,READ_T);
          fp0=fp;
          while(!feof(fp0))
          {         if(NULL==fgets(village,64,fp0))
                                 break;
                    for(i=0;i<strlen(village);++i)               /* skip LF */
                                 if(village[i]==0x0a)
                                             village[i]=0x00;
                    fscanf(fp0," %lf\n"  ,&ang[no]);
                    ++no;
          }
          fclose(fp0);
}
/*======================= draw_polygon =========================*/
void      draw_polygon(double xc,double yc,int mark,double pgon_st,
                                             double mark_width,int ln_col)
{         int                         i;
          double         st,dth;
          double         x0,y0,x1,y1,tht0,tht1;

          st=pgon_st/180.0*M_PI;
          dth=2.0*M_PI/(double)mark;
          for(i=0;i<mark;++i)
          {         tht0=st+i*dth;
                    tht1=st+(i+1)*dth;
                    x0=xc+mark_width*cos(tht0);
                    y0=yc+mark_width*sin(tht0);
                    x1=xc+mark_width*cos(tht1);
                    y1=yc+mark_width*sin(tht1);
                    line_thick(x0,y0,x1,y1,ln_col,0x00,2);
          }
}
/*********************** main ***************************/
void      main(void)
{         int                         i;

          start_process();
          graphic_init();

          read_ank_no();
          read_jis_no();

          read_men();
          read_equi();
          read_village();

          menu();

          save_text_vram(ln_s,co_s,ln_n,co_w+2);
          disp_menu(ln_s,co_s,ln_n,msg);
          ccc=pull_down_menu(ln_s,co_s,ln_n,co_w);
```

```
        load_text_vram(ln_s,co_s,ln_n,co_w+2);

        locate(20,12);
        printf( "print out    (y/n) :  ");
        prt=yes_no_check();

        locate(20,13);
        printf( "number     (y/n) :  ");
        nbr=yes_no_check();
        cls1();

        draw_graph();

        for(i=0;i<vn;++i)
        {               if(ccc==1)
                                        plot_data(aver[i],dist[i],zone[i],i);
                        else
                                if(zone[i]==ccc-1)
                                {               plot_data(aver[i],dist[i],zone[i],i);
                                }

        }
        if(prt)
                        gcopy_16();

        graphic_end();
        end_process();
}
```

012 所有数值的三维矩阵坐标程序

```c
/*###############################################################
                         gravity point (gh.c)
                         所有数值的三维矩阵坐标程序
                                 98/10/26
################################################################*/
#include        <stdio.h>
#include        <stdlib.h>
#include        <string.h>
#include        <alloc.h>
#include        <math.h>
#include        <my.h>
#include        <myg.h>
#include        <conio.h>

#define         CS              (1)                     /* 1,2 */

FILE            *fp,*fp0;
char            *file1=" f:\\wan\\data\\name_1.dat" ;
char            *file2=" f:\\wan\\data\\men.dat" ;
char            *file3=" f:\\wan\\data\\cent.dat" ;
char            *file4=" f:\\wan\\data\\equi.dat" ;
char            *file5=" f:\\wan\\data\\vor.dat" ;
char            *file6=" f:\\wan\\data\\vari.dat" ;

#define         VN              (100)           /* 聚落数的设定 */
#define         TH0             (20)            /* x轴 */
#define         TH1             (20)            /* Y轴 */

double          ymm=749.0,
                x00=1120.0/2,
                y00=300.0,
                wd=1.0;

static int      zone[VN];
static int      nd[VN];
static double   aver[VN],var[VN],sd[VN],dmin[VN],dmax[VN];
static double   hen[VN],kyo[VN],rn[VN];
static double   dist[VN];
static double   ang[VN];
static double   vor[VN];
static int      vn;

static double   lx=400,ly=400,lz=400;
static double   sin_th0,cos_th0,sin_th1,cos_th1;
static double   a0[2],a1[2],a2[2],a3[2],b0[2],b1[2],b2[2],b3[2];

void            read_village(void);
void            read_men(void);
void            read_cent(void);
void            read_equi(void);
void            read_vor(void);
void            draw_polygon(double,double,int,double,double,int);
void            draw_cood(void);
void            calc_cood(double,double,double);
void            draw_graph(void);

/*===================== read_village =========================*/
void    read_village(void)
{
                char    file_name[64];

                vn=0;
                file_open(file1,READ_T);
                fp0=fp;
                while(!feof(fp0))
                {
                        int             i;
                        int             code;
                        char            village[64],dir[64];
                        if(EOF==fscanf(fp0," %s%s%d\n" ,file_name,dir,&code))
                                        break;
                        fgets(village,64,fp0);
                        for(i=0;i<strlen(village);++i)          /* skip LF */
                                        if(village[i]==0x0a)
                                                        village[i]=0x00;

                        if(code==0)                             /* skip : code = 0 */
                                        continue;
                        if(code==2)                             /* skip : 保留 */
                                        continue;
                        if(code==3)                             /* skip : 住居 */
                                        continue;

                        if(!strcmp(dir," africa" ))
                        {       strcat(village," (Africa)" );
                                zone[vn]=1;
                        }
                        if(!strcmp(dir," china" ))
                        {       strcat(village," (China)" );
                                zone[vn]=2;
                        }
                        if(!strcmp(dir," europe" ))
                        {       strcat(village," (Europe)" );
                                zone[vn]=3;
                        }
                        if(!strcmp(dir," india" ))
                        {       strcat(village," (India)" );
                                zone[vn]=4;
                        }
                        if(!strcmp(dir," indnesia" ))
                        {       strcat(village," (Indonesia)" );
                                zone[vn]=5;
                        }
                        if(!strcmp(dir," latenam" ))
                        {       strcat(village," (Laten America)" );
                                zone[vn]=6;
                        }
                        if(!strcmp(dir," png" ))
                        {       strcat(village," (Papua New Guinea)" );
                                zone[vn]=7;
                        }
                        if(!strcmp(dir," mideast" ))
                        {       strcat(village," (Middle East)" );
                                zone[vn]=8;
                        }
                        ++vn;
                }
}
/*===================== read_men =============================*/
```

```c
void        read_men(void)
{
            int             i;
            int             no=0;
            char            village[64];

            file_open(file2,READ_T);
            fp0=fp;
            while(!feof(fp0))
            {           if(NULL==fgets(village,64,fp0))
                                    break;
                        for(i=0;i<strlen(village);++i)          /* skip LF */
                                    if(village[i]==0x0a)
                                                village[i]=0x00;
                        fscanf(fp0," %d"   ,&nd[no]);
                        fscanf(fp0," %lf"  ,&aver[no]);
                        fscanf(fp0," %lf"  ,&var[no]);
                        fscanf(fp0," %lf"  ,&sd[no]);
                        fscanf(fp0," %lf"  ,&dmin[no]);
                        fscanf(fp0," %lf"  ,&dmax[no]);
                        fscanf(fp0," %lf"  ,&hen[no]);
                        fscanf(fp0," %lf"  ,&kyo[no]);
                        fscanf(fp0," %lf\n"  ,&rn[no]);
                        ++no;
            }
            fclose(fp0);
}
/*======================= read_cent ============================*/
void        read_cent(void)
{
            int             i;
            int             no=0;
            char            village[64];

            file_open(file3,READ_T);
            fp0=fp;
            while(!feof(fp0))
            {           if(NULL==fgets(village,64,fp0))
                                    break;
                        for(i=0;i<strlen(village);++i)          /* skip LF */
                                    if(village[i]==0x0a)
                                                village[i]=0x00;
                        fscanf(fp0," %lf\n"  ,&ang[no]);
                        ++no;
            }
            fclose(fp0);
}
/*======================= read_equi ============================*/
void        read_equi(void)
{
            int             i;
            int             no=0;
            char            village[64];

            file_open(file4,READ_T);
            fp0=fp;
            while(!feof(fp0))
            {           if(NULL==fgets(village,64,fp0))
                                    break;
                        for(i=0;i<strlen(village);++i)          /* skip LF */
                                    if(village[i]==0x0a)
                                                village[i]=0x00;
                        fscanf(fp0," %lf\n"  ,&dist[no]);
                        ++no;
            }
            fclose(fp0);
}
/*======================= read_vor ============================*/
void        read_vor(void)
{
            int             i;
            int             no=0;
            char            village[64];

            file_open(file5,READ_T);
            fp0=fp;
            while(!feof(fp0))
            {           if(NULL==fgets(village,64,fp0))
                                    break;
                        for(i=0;i<strlen(village);++i)          /* skip LF */
                                    if(village[i]==0x0a)
                                                village[i]=0x00;
                        fscanf(fp0," %lf\n"  ,&vor[no]);
                        ++no;
            }
            fclose(fp0);
}
/*======================= draw_polygon ============================*/
void        draw_polygon(double xc,double yc,int mark,double pgon_st,
                                    double mark_width,int ln_col)
{           int             i;
            double          st,dth;
            double          x0,y0,x1,y1,tht0,tht1;

            st=pgon_st/180.0*M_PI;
            dth=2.0*M_PI/(double)mark;
            for(i=0;i<mark;++i)
            {           tht0=st+i*dth;
                        tht1=st+(i+1)*dth;
                        x0=xc+mark_width*cos(tht0);
                        y0=yc+mark_width*sin(tht0);
                        x1=xc+mark_width*cos(tht1);
                        y1=yc+mark_width*sin(tht1);
                        line(x0,y0,x1,y1,ln_col,0x00);
            }
}
/*======================= draw_cood ============================*/
void        draw_cood(void)
{
            line(0.0,0.0,-lx*cos_th0,-lx*sin_th0,green,0x00);
            line(0.0,0.0,ly*cos_th1,-ly*sin_th1,green,0x00);
            line(0.0,0.0,0.0,lz,green,0x00);

            switch(CS)
            {           case 1:
                                    put_string_crt(-lx*cos_th0-20.0,-lx*sin_th0-30.0,
                                                18.0,0.0,green," 面积"  );
                                    put_string_crt(ly*cos_th1-20.0,-ly*sin_th1-30.0,
                                                18.0,0.0,green," 角度"  );
                                    put_string_crt(-20.0,lz+20.0,18,0.0,green," 距离"  );
                                    break;
                        case 2:
                                    put_string_crt(-lx*cos_th0-20.0,-lx*sin_th0-30.0,
                                                18.0,0.0,green," 面积"  );
                                    put_string_crt(ly*cos_th1-20.0,-ly*sin_th1-30.0,
                                                18.0,0.0,green," 距离"  );
                                    put_string_crt(-20.0,lz+20.0,18,0.0,green," 角度"  );
```

```
                    }
                                break;
        }
}
/*====================== calc_cood ======================*/
void        calc_cood(double xq,double yq,double zq)
{
                        a0[0]=0.0;
                        a0[1]=0.0;
                        a1[0]=-xq*cos_th0;
                        a1[1]=-xq*sin_th0;
                        a2[0]=yq*cos_th1-xq*cos_th0;
                        a2[1]=-yq*sin_th1-xq*sin_th0;
                        a3[0]=yq*cos_th1;
                        a3[1]=-yq*sin_th1;
                        b0[0]=a0[0];
                        b0[1]=a0[1]+zq;
                        b1[0]=a1[0];
                        b1[1]=a1[1]+zq;
                        b2[0]=a2[0];
                        b2[1]=a2[1]+zq;
                        b3[0]=a3[0];
                        b3[1]=a3[1]+zq;
}
/*====================== draw_graph ======================*/
void        draw_graph(void)
{
                int             i;
                double          dd=3.0;                                         /* 标记号的大小 */
                double          sy=28.0;                        /* 相互间的距离 */
                double          dy=0.4;                                         /* y方向移动的量 */
                double          x_scl,y_scl,z_scl;
                double          x_max=-1.0e5,y_max=-1.0e5,z_max=-1.0e5;

                sin_th0=sin(TH0/180.0*M_PI);
                cos_th0=cos(TH0/180.0*M_PI);
                sin_th1=sin(TH1/180.0*M_PI);
                cos_th1=cos(TH1/180.0*M_PI);

                draw_cood();

                switch(CS)
                {
                        case 1:
                                for(i=0;i<vn;++i)
                                {
                                        if(aver[i]>x_max)
                                                x_max=aver[i];
                                        if(ang[i]>y_max)
                                                y_max=ang[i];
                                        if(dist[i]>z_max)
                                                z_max=dist[i];
                                }
                                break;
                        case 2:
                                for(i=0;i<vn;++i)
                                {
                                        if(aver[i]>x_max)
                                                x_max=aver[i];
                                        if(dist[i]>y_max)
                                                y_max=dist[i];
                                        if(ang[i]>z_max)
                                                z_max=ang[i];
                                }
                                break;
                }
                printf( "\nx_max = %7.2lf y_max = %7.2lf z_max = %7.2lf",
                        x_max,y_max,z_max);
                x_scl=lx/x_max;
                y_scl=ly/y_max;
                z_scl=lz/(z_max-dy);
/*ppp*/
                for(i=0;i<vn;++i)
                {
                        double          xq,yq,zq;
                        double          xc,yc;

                        switch(CS)
                        {
                                case 1:
                                        xq=aver[i]*x_scl;
                                        yq=(ang[i]-dy)*y_scl;
                                        zq=dist[i]*z_scl;
                                        break;
                                case 2:
                                        xq=aver[i]*x_scl;
                                        yq=dist[i]*y_scl;
                                        zq=(ang[i]-dy)*z_scl;
                                        break;
                        }
                        calc_cood(xq,yq,zq);

                        xc=b2[0];
                        yc=b2[1];
                        switch(zone[i])
                        {
                                case 1:
                                        line_thick(xc-dd,yc+dd,xc+dd,yc-dd,zone[i],0x00,2);
                                        line_thick(xc-dd,yc-dd,xc+dd,yc+dd,zone[i],0x00,2);
                                        break;
                                case 2:
                                        circle(xc,yc,dd,dd,zone[i],0x20);
                                        break;
                                case 3:
                                        draw_polygon(xc,yc,3,90.0,dd+1,zone[i]);
                                        paint1(xc,yc,zone[i],zone[i]);
                                        break;
                                case 4:
                                        cross(xc,yc,zone[i],dd);
                                        cross(xc-1,yc-1,zone[i],dd);
                                        break;
                                case 5:
                                        line(xc-dd,yc-dd,xc+dd,yc+dd,zone[i],0x01);
                                        paint1(xc,yc,zone[i],zone[i]);
                                        break;
                                case 6:
                                        draw_polygon(xc,yc,3,30.0,dd+1,zone[i]);
                                        paint1(xc,yc,zone[i],zone[i]);
                                        break;
                                case 7:
                                        draw_polygon(xc,yc,5,18.0,dd+1,zone[i]);
                                        paint1(xc,yc,zone[i],zone[i]);
                                        break;
                                case 8:
                                        draw_polygon(xc,yc,4,0.0,dd+1,zone[i]);
                                        paint1(xc,yc,zone[i],zone[i]);
                                        break;
                        }
                        t_line(a2[0],a2[1],b2[0],b2[1],zone[i],0x00);
/*                      t_line(b0[0],b0[1],b1[0],b1[1],zone[i],0x00);
```

```
                        t_line(b1[0],b1[1],b2[0],b2[1],zone[i],0x00);
                        t_line(b2[0],b2[1],b3[0],b3[1],zone[i],0x00);
                        t_line(b3[0],b3[1],b0[0],b0[1],zone[i],0x00);
                        t_line(a1[0],a1[1],b1[0],b1[1],zone[i],0x00);
                        t_line(a1[0],a1[1],a2[0],a2[1],zone[i],0x00);
                        t_line(a2[0],a2[1],a3[0],a3[1],zone[i],0x00);
                        t_line(a3[0],a3[1],b3[0],b3[1],zone[i],0x00);
*/              }
                for(i=0;i<9;++i)
                {
                        int                             col;                            /* 数据 */
                        double          xx,yy;
                        xx=ly*cos_th1-50.0;
                        yy=lz-sy*i;
                        col=i;
                        switch(i)
                        {       case 1:
                                        line_thick(xx-dd,yy+dd,xx+dd,yy-dd,col,0x00,2);
                                        line_thick(xx-dd,yy-dd,xx+dd,yy+dd,col,0x00,2);
                                        put_string_crt(xx+20.0,yy-5.0,18,0.0,col," africa" );
                                        break;
                                case 2:
                                        circle(xx,yy,dd,dd,col,0x20);
                                        put_string_crt(xx+20.0,yy-5.0,18,0.0,col," china" );
                                        break;
                                case 3:
                                        draw_polygon(xx,yy,3,90.0,dd+1,i);
                                        paint1(xx,yy,col,col);
                                        put_string_crt(xx+20.0,yy-5.0,18,0.0,col," europe" );
                                        break;
                                case 4:
                                        cross(xx,yy,col,dd);
                                        cross(xx-1,yy-1,col,dd);
                                        put_string_crt(xx+20.0,yy-5.0,18,0.0,col," india" );
                                        break;
                                case 5:
                                        line(xx-dd,yy-dd,xx+dd,yy+dd,col,0x01);
                                        paint1(xx,yy,col,col);
                                        put_string_crt(xx+20.0,yy-5.0,18,0.0,col," indonesia" );
                                        break;
                                case 6:
                                        draw_polygon(xx,yy,3,30.0,dd+1,i);
                                        paint1(xx,yy,col,col);
                                        put_string_crt(xx+20.0,yy-5.0,18,0.0,col," laten am." );
                                        break;
                                case 7:
                                        draw_polygon(xx,yy,5,18.0,dd+1,i);
                                        paint1(xx,yy,col,col);
                                        put_string_crt(xx+20.0,yy-5.0,18,0.0,col," PNG" );
                                        break;
                                case 8:
                                        draw_polygon(xx,yy,4,0.0,dd+1,i);
                                        paint1(xx,yy,col,col);
                                        put_string_crt(xx+20.0,yy-5.0,18,0.0,col," middle east" );
                                        break;
                        }
                }
}
/*********************** main **************************/
void            main(void)
{
                start_process();
                graphic_init();

                read_ank_no();
                read_jis_no();

                read_village();
                read_men();
                read_cent();
                read_equi();
                read_vor();

                draw_graph();

                graphic_end();
                end_process();
}
```

参考文献与资料

参考文献

1. アブラアム・A・モール,エリザベト・ロメル. 空間の心理学. 渡辺淳訳.
   日本：法政大学出版局,1983.
2. 加藤孝義. 空間感覚の心理学-左が好き？右が好き？.
   日本：新曜社,1997.
3. 大山正,今井省吾,和気典二. 新編　感覚、知覚、心理学ハンドブック.
   日本：（株）誠信書店,1994.
4. 空間認知の発達研究会編. 空間に生きる——空間認知の発達的
   研究——. 日本：北大路書房,1995.
5. 竹村和久. 意志決定の心理. 日本：福村出版刊,1996.
6. 箱田裕司. 認知科学のフロンティア. 日本：（株）サイエン社,1992.
7. アブラアム・A・モール,エリザベト・ロメル. 生き物の迷路　空間——行動
   のマチエール. 古田幸男訳. 日本：叢書・ウニベルシタ,1992.
8. 本田仁視. 眼球運動と空間定位. 日本：風間書房,1994.
9. マイケル・E・ブラットマン. 意図と行為——合理性・計画・実践的理論.
   門脇俊介,高橋久一郎訳. 日本：産業図書,1994.
10. R・H・ディ. 知覚的解決-知覚心理学. 島津一夫,立野有文訳.
    日本：誠信書房,1972.
11. 下中邦彦. 哲学事典. 日本：株式会社平凡社,1988.
12. ミルチャ・エリアーデ. 聖と俗——宗教的なるものの本質について.
    風間敏夫訳. 日本：法政大学出版局,1969.
13. マックス・ヤンマー. 空間の概念. 高橋毅,大槻義彦訳.
    日本：講談社,1980.
14. M・C・エッシャー. 無限を求めて. 坂根厳夫訳. 日本：朝日新聞社,1994.
15. エドワード・ホール. 隠れた次元. 日本：みすず書房,1970.
16. 伊藤邦明等. かたちの科学. 日本：朝倉書店,1987.
17. 野口宏. トポロジー　基礎と方法. 日本：日本評論社,1991.
18. 渡辺征夫,青柳晃. 電磁気学. 日本：培風館,1991.
19. 松田義朗. 位層構造論——意識の階層構造について.
    日本：中央公論寺号事業出版,1983.
20. M・メルロ=ポンティ. 知覚の現象学. 日本：みすず書房,1967.
21. 東京大学生産技術研究所原研究室. 住居集合論　その1～その5.
    日本：鹿島研究所出版会,1973.
22. 石川義孝. 人口移動の計量地理学. 日本：古今書院,1994.
23. 石水照雄. 都市空間システム. 日本：古今書院,1995.
24. 鈴木啓祐. 人口分布の構造解析. 日本：大明堂,1980.
25. 大久保明. 生態学と拡散. 日本：築地書館,1975.
26. R・ヒューゲット. 地域システム分析. 藤原健蔵,米田巌訳.
    日本：古今書院,1989.
27. 岡本栄一. 数理モデル. 日本：新曜社,1979.
28. ダーシー・トムソン. 生物のかたち. 柳田友道,遠藤勲等訳.
    日本：東京大学出版社,1973.
29. 胡塞尔. 现象学的观念. 北京：商务印书馆,1986.
30. 皮亚杰. 发生认识论原理. 北京：商务印书馆,1981.
31. V・C・奥尔德里奇. 艺术哲学. 上海：上海人民美术出版社,1986.
32. 村松一弥. 中国の少数民族　その歴史と文化および現況.
    日本：毎日新聞社,1973.

33. ジョセフ·ニーダム. 中国の科学と文明:第5巻. 日本:思想社, 1979.
34. ジョセフ·ニーダム. 中国の科学と文明:第6巻. 日本:思想社, 1981.
35. 物理学辞典編集委員会編. 物理学辞典. 改定版.日本:培風館, 1992.
36. 木内信蔵,西川治. 地理学総論. 日本:朝倉書店, 1968.
37. 云南省设计院《云南民居》编写组．云南民居．北京：中国建筑工业出版社,1986.
38. 陈谋德,王翠兰．云南民居续篇．北京：中国建筑工业出版社,1993.

参考资料及图片来源

　　下面对迄今为止调查过的地区的概要以及相关的资料来源进行简单的概述。

(1) 地中海周边地区　（1972年4～6月）
    调查人员13人、调查聚落48个
    资料来源：SD增刊NO.4，住居集合论1《地中海地域の領域論的考察》
    东京大学生产技术研究所・原研究室

(2) 中南美地区　（1974年3～6月）
    调查人员9人、调查聚落48个
    资料来源：SD增刊NO.6，住居集合论2《中南米地域の領域論的考察》
    东京大学生产技术研究所・原研究室

(3) 东欧・中东地区　（1975年8～10月）
    调查人员8人、调查聚落54个
    资料来源：SD增刊 NO.8,
    住居集合论3《東ヨーロッパ・中東地域の形態論的考察》
    东京大学生产技术研究所・原研究室

(4) 印度・尼泊尔地区　（1977年3～6月）
    调查人员13人、调查聚落37个
    资料来源：SD增刊 NO.10,
    住居集合论4《インド・ネパール集落の構造論的考察》
    东京大学生产技术研究所・原研究室

(5) 西非洲地区　（1978年12月～79年1月）
    调查人员6人、调查聚落26个
    资料来源：SD增刊No.12,
    住居集合论5《西アフリカ地域集落の構造論的考察》
    东京大学生产技术研究所・原研究室

(6) 第1次印度尼西亚调查　（1990年11月～12月）
    调查人员9人、调查聚落37个
    资料来源：八尾广
    东京大学研究生院1991年度硕士论文
    《集落における住居の配列規則に関する研究-インドネシア集落調査に基づいた＜プロスペクト＞の概念の提起》

(7) 巴布亚新几内亚　（1991年9月～10月）
    调查人员5人、调查聚落34个
    资料来源：大田浩史
    东京大学研究生院1992年度硕士论文
    《空間的ディペンデンシーの考察-パプア・ニューギニアの集落の調査と分析》

(8) 第2次印度尼西亚调查　（1993年3月～4月）
    调查人员5人、调查聚落24个
    资料来源：桥本宪一郎
    东京大学研究生院1993年度硕士论文
    《コンパウンド論-インドネシア集落 調査を起点として》

(9) 南美地区　（1994年8月～9月）
    调查人员5人、调查聚落24个
    资料来源：岸本达也
    东京大学研究生院1994年度硕士论文《集落にける場の方向性に関する試論》

(10) 第1次中国调查 （1994年7月～8月）
　　 调查人员 2人、调查聚落50个
　　 实测聚落11个
　　 资料来源：王昀
　　 东京大学研究生院1994年度硕士论文《空間概念と集落構造》
(11) 第2次中国调查 （1996年8月～9月）
　　 调查人员2人 （福建省4人）、调查聚落50个
　　 实测聚落14个
　　 资料来源：王昀
(12) 中国聚落"巴拉寨"资料来源：《云南民居一续篇》
　　 陈谋德 王翠兰
　　 中国建筑工业出版社

关于第二版内容调整的部分说明

本书在第二版的编辑过程中,对第一版做了部分在内容上的调整。

一、针对第一版进行了勘误如下:

(1)在2页"本书的研究特色"中第二段"关系量进行"后加"定量化分析";

(2)将3、58、65、80页中"本论文"改为"本书";

(3)将58、65、134页中"本文"改为"本书";

(4)将53页"住居面积的实例分析"最后一段括号内"非洲尼日尔的阿咋鲁,平均住居面积为3.85m^2"改为"中南美的 Uros kaskalla,平均住居面积为4.53m^2";

(5)将53页"住居面积的实例分析"最后一段括号内"中国青海省的日月山村,平均住居面积为350m^2"改为"中国的高走村,平均住居面积为305m^2";

(6)对54页表3-2-3进行了核对,更正了部分数据并重新排序;

(7)将58页3-4-2-1中"比远景为视点"改为"以远景为视点";

(8)将63页图3-3-4中算式"$d_1=2r_2$"改为"$d_1=2r_1$","$D_3=d_1$"改为"$D_1=d_1$";

(9)将114页中"中国地区居住者的空间概念和非洲地区居住者的空间概念没有任何共通性"改为"中国地区居住者的空间概念和非洲地区居住者的空间概念没有多少共通性","可是非洲和欧洲在物理上的距离很近,但是居住者的空间概念却没有多少共通性"改为"可是非洲和欧洲在物理上的距离很近,但是居住者的空间概念却也没有多少共通性";

(10)"而与巴布亚新几内亚地区居住者的空间概念却没有任何共通性"改为"而与巴布亚新几内亚地区居住者的空间概念却没有多少共通性";

二、对第一版的部分插图进行了重新绘制,重新绘制的图名如下:

图1-2-1、图1-2-3、图2-1-5、图2-1-8、图2-1-13、图2-1-16、图2-1-19、图2-1-23、图2-1-24、图2-1-25、图2-1-26、图2-1-27、图2-1-31、图2-3-1、图2-3-2、图2-3-3、图2-3-4、图2-3-5、图2-3-6、图2-3-7、图2-3-8、图2-3-9、图2-3-10、图2-3-11、图2-4-2、图2-4-3、图2-4-4、图2-4-5、图2-4-6、图2-4-7、图2-4-8、图2-5-1、图2-5-2、图2-5-3、图2-5-4、图2-5-8、图2-5-9、图2-5-10、图2-5-11、图2-5-12、图3-1-5、图3-1-6、图3-1-7、图3-1-8、图3-1-9、图3-2-1、图3-2-3、图3-3-1、图3-3-2、图3-3-3、图3-4-4、图3-3-6、图3-4-1、图3-4-2、图3-4-3、图3-4-4、图3-4-5、图3-4-6、图3-4-7、图3-4-10~图3-4-39、图3-4-40、图3-4-41、图3-4-42、图3-4-48、图3-4-49、图3-4-50、图3-4-54~图3-4-75、图3-4-76、图3-4-77、图3-4-78、图3-4-79、图3-4-80、图3-4-81~图3-4-112、图3-4-114、图3-4-173、图3-4-174、图3-4-175~图3-4-186、图4-1-1~图4-2-9、图4-2-13~图4-2-41、图4-2-42、图4-2-43、图4-2-44、图4-2-47、图4-2-48、图4-2-52~图4-2-61、图4-2-62;

三、对附录一内容进行版式修正并对其中的指北针和标注进行重新绘制;

四、增加了未收录到第一版中的研究过程中所编制的计算机程序内容。

本书的论述到这里就结束了，如果说聚落的形态是聚落中居住者的空间概念的表现的话，那么作为我们现代人的聚落——城市的形态，是否表现了我们现代人的空间概念呢？现代的空间概念如何转换成建筑的形态，这个问题是留给我们的重要课题。

作者简介

王昀 博士

1985年　毕业于北京建筑工程学院建筑系
　　　　获学士学位
1995年　毕业于日本东京大学
　　　　获工学硕士学位
1999年　毕业于日本东京大学
　　　　获工学博士学位
2001年　执教于北京大学
2002年　成立方体空间工作室(www.fronti.cn)
2013年　创立北京建筑大学建筑设计艺术研究中心
　　　　担任主任
2015年　于清华大学建筑学院担任设计导师

建筑设计竞赛获奖经历:
1993年日本《新建筑》第20回日新工业建筑设计竞赛获二等奖
1994年日本《新建筑》第4回S×L建筑设计竞赛获一等奖

主要建筑作品:
善美办公楼门厅增建，60m²极小城市，石景山财政局培训中心，庐师山庄，百子湾中学，百子湾幼儿园，杭州西溪湿地艺术村H地块会所等

参加展览:
2004年6月 "'状态'中国青年建筑师8人展"
2004年首届中国国际建筑艺术双年展
2006年第二届中国国际建筑艺术双年展
2009年比利时布鲁塞尔 "'心造'——中国当代建筑前沿展"
2010年威尼斯建筑艺术双年展，
德国卡尔斯鲁厄Chinese Regional Architectural Creation建筑展
2011年捷克布拉格中国当代建筑展，意大利罗马 "向东方-中国建筑景观"展，中国深圳·香港城市建筑双城双年展
2012年第十三届威尼斯国际建筑艺术双年展中国馆等

Profile

Dr. Wang Yun

Graduated with a Bachelor's degree from the Department of Architecture at the Beijing Institute of Architectural Engineering in 1985.
Received his Master's degree in Engineering Science from Tokyo University in 1995.
Received a Ph.D. from Tokyo University in 1999.
Taught at Peking University since 2001.
Founded the Atelier Fronti (www.fronti.cn) in 2002.
Established Graduate School of Architecture Design and Art of Beijing University of Civil Engineering and Architecture in 2013, served as dean.
Served as a design Instructor at School of Architecture, Tsinghua University in 2015.

Prize:
Received the second place prize in the "New Architecture" category at Japan's 20th annual International Architectural Design Competition in 1993
Awarded the first prize in the "New Architecture" category at Japan's 4th SxL International Architectural Design Competition in 1994

Prominent works:
ShanMei Office Building Foyer, 60m² Mini City, the Shijingshan Bureau of Finance Training Center, Lushi Mountain Villa, Baiziwan Middle School, Baiziwan Kindergarten, and Block H of the Hangzhou Xixi Wetland Art Village.

Exhibitions:
The 2004 Chinese National Young Architects 8 Man Exhibition, the First China International Architecture Biennale, the Second China International Architecture Biennale in 2006, the "Heart-Made: Cutting-Edge of Chinese Contemporary Architecture" exhibit in Brussels in 2009, the 2010 Architectural Venice Biennale, the Karlsruhe Chinese Regional Architectural Creation exhibition in Germany, the Chinese Contemporary Architecture Exhibition in Prague in 2011, the "Towards the East: Chinese Landscape Architecture" exhibition in Rome, the Hong Kong-Shenzhen Twin Cities Urban Planning Biennale, Pavilion of China The 13th international Architecture Exhibition la Biennale di Venezia in 2012.

www.fronti.cn